Ferenc Kovács

Hochfrequenzanwendungen
von Halbleiter-Bauelementen

Ferenc Kovács

Hochfrequenzanwendungen von Halbleiter-Bauelementen

Ein Lehr- und Arbeitsbuch für den Hf-Ingenieur in Forschung, Entwicklung und Praxis

Mit 408 Abbildungen und 25 Tabellen

Franzis-Verlag München

Der Originaltitel lautet:

Félvezetők nagyfrekvenciás alkalmazása,

erschienen beim Műszaki Könyvkiadó, Budapest

Nach einer Überarbeitung aus dem Ungarischen
übertragen von Dipl.-Ing. Ernst Goepel

© Akadémiai Kiadó, Budapest 1978

CIP-Kurztitelaufnahme der Deutschen Bibliothek
Kovács, Ferenc
Hochfrequenzanwendungen von Halbleiterbauelementen. —
1. Aufl. — München: Franzis-Verlag, 1977.
Einheitssacht.: Félvezetők nagyfrekvenciás alkalmazása ⟨dt.⟩
ISBN 3-7723-6311-3

ISBN 3-7723-6311-3

Vorwort

Die Hochfrequenzanwendungen der verschiedenen Halbleiterbauelemente sind so vielschichtig und verzweigt, daß es praktisch unmöglich ist, diese in ihrer Vollständigkeit in einem Buch zu verarbeiten. Außer der im engeren Sinne verstandenen Schaltungstechnik gehören hierzu die Theorie der Halbleiterbauelemente, die Filtertheorie und unter anderem auch die Theorie der nichtlinearen Stromkreise. Mit all diesen Gebieten müßte sich das Buch beschäftigen, um auf die vielen Detailfragen ausreichend Antwort geben zu können. Da aufgrund des gegebenen Umfangs hierzu keine Möglichkeit besteht, mußte das Thema auf eine Art und Weise behandelt werden, die lediglich die wichtigsten, zum Verständnis des Buches unbedingt notwendigen Zusammenhänge aus diesen Anschlußgebieten angibt. Das betrifft auch die Theorie der Halbleiterbauelemente, aus der ich nur einige Gleichungen verwendete.

Das andere Interessante an diesem Thema ist, daß die Elektronik zu den Gebieten zählt, die sich am schnellsten verändern. Beinahe tagtäglich werden neue Hochfrequenzbauelemente geschaffen, die immer wieder neue Schaltungslösungen ermöglichen. Dies berücksichtigend, bemühte ich mich, auch über die neuesten Bauelemente und Schaltungslösungen Rechenschaft abzulegen.

In der Behandlungsart des Buches wählte ich ein Niveau, das für Ingenieure dieses Fachgebiets bestimmt ist, die sich weniger mit der Theorie, dafür aber um so mehr mit der Praxis von Hochfrequenzschaltungen beschäftigen. Diese Zielsetzung ist der Grund dafür, warum ich die Schaltungsanalyse gewöhnlich in allgemeinverständlicher Form abhandelte und auf sogenannte elegante Methoden (wie z. B. die Pol-Nullstellen-Methode) meistens nur verweise. Gleichzeitig versuchte ich, bei der Besprechung einer Reihe von konkreten Schaltungslösungen Wegweiser aufzustellen, die Sackgassen nicht realisierbarer technischer Vorstellungen und damit unnötigen Energieaufwand ausschließen.

Auf diesem Wege möchte ich die Gelegenheit benutzen, Herrn Prof. Dr. Iván Valkó für seine wirkungsvolle, auf Jahre zurückreichende Hilfe zu danken.

Dr.-Ing. Ferenc Kovács

Inhaltsverzeichnis

8

9

10

1 Halbleiterdioden
für hohe und höchste Frequenzen

1.1 Eigenschaften und Anwendung
von Spitzen- und Flächendioden
bei hohen und höchsten Frequenzen

Halbleiterdioden können grundlegend in zwei große Gruppen unterteilt werden, in Spitzen- und in Flächendioden. Innerhalb dieser Gruppen bildete sich eine Reihe von modernen Halbleiterdioden heraus, die mit ihren speziellen Strukturen wesentlich günstigere Hochfrequenzparameter ermöglichten. Die Faktoren, die im Hochfrequenzbereich die Anwendbarkeit der konventionellen (gewöhnlichen) Diodentypen beschränken, treten, nur in den Hintergrund gedrängt, auch bei diesen modernen Dioden auf. Die Untersuchung der Hochfrequenzeigenschaften wollen wir gerade deshalb mit der Behandlung der konventionellen Dioden beginnen.

Betrachtet man die Funktionsmechanismen der beiden konventionellen Diodentypen — der Spitzendiode und der Flächendiode —, so zeigen sich viele verwandte Züge. Die Faktoren, die den Hochfrequenzbetrieb beschränken, sind für beide Typen ähnlich, sie unterscheiden sich lediglich quantitativ. Die Funktionsweise der Spitzendioden ist — und das können wir ruhig äußern — noch heute nicht völlig geklärt, eines ist jedoch gewiß: An der Grenzfläche zwischen Halbleiterkristall und Metallspitze, die an den Kristall anstößt, spielt sich ein ähnlicher Vorgang ab wie an der Grenzfläche zweier entgegengesetzt dotierter Halbleiterschichten, welche die Flächendiode bilden. Im weiteren betrachten wir das Verhalten der Flächendiode mit der Anmerkung, daß die Feststellungen — im beschränkten Rahmen — auch für die Spitzendiode gültig sind [1.18].

Abb. 1.1 zeigt die Ladungsverhältnisse bei der Flächendiode. Die Diodenwirkung (Gleichrichtereigenschaft) kommt an der Grenzfläche der zwei entgegengesetzt dotierten Halbleiterkristalle zustande. Die aus der N-Schicht in die P-Schicht strömenden Elektronen häufen sich im nahe der Grenzfläche liegenden Gebiet der P-Schicht an, der gleiche Vorgang läuft in umgekehrter Richtung mit den in die N-Schicht strömenden Löchern (Elektronenfehlstellen) ab. Die Ladungsanhäufung geht auf beiden Seiten in den Abschnitten L_n bzw. L_p vonstatten, wobei L_n und L_p die auf die Elektronen bzw. Löcher bezogene Diffusionslänge bedeuten. Zwischen den beiden angehäuften Ladungsträgern entgegengesetzter Polarität befindet sich die Verarmungszone, die praktisch frei von beweglichen Ladungsträgern ist.

Die Größe der beidseitig angehäuften Ladung hängt vom Strom I_d ab, der durch die Diode fließt. Bei Erhöhung des Stromes ist die ursprünglich dort befindliche Ladung um den Wert der zum größeren Strom gehörenden Mehrladung zu erhöhen. So läßt sich auch sagen, daß die beiden Schichten der Diode „aufzuladen" sind. Eine solche Anordnung verhält sich also wie

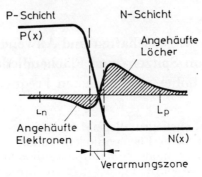

Abb. 1.1. Ladungsverhältnisse an einem in Durchlaßrichtung vorgespannten PN-Übergang

ein Kondensator. Der Wert der sich so ergebenden sogenannten Diffusionskapazität ist

$$C_d = \text{Konstante} \cdot I_d, \qquad (1.1.1)$$

d. h. proportional zum Augenblickswert des Diodenstromes. Diese Diffusionskapazität bestimmt, indem sie den hochfrequenten Strom kurzschließt, die Funktionsgeschwindigkeit der Diode.

Die Wirkung der Diffusionskapazität ist vor allem im geöffneten, d. h. leitenden Zustand der Diode beträchtlich. Für die gesperrte Flächendiode ist ebenso eine Kapazität kennzeichnend. Bei Änderung der Sperrspannung über die Diode ändert sich die Dicke der verarmten Schicht, und da die Gesamtmenge der darin enthaltenen, sich nicht bewegenden Ladungen steigt bzw. fällt, erscheint wegen der sich ergebenden Ladungsänderung wiederum ein Kondensator, der sich aufgrund der Sperrspannung auflädt bzw. entlädt. Sein Wert beträgt

$$C_T = \frac{C_{T0}}{(1 - U/U_0)^{1/n}}, \qquad (1.1.2)$$

wobei der Index T auf den Ausdruck Transition (Übergang) hinweist; C_{T0} ist der Wert der Kapazität bei der Sperrspannung $U = 0$; U_0 und n sind Konstanten, die von den Dotierungsverhältnissen und der Geometrie des PN-Übergangs abhängen. Diese Kapazität, die wir im weiteren Sperrschichtkapazität nennen werden, erlangt im Sperrzustand des Übergangs Bedeutung, bei geöffneter Diode wird sie wegen dem meistens wesentlich größeren Wert der Diffusionskapazität gemäß (1.1.1) in den Hindergrund gedrängt.

Die beiden genannten Erscheinungen treten im wesentlichen bei fast jedem Halbleiterbauelement in irgendeiner Form auf; so ist ihre Erörterung auch vom Standpunkt des nachfolgend Beschriebenen sehr wesentlich. Die Entwicklung moderner Halbleiterbauelemente für hohe Frequenzen führt eigentlich in die Richtung, durch Optimierung der Bauelementekonstruktion den Einfluß dieser Größen auf ein Minimum zu reduzieren.

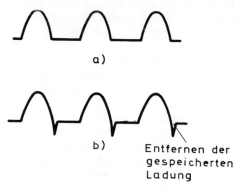

Abb. 1.2. Gleichgerichtetes Sinussignal einer idealen Diode (a) und einer Diode mit gespeicherter Ladung (b)

Der Vorgang der oben beschriebenen Ladungsspeicherung des PN-Übergangs hat unter anderem zur Folge, daß die ideale „statische" Kennlinie der Diode ihre Gültigkeit verliert, sobald die Funktionsgeschwindigkeit — oder Frequenz — über einen gegebenen Grenzwert steigt. Unter statischen Verhältnissen läßt sich die Kennlinie der Diode idealisieren, was soviel bedeutet, daß in Sperrichtung ihr Widerstand unendlich groß ist, sie in Durchlaßrichtung dagegen einen Kurzschluß herstellt. Die Form eines mit idealer Diode gleichgerichteten Sinussignals, genauer gesagt des durch die Diode fließenden Stromes, können wir in Abb. 1.2a sehen. Abb. 1.2b zeigt den Fall einer realen Diode, d. h. einer Diode mit gespeicherter Ladung. Wegen der während des Durchlaßbetriebs (positive Halbwelle) angehäuften Ladung ist die Diode nicht fähig, sofort in die Sperrichtung umzuschalten, denn die gespeicherte Ladung muß von der Sperrspannung (negative Halbwelle) entfernt werden. Infolgedessen ist die Sperrung, d. h. das Abschneiden der negativen Halbwelle, nicht vollkommen, und das zu Beginn der negativen Halbwelle auftretende negative Restsignal ist um so größer, je geringer die Periodendauer bzw. je höher die Frequenz des gleichzurichtenden Signals ist. Dieser Vorgang wird durch die sogenannte Ladungsspeicher- oder Erholzeit beschrieben, die man bestimmt, indem man nach dem Umschalten der Diode von der Durchlaß- in die Sperrichtung die Zeit mißt, während der der „Entladestrom" in Sperrichtung auf einen gegebenen Wert gefallen ist.

Die wesentlichste Folge der Frequenzabhängigkeit des PN-Übergangs ist demgemäß die Verschlechterung der Gleichrichtungsfähigkeit, was in der Reduzierung des Gleichrichter-Wirkungsgrades zum Ausdruck kommt. Für die einzelnen Gleichrichtertypen gibt man jeweils die Frequenzabhängigkeit des Wirkungsgrades an, woraus man ebenfalls die obere Grenze der Anwendbarkeit des gegebenen Diodentyps ersehen kann. Eine weitere, recht unangenehme Folge äußert sich darin, daß sich mit stark frequenzabhängigen Dioden eine breitbandige Gleichrichtung mit gleichmäßiger Übertragung ziemlich schwer realisieren läßt, obwohl das — besonders in der Meßtechnik — eine recht häufig auftretende Forderung ist. Soviel läßt sich auf alle Fälle feststellen, daß für Gleichrichterzwecke bei kleinen Strömen die Spitzendioden geeigneter sind, und unter ihnen in erster Linie die Wolfram-Spitzendioden wegen ihrer gegenüber den Gold-Spitzendioden geringeren Sperrschichtkapazität. Zur Gleichrichtung extrem hoher Frequenzen dienen spezielle Mikrowellen-Spitzendioden, die in besondere Patronen-Gehäuse gebracht werden, was gleichzeitig auch ihre Einpassung in die Speiseleitung begünstigt.

Außer den frequenzbegrenzenden Faktoren, die sich aus den Eigenschaften des PN-Übergangs ergeben, spielen auch noch andere Umstände bei der Bestimmung des Hochfrequenzbetriebes eine Rolle. Die vollständige elektrische Ersatzschaltung einer Halbleiterdiode wird in *Abb. 1.3* gezeigt, in der die zusätzlichen Faktoren berücksichtigt werden. Die tatsächliche Funktion des im vorangegangenen beschriebenen PN-Übergangs wird durch das *RC*-Parallelglied beschrieben, wobei r_d den dynamischen Widerstand

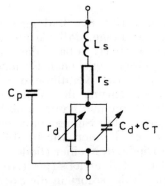

Abb. 1.3. Hochfrequenz-Ersatzschaltung einer Halbleiterdiode

der Diode darstellt, dagegen wird der Kondensator aus der Summe von Diffusions- und Sperrschichtkapazität gebildet. Die weiteren Teile des Halbleiterkristalls und der Serienwiderstand der Zuleitungen werden mit einem Serienwiderstand r_s berücksichtigt, den induktiven Charakter der Zuleitungen beschreibt die Serieninduktivität L_s. Das Gehäuse verfügt über eine gewisse Parallelkapazität C_p, die natürlich von der Bauform abhängt. Wie aus Abb. 1.3 hervorgeht, haben die übrigen parasitären Elemente des Ersatzschaltbildes praktisch konstante, vom Arbeitspunkt unabhängige Werte.

Das Zustandekommen des Serienwiderstandes r_s läßt sich recht anschaulich mit *Abb. 1.4* erklären, die eine PN-Diode in Planarausführung zeigt. Die Gleichrichterwirkung kommt an der Grenzfläche der P- und N-Schicht bzw. in der zumeist engen Umgebung zustande. Der verbleibende Teil des Kristallblockes vom N-Typ, der sich bis zur Lötplatte ausdehnt, spielt

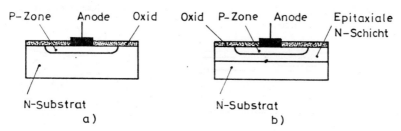

Abb. 1.4. Aufbau einer Halbleiterdiode in Planartechnik (a) und in Epitaxie-Planartechnik (b)

lediglich vom mechanischen Gesichtspunkt her eine Rolle. Ist die N-Schicht gering dotiert, so ist der Widerstand des Kristallblockes und damit auch r_s groß. Abb. 1.4b veranschaulicht das Wesen des sogenannten Epitaxieverfahrens, das man zur Reduzierung des Serienwiderstandes anwendet. Hierbei wird die N-Schicht aus zwei Teilschichten zusammengesetzt. Die erste Schicht, die lediglich eine mechanische Festigkeit geben soll, ist stark dotiert (N^+), so daß ihr Widerstand sehr klein ist. Mit dieser Methode läßt sich das Hochfrequenzverhalten von Halbleiterbauelementen bedeutend verbessern.

1.2 Die PIN-Diode und ihre Anwendung

Aus der Sicht der Höchstfrequenzanwendungen ist eine der bedeutendsten Diodentypen die PIN-Diode. Ihrer Bezeichnung liegt die Dotierung der einzelnen Halbleiterschichten zugrunde. Wie aus *Abb. 1.5a* ersichtlich ist, besteht die PIN-Diode aus einer P- und einer N-dotierten Schicht. Dazwischen befindet sich eine I-(Intrinsic-)Zone, die kaum dotiert ist. Eben diese in der Mitte angeordnete Schicht bestimmt die Funktionsweise der Diode. In Durchlaßrichtung wird, wie die Abbildung zeigt, in der I-Zone eine Ladungsmenge gespeichert, durch die der ansonsten sehr hohe Schichtwiderstand verringert und die Leitfähigkeit somit erhöht wird. Diesen Effekt können wir als Leitfähigkeitsmodulation bezeichnen: Der Strom in Durchlaßrichtung ändert (moduliert) durch das Vorhandensein der gespeicherten Ladungsmenge den Widerstand der I-Schicht und damit den Diodenwiderstand.

In Sperrrichtung wandern die frei beweglichen Ladungsträger aus der I-Schicht ab *(Abb. 1.5b)*, die I-Schicht verhält sich dann genauso wie die verarmte Schicht des in Abschn. 1.1 beschriebenen PN-Übergangs. Da jedoch die Dicke der I-Schicht w_i verhältnismäßig groß ist, wird der Wert der

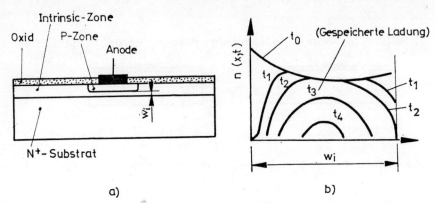

a)   b)

Abb. 1.5. PIN-Diode: Querschnitt (a) und zeitliche Änderung der Ladungsträgerdichte in der Intrinsic-Schicht beim Umschalten in den Sperrbereich (b)

durch sie gebildeten Sperrschichtkapazität außerordentlich klein. Das ist die andere charakteristische Eigenschaft der Diode [1.16].

Abb. 1.6 zeigt die Ersatzschaltung der PIN-Diode, in der getrennt die Ersatzelemente der I-Schicht und die Elemente des üblichen PN-Übergangs enthalten sind. Der auf letzteren bezogene dynamische Widerstand r_d der Diode und die Diffusionskapazität C_d stimmen mit den früher behandelten

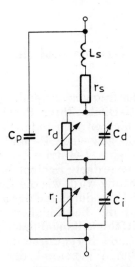

Abb. 1.6. Hochfrequenz-Ersatzschaltung einer PIN-Diode

Größen überein. Die mit ihnen in Serie liegenden Elemente r_i und C_i bedeuten den Widerstand und die Kapazität der I-Schicht.

Der Widerstand r_i hängt infolge der Leitfähigkeitsmodulation vom Durchlaßstrom ab, und zwar näherungsweise in der Form

$$r_i = KI_D^n, \tag{1.2.1}$$

wobei K und n Konstanten sind. Wie aus *Abb. 1.7* ersichtlich ist, ergibt sich, logarithmisch aufgetragen, in einem breiten Strombereich ein gerader Abschnitt. Der Widerstand ist bei großen Strömen außerordentlich gering

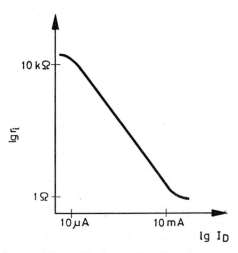

Abb. 1.7. Stromabhängigkeit des Widerstandes der PIN-Diode

(näherungsweise Kurzschluß), während er bei kleinen Durchlaßströmen sehr groß ist (näherungsweise Unterbrechung).

In Sperrichtung wächst der Einfluß der parallel zum hohen Widerstand liegenden Kapazität C_i. Da sich ihr Wert im allgemeinen um $C_i \approx 0{,}1$ pF bewegt, kann die Hochfrequenzimpedanz in Sperrichtung praktisch ebenso als unendlich angesehen werden.

Die PIN-Diode läßt sich dadurch als fast idealer elektronischer Schalter betrachten, dessen Widerstand — auch im Höchstfrequenzbereich — bei hohen Durchlaßströmen einen Kurzschluß, in Sperrichtung dagegen eine Unterbrechung darstellt. Die daraus erwachsende Bedeutung dieses Elements bedarf keiner spezielleren Erörterung. Zu einer Verschlechterung der Verhältnisse tragen, wie schon in Abschn. 1.1, auch hier die durch das Diodengehäuse verursachten Größen bei: die Induktivität L_s und der Widerstand r_s sowie die Parallelkapazität C_p. Diese verschlechtern — wie sich leicht einsehen läßt — die idealen Schaltparameter. Gerade deshalb muß die Konstruktion des Gehäuses so beschaffen sein, daß der Einfluß dieser Größen auf ein Minimum gedrückt werden kann.

Abb. 1.8 zeigt die Ersatzschaltung eines speziell ausgeführten PIN-Diodengehäuses in Streifenleitertechnik (stripline), das bei Höchstfrequenzen recht gute Eigenschaften besitzt. In Abb. 1.8 ist die Funktion in Sperrichtung der Diode, in Abb. 1.8b die der Durchlaßrichtung dargestellt. Die Diode befindet sich parallel zu einem kurzen Streifenleiterstück (d. h. in einem aus parallelen Streifen bestehenden Wellenleiter), ihre Anschlüsse

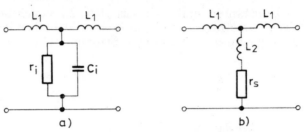

Abb. 1.8. Ersatzschaltung einer PIN-Diode im Streifenleiter-Gehäuse in Sperrichtung (a) und in Durchlaßrichtung (b)

sind im wesentlichen durch die beiden Leiter dieses Stückes gegeben. Die beiden konzentrierten Induktivitäten L_1 stehen für die nicht geerdete Leitung des Streifenleiters. Durch richtige Wahl des Wellenwiderstandes des Streifenleiters kann man erreichen, daß in Sperrichtung die Kapazität C_i und in Durchlaßrichtung die aus der Zuleitung überbleibende Induktivität L_2 als Teile des Wellenleiters erscheinen. Auf diese Weise wirkt das Streifenleiterstück, indem seine Impedanz durch die Widerstände r_i bzw. r_s bestimmt wird, näherungsweise als ideale Unterbrechung bzw. idealer Kurzschluß; Reaktanzglieder sind also nicht vorhanden.

Wie sich aus dem Vorangegangenen zeigt, kann die PIN-Diode zweckmäßig in Höchstfrequenzschaltungen, in regelbaren Teilern und Modulatoren angewendet werden. *Abb. 1.9* zeigt einige typische Schaltungen. In Abb. 1.9a ist ein Serienschalter dargestellt, der mit der in Serie liegenden Diode D_1 realisiert wird. Der Kondensator C_k führt die Kopplung durch, die Drosselspulen L_{dr} dienen zur Gleichstromversorgung. Bei hohem Durchlaßstrom schließt die Diode kurz, in Sperrichtung bildet sie eine Unterbrechung. In Abb. 1.9b ist das parallele Pendant zu Abb. 1.9a zu sehen. Abhängig von der Regelspannung schaltet die Diode oder nicht. Bei beiden Varianten läßt sich durch Änderung des Durchlaßstromes der Widerstand der Diode und damit die Größe des Serien- bzw. Parallelwiderstandes regeln. In Höchstfrequenzanwendungen benutzt man die Parallelausführung häufiger. Wird die Schaltung in eine Leitung mit dem Wellenwiderstand Z_0 eingefügt, so läßt sich für die Dämpfung in Durchlaßrichtung der Ausdruck

$$a_{DI} = 10 \lg \left\{ \left[1 + \frac{GZ_0}{2} \right]^2 + \left[\frac{BZ_0}{2} \right]^2 \right\}$$

angeben, wobei G für den Realteil und B für den Imaginärteil der Admittanz der gesperrten Diode steht. Wird die Funktion der Diode nur auf ein

20

schmales Frequenzband beschränkt, so kann die Reaktanz B mit einer Parallelinduktivität kompensiert werden.

Die Dämpfung in Sperrichtung wird durch den Zusammenhang

$$a_{\text{Sp}} = 10 \lg \left\{ \left[1 + \frac{R Z_0}{2(R^2 + X^2)} \right]^2 + \left[\frac{X Z_0}{2(R^2 + X^2)} \right]^2 \right\}$$

beschrieben, wobei $Z = R + jX$ die Serienimpedanz der leitenden Diode beschreibt. Im Fall eines schmalen Frequenzbandes kann die Serienreaktanz X ebenfalls ausgeglichen werden.

Abb. 1.9c und Abb. 1.9d zeigen Resonanzschalter in Parallel- bzw. Serienausführung. Abhängig von der Impedanz der Diode erscheint zwischen bei-

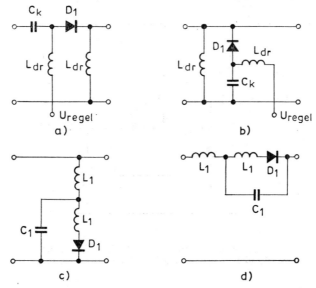

Abb. 1.9. Die PIN-Diode in Schalteranwendungen: Serienschaltkreis (a) und Parallelschaltkreis (b), mit auf Resonanz abgestimmter paralleler (c) und auf Resonanz abgestimmter serieller Diode (d)

den Punkten entweder ein Serien- oder ein Parallelresonanzkreis. Die Impedanz hängt vom Gütefaktor dieses Resonanzkreises ab. Hierin äußert sich, in welchem Maße die Impedanz der Diode eine Unterbrechung bzw. einen Kurzschluß herstellt.

Die in Abb. 1.9a und Abb. 1.9b gezeigten Schaltungen haben den Nachteil, daß auf einer Leitung mit dem Wellenwiderstand Z_0 wegen der nicht vorhandenen Anpassung Reflexionen auftreten. In *Abb. 1.10* sind regelbare Teiler dargestellt, die bei richtiger Wahl des Durchlaß-Regelstroms am Eingang und am Ausgang einen konstanten Widerstand Z_0 besitzen. In Abb. 1.10a ist ein aus drei Dioden bestehendes π-Glied zu sehen. Bei Erhöhung des Diodenstroms von D_1 und D_2 bzw. bei gleichzeitiger Reduzierung des Diodenstroms von D_3 steigt die Dämpfung des π-Gliedes, dabei wird der Eingangswiderstand jedoch auf gleichem Wert gehalten. Abb. 1.10b zeigt die Ausführung eines einfachen T-Gliedes mit zwei veränderlich vorgespannten Dioden. In Abb. 1.10c sehen wir die konkrete Schaltung einer π-Glied-Ausführung, mit der im Frequenzbereich 10 ... 100 MHz eine Dämpfung von 1 ... 20 dB regelbar ist, wobei das Stehwellenverhältnis am Eingang

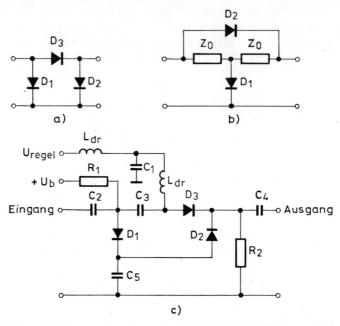

Abb. 1.10. Teiler konstanter Impedanz in PIN-Diodenausführung mit π-Glied (a), überbrücktem T-Glied (b), mit π-Glied und Gleichstrom-Regelschaltung (c)

wie am Ausgang durchgehend unter 2 bleibt. Für das Öffnen der Dioden D_1 und D_2 sorgt die Spannung U_b über die Widerstände R_1 und R_2. Bei Erhöhung der Regelspannung U_{regel} steigt der Strom der Diode D_3, und infolge der über dem Widerstand R_2 abfallenden Spannung fällt der Strom von D_1 und D_2. Auf diese Weise kommt der erwähnte gegensätzliche Betrieb zustande, mit dem eine gute Anpassung erreicht wird.

Im Berich über 1000 MHz sind aus konzentrierten Elementen aufgebaute Teiler nicht verwendbar. Hier treten aus 3-dB-Richtkopplern (Hybriden) bestehende breitbandige Höchstfrequenzschalter bzw. -teiler in den Vordergrund, deren einfachste Variante in *Abb. 1.11a* zu sehen ist. Den Kern der Schaltung bilden die beiden miteinander gekoppelten Wellenleiter, die man zweckmäßigerweise mit Streifenleitern aufbaut. Die beiden einander zugekehrten Wellenleiter laufen der Länge nach übereinander, auf diese Weise gelangen die nicht geerdeten Leitungen miteinander in Kopplung (siehe

Abb. 18.27). Die Länge der Leiter bestimmt die untere Grenzfrequenz, deshalb tauchen im Bereich unterhalb 100 MHz wegen der sich ergebenden großen Längen Probleme auf.

Durch die Kopplungswirkung teilt sich das auf den Eingang A gegebene Leistungssignal P_A im Falle angepaßter Punkte B und C (d. h. bei unendlichen Diodenwiderständen) zwischen diesen beiden Punkten mit einer Phasenverschiebung von 90° zu gleichen Teilen auf (hieraus stammt die 3-dB-Bezeichnung), währenddessen an Punkt D kein Signal gelangt.

Ist der Widerstand der Dioden D_1 und D_2 null, so wird die Leistung von den Punkten B und C reflektiert, und zwar aufgrund der Phasenverhältnisse so, daß die gesamte Eingangsleistung auf den Ausgang D gelangt.

In den dazwischenliegenden Fällen hängt die Leistung am Ausgang vom Widerstand der Dioden D_1 und D_2, d. h. von der Vorspannung ab. In der Praxis ist ein Dämpfungsbereich von 1 . . . 20 dB erreichbar. Ist der Widerstand beider Dioden gleich, so ergibt sich am Eingang A wie am Ausgang D ein Stehwellenverhältnis von eins. Die Symmetrie der Dioden ist also sehr wichtig. Die Schaltung hat den Nachteil, daß die Dämpfungskennlinie als Funktion der Frequenz wellig ist, was im allgemeinen nicht zulässig ist.

Eine bessere Lösung stellt die Schaltung in *Abb. 1.11b* dar, bei der man zwei 3-dB-Richtkoppler verwendet. Ihre Wirkungsweise ist folgende: Sind die beiden Diodenwiderstände unendlich, so summieren sich die auf die Punkte B und C gelangenden Teilleistungen am Punkt F. Theoretisch

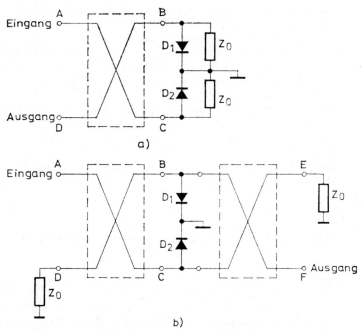

Abb. 1.11. PIN-Diodenschalter mit einem 3-dB-Richtkoppler (a), mit zwei in Serie geschalteten 3-dB-Richtkopplern (b)

erscheint also die gesamte Eingangsleistung am Punkt F, während das Signal an den Punkten E und D null ist.

Sind die beiden Diodenwiderstände null, so wird das Signal von den Punkten B und C reflektiert und in seiner vollen Größe im Punkt D verbraucht. Hierbei ist die Ausgangsleistung theoretisch null. Zwischen beiden Grenzwerten erscheint vom Widerstand der Dioden abhängig am Ausgang eine gewisse Leistung, die sich mit der Vorspannung der Dioden D_1 und D_2 regeln läßt. Der erreichbare Dämpfungsbereich ist mit dem der vorangegangenen Methode identisch, jedoch sind Welligkeit und Stehwellenverhältnis wesentlich besser.

Die Schalteranordnung nach Abb. 1.11b läßt sich auch als Duplexer verwenden, wenn man an den Punkt A die Antenne, an den Punkt D den Ausgang des Senders und an den Punkt F den Eingang des Empfängers schaltet. Bei unendlichen Diodenwiderständen gelangt das von der Antenne abgenommene Signal auf den Eingang des Empfängers und das Signal des Senders auf den Leitungsabschluß an Punkt E. Bei Diodenwiderständen von null gelangt das Sendersignal auf die Antenne.

Ein in Empfangsgeräten eingangsseitig verwendeter PIN-Dioden-Regler wird in [1.30] beschrieben; mit einem breitbandigen Mikrowellenschalter beschäftigen sich [1.32] und [1.38]. Weitere Schalter- bzw. Reglerstromkreise werden in [1.23], [1.24], [1.33] und [20.17] behandelt; eine Begrenzerschaltung wird in [1.25] diskutiert. Mit der Untersuchung der Schaltzeit beschäftigt sich [1.39].

Mit PIN-Dioden hoher Leistung wurde auch das elektronische Schalten extrem hoher Leistungen möglich [1.34]. So ist zum Beispiel eine zur Umschaltung einer 100-kW-Senderleistung dienende Spezialanordnung für das Frequenzband 6 ... 40 MHz bekannt [1.20], in der wassergekühlte PIN-Dioden Anwendung finden und mit der in Durchlaßrichtung eine Dämpfung von 0,1 dB bzw. in Sperrichtung eine von 70 dB erreicht wird.

Sehr wesentlich bei der Schaltung bzw. Teilung höherer Leistungen ist das Maß der als Verzerrungen auftretenden Oberwellen. Mit der Berechnung der bei unterschiedlichen Signalpegeln zustande kommenden Intermodulationsfaktoren, bezogen auf verschiedene Schaltungsanordnungen, beschäftigen sich ausführlich [1.8] und [1.12]. Ein weiteres sehr wichtiges Anwendungsgebiet der PIN-Dioden ist die Radartechnik, wo sie als Phasenschieber angewendet werden.

1.3 Die Schottky-Diode und ihre Anwendung

Die Schottky-Diode bildet im wesentlichen einen Übergang zwischen der Spitzen- und der Flächendiode; betrachtet man jedoch ihre Hochfrequenzeigenschaften, so übertrifft sie beide um ein Vielfaches. Ihr Zustandekommen wurde mit der Entwicklung der Technologie der Metall-Halbleiter-Übergänge möglich. Der bekannte Physiker *W. Schottky* wies bereits 1942 in einer Veröffentlichung darauf hin, daß Metall-Halbleiter-Übergänge

Gleichrichtereigenschaften besitzen, jedoch war die Technik erst Jahrzehnte später in der Lage, diesen Effekt in der Praxis auszunutzen. Der Grund hierfür lag daran, daß bereits geringste Verunreinigungen (Störstellen) im Grenzübergang vom Metall zum Halbleiterkristall oder Störungen im Kristallaufbau eine Reduzierung oder völliges Verschwinden der Gleichrichterwirkung zur Folge haben. Deshalb bedingt die Herstellung dieses Übergangs eine hochentwickelte Technologie. Die Möglichkeit der Realisierung trat mit der Anwendung von sogenannten Abscheidungsverfahren in den Vordergrund *(Abb. 1.12a)*.

Der größte Vorteil der Schottky-Diode gegenüber den PN-Dioden liegt darin, daß an ihrer Funktion keine Minoritätsladungsträger teilnehmen, und deshalb bleibt die durch die Minoritätsladungsträger hervorgerufene Speicherwirkung aus. In Verbindung mit Abb. 1.2 sprachen wir über die wegen der Ladungsspeicherung zustande kommende Erholzeit und deren Einfluß auf die Schalteigenschaften der Diode. Da die Speicherzeit der Schottky-Diode praktisch vernachlässigbar ist, läßt sie sich auch noch im Frequenzbereich um 100 MHz ausgezeichnet zur Gleichrichtung von Sinussignalen anwenden, die erhaltene Signalform kann hierbei mit der idealen Signalform gemäß Abb. 1.2a verglichen werden. Über diesen Vorteil hinaus ist die Diode durch einen kleinen Serienwiderstand, einen geringen Rauschfaktor, eine niedrige Kniespannung sowie durch die Fähigkeit, hohe Wechselstromleistungen zu verarbeiten, gekennzeichnet. Wegen ihrer günstigen Eigenschaften erobert dieser Diodentyp immer neue Anwendungsgebiete im Hochfrequenzbereich.

Die Funktion der Schottky-Diode läßt sich anhand des Bändermodells der Metalle und Halbleiter erklären. Ohne auf diese Thematik ausführlich einzugehen, seien hier nur die wichtigsten Kriterien der Funktion der Schottky-Diode genannt. Ähnlich zum PN-Übergang tritt auch an der Grenzfläche Metall—Halbleiter ein Potentialsprung auf, der sich wie erwähnt auf die Abweichung der Energieverhältnisse dieser beiden Materialien zurückführen läßt. Legt man an die N-Halbleiterschicht eine negative Spannung,

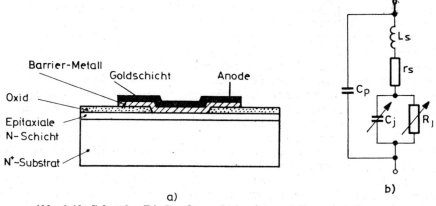

a)　　　　　　　　　　　　　　　　　　b)

Abb. 1.12. Schottky-Diode: Querschnitt (a) und Ersatzschaltung (b)

so reduziert diese den Potentialsprung, und dadurch beginnt ein Strom zu fließen. Infolge dieses Durchlaßstromes strömen aus dem N-Halbleiter Elektronen ins Metall. Weil der Halbleiter die Elektronen mit hoher Energie in die Metallschicht injiziert, nennt man sie „heiße", d. h. hochenergetische Elektronen (daher die englische Bezeichnung „hot carrier diode"). Gegenüber dem PN-Übergang erscheint hier kein Löcherstrom, da Löcher in der Metallschicht nicht vorhanden sind. Aus diesem Grunde speichern sich in der N-Halbleiterschicht keine Minoritätsladungsträger; die Erholzeit wird dadurch wesentlich reduziert. Die Gleichstromkennlinie der Schottky-Diode kann ähnlich zum PN-Übergang mit einem Exponentialausdruck beschrieben werden. Es ist jedoch zu bemerken, daß dieser Diodentyp ziemlich empfindlich gegenüber „Durchbrennen" ist, was von der Energie abhängt, die bei impulsartiger Belastung der Diode entsteht.

Abb. 1.12b zeigt die Ersatzschaltung der Schottky-Diode. Hierin sind R_j und C_j Kenngrößen des Metall-Halbleiter-Übergangs, die sich mit dem Arbeitspunkt ändern. Die in Serie liegenden Größen L_s und r_s und die Parallelkapazität C_p sind parasitäre Elemente, die sich größtenteils aus dem Gehäuse der Diode ergeben. Für die Diode ist es üblich, eine Grenzfrequenz anzugeben, die aus dem Zusammenhang

$$\omega_G = \frac{\sqrt{1 + r_s/R_j}}{C_j \sqrt{r_s R_j}} \tag{1.3.1}$$

berechnet wird [1.5]. Da der Wert der Kapazität in Durchlaßrichtung $C_j \approx 1$ pF beträgt, liegt die Grenzfrequenz sehr hoch.

Die hauptsächlichsten Anwendungsgebiete der Schottky-Diode sind Mischer [1.27], Detektoren, Begrenzer, Torschaltungen, Gleichrichter, Modulatoren [1.30] und Schalter [1.22] für Hoch- und Höchstfrequenzen. Die günstigen Rauscheigenschaften der Diode rechtfertigen ihre Anwendung als Detektoren für kleine Pegel. Für diesen Zweck kommen in erster Linie die sogenannten Zero-Bias-Schottky-Dioden in Betracht, bei denen die Knickspannung praktisch null ist [1.42].

Die Anwendung der Schottky-Diode als Gleichrichter für große Signale ist in *Abb. 1.13* illustriert. Abb. 1.13a zeigt eine bei $f = 2000$ MHz arbeitende Gleichrichterschaltung für große Pegel, die mit einer Transformationsschaltung aus zwei Parallel-Stichleitungen angepaßt ist. Wie aus Abb. 1.13b ersichtlich ist, besitzt die Schaltung einen recht hohen Wirkungsgrad.

Ein sehr wichtiger Anwendungsfall der Schottky-Dioden sind Abtast-(Sampling-)Schaltungen. *Abb. 1.14* zeigt eine solche, mit einer Vierfachdiode aufgebaute Schaltung. Ihr Funktionsmechanismus besteht darin, daß sie das Eingangssignal für eine sehr kurze Zeitdauer abtastet, wenn die Dioden in Durchlaßrichtung gesteuert werden; während dieser Zeit schalten die Dioden das Signal direkt auf den Eingangsverstärker (d. h. auf den Feldeffekt-Transistor, der die erste Stufe des Verstärkers bildet). Da die Abtastzeit im allgemeinen außerordentlich kurz ist (in der Größenordnung von 100 ps), müssen die Dioden außerordentlich schnell arbeiten. Für einen solchen Betrieb können nur Schottky-Dioden in Frage kommen. Der am

Transformator Tr_1 erscheinende Nadelimpuls U_{imp} öffnet die Vierfachdiode kurzzeitig. Das während dieser Zeitspanne die Dioden passierende Eingangssignal lädt den Kondensator C_2 auf und gelangt anschließend auf einen speziellen gegengekoppelten Verstärker, der das Signal zeitlich dehnt und formt. Bei richtiger Wahl des Abtastzeitpunktes erhalten wir am Verstär-

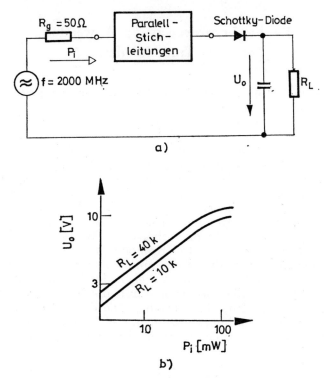

a)

b)

Abb. 1.13. Gleichrichter-Meßschaltung einer Schottky-Diode (a) und ihre Ausgangsspannung in Abhängigkeit von der Eingangsleistung (b)

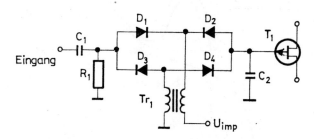

Abb. 1.14. Schnelle Abtastschaltung mit Schottky-Dioden

kerausgang, zeitlich gedehnt, das formgetreue Abbild des Eingangssignals. Dadurch ist es möglich, schnell ablaufende Signale (kurzzeitige Impulse, Hochfrequenzsignale) zu beobachten und zu messen. Für die Taktgabe der Abtastung sorgt ein spezieller Stromkreis. In der Schaltung nach Abb. 1.14 wird mit dem Koppelkondensator C_1 eine gleichstrommäßige Trennung erreicht.

1.4 Funktionsweise und Anwendung der Tunneldioden

Die Tunneldiode, nach dem Entdecker des Tunneleffekts auch Esaki-Diode [1.1] genannt, stellt im wesentlichen einen durch hohe Störstellen-konzentration erzeugten PN-Übergang dar, bei dem ein neuartiger, zusätz-licher Strom, der Tunnelstrom, auftritt. Charakteristisch für diese Diode ist, daß infolge der starken Dotierung die Überwindung des Potentialwalls für die Ladungsträger nicht mehr unmöglich ist. Abhängig von den Energie-verhältnissen gelingt es einem Teil der Ladungsträger, den Übergang zu überqueren. Der so zustande kommende Tunnelstrom, der auch in Sperr-richtung auftreten kann, ändert infolge seiner charakteristischen Spannungs-abhängigkeit die übliche Kennlinie des PN-Übergangs. *Abb. 1.15* veran-schaulicht die auftretenden Stromverhältnisse. Wie ersichtlich ist, besteht die resultierende Kennlinie aus drei Komponenten. Neben dem bekannten Diffusionsstrom in Durchlaßrichtung nimmt der Feldemissionsstrom eine bedeutende Rolle ein. Dieser kommt wegen der hohen Feldstärke in der Sperrschicht zustande, die wiederum durch die hohe Dotierung ensteht, ähnlich, wie der Zenerstrom in Z-Dioden. Die dritte Komponente ist der Tunnelstrom, der ein Maximum hat, d. h., bei Erhöhung der Spannung in Durchlaßrichtung fällt der Tunnelstrom. Die durch die Wirkung der drei

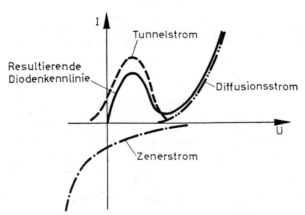

Abb. 1.15. Stromkomponenten und resultierende Kennlinie der Tunneldiode

Komponenten zustande kommende Kennlinie besitzt auf diese Weise einen
fallenden Abschnitt, d. h. einen Abschnitt mit negativem Widerstand. Wie
bekannt, ist eine Kennlinie mit negativem Widerstand zur Verstärkung
geeignet, was man auch bei Tunneldioden ausnutzt. Da das Zustandekommen des Zenerstroms und des Tunnelstroms im wesentlichen schneller vonstatten geht wie das des Diffusionsstroms, arbeiten auch die Tunneldioden
wesentlich schneller (im Bereich kleiner Durchlaßspannungen) als übliche

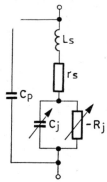

Abb. 1.16. Hochfrequenz-Ersatzschaltung der Tunneldiode

PN-Übergänge. Das begründet ihre Anwendungen im Hoch- und Höchstfrequenzbereich. Bei der gleichstrommäßigen Beurteilung der Tunneldiode
sind Position und Wert des Strommaximums und -minimums der Kennlinie
entscheidend.

Abb. 1.16 zeigt die Ersatzschaltung der Tunneldiode im Kleinsignalbetrieb.
Ähnlich zu den vorangegangenen Diodentypen wird auch hier der PN-Über-
gang durch ein paralleles RC-Element verdeutlicht, wobei der Widerstand
auf dem fallenden Abschnitt der Kennlinie einen negativen Wert hat. Der
Serienwiderstand r_s ergibt sich aus dem Kristallblock. L_s und C_p sind in
Serie bzw. parallel liegende Parasitärelemente, die durch den Einfluß des
Gehäuses zustande kommen.

Neben ihrer breiten Anwendung in schnell arbeitenden Schaltungen der
Impulstechnik spielen Tunneldioden auch in der Hoch- und Höchstfrequenz-
technik eine wichtige Rolle; primäre Anwendungen sind Verstärker und
Oszillatoren für den Mikrowellenbereich. Ihre Anwendung als Verstärker
wird jedoch durch den Umstand erschwert, daß zur Sicherung des negativen
Widerstandes der Arbeitspunkt der Diode auf dem fallenden Abschnitt der
Kennlinie gehalten werden muß. Das bedingt Gleichspannungsquellen mit
geringem   innerem   Widerstand.   Eine   Lösungsmöglichkeit   hierzu   zeigt
Abb. 1.17 mit dem kleinen Widerstand R_4. Ein typischer Wert der Arbeits-
punktsspannung liegt bei 110 . . . 130 mV, was gleichzeitig anzeigt, daß ein
Großsignalbetrieb stark begrenzt ist. Die Arbeitspunkteinstellung wird meistens durch den Rauschfaktor und das Optimum der erreichbaren Verstärkung
bestimmt. Da sich der erste Faktor eher bei größeren, der zweite dagegen

bei kleineren Arbeitspunktspannungen ergibt, wählt man als Kompromiß-
lösung eine zwischen beiden Werten liegende Spannung zur Einstellung des
Arbeitspunktes. In *Abb. 1.18a* ist der prinzipielle Aufbau der typischen Verstärkerschaltung zu sehen. Für die Trennung von Ein- und Ausgang sorgt
ein Zirkulator, in dem ein Fortschreiten des Signals nur in der mit Pfeil
bezeichneten Richtung möglich ist. Das Signal des am Eingang befindlichen

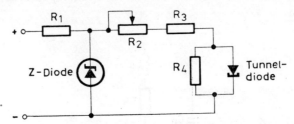

Abb. 1.17. Schaltung zur Arbeitspunkteinstellung der Tunneldiode

Generators gelangt über das Filter, wo die Anpassung und Abstimmung
durchgeführt werden, an die Tunneldiode. Dort vom negativen Widerstand
reflektiert, läuft es in Pfeilrichtung weiter und gelangt nun an den Wider-

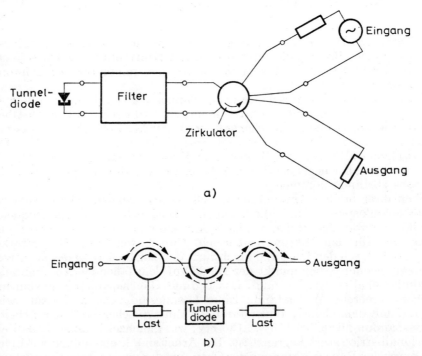

Abb. 1.18. Tunneldioden-Verstärker mit einem Zirkulator (a) und mit drei Zirkulatoren
für geringe Reflexion (b)

stand am Ausgang. Eine bedeutende Reduzierung der Reflexionen am Ein- und Ausgang läßt sich erreichen, wenn man, wie in *Abb. 1.18b* dargestellt, drei Zirkulatoren verwendet. Die Flußrichtung des Signals ist durch die durchbrochene Linie gekennzeichnet. Die passiven Widerstände der Schaltung dienen zur Absorption der reflektierten Signale. Nach diesem Prinzip fertigte man für den GHz-Bereich recht hochwertige Verstärker, die

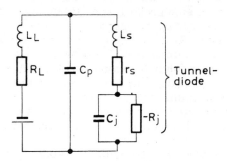

Abb. 1.19. Prinzip eines Tunneldioden-Oszillators

über ein verhältnismäßig breites Frequenzband eine gleichmäßige Übertragung besitzen [1.11].

In *Abb. 1.19* ist die Prinzipskizze eines Oszillators für hohe Frequenzen zu sehen. Bedingung für eine Schwingungserzeugung ist, daß die Verluste, die durch die im Stromkreis befindlichen ohmschen Komponenten entstehen, null werden, d. h., positiver und negativer Widerstand sollen sich kompensieren. Da der negative Widerstand der Tunneldiode arbeitspunktabhängig ist, bestimmt diese Bedingung auch gleichzeitig die Amplitude der Schwingung. Aufgrund der sich einstellenden Schwingungsamplitude kann mit einem sogenannten durchschnittlichen negativen Widerstand gerechnet werden, der die Verluste kompensieren muß.

1.5 Funktionsweise der Kapazitätsdioden

Wie wir bereits von den Flächendioden her wissen, hängt die Kapazität des PN-Übergangs von der Sperrspannung ab. Diese Eigenschaft nutzt man bei Kapazitätsdioden (Varicaps und Varaktoren) aus. Diese Bauelemente besitzen speziell konstruierte PN-Übergänge, deren Kapazitätsänderung als Funktion der Spannung außerordentlich groß ist. Ein typisches Anwendungsgebiet der Varicaps ist die Abstimmdiode, die als spannungsgesteuerter Kondensator den mechanischen Drehkondensator immer mehr verdrängt. Außerdem eignet sie sich auch zur automatischen Abstimmung und Regelung. Varaktoren verwendet man zur Frequenzvervielfachung und zur parametrischen Verstärkung. Die wesentlichsten Eigenschaften beider Diodentypen liegen in der Spannungsabhängigkeit der Sperrschichtkapazität sowie in der erreichbaren Kapazitätsänderung, d. h. im Verhältnis der maximalen und minimalen Diodenkapazität. Im weiteren wollen wir diese Frage eingehender untersuchen.

Die Sperrschichtkapazität ist aufgrund des Zusammenhangs (1.1.2) bei abruptem Dotierungsübergang proportional der Quadratwurzel der Sperrspannung, bei linearem Dotierungsübergang umgekehrt proportional der Kubikwurzel der Sperrspannung. Auch bei Dotierungsübergängen komplizierterer Form ergibt sich auf ähnliche Weise keine steilere Spannungsabhängigkeit. Um dennoch eine große Kapazitätsänderung zu erreichen, muß die Diode innerhalb breiter Spannungsgrenzen betrieben werden, was jedoch einerseits durch die Durchlaßrichtung (als untere Grenze) und andererseits durch die Durchbruchspannung der Diode begrenzt wird. Das Störstellenprofil der Sperrschicht ist folglich so auszubilden, daß sowohl aus der Sicht der Spannungsabhängigkeit der Kapazität als auch aus der Sicht der Durchbruchspannung ein Optimum erreicht wird.

Ein weiteres Problem stellt der Serienwiderstand der Diode dar, der, in Serie mit der Kapazität liegend, als Verlustwiderstand erscheint und den Gütefaktor der Kapazität verschlechtert. Um das zu umgehen, versieht man die Dioden — wie wir schon bei anderen Diodentypen gesehen haben — mit einer hochdotierten und dadurch sehr leitfähigen Epitaxieschicht, deren kleiner Serienwiderstand den notwendigen Stromfluß gewährleistet.

Für Abstimmzwecke verwendete Varicaps arbeiten meistens im Kleinsignalbetrieb, die Spannung liegt dabei stets in Sperrichtung an. Bei kleiner Sperrspannung, besonders wenn mit ihr der Signalpegel vergleichbar ist, treten Oberwellen auf, was bei Empfängerschaltungen nicht zulässig ist. In solchen Fällen benutzt man vorteilhaft ein Paar gegeneinander geschalteter Dioden (back-to-back diode), bei dem die infolge des hohen Eingangspegels hervorgerufenen Kapazitätsänderungen für beide Dioden gleich groß, jedoch entgegengesetzt gerichtet sind, so daß sie sich kompensieren.

Abb. 1.20 zeigt eine typische Schaltung, in der die Diode in einem abgestimmten Resonanzkreis als Parallelkapazität mit veränderlichem Wert erscheint.

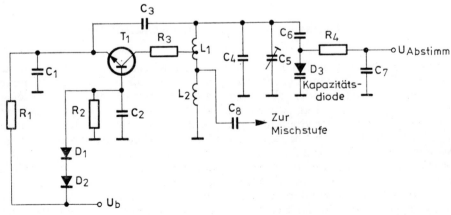

Abb. 1.20. Abstimmbarer Hochfrequenz-Oszillator mit Kapazitätsdiode

Das Hauptanwendungsgebiet von Varaktoren ist die Frequenzverviel-fachung, vor allem bei hohen Leistungspegeln [22.17]. Es existieren drei Hauptgruppen dieser Kapazitätsvariations-Dioden *(Abb. 1.21)*:

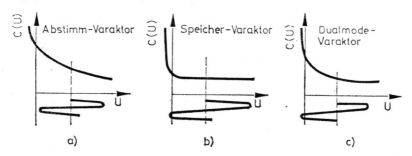

Abb. 1.21. Typen von Varaktor-Dioden: Abstimm-Varaktor (a), Speicher-Varaktor (b) und Dualmode-Varaktor (c)

a) Die Kapazität des Abstimm-Varaktors (C-swing varactor) ist stark von der Sperrspannung abhängig, was bei der Frequenzvervielfachung ausgenutzt wird.

b) Der Speicher-Varaktor (snap diode, step recovery diode) ist im wesent-lichen eine Ladungsspeicherdiode bei der man den beim Sperrvorgang auf-tretenden schnellen Stromrücklauf ausnutzt. Die Kapazität dieser Dioden hängt weniger von der Sperrspannung ab.

c) Bei den Dualmode-Varaktoren kommen die beiden obigen Wirkungen zur Anwendung.

Abb. 1.22a zeigt den Querschnitt durch einen Varaktor mit Mesa-Struk-tur. In *Abb. 1.22b* ist die Ersatzschaltung des Varaktors zu sehen. Der stati-

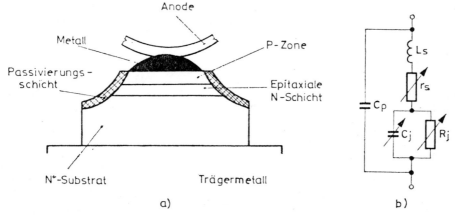

Abb. 1.22. Varaktor-Diode; Querschnitt (a) und Ersatzschaltung (b)

sche Gütefaktor (figure of merit) der Diode beträgt

$$Q_{st} = 1/\omega r_s C_j, \tag{1.5.1}$$

wobei r_s der Serienwiderstand des Kristallblocks und C_j die bei einer gegebenen Sperrspannung auftretende Diodenkapazität ist. Die weiteren Elemente der Ersatzschaltung sind von den früher behandelten Diodentypen her schon bekannt; die Wirkung des Parallelwiderstands R_j ist in Sperrichtung vernachlässigbar.

Der statische Gütefaktor hat als Kenngröße den Fehler, daß sie die Eigenschaften des Bauelements lediglich in einem gegebenen Arbeitspunkt beschreibt, jedoch nichts über die dynamischen Eigenschaften der Diode verrät. Zu Kennzeichnung deren dient der dynamische Gütefaktor

$$Q_{dyn} = S_1/\omega r_s \tag{1.5.2}$$

wobei r_s auch weiterhin für den Serienwiderstand steht; ω ist die Betriebsfrequenz und S_1 die Amplitude der ersten Fourierkomponente des Reziprokwertes der zeitabhängigen Kapazität. Bei einer an die Diode angelegten sinusförmigen Wechselspannung läßt sich nämlich die Zeitfunktion der Diodenkapazität mit einer Fourierreihe beschreiben:

$$C_j(t) = \sum_{n=-\infty}^{\infty} C_n e^{jn\omega t}. \tag{1.5.3}$$

Indem man im Ausdruck für den dynamischen Gütefaktor den Serienwiderstand r_s mit Hilfe von (1.5.1) substituiert, ergibt sich die übliche Bestimmungsgleichung

$$Q_{dyn} = \Gamma Q_{st} \frac{C_{j0}}{C_j}, \tag{1.5.4}$$

wobei Q_{st} und C_{j0} die bei der Spannung null gemessene statische Grenzfrequenz bzw. die Sperrschichtkapazität sind; C_j ist die bei der Arbeitspunkt-Vorspannung gemessene Kapazität und Γ ein Fourierkoeffizient, der sich abhängig von der Störstellenkonzentration der Sperrschicht um 0,17 . . . 0,25 bewegt. Wie ersichtlich ist, beschreibt zwar der dynamische Gütefaktor die nichtlineare Spannungs-Kapazitäts-Kennlinie der Diode, d. h. ihre Fähigkeit zur Frequenzvervielfachung, besser, ist jedoch nicht genügend exakt, da er einmal vom Stromkreis abhängt, für welchen er definiert ist, zum anderen von der Signalform des Generators.

Wie wir sehen können, macht ein hoher Gütefaktor einen kleinen Serienwiderstand notwendig. Ihn erreicht man mit einer Epitaxieschicht, was jedoch mit dem Nachteil verbunden ist, daß dadurch die Durchbruchspannung und damit der ausnutzbare Spannungsbereich reduziert wird. Bei einer optimalen Konstruktion muß man daher einen Kompromiß eingehen.

Die Schaltung eines mit Abstimm-Varaktor arbeitenden Frequenzvervielfachers zeigt *Abb. 1.23.* Da die Diode gemäß Abb. 1.21a nur in Sperrichtung arbeitet, erscheinen auch die nicht benutzten Harmonischen niederer Ordnung mit verhältnismäßig hoher Amplitude, die am Ausgang kurzzuschließen sind, um einen hohen Wirkungsgrad der Frequenzvervielfachung zu erzielen. Hierzu dient der aus den Elementen L_2, C_3 aufgebaute Serienschwingkreis (idler). Die Anpassung an den Eingang wird mit den Elementen L_1, C_1, C_2, die an den Ausgang mit den Elementen L_3, C_4 und C_5 durchgeführt.

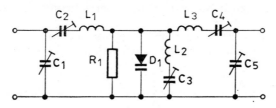

Abb. 1.23. Frequenzvervielfacherschaltung mit Abstimm-Varaktor

Die Störstellendichte eines Speicher-Varaktors ist so verteilt, daß die Diode beim Umschalten vom Fluß- in den Sperrbetrieb die Ladung verhältnismäßig lange speichert (t_s); danach wird diese Ladung sehr kurzzeitig ausgeräumt (t_t), d. h., der Sperrstrom fällt hierbei steil ab *(Abb. 1.24a).*

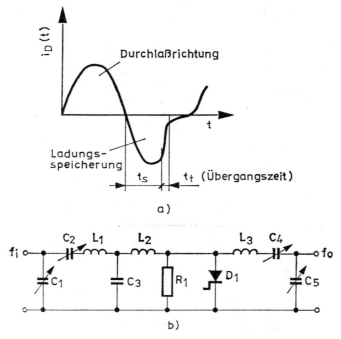

Abb. 1.24. Zeitfunktion des Stromes im Speicher-Varaktor (snap diode) (a) und seine Anwendung in einer Frequenzvervielfacherschaltung (b)

Die so entstehende steile Flanke läßt sich zur Erzeugung von Harmonischen ausnutzen. Gemäß Abb. 1.21b steuert man die Diode während des Betriebs auch in die Flußrichtung. Im N-Bereich der Diode steigt die Störstellendichte mit der Entfernung vom PN-Übergang stark an. Dadurch wird ein „*Driftfeld*" erzeugt (siehe Abschn. 2.2), das die Minoritätsträger in die Nähe des PN-Übergangs zwingt. Zur Ausräumung der in Nähe der Sperrschicht angehäuften Ladung wird nun eine sehr kurze Zeit ($t_t < 100$ ps) benötigt. Die Kapazitätsänderung in Sperrichtung ist dagegen nicht wesentlich.

Abb. 1.24b zeigt eine Frequenzvervielfacherschaltung, in der die Elemente L_2 und C_3 zur Ausnutzung der steilen Rückflanke des Stromes dienen. Die Spannung an der Induktivität L_2 beträgt $U_2 = L_2 di/dt$. Der Wert des Widerstands ist $R_1 \simeq 5t_s/N^2 C_j(0)$, wobei N die Vervielfachungszahl und $C_j(0)$ die bei einer Spannung von 0 V meßbare Schichtkapazität ist. Da die Schaltung Harmonische höherer Ordnung mit recht hoher Amplitude erzeugt, werden Idler nicht benötigt. Zur Anpassung an den Eingang dienen die Elemente L_1, C_1 und C_2, zur Anpassung an den Ausgang die Elemente L_3, C_4 und C_5. Um einen hohen Wirkungsgrad der Vervielfachung zu erreichen, müssen die Bedingungen $f_i > 10/t_s$ und $f_o \leq 1/t_t$ erfüllt sein. Ein weiteres Anwendungsgebiet der Snap-Diode sind die Kammgeneratoren [1.9].

Der Dualmode-Varaktor nach Abb. 1.21c vereinigt die Eigenschaften der vorangegangenen zwei Diodenarten. Diesbezüglich wird sie bei der Vervielfachung auch in Flußrichtung gesteuert (Snap-Wirkung), und gleichzeitig nutzt man auch die Kapazitätsänderung in Sperrichtung aus.

Bei der Herstellung von Varaktoren benutzt man nicht nur den PN-Übergang, sondern auch den Metall-Halbleiter-Übergang. Solche Kapazitätsdioden bezeichnet man als Schottky-Varaktoren. Diese weichen hinsichtlich ihrer Kapazitätsänderung und Durchbruchskennlinie von den vorangegangenen Kapazitätsdioden ab. Da der Übergang als abrupt betrachtet werden kann, ist die Kapazitätsänderung zwar groß, jedoch ist wegen der fehlenden Diffusionskapazität in Durchlaßrichtung das resultierende Kapazitätsverhältnis etwas kleiner. Ihr Serienwiderstand r_s ist geringer, ihr Durch-

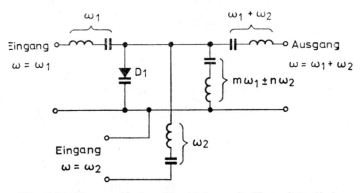

Abb. 1.25. Parametrischer Verstärker mit Kapazitätsdiode

bruch ,,weicher", d. h. nicht so scharf. Deshalb verwendet man diese Kapazitätsdiode bevorzugt bei kleineren Spannungen, weniger als Frequenzvervielfacher, eher als parametrischen Verstärker.

Abb. 1.25 zeigt eine solche Schaltung. Die Frequenz der Signalquelle ist ω_1, die Frequenz des sogenannten ,,Pumpsignals" ω_2. Für die Kopplung beider Generatoren sorgen Serienresonanzkreise. Der Varaktor D_1 erzeugt aufgrund seines nichtlinearen Spannungs-Kapazitäts-Verlaufes die Kombinationsfrequenzen $m\omega_1 + n\omega_2$. Die Schaltung filtert die Komponente $\omega_1 + \omega_2$ aus, und zwar mit Hilfe des hierauf abgestimmten Resonanzkreises. Nach dieser Schaltungslösung lassen sich Verstärker für den GHz-Bereich mit einer Verstärkung von 10 . . . 20 dB und einem Rauschfaktor von 2 . . . 5 fertigen, selbstverständlich bei kleiner relativer Bandbreite. Es sei noch vermerkt, daß man als Material für Schottky-Varaktoren anstelle von Silizium in der Regel Gallium-Arsenid verwendet, das die günstigsten Ergebnisse liefert.

1.6 Auf dem Lawineneffekt basierende Mikrowellen-Dioden

Durch die Wirkung einer hohen Sperrspannung werden die Ladungsträger im Sperrschichtbereich der Diode beschleunigt, und durch Zusammenstöße erzeugen sie weitere Ladungsträger. Da der Vorgang der Vervielfachung der Ladungsträger rapide ansteigt, wird er als Lawineneffekt und der dabei entstehende Strom als Lawinenstrom bezeichnet. Untersuchungen zeigen, daß in diesem Arbeitsbereich eine besondere Oszillation mit sehr hoher Schwingungszahl auftritt. Die theoretische Erklärung hierfür gab zuerst *W. Read* [1.2]. Nach diesem Prinzip arbeitende Dioden nennt man Read- bzw. IMPATT- (Impact Avalanche Transit Time) Dioden.

Die Funktionsweise der Diode kann anhand von *Abb. 1.26* verfolgt werden. Darin ist die elektrische Feldstärke als Funktion des Ortes aufgetragen. Über der Sperrschicht (Lawinenbereich) ist die Feldstärke groß, während im Gebiet außerhalb der Sperrschicht (Driftbereich) nur die kleine (Gleichstrom-)Feldstärke E_{DC} vorhanden ist. Mit der gestrichelten Linie ist die Ladungsträgerdichte bezeichnet. Diese untersuchen wir an fünf charakteristischen Zeitpunkten einer sich sinusförmig ändernden Feldstärke gemäß Abb. 1.26b [1.18].

Setzen wir voraus, daß zum 1. Zeitpunkt die Lawinenerscheinung noch nicht aufgetreten ist; praktisch fließt dann kein Strom, die Ladungsträgerdichte ist gering. Zum 2. Zeitpunkt kommt durch die Wirkung der Feldstärke, die sich um die Amplitude der Feldstärke des Wechselfeldes erhöht hat, die Lawinenenbildung zustande; ein Strom beginnt zu fließen, und die Ladungsträger gelangen aus dem Sperrbereich in den Driftbereich. Zum 3. Zeitpunkt stellt sich die Feldstärke auf den Ausgangswert ein, jedoch bewegen sich die früher in den Driftbereich gelangten Ladungsträger durch den Einfluß der Feldstärke E_{DC} weiterhin nach rechts. Zum 4. Zeitpunkt wendet sich das Wechselfeld und subtrahiert sich vom Gleichstromfeld; die Ladungsträger bewegen sich jedoch (durch den Einfluß des Gleichstromfeldes) auch weiterhin nach rechts. Gerade das ist das Wesentliche der Funktionsweise der Diode. Da die Ladungsträger gegen das Wechselfeld anlaufen, übertragen sie auf das Feld eine Energie (im Gegensatz zu dem Fall, bei dem sie sich in Richtung des Feldes bewegen und das Feld auf sie Energie überträgt). In dieser Periode geben also die wandernden Ladungsträger

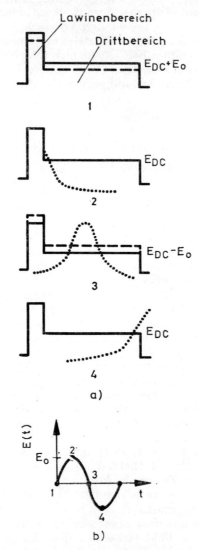

Abb. 1.26. Veranschaulichung der Funktionsweise der Lawinendioden. Ortskurve der Feldstärke und der Ladungsträger (a); Zeitfunktion der ,,Wechselstrom''-Feldstärke (b)

die früher aus dem Gleichstromfeld aufgenommene Energie an das Wachselstromfeld zurück, d. h., sie erzeugen aus der Batteriespannung eine Wechselspannung. Das ist die Erklärung für das Zustandekommen der Schwingungen. Dieser Gedankengang veranschaulicht, abgesehen von vielen Ungenauigkeiten, gut die sich abspielende physikalische Erscheinung. Wie ersichtlich ist, besteht zwischen der Durchlaufzeit der Ladungsträger und der Frequenz ein enger Zusammenhang, und so kommen aufgrund der Energieumwandlung DC-AC die sich selbst erhaltenden Schwingungen (im allgemeinen im GHz-Bereich) zustande, und zwar oftmals mit ziemlich hoher Leistung.

IMPATT-Dioden werden aus Silizium und auch aus GaAs gefertigt [1.31]. Bei Ausnutzung des negativen (differentiellen) Widerstands der Diode lassen sich im GHz-Bereich arbeitende Impulsverstärker für mehrere Watt Ausgangsleistung aufbauen [1.41].

Ebenso auf dem Lawineneffekt bzw. auf der endlichen Laufzeit der Ladungsträger basieren die TRAPATT-Dioden, bei denen während eines Abschnitts des Oszillationszyklus auch Elektronenlochplasma auftritt und in Wechselwirkung mit dem Hochfrequenzfeld tritt. TRAPATT-Dioden benutzt man zur Schwingungserzeugung und Verstärkung [1.40]. *Abb. 1.27* zeigt einen im C-Betrieb arbeitenden 5-dB-Zirkulatorverstärker mit einer Ausgangsleistung von $P_0 = 70$ W für eine Frequenz von $f = 3{,}6$ GHz [1.28].

Die Arbeitsweise der Gunn-Dioden basiert auf der Feldstärkeabhängigkeit der Ladungsträgerbeweglichkeit. Bei hoher Feldstärke gelangen die Ladungsträger in einen höheren Energiezustand, in dem ihre Beweglichkeit geringer wird. Infolge der Bereiche geringer Beweglichkeit (Domänen) verringert sich der Stromfluß, ein Abschnitt negativen Widerstands entsteht, den man zur Mikrowellen-Schwingungserzeugung hoher Leistung ausnutzt [1.35].

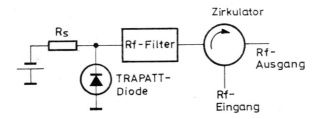

Abb. 1.27. Mit TRAPATT-Diode arbeitender Mikrowellen-Verstärker

Den Querschnitt durch die Diode zeigt *Abb. 1.28a*. Die Dicke L der aktiven Zone, gebildet durch die epitaxiale N-Schicht, steht in engem Zusammenhang mit der Schwingfrequenz f_0: $L = \overline{v}/f_0$, wobei $\overline{v}$ die mittlere Elektronengeschwindigkeit ist. Dabei wird die Bedingung erfüllt, daß infolge der endlichen Laufzeit der Anodenstrom gegenüber der Spannung um 180° nacheilt. Die Schwingfrequenz ($f_0 = 4 \ldots 10$ GHz) wird also in erster Linie durch L bestimmt, aber auch durch die Betriebsspannung U_D läßt sie sich etwa im Verhältnis 2 : 1 ändern. Die bei der Betriebsspannung auftretende

Feldstärke ist wesentlich größer als der Schwellwert E_k. Die Spannungsabhängigkeit der entnehmbaren Leistung ist in *Abb. 1.28b* gezeigt. Die Schwingung setzt beim Wert U_{D1} ein, bei U_P erreicht die entnehmbare Leistung ihr Maximum ($P_o = 0, 1 \ldots 1$ W), und beim Wert U_{D2} bricht die Schwingung ab.

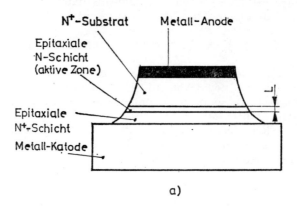

a)

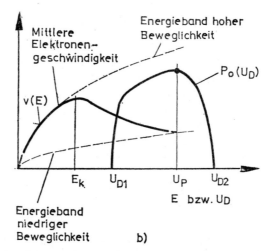

b)

Abb. 1.28. Gunn-Diode: Querschnitt (a) und Abhängigkeit der mittleren Elektronengeschwindigkeit und der entnehmbaren Leistung von der Feldstärke bzw. der Betriebsspannung (b)

2 Hochfrequenzeigenschaften und Ersatzschaltungen von Transistoren

2.1 Faktoren, die den Hochfrequenzbetrieb bipolarer Transistoren beschränken

Bipolare Transistoren (mit anderer Bezeichnung Flächentransistoren, an deren Funktion im Gegensatz zu den Feldeffekttransistoren beide Arten von Ladungsträgern teilnehmen) arbeiten im Hochfrequenzbereich nur unter gewissen Beschränkungen. Für die Verschlechterung der Verstärkungseigenschaften sind mehrere Parameter gleichzeitig verantwortlich. Diese wollen wir im weiteren der Reihe nach ausführlich behandeln. Die Entwicklung von bipolaren Transistoren für hohe Frequenzen führt in die Richtung, den Einfluß der Faktoren, die den Hochfrequenzbetrieb einschränken, zu klären und ihre Wirkung innerhalb der möglichen Grenzen zu verringern.

Zur Untersuchung dieser Faktoren spalten wir den Transistor in innere (Intrinsic-) und äußere (Extrinsic-)Elemente auf (Abb. 2.1). Die Intrinsic-Elemente bilden den inneren Teil des Transistors, in dem die Verstärkerwirkung zustande kommt [2.2]. Der Intrinsic-Transistor enthält einerseits den Basisraum, in dem die Minoritätsträger von der Emitterseite zur Kollektorseite diffundieren, andererseits den idealisierten Emitter, der die Minoritätsträger in die Basis injiziert, und den Kollektor, der die Minoritätsträger auffängt. Es sei betont, daß wir beide Grenzschichten als idealisiert voraussetzen; wir sehen also davon ab, daß sie noch andere Eigenschaften besitzen, denen beispielsweise Verlustwiderstände bzw. Kapazitäten zugrunde liegen.

Die Verstärkerwirkung kommt im Intrinsic-Transistor zustande, den wir mit einem Dreipol charakterisieren. An den Intrinsic-Transistor schließen sich die äußeren Elemente an, ohne sie ist der reale Transistor unvorstellbar. Die wesentlichen äußeren Elemente sind die beiden Sperrschichtkapazitäten: die Kapazität C_{Te} des Emitter-Basis-Übergangs in Durchlaßrichtung und die Kapazität C_c des gesperrten Kollektor-Basis-Übergangs sowie die Verlustwiderstände der einzelnen Schichten, die wir als Bahnwiderstände bezeichnen. Die Bahnwiderstände werden durch den Widerstand der entsprechenden Halbleiterschichten bestimmt. Dieser hängt von der Dotierung der Schicht (vom spezifischen Widerstand) und von den geometrischen Abmessungen ab. Hinsichtlich des Hochfrequenzbetriebes nimmt der ohmsche Widerstand der Basisschicht, der Basisbahnwiderstand $r_{bb'}$, eine wichtige Rolle ein.

In *Abb. 2.1* bezeichnen die mit einem Strich markierten Punkte die inneren Elektrodenpunkte, d. h. die von außen nicht zugänglichen Elektroden des Intrinsic-Transistors. Die Abbildung enthält die zwischen den einzelnen äußeren Elektroden auftretenden Streukapazitäten C_{eb}, C_{cb} und C_{ce}, die bei sehr hohen Frequenzen beachtet werden müssen.

Die Frequenzabhängigkeit des Intrinsic-Transistors wird entscheidend durch die Laufzeit der Minoritätsträger durch die Basis (τ_B) festgelegt.

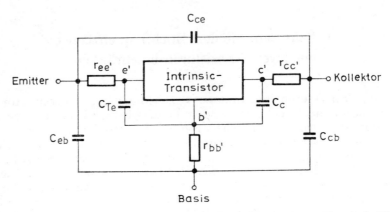

Abb. 2.1. Aufspaltung des bipolaren Transistors in Intrinsic- und Extrinsic-Elemente

Auf die Laufzeit (die umgekehrt proportional zur Grenzfrequenz ist) haben einerseits die Dicke der Basisschicht, andererseits die Diffusionsgeschwindigkeit sowie das eventuell auftretende Beschleunigungsfeld Einfluß. Bei Vorhandensein eines solchen elektrischen Feldes in der Basis kann die Laufzeit der Ladungsträger in großem Maße verringert werden, das ist demnach ein wichtiges Mittel zur Erhöhung der Grenzfrequenz [2.3].

Unter den äußeren Elementen beeinflussen die beiden Sperrschichtkapazitäten und der Basisbahnwiderstand $r_{bb'}$ den Hochfrequenzbetrieb. Letzterer nur indirekt, wenn infolge verringerter Stromverstärkung ein entsprechend größerer Strom durch die Basis fließt und der durch ihn erzeugte Spannungsabfall über dem Widerstand $r_{bb'}$ die Emitter-Basis-Spannung als Steuerspannung erhöht. Der frequenzbegrenzende Einfluß der Sperrschichtkapazitäten liegt auf der Hand; bei Erhöhung der Frequenz „shunten" sie die entsprechenden Sperrschichten des Transistors mehr und mehr.

Die obere Grenze der Funktionsfähigkeit des Transistors wird durch die Frequenz beschrieben, bei der, wenn die Kreisverluste vernachlässigbar sind, der Transistor gerade noch fähig ist zu schwingen. Für die auf diese Weise definierte maximale Oszillationsfrequenz f_{max} gilt der stark genäherte Ausdruck

$$f_{max} = \frac{1}{5} \sqrt{\frac{f_T}{r_{bb'} C_c}}, \tag{2.1.1}$$

42

wobei f_T die Frequenz der Einsstromverstärkung des Transistors in Emitter-schaltung ist.

Schließlich noch einige Worte zur Entwicklung moderner Hochfrequenz-transistoren bzw. zu den Modifikationen, mit denen man die obere Grenz-frequenz wesentlich erhöhen konnte.

Die Entwicklung ging grundsätzlich in zwei Richtungen. Bei der einen reduzierte man die Laufzeit der Ladungsträger durch die Basis, indem man durch zweckmäßige Ausbildung der Basisdotierung ein inneres elektrisches Feld schuf, das eine beschleunigende Wirkung auf die Ladungsträger hat. Mit diesem Beschleunigungsfeld konnte die Laufzeit erheblich verkürzt werden [2.4]. Diese Methode wird bei sämtlichen Typen von Hochfrequenz-transistoren angewendet. Man spricht hierbei von Drifttransistoren; das sind Transistoren mit inhomogener Basisdotierung, die ein sogenanntes Driftfeld (Beschleunigungsfeld) besitzen. Bei den nach der heute bereits allgemein verwendeten Diffusionstechnik gefertigten Flächentransistoren tritt dieses Beschleunigungsfeld generell auf.

Die zweite Entwicklungsrichtung setzte sich die Verkleinerung der Abmes-sungen zum Ziel. So fällt mit der Verringerung der Basisbreite die Laufzeit quadratisch, auf der anderen Seite bringt die Verringerung der Emitter- und Kollektor-Sperrschichtflächen eine wesentliche Verbesserung hinsicht-lich der Werte der Sperrschichtkapazitäten mit sich. Neben der Verbesse-rung der Hochfrequenzeigenschaften treten jedoch bei der Miniaturisierung Probleme hinsichtlich der Leistungsverhältnisse auf.

2.2 Die Laufzeit der Ladungsträger

Die Gesamt-Laufzeit der Ladungsträger ist τ_T, die mit der Grenzfrequenz f_T gemäß der Gleichung $\tau_T = 1/2\,\pi f_T$ zusammenhängt und sich aus den Laufzeiten der einzelnen Transistorbereiche zusammensetzt [2.45], wie dies *Abb. 2.2* veranschaulicht:

$$\tau_T = 1/\omega_T = \tau_e + \tau_E + \tau_B + \tau_x + \tau_C. \qquad (2.2.1)$$

Hierbei ist $\tau_e \approx 0$ die im Emitter, τ_E die in der Emitter-Basis-Sperrschicht, τ_B die in der Basis, τ_x die in der Kollektor-Basis-Sperrschicht und τ_C die in der Kollektorschicht meßbare Laufzeit.

Die Laufzeit τ_E hat den Wert $\tau_E = r_d C_{Te}$, wobei $r_d = 26$ mV$/I_E$ der dynamische Widerstand der Emitter-Basis-Diode und C_{Te} die Kapazität der Emitter-Basis-Sperrschicht ist.

Die in der Basis meßbare Laufzeit τ_B ist eine Funktion des Beschleuni-gungsfeldes, das infolge der inhomogenen Störstellenverteilung in der Basis zustande kommt. Mit Hilfe von Abb. 2.2, die das Dotierungsprofil der einzelnen Schichten zeigt, wollen wir das Zustandekommen dieses Feldes untersuchen. Die Störstellenkonzentration der P-dotierten Basis nimmt vom Emitter zum Kollektor hin ab, so daß die Löcher in Richtung des Kollektors, d. h. in Richtung geringerer Konzentration, fortschreiten müssen. Ein Gleichgewichtszustand ist offensichtlich nicht möglich, eben deshalb baut sich als Gegengewicht (Kompensation) in der Basis ein zum Emitter hin gerichtetes elektrisches Feld auf, das die Löcher zum Emitter zieht. Im Ruhezustand kompensieren sich die beiden Wirkungen, es fließt kein Strom. Legt man an den Emitter eine Spannung in Durchlaßrichtung, so beginnt aus

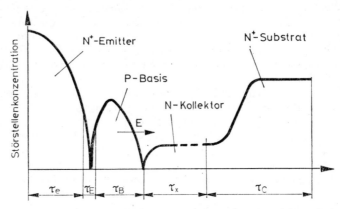

Abb. 2.2. Störstellenverteilung in den einzelnen Transistorbereichen und die in ihnen meßbaren Laufzeiten

dem Emitter ein Elektronenstrom in die Basis zu fließen. Für die negativen Elektronen hat die Feldstärke E gerade entgegengesetzte Wirkung, d. h., sie werden durch das Feld in Richtung zum Kollektor hin beschleunigt. Dadurch wird die für den Durchlauf der Elektronen durch die Basis benötigte Zeit τ_B verkürzt.

Für den Wert der Laufzeit durch die Basis kann im allgemeinen Fall der folgende Zusammenhang angegeben werden:

$$\tau_B = \int\limits_0^w \left[\frac{1}{D_n P(x)} \int\limits_x^w P(x)\mathrm{d}x \right] \mathrm{d}x, \qquad (2.2.3)$$

wobei w die Basisbreite bedeutet; $P(x)$ ist die Störstellenkonzentration der Basis als Funktion des Ortes und D_n die Diffusionskonstante der Elektronen.

Bei legierten Transistoren ist die Konzentration der Basisdotierung konstant:

$$P(x) = P_B = \text{konstant}. \qquad (2.2.4)$$

Bei einem solchen Konzentrationsprofil bildet sich kein Driftfeld aus, der Wert der Laufzeit beträgt

$$\tau_{B0} = \frac{w^2}{2D_n} \cdot \qquad (2.2.5)$$

44

Infolge eines Driftfeldes verringert sich die Laufzeit gegenüber (2.2.5). Bei modernen Transistoren erreicht man ungefähr ein Drittel bis ein Fünftel des τ_{B0}-Wertes.

Der Wert der in der Kollektor-Basis-Sperrschicht meßbaren Laufzeit beträgt $\tau_x = X_C/2v_{SC}$, wobei X_C die Dicke der Sperrschicht und v_{SC} die Raumladungsgeschwindigkeit der Ladungsträger ist.

Der Wert der Laufzeit in der Kollektorschicht beträgt $\tau_C = r_{cc'}C_c$, wobei $r_{cc'}$ der Kollektorbahnwiderstand und C_c die Kapazität der Basis-Kollektor-Sperrschicht ist.

Die Laufzeit der Ladungsträger beschränkt den Hochfrequenzbetrieb. Diese Erscheinung kann mit folgendem Gedankenspiel nachgewiesen werden. Wir setzen voraus, daß der Emitter des Transistors mit einer Impulsfolge gesteuert wird. Die Injizierung von Ladungsträgern geht dementsprechend voran: Der Emitter schickt in aufeinanderfolgenden Zeitpunkten definierte ,,Elektronenverbände'' in die Basis. Die Elektronenverbände beginnen danach zum Kollektor zu wandern.

Mit dem Fortschreiten der Elektronenverbände laufen diese jedoch auseinander, was auf die Diffusion der Ladungsträger zurückzuführen ist. Ist die Laufzeit groß, so stoßen infolge der Streuung die mit der Zeit T aufeinanderfolgenden Elektronenverbände aneinander. Das äußert sich in einer Verringerung des am Kollektor meßbaren Nutzsignals. Für ein gutes Funktionieren muß deshalb vorausgesetzt werden, daß das Verhältnis T/τ_B genügend groß ist. Liegt die Betriebsfrequenz so hoch, daß innerhalb der Zeit T, die der Periodendauer entspricht, die aufeinanderfolgenden Elektronenverbände noch vor dem Kollektor in der Basis aneinanderstoßen, so führt das zu einer Senkung der Wechselstromübertragung, mit anderen Worten ruft das die Frequenzabhängigkeit des Transistors hervor.

2.3 Die Frequenzabhängigkeit der Stromverstärkungsfaktoren

Bei bekannter Laufzeit ergibt sich der Stromverstärkungsfaktor des Intrinsic-Transistors in Basisschaltung als Funktion der Frequenz auf folgende Weise:

$$\alpha_i = \alpha_{i0} \frac{e^{-j\varphi(E)\omega/\omega_{ai}}}{1 + j\omega/\omega_{ai}}, \qquad (2.3.1)$$

wobei α_{i0} die bei tiefen Frequenzen meßbare Stromverstärkung ist, die etwa den Wert eins hat; φ ist die vom Driftfeld abhängige sogenannte zusätzliche Phasenverschiebung und ω_{ai} die Grenzfrequenz des Intrinsic-Transistors in Basisschaltung:

$$\omega_{ai} \approx 1{,}2/\tau_B. \qquad (2.3.2)$$

Abb. 2.3 zeigt die Ortskurve des Stromverstärkungsfaktors. Durch die Wirkung des Driftfeldes verschiebt sich die Ortskurve infolge der zusätzlichen Phasenverschiebung φ weiter nach unten, in Richtung des größeren (negativen) Imaginärteils. Sehen wir vom exponentiellen Faktor ab, so beschreibt der Zusammenhang (2.3.1) die Frequenzabhängigkeit eines solchen *RC*-Spannungsteilers, dessen Zeitkonstante gerade $1/\omega_{\alpha i}$ ist; seine

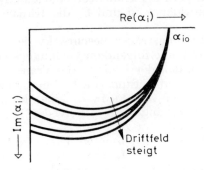

Abb. 2.3. Ortskurve des Stromverstärkungsfaktors der Basisschaltung in der komplexen Ebene bei verschieden starkem Driftfeld

Ortskurve bildet in der komplexen Frequenzebene einen durch den Ursprung laufenden Halbkreis. Aus Abb. 2.3 ist gut ersichtlich, wie sich die Charakteristik durch die Wirkung der zusätzlichen Phasenverschiebung ändert.

Wegen der äußeren Elemente fällt die Grenzfrequenz des Transistors weiter. Abhängig davon, welche Elemente wir von den Extrinsic-Elementen berücksichtigen, können wir mehrere Stromverstärkungsfaktoren und selbstverständlich auch Grenzfrequenzen definieren.

Unter den äußeren Elementen hat besonders bei kleinen Strömen die Emitter-Basis-Sperrschichtkapazität C_{Te} große Bedeutung. Da ihr Wert kaum vom Emitterstrom abhängt, wird die Grenzfrequenz

$$\omega_{Te} = 1/r_d C_{Te} = 1/\tau_E \tag{2.3.3}$$

wegen des bei fallendem Emitterstrom steigenden dynamischen Widerstandes r_d der Diode ebenfalls fallen. Der reziproke Wert der sich so ergebenden resultierenden Grenzfrequenz besteht aus zwei Teilen:

$$\frac{1}{\omega_\alpha'} = \frac{1}{\omega_{\alpha i}} + \frac{1}{\omega_{Te}}. \tag{2.3.4}$$

Das erste Glied ändert sich kaum mit dem Emitterstrom. Auf die Frequenzübertragung des Transistors hat im wesentlichen das zweite Glied Einfluß; sein Wert steigt bei kleinen Strömen stark an. Diese Erscheinung setzt im Hochfrequenzbereich die Grenze für Anwendungsfälle, bei denen bei kleinen Strömen gearbeitet wird. Bei Berücksichtigung des Basisbahnwiderstandes r_b und der Kollektor-Basis-Sperrschichtkapazität C_c läßt

sich ein weiterer Stromverstärkungsfaktor definieren, dessen Wert näherungsweise

$$\alpha = \frac{\alpha_i + j\omega r_b C_c}{1 + j\omega r_b C_c} \qquad (2.3.5)$$

ist. α_i ist hierbei der die Kapazität C_{Te} berücksichtigende Stromverstärkungsfaktor. Beachtet man den Einfluß der Streuelements, so können noch
weitere Stromverstärkungsfaktoren und Grenzfrequenzen berechnet werden.
Der genaue Rechengang führt zu recht komplizierten mathematischen Ausdrücken. Da die Wichtigkeit dieser Größen jedoch nur eine untergeordnete
Rolle spielt, sehen wir von ihrer Behandlung ab.

Für den Stromverstärkungsfaktor des Transistors in Emitterschaltung gilt

$$\beta = \alpha/(1 - \alpha). \qquad (2.3.6)$$

Das folgt unmittelbar daraus, daß der Basisstrom die Differenz aus Emitter und Kollektorstrom ist. Der Ausdruck gemäß (2.3.6) hängt, wie aus
Abb. 2.4 ersichtlich ist, im großen Maße vom Phasenwinkel der Stromverstär-

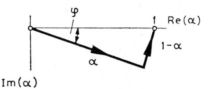

Abb. 2.4. Veranschaulichung des Stromverstärkungsfaktors der Emitterschaltung

kung α ab. Mit steigendem Phasenwinkel steigt der Wert des Vektors $1 - \alpha$
schnell an, und damit fällt der Stromverstärkungsfaktor des Transistors in
Emitterschaltung.

Die Frequenzabhängigkeit des Stromverstärkungsfaktors in Emitterschaltung kann in guter Näherung durch den Ausdruck

$$\beta(\omega) = \frac{\beta_0}{1 + j\omega/\omega_\beta} \qquad (2.3.7)$$

beschrieben werden. Hierbei ist β_0 die bei tiefen Frequenzen meßbare
Stromverstärkung:

$$\beta_0 = \alpha_0/(1 - \alpha_0), \qquad (2.3.8)$$

und für die Grenzfrequenz ergibt sich

$$\omega_\beta = \frac{\omega_{\alpha i}}{(1 + \beta_0) \cdot (1 + \varphi)}, \qquad (2.3.9)$$

die eine Funktion der zusätzlichen Phase ist. Das bedeutet mit anderen
Worten, daß die durch das Driftfeld gegebenen Vorteile wegen des damit

47

verbundenen Anstiegs des Phasenwinkels in der Emitterschaltung zum Teil verlorengehen, d. h., sie kommen nicht in dem Maße zur Geltung wie in der Basisschaltung.

Die Grenzfrequenz, bei der sich beim Betrieb des Transistors in Emitterschaltung ein Stromverstärkungsfaktor von eins $\left(|\beta(\omega)| = 1\right)$ ergibt, ist die Transitfrequenz ω_T.

Die sogenannte f_s-Grenzfrequenz des Transistors steht in Verbindung mit den Reflexionsparametern; bei dieser Frequenz ist $|s_{21}|^2 = 1$.

2.4 Ersatzschaltungen von bipolaren Transistoren

Die vereinfachte T-Ersatzschaltung der Basisschaltung von bipolaren Transistoren ohne Streuparameter (Serieninduktivitäten, Streukapazitäten) ist in *Abb. 2.5* zu sehen. Wegen der Vernachlässigung der Streukapazitäten ist das Ersatzschaltbild bei extrem hohen Frequenzen in dieser Form nicht zu verwenden. Unter dem Aspekt der Einfachheit kann es dennoch in guter Näherung recht vorteilhaft zur Beschreibung der Transistoren her-

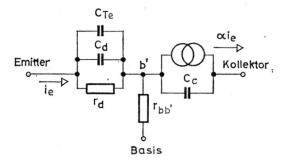

Abb. 2.5. Hochfrequenz-Ersatzschaltung des bipolaren Transistors in Basisschaltung

angezogen werden. Die Stromabhängigkeit des dynamischen Widerstandes r_d der geöffneten Emitter-Basis-Diode ist durch den Ausdruck

$$r_d = r_e = kT/qI_E \cong 26 \ \text{mV}/I_E \qquad (2.4.1)$$

gegeben. Die Frequenzabhängigkeit des Stromverstärkungsfaktors $\alpha(\omega)$ wird durch die Gleichung (2.3.1) bestimmt. Zwischen den Punkten e und b' befindet sich die Emitter-Basis-Sperrschichtkapazität C_{Te} gemäß (1.1.2) und die Diffusionskapazität C_d der Basisschicht gemäß (1.1.1). Die Kollektor-Basis-Sperrschichtkapazität C_c (die auch mit C_{Tc} bezeichnet wird) ist ebenfalls durch (1.1.2) gegeben. Der Widerstand $r_{bb'}$ (vereinfacht mit r_b bezeichnet) ist der Basisbahnwiderstand.

48

Abb. 2.6 zeigt die Ersatzschaltung des Transistors in Emitterschaltung, in der weitere parasitäre Elemente berücksichtigt wurden. Der Basisbahnwiderstand setzt sich aus dem Teil unterhalb des Emitters (r_{b2}) und aus dem außerhalb des Emitters liegenden Teil (r_{b1}) zusammen (siehe z. B. Abb. 2.13). Dementsprechend besteht auch die Kollektor-Basis-Kapazität aus den zwei Komponenten C_c und C'_c. Der Kollektorbahnwiderstand ist $r_{cc'}$,

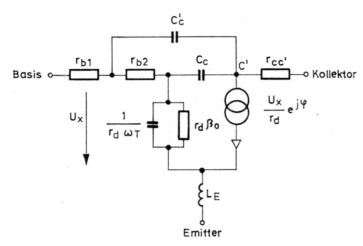

Abb. 2.6. Hochfrequenz-Ersatzschaltung des bipolaren Transistors in Emitterschaltung, ergänzt mit parasitären Elementen

die Serieninduktivität des Emitters ist L_E. Der Strom der Stromquelle ist proportional zur Spannung U_x, seine Phasenverschiebung ist durch φ gegeben. Diese Ersatzschaltung benutzt man in erster Linie zur Bemessung von Leistungsverstärkern (siehe Abschn. 19.8).

Eine vereinfachte Ersatzschaltung des Transistors in Emitterschaltung zeigt *Abb. 2.7*, in der gegenüber der vorigen folgende Vernachlässigungen

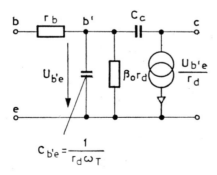

Abb. 2.7. Vereinfachte Ersatzschaltung des bipolaren Transistors in Emitterschaltung

getroffen wurden: $L_E = 0$, $C'_c = 0$, $r_{b1} = 0$, $r_{cc'} = 0$, $\varphi = 0$, weiterhin ist $r_{b2} = r_b$ und $U_x = U_{b'e}$. Diese Ersatzschaltung verwendet man in erster Linie zur Bemessung von Breitbandverstärkern im Frequenzband $\omega \leq \omega_T$.

Abb. 2.8a zeigt die Schaltskizze eines Hochleistungstransistors im Streifenleiter-Gehäuse, in der die Serieninduktivitäten (L_B und L_E) der Draht-

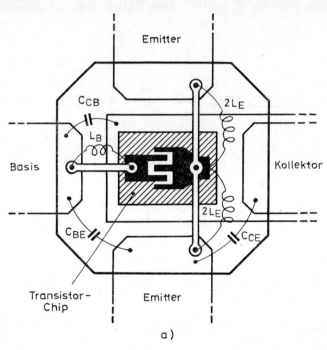

a)

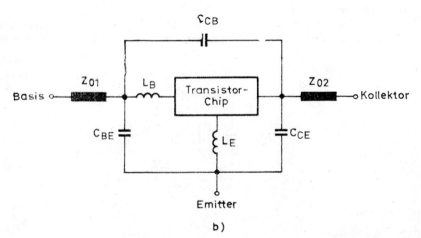

b)

Abb. 2.8. Transistor mit Streifenleiter-Gehäuse: Draufsicht (a) und Ersatzschaltung (b)

verbindungen sowie die Streukapazitäten (C_{BE}, C_{CE} und C_{CB}) dargestellt wurden. *Abb. 2.8b* zeigt die Ersatzschaltung des Transistors, wobei Z_{01} und Z_{02} die Wellenwiderstände der Basis- bzw. Kollektor-Streifenleiter sind.

2.5 Neue Richtungen bei der Konstruktion von bipolaren Transistoren

Die überwiegende Mehrheit der bipolaren Transistoren wird auf der Grundlage der Planartechnik hergestellt, wobei als Ausgangsmaterial Silizium dient. Das Wesentliche der Planartechnik ist, daß man auf der Oberfläche des Halbleiterchips eine gut abschließende Oxidschicht erzeugt, die nur durch die Zuleitungen durchbrochen wird. Ein mit einer solchen Hülle abgeschlossener Transistor ist Umgebungseinflüssen (wie Feuchtigkeit) weniger ausgesetzt, er zeichnet sich deshalb durch eine recht zuverlässige Funktionsweise aus. Die Dotierung der einzelnen Schichten erzeugt man in mehreren Schritten durch Diffusion bzw. Ionenimplantation, wobei verschiedene Dotierungsmaterialien Anwendung finden *(Abb. 2.9)*. Da der elektrische Kontakt zur Kollektorschicht auf der Rückseite des Halbleiterchips durch Auflöten erzeugt wird, entsteht aufgrund der Dicke des Chips der Zuleitungswiderstand $r_{cc'}$, der ebenfalls den Hochfrequenzbetrieb des Transistors verschlechtert. Eine Verringerung des spezifischen Widerstands der Kollektorschicht ist wegen der Durchbruchsspannung des Kollektors

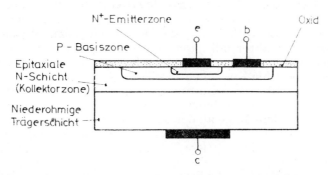

Abb. 2.9. Schnitt durch einen bipolaren Planar-Epitaxie-Transistor

nicht zulässig. Aus diesem Grunde wird bei modernen Typen der Kollektor oft aus zwei Schichten aufgebaut. In einer sehr dünnen, jedoch sehr hochohmigen Schicht wird der tatsächliche Kollektor ausgeführt; die sich anschließende dicke Trägerschicht mit geringem ohmschem Widerstand sichert die mechanische Festigkeit des Halbleiterchips. Zur Erzeugung einer solchen Struktur sind zwei Methoden bekannt: Beim Epitaxieverfahren wächst man auf den niederohmigen Träger die hochohmige Schicht auf, in die später der aktive Transistor eingebaut wird. Die zweite Methode arbeitet mit dreifacher Diffusion. Hierbei wird mit Hilfe einer auf der Rückseite durchgeführten Dotierung der Widerstand der Trägerschicht verringert.

Der Transistorentwurf mit Hilfe von elektronischen Rechnern ermöglichte eine bedeutende Verbesserung der Hochfrequenzeigenschaften von Planar-Epitaxie-Transistoren. Bei diesen Entwurfsmethoden dient zur Beschreibung der raummäßigen Funktionsweise des Transistors eine Ersatzschaltung mit sogenannten verteilten Parametern. Diese Ersatzschaltung ist wegen

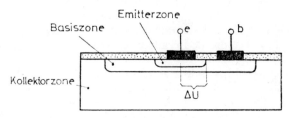

Abb. 2.10. Veranschaulichung des Stromverdrängungseffektes bei bipolaren Transistoren

ihrer Kompliziertheit in der Praxis des Ingenieurs nicht verwendbar, doch mit ihrer Hilfe ist es möglich, an einem elektronischen Rechner die optimale Konstruktion, d. h. die optimalen physikalisch-geometrischen Daten, zu bestimmen. Mit dieser Methode gelang es auch, Transistoren mit einer Grenzfrequenz von $f_T > 5$ GHz herzustellen [2.14, 2.27].

Bei Erhöhung des Transistor-Emitterstroms tritt eine sogenannte Stromverdrängung auf, deren Wesen wir anhand von *Abb. 2.10* veranschaulichen wollen. Bei Erhöhung des Emitterstroms steigt der Basisstrom des Transistors in zunehmendem Maße an, da bei ansteigenden Strömen auch der Stromverstärkungsfaktor fällt. Der Basisstrom erzeugt in der Basisschicht einen quergerichteten Spannungsabfall ΔU, um den sich offensichtlich die Emitter-Basis-Durchlaßspannung des Transistors verringert. Infolgedessen entsteht in der Mitte des Emitters wegen der geringeren Durchlaßspannung eine gegenüber den Rändern geringere Stromdichte, d. h., der Strom wird in zunehmendem Maße an den Rand des Emitters gedrängt. Das führt dazu, daß über eine gegebene Grenze hinaus nur der Rand des Emitters eine Bedeutung hat, der mittlere Teil nimmt im allgemeinen nicht an der Funktion teil.

Um dies auszugleichen, fertigte man solche Strukturen, bei denen der Umfang des Emitters, bezogen auf seine Fläche, sehr groß ist. Eine solche „Kammstruktur" zeigt *Abb. 2.11.* Sie stellt eine typische Bauform von Hochfrequenztransistoren hoher Leistung dar.

Bei weiterer Erhöhung des Emitterstroms treten jedoch erneut Schwierigkeiten auf. Das günstigste Umfangs-Oberflächen-Verhältnis macht sehr dünne und gleichzeitig lange Emitter-Finger erforderlich. Da auf der anderen Seite die Stärke der Metallisierung aus technologischen Gründen begrenzt ist, werden die Fingerenden wegen der hier über den Serienwiderständen auftretenden Spannungen erneut wirkungslos, d. h., sie nehmen nicht an der Funktion des Transistors teil. Um Abhilfe zu schaffen, entwickelte man die Overlay-Transistoren, die mit vielen (mehreren hundert) getrennt stehenden Emitterinseln arbeiten *(Abb. 2.12)*. Die Oberflächen der einzelnen Emitterinseln sind sehr klein, wodurch sich ein günstiges Umfangs-Oberflächen-Verhältnis des Gesamtemitters ergibt. Die Verbindung der einzelnen Emitterinseln untereinander ist jedoch nur realisierbar, wenn die Emitter-Metallisierung an gewissen Stellen die Basiszone, die die Emitter umgibt, überspannt. Um einen Kurzschluß auszuschließen, muß die Oxidschicht, die die Basiszone abdeckt, völlig fehlerfrei, d. h. gut isoliert ausgeführt sein.

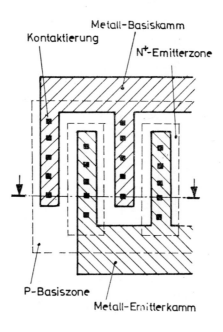

a)

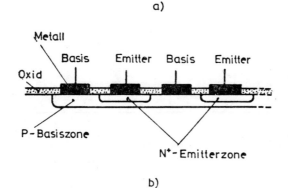

b)

Abb. 2.11. Transistor in Kammanordnung: Draufsicht (a) und Querschnitt (b)

Zwischen den Emitterinseln befinden sich niederohmige Basisstreifen zur Verringerung des Basiswiderstandes.

Die nach dem skizzierten Verfahren hergestellten Overlay-Transistoren besitzen einen außerordentlich großen Umfang, dagegen ist ihre Oberfläche klein. Dies ermöglicht neben einer hohen Stromdichte eine kleine Kollektor-Basis-Kapazität (C_c), da diese proportional zur Oberfläche ist. Eine weitere

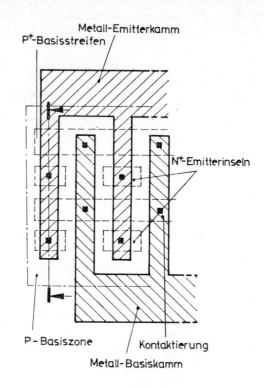

a)

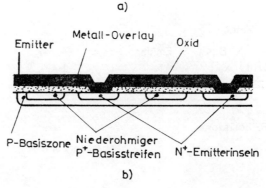

b)

Abb. 2.12. Overlay-Transistor: Draufsicht (a) und Querschnitt (b)

Verbesserung des Hochfrequenzbetriebs wird durch den kleinen Basiswiderstand (r_b) erreicht, denn im Falle von gesondert stehenden Emittern nähert sich der Basisstrom auf wesentlich kürzerem Wege dem tatsächlich arbeitenden aktiven Basisbereich. Wegen der Vorteile bei hohen Frequenzen benutzt man im Frequenzbereich oberhalb 100 MHz bei Hochleistungsanwendungen (Leistungsverstärker, Senderendstufen, Leistungsoszillatoren) in den meisten Fällen Transistoren mit Overlay-Struktur.

Von besonderer Bedeutung ist die verzerrungsfreie Signalübertragung bei hohen Pegeln, bei denen sich die Verzerrungen in Reihe geschalteter Verstärker, z. B. von Kabelverstärkern, addieren. Ein für diesen Zweck entwickelter rausch- und verzerrungsarmer Transistor für $f_T = 1$ GHz wird in [2.24] behandelt.

Bei Overlay-Transistoren befinden sich, wie wir in Abb. 2.12 sehen können, in der Basiszone gesondert stehende Emitterinseln. Das gleiche können wir uns auch umgekehrt vorstellen, d. h., daß die ganze Fläche aus dem Emitter besteht, in dem sich gesondert stehende Basisinseln befinden. Dadurch verändert sich offensichtlich der Umfang des Emitters nicht. Theoretisch und auch praktisch läßt sich nachweisen, daß die so gewonnene Emitter-Gitterkonstruktion (emitter grid, mesh-emitter) in hochfrequenten Leistungsanwendungen vorteilhafter ist, weshalb man für den Großteil der zu solchen Zwecken gefertigten Transistoren diese Konstruktion zugrunde legt [19.28, 2.38].

Bekanntlich ist die Grenzfrequenz eine Funktion der Basisdicke (w). Die Realisierung einer extrem dünnen Basisschicht stößt technologisch auf Schwierigkeiten, da sich die Eindringtiefe der Dotierungsatome während des Diffusionsprozesses nicht genau regeln läßt. Dieser Schwierigkeit versucht man einerseits mit der sogenannten Arsen-Diffusionstechnik [2.36, 2.46], andererseits mit der Technik der Ionenimplantation entgegenzutreten. Bei letzterer Methode gelangen die Dotierungsatome nicht durch Diffusion in den Halbleiter, sondern man schießt sie mit Hilfe einer hohen elektrischen Feldstärke quasi in die Oberflächenschicht des Halbleiters.

Abb. 2.13 zeigt den Querschnitt eines Mikrowellen-Transistors für $f_T > 5$ GHz, bei dem man durch Ionenimplantation eine sehr dünne aktive Basis erzeugt [2.33]. Infolge der niederohmigen passiven Basis (P^+) wird der Basiswiderstand klein gehalten. Durch die Ausdehnung der P^+-Diffusion in Seitenrichtung wird auch die Emitterbreite l_E klein gehalten, wodurch sich Elementartransistoren mit außerordentlich kleinflächiger Ausdehnung realisieren lassen.

Bei den Mikrowellen-Transistoren treten einige besondere Effekte dadurch auf, daß die Länge der miteinander gekoppelten Emitter- und Basismetallisierungen (Aluminiumleiter) etwa mit der Wellenlänge des zu verarbeitenden Signals übereinstimmt. Mit der theoretischen Berechnung dieser Effekte und mit Fragen der Konstruktion beschäftigen sich [2.40] und [2.41].

Mikrowellen-Transistoren lassen sich besonders in schnell arbeitenden Schaltkreisen vorteilhaft als Paare anwenden, wobei entweder mit einem gemeinsamen Emitter oder einem gemeinsamen Kollektor gearbeitet wird [2.47].

Eine spezielle Familie unter den Hochfrequenztransistoren bilden die sogenannten Beam-lead-Transistoren, die hinsichtlich ihrer Schichtstruktur nicht von der üblichen Lösung abweichen. Mit dieser Lösung werden wir uns bei den integrierten Schaltungen beschäftigen, wo ihre eigentliche Bedeutung liegt.

Im Gegensatz zu den bisher behandelten Konstruktionen befindet sich die Kollektorzone des Lateral-Transistors nicht unter dem Emitter, son-

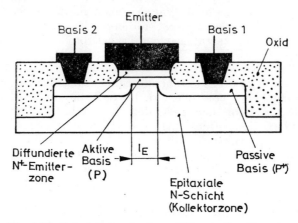

Abb. 2.13. Schnitt durch einen Mikrowellen-Transistor

dern neben ihm *(Abb. 2.14)*. Die Basisdicke wird durch die Diffusionsmaske bestimmt. Da die realisierbare Basisdicke ziemlich groß ist, ergibt sich eine verhältnismäßig niedrige Grenzfrequenz.

Die Hochfrequenzeigenschaften der Transistoren werden in großem Maße durch das verwendete Transistorgehäuse beeinflußt [2.28]. Die dadurch bedingten Parasitärimpedanzen (Serieninduktivitäten, Streukapazitäten) verschlechtern die ursprünglich guten Kenngrößenwerte. Wie Messungen beweisen, kann man mit einem Gehäuse in sogenannter T-Ausführung (auch geeignet zum Einbau in Streifenleitern) wesentlich bessere Parameter erreichen, als dies mit gewöhnlichen Niederfrequenzgehäusen möglich ist [2.11, 2.39]. Das bezieht sich hauptsächlich auf die Leistungs-

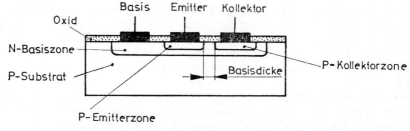

Abb. 2.14. Schnitt durch einen Lateral-Transistor

56

verstärkung und auf den bei optimaler Leistungsanpassung auftretenden Rauschfaktor. Fragen, die in Verbindung mit Stripline-Gehäusen von Hochleistungstransistoren auftreten, werden in [2.16] erörtert; außerdem wurden hier Meßergebnisse für die Streuparameter von verschiedenen Gehäusetypen veröffentlicht.

Die Hochfrequenzeigenschaften lassen sich mit der sogenannten inneren Anpassung (internal matchig) verbessern, bei der man mit im Transistorgehäuse angeordneten L- und C-Elementen die günstigste Frequenzübertragung sichert. Hiermit sind eine höhere Bandbreite, eine höhere Ausgangsleistung und ein besserer Wirkungsgrad erreichbar. Die verwendeten Reaktanzelemente sind im allgemeinen MOS-Kapazitäten und Dünn- bzw. Dickschichtinduktivitäten. Üblicherweise kompensiert man einmal die Kollektorkapazität des Transistors mit einer (gleichstrommäßig getrennten) Parallelinduktivität, zum anderen paßt man die serielle Emitterinduktivität L_E mit einer Parallelkapazität an den Eingangsleiter (z. B. an einen Bandleiter) an. Mit je gesonderter Anpassung einzelner Teile (Sektoren) von Hochleistungstransistoren lassen sich die zwischen den einzelnen Sektoren auftretenden Abweichungen homogenisieren, was z. B. vom Standpunkt der Stabilität (siehe Abschn. 19.2) sehr wichtig ist [2.48, 2.49].

2.6 Der Hochfrequenzbetrieb von Sperrschicht-Feldeffekttransistoren (JFET)

Das Wesentliche beim Betrieb von Sperrschicht-Feldeffekttransistoren (Junction Field Effekt Transistor, JFET) besteht darin, daß man mit einer Spannung am Gate (Steuerelektrode) die Breite des sich darunter befindlichen Kanals ändert. Der Strom des Transistors fließt zwischen Source (Quelle) und Drain (Senke) durch den Kanal *(Abb. 2.15)*. Mit Erhöhung der

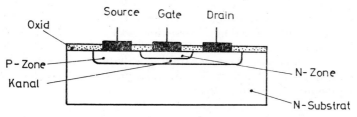

Abb. 2.15. Schnitt durch einen Sperrschicht-Feldeffekttransistor (JFET)

Sperrspannung vergrößert sich bekanntlich der zwischen dem N-leitenden Gate und dem Kanal entstehende Übergangsbereich, was zu einer Verringerung der Kanalbreite führt. Auf diese Weise läßt sich bei Erhöhung der Gate-Spannung der Kanal völlig sperren, d. h., der Stromfluß zwischen Source und Drain wird verhindert [2.5, 2.8, 2.15].

Beim Betrieb dieses Feldeffekttransistors können wir zwei Bereiche unterscheiden. Im sogenannten Triodenbereich hängt der Drain-Strom I_D sowohl von der Gate-Spannung U_{GS} als auch von der Drain-Spannung U_{DS} ab. Für den zweiten Bereich, den sogenannten Abschnürbereich, ist charakteristisch, daß an einem Punkt des Kanals die Abschnürung bereits wirkt. In diesem Bereich hängt der Strom I_D nicht mehr von der Spannung U_{DS}, sondern nur noch von der Gate-Spannung ab. Die Kennlinie ähnelt dann

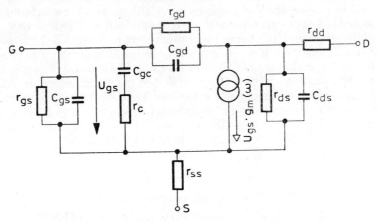

Abb. 2.16. Hochfrequenz-Ersatzschaltung eines JFET

der einer Pentode. In der Mehrheit der Anwendungsfälle ist der letzte Bereich der bedeutendere.

Abb. 2.16 zeigt die Hochfrequenz-Ersatzschaltung des Feldeffekttransistors, wobei g_m die Steilheit des Transistors ist, r_{ss} und r_{dd} sind die Serien-Verlustwiderstände von Source bzw. Drain, mit r und C und den ihrer Lage entsprechenden Indizes sind die Parallel-Widerstände bzw. -Kapazitäten bezeichnet, C_{gc} beschreibt die Kapazität zwischen Gate und Kanal, und schließlich steht r_c für den Kanalwiderstand. Hinsichtlich des Hochfrequenzbetriebs sind hauptsächlich die beiden letzten Größen von Bedeutung, die natürlich von der Gate-Spannung abhängen. Zwischen dem Widerstand r_c und dem bei niedrigen Frequenzen gültigen Wert g_{mo} der Steilheit $g_m(\omega)$ gilt folgende Näherung [2.7]:

$$1/r_c \approx k g_{mo}, \tag{2.6.1}$$

wobei sich der Proportionalitätsfaktor k abhängig vom Arbeitspunkt zwischen 5 und 10 bewegt. Die Frequenzabhängigkeit der Steilheit wird durch den Zusammenhang

$$g_m(\omega) = \frac{g_{mo}}{1 + j\omega/\omega_m} \tag{2.6.2}$$

beschrieben, wobei für die Grenzfrequenz ω_m näherungsweise

$$\omega_m \approx 1/2r_c C_{gc} \qquad\qquad (2.6.3)$$

gilt. Die Ersatzschaltung nach Abb. 2.16 muß bei extrem hohen Frequenzen mit den Serien-Induktivitäten sowie den Streukapazitäten der Zuleitung ergänzt werden.

In *Abb. 2.17a* sehen wir ein bei Hochfrequenzanwendungen gebräuchliches, vereinfachtes Ersatzschaltbild. Die zwischen Gate und Drain befind-

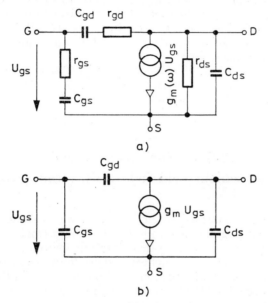

Abb. 2.17. Vereinfachte Hochfrequenz-Ersatzschaltung des JFET (a) und Niederfrequenz-Ersatzschaltung im Frequenzbereich $\omega \ll \omega_m$ (b)

liche Impedanz kann mit Hilfe eines RC-Seriengliedes dargestellt werden. Für das zwischen Gate und Source befindliche RC-Serienglied sind, mit den hier angewendeten (allgemein benutzten) Bezeichnungen, die Zusammenhänge (2.6.1) und (2.6.3) gültig.

Im Frequenzbereich $\omega \ll \omega_m$ ist das in *Abb. 2.17b* gezeigte Niederfrequenz-Ersatzschaltbild gültig, das man besonders bei Breitbandanwendungen benutzt. Die Steilheit ist hier frequenzunabhängig, und die sich zwischen den einzelnen Elektroden befindlichen Kapazitäten sind verlustfrei.

Sehr hohe Grenzfrequenzen lassen sich mit Feldeffekttransistoren erreichen, bei denen als Gate ein Metall-Halbleiter-Übergang anstelle der PN-Sperrschicht verwendet wird. Mit diesen Schottky-Gate-Feldeffekttransistoren (MESFET) erreichte man bei Verwendung von Silizium oder GaAs Grenzfrequenzen von $f_{max} > 10$ GHz bzw. $f_{max} > 50$ GHz [2.6, 2.13, 2.18,

2.23, 2.37]. Bei MESFETs auf der Basis von GaAs wird auf den Halbleiterträger eine Epitaxieschicht aufgewachsen, die dünner als 1 μm ist. Auf diese Schicht wird dann die Metallisierung für die Source-, Drain- und Gate-Elektrode aufgetragen, und zwar so, daß sich an der Gate-Elektrode der genannte Metall-Halbleiter-Kontakt ausbildet, die beiden anderen Kontakte dagegen ohmsches Verhalten zeigen. Das dünne, bandförmige Gate ist insgesamt 1 μm breit, und genauso groß ist auch seine Entfernung zur Drain- und Source-Metallisierung.

Durch parallele Zusammenschaltung von MESFETs in einem Gehäuse gelang es, Transistoren mit sehr hoher Leistung zu erzeugen. Der in [20.9] behandelte Transistor ist in der Lage, bei einer Frequenz von 30 MHz eine Ausgangsleistung von $P = 50\,\mathrm{W}$ abzugeben, wobei die Verstärkung $N > 10\,\mathrm{dB}$ und die Intermodulationsverzerrungen $d_\mathrm{IM} = -37$ dB betragen. Die hervorragenden Linearitätseigenschaften von FETs nutzt man auch in anderen Hochfrequenzschaltungen aus.

Mit dem Ersatzschaltbild eines GaAs-MESFET beschäftigen sich [19.32] und [2.39], die Berechnung der Kreuzmodulation auf der Basis eines nichtlinearen Ersatzschaltbildes wird in [21.12] behandelt.

2.7 Der Hochfrequenzbetrieb von Isolierschicht-Feldeffekttransistoren (MOSFET)

Bei diesen Feldeffekttransistoren *(Abb. 2.18)* befindet sich zwischen Gate-Elektrode und Kanal eine dünne Isolierschicht (meistens Oxidschicht). Der Drainstrom hängt von der an das Gate angelegten Spannung (U_G) ab. Bei einem MOSFET vom Anreicherungstyp (enhancement type) ist im Falle $U_\mathrm{G} = 0$ der Drainstrom null; mit Erhöhung von U_G (bei einem P-Kanal-MOSFET in negativer Richtung) steigt im Kanal die Zahl der Ladungsträger und damit auch der Drainstrom an.

Grenzen für den Hochfrequenzbetrieb eines MOSFET sind durch die Kapazitäten C_gd und C_gc sowie durch die aus der Kanallänge L resultierende Laufzeit gegeben. Die zwischen Gate und Drain auftretende Kapazität C_gd verursacht eine Rückkopplung, wodurch die Verstärkung fällt. Ihr Wert ist

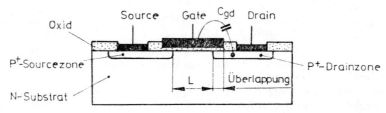

Abb. 2.18. Schnitt durch einen Feldeffekttransistor mit isolierter Steuerelektrode (MOSFET)

um so größer, je größer die Überlappung von Gate und Drain ist, d. h., in welchem Maße die Gate-Metallisierung das Draingebiet überdeckt.

Die Kanallänge L wird durch die mit der Fotolithografie mögliche Auflösbarkeit begrenzt. Die aus ihr berechnete Laufzeit (transit time) ergibt sich als Reziprokwert der Grenzfrequenz (ω_{max}) zu

$$\tau = 1/\omega_{max} = \frac{L^2}{\mu(U_G - V_T)}, \qquad (2.7.1)$$

wobei μ die Beweglichkeit und V_T die Schwellspannung ist. Die Laufzeit verringert sich deutlich mit der Erhöhung der Gatespannung.

Abb. 2.19 zeigt die Ersatzschaltung des MOSFET, wobei $r_{ox} > 10^{10}\ \Omega$ der Durchlaßwiderstand des Oxids ist; die Bedeutung der übrigen Elemente

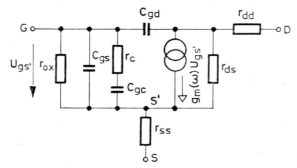

Abb. 2.19. Hochfrequenz-Ersatzschaltung des MOSFET

wurde bereits in Verbindung mit Abb. 2.16 erläutert. Die Grenzfrequenz gemäß (2.7.1) ist $\omega_{max} = g_m/C_{gc}$, wobei g_m die als frequenzunabhängig vorausgesetzte Steilheit ist. In Wirklichkeit ist auch g_m frequenzabhängig:

$$g_m(\omega) = \frac{g_{m0}}{1 + j\omega/\omega_m}, \qquad (2.7.2)$$

wobei die Grenzfrequenz jedoch $\omega_m \gg \omega_{max}$ ist. Der Wert des Kanalwiderstands beträgt $r_c \approx 0{,}2/g_m$.

Die aus der Überlappung resultierende Kapazität C_{gd} läßt sich durch das Verfahren der Selbstmaskierung (z. B. bei einem Silizium-Gate) verringern. Hierbei geschieht die Einfügung der Gate-Metallschicht zwischen Source und Drain nicht nachträglich (denn dies hat die große Überlappung zur Folge), sondern das vorher aufgetragene polykristalline Silizium-Gate maskiert (bildet) den Drain-Rand während der P$^+$-Diffusion selbst. Die Überlappung ist so sehr viel kleiner und ergibt sich im wesentlichen nur aus der seitlich eindringenden Diffusion.

Die seitliche Diffusion läßt sich verringern, wenn man nachträglich, d. h. nach der Fertigstellung des polykristallinen Silizium-Gate, an beiden Rändern des Gate eine dünne P-Schicht durch „Ionenimplantation" erzeugt *(Abb. 2.20)* [2.17].

Die Überlappung kann bei MOS-Feldeffekttransistoren vom Verarmungs-typ (depletion type) völlig vermieden werden. Bei diesen Typen fließt auch im Fall $U_G = 0$ ein Strom (normally on transistor), da infolge der Ladung

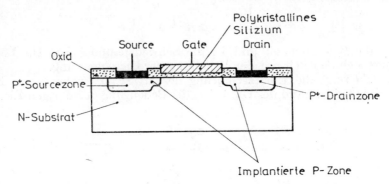

Abb. 2.20. Querschnitt durch einen mit Ionenimplantation dotierten MOSFET

im Gate-Oxid auch dann ein Kanal zustande kommt. Mit Erhöhung der Spannung U_G wird der Kanal mehr und mehr verengt, was sich bereits durch die Steuerung nur eines Abschnittes L_1 des Kanals erreichen läßt *(Abb. 2.21)*. Oberhalb des verbleibenden Kanalabschnitts der Länge L_2 befindet sich keine Gate-Metallisierung, so daß der Wert von C_{gd} klein ist.

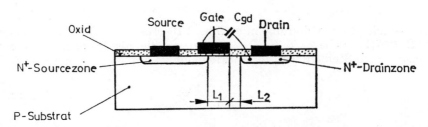

Abb. 2.21. Querschnitt durch einen N-Kanal-MOSFET vom Verarmungstyp

Aufgrund des Zusammenhangs (2.7.1) ist die Grenzfrequenz von N-Kanal-MOSFETs höher (infolge der höheren Elektronenbeweglichkeit μ_n).

Die sich zwischen den einzelnen Schichten des Transistors und dem Substrat ausbildende Kapazität ist bei den Konstruktionen bedeutend geringer, die als Grundmaterial einen Isolator verwenden (silicon-on Sapphire, SOS). *Abb. 2.22* zeigt eine derartige Konstruktion. Der Feldeffekttransistor wird hierbei in eine dünne Siliziumschicht eingebaut, die ihrerseits auf einen kristallinen Aluminiumoxid-Isolator (Saphir, Spinell) nach dem Epitaxie-verfahren aufgetragen wird [2.25, 2.42].

Bei den bisher gezeigten Konstruktionen begrenzte die Auflösungsfähigkeit des fotolithografischen Verfahrens den minimalen Wert der Kanallänge *L*. Bei den im weiteren behandelten DMOS- und V-MOS-Konstruktionen ergibt sich die Kanallänge aus der Differenz der Diffusionstiefen, die so sehr klein gemacht werden kann. Bei den mit „Doppeldiffusion" gefertigten DMOS- (double-diffused MOS) Feldeffekttransistoren *(Abb. 2.23)* werden die P-Diffusion für den Kanalbereich und die N-Diffusion für den Source-

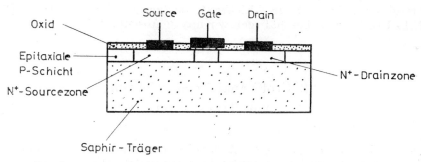

Abb. 2.22. Querschnitt durch einen SOS/MOS-Feldeffekttransistor

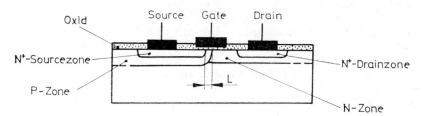

Abb. 2.23. Querschnitt durch einen DMOS-Feldeffekttransistor

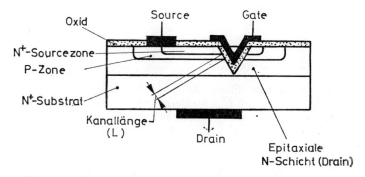

Abb. 2.24. Querschnitt durch einen V-MOS-Feldeffekttransistor

bereich gleichzeitig durchgeführt, wozu ein gemeinsames Oxid-Fenster dient. Dringt die P-Diffusion tiefer als die N-Diffusion ein, so ergibt sich aus der Differenz beider die Länge des Kanals [2.30].

In der V-MOS-Struktur befindet sich der Kanal in vertikaler Lage entlang einer V-förmigen Einätzung *(Abb. 2.24)*. Die Kanallänge (ähnlich zur Basisdicke von bipolaren Transistoren) ergibt sich auch hier aus der Differenz der Eindringtiefen der P- und N-Diffusion.

Sehr gute Hochfrequenzeigenschaften besitzt der MOSFET mit zwei Gate-Elektroden (dual-gate FET), bei dem die Drain-Elektrode des ersten Transistors gleichzeitig die Source-Elektrode des zweiten Transistors ist [2.25, 2.42, 14.10]. Hiermit beschäftigen wir uns in Abschn. 21.2.

2.8 Großsignal-Ersatzschaltung
von Transistoren

Die in den vorangegangenen Abschnitten gezeigten Ersatzschaltungen sind ausnahmslos zur Beschreibung des Kleinsignalbetriebs geeignet, d. h., die Signale haben so geringe Pegel, daß man die Nichtlinearität der Transistorkennlinien außer Betracht lassen kann. In Leistungsverstärker- und Oszillatoranwendungen ist das jedoch bei weitem nicht der Fall; hier können diese Ersatzschaltungen entweder überhaupt nicht oder nur in sehr beschränkter Form benutzt werden. Die mit der Nichtlinearität verbundenen Probleme tauchen besonders bei den bipolaren Transistoren auf, denn hier tritt die Nichtlinearität wegen der exponentiellen Charakteristik der Emitter-Basis-Diode schon bei Steuerspannungen in der Größenordnung von mV auf.

Zur Beschreibung des Großsignalbetriebes dienen die Symmetriegleichungen nach *Ebers* und *Moll* [2.1]:

$$i_e = -\frac{i_{e0}}{1 - \alpha_f \alpha_r}\left(e^{\frac{qU_{eb}}{kT}} - 1\right) + \frac{\alpha_r i_{c0}}{1 - \alpha_f \alpha_r}\left(e^{\frac{qU_{cb}}{kT}} - 1\right), \qquad (2.8.1)$$

$$i_c = \frac{\alpha_f i_{e0}}{1 - \alpha_f \alpha_r}\left(e^{\frac{qU_{eb}}{kT}} - 1\right) - \frac{i_{c0}}{1 - \alpha_f \alpha_r}\left(e^{\frac{qU_{cb}}{kT}} - 1\right). \qquad (2.8.2)$$

Weiterhin ist der Zusammenhang $\alpha_f i_{e0} = \alpha_r i_{c0}$ gültig, wobei i_{e0} und i_{c0} die Restströme sind; U_{eb} und U_{cb} stehen für die Emitter- bzw. Kollektorspannung gegenüber der Basis; α_f und α_r beschreiben die Stromverstärkung in Vorwärts- bzw. Rückwärtsrichtung, deren Frequenzabhängigkeit in der Form

$$\alpha_f = \frac{\alpha_{f0}}{1 + j\omega/\omega_f}, \qquad (2.8.3)$$

$$\alpha_\mathrm{r} = \frac{\alpha_{\mathrm{r}0}}{1 + j\omega/\omega_\mathrm{r}} \qquad\qquad (2.8.4)$$

angegeben werden kann. Die Symmetriegleichungen sind insofern unzureichend, da wegen der fehlenden Sperrschichtkapazitäten die Beschreibung der Frequenzabhängigkeit des Transistors nicht befriedigt. Dem besser gerecht wird die in *Abb. 2.25* gezeigte Ersatzschaltung, in der die Gleich-

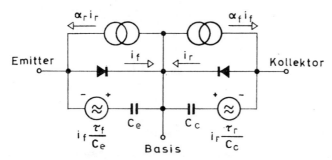

Abb. 2.25. Auf symmetrischen Gleichungen basierendes nichtlineares Hochfrequenz-Ersatzschaltbild des bipolaren Transistors

und Wechselstromparameter getrennt erscheinen. Die Ströme der Stromquellen sind

$$i_\mathrm{f} = i_{\mathrm{f}0}\left(\mathrm{e}^{\frac{qU_\mathrm{eb}}{kT}} - 1\right), \qquad\qquad (2.8.5)$$

$$i_\mathrm{r} = i_{\mathrm{r}0}\left(\mathrm{e}^{\frac{qU_\mathrm{cb}}{kT}} - 1\right). \qquad\qquad (2.8.6)$$

Außerdem gilt der Zusammenhang

$$\alpha_\mathrm{f} i_{\mathrm{f}0} = \alpha_\mathrm{r} i_{\mathrm{r}0} . \qquad\qquad (2.8.7)$$

Der Transistor ist demgemäß mit acht Parametern charakterisierbar, und zwar mit zwei Restströmen, zwei Stromverstärkungsfaktoren — für die der Zusammenhang (2.8.7) steht —, zwei Sperrschichtkapazitäten und zwei Zeitkonstanten. Eine auf diese Weise aufgebaute Ersatzschaltung läßt sich bereits recht gut zur Analyse von Großsignal-Schaltungen mit dem Computer verwenden.

Eine wesentlich einfachere, ausgesprochen „hochfrequente" Ersatzschaltung, die starke Näherungen enthält, ist in *Abb. 2.26* zu sehen. Die Schaltung enthält den als konstant vorausgesetzten Basisbahnwiderstand sowie ein *RC*-Glied im Emitterkreis. Zwischen dem zeitabhängigen Basisstrom und dem Kollektorstrom besteht der Zusammenhang

$$i_\mathrm{b}(t) = \frac{1}{\omega_\mathrm{T}} \cdot \frac{\mathrm{d}i_\mathrm{c}}{\mathrm{d}t} + \frac{i_\mathrm{c}}{\beta_0} . \qquad\qquad (2.8.8)$$

Mit Hilfe dieser vereinfachten Ersatzschaltung ist es in vielen Fällen möglich, die Funktionsweise einer Schaltung näherungsweise zu beschreiben.

Mit der Untersuchung des nichtlinearen Verhaltens von Hochfrequenz-Transistorschaltungen auf der Grundlage des Gummel-Poon-Modells [21.16] beschäftigt sich [21.17], wobei 21 Parameter zur Charakterisierung des Transistors und damit auch die Sekundäreffekte berücksichtigt werden.

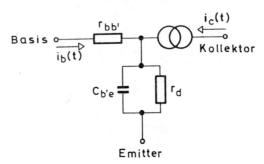

Abb. 2.26. Nichtlineare Großsignal-Ersatzschaltung des bipolaren Transistors

In [2.18] wird eine Simulation des nichtlinearen Verhaltens an einem Analogrechner beschrieben. Mit einem Rechnerprogramm zur Umrechnung der Elemente der Hybrid-π-Ersatzschaltung in ein nichtlineares, ladungsgespeichertes Modell beschäftigt sich [2.35]. Eine aus 12 Elementen bestehende Hochfrequenz-Ersatzschaltung, die zum Schaltungsentwurf unter Verwendung eines Computers geeignet ist, wird in [2.32] beschrieben.

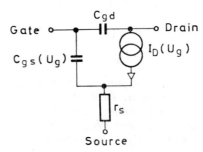

Abb. 2.27. Nichtlineare Ersatzschaltung eines JFET

Die nichtlineare Ersatzschaltung eines JFET ist in *Abb. 2.27* gezeigt [21.12], bei der mit der Abhängigkeit der Gate-Kapazität und des Drain-Stromes von der Gate-Spannung das nichtlineare Verhalten des Transistors simuliert wird.

3 Hochfrequenzeigenschaften
linearer integrierter Halbleiterschaltungen

3.1 Aufbau
monolithischer integrierter Halbleiterschaltungen

Bei monolithischen Halbleiterschaltungen erzeugt man sämtliche Schaltungselemente (Transistoren, Dioden, Widerstände) auf einem einzigen Halbleiterchip; für die Verbindungen der Elemente untereinander sorgen Metallbahnen, die auf die Oberfläche des Chips aufgebracht werden. Hieraus folgen zwei Dinge: einmal muß man beim Entwurf danach streben, die Schaltungselemente so anzuordnen, daß sich ein recht einfaches Netz von Verbindungen ergibt, zum anderen müssen die einzelnen Elemente in geeigneter Weise voneinander getrennt (isoliert) werden. Zwischen diskreten Elementen (z. B. voneinander unabhängige Transistoren) und monolithischen integrierten Schaltungen besteht der grundlegende Unterschied, daß man auf technologisch komplizierte Weise den schädlichen Einfluß einzelner Elemente aufeinander aufheben muß.

Aus der Sicht der Hochfrequenzschaltungen wirft eine Realisierung in monolithischer Form folgende Schwierigkeiten auf: Meistens werden in monolithisch integrierten Schaltungen neben NPN-Transistoren auch PNP-Transistoren benötigt, um gleichstrommäßig Pegelverschiebungen durchführen zu können. Technologisch lassen sich Lateral-PNP-Transistoren verhältnismäßig einfach realisieren, doch besitzen diese eine große Basisweite und eine geringe Grenzfrequenz [3.11, 3.16]. Mit Vertikal-PNP-Transistoren erreicht man eine wesentlich höhere Grenzfrequenz, doch ist hier die Technologie komplizierter.

Der Kollektor des Transistors in einer monolithischen Schaltung kann nicht an der Substratseite, sondern nur an der Oberseite des Chips angeordnet werden (Abb. 3.2). Das führt zu einem Kollektor-Bahnwiderstand und zu parasitären Kapazitäten. Die Parasitärkapazität der Diffusionswiderstände nimmt auch in Richtung des Substrats einen bedeutenden Wert an (Abb. 3.5). Zur Realisierung von kapazitätsarmen Widerständen können Bahnen aus polykristallinem Silizium bzw. NiCr-Metallschichtwiderstände verwendet werden [3.17].

Monolithische Schaltungen haben den Nachteil, daß sich Kapazitäten und Induktivitäten, wie sie im Hochfrequenzbereich für Kompensations- und Abgleichzwecke benötigt werden, nicht realisieren lassen. Eine Möglichkeit der Erzeugung von Kompensationskapazitäten bieten MOS-Kapazitäten [3.15, 3.17]. Eine Verringerung der Serieninduktivitäten infolge der kurzen Verbindungsleitungen bedeutet gleichzeitig einen wesentlichen Vorteil, z. B. bei der Verringerung der Emittergegenkopplung.

In der monolithischen Technik sind Höchstfrequenzleitungselemente nicht anwendbar, so daß diese von außen nach der Technik der Hybridschaltungen (meistens in Dünnschichttechnik) realisiert und an die monolithische Schaltung angeschlossen werden müssen [11.11].

Schließlich sei noch darauf hingewiesen, daß bei der Herstellung von Transistoren mit hoher Grenzfrequenz in monolitischen Schaltungen, die Technologie komplizierter und damit anfälliger wird, was auch zur Verringerung der Produktionsausbeute führt.

Trotz der angeführten Probleme hat die monolithische Technik sowohl vom ökonomischen als auch vom technischen Standpunkt aus wesentliche Vorteile. Die Beantwortung der Frage, ob es zweckmäßig ist, eine gegebene Aufgabe rein nach der monolithischen Technik oder kombiniert mit der Hybridtechnik zu lösen, wird stets vom Charakter der Aufgabe abhängen.

Abb. 3.1 zeigt einen NPN-Transistor und einen Widerstand, die auf dem gleichen Halbleiterchip erzeugt werden. Wie ersichtlich, besteht beim Transistor gegenüber einem diskret aufgebauten der grundlegende Unterschied, daß sich der Kollektoranschluß oben befindet.

Für die technologische Lösung des gezeigten Aufbaus gibt es mehrere Möglichkeiten, die wie folgt zusammengefaßt werden können [3.4]:

a) Das mit dreifacher Diffusion arbeitende Verfahren existiert in zwei Arten. Bei der einen Lösung werden alle drei Schichten von der Oberseite

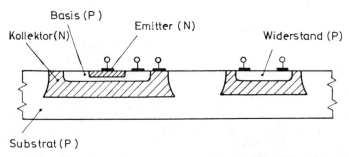

Abb. 3.1. Aufbau eines monolithischen NPN-Transistors und Widerstandes

aus in das P-Grundmaterial eindiffundiert. Wegen der sich so ergebenden Störstellenprofile ist einerseits jedoch die vorgeschriebene Basisdicke schwer in die Hand zu bekommen, andererseits ergeben sich keine günstigen Kollektorparameter. Bei der anderen Methode führt man von oben lediglich die Diffusion der Emitter- und Basisschicht durch. Das Grundmaterial ist hierbei ein schwach N-dotierter Halbleiter, der gleichzeitig die Kollektorschicht bildet. Die Erzeugung des Substrats geschieht mittels Diffusion einer P-Dotierung von unten. Die sich dabei ergebenden Kenngrößen sind günstiger und die Basisdicke läßt sich besser einstellen.

68

b) Das mit vierfacher Diffusion arbeitende Verfahren wendet man dort an, wo man gleichzeitig NPN- und PNP-Transistoren auf demselben Chip erzeugt. Aus der Sicht der Hochfrequenzanwendungen ist diese Technologie nicht von Bedeutung.

c) Beim Verfahren der einfachen Epitaxie wird auf das P-Substrat epitaxial die hochohmige N-Kollektorschicht aufgebracht. Vor der Diffusion von Basis und Emitter führt man eine sogenannte Isolationsdiffusion durch, mit der beispielsweise der Transistor und der Widerstand voneinander getrennt werden können. Die Methode hat den Vorteil, daß der Wert der parasitären Kapazität zwischen Substrat und Kollektor verhältnismäßig gering ist.

d) Das mit zweifacher Epitaxie arbeitende Verfahren unterscheidet sich vom vorigen darin, daß man auf das P-Substrat aufeinander zwei Schichten epitaxial aufwächst, und zwar zuerst eine niederohmige N-Schicht und danach eine hochohmige N-Schicht, in die man dann nach der üblichen Diffusionsmethode den Emitter und die Basis einbaut. Diese Methode hat den Vorteil, daß sich aufgrund der niederohmigen Epitaxieschicht der Kollektorbahnwiderstand r_{cc}, bedeutend reduziert, was bei hohen Frequenzen sehr wesentlich ist.

e) Abb. 3.2. skizziert eine Konstruktion mit vergrabener Schicht. In das P-Substrat diffundiert man eine N-Schicht ein, danach bringt man eine

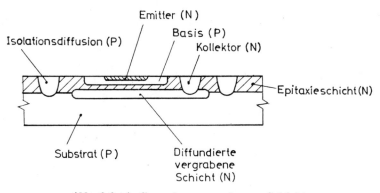

Abb. 3.2. Aufbau der vergrabenen Schicht

hochohmige N-Epitaxieschicht auf. Die eindiffundierte N-Schicht ist auf diese Weise „vergraben"; sie hat lediglich die Aufgabe, den aktiven Kollektorbereich mit dem sackförmig hineinragenden, durch Diffusion erzeugten N-dotierten Kollektoranschluß zu verbinden, und zwar über einen geringen Widerstand. Der Transistor hat ansonsten den üblichen Aufbau; die einzelnen Elemente werden durch eine P-Isolationsdiffusion voneinander getrennt.

Bei einer anderen Art der Erzeugung der vergrabenen Schicht ätzt man in das Substrat eine Vertiefung, danach wird der Halbleiterkristall nach

Aufwachsen einer N-Schicht, die die vergrabene Schicht bildet, erneut eben geschliffen. Von hier beginnend stimmt die Technologie mit der im Punkt *d)* beschriebenen überein. Nach dieser Methode läßt sich eine geringere Kollektor-Substrat-Kapazität erreichen.

f) Bei den im vorigen beschriebenen Konstruktionen werden die auf gleichem Halbleiterchip erzeugten Schaltungselemente im wesentlichen durch gesperrte PN-Übergänge voneinander getrennt, die aufgrund ihrer Kapazitäten die Schaltungspunkte in jedem Falle unerwünscht koppeln. Bei den mit dielektrischer Isolation [3.1] arbeitenden Schaltungen sind die parasitären Kopplungen wesentlich geringer, da hier die Trennung der Schaltungselemente nicht durch einen gesperrten PN-Übergang, sondern durch eine isolierende Oxidschicht gesichert wird.

Abb. 3.3 veranschaulicht die einzelnen technologischen Schritte einer solchen Konstruktion. Aus dem N-Grundmaterial werden Hohlräume geätzt, danach erzeugt man auf der Oberfläche zuerst eine Oxidschicht. Hierauf wird polykristallines Silizium aufgebracht. Die Oxidschicht dient zur Isolation, die polykristalline Schicht sorgt für die notwendige mechanische Festigkeit. Durch Abschleifen der N-Schicht entsteht ein dielektrisch iso-

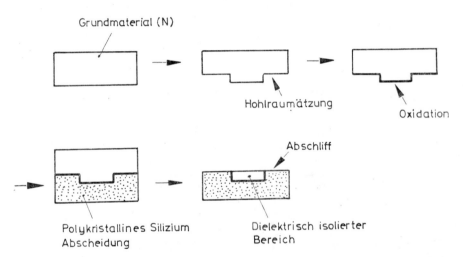

Abb. 3.3. Hauptschritte der Erzeugung monolithischer Schaltungen mit dielektrischer Isolation

lierter N-Bereich, in den man den Transistor oder andere Schaltungselemente auf die bekannte Weise einbaut.

g) Die günstigste Lösung aus der Sicht der Hochfrequenzeigenschaften bietet die sogenannte Beam-lead-Konstruktion [3.2], bei der die einzelnen Schaltungselemente durch Luftisolation voneinander getrennt sind. Bei dieser Technologie bringt man auf die nach dem üblichen Verfahren integrierte Schaltung solch dicke und stabile Metallbahnen auf, daß diese in der Lage sind, die einzelnen Schaltungselemente (Transistoren, Widerstände) selbst zu tragen *(Abb. 3.4)*. Da hierbei die Metallisierung die mechanische Fixierung der einzelnen Elemente übernimmt, wird das einheitliche Substratplättchen unnötig, es wird deshalb durch Ätzung entfernt, und lediglich die die aktiven Elemente enthaltenden Inseln bleiben übrig. Obwohl sie ziemlich kompliziert und kostspielig ist, wird diese Technologie in steigendem Maße für Schaltungen in der Höchstfrequenztechnik und

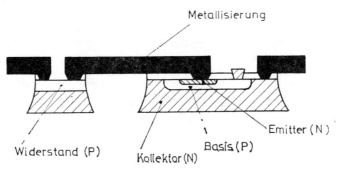

Abb. 3.4. Aufbau einer nach der Beam-lead-Technik hergestellten monolithischen Schaltung

schnellen Impulstechnik angewendet. Entsprechend den in [3.10] veröffentlichten Meßwerten verfügt ein nach der Beam-lead-Technologie aufgebauter Operationsverstärker hinsichtlich seiner Eingangs- und Ausgangsimpedanz sowie seiner Leistungsverstärkung oberhalb $f = 50$ MHz über wesentlich günstigere Eigenschaften als ein nach der üblichen Technologie aufgebauter Operationsverstärker mit schaltungsmäßig gleichem Aufbau.

Zur Trennung der einzelnen Elemente einer Schaltung wendet man auch die PIN-Isolation an [3.9], bei der im wesentlichen jedes Schaltungselement von einer PIN-Diode umgeben ist. Die in Sperrichtung vorgespannte PIN-Diode bewirkt, wie in Abschn. 1.2 beschrieben, eine Unterbrechung, wodurch auch noch bei höheren Frequenzen eine gute Trennung erreicht wird. Da jedoch die Herstellung der drei Schichten technologisch sehr kompliziert ist, wird diese Methode weniger angewendet.

Bei monolithischen Halbleiterschaltungen ist, da sich der Kollektoranschluß auf der Oberseite des Halbleiterchips befindet, der Kollektorbahnwiderstand im allgemeinen wesentlich größer als bei üblichen Transistoren. Mit den bekannten Methoden läßt sich der Wert dieses Widerstands zwar reduzieren, doch erreicht man eine Verbesserung nicht in dem Maße, daß monolithische Halbleiterschaltungen auch als Hochfrequenz-Leistungsverstärker in Betracht kämen. Aus diesem Grunde ist, wie auch aus der Literatur hervorgeht, die Rolle der monolithischen Schaltungen auf dem Gebiet der Hochleistungsanwendungen noch unbedeutend.

3.2 Hochfrequenz-Kenngrößen
monolithischer Halbleiterschaltungen

Die Hochfrequenzeigenschaften monolithischer Halbleiterschaltungen werden einesteils durch die in ihnen angewendeten Elemente, anderenteils durch die Schaltungsanordnung bestimmt. Die wesentlichsten unter diesen Elementen sind die Transistoren; nicht zu vernachlässigen ist jedoch auch die Frage der in einem breiten Band frequenzunabhängigen Widerstände. Hier bereits sei bemerkt, daß man in monolithischen Schaltungen die Kapazität als Schaltungselement nicht gern verwendet. Deshalb sind Verstärker (und natürlich auch andere integrierte Schaltungen) meistens gleichstromgekoppelt. Besteht dennoch die Notwendigkeit, einen Kondensator anzuwenden, so realisiert man ihn mit einem in Sperrichtung vorgespannten PN-Übergang; die erreichbaren Kapazitätswerte sind allerdings recht beschränkt, auch sind nur geringe Gütefaktoren möglich.

Bezüglich der Schaltungsanordnung ist allgemein festzustellen, daß mit Erhöhung der Zahl der in einem Verstärker angewendeten Transistoren die 3-dB-Grenzfrequenz der Verstärkungskurve mehr und mehr zu tieferen Frequenzen hin fällt. Aus diesem Grunde ist der Verstärker stark gegenzukoppeln, was über eine gegebene Grenze hinaus zur Instabilität führen kann. Deswegen enthalten monolithische Verstärker für ausgesprochen hohe Frequenzen im allgemeinen weniger Transistoren als die bei tiefen Frequenzen arbeitenden sogenannten Operationsverstärker.

Der in der integrierten Schaltung verwendete Transistortyp beeinflußt entscheidend deren Hochfrequenzverhalten. Die technologischen Lösungen hierfür wurden in Abschn. 3.1 behandelt, und ausgehend von den dort skizzierten verschiedenartigen Möglichkeiten lassen sich mit Hilfe komplizierterer und aufwendigerer Verfahren Transistoren mit höherer Grenzfrequenz und geringeren parasitären Elementen herstellen. Trotz alledem ist jedoch zu bemerken, daß die in monolithischen Schaltungen verwendeten Transistoren für sich selbst genommen (d. h. aus der Schaltung herausgelöst betrachtet) im allgemeinen ungünstigere Hochfrequenzeigenschaften besitzen als vergleichbare diskrete Transistoren. Das ergibt sich nicht zuletzt aufgrund der parasitären Elemente und der begrenzten technologischen Möglichkeiten.

Die monolithische Ausführung bringt jedoch auch Vorteile mit sich, die aus der Sicht der Hochfrequenzanwendungen sehr wesentlich sind, wie z. B. die hier erreichbaren kurzen Verbindungsleitungen und die durch die geringeren Abmessungen bedingte bessere Abschirmungsmöglichkeit, der in Schaltungen, die aus diskreten Elementen aufgebaut sind, eindeutig engere Grenzen gesetzt sind. Vor- und Nachteile abwägend, ist es schwierig, einen festen Standpunkt einzunehmen, doch eines ist auf alle Fälle bereits jetzt schon klar ersichtlich, daß die Bestrebungen in Richtung der Integration gehen (nicht zuletzt aus wirtschaftlichen Gründen), wenn auch nicht ausgesprochen in Richtung monolithischer Schaltungen, sondern eher in Richtung solcher integrierter Schaltungen, bei denen hybride, diskrete und monolithische Elemente gemischt verwendet werden. Diese Tendenz ist bereits jetzt bei den Schaltungen gut zu beobachten, bei denen man größeren Wert auf die entnehmbare Leistung legt.

In monolithischen Schaltungen realisierte Widerstände besitzen als recht unangenehme Eigenschaft eine parallele Streukapazität. Für den Widerstand läßt sich eine obere Grenzfrequenz angeben, die den Wert

$$\omega_R = 1/RC \tag{3.1.1}$$

hat. Bei höheren Frequenzen arbeitet der Widerstand als Verlustleitung, da die parasitäre Kapazität über die ganze Oberfläche verteilt erscheint. Hieraus folgt, daß die technologischen Anstrengungen in die Richtung laufen, den gewünschten Widerstand in möglichst kleinen Abmessungen zu erzeugen. Das bezieht sich natürlich nicht nur auf die äußeren Widerstände der Schaltung (Kollektor-Arbeitswiderstand usw.), sondern hat auch für den im Transistor wirkenden Kollektorbahnwiderstand $r_{cc'}$ Gültigkeit. Deshalb ändert sich auch das Ersatzschaltbild der in monolithischen Schaltungen verwendeten Transistoren *(Abb. 3.5)*.

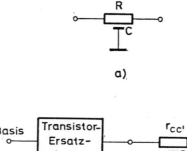

Abb. 3.5. Ersatzschaltung eines in der monolithischen Schaltung erzeugten Widerstandes mit verteilter Kapazität (a) und eines in der monolithischen Schaltung erzeugten Transistors, ergänzt mit Kollektorbahnwiderstand (b)

Bei monolithischen Halbleiterschaltungen ist die Beschreibung der Betriebsgeschwindigkeit durch Angabe der Frequenzabhängigkeit der Verstärkung *(Abb. 3.6)* oder durch Angabe der Schaltzeiten (Anstiegs-, Verzögerungs-, Speicher-, Abfallzeiten) möglich. Von letzterer Möglichkeit macht man besonders bei solchen Schaltungen Gebrauch, die keinen ausgesprochenen Verstärkercharakter haben, sondern eher einen Übergangstyp in Richtung digitaler Schaltungen bilden. Das schließt jedoch nicht aus, daß man auch für monolithische Verstärker die Schaltzeiten angibt, was besonders dann interessant ist, wenn die Schaltung als Impulsverstärker

73

arbeitet. Für uns ist jetzt in erster Linie die Verstärkungskurve nach Abb. 3.6 wesentlich, denn sie beschreibt (natürlich bei festgelegten Meßbedingungen, d. h. bei gegebenen Schaltungsabschlüssen und gegebener Kompensation) eindeutig die Schaltung und liefert im linearen Betriebsbereich auch Informationen über den Impuls-Betrieb. In der Abbildung ist ein Bode-Diagramm mit zwei Knickpunkten dargestellt. Das bedeutet, daß bei

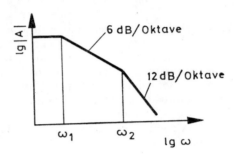

Abb. 3.6. Bode-Diagramm eines Verstärkers

logarithmischem Auftragen beider Größen die Verstärkung zwischen den beiden Grenzfrequenzen (oder Knickpunktfrequenzen) mit asymptotischen Geraden angenähert werden kann. Diese Kennlinie mit zwei Knickpunkten ist zugleich für die einfachsten monolithischen Schaltungen charakteristisch, oftmals hat sie jedoch auch dann Gültigkeit, wenn noch weitere, bei höheren Frequenzen liegende Knickpunkte existieren. Diese fallen im allgemeinen jedoch weit über den eigentlichen Betriebsbereich hinaus und können oft außer Betracht gelassen worden.

Die Lage der Knickpunkte ist äußerst wichtig, weil sie die Gegenkopplungsfähigkeit des Verstärkers bestimmt. Bekanntlich setzt der Gegenkopplung die Tatsache eine Grenze, daß in der gegebenen Schaltung bei keiner einzigen Frequenz eine Instabilität auftreten darf, was sinngemäß von der bei höheren Frequenzen erscheinenden Verstärkungskurve abhängt, die sich wegen der zunehmenden Phasendrehung ergibt. Vom Standpunkt der Stabilität des gegengekoppelten Verstärkers aus ist es günstig, wenn die Knickpunktfrequenzen ω_1 und ω_2 weit voneinander entfernt sind (wenigstens zwei Oktaven Unterschied). Mit dieser Frage befassen wir uns ausführlich in Abschn. 11.2.

Abb. 3.7 zeigt eine typische Ausführung von monolithischen integrierten Verstärkern [3.5, 3.6]. Die gleichstrommäßig gekoppelte, mit einem Differenzverstärker aufgebaute Schaltung läßt sich auf sehr verschiedene Weise verwenden. Deshalb ist sie auch im Hochfrequenzbereich recht geeignet. Benutzt man den Punkt *A* als Eingang und erdet die übrigen Anschlüsse, so arbeitet die Schaltung als zweistufiger Verstärker in Kollektor-Basis-Schaltung. Benutzt man den Punkt *B* als Eingang, so erhält man einen bei hohen Frequenzen gern verwendeten Verstärker in Emitter-Basis-Schaltung, der sich durch eine besonders geringe Rückwirkung auszeichnet. Verwendet man auch den Punkt *C* als Steuerpunkt, so kann die Schaltung

74

zur Mischung, Modulation usw. benutzt werden. Im weiteren werden wir uns noch ausführlicher mit den Parametern dieser Schaltung beschäftigen.

Eine mit komplementären Transistoren aufgebaute Halbleiterschaltung in monolithischer Technik wird in [3.11] behandelt. *Abb. 3.8* zeigt hierzu die Schaltung in skizzierter Form. Die Stromquellen stehen für weitere Teile der Schaltung; die bezeichneten Punkte erhalten eine Stromeinspei-

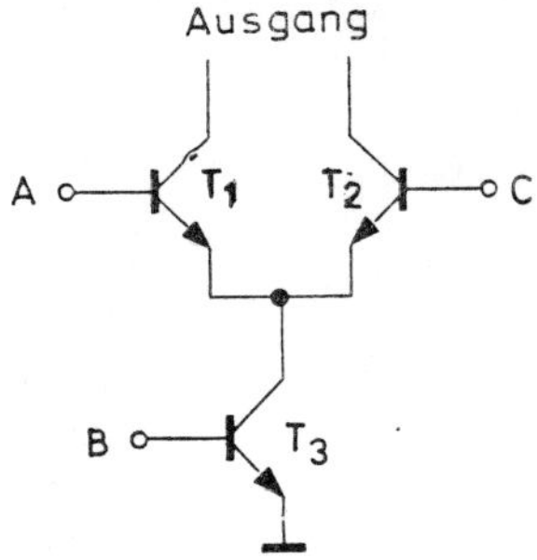

Ausgang

A o—|←T₁   T₂|→—o C

B o—|←T₃

Abb. 3.7. Typische Ausführungsform von monolithisch integrierten Hochfrequenz-Verstärkern

sung. Die Schaltung hat zwei große Vorteile. Der eine ergibt sich daraus, daß wegen der verwendeten sehr kleinen (beinahe null) Kollektor-Basis-Spannung die Basisdicke w der NPN-Transistoren sehr gering gemacht werden kann, was unter anderem einen hohen Stromverstärkungsfaktor ($\beta_0 \approx 1000$) ermöglicht. Andererseits arbeiten die PNP-Transistoren, die wegen technologischer Gründe tiefere Grenzfrequenzen haben, in Basisschaltung, dadurch haben sie weniger Einfluß auf die Frequenzabhängigkeit des

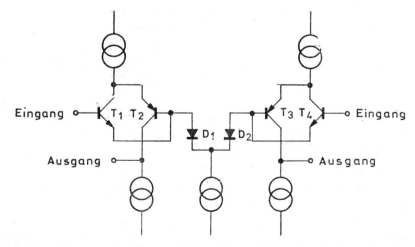

Eingang o—|←T₁ T₂|→   D₁ D₂   T₃ T₄|→—o Eingang

Ausgang o—   —o Ausgang

Abb. 3.8. Monolithischer Hochfrequenz-Verstärker mit komplementären Transistoren

75

Verstärkers. Mit dieser Differenzverstärkerschaltung ist eine Einsverstärkungsfrequenz von $f = 100 \dots 200$ MHz erreichbar.

In einzelnen Fällen baut man nicht vollständige Verstärker, sondern lediglich Transistoren und Dioden nach der monolithischen Technik auf. Passive Elemente ergänzt man in Form diskreter Bauelemente zur Schaltung [3.13]. Diese Methode ist besonders in extrem breitbandigen Verstärkern bzw. in nach der Hybridtechnik gefertigten Schaltungen brauchbar. Ein monolithisches Transistorpaar für Höchstfrequenzen wird in [3.14] beschrieben, die Grenzfrequenz liegt hier bei $f_T = 3$ GHz, der Unterschied der Durchlaßspannungen bei $\Delta U_{BE} = 2$ mV.

Schließlich seien die Hybridschaltungen erwähnt, bei denen man auf Isolationsträger Dünn- oder Dickschichtschaltungen aufbaut und danach in diese die Transistoren oder monolithischen Schaltungen einsetzt. Mit dieser Methode kann die schädliche Wirkung der aktiven Elemente aufeinander reduziert werden. Auch sind die Kühlverhältnisse günstiger, dadurch lassen sich sehr breitbandige Hochleistungsverstärker erzeugen [3.3, 3.7].

<h2 style="text-align:center">3.3 Verzögerungsleitungen
in integrierter Schaltungstechnik</h2>

Eine besondere Gruppe der integrierten Analogschaltungen bilden die Verzögerungsleitungen, die sich sowohl in bipolarer Halbleiterstruktur als auch in MOS-Struktur herstellen lassen.

Abb. 3.9a zeigt ein Schaltungselement einer Eimerketten-Verzögerungsleitung (bucket-brigade) in bipolarer Ausführung. Die Transistoren der aus

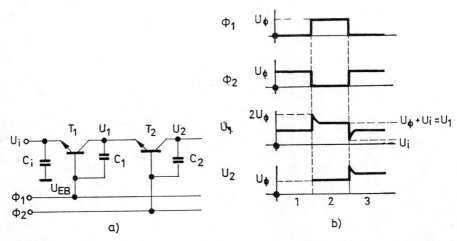

Abb. 3.9. Bipolare Eimerketten-Verzögerungsleitung; Schaltung eines Elements (a) und Zeitdiagramm (b)

diesen Elementen aufgebauten Kette werden abwechselnd durch Impulse Φ_1 und Φ_2 geöffnet, und dadurch wird die im Eingangskondensator C_i gespeicherte Ladung eimerkettenähnlich an die Kondensatoren C_1, C_2 usw. weitergegeben. Besteht die Kette aus n Elementen und ist die Folgezeit der Impulse Φ_1 bzw. Φ_2 durch T_Φ gegeben, dann beträgt die Gesamt-Verzögerungszeit der Kette $\tau = T_\Phi n/2$.

Das Zeitdiagramm der Funktion des ersten Elementes ist in *Abb. 3.9b* zu sehen. Aus Gründen der Zweckmäßigkeit gelangt die Ladung des Kondensators C_i nicht in C_1, sondern C_1 entlädt sich in Richtung C_i, in ähnlicher Weise C_2 in Richtung C_1 usw. Die Ladung gelangt auf diese Weise von rechts nach links, dagegen die Information von links nach rechts. Die Phasen dieser Betriebsart sind folgende:

1. Φ_2 ist positiv, C_1 entlädt sich über den geöffneten Transistor T_2 auf $U_1 = U_\Phi$.
2. Φ_1 geht in den positiven Bereich, der Spannungssprung U_Φ wird auf C_1 übertragen, so daß im ersten Augenblick $U_1 = 2U_\Phi$ ist; über den geöffneten Transistor T_1 beginnt jedoch die Entladung in Richtung C_i; der Kondensator C_i lädt sich bis zum Wert U_Φ auf, in diesem Moment sperrt T_1, da $U_{EB} = 0$ wird. Aus dem Ladungsgleichgewicht $\Delta Q = (U_\Phi - U_i)C_1 = = (2U_\Phi - U_1')C_1$ ergibt sich im Fall $C_i = C_1$ die Spannung $U_1' = U_\Phi + U_i$.
3. Beim Rücklauf von Φ_1 wird vom Wert U_1' der Wert U_Φ abgezogen, so daß sich an der Kapazität C_1 die Spannung U_i ebenso ausbildet wie zu Beginn der Phase 2 am Kondensator C_i. Die Information wird also in Wirklichkeit weitergegeben. Bei Öffnung des Transistors T_2 spielt sich derselbe Vorgang genauso ab wie in der Phase 2, jedoch wird nun C_2 entladen, C_1 lädt sich auf, und dadurch gelangt die Information auf C_2.

Am Eingang der Verzögerungsleitung befindet sich eine Abtastschaltung, die mit einer Frequenz von $f > 2f_{max}$ das zu verzögernde Analogsignal, dessen maximale Frequenz f_{max} ist, abtastet. Am Ausgang der Verzögerungsleitung wird das Analogsignal mit Hilfe eines Tiefpaßfilters zurückgewonnen. Mit Erhöhung der Impulsfolgezeit T_Φ versickert die Ladung der Speicherkapazitäten C_1, C_2 usw., was mit der mittleren Signalabfallsgeschwindigkeit angegeben wird (Maßeinheit mV/ms).

Abb. 3.10 zeigt ein Element einer in MOS-Struktur gefertigten Eimerketten-Verzögerungsleitung bzw. den Schnitt durch ihren Aufbau. Ihre Funktion deckt sich mit der bipolaren Variante, ihr Vorteil liegt jedoch in der geringeren Ladungsableitung (Leckstrom), da das Element C_1 ein MOS-Kondensator ist, der durch die oberhalb des P^+-Diffusionsbereichs befindliche Metallisierung (Φ_1) erzeugt wird.

Die Hauptanwendungsgebiete der Verzögerungsleitungen sind Farbfernsehtechnik, Zeitmultiplex-Übertragungssysteme, Bildaufnahme-Geräte und Transversalfilter. Bei den Zeitmultiplex-Systemen zur Sprachübertragung werden die einzelnen Sprachbänder langsam in je eine Eimerkette geladen, danach überträgt man sie durch schnell aufeinanderfolgende Austastung auf einen Breitbandkanal.

Bei den Bildaufnahme-Geräten bedeckt man einen Teil des P^+N-Übergangs der MOS-Strukturen nicht mit einer Metallschicht, so daß dieser Teil lichtempfindlich bleibt. Nachdem man alle Speicherkapazitäten der Eimerkette auf U_Φ aufgeladen hat, wird dort, wohin Lichtstrahlen gelangen, Ladung abgebaut. Hiernach wird die Information aus der Kette schnell ausgetastet, die auf diese Weise Träger des Bildinhaltes wurde.

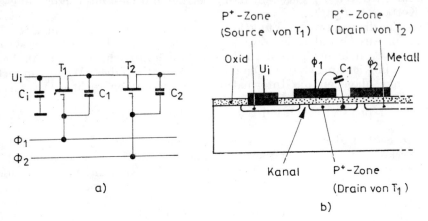

Abb. 3.10. MOS-Eimerketten-Verzögerungsleitung: Schaltung eines Elements (a) und Querschnitt durch ihren Aufbau (b)

Abb. 3.11 zeigt das Blockschema eines Transversalfilters. Die am Eingang abgetasteten Signale werden von den Elementen D verzögert. Die Eingangsspannung U_0 und die verzögerten Spannungen U_1, U_2, ..., U_{n-1} gelangen

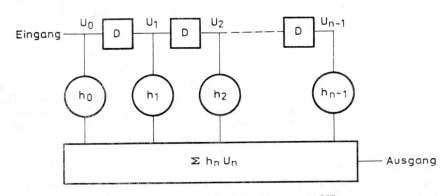

Abb. 3.11. Blockschema eines Transversalfilters

über Signalteiler, die durch Gewichtsfaktoren h_0, h_1, ..., h_{n-1} gekennzeichnet sind, auf eine Summierstufe. Die Abtastfrequenz kann im Bereich 25 Hz ... 10 MHz liegen. Durch entsprechende Wahl der Gewichtsfaktoren lassen sich verschiedenartige Filtercharakteristiken realisieren.

78

Verzögerungsleitungen sind auch nach dem CCD-(Charge-Coupled-De-vice-)Prinzip verwirklichbar *(Abb. 3.12)*. Ihre Struktur baut im wesentli-chen auf MOS-Kondensatoren auf; zwischen den Gate-Elektroden befindet sich kein Diffusionsbereich. Das Wesentliche in der Funktionsweise ist, daß sich die unter den sehr eng nebeneinander angeordneten Gate-Elektro-den befindliche Ladung in horizontaler Richtung verschieben läßt. Durch

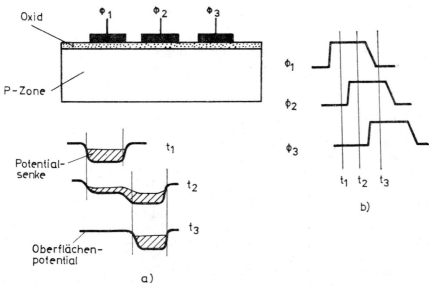

Abb. 3.12. CCD-Verzögerungsleitung: Querschnitt durch ihren Aufbau (a) und Zeit-diagramm der Steuerimpulse (b)

die Wirkung des Impulses $\Phi_1(t_1)$ bildet sich unter dem linksseitigen Gate eine Potentialsenke aus, in der sich Elektronen befinden. Erzeugt man mit dem Impuls Φ_2 unter dem benachbarten Gate ebenfalls eine Potentialsenke, so gelangt zuerst ein Teil der Ladung (t_2), danach nach Rücklauf von Φ_1 die vollständige Ladung (t_3) dorthin. Ist währenddessen der Ladungsverlust gering, so erhalten wir eine analoge Verzögerungsstufe. Setzt man derartige Stufen zu einer Kette zusammen, so läßt sich eine Verzögerungsleitung realisieren. Zu ihrem Betrieb wird im allgemeinen noch eine dritte Phase (Φ_3) benötigt, um die Ladung von links nach rechts zu transportieren.

4 Beschreibung der Halbleiterbauelemente mit Vierpolparametern

4.1 Vierpolparameter und Ersatzschaltungen von Vierpolen

Neben den sogenannten physikalischen Ersatzschaltungen lassen sich die Halbleiterbauelemente (Transistoren, integrierte Schaltungen) mit der Vierpoltheorie beschreiben. Ein Halbleiterbauelement kann, falls die an ihm anliegenden Wechselspannungen klein sind, als linearer Vierpol aufgefaßt werden, so daß im weiteren für ihn die Regeln der Vierpoltheorie anwendbar sind. Der Pegel des benutzten Signals legt fest, inwieweit die Kennlinien bei der Steuerung als linear angesehen werden können. In der Praxis verletzen wir oftmals diesen Grundsatz und benutzen lineare Vierpol-Ersatzschaltungen auch dann, wenn die Wechselspannungen die vorgeschriebenen Grenzen — natürlich in nicht zu großem Maße — überschreiten. Der durch die Nichtlinearitäten in die Rechnungen hineingetragene Fehler wird zugunsten der verhältnismäßig einfachen Behandlungsweise in Kauf genommen. Für die Beschreibung von ausgesprochenem Großsignalverhalten, wie wir es beispielsweise in Oszillatoren oder Leistungsverstärkern antreffen, ist diese Methode nur beschränkt anwendbar.

Im weiteren kennzeichnen wir die Halbleiterbauelemente mit den von der Vierpoltheorie bekannten Methoden. Die sich im Innern abspielenden physikalischen Vorgänge lassen wir hier außer acht. Ein Halbleiterbauelement können wir im wesentlichen als eine „black box" auffassen, von der wir nicht wissen, was für aktive Elemente sich in ihr befinden. Aus der „black box" ragen zwei Leitungspaare heraus, an denen zwei Spannungen und zwei Ströme meßbar sind. Drücken wir die Verhältnisse dieser Größen in Form von Impedanzen, Admittanzen bzw. Verhältniszahlen aus, dann gelangen wir zu den verschiedenen Vierpol-Ersatzschaltungen bzw. Vierpolparametern.

Abgesehen vom Bereich extrem hoher Frequenzen werden zur Beschreibung von Transistoren und linearen integrierten Schaltungen drei verschiedene Arten von Vierpolparametern bzw. von hierzu äquivalenten Schaltungen angewendet. Bei Hochfrequenz am häufigsten wird die y-Ersatzschaltung angewendet [4.1], bei der mit Hilfe von Admittanzen der Zusammenhang zwischen den beiden primären Größen (Eingangs- und Ausgangsstrom) und den beiden sekundären Größen (Eingangs- und Ausgangsspannung) hergestellt wird.

Die h-Ersatzschaltung, die sich in erster Linie an die elektronischen Eigenschaften der bipolaren Transistoren anpaßt, wendet man ebenso häufig bei tiefen und hohen Frequenzen an. Die zu dieser Schaltung gehörenden Parameter sind eine Impedanz, eine Admittanz und zwei Verhältniszahlen. In *Tab. 4.1* sind die drei gebräuchlichen Vierpol-Ersatzschaltungen mit den dazugehörigen Gleichungssystemen dargestellt. Die Definition der einzelnen in der Tabelle auftauchenden Vierpolparameter läßt sich unmittelbar aus dem Gleichungssystem ablesen. Als Beispiel greifen wir nur einen Parameter, die Eingangsadmittanz y_{11}, heraus, die sich als Verhältnis des Eingangsstromes zur Eingangsspannung ergibt, wenn der Ausgang des Vierpols kurzgeschlossen ist:

$$y_{11} = \frac{i_1}{u_1}\bigg|_{u_2=0} . \tag{4.1.1}$$

Tabelle 4.1. Verschiedene Ersatzschaltungen von Vierpolen und die Vierpol-Gleichungssysteme

	Ersatzschaltung	Gleichungssystem
y-Ersatzschaltung		$i_1 = y_{11}u_1 + y_{12}u_2$ $i_2 = y_{21}u_1 + y_{22}u_2$
z-Ersatzschaltung		$u_1 = z_{11}i_1 + z_{12}i_2$ $u_2 = z_{21}i_1 + z_{22}i_2$
h-Ersatzschaltung		$u_1 = h_{11}i_1 + h_{12}u_2$ $i_2 = h_{21}i_1 + h_{22}u_2$

Zur Definition wollen wir noch hinzufügen, daß sowohl i_1 als auch u_1 Wechselgrößen mit solchen Amplituden sind, für die die Kennlinien als linear angesehen werden können.

Besonders zur Beschreibung bei sehr hohen Frequenzen sind die sogenannten Reflexionsparameter oder kurz s-(Scattering-)Parameter gebräuchlich [4.3, 4.4], die aus der Dezimeterwellentechnik bzw. aus der Leitungstheorie abgeleitet sind. Ihre Bestimmung und ihre Messung läßt sich zurückführen auf die auf der Speiseleitung erscheinenden Reflexionen bzw. Stehwellenverhältnisse. Hinsichtlich des Zusammenhangs (4.1.1) ist — wie wir gesehen haben — zur Messung der Eingangsadmittanz an der Ausgangsseite ein Kurzschluß herzustellen ($u_2 = 0$), was sich bei hohen Frequenzen häufig kaum realisieren läßt. Bei den s-Parametern fällt dieser Nachteil weg, die Parameter werden in einer beidseitig mit dem Wellenwiderstand Z_0 abgeschlossenen Schaltung gemessen *(Abb. 4.1a)*. Da die Länge der Speiseleitung gleichgültig ist, vereinfacht sich auch wesentlich die Zugänglichkeit zum Meßobjekt. Eine ähnliche Feststellung läßt sich natürlich auch im Hinblick auf eine Unterbrechung machen.

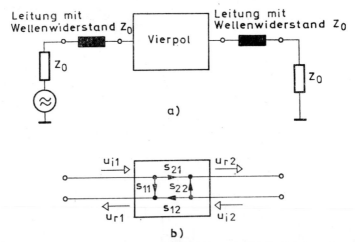

Abb. 4.1. Zur Erklärung der Reflexionsparameter: mit Wellenleitern abgeschlossener Vierpol (a) und schematische Darstellung der Reflexionsparameter (b)

Das Gleichungssystem für die s-Parameter gibt die reflektierten Spannungen u_{r1} und u_{r2} als Funktion der von der Eingangs- bzw. Ausgangsseite nach innen gerichteten Spannungen u_{i1} und u_{i2} an:

$$u_{r1} = s_{11}u_{i1} + s_{12}u_{i2},$$

$$u_{r2} = s_{21}u_{i1} + s_{22}u_{i2}. \tag{4.1.2}$$

Die dabei als Proportionalitätsfaktoren wirkenden s-Parameter lassen sich wie folgt bestimmen:

Der Eingangs-Reflexionsfaktor s_{11} ergibt sich bei angepaßtem Ausgang aus dem Zusammenhang

$$s_{11} = \frac{u_{r1}}{u_{i1}}\bigg|_{u_{i_2}=0} . \qquad (4.1.3)$$

Ähnlich folgt für den Ausgangs-Reflexionsfaktor s_{22} bei angepaßtem Eingang

$$s_{22} = \frac{u_{r2}}{u_{i2}}\bigg|_{u_{i_1}=0} . \qquad (4.1.4)$$

Von den beiden Übertragungsfaktoren gibt s_{21} die Verstärkung und s_{12} die Rückwirkung an:

$$s_{21} = \frac{u_{r2}}{u_{i1}}\bigg|_{u_{i_2}=0} , \qquad (4.1.5)$$

$$s_{12} = \frac{u_{r1}}{u_{i2}}\bigg|_{u_{i_1}=0} . \qquad (4.1.6)$$

Die prinzipielle Ersatzschaltung des mit s-Parametern charakterisierten Vierpols ist in *Abb. 4.1b* zu sehen. Die s-Parameter sind genauso wie die übrigen Vierpolparameter komplexe Größen.

Tabelle 4.2. Zusammenhänge für die Umrechnung der Vierpolparameter

| | Benutzte Parameter | | |
	h	z	y
y-Matrix	$y_{11} \quad y_{12}$ $y_{21} \quad y_{22}$	$\dfrac{z_{22}}{\Delta z} \quad -\dfrac{z_{12}}{\Delta z}$ $-\dfrac{z_{21}}{\Delta z} \quad \dfrac{z_{11}}{\Delta z}$	$\dfrac{1}{h_{11}} \quad -\dfrac{h_{12}}{h_{11}}$ $\dfrac{h_{21}}{h_{11}} \quad \dfrac{\Delta h}{h_{11}}$
z-Matrix	$\dfrac{y_{22}}{\Delta y} \quad -\dfrac{y_{12}}{\Delta y}$ $-\dfrac{y_{21}}{\Delta y} \quad \dfrac{y_{11}}{\Delta y}$	$z_{11} \quad z_{12}$ $z_{21} \quad z_{22}$	$\dfrac{\Delta h}{h_{22}} \quad \dfrac{h_{12}}{h_{22}}$ $-\dfrac{h_{21}}{h_{22}} \quad \dfrac{1}{h_{22}}$
h-Matrix	$\dfrac{1}{y_{11}} \quad -\dfrac{y_{12}}{y_{11}}$ $\dfrac{y_{21}}{y_{11}} \quad \dfrac{\Delta y}{y_{11}}$	$\dfrac{\Delta z}{z_{22}} \quad \dfrac{z_{12}}{z_{22}}$ $-\dfrac{z_{21}}{z_{22}} \quad \dfrac{1}{z_{22}}$	$h_{11} \quad h_{12}$ $h_{21} \quad h_{22}$
Δy	$y_{11}y_{22} - y_{12}y_{21}$	$\dfrac{1}{\Delta z}$	$\dfrac{h_{22}}{h_{11}}$
Δz	$\dfrac{1}{\Delta y}$	$z_{11}z_{22} - z_{12}z_{21}$	$\dfrac{h_{11}}{h_{22}}$
Δh	$\dfrac{y_{22}}{y_{11}}$	$\dfrac{z_{11}}{z_{22}}$	$h_{11}h_{22} - h_{12}h_{21}$

Zur Beschreibung von Halbleiterbauelementen ist jedes der vier behandelten Parametersysteme anwendbar; im Bedarfsfall kann man auf der Grundlage von *Tab. 4.2* und *Tab. 4.3* von einem in das andere umrechnen.

Tabelle 4.3. Zusammenhänge für die Berechnung der s-Parameter

$$s_{11} = \frac{(z_{11} - 1)(z_{22} + 1) - z_{12}z_{21}}{(z_{11} + 1)(z_{22} + 1) - z_{12}z_{21}} \qquad z_{11} = \frac{(1 + s_{11})(1 - s_{22}) + s_{12}s_{21}}{(1 - s_{11})(1 - s_{22}) - s_{12}s_{21}}$$

$$s_{12} = \frac{2z_{12}}{(z_{11} + 1)(z_{22} + 1) - z_{12}z_{21}} \qquad z_{12} = \frac{2s_{12}}{(1 - s_{11})(1 - s_{22}) - s_{12}s_{21}}$$

$$s_{21} = \frac{2z_{21}}{(z_{11} + 1)(z_{22} + 1) - z_{12}z_{21}} \qquad z_{21} = \frac{2s_{21}}{(1 - s_{11})(1 - s_{22}) - s_{12}s_{21}}$$

$$s_{22} = \frac{(z_{11} + 1)(z_{22} - 1) - z_{12}z_{21}}{(z_{11} + 1)(z_{22} + 1) - z_{12}z_{21}} \qquad z_{22} = \frac{(1 + s_{22})(1 - s_{11}) + s_{12}s_{21}}{(1 - s_{11})(1 - s_{22}) - s_{12}s_{21}}$$

$$s_{11} = \frac{(1 - y_{11})(1 + y_{22}) + y_{12}y_{21}}{(1 + y_{11})(1 + y_{22}) - y_{12}y_{21}} \qquad y_{11} = \frac{(1 + s_{22})(1 - s_{11}) + s_{12}s_{21}}{(1 + s_{11})(1 + s_{22}) - s_{12}s_{21}}$$

$$s_{12} = \frac{-2y_{12}}{(1 + y_{11})(1 + y_{22}) - y_{12}y_{21}} \qquad y_{12} = \frac{-2s_{12}}{(1 + s_{11})(1 + s_{22}) - s_{12}s_{21}}$$

$$s_{21} = \frac{-2y_{21}}{(1 + y_{11})(1 + y_{22}) - y_{12}y_{21}} \qquad y_{21} = \frac{-2s_{21}}{(1 + s_{11})(1 + s_{22}) - s_{12}s_{21}}$$

$$s_{22} = \frac{(1 + y_{11})(1 - y_{22}) + y_{21}y_{12}}{(1 + y_{11})(1 + y_{22}) - y_{12}y_{21}} \qquad y_{22} = \frac{(1 + s_{11})(1 - s_{22}) + s_{12}s_{21}}{(1 + s_{22})(1 + s_{11}) - s_{12}s_{21}}$$

$$s_{11} = \frac{(h_{11} - 1)(h_{22} + 1) - h_{12}h_{21}}{(h_{11} + 1)(h_{22} + 1) - h_{12}h_{21}} \qquad h_{11} = \frac{(1 + s_{11})(1 + s_{22}) - s_{12}s_{21}}{(1 - s_{11})(1 + s_{22}) + s_{12}s_{21}}$$

$$s_{12} = \frac{2h_{12}}{(h_{11} + 1)(h_{22} + 1) - h_{12}h_{21}} \qquad h_{12} = \frac{2s_{12}}{(1 - s_{11})(1 + s_{22}) + s_{12}s_{21}}$$

$$s_{21} = \frac{-2h_{21}}{(h_{11} + 1)(h_{22} + 1) - h_{12}h_{21}} \qquad h_{21} = \frac{-2s_{21}}{(1 - s_{11})(1 + s_{22}) + s_{12}s_{21}}$$

$$s_{22} = \frac{(1 + h_{11})(1 - h_{22}) + h_{12}h_{21}}{(h_{11} + 1)(h_{22} + 1) - h_{12}h_{21}} \qquad h_{22} = \frac{(1 - s_{22})(1 - s_{11}) - s_{12}s_{21}}{(1 - s_{11})(1 + s_{22}) + s_{12}s_{21}}$$

Das ist besonders dann von Vorteil, wenn beispielsweise anstelle des im Katalog angegebenen Parametersystems die Anwendung einer anderen Vierpoldarstellung die Analyse einer Schaltung erleichtert. Eine große Hilfe bei solchen Umrechnungsarbeiten leisten verschiedene kleine Tischrechner, auf denen — da hier von komplexen Größen die Rede ist — Rechenoperationen mit komplexen Zahlen durchgeführt werden können. Im Zusammenhang mit der Umrechnung sei noch bemerkt, daß die s-Parameter sich immer auf ein mit dem Wellenwiderstand Z_0 gegebenes Vierpolsystem beziehen. Deshalb sind bei den Umrechnungen die entsprechenden y-, z- und h-Parameter der Tab. 4.3 auf den fraglichen Wellenwiderstand Z_0 zu beziehen, genauer gesagt sind die Parameter auf Z_0 zu normieren, z. B. $z_{11\mathrm{norm}} = z_{11}/Z_0$.

4.2 Eigenschaften abgeschlossener Vierpole

Die Theorie der linearen Vierpole liefert uns die Zusammenhänge, die zur Berechnung der Halbleiterbauelemente benötigt werden. Die am häufigsten benutzten Zusammenhänge sind die Ein- und Ausgangsimpedanz des abgeschlossenen Vierpols, das Maß der Strom- und Spannungsverstärkung sowie das der Leistungsverstärkung. Diese Größen sind in *Tab. 4.4* dargestellt, ausgedrückt durch die y-, z- und h-Parameter. Es bedeuten: Z_g

Tabelle 4.4. Häufig verwendete Zusammenhänge abgeschlossener Vierpole (Z_g und Z_L sind die Generator- bzw. Abschlußimpedanz, $R_L = \mathrm{Re}(Z_L)$ und * bedeutet einen konjugierten Wert)

Benutzte Parameter	Eingangsimpedanz Z_i	Spannungsverstärkung $A_u = \dfrac{U_2}{U_1}$	Stromverstärkung $A_1 = \dfrac{i_2}{i_1}$	Ausgangsimpedanz Z_o	Leistungsverstärkung $N = \dfrac{P_2}{P_1}$
y	$\dfrac{1 + y_{22}Z_L}{y_{11} + \Delta y Z_L}$	$-\dfrac{y_{21}Z_L}{1 + y_{21}Z_L}$	$\dfrac{y_{21}}{y_{11} + \Delta y Z_L}$	$\dfrac{1 + y_{11}Z_g}{y_{22} + \Delta y Z_g}$	$\dfrac{R_L|y_{21}|^2}{\mathrm{Re}[(1 + y_{22}Z_L)(y_{11} + \Delta y Z_L)]}$
z	$\dfrac{\Delta z + z_{11}Z_L}{z_{22} + Z_L}$	$\dfrac{z_{21}Z_L}{\Delta z + z_{11}Z_L}$	$-\dfrac{z_{21}}{z_{22} + Z_L}$	$\dfrac{\Delta z + z_{22}Z_g}{z_{11} + Z_g}$	$\dfrac{R_L|z_{21}|^2}{\mathrm{Re}[(\Delta z + z_{11}Z_L)(z_{22} + Z_L)^*]}$
h	$\dfrac{h_{11} + \Delta h Z_L}{1 + h_{22}Z_L}$	$-\dfrac{h_{21}Z_L}{h_{11} + \Delta h Z_L}$	$\dfrac{h_{21}}{1 + h_{22}Z_L}$	$\dfrac{h_{11} + Z_g}{\Delta h + h_{22}Z_g}$	$\dfrac{R_L|h_{21}|^2}{\mathrm{Re}[(h_{11} + \Delta h Z_L)(1 + h_{22}Z_L)^*]}$

die Impedanz des Signalgenerators, Z_L die Abschlußimpedanz am Ausgang und R_L den Realteil der Abschlußimpedanz am Ausgang *(Abb. 4.2)*.

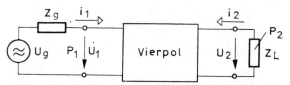

Abb. 4.2. Zur Berechnung der elektrischen Kenngrößen eines abgeschlossenen Vierpols

Besondere Beachtung verdient die Leistungsverstärkung in der letzten Spalte der Tab. 4.4. Der hier auftauchende Leistungsübertragungsfaktor beschreibt das Verhältnis der an die Nutzlast abgegebenen Leistung (P_2) zur vom Transistor aufgenommenen Leistung (P_1). Nach Umformen des mit y-Parametern aufgestellten Ausdrucks läßt sich hierfür angeben:

$$N = \frac{P_2}{P_1} = \frac{g_L|y_{21}|^2}{|y_{22} + y_L|^2\,\mathrm{Re}(y_i)}\,. \qquad (4.2.1)$$

Hierbei ist g_L der Realteil der Abschlußadmittanz, y_L, an der die eigentliche Leistung P_2 erscheint; y_i ist die Eingangsadmittanz des Transistors.

Da zur Beschreibung der Leistungsübertragung eines Vierpols mehrere Definitionen verbreitet sind, fassen wir im weiteren die einzelnen Leistungsübertragungsgrößen zusammen und weisen auf die Abweichungen hin [4.5].

Die mit Ausdruck (4.2.1) definierte Leistungsverstärkung (die übrigens nur dann deutbar ist, wenn der Realteil der Eingangsimpedanz positiv ist) bezieht sich auf beliebige Abschlüsse Z_g und Z_L und entspricht auf diese Weise nicht dem Maximalwert. Bei Anpassung der Lastimpedanz Z_L an den Vierpolausgang *(Abb. 4.3)* erscheint am Ausgang die maximale Leistung $P_{2\,\mathrm{max}}$, die maximale Leistungsverstärkung ist hier

$$N_{\mathrm{max}} = \frac{P_{2\,\mathrm{max}}}{P_1}.\tag{4.2.2}$$

Die „optimale Anpassung" am Ausgang (was mit einem Transformator symbolisiert wurde) bedeutet, daß der Vierpol mit seiner konjugiert komplexen Impedanz abgeschlossen ist, d. h., die Realteile von Ausgangsimpedanz und Belastungsimpedanz sind gleich, die beiden Imaginärteile haben einander entgegengesetztes Vorzeichen ($y_L = y_0^*$).

Die maximale Leistungsverstärkung läßt sich wegen der Instabilität der Schaltung nicht in jedem Fall ausnutzen. Infolge der durch die Rückwirkung auftretenden positiven Rückkopplung tritt eine Schwingneigung auf oder eine stabile Oszillation stellt sich ein. Kompliziert wird die Situation dadurch, daß sich diese Erscheinung bei der vom Standpunkt der Stabilität ungünstigsten Frequenz ausbildet, die nicht notwendigerweise

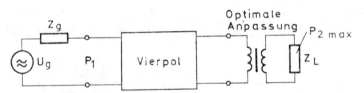

Abb. 4.3. Darstellung eines ausgangsseitig angepaßt abgeschlossenen Vierpols

in das Nutzfrequenzband der Schaltung fällt. Zur Beseitigung der Instabilität macht man den Vierpol unilateral, d. h., mit Hilfe einer Brückenschaltung neutralisiert man das über die Rückwirkung zurückgelangende Signal. Die so erhaltene maximale unilaterale Leistungsverstärkung ist eine allgemein übliche Angabe.

Bei allen im vorangegangenen behandelten Kenngrößen war die Bezugsbasis die vom Vierpol aufgenommene Leistung (P_1). Das bringt oft Schwierigkeiten mit sich, da zur Bestimmung dieser Leistung außer der Spannung am Eingang entweder der Wert des Hochfrequenzstromes am Eingang oder die Eingangsimpedanz bekannt sein muß. Weil die Messung beider Größen ziemlich schwierig ist und der Wert der Leistungsverstärkung für sich selbst keine eindeutige Aussage über die eingangsseitig von der Steuerquelle aufgenommene Leistung macht, wurde der sogenannte Leistungsübertragungsfaktor (transducer gain) eingeführt. Die am Ausgang erscheinende Leistung wird hier nicht auf die aufgenommene, sondern auf die dem Steuergenerator maximal entnehmbare Leistung bezogen:

$$N_t = \frac{P_2}{P_{g\,max}}\,, \qquad\qquad (4.2.3)$$

wobei $P_{g\,max} = U_g^2/4\,\mathrm{Re}(Z_g)$ die bei Anpassung dem Generator entnehmbare und P_2 die am Ausgang über der angepaßten Belastung Z_L auftretende Leistung ist (Abb. 4.3).

Da der Vierpol im allgemeinen Fall unangepaßt an die Steuerquelle angeschlossen ist, tritt hier ein Leistungsverlust auf. Zur Vermeidung dessen wendet man, wie *Abb. 4.4* zeigt, auch eingangsseitig die Anpassung an (symbolisiert mit dem Transformator). Auf diese Weise erhalten wir den maximalen Leistungsübertragungsfaktor. Zu seiner Bestimmung dient ebenfalls der Zusammenhang (4.2.3), jedoch unter der Bedingung, daß sowohl auf der Eingangsseite als auch am Ausgang konjugierte Anpassung besteht. Grundlegende Forderung ist natürlich auch hier, daß die Realteile von Eingangs- und Ausgangsimpedanz bei den gegebenen Abschlußverhältnissen positiv sind, anderenfalls tritt Instabilität auf.

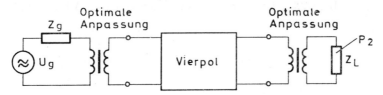

Abb. 4.4. Darstellung eines eingangs- und ausgangsseitig angepaßt abgeschlossenen Vierpols

Die optimale Anpassung eines Vierpols ist nicht immer möglich, wie beispielsweise bei Breitbandanwendungen. Der für die Schaltung gemäß *Abb. 4.5* angegebene Leistungsübertragungsfaktor bei Nichtanpassung

$$N_t^* = \frac{P_2^*}{P_{g\,max}} \qquad\qquad (4.2.4)$$

sagt im wesentlichen aus, zu welcher Leistungserhöhung ein zwischen Generator und Belastung Z_L geschalteter Vierpol führt, bezogen auf den Fall, daß sich dort ein Anpassungstransformator befindet.

Schließlich macht die installierte Verstärkung (insertion gain) bzw. Dämpfung *(Abb. 4.6)* eine Aussage darüber, wie sich durch Zwischenschalten eines Vierpols die an der Last Z_L erscheinende Leistung gegenüber dem Fall des direkten Zusammenschaltens von Generator und Last verändert:

$$N_i = \frac{P_2^*}{P_{2d}} .$$ (4.2.5)

P_{2d} bezeichnet die Ausgangsleistung bei direkter Zusammenschaltung.

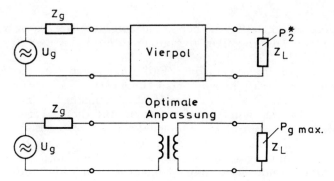

Abb. 4.5. Ersetzen des Vierpols mit Anpassungstransformator

Hiernach kehren wir zurück zum Ausdruck des Leistungsübertragungsfaktors gemäß (4.2.3), für den wir bei Einsetzen der Admittanzparameter

$$N_t = \frac{4 g_g g_L |y_{21}|^2}{|(y_g + y_{11})(y_L + y_{22}) - y_{12} y_{21}|^2}$$ (4.2.6)

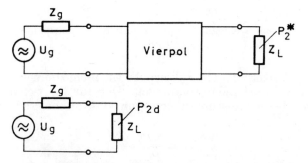

Abb. 4.6. Veranschaulichung der installierten Verstärkung bzw. Dämpfung

erhalten; g_g und g_L bezeichnen die Realteile der Admittanz des Generators bzw. der Last.

Der Leistungsübertagungsfaktor erreicht den Maximalwert, wenn die Eingangsimpedanz an den Generator angepaßt ist. Bei den so erhaltenen angepaßten Abschlüssen tritt auf der Eingangsseite $y_g = y_i^*$ und auf der

Ausgangsseite $y_L = y_0^*$ auf. Berechnen wir Real- und Imaginärteile dieser Anpassungsadmittanzen, dann gelangen wir zu folgenden Ergebnissen:

$$\text{Re}(y_g) = g_g = g_{11} \sqrt{(1 - \delta \cos \varphi)^2 - \delta^2},$$

$$\text{Im}(y_g) = b_g = -b_{11} + g_{11} \delta \sin \varphi,$$

$$\text{Re}(y_L) = g_L = g_{22} \sqrt{(1 - \delta \cos \varphi)^2 - \delta^2}, \qquad (4.2.7)$$

$$\text{Im}(y_L) = b_L = -b_{22} + g_{22} \delta \sin \varphi.$$

In diesen Ausdrücken wurden folgende Bezeichnungen eingeführt:

$$\delta = \frac{|y_{12} y_{21}|}{2 \, \text{Re}(y_{11}) \, \text{Re}(y_{22})} = \frac{|y_{12} y_{21}|}{2 g_{11} g_{22}} \qquad (4.2.8)$$

und der Phasenwinkel des Produktes der Übertragungsparameter $\varphi = $ $= \text{arc} \, (y_{12} y_{21})$. Aus den Ausdrücken für die Anpassungsadmittanzen läßt sich folgendes ablesen. Ist eine der Übertragungsadmittanzen null, so hat auch δ den Wert null. In diesem Fall ist der Vierpol „nicht transparent", und wir erhalten wieder die trivialen Anpassungsbedingungen.

Die bei Anpassung gegebene maximale Leistungsverstärkung (die gleichzeitig dem maximalen Leistungsübertragungsfaktor entspricht) beträgt

$$N_{\max} = \frac{|y_{21}|^2}{2 g_{11} g_{22} [1 - \delta \cos \varphi + \sqrt{(1 - \delta \cos \varphi)^2 - \delta^2}]}. \qquad (4.2.9)$$

Ist die Rückwirkung des Vierpols null ($y_{12} = 0$, $\delta = 0$), so wird

$$N_0 = \frac{|y_{21}|^2}{4 g_{11} g_{22}} = MAG, \qquad (4.2.10)$$

wobei MAG (maximum available gain) die maximal verfügbare Verstärkung des Bauelements ist.

4.3 Zusammenschaltung von Vierpolen

Die Theorie der linearen Vierpole ermöglicht uns eine schnelle Berechnung der Zusammenschaltung von Vierpolen. In der Praxis existieren fünf grundsätzliche Möglichkeiten der Zusammenschaltung, die wir im weiteren ausführlich untersuchen wollen. Von der Form der Zusammenschaltung hängt es ab, mit welcher Vierpol-Parameterreihe bzw. -Ersatzschaltung wir rechnen. Deshalb ist es empfehlenswert, immer die am schnellsten zum Ergebnis führende Parameterreihe zu benutzen, und im Bedarfsfall nehmen wir den Wechsel von der einen Parameterreihe zur anderen mit Hilfe der Tab. 4.2 vor.

In *Abb. 4.7* ist die Parallel-Parallel-Schaltung von Vierpolen dargestellt, was bedeutet, daß sowohl die Eingänge als auch die Ausgänge parallel geschaltet sind. In diesem Fall führt die Verwendung der y-Parameter am schnellsten zum Ziel. Die parallel geschalteten Admittanzen addieren sich

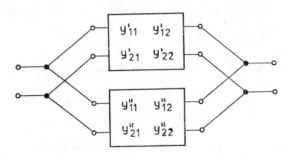

Abb. 4.7. Parallel-Parallel-Schaltung von Vierpolen

einfach (das ist unmittelbar zu sehen, wenn wir in den Platz der Vierpole die Ersatzschaltung gemäß Tab. 4.1 einzeichnen). Die y-Matrix des resultierenden Vierpols lautet damit:

$$y_R = \begin{vmatrix} y_{11R} & y_{12R} \\ y_{21R} & y_{22R} \end{vmatrix} = \begin{vmatrix} y'_{11} + y''_{11} & y'_{12} + y''_{12} \\ y'_{21} + y''_{21} & y'_{22} + y''_{22} \end{vmatrix}, \qquad (4.3.1)$$

wobei y_R der dem resultierenden Vierpol entsprechende y-Parameter ist; die Parameter der beiden ursprünglichen Vierpole sind mit einem bzw. zwei Strichen gekennzeichnet. Es ist also zweckmäßig, bei der Parallel-Parallel-Schaltung die y-Parameterreihe zu verwenden; ist zufälligerweise irgendeine andere Parameterreihe gegeben, so lohnt es sich ebenfalls, mit Hilfe der Tab. 4.2 auf erstere zurückzurechnen und auf diese Weise die Zusammenschaltung der beiden Vierpole durchzuführen.

Abb. 4.8 zeigt die Serien-Serien-Schaltung von Vierpolen. Die entsprechenden Elemente der Ersatzschaltung sind seriell miteinander verbunden,

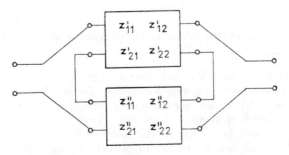

Abb. 4.8. Serien-Serien-Schaltung von Vierpolen

was sich in der unmittelbaren Addition der entsprechenden z-Parameter äußert. Die z-Matrix des resultierenden Vierpols lautet:

$$z_R = \begin{vmatrix} z_{11R} & z_{12R} \\ z_{21R} & z_{22R} \end{vmatrix} = \begin{vmatrix} z'_{11} + z''_{11} & z'_{12} + z''_{12} \\ z'_{21} + z''_{21} & z'_{22} + z''_{22} \end{vmatrix}. \tag{4.3.2}$$

Bei der Serien-Serien-Schaltung von Vierpolen ist es demzufolge emfehlenswert, die z-Parameterreihe zu benutzen.

In *Abb. 4.9* ist die Serien-Parallel-Schaltung von Vierpolen dargestellt. Die Eingänge der beiden Vierpole sind seriell, die Ausgänge parallel

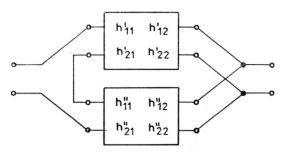

Abb. 4.9. Serien-Parallel-Schaltung von Vierpolen

miteinander verbunden. Benutzen wir die Erkenntnisse der beiden ersten Schaltungsarten, so ist hier die Anwendung der h-Parameterreihe am zweckmäßigsten, ohne Begründung sei hier lediglich die h-Matrix des resultierenden Vierpols angegeben:

$$h_R = \begin{vmatrix} h_{11R} & h_{12R} \\ h_{21R} & h_{22R} \end{vmatrix} = \begin{vmatrix} h'_{11} + h''_{11} & h'_{12} + h''_{12} \\ h'_{21} + h''_{21} & h'_{22} + h''_{22} \end{vmatrix}. \tag{4.3.3}$$

Die Parallel-Serien-Schaltung von Vierpolen ist in *Abb. 4.10* zu sehen. Die Eingänge beider Vierpole sind parallel, die Ausgänge seriell miteinander

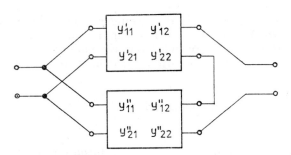

Abb. 4.10. Parallel-Serien-Schaltung von Vierpolen

verbunden. Die Parameter des resultierenden Vierpols ergeben sich auf verhältnismäßig einfache Weise aus der in der Vierpoltheorie benutzten g-Parameterreihe, die das Gegenstück zur h-Parameterreihe darstellt. Da jedoch dieses Parametersystem in der Halbleitertechnik nicht gebräuchlich ist, behandeln wir die Zusammenschaltung auf eine andere Weise. Ohne Ableitung geben wir lediglich die Werte der für den resultierenden Vierpol erhaltenen Vierpolparameter an, ausgedrückt mit der y-Reihe. Die resultierenden Parameter der Parallel-Serien-Schaltung sind

$$y_{11R} = y'_{11} + y''_{11} + \frac{(y'_{12} - y''_{12})(y''_{21} - y'_{21})}{y'_{22} + y''_{22}},$$

$$y_{12R} = \frac{y'_{12}y''_{22} + y'_{22}y''_{12}}{y'_{22} + y''_{22}},$$

(4.3.4)

$$y_{21R} = \frac{y'_{21}y''_{22} + y'_{22}y''_{21}}{y'_{22} + y''_{22}},$$

$$y_{22R} = \frac{y'_{22}y''_{22}}{y'_{22} + y''_{22}}.$$

Die fünfte und letzte Art der Zusammenschaltung von Vierpolen, die Kaskaden- oder Kettenschaltung, wird in *Abb. 4.11* gezeigt. Ihre Berech-

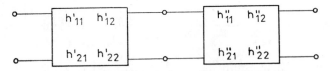

Abb. 4.11. Kaskadenschaltung von Vierpolen

nung wäre am einfachsten mit den weniger gebräuchlichen sogenannten Kettenparametern. Wir wollen die Berechnung auf der Basis der h-Ersatzschaltung durchführen. Zuerst wird die Kaskadenmatrix beider Vierpole aufgestellt, was mit h-Parametern ausgedrückt nach folgendem System abläuft:

$$h\text{-Kaskadenmatrix} = \begin{vmatrix} \Delta h & h_{11} \\ h_{22} & 1 \end{vmatrix}.$$

(4.3.5)

Die Zusammenschaltung der Vierpole wird durch die Multiplikation beider Kaskadenmatrizen ausgedrückt, die entsprechend der Zeilen-Spalten-

Regel vor sich geht. Ohne Berechnung geben wir die resultierenden h-Parameter des Vierpols an:

$$h_{11R} = \frac{h'_{11} + \Delta h' h''_{11}}{h'_{22} h''_{11} + 1},$$

$$h_{12R} = \frac{h'_{12} h''_{12}}{h'_{22} h''_{11} + 1},$$

$$h_{21R} = \frac{h'_{21} h''_{21}}{h'_{22} h''_{11} + 1},$$

$$h_{22R} = \frac{h'_{22} \Delta h'' + h''_{22}}{h'_{22} h''_{11} + 1}.$$

(4.3.6)

Mit diesen Zusammenhängen lassen sich die resultierenden Parameter der Kaskadenschaltung berechnen.

Im weiteren untersuchen wir einige konkrete praktische Fälle der behandelten Vierpolzusammenschaltungen, die insbesondere bei der Untersuchung von Breitbandverstärkern auf Halbleiterbasis in den Vordergrund treten.

In *Abb. 4.12* wird die Zusammenschaltung von Vierpolen mit einer äußeren Impedanz dargestellt. Bei der gezeigten Anordnung bleiben die Parameter des resultierenden Vierpols, abgesehen von der Eingangsimpe-

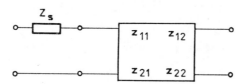

Abb. 4.12. Ergänzung eines Vierpols am Eingang mit einer Serienimpedanz

danz, unverändert. Als neuer Wert für die Eingangsimpedanz ergibt sich $z_{11R} = z_{11} + Z_s$. Befindet sich die Serienimpedanz am Ausgang, so ändert sich lediglich der Parameter z_{22}, während die übrigen Parameter unverändert bleiben.

Liegt eine Paralleladmittanz am Vierpoleingang, so wird die Eingangsadmittanz der resultierenden Schaltung $y_{11R} = y_{11} + y_p$, während die Werte der übrigen drei Parameter unverändert bleiben.

In *Abb. 4.13* befindet sich zwischen den Ein- und Ausgangspunkten des Vierpols eine äußere Admittanz y_f, durch die eine Rückwirkung entsteht. Wenn sich auch die resultierenden Parameter der Schaltung direkt aufstellen lassen, so kann jedoch auch der auf die Parallel-Parallel-Schaltung von Vierpolen bezogene Zusammenhang (4.3.1) verwendet werden, bei dem wir die Admittanz y_f als gesonderten Vierpol auffassen. Für die in Abb. 4.13a zu sehende Anordung lauten die resultierenden Parameter:

$$y_{11R} = y_{11} + y_f, \quad y_{12R} = y_{12} - y_f,$$
$$y_{21R} = y_{21} - y_f, \quad y_{22R} = y_{22} + y_f.$$
$$(4.3.7)$$

Die Parameter der Schaltung in Abb. 4.13b lassen sich auf ähnliche Weise behandeln, jedoch mit dem Unterschied, daß hier die Windungszahl

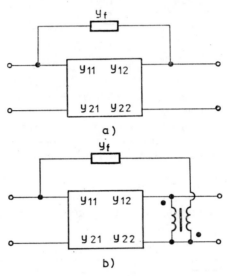

Abb. 4.13. Neutralisation eines Vierpols mit Rückkopplungsadmittanz y_f (a) sowie mit Rückkopplungsadmittanz und phasendrehendem Transformator (b)

und die Phasendrehung des Transformators mit beachtet werden müssen. Die resultierenden Parameter der Schaltung sind

$$y_{11R} = y_{11} + y_f, \quad y_{12R} = y_{12} + \frac{y_f}{n},$$
$$(4.3.8)$$
$$y_{21R} = y_{21} + \frac{y_f}{n}, \quad y_{22R} = y_{22} + \frac{y_f}{n^2}.$$

Diese Zusammenhänge werden wir in Abschn. 14.6 bei der Behandlung der Neutralisation anwenden.

In *Abb. 4.14* sehen wir die Zusammenschaltung eines Vierpols mit einem aus der Impedanz Z_1 bestehenden Shuntglied. Benutzen wir die Regel (4.3.2) der Serien-Serien-Schaltung und berücksichtigen die z-Parameter des Shuntgliedes, so lassen sich die z-Parameter des resultierenden Vierpols wie folgt aufschreiben:

$$z_{11R} = z_{11} + Z_1, \quad z_{12R} = z_{12} + Z_1,$$
$$z_{21R} = z_{21} + Z_1, \quad z_{22R} = z_{22} + Z_1.$$

$$(4.3.9)$$

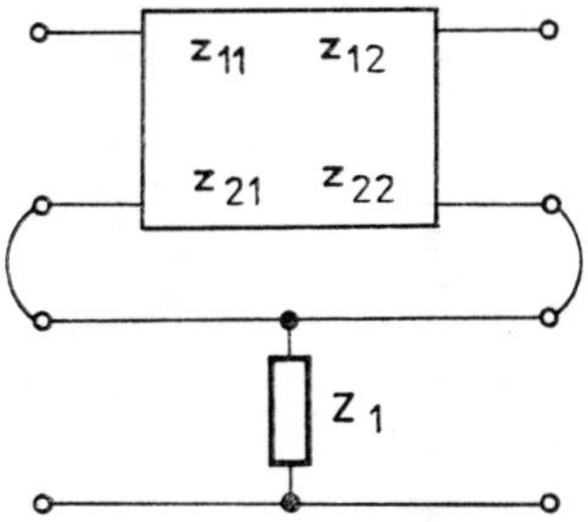

Abb. 4.14. Serien-Serien-Schaltung eines Vierpols und einer „Shuntimpedanz"

4.4 Arten der Angabe
von Hochfrequenz-Vierpolparametern

Die Beschreibung der Hochfrequenzeigenschaften ist mit einer Ersatzschaltung oder mit Vierpolparametern möglich. In der Praxis wendet man beide Methoden verbreitet an, erstere vorrangig bei diskreten Bauelementen (Hochfrequenzdioden und- transistoren). Bei integrierten Schaltungen wird die Ersatzschaltung wegen ihrer Kompliziertheit selten benutzt.

Die Ersatzschaltung hat den Vorteil, daß sie innerhalb des Gültigkeitsbereichs auch die Frequenzabhängigkeit beschreibt, allerdings ist die Arbeitspunktabhängigkeit der einzelnen Elemente gesondert anzugeben. Demgegenüber beziehen sich die Vierpolparameter lediglich auf eine Frequenz bzw. auf einen Arbeitspunkt. Die Beschreibung der Frequenzabhängigkeit geschieht deshalb mit Hilfe von Ortskurven. Hierbei stellt man die einzelnen Parameter in Abhängigkeit von der Frequenz für verschiedene Arbeitspunkte entweder im rechtwinkligen oder im Polarkoordinatensystem dar. Die Daten der dazwischenliegenden Arbeitspunkte lassen sich durch Interpolation bestimmen.

Bei Transistoren gibt man unter den Vierpolparametern der drei Grundschaltungen lediglich die Parameter einer Schaltung an (meistens die der Emitter- oder Basisschaltung). Zur Erleichterung der Umrechnung in eine andere Grundschaltung dienen *Tab. 4.5* und *Tab. 4.6*, die die Umrechnungsgleichungen der y- und h-Parameter für alle drei Grundschaltungen enthalten. Die Zusammenhänge geben die genauen Werte an; in der Praxis lassen sich ohne beträchtliche Verschlechterung der Genauigkeit wesentliche Vereinfachungen durchführen.

Tabelle 4.5. Umrechnungsbeziehungen der y-Parameter für die verschiedenen Grundschaltungen

	y_b		y_e		y_c	
Basis-schaltung	y_{11b}	y_{12b}	$(y_{11b}+y_{12b}+y_{21b}+y_{22b})$	$-(y_{12b}+y_{22b})$	y_{22c}	$-(y_{21c}+y_{22c})$
	y_{21b}	y_{22b}	$-(y_{21b}+y_{22b})$	y_{22b}	$-(y_{12c}+y_{22c})$	$(y_{11c}+y_{12c}+y_{21c}+y_{22c})$
Emitter-schaltung	$(y_{11b}+y_{12b}+y_{22b})$	$-(y_{12b}+y_{22b})$	y_{11e}	y_{12e}	y_{11c}	$-(y_{11c}+y_{12c})$
	$-(y_{21b}+y_{22b})$	y_{22b}	y_{21e}	y_{22e}	$-(y_{11c}+y_{21c})$	$(y_{11c}+y_{12c}+y_{21c}+y_{22c})$
Kollektor-schaltung	$(y_{11b}+y_{12b}+y_{21b}+y_{22b})$	$-(y_{11b}+y_{21b})$	y_{11e}	$-(y_{11e}+y_{12e})$	y_{11c}	y_{12c}
	$-(y_{11b}+y_{12b})$	y_{11b}	$-(y_{11e}+y_{21e})$	$(y_{11e}+y_{12e}+y_{21e}+y_{22e})$	y_{21c}	y_{22c}

Tabelle 4.6. Umrechnungsbeziehungen der h-Parameter für die verschiedenen Grundschaltungen

	h_b		h_e		h_c	
Basis-schaltung	h_{11b}	h_{12b}	$\dfrac{h_{11e}}{1+\Delta h_e+h_{21e}-h_{12e}}$	$\dfrac{\Delta h_e-h_{12e}}{1+\Delta h_e+h_{21e}-h_{12e}}$	$\dfrac{h_{11c}}{\Delta h_c}$	$\dfrac{h_{21c}+\Delta h_c}{\Delta h_c}$
	h_{21b}	h_{22b}	$\dfrac{-(\Delta h_e+h_{21e})}{1+\Delta h_e+h_{21e}-h_{12e}}$	$\dfrac{h_{22e}}{1+\Delta h_e+h_{21e}-h_{12e}}$	$\dfrac{h_{12c}-\Delta h_c}{\Delta h_c}$	$\dfrac{h_{22c}}{\Delta h_c}$
Emitter-schaltung	$\dfrac{h_{11b}}{1+\Delta h_b+h_{21b}-h_{12b}}$	$\dfrac{\Delta h_b-h_{12b}}{1+\Delta h_b+h_{21b}-h_{12b}}$	h_{11e}	h_{12e}	h_{11c}	$1-h_{12c}$
	$\dfrac{-(h_{21b}+\Delta h_b)}{1+\Delta h_b+h_{21b}-h_{12b}}$	$\dfrac{h_{22b}}{1+\Delta h_b+h_{21b}-h_{12b}}$	h_{21e}	h_{22e}	$-(1+h_{21c})$	h_{22c}
Kollektor-schaltung	$\dfrac{h_{11b}}{1+\Delta h_b+h_{21b}-h_{12b}}$	$\dfrac{1+h_{21b}}{1+\Delta h_b+h_{21b}-h_{12b}}$	h_{11e}	$1-h_{21e}$	h_{11c}	h_{12c}
	$\dfrac{h_{12b}-1}{1+\Delta h_b+h_{21b}-h_{12b}}$	$\dfrac{h_{22b}}{1+\Delta h_b+h_{21b}-h_{12b}}$	$-(1+h_{21e})$	h_{22e}	h_{21c}	h_{22c}

Es kann der Fall eintreten, daß bei Angabe einer Ersatzschaltung auf die Vierpolparameter des Transistors gefolgert werden muß, z. B. deshalb, weil diese in den Berechnungen konkret benötigt werden. Die Ermittlung der Vierpolparameter aus den Elementen einer Ersatzschaltung macht keine besonderen Schwierigkeiten. Man muß sich lediglich vor Augen halten, daß die Genauigkeit der so erhaltenen komplexen Hochfrequenzparameter wesentlich schlechter ist als die unmittelbar angegebenen bzw. gemessenen Werte.

Untersuchen wir zuerst die Berechnung der Vierpolparameter von bipolaren Transistoren auf der Grundlage der in Abb. 2.9 gezeigten Ersatzschaltung. Die Hochfrequenz-h-Parameter in der Emitterschaltung lassen sich mit folgenden Funktionen angeben:

$$
\begin{aligned}
h_{11e} &= r_b + \beta r_e, \\
h_{12e} &= \beta r_e Y_c, \\
h_{21e} &= \beta, \\
h_{22e} &= \beta Y_c.
\end{aligned}
\tag{4.4.1}
$$

In diesen Ausdrücken wurden folgende Vereinfachungen der Bezeichnungen benutzt:

$$
\beta = \beta(\omega) = \frac{\beta_0}{1 + j\omega/\omega_\beta},
\tag{4.4.2}
$$

$$
Y_c = j\omega C_c.
\tag{4.4.3}
$$

Weiterhin wurden zur leichteren Handhabung der Basiswiderstand mit r_b und der dynamische Widerstand der Emitterdiode mit r_e bezeichnet.

In der Emitterschaltung erhält man als Ergebnis relativ einfache Ausdrücke, die die weiteren Berechnungen beim Schaltungsentwurf sehr erleichtern.

Die Berechnung schmalbandiger (abgestimmter) Verstärker geschieht meistens mit y-Parametern. Die Bestimmung der y-Parameter aus der Ersatzschaltung ist bereits eine komplizierte Aufgabe, besonders wenn wir berücksichtigen, daß (da von abgestimmten Verstärkern die Rede ist) die Betriebsfrequenz im allgemeinen hoch ist. Aus diesem Grunde sind viele der Vernachlässigungen, die bei tieferen Frequenzen noch berechtigt waren, hier nicht erlaubt.

Ausgehend von der in *Abb. 4.15* zu sehenden sehr allgemeinen sogenannten Hybrid-π-Ersatzschaltung wurden in *Tab. 4.7* die y-Parameter der Emitter- und Basisschaltung zusammengestellt. Die Zusammenhänge sind ziemlich kompliziert, doch läßt sich die Berechnung für eine gegebene Frequenz bereits leichter durchführen. Außerdem sind von Fall zu Fall viele Vernachlässigungen und Vereinfachungen möglich.

Bei ausgesprochen hohen Frequenzen kann, wenn die Bedingung $\omega \gg \omega_\beta$ erfüllt ist, von der Admittanz $y_{b'e}$ der Realteil vernachlässigt werden. Auf ähnliche Weise kann auch der Realteil der Admittanz y_{ce} weggelassen werden, das Element $y_{b'e}$ läßt sich ebenso als reine Kapazität betrachten (*Abb. 4.16*):

$$y_{b'e} = j\omega C_{b'e},$$
$$y_{ce} = j\omega C_{ce}, \tag{4.4.4}$$
$$y_{b'c} = j\omega C_{b'c}.$$

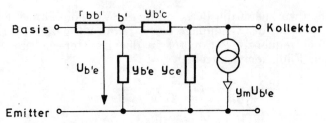

Abb. 4.15. Ersatzschaltung bipolarer Transistoren zur Berechnung der Admittanzparameter

Tabelle 4.7. Berechnung der y-Parameter für die Emitter- und Basisschaltung aus der Hybrid-Ersatzschaltung

Schaltung	y-Vierpolparameter
Emitterschaltung	$y_{11e} = \dfrac{y_{b'e} + y_{b'c}}{1 + r_{bb'}(y_{b'e} + y_{b'c})}$
	$y_{12e} = \dfrac{-y_{b'c}}{1 + r_{bb'}(y_{b'e} + y_{b'c})}$
	$y_{21e} = \dfrac{y_m - y_{b'c}}{1 + r_{bb'}(y_{b'e} + y_{b'c})}$
	$y_{22e} = \dfrac{y_{ce} + y_{b'c} + r_{bb'}[y_{b'e}(y_{ce} + y_{b'c}) + y_{b'c}(y_m + y_{ce})]}{1 + r_{bb'}(y_{b'e} + y_{b'c})}$
	$\Delta y_e = \dfrac{y_{b'e}(y_{ce} + y_{b'c}) + y_{b'c}(y_m + y_{ce})}{1 + r_{bb'}(y_{b'e} + y_{b'c})}$
Basisschaltung	$y_{11b} = \dfrac{y_m + y_{b'e} + r_{bb'}[y_{b'e}(y_{ce} + y_{b'c}) + y_{b'c}(y_m + y_{ce})]}{1 + r_{bb'}(y_{b'e} + y_{b'c})}$
	$y_{12b} = \dfrac{-y_m - r_{bb'}[y_{b'e}(y_{ce} + y_{b'c}) + y_{b'c}(y_m + y_{ce})]}{1 + r_{bb'}(y_{b'e} + y_{b'c})}$
	$y_{21b} = \dfrac{-y_m - y_{ce} - r_{bb'}[y_{b'e}(y_{ce} + y_{b'c}) + y_{b'c}(y_m + y_{ce})]}{1 + r_{bb'}(y_{b'e} + y_{b'c})}$
	$y_{22b} = \dfrac{y_{b'c} + y_{ce} + r_{bb'}[y_{b'e}(y_{ce} + y_{b'c}) + y_{b'c}(y_m + y_{ce})]}{1 + r_{bb'}(y_{b'e} + y_{b'c})}$
	$\Delta y_b = \dfrac{y_{b'e}(y_{ce} + y_{b'c}) + y_{b'c}(y_m + y_{ce})}{1 + r_{bb'}(y_{b'e} + y_{b'c})}$

98

Die unter diesen Bedingungen berechneten y-Parameter der Emitter-schaltung und die Werte der erhaltenen Skalarkomponenten sind in *Tab. 4.8* enthalten.

Die Berechnung der Admittanzparameter von Feldeffekttransistoren können wir mit Hilfe der vereinfachten Abb. 2.17b vornehmen. Für die

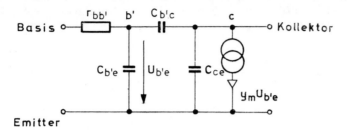

Abb. 4.16. Vereinfachte Hochfrequenz-Ersatzschaltung bipolarer Transistoren zur Berechnung der Admittanzparameter

Tabelle 4.8. Die Skalarkomponenten der y-Parameter der Emitterschaltung

$y_{11e} = g_{11e} + j\omega C_{11e}$	$g_{11e} = 1/r_b(1 + s^2)$ $C_{11e} = C_{b'e}s^2/(1 + s^2)$
$y_{12e} = g_{12e} + j\omega C_{12e}$	$-g_{12e} = C_{b'c}/r_b C_{b'e}(1 + s^2)$ $-C_{12e} = C_{b'c}s^2/(1 + s^2)$
$y_{21e} = |y_{21e}|e^{j\varphi_{21e}}$	$|y_{21e}| = g_m s/(1 + s^2)(1 + \omega^2/\omega_m^2)$ $-\varphi_{21e} = \arctan(\omega/\omega_m) + \arctan(1/s)$
$y_{22e} = g_{22e} + j\omega C_{22e}$	$g_{22e} = \dfrac{g_m \omega r_b C_{b'c}(\omega/\omega_m + 1/s)}{(1 + \omega^2/\omega_m^2)(1 + 1/s^2)}$ $C_{22e} = C_{b'c}\left[1 + \dfrac{g_m r_b(1 - \omega/\omega_m s)}{(1 + \omega^2/\omega_m^2)(1 + 1/s^2)}\right] + C_{ce}$
Bezeichnungen	$s = 1/\omega r_b C_{b'e}$ $\qquad\qquad \omega \gg \omega_\beta$ $y_m = \dfrac{g_m}{1 + j\omega/\omega_m}$

Sourceschaltung gelten die Beziehungen

$$y_{11} = j\omega(C_{gs} + C_{gd}),$$
$$y_{12} = -j\omega C_{gd},$$
$$y_{21} = g_m - j\omega C_{gd},$$
$$y_{22} = j\omega(C_{gd} + C_{ds}).$$

(4.4.5)

Wie die Ersatzschaltung selbst, so sind auch diese Parameter nur im Frequenzband $\omega \ll \omega_m$ mit entsprechender Genauigkeit verwendbar.

Eine mit einem elektronischen Rechner ermittelte Kleinsignal-Ersatzschaltung auf der Basis der Reflexionsparameter wird in [2.18] diskutiert. Die rechentechnische Bestimmung einer (linearen) Hybrid-π-Ersatzschaltung, erstellt aus dem nichtlinearen ladungsgesteuerten Modell, finden wir in [2.35]. Gleichfalls mit rechentechnischer Simulation beschäftigen sich [2.28] und [2.32].

5 Eigenschaften von Breitbandverstärkern

5.1 Verstärkeranalyse
nach der Pol-Nullstellen-Methode

Zur Beschreibung von Verstärkerschaltungen wird grundsätzlich der Übertragungsfaktor oder, anders ausgedrückt, die Übertragungs- bzw. Transferfunktion

$$A(p) = \frac{U_0(p)}{U_i(p)} \qquad (5.1.1)$$

herangezogen, die wir im komplexen Frequenzbereich $p = \sigma + j\omega$ untersuchen wollen. Dabei sind U_0 und U_i die Laplace-Transformierten der am Ausgang bzw. Eingang auftretenden Zeitfunktionen.

Das Verhältnis der Amplituden von Ausgangs- zu Eingangssignal im gegebenen Frequenzbereich wird durch die Amplitudencharakteristik

$$a(\omega) = |A(p)|_{p=j\omega} \qquad (5.1.2)$$

angegeben, die die wichtigste Verstärkerkenngröße ist. In gewissen Fällen kommt der Laufzeitcharakteristik

$$\tau(\omega) = \left. \frac{d\varphi(A)}{d\omega} \right|_{p=j\omega} \qquad (5.1.3)$$

ähnliche Wichtigkeit zu. Hierbei stellt $\varphi(A)$ die Phase der Übertragungsfunktion dar. Außer diesen beiden Charakteristiken kann die Zeitfunktion des auf ein Einheitssprungsignal erhaltenen Antwortsignals von Bedeutung sein, einerseits wegen der Anstiegszeit, andererseits wegen des eventuell auftretenden Überschwingens. Der Übergang vom Zeitbereich in den Frequenzbereich geschieht mit der Laplace-Transformation, die sich meistens mit Hilfe allgemein benutzter Formelsammlungen durchführen läßt.

Beschreiben wir die Übertragungsfunktion des zu untersuchenden Stromkreises mit Hilfe seiner Ersatzschaltung oder seiner Vierpolparameter, so erhalten wir eine gebrochen rationale Funktion mit reellen Koeffizienten:

$$A(p) = A_0 \frac{1 + a_1 p + a_2 p^2 + \ldots a_m p^m}{1 + b_1 p + b_2 p^2 + \ldots b_n p^n} . \qquad (5.1.4)$$

Hierbei steht A_0 für die sich bei der Frequenz null ergebende Übertragung. Weiterhin ist der Nenner höheren Grades als der Zähler ($n > m$). Wenn wir den Ausdruck auf eine Form mit Wurzelfaktoren bringen, erhalten wir die Pole p_{pk} und die Nullstellen p_{0j}:

$$A(p) = A_0' \frac{(p - p_{01})(p - p_{02}) \ldots (p - p_{0j})}{(p - p_{01})(p - p_{02}) \ldots (p - p_{pk})} . \qquad (5.1.5)$$

Zeichnen wir die erhaltenen Pole und Nullstellen, die entweder oder konjugiert komplexe Paare sein können, in die komplexe Frequenzebene ein, so gelangen wir zur sogenannten Pol-Nullstellen-Verteilung des fraglichen Stromkreises *(Abb. 5.1)*. Der Absolutwert der Übertragungs-

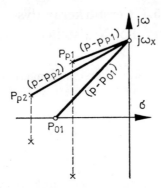

Abb. 5.1. Berechnung von Verstärkern mit der Pol-Nullstellen-Methode

funktion bei der untersuchten Frequenz p ist durch das Produkt bzw. den Quotienten der Längen der zum markierten Punkt gezogenen Polvektoren bzw. Nullstellenvektoren gegeben. Den Phasenwinkel liefert die Summe bzw. Differenz der Phasenwinkel Vektoren.

Aus der Verteilung der Pole und Nullstellen lassen sich viele, sehr wichtige Folgerungen ableiten, z. B. bezüglich der Stabilität der Schaltung, der Form der Kennlinien, der Übertragung des Einheitssprungsignals usw. Gerade deshalb wird bei der Schaltungsanalyse die Pol-Nullstellen-Methode verbreitet angewendet.

Im Interesse der Allgemeinverständlichkeit behandeln wir die Übertragungsfunktion im folgenden dennoch mit den weniger allgemeinen, für den ω-Bereich aufgestellten Gleichungen.

5.2 Übertragungsfunktionen und Frequenzeigenschaften

Schreiben wir die Übertragungsfunktion nach Ausdruck (5.1.4) für den ω-Bereich um, dann erhalten wir

$$\frac{U_0(\omega)}{U_i(\omega)} = A(\omega) = A_0 \frac{1 + ja_1\omega - a_2\omega^2 - ja_3\omega^3 + \ldots}{1 + jb_1\omega - b_2\omega^2 - jb_3\omega^3 + \ldots}, \qquad (5.2.1)$$

wobei A_0 die Übertragung bei der Frequenz null beinhaltet, a und b sind reelle Koeffizienten, und der Grad des Nenners ist immer höher als der des Zählers. Zur Untersuchung der Frequenzabhängigkeit der Übetragungsfunktion ist der Amplituden- und Phasengang zu bestimmen. Die Frequenzfunktion der Amplitudencharakteristik läßt sich in folgender Form schreiben:

$$a(\omega) = |A(\omega)| = A_0 \frac{1 + c_2\omega^2 + c_4\omega^4 + c_6\omega^6 + \cdots}{1 + d_2\omega^2 + d_4\omega^4 + d_6\omega^6 + \cdots}, \qquad (5.2.2)$$

wobei für jeden Koeffizienten $c = c(a_1 \ldots a_m)$ und $d = d(b_1 \ldots b_n)$ steht.

Wie ersichtlich, ist die Amplitudencharakteristik eine gerade Funktion. Ist für sie die Bedingung

$$\left. \frac{\mathrm{d}^k a(\omega)}{\mathrm{d}\omega^k} \right|_{\omega=0} = 0 \qquad (5.2.3)$$

erfüllt, d. h. verschwinden bei der Frequenz null alle Ableitungen der Funktion, so erhalten wir die sogenannte maximal flache Amplitudencharakteristik. Die Taylor-Reihe der Funktion schmiegt sich hierbei im höchsten Maße an den Wert A_0 an. Der Zusammenhang gemäß (5.2.3) muß — da es sich hier um eine gerade Funktion handelt — natürlich nur für gerade Gradzahlen erfüllt sein. Bilden wir diese Differentialquotienten, und setzen sie null, so ergibt sich für die Koeffizienten a und b ein Gleichungssystem, dessen Lösungen die Koeffizienten der maximal flachen Amplitudencharakteristik liefern.

Als Beispiel sei eine Übertragungsfunktion mit einem Nenner zweiten und einem Zähler ersten Grades

$$A(\omega) = A_0 \frac{1 + ja_1\omega}{1 + jb_1\omega - b_2\omega^2} \qquad (5.2.4)$$

angeführt. Bilden wir (aus Gründen der Zweckmäßigkeit, vom Quadrat des Absolutwertes ausgehend) den Zusammenhang $\mathrm{d}a^2/\mathrm{d}\omega^2 = 0$, so gelangen wir zur folgenden charakteristischen Gleichung:

$$a_1^2 = b_1^2 - 2b_2. \qquad (5.2.5)$$

Unter Verwendung von Gleichung (5.2.5) läßt sich die 3-dB-Grenzfrequenz der maximal flachen Übertragung berechnen:

$$\omega_{\mathrm{G}} = \sqrt{\frac{a_1^2 + \sqrt{a_1^4 + 4b_2^2}}{2b_2^2}}. \qquad (5.2.6)$$

Ein ähnlicher Gedankengang ist auch auf den Phasengang der Übertragungsfunktion anwendbar. Hieraus läßt sich die Laufzeit

$$\tau(\omega) = \frac{\mathrm{d}\varphi(\omega)}{\mathrm{d}\omega} \qquad (5.2.7)$$

berechnen. Bilden wir die Ableitungen dieser Frequenzfunktion und setzen diese für die Nullfrequenz gleichfalls null, d. h.

$$\frac{\mathrm{d}^k \tau(\omega)}{\mathrm{d}\omega^k}\bigg|_{\omega=0} = 0, \tag{5.2.8}$$

so erhalten wir die maximal flache Laufzeitcharakteristik.

Wichtige Kenngrößen der Übertragungsfunktion sind die zum 3-dB-Abfall der Amplitudencharakteristik gehörende Grenzfrequenz (ω_G) sowie das Maß der eventuellen Überhöhung. Für die Beschreibung der Impulsübertragung benutzt man eingangsseitig ein Einheitssprungsignal und mißt ausgangsseitig die sich zwischen den Pegeln von 10% und 90% ausbildende Anstiegszeit (t_r) und das Maß des Überschwingens der Antwortfunktion. Im folgenden untersuchen wir die bezeichneten Größen gesondert für die wichtigsten elementaren Funktionstypen. Zur Vereinfachung der Behandlung setzen wir die Übertragung bei der Nullfrequenz $A_0 = 1$.

5.3 Übertragungsfunktion mit Nenner ersten Grades

Die Übertragungsfunktion hat die Form

$$A(\omega) = \frac{1}{1 + jb_1\omega} = \frac{1}{1 + j\omega/\omega_0} . \tag{5.3.1}$$

wobei die Bezeichnung $b_1 = 1/\omega_0$ benutzt wird. Die Amplitudencharakteristik lautet

$$a(\omega) = \frac{1}{\sqrt{1 + (\omega/\omega_0)^2}} , \tag{5.3.2}$$

und hieraus folgt die 3-dB-Frequenz $\omega_G = \omega_0$. Die Amplitudencharakteristik verläuft monoton, es taucht kein Überschwingen auf. Die Phasencharakteristik folgt der Gleichung

$$\varphi(\omega) = \arctan(-\omega/\omega_0). \tag{5.3.3}$$

Die Zeitfuntion des auf den Einheitssprung erhaltenen Antwortsignals lautet

$$\varrho(t) = 1 - \mathrm{e}^{-\omega_0 t}, \tag{5.3.4}$$

die in *Abb. 5.2* durch die Kurve mit dem Parameter $n = 1$ dargestellt ist. Der Wert der Anstiegszeit beträgt $t_r = 2{,}2/\omega_0$. Wie ersichtlich ist, weist die Antwortfunktion kein Überschwingen auf.

104

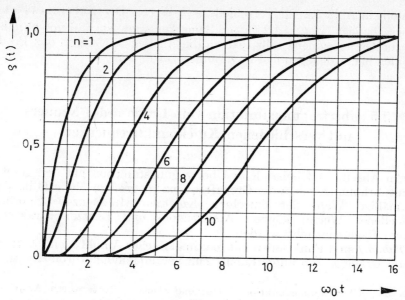

Abb. 5.2. Auf einen Einheitssprung erhaltene Antwortfunktion einer Übertragungsfunktion, bestehend aus n gleichen Nennern ersten Grades, bei verschiedener Gradzahl

5.4 Aus n gleichen Nennern ersten Grades bestehende Übertragungsfunktion

Unter Benutzung von (5.3.1) lautet die Übertragungsfunktion

$$A(\omega) = \frac{1}{(1 + j\omega/\omega_0)^n}. \tag{5.4.1}$$

Die Amplitudencharakteristik hat die Form

$$a(\omega) = \frac{1}{[1 + (\omega/\omega_0)^2]^{n/2}}, \tag{5.4.2}$$

woraus sich als 3-dB-Frequenz $\omega_G = \omega_0 \sqrt{2^{1/n} - 1}$ ergibt. Für die Phasencharakteristik erhalten wir

$$\varphi(\omega) = n \arctan\left(-\omega/\omega_0\right) \tag{5.4.3}$$

und als Antwort auf das Einheitssprungsignal

$$\varrho(t) = 1 - \sum_{k=0}^{k-1}\left[\frac{(\omega_0 t)^k}{k!}\, e^{-\omega_0 t}\right], \tag{5.4.4}$$

105

dargestellt in Abb. 5.2 für verschiedene n-Werte. Der Näherungswert der Anstiegszeit liegt bei $t_r \cong 2{,}2\sqrt{n}/\omega_0$. Bemerkenswert ist, daß mit Erhöhung von n die Grenzfrequenz fällt, jedoch die Anstiegszeit steigt, das Produkt aus beiden bleibt dagegen fast unverändert: $\omega_G t_r \approx 2$.

5.5 Übertragungsfunktion vom Grade n des Nenners mit verschiedenen Knickpunktfrequenzen

Die in Abschn. 5.4 behandelte Übertragungsfunktion hat den Nachteil, daß mit Erhöhung von n die Grenzfrequenz in großem Maße fällt. Durch zweckmäßige Wahl der einzelnen Knickpunktfrequenzen (Zuordnung verschiedener Werte) können Amplituden- und Laufzeitcharakteristik maximal flach gemacht werden.

In *Tab. 5.1* sind Funktionen mit maximal flacher Amplitudenübertragung bis zum Grade $n = 5$ aufgetragen. Zur Vereinfachung wurde die auf die

Tabelle 5.1. Übertragungsfunktionen maximal flacher (Butterworth-)Amplitudencharakteristiken für $n = 1 \ldots 5$

$$A = \frac{1}{1 + j\Omega} \qquad\qquad (n = 1)$$

$$A = \frac{1}{1 + j\,1{,}41\Omega - \Omega^2} \qquad\qquad (n = 2)$$

$$A = \frac{1}{1 + j2\Omega - 2\Omega^2 - j\Omega^3} \qquad\qquad (n = 3)$$

$$A = \frac{1}{1 + j\,2{,}61\Omega - 3{,}41\Omega^2 - j\,2{,}61\Omega^3 + \Omega^4} \qquad\qquad (n = 4)$$

$$A = \frac{1}{1 + j\,3{,}24\Omega - 5{,}24\Omega^2 - j\,5{,}24\Omega^3 + 3{,}24\Omega^4 + j\Omega^5} \qquad (n = 5)$$

$$\omega/\omega_0 = \Omega$$

relative Frequenz bezogene Bezeichnung $\omega/\omega_0 = \Omega$ eingeführt. Die Amplitudencharakteristik vom Butterworth-Typ hat dabei die Form

$$a(\omega) = \frac{1}{\sqrt{1 + (\omega/\omega_0)^{2n}}} \, . \qquad\qquad (5.5.1)$$

Ihr Verlauf ist monoton *(Abb. 5.3)* und ihre 3-dB-Frequenz unabhängig von n die den Wert $\omega_G = \omega_0$ hat.

In *Tab. 5.2* sind die Anstiegszeit und das Überschwingen für verschiedene Werte von n aufgetragen. Wie ersichtlich ist, nimmt das Überschwingen bedeutende Werte an, was oft ungünstig ist. In solchen Fällen wählt man die Koeffizienten der Übertragungsfunktion so, daß sich eine maximal flache Laufzeitcharakteristik ergibt. *Tab. 5.3* zeigt derartige Übertragungsfunktionen verschiedenen Grades; die dazugehörigen 3-dB-Frequenzen, Laufzeiten und Oberschwingwerte sind im *Tab. 5.4* angegeben. Wie wir

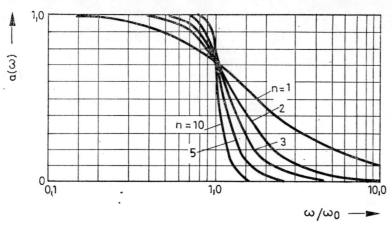

Abb. 5.3. Maximal flache Amplitudencharakteristik bei verschiedener Gradzahl

Tabelle 5.2. Anstiegszeit (normiert) und Überschwingen (in Prozent) der Übertragungsfunktionen von Tab. 5.1 für verschiedene Gradzahlen

n	$t_r \omega_0$	Überschwingen [%]
1	2,2	0
2	2,15	4,3
3	2,29	8,15
4	2,43	10,9
5	2,56	12,8

Tabelle 5.3. Übertragungsfunktionen mit maximal flacher Laufzeitcharakteristik für $n = 1 \ldots 5$

$$A = \frac{1}{1 + j\Omega} \qquad\qquad (n = 1)$$

$$A = \frac{1}{1 + j\,1{,}73\Omega - \Omega^2} \qquad\qquad (n = 2)$$

$$A = \frac{1}{1 + j\,2{,}47\Omega - 2{,}4\Omega^2 - j\Omega^3} \qquad\qquad (n = 3)$$

$$A = \frac{1}{1 + j\,3{,}2\Omega - 4{,}39\Omega^2 - j\,3{,}12\Omega^3 - \Omega^4} \qquad\qquad (n = 4)$$

$$A = \frac{1}{1 + j\,3{,}94\Omega - 6{,}89\Omega^2 - j\,6{,}78\Omega^3 - 3{,}81\Omega^4 + j\Omega^5} \qquad\qquad (n = 5)$$

$$\omega/\omega_0 = \Omega$$

sehen können, sind alle Überschwingwerte gering. Schließlich sei noch bemerkt, daß auch hier das Produkt $\omega_G t_r$ unabhängig von der Gradzahl fast konstant bleibt.

Tabelle 5.4. Normierte Werte der 3-dB-Frequenz ω_G und der Anstiegszeit t_r von Übertragungsfunktionen gemäß Tab. 5.3 sowie Werte des Überschwingens in Prozenten bei verschiedenen Gradzahlen

n	ω_G/ω_0	$t_r\omega_0$	Überschwingen [%]
1	1	2,2	0
2	0,786	2,73	0,43
3	0,7	3,0	0,7
4	0,65	3,3	0,83
5	0,6	3,5	0,8

5.6 Übertragungsfunktion mit Nenner zweiten Grades

Zwei spezielle Fälle der Übertragungsfunktion mit Nenner zweiten Grades wurden bereits in Abschn. 5.5 durch die Funktionen mit $n = 2$ angegeben. Zur allgemeinen Untersuchung der Übertragungskenngrößen schreiben wir die Übertragungsfunktion in der Form

$$A(\omega) = \frac{1}{1 + jb_1\omega - b_2\omega^2} = \frac{1}{1 + j2\zeta\omega/\omega_0 - (\omega/\omega_0)^2}, \qquad (5.6.1)$$

wobei wir die Beziehungen $b_1 = 2\zeta/\omega_0$ und $b_2 = 1/\omega_0^2$ eingeführt haben. Dabei ist ζ das sogenannte Dämpfungsverhältnis (diese Benennung wird uns später klar werden). Schreiben wir die Amplituden- und Phasencharakteristik auf, dann erhalten wir

$$a(\omega) = \frac{1}{\sqrt{[1 - (\omega/\omega_0)^2]^2 + [2\zeta\omega/\omega_0]^2}}, \qquad (5.6.2)$$

$$\varphi(\omega) = \arctan\left[\frac{-2\zeta\omega/\omega_0}{1 - (\omega/\omega_0)^2}\right]. \qquad (5.6.3)$$

Die grafischen Darstellungen hierzu sind in *Abb. 5.4* und *Abb. 5.5* zu sehen. *Abb. 5.6* zeigt die auf ein Einheitssprungsignal sich ausbildende Funktion

108

$\varrho(t)$ bei verschiedenen Dämpfungsverhältnissen. Für einige feste Dämpfungsverhältnisse wurden in *Tab. 5.5* die dazugehörigen Grenzfrequenzen, Anstiegszeiten und Überschwingwerte angegeben. Wie aus Abb. 5.4 er-

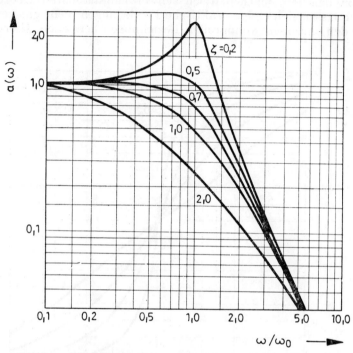

Abb. 5.4. Amplitudencharakteristik einer Übertragungsfunktion mit Nenner zweiten Grades bei verschiedenen Dämpfungsverhältnissen

sichtlich ist, tritt bei Werten von $\zeta < 0,7$ eine Überhöhung ein, ebenso steigt das Überschwingen stark an [5.3].

Tabelle 5.5. 3-db-Grenzfrequenz, Anstiegszeit und Überschwingen einer Übertragungsfunktion mit Nenner zweiten Grades bei verschiedenen Dämpfungsverhältnissen

ζ	ω_G/ω_0	$t_r\omega_0$	Überschwingen [%]	Bemerkung
0,5	1,27	1,62	16,4	
0,707	1	2,15	4,3	maximal flache Amplitudencharakteristik (siehe Tab. 5.1 und Tab. 5.2), $n = 2$
0,866	0,786	2,73	0,43	maximal flache Laufzeitcharakteristik (siehe Tab. 5.3 und Tab. 5.4), $n = 2$
1,0	0,644	3,37	0	zwei gleiche Knickpunktfrequenzen

5.7 Praktische Zusammenhänge der Übertragungsfunktionen höheren Grades

Bei komplizierten, mathematisch schwer handhabbaren Übertragungsfunktionen lassen sich einige praktische Festlegungen recht gut verwenden, die unter den einzelnen Kenngrößen Beziehungen herstellen. Hierzu gehört

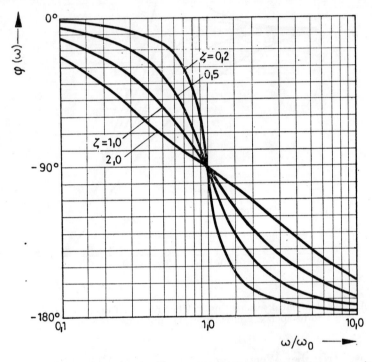

Abb. 5.5. Phasencharakteristik einer Übertragungsfunktion mit Nenner zweiten Grades bei verschiedenen Dämpfungsverhältnissen

die bereits im vorangegangenen mehrfach gemachte Feststellung, nach der das Produkt aus Anstiegszeit und Grenzfrequenz bei Übertragungsfunktionen mit geringen Überschwingwerten annähernd konstant ist

$$\omega_G t_r \approx 2{,}2. \tag{5.7.1}$$

Das Überschwingen im Antwortsignal $\varrho(t)$, das wir auf ein eingangsseitiges Einheitssprungsignal am Ausgang erhalten, hängt teilweise mit der Erhöhung der Charakteristik $a(\omega)$, teilweise mit der Steilheit des oberen Abschnittes zusammen. Mit der Erhöhung beider nimmt auch das Überschwingen zu, wie in den untersuchten Fällen zu beobachten war. Schließlich sei noch eine praktisch gut verwendbare Feststellung für Übertragungsfunktionen niedrigen Grades gemacht, die besagt, daß der Wert des Überschwin-

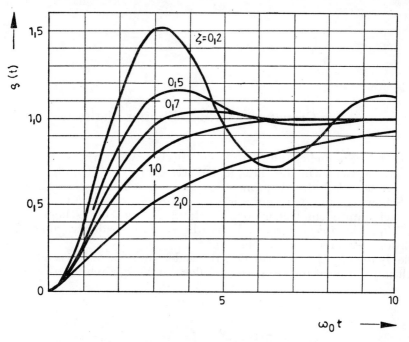

Abb. 5.6. Auf einen Einheitssprung erhaltene Antwortfunktion einer Übertragungsfunktion mit Nenner zweiten Grades bei verschiedenen Dämpfungsverhältnissen

gens im allgemeinen außer Betracht gelassen werden kann, wenn anstatt des eingangsseitigen Einheitssprungsignals mit der Anstiegszeit null ein Prüfsignal verwendet wird, dessen Anstiegszeit $t_1 = 1/2\omega_G$ beträgt.

6 Frequenzübertragungseigenschaften der Transistor-Grundschaltungen

6.1 Grenzfrequenz der Emitterschaltung

Um den Frequenzgang von komplizierten Verstärkern berechnen zu können, müssen wir die Frequenzübertragung der Grundschaltung, im vorliegenden Fall die der Emitterschaltung, kennen. Die Eigenschaften der Schaltung untersuchen wir bei allgemeinen Abschlußbedingungen, d. h. bei ohmschem Generatorwiderstand R_g und ohmschem Lastwiderstand R_L, wie *Abb. 6.1* zeigt. Es ist die Spannungsübertragung U_2/U_g als Funktion der Frequenz zu berechnen.

Die Berechnung kann auf der Basis der in *Abb. 6.2* gezeigten Ersatzschaltung durchgeführt werden, bei der zur Vereinfachung der bisherigen

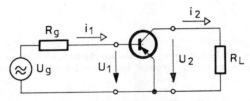

Abb. 6.1. Zur Berechnung der Frequenzübertragung der Emitterschaltung

$$r_e = \frac{kT}{q \cdot I_e}$$

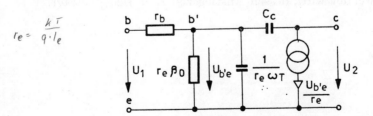

Abb. 6.2. Ersatzschaltbild zur Berechnung der Emitterschaltung

Bezeichnungen r_b (Basiswiderstand) und r_e (dynamischer Emitterwiderstand) eingeführt wurden. Aus den für diese Schaltung aufgestellten Gleichungen können wir den Quotienten U_2/U_g ausdrücken, dessen von ω abhängiger Faktor den Frequenzgang der Spannungsübertragung der Schaltung angibt.

Außer mit Hilfe dieses formalen Gleichungssystems können wir auch auf anderem Wege zur gesuchten Größe gelangen. Diesen Weg wollen wir einschlagen. Die Methode besteht im wesentlichen darin, die Rückwirkungskapazität C_c aus ihrer Position in der Schaltung herauszulösen.

Auf der Eingangsseite läßt sich die Wirkung von C_c durch die zwischen den Punkten b und e erscheinende sogenannte Miller-Admittanz berücksichtigen. Diese hat den Wert $Y_{Mi} = -A_u^0 C_c$, wobei A_u^0 die innere Spannungsverstärkung ist (genauer gesagt die vom Punkt b' bis zum Kollektor gerechnete Spannungsverstärkung), die entsprechend unserer Voraussetzung wesentlich größer als eins sei ($|A_u^0| \gg 1$). Bei reellem Abschlußwiderstand R_L ist auch die Spannungsverstärkung A_u^0 reell, und damit wird die Miller-Admittanz rein imaginär, d. h. sie nimmt kapazitive Form an:

$$\frac{Y_{Mi}}{j\omega} = C_{Mi} = \frac{R_L}{r_e} C_c. \qquad (6.1.1)$$

Die erhaltene Miller-Kapazität befindet sich zwischen den Punkten b' und e, parallel zur Kapazität $C_{b'e}$. Beide Kapazitäten zu C_0 zusammengefaßt ergeben

$$C_0 = \frac{1}{\omega_T r_e} + \frac{R_L}{r_e} C_c = \frac{\psi}{\omega_T r_e} \qquad (6.1.2)$$

mit $\psi = 1 + \omega_T C_c R_L$. Der später viel benutzte Faktor ψ berücksichtigt die vom Lastwiderstand abhängige Rückwirkung, sein Wert weicht im allgemeinen nur unwesentlich von eins ab.

In *Abb. 6.3* ist der nach der Zusammenfassung beider Kapazitäten entstehende Eingangskreis dargestellt. Da die Kapazität C_0 Funktion des

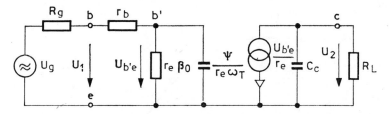

Abb. 6.3. Emitterschaltung nach Verlegung der Rückwirkungsimpedanz

Widerstandes R_L ist, muß beachtet werden, daß sich eine Kompensation der Rückwirkung nur bei gegebenem Lastwiderstand durchführen läßt.

Im Ausgangskreis wird die Wirkung von C_c derart berücksichtigt, daß die Schaltung parallel zum Ausgang mit einer C_c-wertigen Kapazität ergänzt wird. Das läßt sich unmittelbar dadurch einsehen, daß sich bei hoher Spannungsverstärkung A_u^0, vom Kollektorpunkt aus gesehen, das andere Ende der Kapazität C_c annähernd auf Massepotential befindet.

Abb. 6.3 zeigt die nach Trennung von Eingangs- und Ausgangskreis entstehende Ersatzschaltung, die lediglich für eine gegebene Belastung R_L gültig ist. Auf der Basis dieser Schaltung den Quotienten U_2/U_g berechnend, erhalten wir einen Ausdruck der Form

$$\frac{U_2}{U_g} = A_u = A_{u0} \, \frac{1}{1 + j\omega/\omega_G} \, . \tag{6.1.3}$$

Hierbei beschreibt A_{u0} die Spannungsverstärkung bei tiefen Frequenzen:

$$A_{u0} = - \frac{\beta_0 R_L}{\beta_0 r_e + r_b + R_g} = - \frac{\beta_0 R_L}{r_{1E} + R_g} \, . \tag{6.1.4}$$

Die dem 3-dB-Abfall zugeordnete Grenzfrequenz lautet

$$\omega_G = \frac{\omega_\beta}{\psi} \cdot \frac{\beta_0 r_e + r_b + R_g}{r_b + R_g} = \frac{\omega_\beta}{\psi} \frac{r_{1E} + R_g}{r_b + R_g} \, , \tag{6.1.5}$$

wobei der bei tiefen Frequenzen gemessene Eingangswiderstand der Emitterschaltung $r_{1E} = r_b + \beta_0 r_e$ beträgt. Ausdruck (6.1.3) beinhaltet **näherungs**weise die Form des Übertragungsfaktors. In Wirklichkeit hat die Frequenzfunktion ein komplizierteres Aussehen, der Nenner enthält dann mehrere Wurzelfaktoren. Die außer Betracht gelassenen kritischen Frequenzen (wie beispielsweise die Grenzfrequenzen des Ausgangskreises) liegen jedoch im allgemeinen wesentlich höher als die in (6.1.5) gegebene Grenzfrequenz ω_G, so daß wir diese Wurzelfaktoren vernachlässigen können.

Die Frequenzabhängigkeit wird auf diese Weise durch den Ausdruck (6.1.3) mit einer Knickpunktfrequenz, d. h. mit der Grenzfrequenz ω_G, beschrieben *(Abb. 6.4)*. Die Grenzfrequenz ω_G läßt sich als Reziprokwert

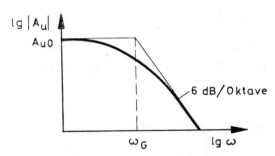

Abb. 6.4. Bode-Diagramm der Emitterschaltung

der Zeitkonstante des eingangsseitigen RC-Gliedes auffassen ($\omega_G = 1/R_0 C_0$), wobei C_0 die ergänzte Kapazität gemäß (6.1.2) bedeutet, R_0 ist der aus den reellen Eingangselementen gebildete resultierende Widerstand: $R_0 = (r_b + R_g) \| \beta_0 r_e$. Bei den Zusammenhängen wurde vorausgesetzt,

114

daß $\beta_0 \gg 1$ ist und der Abschlußwiderstand R_L keinen zu hohen Wert hat, d. h. $R_L \ll 1/\omega_G C_c$.

Aus der allgemeinen Form gemäß (6.1.3) erhalten wir im Falle $R_g = 0$ die Spannungsübertragung bei Spannungsquellen-Ansteuerung, unter der wir die tatsächliche Spannungsverstärkung des Transistors verstehen. Nach dieser Vereinfachung ergibt sich aus Ausdruck (6.1.4) die Spannungsverstärkung bei tiefen Frequenzen zu

$$A_{u0}(R_g = 0) = -\frac{\beta_0 R_L}{\beta_0 r_e + r_b} \, . \qquad (6.1.6)$$

Die Grenzfrequenz nach Gleichung (6.1.5) versehen wir mit dem Index u und meinen dann die Grenzfrequenz bei Spannungsquellen-Ansteuerung:

$$\omega_{Gu} = \frac{\omega_\beta}{\psi} \frac{\beta_0 r_e + r_b}{r_b} = \frac{\omega_\beta}{\psi} \frac{r_{1E}}{r_b} \, . \qquad (6.1.7)$$

Vergleichen wir den erhaltenen Wert mit Gleichung (6.1.5), abgeleitet für einen allgemeinen Quellenwiderstand R_g, so wird deutlich, daß sich mit Verringerung des Quellenwiderstandes die Grenzfrequenz der Schaltung in großem Maße erhöhen läßt. Dieser Erhöhung setzt der Wert von r_b eine Grenze. Gilt $\beta_0 r_e \gg r_b$, so beträgt die Grenzfrequenz bei Spannungsquellen-Ansteuerung $\omega_{Gu} = 1/r_b C_b = \omega_T r_e/r_b$.

In Emitterschaltung (ohne Kompensation) ist dieser Wert die höchste erreichbare Grenzfrequenz. Mit Erhöhung des Quellenwiderstandes fällt die Grenzfrequenz, sinngemäß stellt sich der Minimalwert im Falle unendlichen Quellenwiderstandes ein. Bei unendlichem Quellenwiderstand verliert der Begriff der Spannungsübertragung seine Bedeutung, so daß wir dann zur Stromverstärkung übergehen. Setzen wir den Wert $R_g = \infty$ ein, erhalten wir für den Stromverstärkungsfaktor

$$\frac{i_2}{i_g} = A_i(R_g = \infty) = -\frac{\beta_0}{1 + j\omega/\omega_{Gi}} \, , \qquad (6.1.8)$$

wobei ω_{Gi} die für den 3-dB-Abfall definierte Grenzfrequenz $\omega_{Gi} = \omega_\beta/\psi$ darstellt (mit dem Index i wird auf die Stromverstärkung hingewiesen). Diese Grenzfrequenz hat einen geringeren Wert als die Grenzfrequenz des Kurzschluß-Stromverstärkungsfaktors (ω_β). Der tiefere Wert ist durch die infolge des ausgangsseitigen Abschlusses auftretende Rückwirkung bedingt, was durch den Faktor ψ zum Ausdruck kommt.

Eine sehr wichtige Kenngröße für Breitbandverstärker ist das Verstärkungs-Bandbreite-Produkt. Um im späteren die einzelnen Verfahren zur Bandbreiteerhöhung bewerten bzw. aufeinander beziehen zu können, wollen wir für diese Grundschaltung das Verstärkungs-Bandbreite-Produkt berechnen. Bei allgemeinem Quellenwiderstand R_g ergibt sich aus den Zusammenhängen (6.1.4) und (6.1.5)

$$(V \times B)_u = |A_{u0}| \cdot \omega_G = \frac{\omega_T}{\psi} \cdot \frac{R_L}{r_b + R_g} \, . \qquad (6.1.9)$$

Hierbei ist $(V \times B)_u$ das durch die Spannungsverstärkung ausgedrückte Verstärkungs-Bandbreite-Produkt. Auf ähnliche Weise erhalten wir für die auf der Basis der Stromverstärkung berechnete Größe einen Wert von

$$(V \times B)_i = \omega_T/\psi. \tag{6.1.10}$$

6.2 Eingangs- und Ausgangsimpedanz der Emitterschaltung

Die Eingangsimpedanz der Emitterschaltung ergibt sich unmittelbar aus der vereinfachten Ersatzschaltung nach Abb. 6.3, die für einen gegebenen Abschlußwiderstand R_L gültig ist. Die hieraus abgeleitete Eingangsimpedanz sehen wir in *Abb. 6.5*. Gegenüber der in Abb. 6.2 gezeigten Ersatzschaltung des Transistors steigt hier der Wert der Eingangskapazität mit dem Faktor ψ infolge der Rückwirkung. Die Größe der Eingangsimpedanz Z_i läßt sich mit Hilfe der Abbildung bestimmen.

Bei Kurzschlußlast $R_L = 0$ bestimmen die Eingangselemente die Eingangsimpedanz; zur Kapazität $C_{b'e} = 1/r_e\omega_T$ liegt jedoch auch noch die Kapazität C_c parallel, wenngleich sie auch meistens vernachlässigt werden kann. *Abb. 6.6* zeigt die Eingangsimpedanz als Funktion der Frequenz in

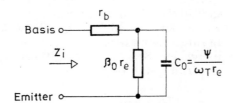

Abb. 6.5. Eingangsimpedanz der Emitterschaltung

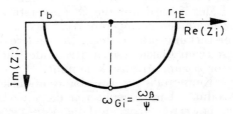

Abb. 6.6. Darstellung der Eingangsimpedanz der Emitterschaltung in der komplexen Ebene

der komplexen Ebene. Bei unendlich hoher Frequenz stellt die Kapazität C_0 einen Kurzschluß her, so daß dann der Basiswiderstand den Wert der Impedanz ausmacht.

116

Die Ausgangsimpedanz der Emitterschaltung wird in *Abb. 6.7* gezeigt. Ohne mathematische Ableitung wollen wir die Verhältnisse nur quantitativ untersuchen. Das in der Ausgangsimpedanz erscheinende RC-Serienglied wird durch die Rückwirkungskapazität C_c bedingt. Im Falle eines hohen Quellenwiderstandes R_g beträgt der Wert der Kapazität annähernd $\beta_0 C_c$. Bei tiefen Frequenzen ist der mit ihr in Reihe liegende Widerstand vernach-

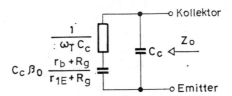

Abb. 6.7. Ausgangsimpedanz der Emitterschaltung

lässigbar, so daß die Ausgangsimpedanz kapazitiv und damit ihr Wert $(1 + \beta_0)C_c$ wird.

Mit steigender Frequenz nimmt der Einfluß des Serienwiderstandes mehr und mehr zu. Bei sehr hohen Frequenzen kann die Serienkapazität als kurzgeschlossen angesehen werden; in diesem Falle erscheint am Ausgang ein Leitwert der Größe $\omega_T C_c$.

In der Schaltung der Ausgangsimpedanz nach Abb. 6.7 wurde der Einfluß der Leitwerte $g_{b'c}$ und g_{ce} vernachlässigt.

6.3 Frequenzabhängigkeit
der Basis- und Kollektorschaltung

Bei den meisten in der Praxis benutzten Breitbandverstärkern arbeiten die Transistoren in Emitterschaltung. Trotzdem treffen wir in einzelnen Stromkreisen auch die Basisschaltung an. Die Kollektorschaltung wendet man hauptsächlich als Impedanzwandler an, und zu diesem Zwecke dient sie auch in Breitbandverstärkern. Im weiteren untersuchen wir kurz die grundlegenden Eigenschaften dieser beiden Grundschaltungen.

Die Eingangsimpedanz des Transistors in Basisschaltung ist in *Abb. 6.8* dargestellt; φ_0 steht hier für die sogenannte zusätzliche Phasenverschiebung. Bei tiefen Frequenzen wird der Eingangswiderstand durch die wohlbekannte Größe $r_{1B} = r_e + r_b/\beta_0$ beschrieben. Mit Erhöhung der Frequenz erlangt die Kapazität $1/r_e\omega_\alpha$, die parallel zum Widerstand r_e liegt, immer größere Bedeutung. Der Einfluß des Basiswiderstandes, der mit ihm parallelen Kapazität sowie des in Reihe liegenden RL-Gliedes kann in guter Näherung als null angesehen werden. Da die obere Grenzfrequenz in Breitbandverstärkern im allgemeinen wesentlich unter ω_α liegt, gilt $Z_i \approx r_e$.

117

Wegen ihrer geringen Eingangsimpedanz erhält die Basisschaltung praktisch in allen mehrstufigen Breitbandverstärkern eine Stromansteuerung. Schreiben wir die Stromverstärkung für die in *Abb. 6.9* gezeigte Schaltung auf, so gelangen wir, abhängig vom Abschlußwiderstand R_L, näherungsweise zu folgender Grenzfrequenz:

$$\omega_\mathrm{G} = \frac{\omega_a}{1 + \omega_\alpha R_\mathrm{L} C_\mathrm{c}} . \tag{6.3.1}$$

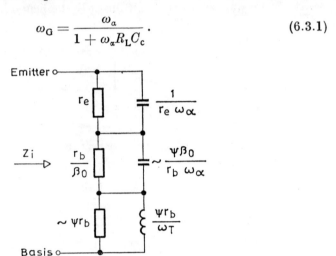

Abb. 6.8. Eingangsimpedanz der Basisschaltung

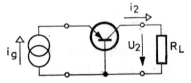

Abb. 6.9. Zur Berechnung der Frequenzübertragung der Basisschaltung

Aufgrund des von null abweichenden Abschlußwiderstandes sinkt die Grenzfrequenz, und zwar im ähnlichen Maße wie der Faktor ψ der Emitterschaltung. Ist der Abschlußwiderstand null, so erhalten wir erneut die Grenzfrequenzen des Kurzschluß-Stromverstärkungsfaktors.

Die Ausgangsimpedanz einer Basisstufe ist meistens größer als der Eingangswiderstand der ihr folgenden Stufe. *Abb. 6.10* zeigt angenähert die

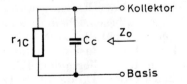

Abb. 6.10. Ausgangsimpedanz der Basisschaltung

Ausgangsimpedanz für den Fall eines unendlichen Quellenwiderstandes $R_g = \infty$, wobei r_{1C} für den Ausgangswiderstand der Basisschaltung bei tiefen Frequenzen steht.

Die Kollektorschaltung wird vielfach wegen ihrer hohen Eingangsimpedanz benutzt. *Abb. 6.11* zeigt die genäherte Struktur der Eingangsimpedanz. Bei tiefen Frequenzen beträgt der Eingangswiderstand $r_i = r_b + (R_L + r_e)\beta_0$ der, abhängig von der Größe des Abschlußwiderstandes R_L,

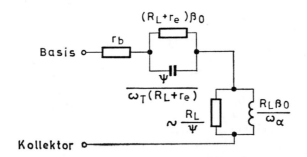

Abb. 6.11. Eingangsimpedanz der Kollektorschaltung

sehr hohe Werte annehmen kann. Die Frequenzabhängigkeit der Eingangsimpedanz wird entscheidend von der Parallelkapazität bestimmt. Für die charakteristische Frequenz des *RC*-Gliedes steht, wie ersichtlich, der bekannte Wert ω_β/ψ, d. h. die Grenzfrequenz der Stromverstärkung der Emitterschaltung. Die Wirkung des in Reihe liegenden *RL*-Parallelgliedes läßt sich im allgemeinen vernachlässigen.

Die Spannungsübertragung der Kollektorschaltung ergibt sich aus dem Quotienten U_2/U_g, dem die Schaltungsanordnung in *Abb. 6.12* zugrunde

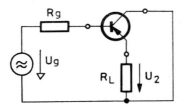

Abb. 6.12. Zur Berechnung der Frequenzübertragung der Kollektorschaltung (Emitterfolger)

liegt. Diese Spannungsübertragung können wir näherungsweise mit dem Ausdruck

$$\frac{U_2}{U_g} = A_{u0} \frac{1}{1 + j\omega/\omega_G} \qquad (6.3.2)$$

beschreiben. Hierbei bedeutet A_{u0} die Spannungsübertragung bei tiefen Frequenzen:

$$A_{u0} = \frac{R_L}{R_L + r_e + (r_b + R_g)\beta_0},\tag{6.3.3}$$

die Grenzfrequenz des 3-dB-Abfalls beträgt

$$\omega_G = \omega_a \frac{R_L + r_e(r_b + R_g)\beta_0^{-1}}{R_L + (1 + \varphi_0)(r_b + R_g)}.\tag{6.3.4}$$

Im Falle eines unendlichen Quellenwiderstandes lautet die Grenzfrequenz $\omega_G(R_g = \infty) = \omega_{Gi}$, d. h., sie ist mit der Grenzfrequenz der Stromverstärkung der Emitterschaltung identisch. Im Falle eines Quellenwiderstandes von null ($R_g = 0$) wird die Grenzfrequenz der Spannungsverstärkung vom Abschlußwiderstand R_L bestimmt. Hat auch dieser den Wert null, so wird $\omega_G(R_g = R_L = 0) = \omega_\beta r_{1E}/r_b$. Bei Spannungsquellen-Ansteuerung und kleinem Abschlußwiderstand stimmt also die Grenzfrequenz der Spannungsverstärkung der Emitterschaltung mit der der Kollektorschaltung überein. Eine Abweichung zeigt sich bei steigendem Wert von R_L. Während nämlich mit Erhöhung von R_L die Grenzfrequenz der Emitterschaltung fällt, steigt diejenige der Kollektorschaltung und strebt, dem Ausdruck (6.3.4) entsprechend, mehr und mehr dem Wert ω_a zu.

Die Struktur der Ausgangsimpedanz der Kollektorschaltung, gültig für beliebigen Quellenwiderstand R_g, ist in *Abb. 6.13* dargestellt. Bei niedrigen Frequenzen beträgt der Ausgangswiderstand

$$r_0 = r_e + (r_b + R_g)/\beta_0,\tag{6.3.5}$$

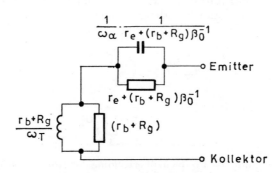

Abb. 6.13. Ausgangsimpedanz der Kollektorschaltung

der im Falle eines geringen Quellenwiderstandes einen recht kleinen Wert annehmen kann. Bei $R_g = 0$ erhalten wir wieder den Eingangswiderstand der Basisschaltung r_{1B} zurück. Die Parallelkapazität und die Induktivität bestimmen die Frequenzabhängigkeit der Ausgangsimpedanz.

6.4 Grundschaltungen von Feldeffekttransistoren

Abb. 6.14 zeigt die Sourceschaltung eines Feldeffekttransistors unter Benutzung seines Ersatzschaltbildes. Im Gegensatz zu den vorangegangenen Ausführungen haben wir hier bei der Belastung ebenfalls eine kapazitive Komponente berücksichtigt. Da die Steilheit g_{m} von Feldeffekttransistoren wesentlich geringer ist als die von bipolaren Transistoren bei höheren

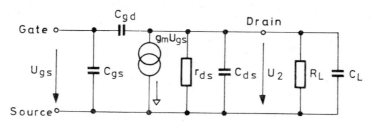

Abb. 6.14. Sourceschaltung eines Feldeffekttransistors unter Benutzung seines Ersatzschaltbildes

Emitterströmen, wird hier für eine ausreichend hohe Verstärkung ein hoher Arbeitswiderstand R_{L} benötigt. Damit ist jedoch verbunden, daß eine parallel geschaltete Kapazität C_{L} bei hohen Frequenzen immer mehr ins Gewicht fällt.

Stellen wir für diese Schaltung die Gleichung der Spannungsverstärkung auf, so erhalten wir näherungsweise [2.15]:

$$A(\omega) = \frac{U_2}{U_{\mathrm{gs}}} \approx \frac{A_0}{1 + jR'_{\mathrm{L}}C'_{\mathrm{L}}} = \frac{A_0}{1 + j\omega/\omega_{\mathrm{G}}}, \qquad (6.4.1)$$

wobei die Verstärkung bei tiefen Frequenzen $A_0 = -R'_{\mathrm{L}}g_{\mathrm{m}}$ beträgt und die Elemente, die die Grenzfrequenz festlegen, durch die Beziehungen

$$R'_{\mathrm{L}} = R_{\mathrm{L}} \| r_{\mathrm{ds}},$$
$$C'_{\mathrm{L}} = C_{\mathrm{L}} + C_{\mathrm{ds}} + C_{\mathrm{gd}} \qquad (6.4.2)$$

bestimmt werden. Bei der Berechnung wurde vorausgesetzt, daß $|A_0| \gg 1$ ist.

Abb. 6.15 zeigt eine aus gleichen Stufen aufgebaute Kettenschaltung. Die Grenzfrequenz der einzelnen Stufen lautet $\omega_{\mathrm{G}} = 1/C_{\mathrm{äqu}}(R_{\mathrm{d}} \| r_{\mathrm{ds}})$ und die der äquivalenten Lastkapazität

$$C_{\mathrm{äqu}} = C_{\mathrm{gs}} + C_{\mathrm{ds}} + C_{\mathrm{gd}}(1 - A_0), \qquad (6.4.3)$$

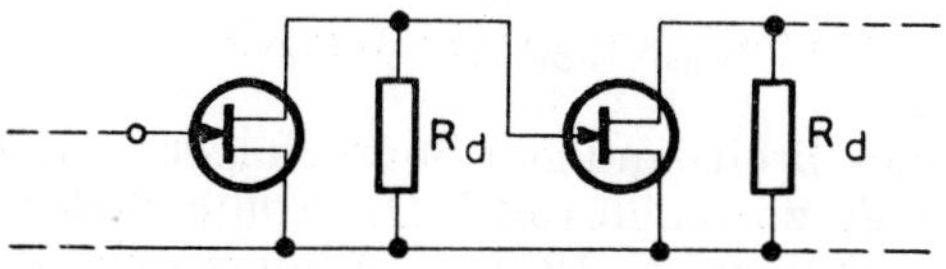

Abb. 6.15. Aus Sourceschaltungen bestehende Kaskade

wobei das letzte Glied die aus der Rückwirkung resultierende Miller-Kapazität ist.

Abb. 6.16 zeigt die Ersatzschaltung eines Feldeffekttransistors in Drainschaltung (Sourcefolger). Ausgehend von dieser Ersatzschaltung erhalten wir eine Spannungsübertragung [6.4] von

$$A_u = \frac{U_2}{U_1} = A_0 \, \frac{1 + j\omega/\omega_1}{1 + j\omega/\omega_2} \, .$$
(6.4.4)

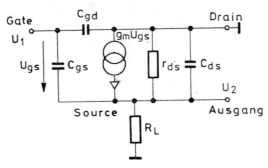

Abb. 6.16. Zur Berechnung der Frequenzübertragung der Drainschaltung (Sourcefolger)

Die Übertragung bei tiefen Frequenzen beträgt hier unter der Voraussetzung $r_{ds} \ll R_L$

$$A_0 = \frac{g_m R_L}{1 + g_m R_L} \, ,$$
(6.4.5)

die Knickpunktfrequenzen liegen bei $\omega_1 = g_m/C_{gs}$ und

$$\omega_2 = \frac{1 + g_m R_L}{R_L (C_{gs} + C_{ds})} \, .$$
(6.4.6)

Die Eingangsimpedanz, vergrößert um den Wert der Miller-Kapazität, ist $C_i = C_{gd} + (1 - A_0) C_{gs}$; die Ausgangsimpedanz ergibt sich bei kleinen Quellenwiderständen zu

$$Z_0 = \frac{1}{g_m (1 + j\omega C_{gs}/g_m)} \, .$$
(6.4.7)

Bei tiefen Frequenzen ($\omega C_{gs} \ll g_m$) erhalten wir für die Ausgangsimpedanz den Wert $R_0 = 1/g_m$.

Die Schaltung eines breitbandigen Sourcefolgers mit hoher Eingangsimpedanz ist in *Abb. 6.17* zu sehen [6.3]. Die Steilheit des verwendeten Feldeffekttransistors beträgt $g_m \approx 12$ mS. Widerstand R_2, Kondensator C_1 sowie die Dioden D_1 und D_2 dienen zum Überlastungsschutz, die Wider-

122

stände R_4 und R_5 stellen den Arbeitspunkt ein, und der Widerstand R_1 bildet den Realteil der Eingangsimpedanz. Diese Schaltung verwendet man als Eingangsstufe im Vertikalverstärker von Oszilloskopen. Die erreichbare Bandbreite beträgt $B > 50$ MHz. Weitere Sourcefolgerschaltungen, mit denen sich die Eingangskapazität reduzieren läßt, werden in [6.2] vor-

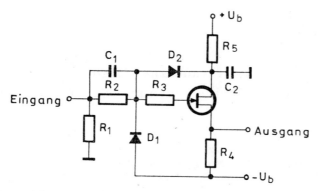

Abb. 6.17. Sourcefolger als Breitbandverstärker mit hohem Eingangswiderstand

gestellt. In [6.4] wird ein mit sehr kleinem Eingangsstrom (10^{-14} A) arbeitender Breitbandverstärker ($B = 4$ MHz) angegeben, dessen Eingangskapazität $C_1 = 0,4$ pF und Temperaturdrift ungefähr 100 μV/°C betragen.

Die Gateschaltung von Feldeffekttransistoren benutzt man selten in Breitbandwendungen; auf ihre Behandlung verzichten wir deshalb.

7 Frequenzübertragungseigenschaften mehrstufiger Breitbandverstärker

7.1 Frequenzübertragung
eines aus zwei Emitterstufen aufgebauten Verstärkers

Wie in *Abb. 7.1* gezeigt, wollen wir mit in Emitterschaltung arbeitenden Transistoren einen zweistufigen Verstärker aufbauen und die Frequenzabhängigkeit seiner Verstärkung untersuchen. Die Schaltung wird dabei von einer Signalquelle mit dem Quellenwiderstand R_g angesteuert, den ausgangsseitigen Abschluß übernimmt der Lastwiderstand R_L, und zwischen

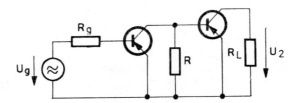

Abb. 7.1. Aus zwei Emitterstufen bestehender Verstärker

beiden Transistoren befindet sich parallel geschaltet der Widerstand R. Letzterer ist meistens wegen der gleichstrommäßigen Speisung erforderlich, in einzelnen Fällen wendet man ihn jedoch auch zur entsprechenden Gestaltung der Frequenzübertragung an.

Wir wollen voraussetzen, daß die Daten beider Transistoren völlig gleich sind, d. h., ihre Parameter seien vollkommen identisch.

Die mathematische Analyse der Schaltung wird durch die komplexe Impedanz erschwert, die den Abschluß des ersten Transistors bildet. Im für die erste Stufe aufgestellten Faktor ψ ist eine Näherung notwendig, da der Realteil der Abschlußimpedanz eine Funktion der Frequenz ist:

$$R_{L1}(\omega) = R \,||\, \mathrm{Re}(Z_{i2}). \tag{7.1.1}$$

Hierbei ist R_{L1} der im Faktor ψ der ersten Stufe berücksichtigte reelle Abschlußwiderstand, Z_{i2} steht für die komplexe Eingangsimpedanz der zweiten Stufe. Die Näherung lösen wir derart, daß wir den in Abhängigkeit von der Frequenz auftretenden minimalen und maximalen Realteil von Z_{i2} halbieren und selbstverständlich den Wert des parallel liegenden Wider-

124

standes R mit hinzurechnen. Das Maximum des Realteils der Impedanz Z_{i2} ist (bei tiefen Frequenzen) r_{1E}, sein Minimum r_b. In diesem Sinne wird

$$R_{L1} \approx \frac{1}{2}\left[R \,||\, r_{1E} + R \,||\, r_b\right]. \tag{7.1.2}$$

Der so erhaltene Widerstand R_{L1} stellt den durchschnittlichen reellen Abschlußwiderstand des ersten Transistors dar. Berücksichtigen wir das im Faktor ψ des ersten Transistors, so wird $\psi_1 = 1 + \omega_T C_c R_{L1}$.

Schreiben wir für die in Abb. 7.1 gezeigte Schaltung die Gleichungen auf und berücksichtigen die Näherung bezüglich R_{L1}, dann erhalten wir als Spannungsübertragung

$$\frac{U_2}{U_g} = A_{u0} \frac{1}{(1 + j\omega/\omega_{G1})(1 + j\omega/\omega_{G2})}, \tag{7.1.3}$$

wobei A_{u0} für die Spannungsübertragung des zweistufigen Verstärkers bei tiefen Frequenzen steht:

$$A_{u0} = \frac{\beta_0^2 R R_L}{(r_{1E} + R_g)(r_{1E} + R)}. \tag{7.1.4}$$

Die Werte der beiden Grenzfrequenzen an den Knickpunkten sind

$$\omega_{G1} = \frac{\omega_\beta}{\psi_1} \frac{r_{1E} + R_g}{r_b + R_g},$$

$$\omega_{G2} = \frac{\omega_\beta}{\psi} \frac{r_{1E} + R}{r_b + R}. \tag{7.1.5}$$

Berücksichtigen wir, daß der tatsächliche Quellenwiderstand der zweiten Stufe der Widerstand R ist, so läßt sich feststellen, daß wir in beiden Ausdrücken gleichermaßen die Grenzfrequenz gemäß Ausdruck (6.1.5) zurückerhielten.

Untersuchen wir nun die bei den Grenzfällen auftretenden Verhältnisse, d. h. die sich beim Einsetzen von $R = \infty$ und $R_g = \infty$ ergebenden Werte. Da der Widerstand R_{L1} nur eine zweitrangige Rolle in ψ_1 spielt, setzen wir voraus, daß $\psi_1 = \psi$ ist. Dann wird $\omega_{G1} \approx \omega_{G2} \approx \omega_\beta/\psi$, wir erhalten also erwartungsgemäß die Grenzfrequenz der Stromverstärkung. Verwenden wir die Näherung $\psi_1 = \psi$ nicht, so muß im Faktor ψ_1 der aufgrund von (7.1.2) berechnete Wert R_{L1}, der sich bei $R = \infty$ ergibt, berücksichtigt werden:

$$R_{L1} \approx (r_{1E} + r_b)/2. \tag{7.1.6}$$

7.2 Frequenzübertragung
einer Kaskadenschaltung aus Emitter- und Basisstufe

Eine in der Praxis häufig verwendete Form von Breitbandverstärkern ist die in *Abb. 7.2* dargestellte Kaskadenschaltung aus Emitter- und Basisstufe [7.3]. Der Einfluß des zwischen den beiden Transistoren befindlichen Shuntwiderstands R läßt sich im allgemeinen neben der Eingangsimpedanz der

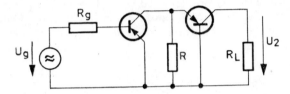

Abb. 7.2. Zweistufiger Verstärker aus Emitter- und Basisstufe

Basisstufe vernachlässigen. Auf der anderen Seite fällt die Eingangsimpedanz der Basisstufe wegen der Stromquellen-Ansteuerung aus der weiteren Rechnung heraus. Aus ähnlichen Gründen läßt sich die Rückwirkungskapazität C_c in der ersten Stufe vernachlässigen, da die Spannungsverstärkung der ersten Stufe sehr gering ist.

Stellen wir die Gleichung für die Spannungsübertragung des zweistufigen Verstärkers auf, dann erhalten wir einen Ausdruck folgender Form:

$$\frac{U_2}{U_g} = A_u = A_{u0} \frac{1}{(1 + j\omega/\omega_{G1})(1 + j\omega/\omega_{G2})}. \qquad (7.2.1)$$

Die Spannungsübertragung bei tiefen Frequenzen beträgt hier

$$A_{u0} = -\frac{\beta_0 R_L}{r_{1E} + R_g}, \qquad (7.2.2)$$

für die Frequenzen an den beiden Knickpunkten erhalten wir

$$\omega_{G1} = \omega_\beta \frac{r_{1E} + R_g}{r_b + R_g}, \qquad (7.2.3)$$

die der Grenzfrequenz der Emitterschaltung gemäß (6.1.5) entspricht (die Art des Abschlusses bedingt $\psi = 1$). Weiterhin gilt

$$\omega_{G2} = \frac{\omega_a}{1 + \omega_a C_c R_L}. \qquad (7.2.4)$$

Bei der Ableitung wurde wiederum vorausgesetzt, daß die Daten beider Transistoren identisch sind.

126

Den Verstärkungsabfall der Schaltung mit steigender Frequenz bestimmt vorrangig die Grenzfrequenz ω_{G1}, die Grenzfrequenz ω_{G2} liegt wesentlich höher und hat deshalb weniger Einfluß, besonders dann, wenn der Quellenwiderstand R_g groß ist. Die Grenzfrequenz ω_{G1} entspricht dem Wert gemäß (6.1.5), jedoch mit dem Unterschied, daß hier wegen der praktisch geltenden Kurzschlußbelastung am Ausgang der Faktor ψ den Wert eins hat.

7.3 Frequenzübertragung
einer Kaskadenschaltung aus Kollektor- und Emitterstufe

Eine hohe Eingangsimpedanz läßt sich mit einem Transistor in Kollektorschaltung erreichen. Da eine solche Stufe jedoch keine Spannungsverstärkung bringt, muß sie mit einer weiteren Emitterstufe ergänzt werden. Die Frequenzcharakteristik eines solchen zweistufigen Verstärkers ist sehr vorteilhaft, so daß man eine solche Anordnung *(Abb. 7.3)* häufig als Breitbandverstärker anwendet.

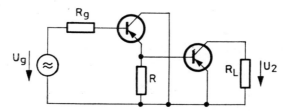

Abb. 7.3. Zweistufiger Verstärker aus Kollektor- und Emitterstufe

Ohne genauen Rechengang seien hier lediglich die nach den Vereinfachungen gewonnenen Endausdrücke angegeben. Die Spannungsverstärkung der Kaskadenschaltung läßt sich in folgender Form schreiben:

$$\frac{U_2}{U_g} = A_u = A_{u0} \frac{1 + j\dfrac{\omega}{\omega_a}}{1 + j\omega\left(\dfrac{1}{\omega_{G1}} + \dfrac{1}{\omega_{G2}}\right) - \dfrac{\omega^2}{\omega_{G1}\omega_{G3}}}, \qquad (7.3.1)$$

wobei A_{u0} die Spannungsverstärkung bei tiefen Frequenzen angibt: $A_{u0} = \beta_0 R_L / r_{1E}$. Die einzelnen Grenzfrequenzen lauten:

$$\omega_{G1} = \frac{\omega_\beta}{\psi} \frac{r_{1E}}{r_b + r_e + R_g/\beta_0},$$

$$\omega_{G2} = \omega_\alpha \frac{r_{1E}R}{Rr_{1E} + (1 + \varphi_0)(r_{1E} + R)(r_b + R_g)}, \qquad (7.3.2)$$

$$\omega_{G3} = \omega_\alpha \frac{r_e + r_b + R_g/\beta_0}{r_b + (1 + \varphi_0)(r_b + R_g)}.$$

Bei der Ableitung dieser Ausdrücke wurde vorausgesetzt, daß beide Transistoren gleich sind und der Quellenwiderstand $R_g \ll \beta_0 r_{1E}$ ist. Außerdem soll gelten, daß der zwischen beiden Transistoren befindliche Shuntwiderstand wesentlich größer als der Basiswiderstand ist, d. h. $R \gg r_b$.

Wie aus dem Ausdruck (7.3.1) ersichtlich ist, muß die Frequenzkurve nicht immer monoton fallen, sondern sie kann auch eine Überhöhung aufweisen. Der Grund hierfür ist in der kapazitiven Eingangsimpedanz der Emitterstufe sowie in der induktiven Ausgangsimpedanz der Kollektorstufe zu suchen.

In *Abb. 7.4* ist normiert die Frequenzabhängigkeit der Spannungsübertragung von Kaskadenverstärkern, die mit gleichen Transistoren aufgebaut sind, dargestellt. Die erste Kurve, bei der die Grenzfrequenz am geringsten ist, bezieht sich auf einen aus zwei Emitterstufen bestehenden Verstärker

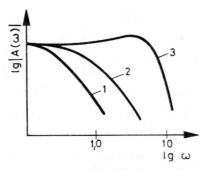

Abb. 7.4. Vergleich der Frequenzcharakteristiken zweistufiger Verstärker: Schaltung aus zwei Emitterstufen (1), aus Emitter- und Basisstufe (2), aus Kollektor- und Emitterstufe (3)

Abgesehen von der niedrigen Grenzfrequenz bietet diese Schaltungsanordnung in Leistungsverstärkern das meiste.

Eine größere Bandbreite, jedoch geringere Leistungsverstärkung zeigt die Kaskadenschaltung aus Emitter- und Basisstufe. Die dritte Kurve beschreibt die Frequenzcharakteristik der zuletzt behandelten Kaskadenschaltung aus Kollektor- und Emitterstufe. Das Übertragungsband ist hier, wie aus der Abbildung ersichtlich, am größten, weiterhin ist eine geringe Überhöhung zu beobachten.

Unter den zweistufigen Schaltungen ohne Rückkopplung benutzt man als Breitbandverstärker die eben erwähnten am häufigsten.

7.4 Frequenzübertragung eines dreistufigen Verstärkers mit Transistoren in Emitterschaltung

In *Abb.* 7.5 ist die Schaltung eines aus drei Emitterstufen aufgebauten Verstärkers zu sehen. Die Spannungsübertragung der Schaltung ist durch

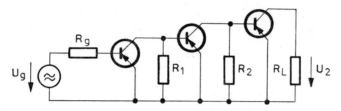

Abb. 7.5. Aus Emitterstufen bestehender dreistufiger Verstärker

den Quotienten U_2/U_g gegeben, der für die gezeigte Anordnung folgende Form hat:

$$\frac{U_2}{U_g} = A_{u0} \frac{1}{(1 + j\omega/\omega_{G1})(1 + j\omega/\omega_{G2})(1 + j\omega/\omega_{G3})} . \qquad (7.4.1)$$

Ohne den genauen Rechengang seien nur die Endausdrücke angegeben. Demgemäß beträgt die Spannungsübertragung bei tiefen Frequenzen:

$$A_{u0} = -\beta_0^3 \frac{R_1 R_2 R_L}{(r_{1E} + R_g)(r_{1E} + R_1)(r_{1E} + R_2)} . \qquad (7.4.2)$$

Die Grenzfrequenzen lauten:

$$\omega_{G1} = \frac{\omega_\beta}{\psi_1} \frac{r_{1E} + R_g}{r_b + R_g} ,$$

$$\omega_{G2} = \frac{\omega_\beta}{\psi_2} \frac{r_{1E} + R_1}{r_b + R_1} , \qquad (7.4.3)$$

$$\omega_{G3} = \frac{\omega_\beta}{\psi} \frac{r_{1E} + R_2}{r_b + R_2} .$$

Die in den Grenzfrequenzen auftauchenden Faktoren ψ ändern sich gemäß den Abschlußwiderständen der einzelnen Stufen, d. h. $\psi_1 = 1 + \omega_T C_c R_{L1}$, worin $R_{L1} = (R_1 r_{1E} + R_1 r_b)/2$ ist, weiterhin gilt $\psi_2 = 1 + \omega_T C_c R_{L2}$ und $R_{L2} = (R_2 r_{1E} + R_2 r_b)/2$. Die Größe r_{1E} in den Ausdrücken steht für den Eingangswiderstand des Emitterverstärkers bei tiefen Frequenzen.

Wie aus den obigen Zusammenhängen hervorgeht, vereinfachen sich die Grenzfrequenzen ω_{G2} und ω_{G3}, wenn die mittleren Widerstände der Schaltung unendliche Werte annehmen, d. h., wenn $R_1 = R_2 = \infty$ ist. Im Falle von Stromquellen-Ansteuerung ($R_g = \infty$) und unter der Voraussetzung, daß der Abschlußwiderstand R_L etwa gleich dem Wert von r_{1E} ist, erhalten wir

$$\frac{i_o}{i_i} = A_{i0} \frac{1}{(1 + j\omega/\omega_{G0})}, \qquad (7.4.4)$$

wobei die Stromverstärkung bei tiefen Frequenzen $A_{i0} = -\beta_0^3$ und die Grenzfrequenz

$$\omega_{G0} \cong \frac{\omega_\beta}{1 + \omega_T C_c r_{1E}} \qquad (7.4.5)$$

beträgt. Aufgrund des obigen Zusammenhangs können wir die Frequenzabhängigkeit eines aus Emitterstufen beliebiger Zahl gebildeten Kaskadenverstärkers bestimmen, vorausgesetzt, daß sich die zwischen den einzelnen Stufen befindlichen Shuntwiderstände vernachlässigen lassen (welche übrigens wegen der gleichstrommäßigen Speisung meistens notwendig sind). Jede weitere Emitterstufe führt zu einer Multiplizierung der Übertragungsfunktion mit dem Faktor

$$\frac{\beta_0}{1 + j\omega/\omega_{G0}}. \qquad (7.4.6)$$

Demgemäß kann die Stromverstärkung eines n-stufigen Kaskadenverstärkers näherungsweise mit dem Ausdruck

$$A_i = \frac{\beta_0^n}{(1 + j\omega/\omega_{G0})^n} \qquad (7.4.7)$$

angegeben werden.

Aufgrund der endlichen Werte der Shuntwiderstände zwischen den einzelnen Stufen verringert sich die Verstärkung, auf der anderen Seite jedoch vergrößert sich das Übertragungsband. Deshalb muß man bei der Wahl der Shuntwiderstände einen Kompromiß eingehen, der sich im konkreten Fall nach der geforderten Bandbreite bzw. Verstärkung richtet.

Abhängig vom Wert des zwischen den Stufen befindlichen Shuntwiderstandes ändert sich das Verstärkungs-Bandbreite-Produkt des Verstärkers, der bei einem gegebenen Widerstand ein Maximum besitzt. Der hierzu gehörende optimale Shuntwiderstand hat die Größe

$$R_{opt} = \sqrt{\frac{r_b}{\omega_T C_c}} \ll r_{1E}, \qquad (7.4.8)$$

vorausgesetzt, daß er kleiner als der Wert von r_{1E} ist.

Die Berechnung der resultierenden h-Parameter einer aus n Stufen aufgebauten Kettenschaltung wird in [7.4] behandelt.

7.5 Monolithisch integrierte mehrstufige Breitbandverstärker

Monolithisch integrierte Schaltungen sind im wesentlichen solche mehr stufige Transistorverstärker, in denen man sowohl die Transistoren als auch die in der Schaltung auftauchenden Widerstände auf einem einzigen Halbleiterchip im gleichen Arbeitsgang erzeugt. Wie wir bereits in Abschn. 3.2 erwähnten, sind diese Schaltungen meistens gleichstromgekoppelt, um dadurch die schwer realisierbaren Koppelkondensatoren zu umgehen.

Für monolithisch integrierte Verstärker ist kennzeichnend daß verhältnismäßig viele innere Schaltungspunkte über Außenanschlüsse zugängig sind, um so die Schaltungseigenschaften durch Kompensationen, Verbindungen, Belastungen und nicht zuletzt Rückkopplungen beeinflussen zu können. In Abschn. 7.5 beschäftigen wir uns nicht mit den verschiedenen Arten der Rückkopplung, so daß hier nur die monolithischen Verstärker ohne Rückkopplung behandelt werden. Die allgemein verbreitete Form dieser Verstärker ist der Differenzverstärker nach Abb. 3.7. Eine konkrete Ausführungsform ist in *Abb. 7.6* dargestellt.

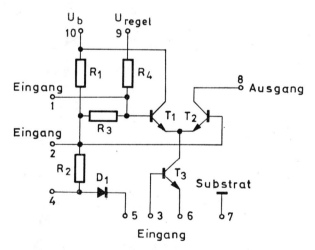

Abb. 7.6. Typische Schaltungsanordnung eines monolithisch integrierten Hochfrequenzverstärkers

Bei einer Verwendungsart der Schaltung gelangt das Steuersignal auf den Eingang 3, die verbleibenden Eingangspunkte befinden sich wechselspannungsmäßig auf Massepotential. Der so zustande kommende zweistufige Verstärker ist eine Kaskadenschaltung aus Emitter-und Bassistufe, deren Hochfrequenzübertragung in Abschn. 7.2 behandelt wurde. Die Hochfrequenzeigenschaften werden durch die Emitterstufe bestimmt, da die Grenzfrequenz der Basisstufe wesentlich höher liegt. Die Schaltung hat einen weiteren wesentlichen Vorteil, der besonders bei den abgestimmten Verstärkern bedeutend ist (und zwar im Falle großer Abschlußimpedanzen), daß nämlich die Rückwirkung außerordentlich gering ist. Hierauf kehren wir später noch zurück.

Bei einer anderen Verwendungsart der Schaltung gelangt das Steuersignal auf den Eingang 1, die weiteren Eingangspunkte befinden sich wechselstrommäßig auf Massepotential. Auf diese Weise entsteht eine zweistufige Kaskadenschaltung aus Kollektor- und Basisstufe, bei der sich der Transistor T_3 nur als Widerstand verhält. Diese Schaltungsart hat zwar auf dem Gebiet der Breitbandverstärker eine geringere Bedeutung, ist jedoch gebräuchlich.

Abb. 7.7 zeigt die Schaltung eines zweistufigen Videoverstärkers, der aus monolithischen Verstärkern nach Abb. 7.6 aufgebaut ist. Die integrierte Schaltung der ersten Stufe arbeitet als Kaskade aus Emitter- und Basisstufe, die zweite Stufe ist ein Verstärkerpaar aus Kollektor- und Basisstufe. Durch Regelung der Spannung U_{regel} am Regeleingang der ersten Stufe

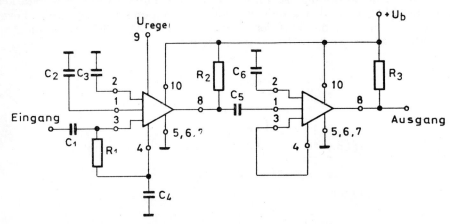

Abb. 7.7. Aus monolithischen Verstärkern bestehender zweistufiger Breitbandverstärker

läßt sich die Verstärkung innerhalb weiter Grenzen ohne bedeutende Verzerrung der Übertragungskurve ändern. Mit den Widerstandswerten $R_1 = 50\,\text{k}\Omega$, $R_2 = 1{,}5\,\text{k}\Omega$ und $R_3 = 3{,}3\,\text{k}\Omega$ beträgt bei $U_{\text{regel}} = 0\,\text{V}$ die Verstärkung $A = 55\,\text{dB}$, bei $U_{\text{regel}} = 4{,}5\,\text{V}$ erhält man $A = 25\,\text{dB}$. Die Bandbreite B ändert sich in Abhängigkeit von der Regelspannung zwischen 6,4 und 8,2 MHz.

8 Kompensierte Breitbandverstärker

8.1 Emitterschaltung
mit Parallelkompensation am Ausgang

Die geringe Bandbreite der Emitterschaltung läßt sich durch Anwendung einer Kompensationsspule wesentlich erhöhen, indem man dem Lastwiderstand induktiven Charakter gibt und dadurch eine mit der Frequenz steigende Impedanz erzeugt *(Abb. 8.1)*. Über der Kompensationsspule L_2 erscheint eine mit Erhöhung der Frequenz größer werdende Spannung, die die Grenzfrequenz anhebt. Die Wirksamkeit dieser Methode hängt in großem Maße von der durch die folgende Stufe bewirkten Belastung ab. Wir wollen im weiteren voraussetzen, daß die Eingangsimpedanz der folgenden Stufe das RL-Serienglied am Ausgang nicht belastet. Dann erhalten wir für die Abschlußimpedanz der Emitterstufe, über der die Spannung U_2 erscheint, den Ausdruck

$$Z_L = R_L + j\omega L_2 = R_L(1 + j\omega/\omega_2), \qquad (8.1.1)$$

wobei $\omega_2 = R_L/L_2$ die charakteristische Frequenz des Abschlußnetzwerkes ist.

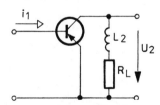

Abb. 8.1. Verstärkerstufe mit Parallelkompensation im Kollektorkreis

Das Ausgangssignal wollen wir auf den Eingangsstrom beziehen. Der untersuchte Übertragungsparameter hat demgemäß Impedanzcharakter, er wird definiert durch die Gleichung $Z_T = U_2/i_1$. Diese Übertragungsimpedanz machen wir zum Gegenstand unserer weiteren Betrachtung. Läßt sich die Aufgabe auch mit Hilfe der Transistor-Ersatzschaltung lösen, so führt doch der Weg über die Vierpolparameter der Emitterschaltung viel schneller zum Ziel. Gerade bei Verwendung der h-Parameter und ihrer einfachen Zusammenhänge verringert sich der rechnerische Aufwand erheblich. In

Abb. 8.2 ist die mit dem *h*-Ersatzschaltbild dargestellte Schaltung zu sehen, bei der sich die komplexe Impedanz Z_L parallel zur Ausgangsimpedanz $1/h_{22e}$ des Transistors befindet.

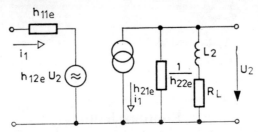

Abb. 8.2. Ersatzschaltung des Verstärkers mit Parallelkompensation im Kollektorkreis

Die Übertragungsimpedanz ist gleich dem Produkt aus Stromverstärkung und Lastimpedanz, d. h.

$$Z_T = A_i Z_L = \frac{h_{21e}}{1 + h_{22e} Z_L} Z_L. \qquad (8.1.2)$$

Setzen wir die Werte der *h*-Parameter ein, gelangen wir zur Form

$$Z_T = \beta_0 R_L \frac{1 + j\omega/\omega_2}{1 + j\dfrac{\omega}{\omega_\beta}\psi - \dfrac{\omega^2}{\omega_c^2}}, \qquad (8.1.3)$$

wobei ω_c die für den Ausgangskreis charakteristische Resonanzfrequenz

$$\omega_c = \frac{1}{\sqrt{L_2 \beta_0 C_c}} \qquad (8.1.4)$$

ist, da die Ausgangskapazität bei Stromquellensteuerung das β_0-fache der Kapazität C_c beträgt. Der Faktor ψ ist der den Widerstand R_L berücksichtigende Rückwirkungsfaktor.

Abb. 8.3 zeigt die Frequenzabhängigkeit der Schaltung bei verschiedenen L_2-Werten. Mit schrittweiser Erhöhung der Induktivität wird die Über-

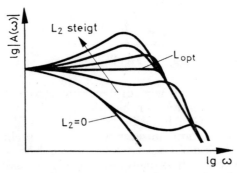

Abb. 8.3. Frequenzcharakteristik eines Emitterverstärkers mit Parallelkompensation im Kollektorkreis bei verschiedenen Induktivitätswerten

tragungskurve immer flacher. Bei der Induktivität L_{opt} erhalten wir die maximal flache Frequenzfunktion. Bei weiterer Induktivitätserhöhung entsteht bei hohen Frequenzen eine Überhöhung in der Amplitudencharakteristik. Uns interessiert in erster Linie der Wert der die Kurve maximaler Flachheit hervorrufenden optimalen Induktivität L_{opt}, die wir ausgehend von Gleichung $\mathrm{d}\,|a(\omega)|^2/\mathrm{d}\omega^2 = 0$ bestimmen können, wobei $a(\omega)$ der relative Wert der Signalübertragung ist.

Stellen wir die hieraus berechnete charakteristische Gleichung für die Koeffizienten des Ausdrucks (8.1.3) auf, so erhalten wir die optimale Induktivität:

$$L_{\text{opt}} = \frac{R_{\text{L}}}{\omega_\beta}\left(\sqrt{2\delta^2 + 2\delta + 1} - \delta\right), \qquad (8.1.5)$$

wobei δ die aus Faktor ψ gebildete Größe $\delta = \psi - 1 = \omega_{\text{T}} C_{\text{c}} R_{\text{L}}$ ist. Im Falle $\delta \ll 1$ vereinfacht sich der Zusammenhang (8.1.5) und damit wird $L_{\text{opt}} = R_{\text{L}}/\omega_\beta$. Obige Gleichung anders geschrieben, wird $\omega_2 = \omega_\beta$.

Die zum 3-dB-Abfall gehörende Grenzfrequenz ω_{G} kann für den Fall $\omega_{\text{c}} > \omega_\beta$ durch den Zusammenhang $\omega_{\text{G}} \cong \omega_{\text{c}}^2/\omega_\beta$ angegeben werden. Diese Kompensationsart liefert trotz ihrer Einfachheit ein ausgezeichnetes Ergebnis. Bei richtiger Bemessung läßt sich eine 4...5fache Grenzfrequenzerhöhung erreichen. Bedingung für den Betrieb ist, daß die Impedanz Z_{L} nicht durch die Eingangsimpedanz der folgenden Stufe belastet wird, denn in einem solchen Fall ist die Kompensation bei weitem nicht so wirkungsvoll.

In [8.4] werden Messung und Meßergebnisse an einem mit induktiver Kompensation versehenen Videoverstärker behandelt.

Die Parallelkompensation kann man ebenfalls in mehrstufigen Verstärkern anwenden, beispielsweise durch Positionierung der Kompensationsspule in Reihe mit dem Kollektorwiderstand des letzten Transistors. Auf diese Weise läßt sich die Frequenzfunktion eines mehrstufigen Verstärkers nach Belieben beeinflussen, ganz davon abhängig, welche Induktivitätswerte verwendet werden.

In *Abb. 8.4* ist ein häufig vorkommender breitbandiger Verstärkertyp dargestellt. Der erste Transistor des zweistufigen Verstärkers arbeitet in Emitterschaltung; diese sichert die Stromverstärkung und bestimmt gleichzeitig das Frequenzverhalten des gesamten Verstärkers. Der zweite Transistor, in dessen Kollektorkreis sich die Kompensationsspule befindet, arbeitet in Basisschaltung, so daß sein Einfluß auf den Frequenzgang unerheblich ist. Bei richtiger Wahl der Induktivität läßt sich ein recht breites Übertragungsband erzielen.

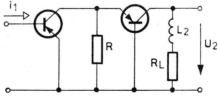

Abb. 8.4. Zweistufiger Verstärker mit Parallelkompensation am Ausgang

8.2 Emitterschaltung
mit Parallelkompensation am Eingang

Im Gegensatz zum in Abschn. 8.1 beschriebenen Komponsationsverfahren führt auch eine eingangsseitig parallel angeordnete Kompensationsspule zu einer wesentlichen Bandbreiteerhöhung *(Abb. 8.5)*. Stellen wir für die

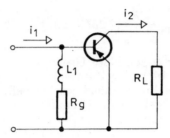

Abb. 8.5. Verstärkerstufe mit Parallelkompensation im Basiskreis

Schaltung die Stromübertragungsgleichung auf, dann gelangen wir zu folgendem Ausdruck:

$$A_i = \frac{i_2}{i_1} = A_{i0} \frac{1 + ja_1\omega}{1 + jb_1\omega - b_2\omega^2} \cdot \qquad (8.2.1)$$

Hierbei beschreibt A_{i0} die Stromverstärkung bei tiefen Frequenzen; die Koeffizienten dagegen sind Funktionen der Transistorparameter und der Abschlußelemente (und damit auch der Kompensationselemente).

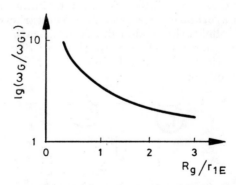

Abb. 8.6. Erhöhung der Grenzfrequenz in Abhängigkeit vom Quellenwiderstand bei optimaler Kompensation

Besteht die Bedingung für eine maximal flache Amplitudencharakteristik, so erhalten wir als Optimalwert der Kompensationsinduktivität den Zusammenhang

$$L_{opt} \cong \frac{R_g}{\omega_{Gi}} \left[\sqrt{\frac{R_g^2}{(2R_g + r_{1E})^2} + \frac{(R_g + r_b)^2}{(2R_g + r_{1E})r_{1E}}} - \frac{R_g}{2R_g + r_{1E}} \right]. \qquad (8.2.2)$$

Dieser Ausdruck geht bei $R_g \approx r_{1E}$ in guter Näherung in die Form $L_{opt} \cong \cong 0{,}3 \, R_g/\omega_{Gi}$ über. Wie wir sehen können, ist zum Erreichen der maximal flachen Amplitudencharakteristik in Abhängigkeit von R_g jeweils ein anderer Wert der Kompensationsinduktivität notwendig. Da die Bandbreite der Schaltung im starken Maße von R_g abhängt, können wir dessen Wert am einfachsten aus der gewünschten Bandbreite berechnen. In *Abb. 8.6* ist die relative Grenzfrequenz ω_G/ω_{Gi} als Funktion des Quotienten R_g/r_{1E} dargestellt, und zwar bei maximal flacher Amplitudencharakteristik, d. h. bei optimaler Kompensation.

8.3 Emitterschaltung
mit Serienkompensation am Eingang

Im Fall eines hinreichend kleinen Quellenwiderstandes R_g läßt sich mit Hilfe einer in Reihe mit der Basis angeordneten Kompensationsspule die Bandbreite der Emitterstufe erhöhen. Stellen wir für die in *Abb. 8.7* gezeigte

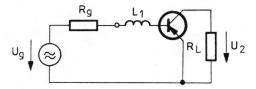

Abb. 8.7. Verstärkerstufe mit Serienkompensation im Basiskreis

Anordnung die Übertragungsfunktion auf, so gelangen wir zu folgendem Ausdruck:

$$A_u = \frac{U_2}{U_1} = A_{u0} \frac{1}{1 + jb_1\omega - b_2\omega^2}. \qquad (8.3.1)$$

Hierbei steht A_{u0} für die Spannungsverstärkung bei tiefen Frequenzen; die Koeffizienten b_1 und b_2 sind (unter anderem) Funktionen der Kompensationsinduktivität. Mit der Bedingung für die maximal flache Amplitudencharakteristik erhalten wir

$$L_{opt} = \frac{r_{1E}}{\omega_{Gi}} \left[1 - \sqrt{1 - \left(\frac{R_g + r_b}{r_{1E}}\right)^2} \right], \qquad (8.3.2)$$

137

wobei natürlich die Bedingung $R_g + r_b < r_{1E}$ erfüllt sein muß. Die 3-dB-Frequenz der Bandgrenze beträgt dann

$$\omega_G = \omega_{Gi} \sqrt{\frac{1 + R_g/r_{1E}}{1 - \sqrt{1 - (R_g + r_b)^2/r_{1E}^2}}}. \tag{8.3.3}$$

Die Serienkompensation ist — wie auch aus den Beziehungen ersichtlich ist — nur bei kleinen Quellenwiderständen wirksam, was sich selbstverständlich nicht in jedem Fall realisieren läßt.

8.4 Verstärkerstufe in Emitterschaltung mit zusammengesetzter Kompensation

Die Serienkompensation können wir dann anwenden, wenn eine nachfolgende Transistorstufe die parallel liegende Impedanz Z_L (siehe Abb. 8.2) belastet. Die Parallelkompensation arbeitet in einem solchen Fall unbefriedigend, so daß man auf irgendeine Weise die belastende Wirkung der folgenden Stufe bei hohen Frequenzen verringern muß. Hierzu dient die seriell eingefügte Induktivität L_1, die im wesentlichen eine Serienkompensation bedeutet *(Abb. 8.8)*. Die Schaltung stellt einen Verstärker mit zusammengesetzter Kompensation dar, da er eine Serien- und eine Parallelinduktivität enthält. Mit der in *Abb. 8.9* verwendeten Bezeichnung ergibt sich eine parallel liegende Impedanz von $Z_L = R_L + j\omega L_2$.

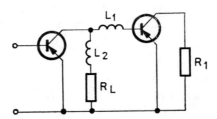

Abb. 8.8. Gemeinsame Anwendung von Serien- und Parallelkompensation bei einem zweistufigen Verstärker

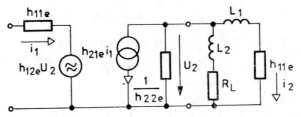

Abb. 8.9. Ersatzschaltung des Verstärkers mit Serien- und Parallelkompensation

Im weiteren wollen wir die Übertragungsfunktion der Schaltung bestimmen, um damit die optimalen Werte der Induktivitäten L_1 und L_2 berechnen zu können. Die exakte Bestimmung der Übertragungsfunktion ist allerdings wegen der zahlreichen frequenzabhängigen Elemente mit großen Schwierigkeiten verbunden. Das Ergebnis der Frequenzfunktion ist in dieser Form zum Schaltungsentwurf ungeeignet, weshalb wir die zahlenmäßige Untersuchung der Schaltung mit einem anderen Lösungsweg umgehen wollen. Dieser Weg ist zwar weniger exakt, dafür aber einfach und leichter zu überblicken.

In Abb. 8.9 wurden die auf den h-Parametern basierenden Vierpoläquivalente der Transistoren zur Schaltungsdarstellung benutzt. Wie wir aus der Schaltung ersehen können, läßt sich die Impedanz Z_L mit dem Parameter h_{22e} des ersten Transistors zusammenziehen. Auf diese Weise gelangen wir zu einem neuen Vierpol, dessen Parameter unverändert bleiben, mit der Ausnahme von h_{22}, für den wir nun $H_{22} = h_{22e} + Y_1$ schreiben. Hierbei ist Y_1 die Admittanz des Serliengliedes:

$$Y_1 = \frac{1}{R_L + j\omega L_2} = \frac{1}{Z_L}. \qquad (8.4.1)$$

Die Lastimpedanz der ersten Verstärkerstufe beträgt hier $Z_2 = h_{11e} + j\omega L_1$. Der Stromverstärkungsfaktor ergibt aus der bekannten Beziehung zu

$$A_i = \frac{i_2}{i_1} = \frac{h_{21e}}{1 + H_{22}Z_2}. \qquad (8.4.2)$$

Als Anfangsbedingung beim Entwurf soll gelten, daß bei der oberen Grenzfrequenz ω_G die Stromverstärkung gleich der Verstärkung bei tiefen Frequenzen ist, d. h. $A_{i0} = A_i(\omega_G)$. Bei tiefen Frequenzen vereinfachen sich die Parameter zu

$$h_{21e}(\omega = 0) = \beta_0,$$
$$h_{22e}(\omega = 0) = 0,$$
$$\mathrm{Re}(1/Y_1) = R_L, \qquad (8.4.3)$$
$$h_{11e}(\omega = 0) = r_{1E}.$$

Damit beträgt die Niederfrequenzverstärkung

$$A_{i0} = \frac{-\beta_0}{1 + r_{1E}/R_L}. \qquad (8.4.4)$$

Obige Gleichung stellt eine Beziehung zwischen Verstärkung und Widerstand R_L, her, d. h., die eine Größe läßt sich aus der anderen berechnen. Für uns ist es im Augenblick nebensächlich, welche der beiden als Ausgangsgröße gegeben und welche zu bestimmen ist. Das günstigste Ergebnis erhalten wir dann, wenn die Reaktanz der Induktivität L_1 bei der Frequenz

$\omega = \omega_G$ gerade mit der kapazitiven Reaktanz von h_{11e} übereinstimmt, d. h. $-\omega_G L_1 = \mathrm{Im}(h_{11e})$, denn auf diese Weise entsteht am Ausgang ein Serienresonanzkreis, der den Strom i_2 erhöht. Mit dieser Bedingung wird

$$A_i(\omega_G) = \frac{h_{21e}(\omega_G)}{1 + H_{22}(\omega_G)\mathrm{Re}[h_{11}(\omega_G)]}, \qquad (8.4.5)$$

wobei

$$H_{22}(\omega_G) = h_{22e}(\omega_G) + \frac{1}{R_L + j\omega_G L_2}. \qquad (8.4.6)$$

ist. Die Schaltungsbemessung führen wir in mehreren Schritten durch. Als ersten Schritt berechnen wir ausgehend von der Beziehung (8.4.4) zum Beispiel den Widerstand R_L bei Kenntnis von A_{i0}. Beim zweiten Schritt bestimmen wir den Wert der Induktivität L_1 mit Hilfe der am höchsten zu übertragenden Frequenz ω_G. Im weiteren besteht die Aufgabe in der Berechnung der Parameterwerte von h_{21e}, h_{22e}, h_{11e} und von Y_1 bei der Frequenz ω_G. Mit Hilfe der berechneten Werte läßt sich auf der Basis von Gleichung (8.4.5) die Induktivität L_2 bestimmen. Im Verlauf des gesamten Entwurfes nimmt die letzte Aufgabe die meiste mathematische Arbeit in Anspruch.

Eine weitere Form der zusammengesetzten Kompensation, die Kompensation mit π-Glied, ist in *Abb. 8.10* dargestellt. Mit Hilfe der drei Induktivitäten kann die Frequenzübertragungsfunktion der Schaltung innerhalb recht weiter Grenzen beeinflußt werden. Die Berechnung der Schaltung ist ziemlich kompliziert, so daß wir hier auf ihre mathematische Behandlung verzichten.

Bei der in Abb. 8.10 gezeigten Schaltung befindet sich zwischen den beiden Stufen im wesentlichen ein Vierpol, dessen Frequenzgang so ausgelegt ist,

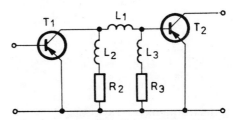

Abb. 8.10. Mit induktivem π-Glied kompensierter zweistufiger Verstärker

daß damit der durch die Transistoren hervorgerufene Abfall der Amplitudencharakteristik kompensiert wird. Die Zahl der Vierpolelemente läßt sich natürlich noch weiter erhöhen. Auf diese Weise können auch komplizierte Filter eingebaut werden, mit denen beliebige (z. B. sehr breitbandige) Frequenzcharakteristiken erreichbar sind. Mit Reaktanz- und mit Verlusten behafteten Filtern beschäftigt sich ausführlich die Netzwerktheorie; die Übertragungskenngrößen der unterschiedlichsten Filter können heute bereits in Form von Tabellen und Kurven gefunden werden. Die einzige Schwierigkeit ist lediglich die, daß diese Zusammenhänge im allgemeinen nur für reelle (ohmsche) Abschlußwiderstände gültig sind, was bei den Ein- und Ausgangsimpedanzen von Transistoren nicht der Fall ist. Bei komplexen Abschlüssen läßt sich, wenn die Ersatzschaltung des Abschlußnetzwerkes bekannt ist, durch Einbeziehung der Reaktanzglieder in das Filter das Problem umgehen, und die Beziehungen sind dann auch hier anwendbar. Dieser Weg kann jedoch nicht eingeschlagen werden, wenn die Ersatzschaltung des Abschlusses (beispielsweise der als Signalquelle dienende Transistorausgang) nicht genau genug bestimmbar ist, eventuell wegen der Umtransformierung eines komplizierten basisseitigen Filters über die Rückwirkungselemente. In einem solchen Fall wird die Schaltungsbemessung sehr ungenau, und es ist mit größeren Abweichungen gegenüber den theoretisch ermittelten Werten zu rechnen.

Trotz alledem benutzt man zur wesentlichen Erhöhung des Übertragungsbandes die Reaktanzvierpole recht häufig zur Anpassung und gleichzeitig zur Kompensation. Mit diesen Methoden beschäftigen wir uns in Abschn. 18.1 bei den Verstärkern mit extremer Bandbreite.

8.5 Stufen mit frequenzunabhängiger Eingangsimpedanz

Bei Breitbandverstärkern besteht häufig die Forderung, daß der Eingang des Verstärkers innerhalb des Übertragungsbandes eine frequenzunabhängige Eingangsimpedanz von konstantem Wert zeigen soll. Eine konstante Eingangsimpedanz läßt sich jedoch meistens nur näherungsweise realisieren. Bei der einen Methode wendet man eine negative Rückkopplung (Mitkopplung) an. Mit ihr kann man, indem die Eingangsimpedanz des Transistors Z_{11} mit einem Serienwiderstand R_s (bzw. Parallelwiderstand R_p) beliebig erhöht (bzw. verringert) wird, die Eingangsimpedanz von der Frequenz unabhängig konstant einstellen, vorausgesetzt, daß der Vorwiderstand wesentlich größer (oder kleiner) als die tatsächliche Eingangsimpedanz der Transistorstufe ist. Diese Lösung ist in *Abb. 8.11* skizziert.

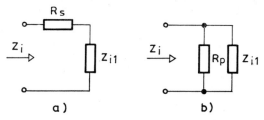

Abb. 8.11. Realisierung frequenzunabhängiger Eingangswiderstände mit seriellem (a) und parallelem Vorwiderstand (b)

Die Eingangsimpedanz kann ohne Mitkopplung auch mit Hilfe einer Kompensation im gewünschten Frequenzband nahezu konstant gehalten werden. In *Abb. 8.12* ist die Serien-, in *Abb. 8.13* die Parallelkompensation dargestellt. Bei richtiger Wahl der Kompensationselemente verhält sich die Eingangsimpedanz der Emitterschaltung etwa bis zu einem Fünftel der

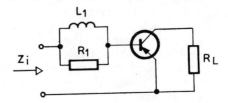

Abb. 8.12. Realisierung eines frequenzunabhängigen Eingangswiderstandes mit Serien-kompensation

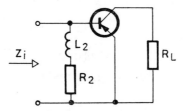

Abb. 8.13. Realisierung eines frequenzunabhängigen Eingangswiderstandes mit Parallelkompensation

Grenzfrequenz f_x als konstanter Eingangswiderstand. Ausgehend von den Bezeichnungen in den Schaltungen ergeben sich für die Serienkompensation folgende Werte für die Elemente: $R_1 = \beta_0 r_e$ und $L_1 = r_{1E}/\omega_{Gi}$; für die Parallelkompensation sind $R_2 = r_b(1 + r_b/r_{1E})$ und $L_2 = r_b^2 \psi/r_e \omega_T$.

Ähnlich zu der in Abb. 8.11 gezeigten Lösung läßt sich der frequenzunabhängige Charakter der Eingangsimpedanz mit einem Parallelwiderstand noch erhöhen.

9 Einstufige, gegengekoppelte Verstärker

9.1 Allgemeine Kenngrößen gegengekoppelter Verstärker

Zur Erhöhung des Übertragungsbandes von Hochfrequenzverstärkern wendet man verbreitet die negative Rückkopplung (Gegenkopplung) an. Außer dem Frequenzband können nach diesem Verfahren auch alle übrigen Kenngrößen der Schaltung wesentlich geändert werden. Deshalb müssen beim Entwurf einer gegengekoppelten Schaltung sämtliche Kenngrößen einer gründlichen Untersuchung unterzogen werden. Im weiteren wollen wir einen Überblick über die zahlenmäßigen Proportionen der Änderungen dieser Kenngrößen geben.

Abb. 9.1 zeigt das Blockschema des gegengekoppelten Verstärkers, wobei $A(\omega)$ die Verstärkung ohne Gegenkopplung ist; $\beta^*(\omega)$ steht für die Übertra-

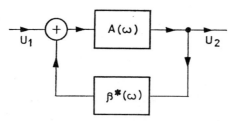

Abb. 9.1. Allgemeines Blockschema des gegengekoppelten Verstärkers

gungsfunktion des Gegenkopplungsnetzwerkes (die Bezeichnung * wurde zur Unterscheidung dieser Größe vom Stromverstärkungsfaktor der Emitterschaltung eingeführt). Als Eingangs- und Ausgangsgröße fungieren in der Abbildung zwei Spannungswerte, jedoch können wir im gegebenen Fall auch den Eingangs- bzw. Ausgangsstrom als Bezugsgröße betrachten. Mit den Bezeichnungen der Abbildung ist die Verstärkung $A_f(\omega)$ des gegengekoppelten Verstärkers durch die bekannte Beziehung

$$A_f(\omega) = \frac{A(\omega)}{1 - A(\omega)\beta^*(\omega)} \qquad (9.1.1)$$

gegeben. Das in diesem Ausdruck auftretende Produkt der Übertragungs-funktionen nennen wir Schleifenverstärkung, da die Übertragung einer unterbrochenen Schleife durch den Ausdruck

$$T(\omega) = A(\omega)\beta^*(\omega) \tag{9.1.2}$$

gegeben ist. Den Nenner des Zusammenhangs (9.1.1) nennen wir Rück-kopplungsfaktor:

$$F(\omega) = 1 - A(\omega)\beta^*(\omega). \tag{9.1.3}$$

Bei hohen Schleifenverstärkungen läßt sich für Gleichung (9.1.1) ein Näherungsausdruck angeben. In einem solchen Fall wird die Übertragung eines gegengekoppelten Verstärkers lediglich durch die Übertragungsfunk-tion des Gegenkopplungszweiges bestimmt. Die sich daraus ergebenden Vorteile sind allgemein bekannt. Der Erhöhung der Schleifenverstärkung ist eine Grenze gesetzt; mit dieser Frage werden wir uns bei der Behandlung der Stabilität beschäftigen.

In *Tab. 9.1* sind die vier Grundtypen der Gegenkopplung aufgeführt, wobei wir uns auf die in Abschn. 4.3 behandelten Zusammenschaltungsarten

Tabelle 9.1. Eingangs- und Ausgangsimpedanz für die vier Grundtypen gegengekoppelter Vierpole

Typ der Gegenkopplung	Abbildung	Eingangs-impedanz	Ausgangs-impedanz
Parallel (-Parallel)	4.7	Z_i/F	Z_0/F
Serien (-Serien)	4.8	$F \cdot Z_i$	$F \cdot Z_0$
Serien-Parallel	4.9	$F \cdot Z_i$	Z_0/F
Parallel-Serien	4.10	Z_i/F	$F \cdot Z_0$

von Vierpolen beziehen. Über die genannten Benennungen hinaus werden oft die Eingangs-Parallelgegenkopplungen (Abb. 4.7 und Abb. 4.10) Strom-gegenkopplung und die Eingangs-Seriengegenkopplungen (Abb. 4.8 und Abb. 4.9) Spannungsgegenkopplung genannt. In die Tabelle wurden auch die durch den Einfluß der Gegenkopplung zustande kommenden Impedanz-änderungen aufgenommen. Wie ersichtlich ist, erhöht sich durch die Serien-zusammenschaltung die Impedanz eingangs- wie ausgangsseitig, anderer-seits verringert sie sich bei der Parallelzusammenschaltung; das Maß der Änderung ist dabei in allen Fällen durch den Gegenkopplungsfaktor F gegeben.

Mit frequenzunanbhängiger Gegenkopplung läßt sich die Bandbreite des Verstärkers wesentlich erhöhen, natürlich nur auf Kosten einer Verstär-kungsverringerung. Für einstufige Verstärker gilt in guter Näherung, daß sich mit Erhöhung des Gegenkopplungsfaktors die Verstärkung und Band-breite des Verstärkers so ändern, daß ihr Produkt, d. h. die Bandgüte prak-tisch konstant bleibt. Wegen der belastenden Wirkung des Gegenkopplungs-

144

netzwerkes trifft das zwar streng genommen nicht in jedem Fall zu, doch ist die Verringerung der Bandgüte meistens nicht beträchtlich. Bildet man den Gegenkopplungsvierpol frequenzabhängig aus, so kann die Bandbreite erhöht werden, da sich, indem man mit Hilfe eines Reaktanzelementes den Gegenkopplungsfaktor an der oberen Bandgrenze reduziert, eine Verstärkungserhöhung erreichen läßt.

Bei zweistufigen Verstärkern mit maximal flacher Amplitudencharakteristik ist die Bandgüte des gegengekoppelten Verstärkers — frequenzunabhängige Gegenkopplung vorausgesetzt — durch den geometrischen Mittelwert der Bandgüten der einzelnen Stufen gegeben. Bei gleichartig aufgebauten Stufen bleibt demnach die Bandgüte auch hier nahezu konstant, d. h., die Bandbreite läßt sich auf Kosten einer Verstärkungsverringerung erhöhen. Natürlich ist die Situation bei Stufen mit unterschiedlicher Bandbreite schlechter. Demgegenüber besteht hier, wie auch bei den einstufigen Verstärkern, die Möglichkeit, die Bandgüte mit frequenzabhängiger Gegenkopplung zu erhöhen.

Schließlich trifft auch für die dreistufigen Verstärker zu, daß die resultierende Bandgüte die geometrische Mitte der Bandgüten der einzelnen Stufen ist. Aus Stabilitätsgründen bestehen jedoch hinsichtlich der Frequenzabhängigkeit der Schleifenverstärkung strenge Vorschriften, und wegen der Streuparameter läßt sich eine solche Schaltung nur sehr schwer realisieren. Noch mehr trifft das selbstverständlich für mehr als drei Stufen umfassende Gegenkopplungsschaltungen zu, die im Hochfrequenzbereich für die Praxis kaum eine Rolle spielen. Zuletzt soll noch ein Wort über den Einfluß der Gegenkopplung auf das nichtlineare Verhalten der Schaltung gesagt werden. Den Wert der Nichtlinearität (NL) in Prozenten beschreibt der Ausdruck

$$NL(\%) = \frac{A(\omega)_{max} - A(\omega)_{min}}{A(\omega)_{max}}, \qquad (9.1.4)$$

wobei $A(\omega)_{max}$ und $A(\omega)_{min}$ den maximalen bzw. minimalen Wert der bei verschiedenen Signalpegeln (bei Ausgangsspannungswerten U_2) gemessenen Übertragungsfunktion (Verstärkung) bei einer festgesetzten Frequenz angeben *(Abb. 9.2)*. Es läßt sich beweisen, daß sich durch den Einfluß der Gegenkopplung die Nichtlinearität im Verhältnis zum Gegenkopplungs-

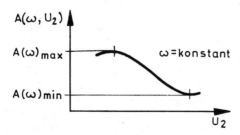

Abb. 9.2. Verstärkung der Schaltung in Abhängigkeit vom Signalpegel

faktor verringert, vorausgesetzt, daß die Gegenkopplung mit linearen (passiven) Elementen aufgebaut wird:

$$NL_f \approx \frac{NL}{1 - A(\omega)\beta^*(\omega)} . \qquad (9.1.5)$$

Bei starker Pegelabhängigkeit des Gegenkopplungsfaktors ist es zweckmäßig, im Zusammenhang (9.1.5) den Minimalwert, d. h. den ungünstigsten Fall, zu berücksichtigen.

Die linearisierende Wirkung der Gegenkopplung ist nur bei hohen Schleifenverstärkungen bedeutend. Oberhalb der Grenzfrequenz des Verstärkers verschlechtern sich die Verhältnisse, obwohl wir uns noch wesentlich unterhalb der Grenzfrequenz des gegengekoppelten Verstärkers befinden, die ja wesentlich höher als die des nichtgegengekoppelten Verstärkers liegt. Diesen Umstand muß man sich bei der Berechnung der Linearität vor Augen halten.

9.2 Stabilität gegengekoppelter Verstärker

Nimmt die Schleifenverstärkung gemäß (9.1.2) den Wert Eins an, so wird der Nenner in der Gleichung (9.1.1) null, die Schaltung beginnt zu schwingen. Das kann natürlich bei jeder beliebigen Frequenz eintreten, so daß wir diese Erscheinung im gesamten Frequenzbereich untersuchen müssen. Stellen wir die Schleifenverstärkung in der komplexen Zahlenebene dar *(Abb. 9.3)*, so erhalten wir das so genannte Nyquist-Diagramm. Aufgrund

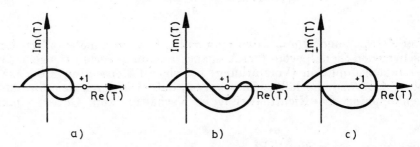

Abb. 9.3. Nyquist-Diagramm für stabile (a), bedingt stabile (b) und instabile (c) Verstärker

des Vorangegangenen darf die Kurve den reellen Punkt $+1$ nicht durchlaufen bzw. einschließen. Letztere Bedingung läßt sich mit der bei hohen Signalpegeln eintretenden Verstärkungsreduzierung erklären, durch deren Wirkung die Kurve der Schleifenverstärkung zusammenschrumpft. In Abb. 9.3c sehen wir die Frequenzkurve einer instabilen, in Abb. 9.3a die einer stabilen Schaltung. Abb. 9.3b ist für bedingt stabile Schaltungen kennzeichnend; durch

Änderung der Schaltungsgrößen kann die Schleifenverstärkung zusammenschrumpfen und so die Kurve auf den Punkt +1 gelangen.

Als zahlenmäßige Angabe, in welcher Entfernung die Kurve am Punkt +1 vorbeiläuft bzw. wie weit sie sich ihm nähert, dient die relative Stabilität oder Stabilitätsreserve. Diese Größe gibt uns eine Auskunft darüber, ob das Maß der Gegenkopplung ohne die Gefahr der Instabilität noch erhöhbar ist oder nicht. Der in *Abb. 9.4* dargestellte verbotene Bereich, durch

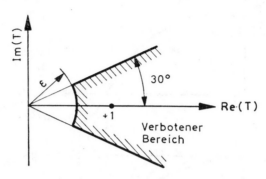

Abb. 9.4. Aus der Sicht der Schleifenverstärkung verbotener Bereich in der komplexen Ebene

den die Kurve der Schleifenverstärkung nicht laufen darf, läßt sich mit zwei Kenngrößen beschreiben, und zwar mit der Entfernung vom Koordinatenursprung (ε) und mit dem Phasenwinkel. Ein praktisch üblicher Wert für den Phasenwinkel ist die maximale Phasenreserve $\varphi = 30°$ und für die Entfernung vom Ursprung der Wert

$$\varepsilon \approx \frac{1}{3n} \, [\text{dB}], \qquad (9.2.1)$$

wobei n die Anzahl der Verstärkerstufen ist. Das bedeutet bei einem zweistufigen Verstärker etwa 15 dB Verstärkungsreserve.

Die relative Stabilität läßt sich nicht nur aus der komplexen Zahlenebene, sondern auch aus den Frequenzfunktionen des Absolutwertes der Schleifenverstärkung und des Phasenwinkels ermitteln. In *Abb. 9.5* sehen wir das Bode-Diagramm der Schleifenverstärkung. Ziehen wir von $\varphi = 180°$ den Winkel ab, der bei der zum Wert $|T(\omega)| = 1$ gehörenden Frequenz auftritt, erhalten wir die Phasenreserve, und die bei der Frequenz, die zum 180°-Phasenwinkel der Schleifenverstärkung gehört, auftretende Verstärkung (genauer gesagt die Dämpfung mit dem Wert kleiner als Eins) gibt die Verstärkungsreserve an.

Zur schnellen Abschätzung der Stabilität kann man eine recht brauchbare Regel anwenden, die sich aus dem Bode-Diagramm der gegenkopplungsfreien Verstärkung (Verstärkung bei geöffneter Schleife) der Schaltung ableiten läßt *(Abb. 9.6)*. Die Steilheit des Abfalls der Amplitudenkennlinie

$| A(\omega)|$ steigt von Knickpunkt zu Knickpunkt. Durch die Wirkung der Gegenkopplung reduziert sich die Niederfrequenzverstärkung, die Kurve für die gegengekoppelte Schaltung ist eine vom Maß der Gegenkopplung abhängend um so tiefer liegende Gerade, die in die ursprüngliche Kennlinie hineinragt. Da im Schnittpunkt beider Kurven der Absolutwert der Schlei-

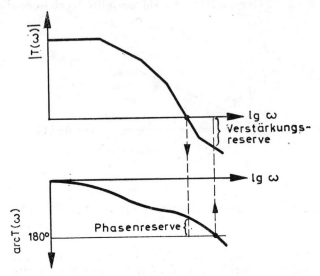

Abb. 9.5. Kriterium für relative Stabilität im Bode-Diagramm

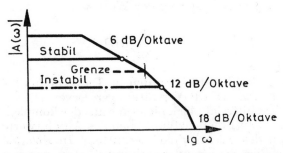

Abb. 9.6. Kontrolle der Stabilität im Bode-Diagramm nach einer Faustregel

fenverstärkung $T(\omega)$ gleich eins ist, kann man bei dieser Frequenz aus der Steilheit der Kennlinie $| A(\omega)|$ auf den Phasenwinkel schließen. Entsprechend den Bode-Diagrammen ist bei Absolutwert-Kennlinien, die nicht steiler als 6 dB/Oktave abfallen, der Phasenwinkel kleiner als $\varphi = 90°$. Aufgrund dessen ergibt sich als grobe Näherung, daß die Schaltung stabil ist, wenn die Kurve des gegengekoppelten Verstärkers in den 6 dB/Oktave steilen Abschnitt der gegenkopplungsfreien Kennlinie hineinläuft. Fällt

148

der Schnittpunkt in den 12 dB/Oktave steilen Abschnitt, wo der Phasenwinkel den Wert $\varphi = 180°$ erreichen kann, so kann die Schaltung instabil werden. Wegen ihrer Einfachheit benutzt man in der Praxis recht gern eine Faustregel, dergemäß die Sicherheitsgrenze der Stabilität auf den Knickpunkt fällt, der die Abschnitte mit der Steilheit 6 dB/Oktave und 12 dB/ Oktave trennt. Bei den tatsächlichen Kennlinien $|A(\omega)|$ kann der Knickpunkt nicht eindeutig festgestellt werden. Deshalb geht man bei der Kontrolle der Stabilität bezüglich der erwähnten Regel von der Bestimmung der im Schnittpunkt auftretenden Steilheit aus. Auf diese Frage kehren wir bei der Behandlung der Kompensation von Verstärkern in Abschn. 11.2 zurück.

9.3 Der emittergegengekoppelte Verstärker

Abb. 9.7 zeigt die Schaltung des Transistorverstärkers. Die Gegenkopplung kommt über dem ohmschen Widerstand R_E auf die bekannte Weise zustande. Der Transistor wird von einer Quelle mit dem Quellenwiderstand R_g an

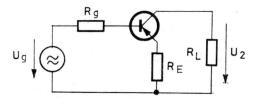

Abb. 9.7. Emittergegengekoppelter Verstärker

gesteuert; der Abschlußwiderstand ist R_L. Die Effektivität der Gegenkopplung legt der Quellenwiderstand fest, denn bei Stromsteuerung ist die Gegenkopplung wirkungslos. Unsere Untersuchungen führen wir bei allgemeinem Quellenwiderstand durch, doch wollen wir auch die Verhältnisse bei Spannungsquellen-Ansteuerung auswerten. Die Berechnung des spannungsgegengekoppelten Verstärkers läßt sich auf verschiedene Weise durchführen. Die eine Methode besteht in der formalen Zusammenziehung des durch die h-Parameter definierten Transistor-Vierpols und des Shuntglied-Vierpols, bestehend aus dem Widerstand R_E, wobei die Regel für die Serien-Serien-Schaltung von Vierpolen angewendet wird. Diese Methode haben wir in groben Zügen in Abschn. 4.3 behandelt; das dazugehörige Schaltschema ist in Abb. 4.8 dargestellt. Die Berechnung wird dadurch erschwert, daß man mit Hilfe von Tab. 4.2 vom h-Parametersystem zuerst auf das z-Parametersystem überwechseln muß, da sich nur so direkt die Zusammenschaltung beider Vierpole durchführen läßt.

Eine andere Methode der mathematischen Behandlung der Schaltung besteht in der Benutzung des Ersatzschaltbildes und, mit der Einzeichnung der Gegenkopplung sowie der Abschlußimpedanzen, in der stufenweisen Vereinfachung der Schaltung [9.1]. Die Vereinfachung kann man in mehreren Schritten durchführen. In *Abb. 9.8* sind das Ersatzschaltbild, der Gegenkopplungswiderstand R_E und die Abschlußwiderstände dargestellt.

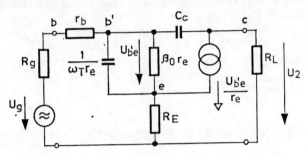

Abb. 9.8. Ersatzschaltung des emittergegengekoppelten Verstärkers

Wir erhalten die Spannungsübertragung der Schaltung in folgender Form:

$$A_u = \frac{U_2}{U_g} = A_{u0} \frac{1}{1 + j\omega/\omega_G} . \tag{9.3.1}$$

Hierbei ist A_{u0} die Spannungsübertragung bei tiefen Frequenzen:

$$A_{u0} = - \frac{\beta_0 R_L}{\beta_0(r_e + R_E) + r_b + R_g} \approx \frac{R_L}{R_E} , \tag{9.3.2}$$

und für die Grenzfrequenz ω_G ergibt sich:

$$\omega_G = \frac{\omega_\beta}{\psi} \cdot \frac{r_b + R_g + \beta_0(r_e + R_E)}{r_b + R_g + R_E} \approx \frac{\omega_T}{\psi} , \tag{9.3.3}$$

wobei auf der rechten Seite beider Gleichungen jeweils ein hochohmiger Widerstand R_E vorausgesetzt wurde. Wie aus den Ergebnissen ersichtlich ist, verringert sich durch die Wirkung des Widerstandes R_E die Niederfrequenzverstärkung A_{u0}, im Gegensatz dazu steigt die Grenzfrequenz ω_G, denn der Zähler im Ausdruck (9.3.3) steigt schneller mit R_E als der Nenner.

Die Effektivität der Gegenkopplung wird durch die Bandgüte (Verstärkungs-Bandbreite-Produkt) bestimmt, für die wir mit der Spannungsverstärkung A_{u0} und der Grenzfrequenz ω_G den Ausdruck

$$(V \times B)_u = |A_{u0}| \, \omega_G = \frac{\omega_T}{\psi} \cdot \frac{R_L}{r_b + R_g + R_E} \tag{9.3.4}$$

150

erhalten. Gegenüber der Bandgüte, die sich für den Fall ohne Gegenkopplung gemäß Gleichung (6.1.9) ergibt, fällt hier durch den Einfluß der Gegenkopplung die Bandgüte mit dem Faktor $\eta = 1 + R_E/(r_b + R_g)$. Bei Erhöhung der Gegenkopplung verschlechtert sich der Wirkungsgrad η.

In *Abb. 9.9* ist die Frequenzabhängigkeit der Spannungsübertragung des emittergegengekoppelten Verstärkers aufgetragen. Bei Erhöhung des Wider-

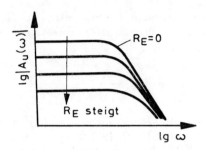

Abb. 9.9. Ausbildung der Frequenzcharakteristik bei verschiedenen Emittergegenkopplungen

standes R_E verschieben sich die mit jeweils einer Knickstelle behafteten Kurven weiter nach unten. Das Fehlen der Hüllkurven im fallenden Bereich tritt wegen des Faktors η auf.

9.4 Der emittergegengekoppelte, kompensierte Verstärker

Die Bandbreite des emittergegengekoppelten Verstärkers kann wesentlich gesteigert werden, wenn man den Emitterwiderstand mit einem richtig bemessenen Kondensator C_E überbrückt *(Abb. 9.10)*. Die Kapazität C_E

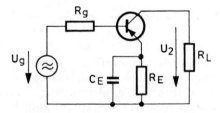

Abb. 9.10. Emittergegengekoppelter Verstärker

verringert die Spannungsgegenkopplung an der Bandgrenze, und dadurch steigt dort die Verstärkung. Die Aufgabe besteht nun im weiteren aus der Bestimmung des Optimalwertes von C_E, bei dem die Übertragungskurve einen maximal flachen Verlauf haben wird.

Die Schaltung läßt sich leicht mathematisch analysieren, indem wir in der Beziehung, die wir für den Fall ohmscher Gegenkopplung erhielten, anstelle des Widerstands R_E nun die komplexe Impedanz Z_E einsetzen:

$$Z_E = R_E \,||\, \frac{1}{j\omega C_E} = \frac{R_E}{1 + j\omega/\omega_E} \, . \qquad (9.4.1)$$

Hierbei ist ω_E die charakteristische Frequenz des RC-Gegenkopplungsgliedes $\omega_E = 1/R_E C_E$. Nach den durchgeführten Substitutionen erhalten wir die Spannungsübertragung in folgender Form:

$$A_u = A_{u0} \frac{1 + j\omega a_1}{1 + j\omega b_1 - \omega^2 b_2} \, , \qquad (9.4.2)$$

wobei A_{u0} die Spannungsübertragung bei tiefen Frequenzen beschreibt, die sinngemäß durch den Ausdruck (9.3.2) gegeben ist. Die einzelnen Faktoren a_1, b_1 und b_2 sind Funktionen der Kompensationskapazität C_E. In *Abb. 9.11* ist die Übertragungsfunktion für verschiedene Kapazitäten C_E aufgetragen. Mit Erhöhung der Kompensationskapazität verbreitert sich das übertragene Frequenzband bis der Wert $C_{E\,opt}$ erreicht ist, bei dem die Kurve maximale Flachheit besitzt. Die Kapazität $C_{E\,opt}$ kann auf der Basis von Gleichung (5.2.5) berechnet werden. Der Einfachheit halber suchen wir

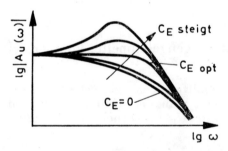

Abb. 9.11. Ausbildung der Frequenzcharakteristik bei verschiedenen Kompensationskapazitäten

nicht die optimale Kapazität, sondern die optimale Frequenz $\omega_{E\,opt} = 1/R_E C_{E\,opt}$. Von der charakteristischen Gleichung (5.2.5) ausgehend, beträgt — ausgedrückt durch die Kreisfrequenz — die Gegenkopplungs-Zeitkonstante für eine maximal flache Übertragungskurve

$$\omega_{E\,opt} = \omega_G \cdot \frac{\eta(1 - q^2)}{\eta q - 1 + \sqrt{1 - 2\eta q + \eta^2}} \, . \qquad (9.4.3)$$

In diesem Ausdruck bedeutet ω_G die Grenzfrequenz des gegengekoppelten Verstärkers ohne Kompensation ($C_E = 0$), gegeben durch die Beziehung

(9.3.3); der Wert von η ist $\eta = 1 + R_E/(r_b + R_g)$ und mit dem Faktor q wurde folgende Größe bezeichnet:

$$q = \frac{r_{1E} + R_g}{r_{1E} + R_g + \beta_0 R_E} .$$ (9.4.4)

Bei starker Gegenkopplung gilt $\eta \approx 1$ und $q \ll 1$. Damit vereinfacht sich der Ausdruck für die optimale Frequenz zu $\omega_{E\,opt} = 2,42\ \omega_G$, woraus die optimale Emitterkapazität berechnet werden kann: $C_{E\,opt} = 0,41/R_E\omega_G$.

Die Emitterkapazität hängt demnach vom Maß der Gegenkopplung ab. Die kompensierte Bandbreite wächst im optimalen Fall, das bedeutet bei maximal flacher Übertragung, um das 1,7fache, d. h. $\omega_{G\,opt} = 1,7\ \omega_G$. Gleichzeitig steigt auch im ähnlichen Maße die Bandgüte der Stufe. Bei größeren Kapazitätswerten als $C_{E\,opt}$ entsteht — wie auch aus Abb. 9.11 ersichtlich ist — eine Überhöhung, die sich in gewissen Fällen vorteilhaft ausnutzen läßt, wie z. B. zur Kompensation des Abfalls der Frequenzkurve anderer Stufen.

Eine weitere Umgestaltung der Frequenzkurve und Erhöhung der Bandbreite ist möglich, wenn man anstelle der Kompensationskapazität C_E einen Serienschwingkreis als Kompensationselement verwendet. In *Abb. 9.12* ist eine solche Schaltungsanordnung gezeigt.

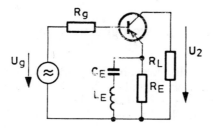

Abb. 9.12. Mit Serienschwingkreis kompensierter emittergegengekoppelter Vorstärker

Auf die genaue Rechnung verzichten wir und geben lediglich das Endergebnis an. Die Methode ist der vorangegangenen Ableitung ähnlich, jedoch ist an entsprechender Stelle die den Serienschwingkreis enthaltende Impedanz Z_E einzusetzen:

$$Z_E = R_E \,||\, \left(j\omega L_E + \frac{1}{j\omega C_E}\right) .$$ (9.4.5)

Der Wert der Induktivität, die eine maximal flache Übertragung sichert, beträgt

$$L_{E\,opt} = \frac{R_E^2 C_{E\,opt}}{2\eta\left[\eta + (\eta q - 1)\dfrac{\omega_G}{\omega_{G\,opt}}\right]},$$ (9.4.6)

wobei die Bedingungen $\eta \approx 1$ und $q \ll 1$ berücksichtigt wurden.

In *Abb. 9.13* sind bei gegebenem Gegenkopplungswiderstand R_E die mit den beiden verschiedenen Kompensationsmethoden gewonnenen Übertragungskurven dargestellt. Das günstigste Ergebnis erhalten wir mit der Kom-

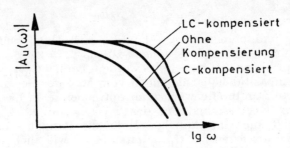

Abb. 9.13. Die Frequenzcharakteristik bei verschiedenen Kompensationen

pensation nach Abb. 9.12, die den Serienschwingkreis verwendet. In beiden Fällen der Kompensation haben die Kurven maximal flachen Verlauf. Zum Vergleich wurde auch die Frequenzfunktion des Verstärkers ohne Kompensation aufgetragen.

9.5 Der einstufige, stromgegengekoppelte Verstärker

In *Abb. 9.14* ist die Schaltskizze eines einstufigen, stromgegengekoppelten Verstärkers dargestellt. Der Gegenkopplungswiderstand R_F stabilisiert die Stromverstärkung der Stufe und reduziert den Ein- und Ausgangswiderstand des Transistors. In den in der Praxis vorkommenden Fällen ist der infolge

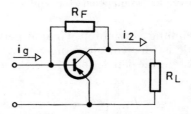

Abb. 9.14. Parallel gegengekoppelter Verstärker

der Gegenkopplung verringerte Eingangswiderstand wesentlich kleiner als der Widerstand der steuernden Quelle, so daß wir im weiteren den Stromverstärkungsfaktor der Schaltung untersuchen wollen.

Der Gang der Berechnung des stromgegengekoppelten Verstärkers ist folgender. Die h-Parameter des Transistors rechnen wir mit Hilfe von Tab. 4.2 in die y-Parameter um. Zu diesen Parametern fügen wir, ausgehend vom

Gleichungssystem (4.3.7) und von Abb. 4.13a, einfach die äußere Gegen-kopplungsadmittanz $y_f = 1/R_F$ hinzu. Die so erhaltenen y-Parameter rech-nen wir zweckmäßigerweise wieder in die h-Parameter zurück, d. h. in die resultierenden Parameter H_{21} und H_{22}. Mit diesen beiden Vierpolparametern erhalten wir entsprechend Tab. 4.4 eine Stromverstärkung der Schaltung von

$$\frac{i_2}{i_g} = -\frac{H_{21}}{1 + H_{22}R_L}. \tag{9.5.1}$$

Die Umrechnungen sind in Wirklichkeit nicht kompliziert. Es ist zweck-mäßig, bei der Transformation von einem Parametersystem in das andere nur die Grundbezeichnungen zu benutzen, dadurch werden bedeutende Vereinfachungen möglich. Setzen wir in den Zusammenhang (9.5.1) die konkreten Werte der Parameter (die natürlich Funktionen von R_F sind) ein, erhalten wir die Stromverstärkung in folgender Form:

$$\frac{i_2}{i_g} = A_{i0} \frac{1}{1 + j\omega/\omega_G}. \tag{9.5.2}$$

Die Stromverstärkung bei tiefen Frequenzen beträgt

$$A_{i0} = -\frac{\beta_0 R_F}{\beta_0 R_L + R_F} \approx -\frac{R_F}{R_L}, \tag{9.5.3}$$

wobei im zweiten Ausdruck eine starke Gegenkopplung vorausgesetzt wird, für die $\beta_0 R_L \gg R_F$ gilt. Die 3-dB-Frequenz der Frequenzkurve mit einem Knickpunkt ermittelt sich aus

$$\omega_G = \omega_\beta \frac{\beta_0 R_L + R_F}{\psi R_F + R_L}. \tag{9.5.4}$$

Bei den beiden Zusammenhängen setzten wir voraus, daß $R_F \gg r_b$ ist. Das Verstärkungs-Bandbreite-Produkt beträgt

$$(V \times B)_i = |A_{i0}| \omega_G = \frac{\omega_T}{\psi} \cdot \frac{1}{\nu}, \tag{9.5.5}$$

wobei ν die infolge der Gegenkopplung zustande kommende Bandgüteverrin-gerung $\nu = 1 + R_L/\psi R_F$ ausdrückt.

Die Erhöhung der Grenzfrequenz bleibt um diese Verringerung hinter dem erwarteten Wert zurück. Der Abfall der Frequenzkurve bei verschiede-nen Werten des Gegenkopplungswiderstandes R_F ist ähnlich zu den in Abb. 9.9 gezeigten Kurven. Mit Verringerung des Widerstandes R_F verschie-ben sich die Kurven weiter nach unten, während sich die Bandbreite erhöht.

Die Analyse eines einstufigen, spannungs- und stromgegengekoppelten Verstärkers bei extrem hohen Frequenzen und unter Benutzung der Refle-xionsparameter finden wir in [9.7].

9.6 Der einstufige, stromgegengekoppelte, kompensierte Verstärker

Wie bei der Spannungsgegenkopplung läßt sich auch bei der Stromgegenkopplung eine Kompensation der Frequenzkurve durchführen, und zwar mit Hilfe der komplexen Impedanz Z_F. Hat die Impedanz Z_F induktiven Charakter, so verringert sich bei hohen Frequenzen die Gegenkopplung, und dadurch

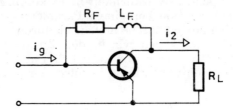

Abb. 9.15. Parallel gegengekoppelter kompensierter Verstärker

steigt die Verstärkung. *Abb. 9.15* zeigt die Prinzipschaltung. Die gegenkoppelnde Impedanz Z_F hat die Form

$$Z_F = R_F + j\omega L_F = R_F(1 + j\omega/\omega_F), \qquad (9.6.1)$$

wobei ω_F die charakteristische Frequenz der Gegenkopplung ist. Der Gang der Rechnung besteht — ähnlich zum Vorangegangenen — in der Substitution der Impedanz Z_F in die Vierpolparameter des allgemeinen Ausdruckes (9.5.1). Die Frequenzfunktion der erhaltenen Stromverstärkung hat eine kompliziertere Form, da die Gegenkopplung frequenzabhängig ist. Die Übertragungsfunktion läßt sich in folgender Form schreiben:

$$A_i = A_{i0} \frac{1 + j\omega a_1}{1 + j\omega b_1 - \omega^2 b_2}, \qquad (9.6.2)$$

wobei A_{i0} unverändert für die in (9.5.3) gegebene Niederfrequenz-Stromverstärkung steht; die Koeffizienten a_1, b_1 und b_2 sind Funktionen der Gegenkopplungsimpedanz.

Mit Hilfe der auf eine maximal flache Amplitudencharakteristik bezogenen Gleichung (5.2.5) läßt sich die optimale Frequenz berechnen: $\omega_{F\,opt} = 2{,}42\omega_G$, wobei ω_G die in (9.5.4) gegebene Grenzfrequenz, die für den Fall ohne Kompensation gilt, ist. Mit Gleichung (9.6.1) beläuft sich damit der gesuchte optimale Induktivitätswert auf $L_{F\,opt} = 0{,}41R_F\omega_G$.

Als Zeitkonstante der Gegenkopplung erhielten wir hier den gleichen Wert wie bei der Spannungsgegenkopplung. Die beiden Gegenkopplungsarten haben zueinander etwa dualen Charakter, die Zusammenhänge sind ähnlich, infolgedessen weisen auch die erhaltenen Frequenzfunktionen gleiche Veräufe auf. *Abb. 9.16* zeigt die Frequenzkurve der Schaltung bei verschiedenen Werten von L_F. Bei der Induktivität $L_{F\,opt}$ verläuft die Kurve maximal flach, im Fall höherer Induktivitäten entsteht eine Überhöhung. Im optimalen Fall beträgt die Steigerung der Bandbreite etwa das 1,7fache.

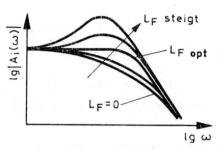

Abb. 9.16. Ausbildung der Frequenzcharakteristik bei verschiedenen Kompensations induktivitäten

Die Hochfrequenzübertragung kann noch weiter verbessert werden, wenn man die Impedanz Z_F gemäß *Abb. 9.17* als Parallelschwingkreis auslegt:

$$Z_F = R_F + j\omega L_F \,||\, \frac{1}{j\omega C_F}. \qquad (9.6.3)$$

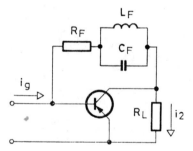

Abb. 9.17. Mit Parallelschwingkreis kompensierter parallel gegengekoppelter Verstärker

Die dadurch erzielte Verbesserung hat ungefähr das gleiche Maß wie bei der in Abb. 9.12 und Abb. 9.13 gezeigten LC-Kompensation.

10 Mehrstufige,
gegengekoppelte Breitbandverstärker

10.1 Der zweistufige,
stromgegengekoppelte Verstärker

Gegenüber den einstufigen, gegengekoppelten Verstärkern besitzen wesentlich günstigere Eigenschaften solche zweistufige Verstärkerschaltungen, bei denen das Gegenkopplungsnetzwerk über allen beiden Stufen wirkt [10.1, 10.4, 10.5, 10.8, 10.9]. Unter den zweistufigen, gegengekoppelten Verstärkern liefert die in *Abb. 10.1* gezeigte Schaltung das günstigste Ergebnis, weshalb wir uns mit ihr ausführlicher beschäftigen wollen.

In Abb 10.1 wird die Gegenkopplung mit der Gegenkopplungskette $Z_E - Z_F$ erzeugt. Aus Gründen der Einfachheit modifizieren wir die Schaltung so, daß der zweite Transistor in Kollektorschaltung arbeitet. Diese

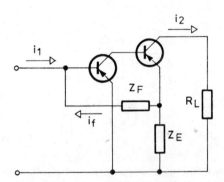

Abb. 10.1. Zweistufiger stromgegengekoppelter Verstärker

Umgestaltung wird durch den sowieso meistens kleinen Abschlußwiderstand nicht beeinflußt.

Beim ersten Schritt der Berechnung sind die Parameter des aus zwei Transistoren bestehenden Vierpols ohne Gegenkopplung zu bestimmen. Die h-Parameter der Kollektorschaltung werden mit Hilfe von Tab. 4.6 gewonnen. Die Gleichungen (4.3.6) geben die h-Parameter des resultierenden Vierpols an, der aus der Kaskadenschaltung beider Transistoren entsteht. Anstelle der mit einem Strich versehenen Parameter sind die h-Parameter der Emitterschaltung und anstelle der mit zwei Strichen versehenen die h-Parameter der Kollektorschaltung einzusetzen. Mit den so erhaltenen resultierenden Parametern h_{21R} und h_{22R} ergibt sich für den zweistufigen Verstärker ohne Gegenkopplung ($Z_F = \infty$) eine Stromverstärkung von

$$A_i = \frac{h_{21R}}{1 + h_{22R}Z_E},$$ (10.1.1)

wobei der Abschlußwiderstand des zweistufigen Verstärkers die Impedanz Z_E ist. Wir wollen nun voraussetzen, daß die Impedanz Z_E reell ist, d. h. $Z_E = R_E$. Damit nimmt die Stromverstärkung folgende Form an:

$$A_i = A_{i0} \frac{1}{1 + j\omega b_1 - \omega^2 b_2}.$$ (10.1.2)

Hier bedeutet A_{i0} die Stromverstärkung bei tiefen Frequenzen. Die Koeffizienten b_1 und b_2 sind für uns im Augenblick uninteressant, denn die Gegenkopplungskette ist erst noch zu berücksichtigen.

Das Gegenkopplungsnetzwerk führt vom Ausgangsstrom den Strom i_f auf den Eingang zurück. Damit ist der Gegenkopplungsfaktor der Quotient aus Gegenkopplungsstrom und Ausgangsstrom i_2:

$$\frac{i_f}{i_2} = F = -\frac{Z_E}{Z_E + Z_F}.$$ (10.1.3)

Durch den Einfluß der Impedanz Z_F verringert sich die Verstärkung der Stufe, und zwar auf folgende Weise:

$$A_{if} = \frac{A_i}{1 - A_i F}.$$ (10.1.4)

In diesem Ausdruck ist A_{if} der Stromverstärkungsfaktor des gegengekoppelten Verstärkers. Die Gleichung (10.1.4) erlaubt die Bemessung der Schaltung bei beliebigen Impedanzen Z_E bzw. Z_F.

Untersuchen wir zuerst den Fall, bei dem sowohl Z_E als auch Z_F ohmsche Widerstände sind. Der Ausdruck (10.1.3) vereinfacht sich dann zu

$$F = -\frac{R_E}{R_E + R_F} = -F_0.$$ (10.1.5)

Setzen wir diese Größe in (10.1.4) ein, erhalten wir die Gleichung

$$A_{if} = \frac{A_{0f}}{1 + j2\zeta\omega/\omega_0 - (\omega/\omega_0)^2},$$ (10.1.6)

die dem Zusammenhang (5.6.1) entspricht. In diesem Ausdruck ist A_{0f}

der Wert der Niederfrequenz-Stromverstärkung des gegengekoppelten Verstärkers:

$$A_{\text{of}} = \frac{R_F}{R_E + r_e/\beta_0} \cong \frac{R_F}{R_E}, \qquad (10.1.7)$$

während sich für die Koeffizienten des frequenzabhängigen Teils folgende Zusammenhänge ergeben:

$$\xi = \frac{r_e + 2R_q\beta_0^{-1} + \omega_T C_c R_s^2}{\sqrt{R_E R_q \psi_p}}, \qquad (10.1.8)$$

$$\omega_0 = \omega_T \sqrt{R_E/R_q\psi_p}. \qquad (10.1.9)$$

In den beiden obigen Ausdrücken wurden die Bezeichnungen

$$
\begin{aligned}
R_q &= r_b + R_E + R_F, \\
R_s^2 &= (R_F + r_b)R_E + (R_E + R_F)r_e, \qquad (10.1.10) \\
R_p^2 &= r_b(R_E + R_F), \\
\psi_p &= 1 + \omega_T C_c R_p
\end{aligned}
$$

eingeführt. Außerdem galten bei der Herleitung die Bedingungen $R_E \gg R_q/\beta_0$ und $R_E \gg r_e/\beta_0$. Auf den Zusammenhang (10.1.6) können wir die charakteristische Gleichung für die maximal flache Frequenzkurve anwenden. Gemäß Tab. 5.5 gehört zur maximal flachen Amplitudencharakteristik der Wert $\zeta_{\text{opt}} = 0{,}7$. Ist der Faktor ζ größer als der Optimalwert, dann hat der Anfangsabfall eine wesentlich höhere Steilheit, d. h., die Kurve fällt schneller ab. Ist ζ dagegen kleiner als der Optimalwert, dann entsteht an der Bandgrenze eine Überhöhung, die abhängend von ζ sehr groß sein kann.

Mit dem Gegenkopplungswiderstand R_F den optimalen ζ-Wert einzustellen wäre eine recht komplizierte Aufgabe, denn einerseits läßt sich aus Gleichung (10.1.8) der Widerstand R_F nur schwer ausdrücken, andererseits erlaubt das in vielen Fällen die gewünschte Niederfrequenzverstärkung nicht.

Im folgenden wollen wir voraussetzen, daß bei einem gegebenen Gegenkopplungswiderstand R_F der Faktor ζ einen bestimmten Wert annimmt. Die Frage ist nun, ob eine Möglichkeit besteht, bei unveränderter Beibehaltung der Niederfrequenzverstärkung die Frequenzkurve maximal flach zu gestalten. Offensichtlich gibt es eine solche Möglichkeit, denn durch eine teilweise Überbrückung entweder von R_E oder von R_F können wir die Übertragung an der oberen Bandgrenze verändern. Im Fall, daß der erhaltene ζ-Wert kleiner als der Optimalwert ist ($\zeta < 0{,}7$), liefert eine Überbrückung von Widerstand R_F das günstigste Ergebnis. Hierbei ist das Gegenkopplungselement Z_F komplex:

$$Z_F = R_F \| \frac{1}{j\omega C_F} = \frac{R_F}{1 + j\omega R_F C_F}. \qquad (10.1.11)$$

160

Dadurch nimmt auch der Gegenkopplungsfaktor gemäß (10.1.3) einen komplexen Wert an:

$$F = -\frac{R_E}{R_E + Z_F} = -F_0(1 + j\omega R_F C_F).$$ (10.1.12)

Setzen wir diesen Wert in Gleichung (10.1.4) ein und stellen für die Koeffizienten der erhaltenen Frequenzkurve die charakteristische Gleichung auf, dann können wir die Kompensationskapazität berechnen, bei der sich eine maximal flache Frequenzkurve ergibt:

$$C_{F\,opt} = \frac{\sqrt{2} - 2\zeta}{\omega_0 R_F A_{0f} F_0}.$$ (10.1.13)

In dieser Gleichung stellen ω_0 und ζ die Koeffizienten der Frequenzkurve des Verstärkers ohne Gegenkopplung dar; A_{0f} ist die Niederfrequenz-Stromverstärkung des gegengekoppelten Verstärkers und F_0 der Niederfrequenz-Gegenkopplungsfaktor. Wie ersichtlich ist, führt der Ausdruck bei $\zeta = \zeta_{opt} = 0{,}7$ zu einer Kompensationskapazität von null, bei höherem ζ-Faktor verliert der Ausdruck seinen praktischen Wert.

Taucht der Fall auf, daß neben einem ohmschen Gegenkopplungswiderstand R_F der Faktor $\zeta > 0{,}7$ ist, so läßt sich durch Überbrückung des Emitterwiderstandes R_E mit der Kapazität C_E eine maximal flache Übertragungskurve erzeugen. Als Ergebnis einer hier nicht ausführlich gezeigten Herleitung erhält man für die optimale Kapazität C_E den Wert $C_{E\,opt} \simeq \simeq 0{,}4/R_E\omega_0$. Aufgrund von Tab. 5.5 ergibt sich als 3-dB-Frequenz der maximal flachen Übertragungskurve $\omega_G = \omega_0$.

Die Verhältnisse sind in *Abb. 10.2* und *Abb. 10.3* graphisch veranschaulicht. In Abb. 10.2 ist die nicht kompensierte Übertragungsfunktion bei verschiedenen Widerständen R_F zu sehen. Mit Verringerung des Widerstandswertes von R_F verringert sich auch ζ, und damit verschiebt sich die Übertragungskurve weiter nach unten, doch gleichzeitig wächst auch die

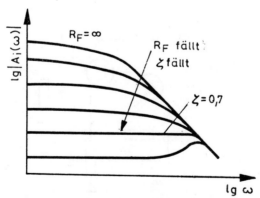

Abb. 10.2. Frequenzcharakteristik des zweistufigen stromgegengekoppelten Verstärkers bei verschiedenen Gegenkopplungen

Flachheit. Die Erhöhung der Bandbreite steht etwa im gleichen Verhältnis zur Verringerung der Niederfrequenzverstärkung.

Bei einem bestimmten Widerstand R_F erreicht der Faktor ζ den Optimalwert, in diesem Fall ist die Übertragungskurve maximal flach. Wird die Gegenkopplung weiter verringert, entsteht eine Überhöhung.

Abb. 10.3a zeigt die Frequenzkurve eines Verstärkers mit schwacher Gegenkopplung ($\zeta > 0{,}7$). Hier wird mit der Kapazität C_E, die den Wider-

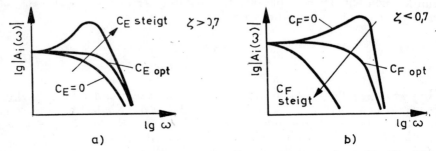

a) b)

Abb. 10.3. Frequenzcharakteristik des zweistufigen stromgegenkoppelten Verstärkers bei verschiedenen Kompensationskapazitäten C_E (a) und C_F (b)

stand R_E überbrückt, die Bandbreite erhöht. Beim optimalen Wert dieser Kompensationskapazität geht die Übertragungskurve in eine maximal flache über, wird dieser Wert überschritten, entsteht in der Kurve eine Überhöhung.

In Abb. 10.3b ist die Frequenzkurve eines Verstärkers mit Seriengegenkopplung gezeigt ($\zeta < 0{,}7$), in der eine Überhöhung bei hohen Frequenzen beobachtet werden kann. Durch Überbrückung des Widerstandes R_F mit einer Kapazität läßt sich die Überhöhung abbauen, und bei einer bestimmten Kapazität $C_{F\,opt}$ wird die Übertragungskurve wiederum maximal flach.

Wird der zweistufige, stromgegenkoppelte Verstärker gemäß *Abb. 10.4* mit den Elementen R_{F1} und C_{F1} zusätzlich positiv rückgekoppelt, so ent-

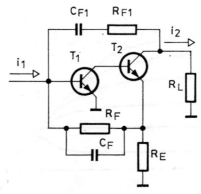

Abb. 10.4. Schaltung des mit negativer und positiver Rückkopplung arbeitenden selektiven Verstärkers

steht an der Bandgrenze eine scharfe Überhöhung, die sich zur selektiven (schmalbandigen) Verstärkung ausnutzen läßt. Für die Stromübertragung des mit den Elementen R_{F1} und C_{F1} positiv rückgekoppelten Verstärkers gilt näherungsweise

$$\frac{i_2}{i_1} = A_{if}^* \cong \left(1 + \frac{R_F}{R_E}\right) \frac{1 - j\omega_{F1}/\omega}{(1 - j\omega_{F1}/\omega)(1 + j\omega/\omega_F) - R_F R_L/R_E R_{F1}} \,, \qquad (10.1.14)$$

mit

$$\omega_F = 1/R_F C_F, \ \omega_{F1} = 1/R_{F1} C_{F1}. \qquad (10.1.15)$$

Die Überhöhung der Frequenzkurve der Stromübertragung kommt an der „Resonanzfrequenz"

$$\omega_R = \sqrt{\omega_F \omega_{F1}} \qquad (10.1.16)$$

zustande; die Bandbreite folgt dem Ausdruck

$$B = \omega_{F1} - \omega_F(R_F R_L/R_E R_{F1} - 1), \qquad (10.1.17)$$

sie kann bei richtiger Wahl der Rückkopplungswiderstände sehr klein gemacht werden. Die Schaltung hat den Vorteil, daß sich die Bandbreite mit dem Abschlußwiderstand R_L variieren läßt, wobei die Frequenz ω_R unverändert bleibt. Mit dieser Schaltungsrealisierung erreicht man bei der Frequenz $f_0 = 5$ MHz einen Gütefaktor von $Q = 50$ bei annehmbarer Stabilität [10.19]. Letzteres ist ein recht wesentlicher Gesichtspunkt, da sich durch den Einfluß der Temperatur wegen der Änderung der Transistorparameter die Frequenzkurve und besonders die Bandbreite bedeutend ändern können.

10.2 Mehrstufige, gegengekoppelte Verstärker

Die duale Schaltung zum in Abschn. 10.1 behandelten zweistufigen stromgegengekoppelten Verstärker ist die zweistufige spannungsgegengekoppelte Schaltung, dargestellt in *Abb. 10.5a*. Mit ihr wird — im Gegensatz zur vorangegangenen — die Spannungsverstärkung stabilisiert. Bei Seriengegenkopplung bestimmt das Widerstandsverhältnis R_{F1}/R_{E1} die Spannungsverstärkung. Die Bandbreite wächst annähernd im Verhältnis der Verringerung der Niederfrequenzverstärkung; dadurch lassen sich auch mit dieser Schaltung breitbandige Verstärker aufbauen. Besonders zweckmäßig ist es, diesen Verstärker dort anzuwenden, wo ein hoher Eingangswiderstand gebraucht wird.

In *Abb. 10.5b* ist die Schaltung eines zweifach gegengekoppelten, zweistufigen Verstärkers dargestellt [10.20]. Mit dem Widerstand R_B läßt sich die aus der Sicht der Kaskadenstufen wichtige Bedingung $R_i \approx R_o$ erfüllen. Ist $R_g = R_L = R_1$, dann hat die Niederfrequenz-Spannungsübertragung die Form

$$A_{u0} = \frac{R_{F1} + R_{E1}}{R_{E1}} \cdot \frac{R_i - R_B}{R_i}, \qquad (10.2.1)$$

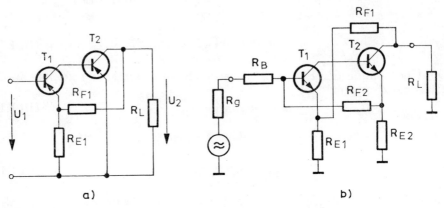

Abb. 10.5. Zweistufiger spannungsgegengekoppelter Verstärker (a) und zweifach gegengekoppelter zweistufiger Verstärker (b)

wobei der in einem breiten Frequenzband reelle Eingangswiderstand durch den Ausdruck

$$R_i \cong R_B + \frac{R_{E1} R_1 (R_{F2} + R_{E2})}{R_{E1} R_1 + R_{E2} (R_{F1} + R_{E1} + R_1)} \qquad (10.2.2)$$

und der Ausgangswiderstand durch den Ausdruck

$$R_o \cong \frac{R_{E2} (R_{F1} + R_{E1}) (R_1 + R_B)}{R_{E1} (R_{F2} + R_{E2} + R_B + R_1) + R_{E2} (R_B + R_1)} \qquad (10.2.3)$$

gegeben ist. Es ist noch zu bemerken, daß sich die Grenzfrequenz näherungsweise im gleichen Maße erhöht, wie sich die Niederfrequenz-Verstärkung verringert.

Bei Ergänzung der Schaltung von Abb. 10.5a mit einem dritten, als Emitterfolger arbeitenden Transistor kann sie mit Hilfe des Widerstandes R_{F1} auch von ihrem Ausgang aus gegengekoppelt werden. Die Schaltung des so erhaltenen dreistufigen, spannungsgegengekoppelten Verstärkers zeigt *Abb. 10.6a*. Die resultierende Steilheit der Schaltung ist in einem breiten Frequenzband konstant:

$$g_m = \frac{i_2}{U_1} \cong \frac{R_{E1} + R_{E2} + R_{F1}}{R_{E1} R_{E2}}. \qquad (10.2.4)$$

Mit dem Entwurf dieser Schaltung in monolithischer Technik beschäftigt sich [10.15], wobei ebenfalls eine parallel zum Widerstand R_{F1} liegende Kapazität, die zur Frequenzkompensation dient, berücksichtigt wird.

Abb. *10.6b* zeigt einen dreistufigen Verstärker mit einer (Overall-)Gegenkopplung, die von der letzten auf die erste Transistorstufe wirkt. Die Gegenkopplung stabilisiert hier die Stromverstärkung, die — bei ausreichend star-

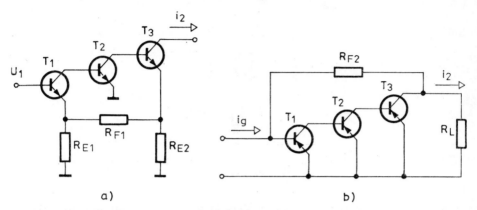

Abb. 10.6. Dreistufiger spannungsgegengekoppelter Verstärker (a) und dreistufiger stromgegengekoppelter Verstärker (b)

ker Gegenkopplung — durch das Verhältnis R_{F2}/R_L bestimmt wird. Aufgrund der Phasenverhältnisse neigt diese Schaltung zur Selbsterregung, doch kann mit Hilfe von Phasenkorrekturelementen die stabile Funktion der Schaltung gesichert werden [10.6]. Sowohl Eingangs- als auch Ausgangsimpedanz der Schaltung ist gering, so daß sie auch als Leitungsverstärker gebräuchlich ist.

Die Gegenkopplungen gemäß Abb. 10.6a und Abb. 10.6b lassen sich prinzipiell auch kombiniert anwenden [10.20], doch macht man davon wegen der Schwingneigung wenig Gebrauch.

Eine Gegenkopplung, die über mehr als drei Transistorstufen wirkt, ist wegen der auftretenden Instabilitäten ohne Phasenkorrekturelemente ebenso unmöglich zu realisieren, weshalb man sie in der Praxis nur selten antrifft.

10.3 Kaskadenschaltung
von einstufigen, gegengekoppelten Verstärkern

Eine über mehrere Stufen wirkende Gegenkopplung kann zu ernsthaften Stabilitätsproblemen führen, besonders dann, wenn das zu übertragende Frequenzband breit ist. In einem solchen Fall sind die in der Nähe der oberen

Grenzfrequenz auftretenden Phasenverschiebungen nur sehr schwer in die Hand zu bekommen, und die durch Rechnung ermittelten Werte weichen immer mehr von den tatsächlichen Verhältnissen ab. Dagegen benutzt man in extrem breitbandigen Verstärkern recht oft die aus mehreren einstufigen, gegengekoppelten Verstärkern gebildete Kaskadenschaltung. Durch gemeinsame Anwendung der Serien- und Parallelgegenkopplung erreicht man hier

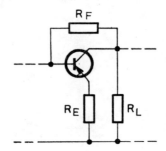

Abb. 10.7. Gemeinsame Anwendung der Spannungs- und Stromgegenkopplung in einer Verstärkerkette

auf Kosten einer Verringerung der Verstärkung eine Erhöhung der Bandbreite, gleichzeitig aber zeigen die Werte der Eingangs- und Ausgangsimpedanz nicht solche großen Änderungen, wie sie beim alleinigen Vorhandensein einer Serien- oder Parallelgegenkopplung auftreten würden. Ohne genauen Rechengang geben wir nur die Endausdrücke für die in *Abb. 10.7* gezeigte Schaltung an, unter der Voraussetzung, daß die in Reihe geschalteten Stufen gleichen Aufbau besitzen. Die Niederfrequenzverstärkung hat hier den Wert

$$A_{u0} = -\frac{R_L(R_F - R_E)}{R_E(R_F + R_L)} \cong -\frac{R_L}{R_E}. \qquad (10.3.1)$$

Eingangs- und Ausgangswiderstand haben die Form

$$R_I = R_E \frac{R_F + R_L}{R_E + R_L}, \qquad R_o = R_E \frac{R_F + R_g}{R_E + R_g}, \qquad (10.3.2)$$

wobei R_g der Generatorwiderstand ist. Die dem 3-dB-Abfall zugeordnete Grenzfrequenz wird durch den Ausdruck

$$\omega_G \cong \omega_T R_E / \psi_E R_L \qquad (10.3.3)$$

festgelegt, wobei sich der Wert des Faktors ψ_E, der die Abschlußverhältnisse berücksichtigt, aufgrund der Lastwirkung der folgenden Stufe aus der Beziehung

$$\psi_E \approx 1 + [(r_e + R_E)\,||\,R_L]\,\omega_T C_c \qquad (10.3.4)$$

ergibt.

166

Ein einstufiger, gegengekoppelter und kompensierter Verstärker für das Frequenzband 0,1...1 GHz, der mit Hilfe eines elektronischen Rechners optimiert wurde, wird in [9.10] behandelt.

In *Abb. 10.8* ist auf der Grundlage von [10.16] die Prinzipschaltung eines zweistufigen Breitbandverstärkers dargestellt. Mit den Widerständen R_2 und R_5 wird die Parallel- und mit den Widerständen R_3 und R_6 die Seriegegen-

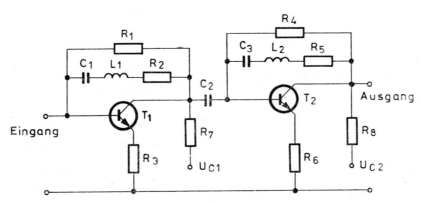

Abb. 10.8. Prinzipschaltung eines zweistufigen, spannungs- und stromgegengekoppelten sowie induktiv kompensierten Breitbandverstärkers

kopplung realisiert. Die Induktivitäten L_1 und L_2 dienen zur Kompensation der Verstärkungsabsenkung an der oberen Bandgrenze. Die Grenzfrequenz der verwendeten Transistoren liegt bei $f_T = 1,6$ GHz, damit beträgt die Verstärkung $A = 13 \pm 0,7$ dB und die Bandbreite $f = 40...860$ MHz. Das eingangs- und ausgangsseitige Stehwellenverhältnis ist im gesamten Band nicht größer als zwei.

10.4 Zweistufiger Verstärker
mit stufenweiser Gegenkopplung

In Breitbandverstärkern wendet man häufig zweistufige Verstärker an, die stufenweise mit gesonderter Gegenkopplung ausgerüstet und entsprechend kompensiert sind. Unter den verschiedenen möglichen Schaltungsanordnungen weist die in *Abb. 10.9* gezeigte die günstigsten Eigenschaften auf, sei es bezüglich der Ein- und Ausgangsimpedanz oder hinsichtlich des zu übertragenden Frequenzbandes.

Die Analyse der Schaltung führen wir für vernachlässigbar kleine C_c-Kapazitäten ($\psi = 1$) und bei verhältnismäßig hohen Emitter-Gegenkopplungswiderständen R_E durch, für die $\beta_0 R_E \gg r_b + R_g$ ist. Bezüglich der

Kompensation sollen folgende Beziehungen gelten:

$$\frac{\omega_T L_F}{R_F} = \frac{r_b + R_g}{R_E + r_e} \qquad (10.4.1)$$

und $\omega_T R_E C_E = 1$. Die Niederfrequenzverstärkung beträgt

$$A_{u0} = \frac{U_2}{U_g} \approx \frac{R_F}{R_E + r_e} \approx \frac{R_F}{R_E}, \qquad (10.4.2)$$

wobei vorausgesetzt wurde, daß $\beta_0 R_L \gg R_F$ ist. Wie ersichtlich ist, legt bei hohen Widerständen R_E das Verhältnis der beiden Gegenkopplungswiderstände die Verstärkung fest. Die 3-dB-Grenzfrequenz bestimmt der Ausdruck

$$\omega_G = k\omega_T \sqrt{\frac{R_L(R_E + r_e)}{R_F(r_b + R_g)}}, \qquad (10.4.3)$$

wobei sich der Proportionalitätsfaktor im Bereich $k = 0,8 \dots 1,4$ ändern kann.

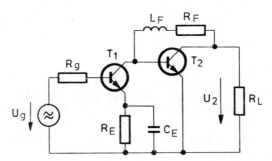

Abb. 10.9. Prinzipschaltung eines zweistufigen, gegengekoppelten und kompensierten Breitbandverstärkers

Es ist auch eine Variante der Schaltung nach Abb. 10.9 bekannt, bei der man die Kompensation statt mit der Serieninduktivität L_F mit einer parallel liegenden Kapazität C_F realisiert und damit die durch T_1 hervorgerufene geringe Überhöhung in der Übertragungskurve ausgleicht. Der sich ergebende Wert der Kapazität C_F ist meistens außerordentlich klein und mit dem der Kapazität C_c des Transistors T_2 zu vergleichen.

In [10.6] wird eine konkrete, als Impulsverstärker arbeitende Schaltungsanordnung, ähnlich der in Abb. 10.9, vorgestellt. Die Hauptdaten der verwendeten Transistoren sind: $f_T = 800$ MHz, $r_b = 10\ \Omega$ und $C_c = 1,7$ pH. Bei Gegenkopplungswiderständen von $R_E = 22\ \Omega$ und $R_F = 180\ \Omega$, veränderlicher Emitterkompensation mittels $C_E = 10 \dots 20$ pF und induktiver Kompensation mit $L_F = 120$ nH beträgt die Verstärkung $A_u = 12$ dB und die Anstiegszeit $t_r \approx 2$ ns.

10.5 Mehrstufige Verstärker
mit mehreren Gegenkopplungsschleifen

Abb. 10.10 zeigt die Kaskadenschaltung von Verstärkern mit Seriengegen-kopplung und induktiver Kompensation. In [10.2] wird eine dieser Abbil-dung entsprechende konkrete Schaltungsrealisierung anhand eines aus fünf gleichen Stufen aufgebauten Verstärkers behandelt. Die Hauptdaten

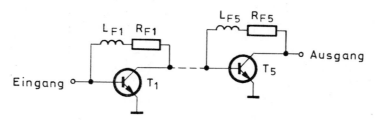

Abb. 10.10. Prinzipschaltung eines aus stromgegengekoppelten und kompensierten Schaltungen bestehenden, fünfstufigen Breitbandverstärkers

der verwendeten Transistoren sind: $f_T = 400$ MHz, $r_b = 50$ Ω und $C_c = 2$ pF. Bei Abschlußwiderständen von $R_g = R_L = 50$ Ω und Gegenkopplungs-widerständen von $R_F = 220$ Ω beträgt die Niederfrequenzverstärkung $A_0 = 50$ dB. Die maximale Bandbreite ergibt sich bei einem Wert von $L_F = 0,5$ µH zu $B = 100$ MHz. Die Eingangsimpedanz ändert sich im gesamten Frequenzband im Bereich $Z_i = 40\ldots100$ Ω. Der Pegel der unver-zerrt entnehmbaren Leistung liegt bei ungefähr -7 dBm.

Bekanntlich wird die Genauigkeit der Berechnung der Schaltungen bei Frequenzen oberhalb $f = 100$ MHz im großen Maß durch die sekundären frequenzabhängigen Elemente begrenzt. Diese ergeben sich einerseits aus den nicht berücksichtigten Parametern des Transistors selbst, andererseits aus den parasitären (Streu-)Parametern der Schaltung. Das führt dazu, daß in der Übertragung des gegengekoppelten und theoretisch über eine maximal flache Amplitudencharakteristik verfügenden kompensierten Verstärkers Überhöhungen und Absenkungen beobachtbar sind. Durch Modifizierung der Schaltung gemäß *Abb. 10.11* bietet sich eine Möglichkeit zur Kompensation der bei höheren Frequenzen auftretenden Welligkeit in der Übertragungskurve. Der aus den Elementen L_2, R_2 und C_2 bestehende, stark bedämpfte Parallelschwingkreis verringert bei der Resonanzfrequenz die Gegenkopplung, und, indem dadurch an den fraglichen Stellen die Ver-stärkung angehoben wird, glättet er die Charakteristik. Ein ebenso stark bedämpfter Serienschwingkreis aus den Elementen L_3, C_3 und R_3 beseitigt durch seine Wirkung die Überhöhung an einer Stelle im Frequenzband. Die Induktivität L_4 arbeitet als Serienkompensation und paßt die geringe Eingangsimpedanz der folgenden Stufe an den Ausgang an.

In [10.7] und [10.11] finden wir siebenstufige Breitbandverstärker, auf-gebaut aus Schaltungen gemäß Abb. 10.11. Die Grenzfrequenz der verwen-

deten Transistoren liegt bei $f_T = 850$ MHz, bei $f = 500$ MHz und Abschlußwiderständen von $R_g = R_L = 50\ \Omega$ beträgt die mit ihnen erreichbare maximale Leistungsverstärkung $N = 7$ dB. Der Wert des Gegenkopplungswiderstandes beträgt $R_1 = 82\ \Omega$; damit erhält man eine Niederfrequenzverstärkung des gesamten Verstärkers von $A_0 = 52$ dB. Die Resonanzfre-

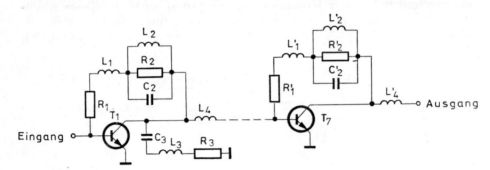

Abb. 10.11. Prinzipschaltung eines aus stromgegengekoppelten und mehrfach kompensierten Schaltungen bestehenden, siebenstufigen Breitbandverstärkers

quenz des im Gegenkopplungszweig liegenden Kompensationsschwingkreises
beträgt $f_2 = 200$ MHz. Die Resonanzfrequenz des „shuntenden" Serienschwingkreises liegt bei $f_3 = 370$ MHz. Damit beläuft sich die Welligkeit der
Verstärkung innerhalb der Bandbreite $B = 500$ MHz auf maximal ± 2 dB.
Die untere Grenzfrequenz liegt bei $f = 100$ kHz, die maximale unverzerrt
entnehmbare Leistung beträgt ungefähr 0 dBm.

    Abb. 10.12 zeigt in Anlehnung an [10.13] die Prinzipschaltung eines vier-
stufigen Breitbandverstärkers. Die Schaltung besteht aus zwei gegengekop-

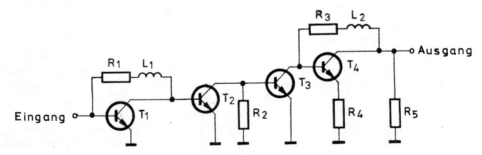

Abb. 10.12. Prinzipschaltung eines vierstufigen Breitbandverstärkers

pelten und zwei nicht gegengekoppelten Transistorstufen in Emitterschaltung. Die Grenzfrequenz der angewendeten Transistoren liegt bei $f_T = 1{,}3$
GHz. Zur Verbesserung des ausgangsseitigen Stehwellenverhältnisses dient
der parallel liegende Widerstand R_5. Im übertragenen Frequenzband
$f = 50\ldots500$ MHz ergibt sich eine Verstärkung von $A = 20\ldots23$ dB; das

eingangs- und ausgangsseitige Stehwellenverhältnis ist für $Z_0 = 50\ \Omega$ im gesamten Band kleiner als zwei. Die maximal entnehmbare unverzerrte Leistung beträgt ungefähr 5 dBm.

Die Prinzipschaltung eines Breitbandverstärkers mit symmetrischem Aufbau ist — in Anlehnung an [10.14] — in *Abb. 10.13* dargestellt. Die beiden emittergekoppelten Transistoren T_1 und T_2 bewirken hier eine Pha-

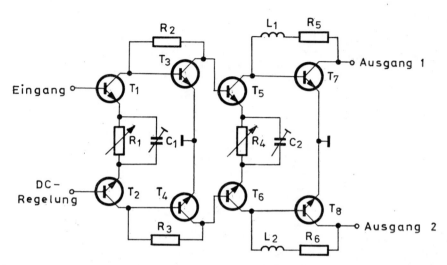

Abb. 10.13. Prinzipschaltung eines gegengekoppelten und kompensierten Gegentakt-Breitbandverstärkers

sentrennung des auf den Eingang gelangenden Signals und steuern so die beiden Zweige des nachfolgenden Differenzverstärkers im Gegentakt. Im Emitterkreis jedes der beiden Transistoren arbeiten ein Widerstand von $R_1/2$ als Gegenkopplung und eine Kapazität vom Wert $2C_1$ als Kompensation. Auf die Phasentrennstufe folgen je ein parallelgegengekoppelter Verstärker und im Anschluß daran je zwei gegengekoppelte und gleichzeitig kompensierte Verstärkerstufen. Die günstigste Übertragungskurve läßt sich durch Änderung der Emitter-Gegenkopplungswiderstände bzw. der Kompensationskapazitäten einstellen. Die an den Ausgängen im Gegentakt erscheinenden Spannungen benutzt man zur Steuerung der in Vertikalverstärkern von Oszilloskopen befindlichen Verzögerungsleitungen. Der andere Eingang der Phasentrennstufe dient zur Regelung des Gleichstrompegels. Die Grenzfrequenz der verwendeten Transistoren liegt bei $f_T = 1{,}2$ GHz, die Kollektorkapazität beträgt $C_c = 1{,}5$ pF. Damit erreicht man eine Verstärkung von $A_0 = 38$ dB und eine Bandbreite von $B = 300$ MHz. In *Abb. 10.14* sehen wir die symmetrische Endverstärkerstufe der vorangegangenen Verstärkerschaltung. Die symmetrischen (Differenz-)Eingänge steuern die emittergegengekoppelten Transistoren $T_1 \ldots T_4$. Die Endstufe besteht aus gleichfalls emittergegengekoppelten, parallelgeschalteten Transistorpaaren T_5 und T_7 bzw. T_6 und T_8 sowie aus den Endverstärkern T_9 und T_{10}. Die

Grenzfrequenz der verwendeten Transistoren beträgt $f_T = 1$ GHz, damit ergibt sich eine Verstärkung von $A_0 = 26$ dB und eine Bandbreite von $B = 300$ MHz, wenn die Ausgänge mit $R_L = 165\ \Omega$ abgeschlossen sind. Die über beiden Lastwiderständen maximal auftretende Spannungsamplitude beträgt 2×18 V.

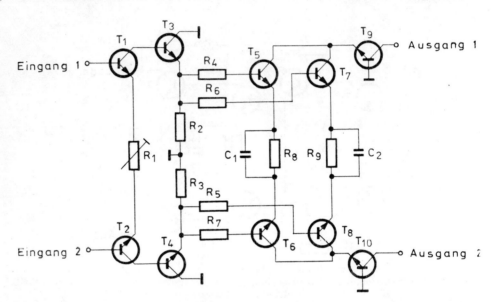

Abb. 10.14. Prinzipschaltung eines im Gegentaktbetrieb arbeitenden, gegengekoppelten Breitband-Leistungsverstärkers

Ein aus zweifach gegengekoppelten Stufen nach Abb. 10.5b aufgebauter symmetrischer Breitbandverstärker wird in [10.20] diskutiert *(Abb. 10.15)*. Das zweite Element des gegengekoppelten Verstärkers bildet die aus den Transistoren T_2 und T_3 bzw. T_5 und T_6 bestehende Darlington-Schaltung. Die Balun-Transformatoren Tr_1 und Tr_2 bewirken eine Symmetrisierung. Bei Verwendung von Transistoren mit einer Transitfrequenz von $f_T = 5$ GHz erreicht man im Frequenzband $f = 3 \dots 300$ MHz eine gleichmäßige Übertragung bei einer Verstärkung von $A_u \cong 19$ dB und einem Rauschfaktor von $F = 7$ dB; die Intermodulationsverzerrungen zweiter und dritter Ordnung liegen jeweils bei $d_M < -75$ dB. Hauptanwendungsgebiete der Schaltung sind CATV-Vorverstärker bzw. -Leitungsverstärker.

Ein Breitbandverstärker mit Transistoren für das Frequenzband $30 \dots 300$ MHz wird in [12.14] beschrieben. Die erste Stufe besteht aus einem stromgegengekoppelten und induktiv kompensierten Vorverstärker mit einem Transistor. Es folgt eine (wie in Abb. 10.5b) zweifach gegengekoppelte, jedoch drei Transistoren enthaltende Verstärkerstufe, deren zweites Element als Darlington-Schaltung realisiert wurde.

172

In [10.12] wird ein achtstufiger Gegentakt-Breitbandverstärker vorge-stellt. In der Verstärkerschaltung, deren Endstufe in *Abb. 10.16* zu sehen ist, werden die Gegentakt-Transistorpaare durch komplementäre Strukturen gebildet. Der Vorverstärkerteil ist aus ähnlichen Stufen aufgebaut. Die Komplementärtransistoren T_1 und T_2 arbeiten in Emitterschaltung auf den Widerstand R_1, zu dem sich in Reihe die Kompensationsinduktivität L_1 befindet. Die Treibertransistoren T_3 und T_4 arbeiten als Emitterfolger,

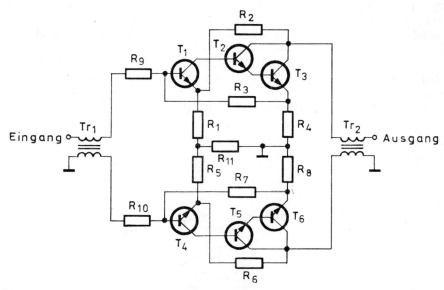

Abb. 10.15. Symmetrischer Breitbandverstärker, aufgebaut aus zweifach gegenge-koppelten Stufen

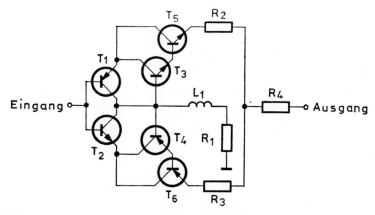

Abb. 10.16. Prinzipschaltung eines mit Komplementärtransistoren aufgebauten Gegen-takt-Breitbandverstärkers

173

ähnlich zu den Endverstärkern T_5 und T_6. Die Widerstände R_2, R_3 und R_4 werden benötigt, um den Ausgangswiderstand auf einem vorgegebenen Wert zu halten. Der Gegentaktbetrieb gewährleistet auch bei großen Signalpegeln eine hohe Linearität. Mit der Schaltung erreicht man bei einer Belastung von $R_L = 50\ \Omega$ und einer Bandbreite von $B = 145$ MHz eine Verstärkung von $N = 35$ dB. Die Verzerrungen betragen bei einem Signalpegel von 13 dBm weniger als 1%. Die Ausgangsimpedanz hat den Wert $Z_o = 50\ \Omega$.

Ein Breitband-Impulsverstärker mit regelbarer Verstärkung wird in [10.18] behandelt. Die Schaltung ist so ausgelegt, daß sich während der Verstärkungsregelung die Bandbreite nicht verändert. Als Regel- und Kompensationselement dienen zwei JFETs.

Eine besondere Gruppe der Breitbandverstärker bilden die **Error-controlled-Verstärker** [12.8, 12.14], mit denen sich außerordentlich geringe **Verzerrungswerte** erreichen lassen. Das Prinzip einer solchen Schaltung zeigt *Abb. 10.17a*. Mit dem Richtkoppler C_1 wird das Eingangssignal abgegriffen. Hiervon wird nach einer Signalverzögerung über der Leitung L_1 mit dem

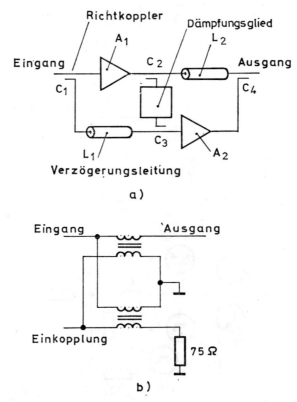

Abb. 10.17. Schaltung eines breitbandigen Error-controlled-Verstärkers (a) und Prinzipschaltung eines Richtkopplers in Toroidausführung (b)

174

Richtkoppler C_3 das über den Hauptverstärker A_1 und das Dämpfungsglied gelangende (verrauschte und verzerrte) Signal subtrahiert. Der Verstärker A_2 verstärkt auf diese Weise lediglich die Rausch- und Verzerrungskomponenten, die dann wiederum von dem über L_2 verzögerten Signal des Hauptverstärkers mit Hilfe des Richtkopplers C_4 subtrahiert werden. Bei amplituden- und phasenrichtiger Subtraktion treten hier die nichtlinearen Verzerrungen, hervorgerufen durch die aktiven Elemente, nicht in Erscheinung, wodurch sich außerordentlich geringe Intermodulationsverzerrungen erreichen lassen. *Abb. 10.17b* zeigt die Prinzipschaltung eines Breitband-Richtkopplers in Toroidausführung. Mit obiger Schaltungslösung erreichte man bei einer Realisierung in Dünnschichttechnik im Frequenzband $f = 30...300$ MHz Verzerrungen von $d_M < -95$ dB [12.14].

Ein mit Richtkoppler arbeitender, d. h. verlustfrei rückgekoppelter (lossless feedback) Breitbandverstärker wird in [10.21] behandelt, mit dem man eine gleichmäßige Übertragung im Frequenzband $f = 5...200$ MHz erreichte.

10.6 Die Eingangsimpedanz gegengekoppelter Verstärker

Die Spannungsgegenkopplung erhöht und die Stromgegenkopplung verringert die Eingangsimpedanz des Transistorverstärkers (siehe Tab. 9.1). Bei sehr starker Stromgegenkopplung kann die Verringerung so groß werden, daß sich der Charakter der Eingangsimpedanz ändert, d. h., daß sie

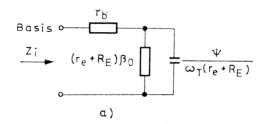

a)

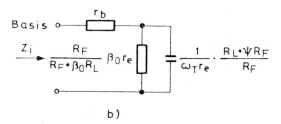

b)

Abb. 10.18. Eingangsimpedanz eines einstufigen, emittergegenkoppelten Verstärkers (a) und eines einstufigen, stromgegengekoppelten Verstärkers (b)

gegenüber der kapazitiven Eingangsimpedanz des nicht gegengekoppelten Emitterverstärkers zum Beispiel real oder induktiv wird.

Wir wollen zuerst die Eingangsimpedanz des emittergegengekoppelten, einstufigen Verstärkers untersuchen *(Abb. 10.18a)*. Durch den Einfluß der Gegenkopplung steigt der Widerstand, und im ähnlichen Maße fällt der Wert der parallel liegenden Kapazität. Währenddessen bleibt natürlich die durch beide Elemente gebildete Zeitkonstante unverändert.

Abb. 10.18b zeigt die Eingangsimpedanz des einstufigen, stromgegengekoppelten Verstärkers. Im Gegensatz zum vorangegangenen verringert sich der Widerstandswert, und der Kapazitätswert steigt, jedoch ändert sich auch die durch sie gebildete Zeitkonstante. Bei steigender Gegenkopplung verringert sich die Zeitkonstante des RC-Gliedes, da der Kapazitätswert langsamer zunimmt, als der Widerstandswert abnimmt. Bei genügend starker Gegenkopplung kann die Eingangsimpedanz nahezu als real angesehen werden, sie strebt dem Wert r_b zu.

Die Änderung der Eingangsimpedanz zweistufiger Verstärker hat ähnlichen Charakter, wenngleich die Zahlenwerte andere sind. Die Eingangsimpedanz des in Abschn. 10.1 behandelten zweistufigen, stromgegengekoppelten Verstärkers fällt — gegenüber der in Abb. 10.18b gezeigten Impedanz — schon bei schwächeren Gegenkopplungen so stark ab, daß sie zuerst real und bei weiterer Steigerung der Gegenkopplung induktiv wird. Auf die zahlenmäßige Behandlung der Verhältnisse verzichtend, sei lediglich so viel gesagt, daß sich mit diesem Verstärkertyp bei entsprechender Gegenkopplung sehr kleine Eingangsimpedanzen realisieren lassen. Versieht man diese mit einem in Serie geschalteten Vorwiderstand, so erhält man einen konstanten, frequenzunabhängigen Eingangswiderstand.

11 Breitbandanwendungen
von gegengekoppelten integrierten Verstärkern

11.1 Typen von integrierten Verstärkern

Die Entwicklung der Technologie von integrierten Schaltungen schuf die Möglichkeit zur Herstellung von mehrstufigen Verstärkern auf jeweils einem einzigen Halbleiterchip, was über die wirtschaftlichen Vorteile hinausgehend auch schaltungstechnisch bedeutende Ergebnisse mit sich brachte [11.1]. Im Lauf der Zeit bildeten sich einige charakteristische Familien von integrierten Verstärkern heraus, die sowohl aus schaltungstechnischer wie auch aus technologischer Sicht ziemlich voneinander abweichen. Im folgenden soll ein Überblick über die hauptsächlichen Eigenschaften dieser Schaltungsfamilien gegeben werden, in erster Linie natürlich aus der Sicht der Hochfrequenzanwendungen.

Die am weitesten verbreitete Gruppe der linearen integrierten Schaltungen ist die der Operationsverstärker. Sie werden hauptsächlich nach der monolithischen Technik hergestellt, sind gleichstromgekoppelt, besitzen Differenzverstärkereingänge und zeichnen sich durch sehr hohe Verstärkung und geringe temperaturabhängige Drift aus. Die erreichbare Bandbreite beträgt auch bei starker Gegenkopplung nur einige MHz. Die beiden Grundtypen der Gegenkopplung sind in *Abb. 11.1* zu sehen. Abb. 11.1a zeigt die Stromgegenkopplung, für die sich der Zusammenhang

$$A = \frac{U_2}{U_1} = - \frac{R_2}{R_1} \qquad (11.1.1)$$

ergibt. Für die in Abb. 11.1b gezeigte Spannungsgegenkopplung ist der Zusammenhang

$$A = \frac{U_2}{U_1} = \frac{R_1 + R_2}{R_2} \qquad (11.1.2)$$

gültig. In beiden Fällen ist die zwischen dem invertierenden ($-$) und dem nichtinvertierenden ($+$) Eingang des Differenzverstärkers auftretende Spannung gegenüber der Eingangsspannung U_1 vernachlässigbar klein.

Operationsverstärker benutzt man in Breitbandanwendungen selten, besonders wenn die gewünschte Bandbreite des gegengekoppelten Verstärkers $f_G > 1$ MHz ist. Bei kleinerer Bandbreite enthalten für verschiedene Gegenkopplungen aufgestellte Kennlinienscharen die Werte der Grenzfrequenz und der benötigten Kompensationselemente. Mit der Frage der Kompensation beschäftigen wir uns in Abschn. 11.2.

Eine andere Gruppe der linearen integrierten Schaltungen ist die der monolithischen Breitbandverstärker. Sie sind im wesentlichen spezielle

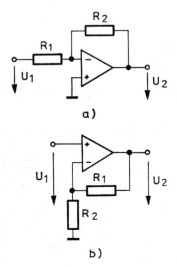

Abb. 11.1. Strom- (a) und spannungsgegengekoppelte (b) Schaltung von monolithischen Operationsverstärkern

mehrstufige gegengekoppelte Verstärker, die ebenso auf jeweils einem einzigen Halbleiterchip aufgebaut werden, gleichstromgekoppelt sind und bei denen auch die Gegenkopplung in der Schaltung selbst enthalten ist. Als äußere Elemente werden lediglich in manchen Fällen Kompensationskapazitäten benötigt. Gegenüber den Operationsverstärkern enthalten sie wesentlich weniger Verstärkerstufen und sind eingangsseitig meistens nicht mit Differenzverstärkern ausgeführt. Das übertragene Frequenzband ist dagegen wesentlich breiter; in einzelnen Fällen überschreitet es die Grenzfrequenz $f_G = 100$ MHz. Als Technologie wendet man hier (gegenüber der bei den Operationsverstärkern üblichen Epitaxietechnik) meistens die dielektrische Isolation oder das Beam-lead-Verfahren an (siehe Abschn. 3.1).

Einen speziellen Typ der monolithischen Breitbandverstärker stellen die symmetrischen Verstärker dar, die man besonders in Vertikalverstärkern von Oszilloskopen antrifft [3.3, 3.7].

Verstärker, die über extrem hohe Grenzfrequenzen verfügen, sind meistens Hybridverstärker. Bei ihnen setzt man in das auf einen Isolationsträger aufgebrachte Widerstandsnetzwerk die Transistoren oder monolithischen Verstärker sowie Kondensatoren ein. Diese Technik ist geeignet für die gute Ausnutzung der Hochfrequenzmöglichkeiten, denn durch die Beibehaltung der Vorteile der monolithischen Technologie lassen sich komplexere Schaltungen erzeugen, ohne daß dabei die Beschränkungen wirksam werden, wie wir sie z. B. in Form von Streuparametern, schädlichen Rückwirkungen usw. von den auf einem einzigen Halbleiterchip hergestellten Schaltungen her kennen. Die Hybridtechnik läßt sich sinngemäß nicht nur bei den Breitbandverstärkern, sondern z. B. auch bei den Hochfrequenz-Resonanzverstärkern anwenden. Darüber hinaus kommt diese Technik bei den Hochfrequenz-Leistungsverstärkern fast ausschließlich in Frage, denn hier wäre eine reine monolithische Ausführung schon wegen der Verlustleistung nicht geeignet. Häufig treffen wir diese Lösung auch in solchen Fällen an, wo man vor einen monolithischen Verstärker einen Feldeffekttransistor schaltet, um einen hohen Eingangswiderstand zu erreichen.

11.2 Kompensation
von monolithischen integrierten Verstärkern

Eine wesentliche Rolle bei der Ausbildung des Verstärkungs- bzw. Phasengangs von monolithisch integrierten Verstärkern spielt die Frequenzkompensation. Mit Hilfe eines Kompensationsnetzwerkes erzeugt man eine gegenüber ω_1 tiefer liegende Polfrequenz ω_1' und erhöht damit wesentlich die Länge des mit 6 dB/Oktave fallenden Abschnitts *(Abb. 11.2)*. An der so

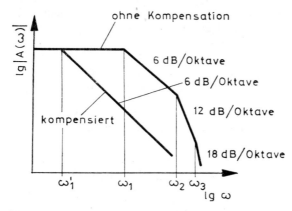

Abb. 11.2. Bode-Diagramm der Leerlaufverstärkung ohne und mit Kompensation

erhaltenen Einsverstärkungsfrequenz (unity-gain frequency) ω_u steht damit eine entsprechende Phasenreserve zur Verfügung, um den Verstärker stabil gegenkoppeln zu können. Die Lage der Polfrequenz ω_1' und damit auch der Wert der Kompensationskapazität werden durch die höher liegenden Knickpunktfrequenzen der nicht kompensierten Verstärkungskurve festgelegt, und diesbezüglich sind beide technologieabhängig.

Bei der Kompensation der Verstärker muß außer den Streukapazitäten besonders der kapazitiven Last am Ausgang und der entsprechenden Versorgungsspannungsfilterung Beachtung geschenkt werden. Da das Kompensationsnetzwerk nur bei gegebener Belastung und Gegenkopplung optimal arbeitet, ist in Fällen, in denen sich während des Betriebs entweder die Last oder die Gegenkopplung ändert, beim Entwurf der Schaltung große Sorgfalt darauf zu verwenden, die Instabilitäten zu umgehen. Erfahrungsgemäß wirft die Änderung der Gegenkopplung innerhalb breiter Grenzen im allgemeinen viele Stabilitätsprobleme auf.

Entsprechend der in Abschn. 9.2 skizzierten Faustregel ist der gegengekoppelte Verstärker unbedingt stabil, wenn seine Übertragungskennlinie in den 6 dB/Oktave steilen Abschnitt der Leerlaufverstärkung fällt (siehe Abb. 9.6). Kommt der Schnittpunkt im 12 dB/Oktave steilen Abschnitt zustande, dann kann die Schaltung instabil werden. Aus der Sicht der Stabilität ist es demgemäß günstig, wenn die Frequenzen der beiden Schnittpunkte weit auseinander liegen (wenigstens zwei Oktaven), d. h. wenn der Abschnitt mit dem Abfall 6 dB/Oktave sehr lang ist. Bei der Kompensation ändern wir im wesentlichen die Phasenverhältnisse der Schleifenverstärkung, um eine angemessene Phasenreserve (gemäß Abb. 9.5) zu erhalten. Die Kompensation geschieht grundsätzlich auf zweierlei Art. Bei der Phasenkompensation modifizieren wir die Leerlaufverstärkung $A(\omega)$ des Verstärkers so, daß sie entsprechend abfällt. Im Fall der Kompensation bei geschlossener Schleife erzeugt man die nötige Phasenreserve, indem man die Gegenkopplung mit ebenso frequenzabhängigen Elementen aufbaut. Im folgenden wollen wir beide Verfahren getrennt untersuchen.

Abb. 11.2 zeigt das Bode-Diagramm der Phasenkompensation. Die ursprüngliche Kennlinie $A(\omega)$ besitzt drei Knickpunkte und läßt sich damit in folgender Form schreiben:

$$A(\omega) = \frac{A_0}{(1 + j\omega/\omega_1)(1 + j\omega/\omega_2)(1 + j\omega/\omega_3)} \, . \qquad (11.2.1)$$

Hierbei sind ω_1, ω_2 und ω_3 die Frequenzen der Knickpunkte. In *Abb. 11.3* sehen wir einen Teil des Verstärkers herausgezeichnet. Wir wollen voraus-

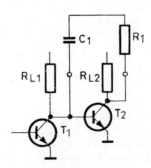

Abb. 11.3. Schaltungsauszug eines monolithischen Verstärkers mit äußerer Kompensationsschaltung

180

setzen, daß die aus dem Transistor T_2 bestehende Stufe, deren Abschlüsse R_{L1} am Eingang und R_{L2} am Ausgang sind, eine Grenzfrequenz von ω_1 hat. Anders ausgedrückt bildet die fragliche Stufe den ersten Faktor des Nenners im Ausdruck (11.2.1). Wird zwischen den Kollektor und die Basis der Stufe das aus den Elementen R_1 und C_1 bestehende Gegenkopplungsglied geschaltet, so läßt sich die Übertragung der Stufe in der Form

$$A_2(\omega) = A_{20} \cdot \frac{1 + j\omega/\omega_2'}{1 + j\omega/\omega_1'} \qquad (11.2.2)$$

schreiben, wobei die für uns interessanten beiden Knickpunktfrequenzen durch die Beziehungen

$$\omega_1' = \frac{1}{R_{L1}C_1(1 + g_m R_{L2})} \qquad (11.2.3$$

und $\omega_2' = 1/R_1 C_1$ gegeben sind. Im Ausdruck (11.2.3) bedeuten g_m die Steilheit und das in Klammern stehende Glied die Verstärkung. Wenn wir die Kennlinie gemäß (11.2.2) in die Übertragungsgleichung (11.2.1) anstelle des Faktors mit dem Knickpunkt ω_1 setzen und weiterhin voraussetzen, daß bei richtiger Bemessung $\omega_2' = \omega_2$ ist, dann ergibt sich die Übertragungsfunktion in der Form

$$A'(\omega) = \frac{A_0}{(1 + j\omega/\omega_1')(1 + j\omega/\omega_3)} . \qquad (11.2.4)$$

Diese kompensierte Kennlinie (Abb. 11.2) besitzt nun einen langen Abschnitt mit einer Steilheit von 6 dB/Oktave, ist also auch für starke Gegenkopplung geeignet. Der Knickpunkt bei der Frequenz ω_3 liegt wesentlich über dem Betriebsbereich und kann somit außer Betracht gelassen werden.

Bei der Bemessung der Phasenkompensation ist es zweckmäßig, entsprechend den Vorschriften des Herstellers der integrierten Schaltung vorzugehen. Für jeden monolithischen Verstärker gibt man die Kurven an, die für verschiedene Verstärkungen die Werte der Kompensationselemente bestimmen *(Abb. 11.4)*. Die Frequenzkurve der Leerlaufverstärkung enthält auch eine Information über die Stabilität der Schaltung, wenn wir im Schnittpunkt der Kurve der gegengekoppelten Verstärkung die Steilheit kontrollieren.

In einzelnen Fällen gibt man außer dem Absolutwert der Leerlaufverstärkung $A(\omega)$ auch die Frequenzfunktion der Phase bei verschiedenen Werten der Kompensationselemente an. Die Stabilitätsbedingung und die Phasenreserve lassen sich aus beiden Kurven für beliebige Gegenkopplungen eindeutig ablesen.

Im vorangegangenen setzten wir voraus, daß der Gegenkopplungsfaktor β^* frequenzunabhängig ist. In einem solchen Fall ist der Frequenzgang (Knickpunkt) der Leerlaufverstärkung $A(\omega)$ gleich dem der Schleifenverstärkung $T(\omega)$. Bildet man den Gegenkopplungsfaktor β^* frequenzabhängig aus, so läßt sich dadurch die Stabilität der Schaltung ebenso erhöhen.

181

Dabei wird eine positive Phasenverschiebung, hervorgerufen durch einen Gegenkopplungsfaktor der Form

$$\beta^* = \beta_0^*(1 + j\omega/\omega_1^*), \qquad (11.2.5)$$

vom negativen Phasenwinkel der Schleifenverstärkung $T(\omega)$ abgezogen, und dadurch steigt die Phasenreserve gemäß Abb. 9.5. Die Stabilität können

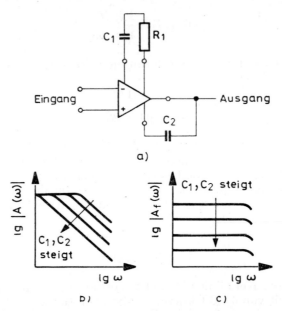

a)

D)   c)

Abb. 11.4. Kompensationskurven eines monolithischen Verstärkers: Schaltungsanordnung (a), Frequenzabhängigkeit der Leerlaufverstärkung (b) und der gegengekoppelten Verstärkung (c) bei verschiedenen Kompensationselementen

wir hierbei durch Prüfung der auf der Basis von *Abb. 11.5* bestimmten Schleifenverstärkung kontrollieren:

$$T(\omega) = U_2/U_1. \qquad (11.2.6)$$

Das kann entweder durch Aufnahme des Nyquist-Diagrammes geschehen, oder aber man geht von der Bedingung aus, daß bei einem Wert von

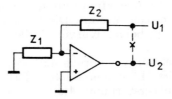

Abb. 11.5. Bestimmung der Schleifenverstärkung durch Unterbrechung der Gegenkopplungsschleife

$|T(\omega)| = 1$ die Steilheit des Abfalls des Absolutwertes nicht größer als 6 dB/Oktave, jedoch jedenfalls kleiner als 12 dB/Oktave ist.

Bei den monolithischen Operationsverstärkern werden zur gleichstrommäßigen Potentialverschiebung PNP-Transistoren benötigt. Diese Verschiebung realisiert man im allgemeinen mit Lateral-Transistoren, die eine verhältnismäßig niedrige Grenzfrequenz besitzen. Aus diesem Grunde muß man auch die Polfrequenz ω_1' niedrig wählen, was eine geringe Bandbreite des Verstärkers zur Folge hat.

Die Bandbreite läßt sich durch Anwendung von Vertikal-Transistoren, die eine höhere Grenzfrequenz haben, erhöhen [3.22], doch liegt hierbei auch der technologische Aufwand höher. Eine Möglichkeit der Bandbreiteerhöhung bei den Lateral-PNP-Transistoren bietet das sogenannte Feedforward-Verfahren [3.16, 3.20]. Die Potentialverschiebung kann bei Anwendung von MOS-Kapazitäten auch mit RC-Gliedern gelöst werden [3.15]. Mit diesen Methoden läßt sich die Bandbreite bei Einsverstärkung auf $10\ldots50$ MHz erhöhen.

In [11.3] finden wir einen Operationsverstärker mit spezieller Schaltungslösung. Er besteht aus einer Stufe mit geringer Verstärkung (A_1) und hoher Grenzfrequenz (ω_1) sowie aus einer Stufe mit hoher Verstärkung (A_2) und niedriger Grenzfrequenz (ω_2). Die beiden Stufen sind aber nicht einfach in Reihe geschaltet, sondern am Ausgang liegt über eine Addierschaltung auch der Ausgang der ersten Stufe. Die resultierende Verstärkung beträgt auf diese Weise

$$A(\omega) = A_1 + A_1 A_2. \qquad (11.2.7)$$

Sobald die Verstärkung A_2 unter den Wert Eins fällt, werden Frequenzgang und Phasenwinkel in steigendem Maße durch die Verstärkung A_1 bestimmt. Der Abfall der Kennlinie wird deshalb auch in diesem Frequenzbereich nur 6 dB/Oktave betragen, was aus der Sicht der Stabilität vorteilhaft ist.

Der Einfluß einer kapazitiven Last am Ausgang kann mit Hilfe der Schaltung in *Abb. 11.6a* reduziert werden. Hierbei trennt der Widerstand R_3 die kapazitive Last C_L vom Verstärker. Bei hohen Frequenzen, bei denen diese Erscheinung in den Vordergrund tritt, wirkt die Gegenkopplung über den Kondensator C_k direkt vom Ausgang des Verstärkers aus, und dadurch hat die ausgangsseitige Phasendrehung auf die Schleifenverstärkung keinen Einfluß.

Die auf der Eingangsseite erscheinende Streukapazität verursacht bei Verstärkern mit hoher Eingangsimpedanz (z. B. bei einem FET-Eingang) Störungen, besonders dann, wenn auch der Gegenkopplungswiderstand einen hohen Wert hat [3.18]. Eine Instabilität läßt sich in diesem Fall mit einem parallel zur Gegenkopplung liegenden Kondensator C_2 vermeiden *(Abb. 11.6b)*, der etwa gleich dem um die gegengekoppelte Verstärkung reduzierten Wert der Streukapazität ist. Auf diese Weise kommt, vom Ausgang aus gesehen, im wesentlichen ein frequenzkompensierter Widerstandsteiler zustande.

Die meisten monolithischen Verstärker sind empfindlich gegenüber Versorgungsspannungsänderungen. Zur Vermeidung von über die Versorgungsspannungen auftretenden Kopplungen ist es zweckmäßig, die Versorgungsspannungen jedes monolithischen Verstärkers unmittelbar an der Schaltung zu entkoppeln.

Für die Bestimmung der Verstärkerstabilität bedeutet die Aufnahme der Amplituden- und Phasenkennlinie der Schleifenverstärkung oftmals eine

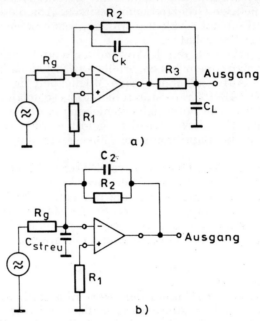

Abb. 11.6. Verringerung des Einflusses äußerer Kapazitäten bei der Kompensation im Fall großer Lastkapazität (a) und eingangsseitiger Streukapazität (b)

übermäßig langwierige Arbeit. In der Praxis sagt auch schon die Impulsübertragung viel über die Schwingneigung der Schaltung aus, wie z. B. das Überschwingen oder die Schwingerscheinung in der Anstiegsflanke des Impulses.

11.3 Monolithische Breitbandverstärker

Bei den nach der dielektrischen Isolationstechnik gefertigten monolithischen Verstärkern läßt sich ohne äußere Kompensation die Steilheit der Schleifenverstärkung von 6 dB/Oktave in einem breiteren Frequenzbereich realisieren, was zur Vereinfachung der Schaltung führt. *Abb. 11.7* zeigt einen solchen speziellen Operationsverstärker, der 17 Transistoren enthält, in der Anwendung als Spannungsfolger. Das Ausgangssignal wird in seiner vollen Größe auf den invertierenden Eingang zurückgekoppelt, wodurch die Einsverstärkung zustande kommt. Die Schaltung ist als Impedanztransformator gebräuchlich. Die Bandbreite beträgt 7 MHz, das Überschwingen 15% und die Anstiegszeit $t_r = 40$ ns.

In *Abb. 11.8* ist die Schaltung eines dreistufigen monolithischen Verstärkers dargestellt. Die Gegenkopplung, die über den Widerständen R_1 und R_2

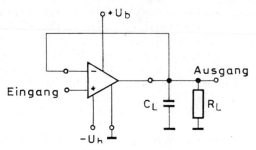

Abb. 11.7. Schaltung eines breitbandigen Spannungsfolgers

i

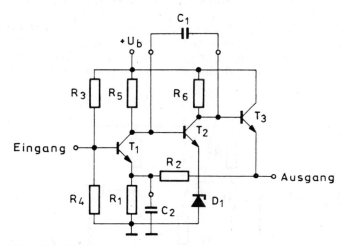

Abb. 11.8. Dreistufiger monolithischer Breitbandverstärker

erzeugt wird, entspricht eigentlich derjenigen der Schaltung nach Abb. 10.5a, jedoch mit dem Unterschied, daß sich am Ausgang des zweistufigen Verstärkers der aus dem Transistor T_3 bestehende Emitterfolger anschließt, und von diesem Emitter führen wir die Gegenkopplungsspannung ab. Die Z-Diode D_1 dient zur Einstellung des Arbeitspunktes. Da die Schleifenverstärkung wesentlich größer als eins ist, wird die gegengekoppelte Verstärkung praktisch nur durch das passive Gegenkopplungsnetzwerk bestimmt:

$$A_u = (R_1 + R_2)/R_1. \qquad (11.3.1)$$

Zur Sicherung der Stabilität ist der Verstärker zu kompensieren; das wird mit einem von außen zugeschalteten Kondensator C_1 geringen Wertes durchgeführt, der zwischen Basis und Kollektor von Transistor T_2 liegt. Die durch die Wirkung der Kompensationskapazität zustande kommende Änderung in der Übertragungskurve gibt man in Form einer Kurvenschar für verschiedene Werte von C_1 an. Mit der Schaltung kann man bei einer Spannungsverstärkung von $A_u = 100$ eine Grenzfrequenz (bzw. Bandbreite) von $f_G = 100$ MHz erreichen.

Durch Entkopplung des herausgeführten Emitterpunktes von Transistor T_1 läßt sich die Gegenkopplung verringern. Durch den Einfluß der kleinwertigen Kapazität C_1 verringert sich die Gegenkopplung, und dadurch entsteht eine Überhöhung in der Frequenzkurve. Mit einem Kondensator hohen Wertes kann die Gegenkopplung völlig außer Betrieb gesetzt werden. Ohne Gegenkopplung beträgt die Verstärkung ungefähr $A = 60$ dB und die Grenzfrequenz $f_G = 5$ MHz. Die Ausgangsimpedanz des Verstärkers ist sehr gering, sie liegt bei etwa $R_0 \approx 1\,\Omega$, weshalb die Schaltung belastungsunempfindlich ist.

Die Schaltung eines vierstufigen monolithischen Verstärkers [11.4] ist in *Abb. 11.9* zu sehen. Die Transistoren T_1 und T_2 bilden hier einen zweistufigen, gegengekoppelten Verstärker; die Gegenkopplung wird durch die Widerstände R_1 und R_2 bestimmt. Der Transistor T_3 ist ein emittergegengekoppelter Verstärker, an den sich der Transistor T_4 als Emitterfolger anschließt. Da die Gegenkopplungsschleife maximal zwei Stufen umfaßt, ist die Stabilität der Schaltung sehr gut. Mit der Schaltung erreicht man bei einer Verstärkung von 30 dB eine Bandbreite von ungefähr $f_G = 25$ MHz.

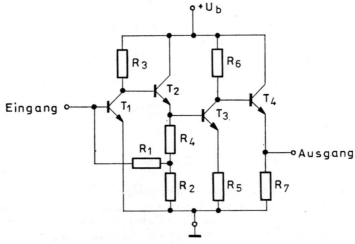

Abb. 11.9. Vierstufiger monolithischer Breitbandverstärker

Abb. 11.10 zeigt die Schaltung eines breitbandigen (Differenz-)Verstärkers mit symmetrischem Aufbau [11.6]. Die vier speziell ausgeführten Transistoren, die eine sehr hohe Grenzfrequenz besitzen, erzeugt man auf einem einzigen Halbleiterchip [3.13], die übrigen Elemente der Schaltung bestehen aus diskreten Bauelementen. Mit Hilfe der monolithischen Ausführung der Transistoren gelang es, kurze Verbindungsleitungen und geringe Streupara-

meter zu erreichen. Die ersten Stufen der Schaltung sind emittergegenge-
koppelte Verstärker; R_1 und R_2 bilden die Gegenkopplungswiderstände, die
Serienschaltung aus R_3 und C_1 dient zur Kompensation an der oberen Bandgrenze. Die zweiten Stufen bilden Verstärker in Basisschaltung, in deren

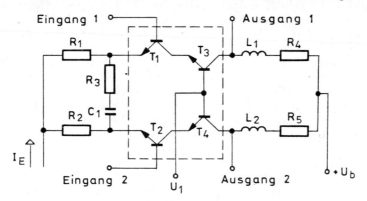

Abb. 11.10. Breitband-Gegentaktverstärker mit einem nach der monolithischen Technik
hergestellten Transistorvierer

Kollektorkreisen sich die Spulen L_1 und L_2 befinden, die ebenfalls zur Kompensation dienen. Den Strom für die Transistoren liefert die Konstant-
stromquelle I_E. Legt man die Elemente R_3 und C_1 veränderlich aus, dann
besteht die Möglichkeit, die Kompensation nachträglich einzustellen. Aus
dieser Schaltung fertigte man durch Serienschaltung mehrerer Stufen Vertikalverstärker für Oszilloskope mit einer Bandbreite von $f_G = 250$ MHz.

  Abb. 11.11 zeigt eine Schaltung mit ähnlichem Aufbau, die sich jedoch von
der vorigen dadurch unterscheidet, daß sich außer den vier Transistoren

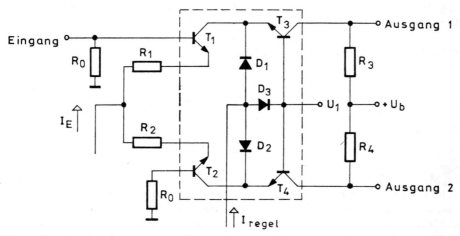

Abb. 11.11. Geregelter Breitband-Gegentaktverstärker mit monolithisch hergestellten
Transistoren und Dioden

noch drei regelbare Dioden in der monolithischen Schaltung befinden. Die Widerstände sind auch hier diskrete Bauelemente. Die Regelung der am Eingang asymmetrischen und am Ausgang symmetrischen Schaltung wird mit der Stromquelle I_{regel} und den Dioden $D_1 \ldots D_3$ realisiert. Im Betriebszustand sind die Dioden gesperrt; steigt der Strom an, so öffnen die Dioden. Der durch D_1 fließende Strom subtrahiert sich vom Emitterstrom des Transistors T_3 und reduziert ihn. Ähnliches geschieht mit dem Strom des Transistors T_4.

Mit der Verringerung des Emitterstromes steigt der Eingangswiderstand, auf der anderen Seite verringert sich jedoch schrittweise der Widerstand der „shuntenden" Diode. Auf diese Weise regelt sich der Verstärker selbst. Erreicht der eingeprägte Strom den Wert des Stromes der Transistoren T_3 und T_4, so sperren diese und damit auch der Verstärker. Das ist besonders dann von Bedeutung, wenn an Ausgang 1 und Ausgang 2 mehrere Verstärker gemäß der Abbildung angeschlossen sind, von denen abwechselnd der eine oder der andere sperrt. Dieser Fall wird besonders bei Zweikanal-Oszilloskopen ausgenutzt. In der Praxis lassen sich die Elemente beider Verstärker in einer einzigen monolithischen Schaltung realisieren, die auf diese Weise acht Transistoren und sechs Dioden enthält. Die Bandbreite des Verstärkers beträgt ähnlich zum vorangegangenen auch hier $f_G = 250$ MHz.

Ein monolithisch aufgebauter logarithmischer Zf-Verstärker mit Begrenzerstufe und einer Grenzfrequenz von $f_G = 170$ MHz wird in [11.1] gezeigt. Die Schaltung besteht aus einem Differenzverstärker und Emitterfolgern sowie aus einer Ausgangsstufe in Basisschaltung.

In [6.7] finden wir einen Breitband-Vorverstärker mit hoher Eingangsimpedanz, der aus einem monolithischen Operationsverstärker und einem Feldeffekttransistorpaar aufgebaut wurde.

Ein monolithischer Breitbandverstärker wird in [11.9] besprochen. Wie *Abb. 11.12* zeigt, wird hier mit Hilfe der hochfrequenzmäßig kurzgeschlossenen Widerstände R_C und R_E in einem sehr breiten Frequenzbereich die Verstärkung konstant gehalten. Sämtliche Widerstände lassen sich in monolithischer Technik herstellen. Die Verstärkung bei tiefen Frequenzen wird näherungsweise durch den Ausdruck

$$A_{u0} = (R_C + r_C)/(R_E + r_E) \qquad (11.3.2)$$

beschrieben, während die Verstärkung an der oberen Bandgrenze ω_G durch den Ausdruck

$$A_u(\omega_G) = r_C/r_E \qquad (11.3.3)$$

gegeben ist. Nach Gleichsetzen beider Gleichungen ergibt sich das optimale Widerstandsverhältnis. Um eine Belastung auszuschließen, wird die Stufe von einem Emitterfolger angesteuert. Nach dieser Schaltungslösung realisierte man gemäß [11.9] im Frequenzband $0 \ldots 2{,}3$ GHz einen Verstärker mit einer Verstärkung von $A_u = 8 \pm 1{,}5$ dB und einer Anstiegszeit von $t_r = 200$ ps.

Ein mit Leitungsstücken kompensierter, gegengekoppelter 1-GHz-Verstärker in monolithischer Technik wird in [11.11] beschrieben, auf den wir in Abschn. 18.4 in Verbindung mit Abb. 18.26 näher eingehen werden.

In [11.8] wird ein aus zweistufigen spannungsgegengekoppelten Verstärkern gemäß Abb. 10.5a aufgebauter symmetrischer Verstärker behandelt,

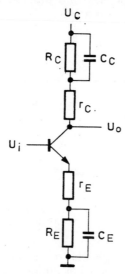

Abb. 11.12. Schaltung eines monolithischen Breitbandverstärkers

der eine Bandbreite von 700 MHz besitzt und mit Transistoren einer Grenzfrequenz von $f_T = 2,6$ GHz arbeitet.

In [11.7] wird der an einem elektronischen Rechner durchgeführte Entwurf eines dreistufigen, gegengekoppelten Verstärkers, wie er in Abb. 10.6a dargestellt ist, beschrieben, wobei die monolithische Technik als Realisierungsart vorausgesetzt wurde.

Ein regelbarer Breitbandverstärker mit einer Bandbreite von 70 MHz wird in [11.13] untersucht. Mit einem monolithischen Breitbandverstärker für verhältnismäßig hohe Spannungen, der als Ablenkverstärker in einem Oszilloskop Anwendung findet, beschäftigt sich [11.10]. In [3.20] und [3.21] werden breitbandige Operationsverstärker mit kleiner Anstiegszeit beschrieben.

11.4 Breitbandverstärker
in integrierter Hybridschaltungstechnik

Die Breitbandverstärker mit hohem Eingangswiderstand und hoher Nullpunktstabilität werden hauptsächlich als Eingangsverstärker bzw. als Meßkopf (probe) von Breitbandoszilloskopen benutzt. Im allgemeinen läßt

sich die Nullpunktstabilität der Gleichstromübertragung (kleine temperaturabhängige Drift) nicht mit den Anforderungen in Einklang bringen, die an
eine Breitbandübertragung geknüpft werden. Gerade deshalb umgeht man
das Problem auf die Weise, daß man die Gleichstrom- (und Niederfrequenz-)
Übertragung von der Hochfrequenzübertragung trennt. Der Verstärker (der
meistens eine Einsverstärkung besitzt und nur als Impedanztransformator
dient) besteht folglich aus zwei gesonderten Zweigen, wie *Abb. 11.13* zeigt
[11.2].

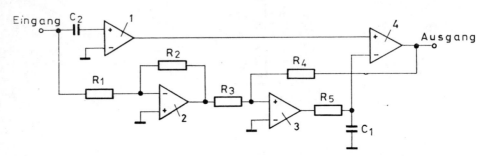

Abb. 11.13. Nach der Hybridtechnik hergestellter Zweiwege-Breitbandverstärker mit
hoher Eingangsimpedanz

Der Breitbandverstärker *1* ist gleichstrommäßig getrennt, seine untere
Frequenzgrenze liegt im allgemeinen bei einigen kHz. Das ist gleichzeitig
die Kreuzungsfrequenz beider Zweige. Den Bereich unterhalb der Kreuzungsfrequenz — den Gleichstrompegel selbstverständlich mit eingeschlossen —
übertragen die Operationsverstärker *2* und *3*, die eine sehr geringe Drift
haben. Das aus den Elementen R_5 und C_1 bestehende Integrierglied stellt die
obere Grenzfrequenz dieses Zweiges ein. Die halbierte Summe der Signale
beider Zweige wird vom Verstärker *4* gebildet, indem er von seinem Ausgang
aus über den Widerstand R_4 den Gleichstromverstärker *3* steuert. Der hohe
Eingangswiderstand des Breitbandverstärkers 1 wird mit einem Feldeffekttransistor erzeugt. Sowohl der Verstärker *1* als auch der Widerstand R_1
befinden sich im Meßkopf und werden meistens in integrierter Hybridform
gefertigt.

Eine andere, ähnliche Lösung der Schaltung ist in *Abb. 11.14* zu sehen
[11.5]. Der Ausgang des ebenso über einen hohen Eingangswiderstand verfügenden Breitbandverstärkers in Hybridausführung besitzt einen Widerstand von $Z_0 = 50\ \Omega$ und wird direkt mit dem Ausgangskabel verbunden.
Die Gleichstrom- und Niederfrequenzübertragung wird über den Widerstand R_1 sowie über die Operationsverstärker *2* und *3*, die eine geringe Drift
besitzen, realisiert, wobei gleichzeitig auch die Möglichkeit zur Nullpunkt-
regelung besteht. Der Spannungs-Strom-Umsetzer führt die Einkopplung
des Gleichstrom- und Niederfrequenzteils durch, ohne dabei die Impedanz
$Z_0 = 50\ \Omega$ zu belasten. Das vom Ausgang abgenommene und über den
Widerstand R_4 zurückgeführte Signal regelt das Signal des Niederfrequenz-
zweiges auf den gewünschten Wert. Der Eingangswiderstand des Meß-

190

kopfes ist im allgemeinen durch R_1 gegeben. Bei Ausführung der integrierten Schaltung in Hybridtechnik erreicht man mit der Schaltung eine Bandbreite von 0...500 MHz bei einem Eingangswiderstand von $R_1 = 100$ kΩ und einer Eingangskapazität von einigen pF.

Bei extrem hohen Frequenzen muß die Kopplung zwischen den aktiven Elementen mit Wellenleitern gesichert werden, was augenblicklich mit der monolithischen Technik noch nicht realisierbar ist (zur Anwendung von Halbleiterkristallen als Dielektrikum für Bandleiter wurden zwar schon

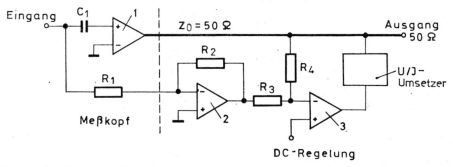

Abb. 11.14. Nach der Hybridtechnik hergestellter Zweiwege-Breitbandverstärker mit hoher Eingangsimpedanz und einem Widerstand Z_0 am Ausgang

Experimente durchgeführt, befriedigende Ergebnisse blieben bisher jedoch aus). Bandleiter lassen sich auf sehr einfache Weise mit der Hybridtechnik realisieren, bei der man in die auf den Isolationsträger aufgebrachte Schaltung die Transistoren einsetzt. Die Hybridtechnik gewährleistet gleichzeitig eine bessere Temperaturableitung und damit einen höheren Leistungspegel. Nach diesem Verfahren fertigte man Hybridschaltungen mit einer Grenzfrequenz von $f_G = 2$ GHz und einer Verstärkung von $A_u = 40$ dB, deren harmonische Verzerrungen bei einem Signalpegel von ± 10 dBm kleiner als -30 dB sind.

11.5 Frequenzabhängigkeit der Aussteuerbarkeit von integrierten Schaltungen

Die aus integrierten Schaltungen maximal entnehmbare Leistung ändert sich in Abhängigkeit von der Frequenz gemäß *Abb. 11.15*. Das Maß der Gegenkopplung, d. h. die Verstärkung, und die Kompensationsschaltung beeinflussen den fallenden Abschnitt der Kurve. Aufgrund der Abbildung können wir eine sogenannte Leistungs-Grenzfrequenz definieren, welche die Verringerung der entnehmbaren Leistung kennzeichnet und nicht unbedingt gleich der für die Kleinsignal-Amplitudencharakteristik gedeuteten Grenzfrequenz ω_G ist. Oberhalb der Leistungs-Grenzfrequenz erscheint bei völliger Aussteuerung des Verstärkers das ausgangsseitige Sinussignal mehr und mehr verzerrt und nimmt die Form eines Dreiecksignals an. Bei Erhöhung der Kompensationskapazitäten fällt die Leistungs-Grenzfrequenz, da zu deren Aufladung Zeit nötig ist.

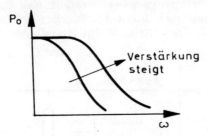

Abb. 11.15. Ausgangsleistung monolithischer Breitbandverstärker als Funktion der Frequenz

Das Großsignalverhalten läßt sich gut anhand von *Abb. 11.16* verfolgen. Bei einer Sprungfunktion erscheint am Ausgang ein Signal aus zwei Anschnitten, d. h. aus einer steilen und einer flacheren Anstiegsflanke. Die Schaltzeit

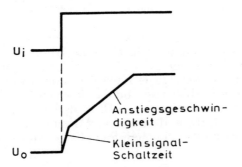

Abb. 11.16. Auf eine Sprungfunktion erhaltene Antwortfunktion am Ausgang monolithischer Breitbandverstärker

legt die steile Anstiegsflanke fest, für die, ausgehend von Abschn. 5.7, der Zusammenhang

$$t_r = 2{,}2/\omega_G \qquad (11.5.1)$$

gilt. Oberhalb eines gegebenen Spannungspegels wird die Änderungsgeschwindigkeit durch die sogenannte Anstiegsgeschwindigkeit (slew rate) bestimmt, die wie *Abb. 11.17* zeigt, durch die Kompensationskapazität C_k und den Strom I_E, der die Kapazität C_k lädt, bestimmt:

$$\left.\frac{\partial U_o}{\partial t}\right|_{max} \cong \frac{I_E}{C_k} = \frac{\omega_u I_E}{g_{m1}} = \frac{2kT}{q}\,\omega_u. \qquad (11.5.2)$$

Hierbei stellt ω_u die Einsverstärkungsfrequenz dar, C_k die Kompensations-kapazität, I_E bzw. g_{m1} den Strom bzw. die Steilheit des die Kapazität laden-den Differenzverstärkers. Die Anstiegsgeschwindigkeit hängt gemäß Aus-druck (11.5.2) von ω_u oder aber von der angewandten Technologie ab. Als

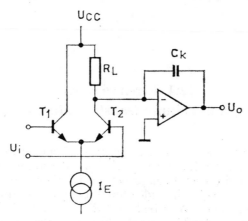

Abb. 11.17. Prinzipschaltung eines Operationsverstärkers

Methode zur Erhöhung der Anstiegsgeschwindigkeit kommt einerseits die Verringerung der Steilheit des Differenzverstärkers mit Hilfe von Emitterwiderständen, andererseits die Anwendung von JFETs im Diffe-renzverstärker in Frage.

Die Leistungs-Bandbreite ω_{max} des Verstärkers kann aus der Anstiegsge-schwindigkeit berechnet werden. Setzt man am Ausgang eine unverzerrte Spannung der Form $U_0(t) = U_A \sin \omega t$ voraus, so ergibt sich nach Substitu-tion in Ausdruck (11.5.2) für die -Leistungs-Bandbreite

$$\omega_{max} = \frac{1}{U_A} \cdot \left. \frac{\partial U_0}{\partial t} \right|_{max} . \qquad (11.5.3)$$

12 Breitbandverstärker
mit Leitungstransformator-Kopplung

12.1 Eigenschaften
von Leitungstransformatoren

Bei den Transformatoren in der üblichen Spulenausführung begrenzt die zwischen den Windungen auftretende Kapazität die Hochfrequenzübertragung, so daß man bei dieser Lösung bereits im Kurzwellenbereich nur mit speziellen Konstruktionen eine gleichmäßige Übertragung sichern kann. Einen ganz und gar neuen Weg bedeutet die Lösung mit Leitungstransformatoren. Hier wird bei der Bildung der Spule die zwischen den Windungen auftretende Kapazität als organischer Teil eines Wellenleiters aufgefaßt. Da parasitäre Kapazitäten nicht auftreten, bestimmt die Länge der Leitung die obere Frequenzgrenze. Die einfachste Realisierungsform eines solchen Leitungstransformators ist ein aufgespultes, voneinander isoliertes Drahtpaar, doch ebenso läßt sich das Bandkabel oder Koaxialkabel hierzu verwenden. Um den gewünschten Wellenwiderstand zu erreichen, schaltet man oft zwei Leitungen parallel, wodurch der resultierende Wellenwiderstand auf die Hälfte fällt.

Die Bandbreite des Leitungstransformators wird auf der Niederfrequenzseite — ähnlich wie bei den üblichen Transformatoren — durch die Primärinduktivität begrenzt. Im weiteren stellen wir bei den einzelnen Transformatortypen das gewohnte traditionelle Gegenstück des Leitungstransformators dar, wodurch gleichzeitig der Niederfrequenzbetrieb gekennzeichnet ist. Die Primärinduktivität kann mit toroidförmigen Ferritkernen, die eine hohe Permeabilität besitzen, erhöht werden. Die üblichen Leitungstransformatoren werden, wie auch die Abbildungen zeigen, fast ausnahmslos mit solchen Toroiden gefertigt.

Mit Erhöhung der Frequenz fällt die Permeabilität des Toroids, und der Transformator geht allmählich in einen Wellenleiter über. Bei dem in Abb. 12.3 gezeigten, häufig verwendeten Impedanztransformator, der ein Übersetzungsverhältnis von 4 : 1 besitzt, ist die Übertragungsdämpfung als Funktion der Wellenlänge (bei optimaler Anpassung) durch den Zusammenhang

$$a_{\ddot{u}} = \frac{(1 + \cos \beta l)^2 + 4 \sin^2 \beta l}{4(1 + \cos \beta l)^2} \qquad (12.1.1)$$

gegeben [12.1, 12.7], wobei l die Länge der Leitung und $\beta = 2\pi/\lambda$ bedeuten.

Aufgrund dieses Ausdruckes ergibt sich bei einer Leitungslänge von $l = \lambda/4$ eine Dämpfung von etwa 1 dB, bei einer Leitungslänge von $l = \lambda/2$ dagegen tritt eine unendliche Dämpfung auf. Die verwendete Leitungslänge limitiert also die Hochfrequenzübertragung; zur Übertragung des Niederfrequenzbereiches werden Ferritkerne hoher Qualität benötigt.

Die einfachste Form der Leitungstransformatoren ist der Phasenumkehrtransformator mit einem Übersetzungsverhältnis von 1 : 1 *(Abb. 12.1)*. In

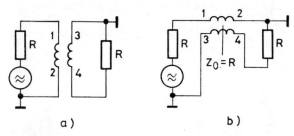

a)   b)

Abb. 12.1. Schaltung eines (invertierenden) Phasenumkehrtransformators mit dem Übersetzungsverhältnis 1 : 1 in üblicher (a) und in Wellenleiter-Realisierung (b)

Abb. 12.1a ist die übliche Ausführung, in Abb. 12.1b die Ersatzschaltung der Wellenleiterausführung zu sehen. Der Wellenwiderstand der Leitung ist mit einem Wert von $Z_0 = R$ zu wählen, wobei R der Abschlußwiderstand ist. Der praktische Aufbau eines bespulten Toroids ist in *Abb. 12.2* zu sehen, aus der der Wicklungssinn und die Anschlüsse hervorgehen. Bei der in Abb.

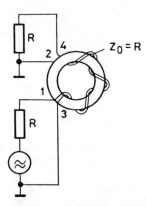

Abb. 12.2. Praktischer Aufbau eines (invertierenden) Phasenumkehrtransformators

12.1a gezeigten Anordnung läßt sich jedes Ende des sekundärseitigen Widerstands entsprechend der gewünschten Polarität erden. Wird die Mitte des Widerstands geerdet, erhalten wir einen symmetrischen (Balance-)Ausgang. Bei Abweichung des Widerstands R vom Wellenwiderstand arbeitet die Schaltung bei der der Leitungslänge $l = \lambda/4$ entsprechenden Frequenz als

$\lambda/4$-Transformator, und aufgrund dessen tritt eine Nichtanpassung auf. D e sich so ergebende Übertragungsdämpfung ist dann sinngemäß eine Funktion der Abweichung vom Idealwert $Z_0 = R$. Wie durch Messung nachgeprüft werden kann, läßt sich mit einem richtig bemessenen Leitungstransformator und bei Verwendung hochwertigen Ferritmaterials im Frequenzband $f = 0,1 \ldots 500\,\text{MHz}$ eine unter einer Dämpfung von 1 dB liegende gleichmäßige Übertragung realisieren.

Die Ersatzschaltung eines sehr häufig benutzten Leitungstransformators mit der Impedanzübersetzung 4 : 1 ist in *Abb. 12.3* zu sehen, und zwar in der üblichen und in der mit Wellenleiter realisierten Form. Der Wellenwiderstand der Leitung beträgt $Z_0 = 2R$. *Abb. 12.4* zeigt hierzu den praktischen Aufbau.

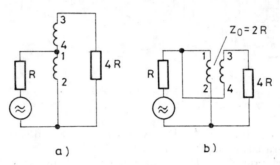

Abb. 12.3. Schaltung eines Impedanztransformators mit einem Übersetzungsverhältnis von 4 : 1 in üblicher (a) und in Wellenleiter-Realisierung (b)

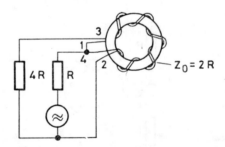

Abb. 12.4. Praktischer Aufbau eines Impedanztransformators mit einem Übersetzungsverhältnis von 4 : 1

Im Idealfall fällt die Übertragung bei der der Leitungslänge $l = \lambda/4$ entsprechenden Frequenz um 1 dB. Messungen zufolge gelang es, mit hochwertigen Toroiden im Frequenzbereich $f = 0,5 \ldots 300\,\text{MHz}$ eine gleichmäßige Übertragung zu erreichen.

Abb. 12.5 zeigt die Ersatzschaltung eines asymmetrisch-symmetrischen Leitungstransformators mit einer Impedanzübersetzung von 4 : 1 in der Wellenleiter-Ausführung. Alle drei Leitungen befinden sich auf einem einzigen Toroid-Ferritkern; der Wicklungssinn entspricht der Numerierung. Vom sekundärseitigen Widerstand $4R$ können wir jedes der beiden Enden

196

oder aber die Mitte auf Masse legen, auf diese Weise ist der Transformator auch zur Phasenumkehrung geeignet. Die Wellenwiderstände der Leitungen lassen sich aus der Abbildung ablesen.

Die Spule mit dem Wellenwiderstand $Z_0 = R$ führt im wesentlichen die Asymmetrisierung der Impedanz R durch, da an den Spulenpunkten *10* und

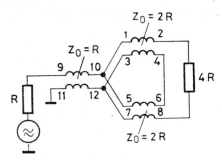

Abb. 12.5. Schaltung eines asymmetrisch-symmetrischen Impedanztransformators mit einem Übersetzungsverhältnis von 4 : 1 in Wellenleiter-Realisierung

12 der Widerstand R symmetrisch erscheint. Die Spule mit den Endpunkten *10* und *12* stellt eigentlich einen der Abb. 12.1 entsprechenden Phasenumkehrtransformator dar. Schalten wir diesen mit dem Wellenwiderstand $Z_0 = 4R$ auf der Sekundärseite an die Spulenendpunkte *2* und *8*, dann gelangen wir zu der Phasentrennschaltung gemäß *Abb. 12.6*, die im Gegensatz zur

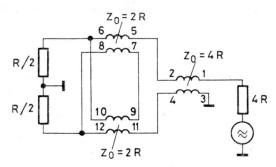

Abb. 12.6. Phasentrennschaltung mit einem Übersetzungsverhältnis von 8 : 1

vorherigen nach unten transformiert, und zwar im Verhältnis 8 : 1. Auch diese Lösung verwendet man häufig bei Gegentaktverstärkern.

Bei allen bisher behandelten Leitungstransformatoren kann die in der Primärseite eingezeichnete Signalquelle unmittelbar in die Sekundärseite eingesetzt werden, d. h., die Transformatoren arbeiten in beiden Richtungen gleich.

Die Addierung bzw. Teilung der Wechselstromleistungen geschieht mit sogenannten Hybriden. Schauen wir uns z. B. den in *Abb. 12.7* gezeigten Hybrid an, wobei in Abb. 12.7a die übliche Form, in Abb. 12.7b die Variante mit Wellenleiter dargestellt ist. Die Leistung der Quelle mit dem Widerstand $2R$ (Zweig A) teilt sich gleichmäßig auf die beiden Widerstände mit dem Wert

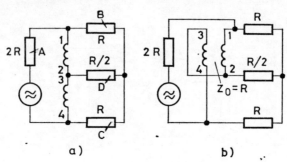

Abb. 12.7. Schaltung eines Hybrids in üblicher (a) und in Wellenleiter-Realisierung (b)

R auf. Auf den Balancewiderstand mit dem Wert $R/2$ (Zweig D) gelangt im Fall des richtigen (symmetrischen) Betriebes keine Leistung. Setzen wir die Quelle in den Zweig D ein, dann teilt sich die Leistung gleichfalls zu gleichen Teilen auf die Zweige B und C auf und auf den Zweig A gelangt keine Leistung. Legen wir schließlich die Quelle in den Zweig B, dann teilt sich die Leistung zwischen den Zweigen A und D, während der Zweig C leistungsfrei bleibt. Das gleiche bezieht sich auch auf den Fall, wenn die Quelle in den Zweig C gelegt wird. Die Addierung der Leistungen geht auf ähnliche Weise vor sich. Die Leistungen von in die Zweige B und C gelegten Quellen gleicher Spannung addieren sich im Zweig D, dagegen bleibt der Zweig A leistungsfrei.

Wird bei dem in Abb. 12.7 gezeigten Hybrid die Quelle zwischen die Punkte *3* und *4* geschaltet, dann reduziert sich der Wert des gewünschten Quellen-

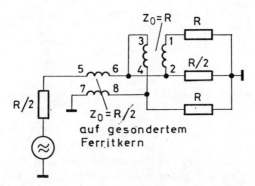

Abb. 12.8. Schaltung eines auf zwei Ferritkernen angeordneten Hybrids mit einem Übersetzungsverhältnis von 1 : 2

widerstandes auf $R/2$. Auf diese Weise gelangen wir zu dem Hybrid gemäß *Abb. 12.8*, zwischen dessen Punkten *6* und *8* sich ein Widerstand vom Wert $R/2$ befindet. Der Fehler der Schaltung ist lediglich der, daß die Signalquelle und die Lastwiderstände keinen gemeinsamen Erdpunkt haben. Mit Hilfe eines Phasenumkehrtransformators mit dem Wellenwiderstand $Z_0 = R/2$ läßt sich auch die Signalquelle erden. Wegen der günstigeren magnetischen Verhältnisse ist es zweckmäßig, diesen Transformator auf einem gesonderten Ferritkern unterzubringen.

In [12.5] finden wir praktische Lösungen von Leitungstransformatoren mit Übersetzungsverhältnissen größer als 4 : 1.

12.2 Verstärker mit Leitungstransformatoren

Bei den direkt, ohne Transformatoren gekoppelten Verstärkern ist wegen der hohen Nichtanpassung die Leistungsverstärkung wesentlich geringer als der maximal erreichbare Wert. Das bedeutet eine schlechte Ausnutzung der Verstärkerstufen, was in einzelnen Fällen (z. B. bei den rauscharmen Breitbandverstärkerstufen) recht ungünstig ist. Zum Erreichen der maximalen Leistungsübertragung wird auf beiden Seiten eine konjugiert komplexe Anpassung benötigt, was sich wiederum in einem breiten Frequenzband nicht realisieren läßt. Dem kann einerseits ein prinzipielles Hindernis zugrunde liegen, das durch den anzupassenden reellen Widerstand und durch die zu ihm parallel liegende Kapazität festgelegt ist. Ist die Anpassung im fraglichen Frequenzband prinzipiell möglich, so bedeutet das noch nicht, daß sich die Anpassungsschaltung in der Praxis sinnvoll realisieren läßt (wegen der Kompliziertheit der Reaktanznetzwerke). Außerdem ist eine breitbandige Impedanzanpassung auch vom Standpunkt der Stabilität aus kritisch, und besonders bei mehrstufigen Verstärkern ist eine befriedigende Phasenreserve im gesamten Frequenzband nicht zu sichern. Wegen dieser Gründe tritt bei der Mehrheit der Breitbandverstärker (besonders bei mehrstufigen Verstärkern) zwischen den Stufen eine bedeutende Nichtanpassung auf, die zu einer verständlicherweise geringeren Leistungsverstärkung, jedoch zu einer besseren Stabilität führt.

Mit den im vorangegangenen behandelten Leitungstransformatoren kann die Nichtanpassung verringert werden. Bei Anwendung des Impedanztransformators mit dem Übersetzungsverhältnis 4 : 1 (Abb. 12.3) z. B. steigt im Idealfall die Leistungsverstärkung um 6 dB. Das Verhältnis der Ausgangs- und Eingangsimpedanz von Transistorstufen ist im Bereich unterhalb $f = 100$ MHz im allgemeinen wesentlich größer als das Übersetzungsverhältnis des fraglichen Leitungstransformators, so daß wir uns von der optimalen Anpassung noch weit entfernt befinden, und auch Stabilitätsprobleme treten noch nicht auf. Dagegen macht die Verstärkungserhöhung eine viel wirtschaftlichere Auslastung der Transistoren möglich. Im Bereich oberhalb $f = 100$ MHz trifft das Gesagte nicht immer zu. Die Ausgangsimpedanz fällt mit Erhöhung der Frequenz schneller als die Eingangsimpedanz, so daß bei höheren Frequenzen auch bei Verwendung eines Transformators mit der Übersetzung 4 : 1 eine Instabilität auftreten kann, weil wir uns dann dem angepaßten Zustand nähern. Da in diesem Bereich die Berechnung wegen der Streuparameter der Transistoren sowie der konkreten Schaltungsanordnung sehr ungenau wird, führt man die Einstellung des Verstärkers, d. h. die Kompensation seines Frequenzganges, im allgemeinen meßtechnisch durch.

In [12.2] wird ein mit Leitungstransformatoren realisierter Breitbandverstärker vorgestellt; eine zu ihm ähnliche Lösung stellt der in *Abb. 12.9*

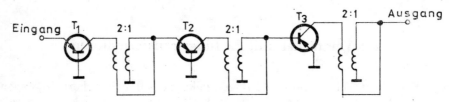

Abb. 12.9. Schaltskizze eines mit Leitungstransformatoren angepaßten, dreistufigen Breitbandverstärkers

gezeigte Breitbandverstärker gemäß [12.10] dar. Jeweils ein Leitungstransformator mit der Impedanzübersetzung 4 : 1 (Spannungsübersetzung 2 : 1) paßt den Ausgang einer Verstärkerstufe (entweder in Basis- oder in Emitterschaltung) an die folgende Stufe bzw. Belastung an. Im Falle einer Grenzfrequenz von $f_T = 750$ MHz der verwendeten Transistoren und einer Kollektorkapazität $C_c = 1,2$ pF gibt die Schaltung bei Abschlußwiderständen von $Z_0 = 50\ \Omega$ im Frequenzbereich $f = 20\ldots200$ MHz eine gleichmäßige Verstärkung von $A_u = 25 \pm 1$ dB ab, und zwar bis zu einem Leistungspegel von etwa 10 dBm.

Abb. 12.10 zeigt in Anlehnung an [12.3] und [12.4] die Schaltskizze eines gleichfalls mit Leitungstransformatoren angepaßten dreistufigen Verstär-

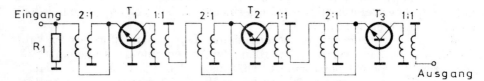

Abb. 12.10. Schaltskizze eines mit Leitungstransformatoren angepaßten, dreistufigen Breitbandverstärkers in Basisschaltung

kers in Basisschaltung. Die an den einzelnen Kollektoren liegenden Phasenumkehrtransformatoren mit der Übersetzung 1 : 1 dienen lediglich zur Gleichstromtrennung, die Impedanzanpassung wird durch die Leitungstransformatoren mit der Spannungsübersetzung 2 : 1 durchgeführt. Bei Anwendung von Transistoren mit der Grenzfrequenz $f_T = 400$ MHz und einer Kollektorkapazität $C_c = 20$ pF ist bis zur oberen Grenzfrequenz $f_G = 400$ MHz eine Verstärkung von $A_u = 17$ dB mit gleichmäßiger Übertragung erreichbar.

12.3 Gegentaktverstärker mit Leitungstransformatoren

Bei Verwendung von Leitungstransformatoren ergibt sich die Möglichkeit zum Aufbau von Breitband-Gegentaktverstärkern. Die phasenentgegengesetzten Steuersignale werden entweder mit Symmetriertransformatoren oder mit Hybriden erzeugt. Auf ähnliche Weise addieren sich auch die Ausgangssignale. Addiert man die Ausgangsleistung des Gegentaktverstärkers über Hybride mit den Ausgangssignalen weiterer Verstärker, so kann man eine Erhöhung des Leistungspegels erreichen. Bezüglich der Einstellung ist es gleichgültig, in welchem Betrieb — ähnlich zu den Niederfrequenz-Endverstärkern — der Gegentaktverstärker arbeitet. Für die Gegentaktverstärker ist charakteristisch, daß die Verzerrung zweiter Ordnung sehr gering (im Idealfall null) ist. Bei Hochfrequenzverstärkern beeinflussen außer der Amplitudenasymmetrie jedoch auch die Phasendifferenzen die Verzerrungsverhältnisse im großen Maße. Die Berechnung der Verzerrungen wurde für die Schaltung in *Abb. 12.11* in Anlehnung an [12.11] durchgeführt.

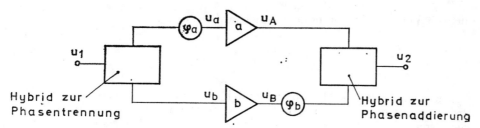

Abb. 12.11. Blockschaltung eines Gegentaktverstärkers mit Leitungstransformatoren

Ausgehend von der Kennlinie der nichtlinearen Verstärker a und b, haben die durch die Eingangsspannungskomponenten hervorgerufenen Ausgangssignale der Verstärker die Form

$$u_A = u_a a_1 + u_a^2 a_2 + u_a^3 a_3 + \ldots,$$
$$u_B = u_b b_1 + u_b^2 b_2 + u_b^3 b_3 + \ldots . \tag{12.3.1}$$

Für die in den Zusammenhängen auftauchenden Eingangsspannungskomponenten gelten die Beziehungen

$$u_a = (u_1/\sqrt{2})e^{j\varphi_a}$$
$$u_b = u_1/\sqrt{2}, \tag{12.3.2}$$

wobei φ_a die Phasenverschiebung des phasentrennenden Hybrids ist, bezogen auf den Zweig a. Für die Ausgangsspannung ergibt sich nach der Addierung

$$u_2 = \frac{u_A}{\sqrt{2}} + \frac{u_B}{\sqrt{2}} e^{j\varphi_b} \qquad (12.3.3)$$

mit φ_b als Phasenverschiebung des addierenden Hybrids, bezogen auf den Zweig b. Im Spektrum der Ausgangsspannung erscheinen außer der Grundschwingung Verzerrungskomponenten zweiter, dritter und höherer Ordnung:

$$u_2 = u_2^{(1)} + u_2^{(2)} + u_2^{(3)} + \cdots, \qquad (12.3.4)$$

wobei mit $u_2^{(n)}$ die Amplitude der Verzerrung n-ter Ordnung bezeichnet ist. Entsprechend den Beziehungen (12.3.1)...(12.3.4) hat die Grundschwingung eine Größe von

$$u_2^{(1)} = \frac{u_1}{2} (a_1 e^{j\varphi_a} + b_1 e^{j\varphi_b}). \qquad (12.3.5)$$

Die Verzerrungskomponente zweiter Ordnung ergibt sich zu

$$u_2^{(2)} = \frac{u_1^2}{2\sqrt{2}} (a_2 e^{j2\varphi_a} + b_2 e^{j\varphi_b}) \qquad (12.3.6)$$

und die Verzerrungskomponente dritter Ordnung zu

$$u_2^{(3)} = \frac{u_1^3}{4} (a_3 e^{j3\varphi_a} + b_3 e^{j\varphi_b}). \qquad (12.3.7)$$

Aus dem Ausdruck (12.3.6) ist ersichtlich, daß eine Verzerrung zweiter Ordnung nur dann nicht auftritt — und das kennzeichnet den Idealfall —, wenn sowohl die Amplituden- als auch die Phasenübertragung in beiden Zweigen völlig gleich ist, d. h. $a_2 = b_2$ und $\varphi_a = \varphi_b = 180°$.

In [12.11] sind in Diagrammform für verschiedene Phasenasymmetrien ($\varphi_a = \varphi_b$) sowie für verschiedene Amplitudenübertragungen die Werte der Verzerrungen zweiter Ordnung angegeben.

In [12.3] und [12.4] wird ein Breitband-Gegentaktverstärker vorgestellt, wie wir ihn in *Abb. 12.12* sehen. Der am Eingang befindliche Hybrid, der die Leistungsaufteilung vollzieht, deckt sich mit der in Abb. 12.8 gezeigten Schaltung, jedoch mit dem Unterschied, daß hier die Signalquelle mit dem Innenwiderstand $R = 50\ \Omega$ an den Spulenendpunkt 1 geschaltet ist. Die Leistung teilt sich auf zwei Widerstände mit dem Wert $R/2 = 25\ \Omega$ auf; der am Spulenendpunkt liegende Widerstand R_1 verhält sich als Balancewiderstand. Der auf einem gesonderten Ferritkern angeordnete Transformator mit dem Übersetzungsverhältnis $1:1$ besitzt einen Wellenwiderstand von $Z_0 = 25\ \Omega$ und sichert einen asymmetrischen (geerdeten) Ausgang entsprechend Abb. 12.8. Für die zum Gegentaktbetrieb notwendige Phasen-

drehung sorgt der im unteren Zweig befindliche Phasenumkehrtransformator mit dem Übertragungsverhältnis 1 : − 1 (siehe Abb. 12.1). Da, um die
Verzerrungen zweiter Ordnung minimal zu halten, in den beiden Zweigen
außer der entgegengesetzten Phase Phasenverschiebungen nicht erlaubt
sind, muß zur Kompensation der durch den Phasenumkehrtransformator

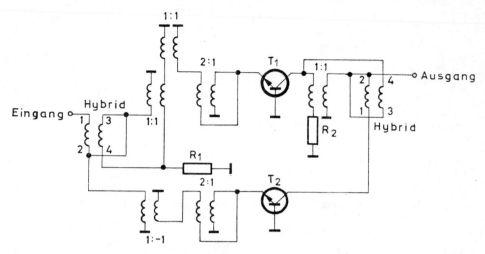

Abb. 12.12. Schaltskizze eines Breitband-Gegentaktverstärkers mit Leitungstransformatoren

hervorgerufenen Phasenverwerfung auch im oberen Zweig ein Transformator mit dem Übersetzungsverhältnis 1 : 1 eingebaut werden.

Die Impedanzanpassung wird in beiden Zweigen durch je einen Transformator mit einer Spannungsübersetzung von 2 : 1 durchgeführt (siehe Abb.
12.3); auf diese Weise werden beide Basen von je einer Quelle mit dem Innenwiderstand $R = 25/4 = 6,2\ \Omega$ gesteuert. Die an den Kollektoren erscheinenden Spannungen werden den Punkten *1* und *4* des Ausgangshybrids zugeführt, der diese addiert. Die Ausgangsbelastung beträgt $R/2 = 15\ \Omega$, so
daß sich in Richtung der Quellen Kollektor-Lastwiderstände von $R = 30\ \Omega$
ergeben. Die Grenzfrequenz der verwendeten Transistoren liegt bei $f_T = 400$
MHz, die Leitungstransformatoren werden mit hochwertigen Toroid-Ferrit-
kernen hergestellt. Als Impulsverstärker ist die Schaltung bei einer Last von
$R_L = 15\ \Omega$ in der Lage, Stromimpulse von 1 A abzugeben, was bei einer
Impulsbreite von $\tau = 11$ ns und einer Folgefrequenz von $f = 80$ MHz gilt.
Mit den Impulsübertragungsverzerrungen bzw. mit den diesbezüglichen
Meßergebnissen beschäftigen sich [12.3] und [12.4].

Abb. 12.13 zeigt die Prinzipschaltung eines Gegentaktverstärkers in Emitterschaltung, bei der die Gegentaktsteuerung und die Addierung der Kollektorspannungen von einem einzigen, auf einem Toroid befindlichen Leitungstransformator (siehe Abb. 12.6) vollführt wird. Die Abschlußwiderstände
des Verstärkers betragen $4R = 50\ \Omega$, damit haben Eingangs- und Lastwider-

stand einer Emitterstufe den Wert $R/2 = 6,2\ \Omega$. Diese Schaltung liefert mit Leistungstransistoren, deren Grenzfrequenz bei $f_T = 300$ MHz liegt, eine Leistung von $P = 50$ W im Kurzwellenbereich bei Intermodulationsverzerrungen von $d < 30$ dB.

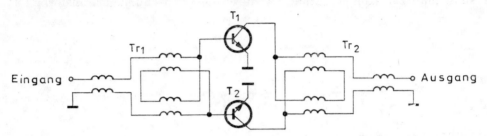

Abb. 12.13. Prinzipieller Aufbau eines Gegentaktverstärkers in Emitterschaltung

Weitere Leistungsverstärker mit Leitungstransformatoren werden in [12.9] und [12.18] behandelt. Ein aus mehreren Moduln aufgebauter 1000-W-Verstärker wird in [20.15] besprochen. Ein 60-W-Verstärker mit Leitungstransformatoren ist in Abb. 20.25 dargestellt [20.10].

12.4 Einfluß der Nichtanpassung auf die Gleichmäßigkeit der Übertragung

Bei mehrstufigen Breitbandverstärkern zeigt im allgemeinen die Gesamtübertragungskennlinie Abweichungen gegenüber der auf der Basis der einzelnen Stufen berechneten Übertragung. Der Grund hierfür ist die gegenseitige Beeinflussung der Stufen, nicht zuletzt wegen der inneren (Kollektor-Basis-)Rückwirkung der Transistoren. Diese gegenseitige Beeinflussung wird verringert, wenn zwischen den Stufen Nichtanpassung herrscht. Die Nichtanpassung geht natürlich auf Kosten der Verstärkung; sie ist deshalb so zu wählen, daß die an die Übertragung gestellten Anforderungen noch erfüllt werden. Im weiteren wollen wir die Bedingungen hierfür untersuchen [10.5, 12.6].

Unter den Faktoren, die die Übertragungscharakteristik beeinflussen, kommt der Eingangsimpedanz die primäre Rolle zu, denn sie kann sich im Übertragungsband innerhalb breiter Grenzen ändern. Der Einfluß der Eingangsimpedanzänderung ist geringer, wenn die Stufe über eine (z. B. mit Gegenkopplung) stabilisierte Transferfunktion mit gleichmäßiger Übertragung verfügt. Ist in der Stufe die Transferimpedanz $U_o/i_i = Z_T$ konstant und frequenzunabhängig, so hat die Ansteuerung der Stufe von einer Stromquelle aus zu erfolgen. Dieser Fall tritt bei den stromgegengekoppelten Verstärkern auf. Bei den spannungsgegengekoppelten Verstärkern wird die Transferadmittanz $i_o/U_i = Y_T$ nahezu frequenzunabhängig; deshalb ist es

204

zweckmäßig, in diesem Fall die Schaltung mit einer Spannungsquelle anzusteuern. Da sich keiner der obigen Idealfälle realisieren läßt, wollen wir die Verhältnisse anhand von *Abb. 12.14* untersuchen. Die Spannungsübertragung für die Schaltung lautet:

$$A = \frac{U_2}{U_1} = Y_T Z_T \eta, \tag{12.4.1}$$

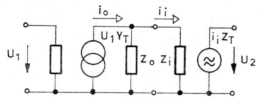

Abb. 12.14. Ersatzschaltung zur Berechnung der Übertragung nichtangepaßter Verstärkerstufen

wobei Y_T die Transferadmittanz der ersten Stufe und Z_T die Transferadmittanz der zweiten Stufe ist, weiterhin ist

$$\eta = \frac{i_i}{i_o} = \frac{Z_o/Z_i}{Z_o/Z_i + 1} \tag{12.4.2}$$

der Kopplungs-Wirkungsgrad des zwischen den beiden idealen Quellen befindlichen passiven Vierpols. Der Kopplungs-Wirkungsgrad nimmt im Idealfall den Wert $\eta = 1$ an, denn dann ist $Z_o/Z_i = \infty$. Die primäre Ursache der Änderung der Spannungsübertragung gemäß (12.4.1) ist in der Änderung des Kopplungs-Wirkungsgrades bzw. über ihn in der Eingangsimpedanz Z_i zu suchen:

$$\frac{\Delta \eta}{\eta} = - \frac{Z_i}{Z_o} \cdot \frac{\Delta Z_i}{Z_i}. \tag{12.4.3}$$

Aufgrund dieser Beziehung ist die relative Änderung der Spannungsübertragung um so geringer, je geringer der Quotient Z_i/Z_o ist, d. h. je größer die Nichtanpassung zwischen den einzelnen Stufen ist. Der Zusammenhang (12.4.3) wurde in *Abb. 12.15* grafisch dargestellt [12.6], wobei für die Werte $\Delta Z_i/Z_i = 1, 2, 5$ und 10 die Änderung des relativen Kopplungs-Wirkungsgrades (und gleichzeitig die der Übertragung) ablesbar ist. Beim Entwurf des Verstärkers verfahren wir so, daß wir in Kenntnis der im Übertragungsband auftretenden Änderung der Eingangsimpedanz den Quotienten Z_o/Z_i bestimmen, der zur gewünschten Gleichmäßigkeit der Übertragung gehört.

In praktischen Fällen ist bei den zweistufigen Verstärkern der Quotient Z_o/Z_i wesentlich größer, als es wegen der Übertragungsgleichmäßigkeit notwendig wäre. Die Nichtanpassung läßt sich verringern (und damit die Verstärkung erhöhen), wenn man breitbandige Impedanztransformatoren (Leitungstransformatoren) anwendet. Die bei einem Leitungstransformator mit dem Übersetzungsverhältnis 2 : 1 auftretende Nichtanpassung Z_0/Z_i ist vom Standpunkt der Übertragung meistens noch tragbar, dabei erreicht man aber eine Verstärkungserhöhung von 6 dB.

Abb. 12.16 zeigt die Prinzipskizze der Schaltung [12.6]. Die Grenzfrequenz der verwendeten Transistoren liegt bei $f_T = 750$ MHz. Mit den Elementen $R_1 = 50\ \Omega$, $R_E = 24\ \Omega$, $R_2 = 120\ \Omega$ und $L_2 = 0,05\ \mu$H ergibt sich eine

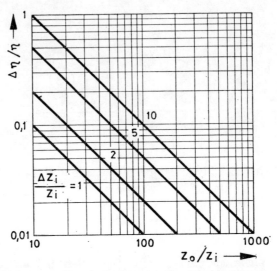

Abb. 12.15. Relative Änderung des Kopplungs-Wirkungsgrades in Abhängigkeit von der Nichtanpassung bei verschiedenen relativen Eingangsimpedanzen

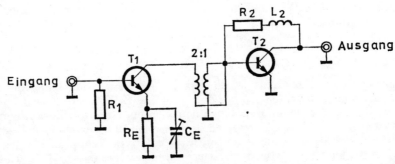

Abb. 12.16. Schaltskizze eines mit Leitungstransformatoren angepaßten, zweistufigen, gegengekoppelten Verstärkers

Verstärkung von $A_u = 12$ dB im Übertragungsband $f = 50\ldots500$ MHz. Die Welligkeit der Verstärkung beträgt $\Delta A_u = \pm 0,1$ dB, die anderen Parameter bleiben praktisch gleich, ohne daß irgendwelche Einstell- oder Abgleicharbeiten nötig sind. Bei der besagten Schaltung hat die Nichtanpassung einen Wert von $Z_0/Z_i = 180$.

Ein zweistufiger Verstärker, bei dem man anstelle der stromgegengekoppelten und kompensierten Emitterstufe eine Basisstufe verwendet, ist in *Abb. 12.17* zu sehen. Die Nichtanpassung beträgt in diesem Fall $Z_0/Z_i = 670$,

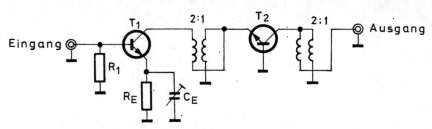

Abb. 12.17. Schaltskizze eines mit Leitungstransformatoren angepaßten, zweistufigen Verstärkers

die Verstärkung $A_u = 14{,}8$ dB, und die obere Grenzfrequenz liegt bei $f_G = 470$ MHz. Die gegenseitige Beeinflussung der Stufen ist, ebenso wie bei der vorigen Schaltung, auch hier vernachlässigbar.

13 Kettenverstärker

13.1 Funktionsweise von Kettenverstärkern

Sämtliche in den vorangegangenen Kapiteln untersuchten Verstärkerstufen ließen sich mit dem Wert der Bandgüte (Verstärkungs-Bandbreite-Produkt) charakterisieren, mit dem letztlich auch die obere Grenze des Hochfrequenzbetriebs festgelegt ist. Bei Nacheinanderschaltung von Verstärkerstufen erreicht man oberhalb der Bandgrenze keine günstigeren Verhältnisse, da durch Multiplikation von Verstärkungen kleiner als eins die resultierende Verstärkung auch kleiner als eins wird. Mit der multiplikativen Verstärkung sind wir also nicht in der Lage, die aus der Leistungsverstärkung berechnete Bandgütegrenze zu überschreiten.

Eine Erhöhung der Grenzfrequenz läßt sich mit der additiven Verstärkung erreichen, bei der sich die Verstärkungen der einzelnen Stufen addieren; auf diese Weise können auch aus Stufen kleinerer Verstärkung als eins Breitbandverstärker zusammengesetzt werden. Das sind die sogenannten Kettenverstärker (distributive Verstärker).

Abb. 13.1 zeigt den prinzipiellen Aufbau von Kettenverstärkern. Das Signal der Spannungsquelle gelangt auf die eingangsseitige Verzögerungsleitung, wo es entsprechend verzögert die einzelnen Verstärker ansteuert. Das am Ausgang eines Verstärkerelements auftretende Signal schreitet in

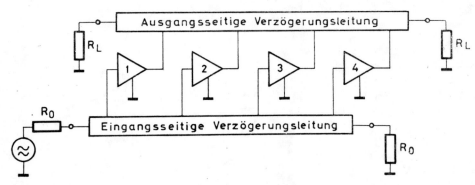

Abb. 13.1. Prinzipielle Anordnung eines Kettenverstärkers

beiden Richtungen auf der ausgangsseitigen Verzögerungsleitung fort. Bei richtiger Einstellung der Verzögerungsleitungen addieren sich die am Ausgang der einzelnen Verstärker auftretenden und in Richtung eines Abschlußwiderstandes R_L fortschreitenden Signale; auf diese Weise ist tatsächlich der Summenwert der Verstärkungen der einzelnen Stufen an der Last meßbar. Die in die andere Richtung laufenden Signale zehren sich am anderen Ende der Leitung über dem ebenso großen Abschlußwiderstand R_L auf. Bei richtiger Anpassung haben die Abschlußwiderstände an beiden Verzögerungsleitungen den Wert des Wellenwiderstandes, in diesem Fall treten keine Reflexionen auf.

Die Spannungsverstärkung des Kettenverstärkers beträgt

$$A_u = n \cdot \frac{g_m R_L}{2}, \qquad (13.1.1)$$

wobei n die Zahl der Stufen und g_m die Steilheit des Verstärkerelementes angibt. Zum Erreichen einer hohen Verstärkung werden gemäß diesem Zusammenhang viele Stufen benötigt. Theoretisch läßt sich nachweisen, daß die Erhöhung der Zahl der zu einer Kette zusammengeschalteten Stufen oberhalb einer gewissen Grenze ungünstigere Ergebnisse liefert als eine Reihenschaltung von mehreren, jedoch weniger Stufen enthaltenden Kettenverstärkern. Die optimale Spannungsverstärkung, bei der die Zahl der Verstärkerelemente minimal ist, liegt bei $A_u \approx 2,7$.

Wegen der stark frequenzabhängigen Eingangsimpedanz der bipolaren Transistoren müssen Kompensationselemente angewendet werden, um die so bedingte frequenzabhängige Belastung der Verzögerungsleitung zu verringern. Diesem Aufwand ist es zuzuschreiben, daß Kettenverstärker mit bipolaren Transistoren nicht sehr verbreitet sind. Anders ist die Situation bei Feldeffekttransistoren, bei denen Eingangs- und Ausgangsimpedanz durch Kapazitäten gebildet werden, die ihre Werte mit der Frequenz nicht ändern und so in die Verzögerungsleitung mit einbezogen werden können.

Mit theoretischen Fragen zu den Kettenverstärkern und mit verschiedenen Realisierungsmöglichkeiten der Verzögerungsleitung beschäftigt sich [13.3]. Neben der Abhandlung dieser Fragen enthält diese Veröffentlichung ebenfalls eine Zusammenstellung sämtlicher bemerkenswerter Artikel über Kettenverstärker.

Unter den Realisierungsmöglichkeiten der Verzögerungsleitungen für Kettenverstärker ist die aus den Einheiten gemäß *Abb. 13.2* aufgebaute Schaltung am weitesten verbreitet. In Abb. 13.2a ist die Prinzipschaltung, in Abb. 13.2b die Ersatzschaltung zu sehen.

Die Kopplung zwischen den Induktivitäten L_1 läßt sich leicht durch entsprechende Anordnung der Spulen realisieren. Die Grenzfrequenz des fraglichen T-Gliedes (*m*-Gliedes) ist durch die Beziehung $\omega_0 \sqrt{LC} = 2$ gegeben. Der frequenzabhängige Wellenwiderstand beträgt

$$Z_0 = \sqrt{\frac{L}{C}\left(1 - \frac{\omega^2}{\omega_0^2}\right)}. \qquad (13.1.2)$$

Er ist im Durchlaßband $(0 < \omega < \omega_0)$ reell, bei $\omega > \omega_0$ dagegen imaginär. Der Phasenwinkel wächst von null beginnend mit der Frequenz und nimmt bei $\omega = \omega_0$ den Wert $\varphi = \pi$ an. Da im gesamten Übertragungsband weder der Wellenwiderstand noch die Gruppenlaufzeit konstant sind, kann das Band nur zu einem gewissen Teil ausgenutzt werden; die maximale Breite hierfür erreicht man beim Optimalwert $m_{opt} = 1,23 \ldots 1,27$.

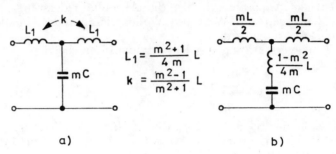

a)   b)

Abb. 13.2. Schaltung eines Elements (a) und dessen Ersatzschaltung (b) einer im Kettenverstärker angewendeten Verzögerungsleitung mit induktiver Kopplung

13.2 Kettenverstärkerschaltungen mit Transistoren

In *Abb. 13.3* ist eine Stufe eines mit bipolaren Transistoren aufgebauten Kettenverstärkers zu sehen [13.1]. Zur Erhöhung der Eingangsimpedanz und Verringerung der Frequenzabhängigkeit des bipolaren Transistors ist der Emitterkreis mit einer Gegenkopplung und der Basiskreis mit einer Serienkompensation ausgerüstet. Haben die beiden Zeitkonstanten die Größe $R_E C_E = R_B C_B = 1/\omega_\beta$, so kann die Stufe auch als kompensierter Spannungsteiler aufgefaßt werden, der ein aktives Element (Stromquelle) enthält.

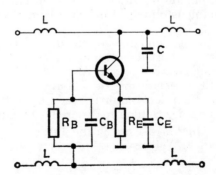

Abb. 13.3. Schaltskizze einer Stufe eines mit bipolaren Transistoren aufgebauten Kettenverstärkers

210

Abb. 13.4 zeigt eine Stufe einer mit Feldeffekttransistoren arbeitenden Kettenverstärkerschaltung [13.2]. Zur Verringerung der kapazitiven Rückwirkung besteht jedes Verstärkerelement aus einem sourcegekoppelten Transistorpaar (Differenzverstärker). Die Eingangskapazität des einstufigen

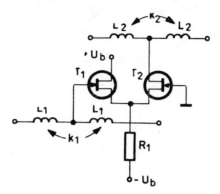

Abb. 13.4. Schaltung einer Stufe eines mit Feldeffekttransistoren arbeitenden Kettenverstärkers

Verstärkers erhöht sich nämlich aufgrund der Miller-Kapazität auf den Wert

$$C_i \approx C_{dg}(1 + A), \qquad (13.2.1)$$

weswegen man die Impedanz der eingangsseitigen Verzögerungsleitung sehr klein wählen müßte. Mit zweistufigen Verstärkerschaltungen, bei denen die zweite Stufe in Gateschaltung betrieben wird, läßt sich die Rückwirkung reduzieren. Unter solchen zweistufigen Verstärkern kommen nun zwei Lösungen in Frage, die Source-Gate-Schaltung (Kaskadenschaltung) und die sourcegekoppelte Stufe (long-tail pair). Die Steilheit der zweiten Anordnung beträgt zwar etwa nur die Hälfte der ersten doch ist hier die Eingangskapazität auch nur halb so groß, weshalb man diese Schaltung bei den bekannten Kettenverstärkern als Kettenglied anwendet. Der Wert der Eingangskapazität, die die eingangsseitige Verzögerungsleitung belastet, liegt bei

$$C_i \approx C_{gs}/2 + C_{dg}. \qquad (13.2.2)$$

Mit einem aus den Elementen $L_1 = L_2 = 0{,}28~\mu\text{H}$ und mit $k_1 = k_2 = 0{,}23$ (gemäß Abb. 13.4) aufgebauten vierstufigen Kettenverstärker erreichte man eine Verstärkung von $A_u = 2{,}8$ [13.2]. Für die Anstiegszeit wurde $t_r \approx 6{,}5~\text{ns}$ gemessen, woraus sich für den 3-dB-Abfall eine Grenzfrequenz von etwa $f_G = 70~\text{MHz}$ ergibt. Eingangs- und Ausgangskapazität des sourcegekoppelten Transistorpaars betragen $C_i = 3{,}4~\text{pF}$ bzw. $C_o = 1{,}7~\text{pF}$, die resultierende Steilheit ist $g_m = 1{,}5~\text{mS}$. Die Verstärkung der einzelnen Stufen hat bei einer Verzögerungsleitung mit dem Wellenwiderstand $Z_0 = 960~\Omega$ eine

Größe von $A_u = 0,72$. Mit dem Aufkommen von Feldeffekttransistoren extrem hoher Grenzfrequenz wuchs auch die Bedeutung der Kettenverstärker. In [13.4] und [13.5] werden Labormuster von Feldeffekttransistorschaltungen beschrieben, mit denen ein sehr breites Frequenzband überstrichen werden kann.

In [13.6] wird ein mit Hilfe eines Rechners entworfener 45-MHz-Kettenverstärker besprochen. Berücksichtigt wurden hier bei der Programmierung auch die Verluste der Leitungen, auf deren Grundlage die Optimierung der einzelnen Elemente erfolgte.

14 Stabilität von Selektivverstärkern

14.1 Das Stabilitätskriterium bei aktiven Vierpolen

Aktive Vierpole können bei gegebenen Abschlüssen instabil werden, auch unabhängig von der Art der Ansteuerung sind sie in der Lage, selbständig Schwingungen zu erzeugen. Das Zustandekommen der Oszillation hängt einerseits vom aktiven Vierpol selbst, andererseits von der Größe der Abschlüsse ab. Es gibt aktive Vierpole, die auch bei extremen Abschlüssen stabil arbeiten, d. h., eine selbständige Schwingungserzeugung kommt bei keiner möglichen Art des Abschlusses zustande, wenn dieser positiv reell ist. Diese Vierpole werden unbedingt stabil (unconditionally stable) genannt.

Die zweite Gruppe der aktiven Vierpole arbeitet bei gegebenen Abschlüssen noch stabil, doch können sie in einem gewissen Bereich der Abschlüsse instabil werden. Ein solcher Vierpol ist nur bedingt stabil, d. h. lediglich in einem bestimmten Bereich der möglichen Abschlüsse (potentially unstable). In solchen Fällen ist es die Aufgabe des Entwicklungsingenieurs, den Bereich der Abschlüsse für den stabilen Betrieb festzustellen.

Mit einer Verringerung der Leistungsverstärkung kann die Stabilität des Verstärkers erhöht werden. Der Begriff der Stabilität tritt vor allem bei den Selektivverstärkern in den Vordergrund, wo infolge der Impedanzanpassungen eine hohe Leistungsverstärkung auftritt.

Wir wollen uns nun mit der Stabilität des aktiven Vierpols beschäftigen, der den Transistor ersetzt. Dabei stellen wir den Vierpol mit seiner y-Ersatzschaltung und seine Abschlüsse mit der Generatoradmittanz y_g und der Lastadmittanz y_L dar *(Abb. 14.1)*. Die Abschlußadmittanzen lassen sich mit den Parametern y_{11} bzw. y_{22} des Vierpols zusammenfassen. Für den so

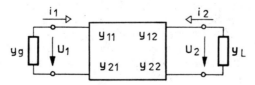

Abb. 14.1. Ein- und ausgangsseitig abgeschlossener Vierpol, beschrieben mit seinen y-Parametern

erhaltenen resultierenden Vierpol gilt aufgrund von Abb. 14.1 das Gleichungssystem

$$0 = (y_{11} + y_g)\,u_1 + y_{12}u_2,$$
$$0 = y_{21}u_1 + (y_{22} + y_L)u_2. \tag{14.1.1}$$

Die Gleichungen drücken aus, daß die von außen in den resultierenden Vierpol hineinfließenden Ströme null sind.

Wenn nun auch ohne äußere Erregerströme innere Spannungen u_1 und u_2 auftreten, so können diese offensichtlich nur aus dem Vierpol selbst stammen, d. h., der Vierpol erzeugt in diesem Fall selbständig Schwingungen. Die Lösung des obigen Gleichungssystems gibt für von null verschiedene Werte der Spannungen u_1 und u_2 entsprechend dem Zusammenhang

$$(y_{11} + y_g)\,(y_{22} + y_L) - y_{12}y_{21} = 0 \tag{14.1.2}$$

die Oszillationsbedingung an. Dieser Ausdruck ist eine komplexe Gleichung, die sich in zwei Skalar-Gleichungen darstellen läßt. Deren Imaginärteile haben die Form

$$\mathrm{Im}(y_{11} + y_g) = b_{11} + b_g,$$
$$\mathrm{Im}(y_{22} + y_L) = b_{22} + b_L, \tag{14.1.3}$$

für die das Gleichungssystem je eine Gleichung 2. Grades liefert. Auf diese Weise kann die Summe der beiden Imaginärteile durch die bekannte Lösungsgleichung ausgedrückt werden. Bedingung für eine Schwingfähigkeit des Systems ist, daß in den erhaltenen Ausdrücken die Größe unter der Quadratwurzel, die Diskriminante, größer als null ist. In diesem Fall erhalten wir reelle (interpretierbare) Werte für den Skalarwert der Imaginärteile, was bedeutet, daß bei Abschlüssen, die derartige Imaginärteile besitzen, der Vierpol selbständige Schwingungen erzeugen wird.

Ist die im Lösungsausdruck der Gleichungen 2. Grades auftauchende Diskriminante kleiner als null, so ist das Vierpolsystem bei Abschlüssen ganz gleich welcher Art und Größe nicht in der Lage, selbständige Schwingungen aufrechtzuerhalten. Bedingung für die Stabilität von beliebig abgeschlossenen Vierpolen ist also, daß die fragliche Diskriminante kleiner als null ist, d. h.

$$2(g_{11} + g_g)\,(g_{22} + g_L) > |y_{12}y_{21}|\,[1 + \cos(\varphi_{12} + \varphi_{21})]. \tag{14.1.4}$$

Die Gleichung (14.1.4) gibt also die Werte für den Generatorleitwert g_g und den Lastleitwert g_L an, für die die Schaltung schwingfrei arbeitet. Die Schwingfähigkeit der Schaltung wird — wie auch aus der Gleichung hervorgeht — bei Abschlußleitwerten von null ($g_g = g_L = 0$) maximal. Kommt es auch bei solchen Bedingungen noch nicht zum Eigenschwingen der Schaltung, dann ist diese unbedingt stabil, was mathematisch durch folgende Ungleichung erklärt wird:

$$2g_{11}g_{22} > |y_{12}y_{21}|\,[1 + \cos(\varphi_{12} + \varphi_{21})]. \tag{14.1.5}$$

Unter Benutzung von Ausdruck (4.2.8) erhalten wir so das Kriterium für unbedingte Stabilität:

$$\delta(1 + \cos \varphi) < 1. \qquad (14.1.6)$$

Ein Vierpol, dessen Parameter die obige Ungleichung erfüllen, ist unbedingt stabil, selbständige Schwingungen können hier bei keinem der denkbaren Abschlüsse auftreten.

Das Maß der Leistungsverstärkung und die Stabilität der Schaltung sind einander entgegengesetzt tendierende Größen. Untersuchen wir den Nenner der Gleichung (4.2.9), die die maximale Leistungsverstärkung bei Impedanzanpassung ausdrückt, dann sehen wir, daß bei Nichterfüllung der Ungleichung (14.1.6), die die Stabilität bestimmt, auch der Ausdruck (4.2.9) seinen Sinn verliert. In diesem Fall können wir also nicht von einer maximalen Leistungsverstärkung sprechen.

14.2 Der Stabilitätsfaktor

Das Stabilitätskriterium (14.1.4) läßt sich zur Entscheidung verwenden, ob in der Schaltung bei vorgegebenen Abschlüssen eine Selbstschwingung auftritt oder nicht. Das ist jedoch noch keine ausreichende Bedingung, denn der schwingfreie Betrieb einer Schaltung ist noch keine Gewähr für deren einwandfreie Arbeitsweise (z. B. kann eine unzulässige Verzerrung in der Übertragungskurve auftreten).

Der Begriff des Stabilitätsfaktors, den wir im folgenden definieren wollen, ermöglicht eine bessere Bewertung der Verhältnisse. Der Stabilitätsfaktor löst im wesentlichen die mathematische Unsicherheit, die in versteckter Form im Ungleichheitszeichen enthalten ist.

Nach Umstellung der Ungleichung (14.1.4) erhalten wir den Stabilitätsfaktor (auch Stern-Faktor, k, genannt)

$$S = \frac{2g_1 g_2}{|y_{12} y_{21}| (1 + \cos \varphi)} \geq 1, \qquad (14.2.1)$$

wobei g_1 und g_2 die Summen der am Eingang bzw. Ausgang erscheinenden Leitwerte sind, d. h. $g_1 = g_{11} + g_g$, $g_2 = g_{22} + g_L$, und mit $\varphi = \varphi_{12} + \varphi_{21}$ erhalten wir die Summe der Phasenwinkel der Übertragungsadmittanzen.

Der Stabilitätsfaktor muß in jedem Fall im gesamten Frequenzbereich (d. h. auch außerhalb des Betriebs-Frequenzbandes) größer als eins sein. Bei der Berechnung der Leitwerte g_1 und g_2 ist der ungünstigste Fall zu berücksichtigen, was besonders dann interessant ist, wenn sich der Leitwert über ein Reaktanznetzwerk auf den Eingang bzw. Ausgang transformiert. Abhängig von der Abstimmung des Reaktanznetzwerkes ändert sich nämlich der transformierte Leitwert innerhalb breiter Grenzen. Ist nun der Vierpol nur bedingt stabil, so kann bei gegebener Abstimmung Instabilität auftreten, was die weitere Abstimmung der Schaltung erschwert oder eventuell unmöglich macht.

Durch Multiplikation mit der sogenannten Schleifenverstärkung

$$T = \frac{|y_{12}y_{21}|}{g_1 g_2} \tag{14.2.2}$$

erhalten wir den Relativwert des Stabilitätsfaktors

$$ST = S_{rel} = 2/(1 + \cos \varphi), \tag{14.2.3}$$

der in *Abb. 14.2* dargestellt ist. Bedingung für einen stabilen Betrieb ist, daß die Schleifenverstärkung T des Verstärkers innerhalb der Parabel liegt [14.8].

Die Deutung des Stabilitätsfaktors veranschaulicht *Abb. 14.3*. Darin wurde der Vierpol derart aufgeteilt, daß Eingangsleitwert und Generator-

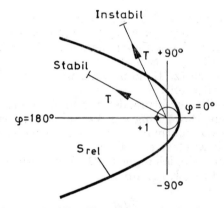

Abb. 14.2. Relativwert des Stabilitätsfaktors in der komplexen Zahlenebene

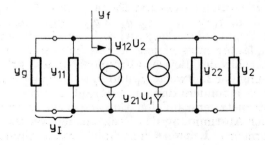

Abb. 14.3. Zur Deutung des Stabilitätsfaktors

216

admittanz zusammengefaßt erscheinen, d. h. $y_I = y_g + y_{11}$. Durch die Rückwirkung erzeugte Admittanz am Eingang:

$$y_f = - \frac{y_{12} y_{21}}{y_{22} + y_L} \,. \qquad (14.2.4)$$

Die Admittanzen y_I und y_f liegen parallel zueinander. Auf diese Weise erhalten wir am Eingang eine in Abhängigkeit des Abschlusses y_L sich ändernde Eingangsadmittanz. Im ungünstigsten Fall ist der Realteil der Gesamtadmittanz am Eingang null oder aber negativ.

Für die Stabilität ist das Verhältnis des Realteils der Admittanz y_I zum Realteil der Admittanz y_f kennzeichnend:

$$S = \frac{\mathrm{Re}(y_I)}{\mathrm{Re}(y_f)} \,. \qquad (14.2.5)$$

Da der Stabilitätsfaktor eine Funktion der Lastadmittanz y_L ist, wird bei frequenzabhängiger Belastung auch die Stabilität eine Funktion der Frequenz. Ähnlich sind die Verhältnisse bei frequenzabhängigem $\mathrm{Re}(y_g)$. Die Schaltung muß bei den ungünstigsten Bedingungen untersucht werden, d. h., der minimale Wert des Stabilitätsfaktors ist in Abhängigkeit von der Frequenz, von der Abstimmung und eventuell von der Belastungsänderung zu ermitteln:

$$S = \frac{\mathrm{Re}(y_I)_{\min}}{\mathrm{Re}(y_f)_{\max}} \,. \qquad (14.2.6)$$

Der Stabilitätsfaktor der untersuchten Schaltung läßt sich bestimmen, indem man die Minima bzw. Maxima des Realteils der Admittanzen y_I bzw. y_f berechnet.

Aus der Grundgleichung (14.1.5) für die unbedingte Stabilität läßt sich ein gleichfalls recht häufig benutzter Stabilitätsfaktor, der Linvill-Faktor, ableiten [15.6]:

$$1/C = K = \frac{2g_{11}g_{22} - \mathrm{Re}(y_{12}y_{21})}{|y_{12}y_{21}|} \geq 1 \,. \qquad (14.2.7)$$

Den Zusammenhang zwischen den beiden Stabilitätsfaktoren beschreibt der Ausdruck

$$S = \frac{K + \cos\varphi}{1 + \cos\varphi} \,. \qquad (14.2.8)$$

Setzen wir in den Ausdruck (4.2.9) für die maximale Leistungsverstärkung, bei angepaßten Abschlüssen den Faktor K ein, dann erhalten wir

$$N_{\max} = \left| \frac{y_{21}}{y_{12}} \right| \cdot (K - \sqrt{K^2 - 1}) \,. \qquad (14.2.9)$$

Diesen Zusammenhang benutzt man häufig beim Entwurf von Selektivverstärkern in der mit Hybrid-(h-) oder Reflexions-(s-)Parametern aufgestellten Form. Zusammenhang (14.2.9) wird N_{max} bei einem Wert von $K = 1$ maximal, da für Stabilitätsfaktoren von $K < 1$ der Ausdruck seine Aussagefähigkeit verliert. Die so erhaltene maximale Leistungsverstärkung

$$N_{max}|_{K=1} = \left| \frac{y_{21}}{y_{12}} \right| \tag{14.2.10}$$

ist die theoretische obere Grenze der Leistungsverstärkung des Vierpols. Die in der Praxis erreichbare sogenannte maximal nutzbare Leistung MUG (maximum usable gain) hat dagegen einen Wert von

$$MUG = \gamma \left| \frac{y_{21}}{y_{12}} \right|, \tag{14.2.11}$$

wobei $\gamma \approx 0,4$ ist.

14.3 Stabilität von mehrstufigen Selektivverstärkern

Die Bestimmung der Stabilität mehrstufiger Verstärker ist im allgemeinen eine recht komplizierte Aufgabe. Eine wesentliche Vereinfachung ergibt sich, wenn wir aktive Vierpole und Kopplungselemente (Filter) voraussetzen, deren Parameter gleich sind. Der Stabilitätsfaktor einer n-ten, auf beiden

Tabelle 14.1. Der die Verringerung des Stabilitätsfaktors kennzeichnende Faktor a_n für einen n-stufigen Resonanzverstärker

n	a_n
1	1,0
2	0,5
3	0,38
4	0,33
5	0,31
6	0,29
7	0,28
8	0,28
9	0,27
10	0,27
∞	0,25

218

Seiten mit Resonanzkreisen angepaßten Verstärkerstufe ist durch den Zusammenhang

$$S_n = \frac{2g_1g_2}{|y_{12}y_{21}|\,(1 + \cos\varphi)} \cdot a_n \qquad (14.3.1)$$

gegeben, wobei a_n ein von der Stufenzahl abhängiger Faktor ist *(Tab. 14.1)*.

Den Stabilitätsfaktor von zwei- und dreistufigen Verstärkern, aufgebaut aus gleichen aktiven Vierpolen und angepaßt mit gleichen Bandfiltern, können wir anhand von *Tab. 14.2* bestimmen. In der Tabelle sind — nach

Tabelle 14.2. Stabilitätsfaktor von Bandfilterverstärkern

φ	$\dfrac{2}{1+\cos\varphi}$	Einstufiger Verstärker mit zwei Bandfiltern			Zweistufiger Verstärker mit drei Bandfiltern			Dreistufiger Verstärker mit vier Bandfiltern		
		$kQ = 0{,}7$	1,0	1,41	0,7	1,0	1,41	0,7	1,0	1,41
0	1	2,3	4,0	4,0	1,5	1,7	1,9	1,2	1,3	1,4
15	1,1	2,0	2,9	3,0	1,4	1,6	1,9	1,2	1,3	1,4
30	1,2	2,0	2,6	2,9	1,4	1,6	1,9	1,3	1,4	1,5
45	1,3	2,0	2,6	2,9	1,5	1,7	2,0	1,4	1,5	1,5
60	1,4	2,1	2,6	3,0	1,6	1,8	2,0	1,5	1,6	1,7
75	1,5	2,4	2,8	3,3	1,8	2,0	2,3	1,8	1,9	2,0
90	2,0	2,7	3,2	3,8	2,3	2,5	2,7	2,4	2,5	2,7
105	2,7	3,5	4,0	4,6	3,0	3,2	3,5	3,5	3,6	3,7
120	4,0	5,5	6,0	7,0	4,3	4,7	5,0	5,2	5,3	5,6
135	7,0	8	8,5	9,5	9,2	9,5	10	9	9,5	10
150	15	13	15	18	13	14	16	12	13	15

dem Muster von Zusammenhang (14.2.3) mit der Schleifenverstärkung multipliziert — die relativen Stabilitätsfaktoren S_{rel} für verschiedene Phasenwinkel φ und Kopplungsfaktoren (kQ) angegeben. Zum Vergleich enthält die Tabelle auch die Werte gemäß (14.2.3) sowie die relativen Stabilitätsfaktoren der einstufigen, auf beiden Seiten mit Bandfiltern angepaßten Schaltungen. Wie ersichtlich ist, fällt auch hier mit Erhöhung der Zahl der Stufen die relative Stabilität [14.8].

14.4 Berechnung der Stabilität mit den Reflexionsparametern

Auch beim Schaltungsentwurf mit Reflexions-(s-)Parametern taucht die Notwendigkeit auf, die Stabilität der Schaltung zu kontrollieren. Mit Hilfe der Reflexionsparameter und des Impedanz-(Smith-)Diagramms kann das einfach gelöst werden [14.9]. Der aktive Vierpol ist unbedingt stabil, wenn die Parameter s_{11} und s_{22} kleiner als eins sind, dagegen der Faktor K gemäß (14.2.7) einen Wert größer als eins hat. Diesen Faktor mit den Reflexionsparametern ausgedrückt, erhalten wir

$$K = \frac{1 - |s_{11}|^2 - |s_{22}|^2 + |\Delta|^2}{2|s_{21}s_{12}|} \geq 1, \qquad (14.4.1)$$

wobei $\Delta = s_{11}s_{22} - s_{12}s_{21}$ ist.

Unbedingt stabile Vierpole lassen sich zum Erreichen der maximalen Leistungsübertragung auf beiden Seiten konjugiert anpassen. Ähnlich zu den Beziehungen (4.2.7) erhalten wir für die mit den Reflexionsparametern ausgedrückten Abschlüsse (bezogen auf den Wellenwiderstand Z_0):

$$r_{g\,\mathrm{opt}} = C_1^* \left[\frac{B_1 \pm \sqrt{B_1^2 - 4|C_1|^2}}{2|C_1|^2} \right], \qquad (14.4.2)$$

$$r_{L\,\mathrm{opt}} = C_2^* \left[\frac{B_2 \pm \sqrt{B_2^2 - 4|C_2|^2}}{2|C_2|^2} \right], \qquad (14.4.3)$$

mit

$$B_1 = 1 + |s_{11}|^2 - |s_{22}|^2 - |\Delta|^2,$$

$$B_2 = 1 - |s_{11}|^2 + |s_{22}|^2 - |\Delta|^2, \qquad (14.4.4)$$

$$C_1 = s_{11} - \Delta s_{22}^*,$$

$$C_2 = s_{22} - \Delta s_{11}^*,$$

wobei mit einem Stern die konjugiert komplexe Größe bezeichnet wurde. In beiden Zusammenhängen ist vor der Quadratwurzel das negative Vorzeichen zu beachten, wenn B_1 bzw. B_2 positiv ist, und umgekehrt das positive Vorzeichen, wenn B_1 bzw. B_2 negativ ist. Mit obigen Beziehungen erhalten wir für die Leistungsverstärkung der konjugiert angepaßten Stufe ähnlich zum Ausdruck (14.2.9):

$$N_{\mathrm{max}} = \left| \frac{s_{21}}{s_{12}} \right| (K \pm \sqrt{K^2 - 1}), \qquad (14.4.5)$$

wobei vor der Quadratwurzel das negative Vorzeichen beachtet werden muß, wenn B_1 positiv ist, und umgekehrt.

Ist der Vierpol nicht unbedingt stabil ($K < 1$), so kann der Bereich der für einen stabilen Betrieb notwendigen Abschlüsse mit Hilfe des Impedanzdiagramms bestimmt werden. Bezogen auf die Eingangs- wie die Ausgangsseite grenzt im Impedanzdiagramm je ein Kreis den Bereich ein, für den, falls die Abschlußimpedanzen darin liegen, die Schaltung instabil wird

(Abb. 14.4). Die Mittelpunkte (r_{s1} und r_{s2}) sowie die Radien (R_{s1} und R_{s2}) der Kreise lassen sich aus folgenden Beziehungen berechnen:

$$r_{s1} = \frac{C_1^*}{|s_{11}|^2 - |\varDelta|^2},$$

$$r_{s2} = \frac{C_2^*}{|s_{22}|^2 - |\varDelta|^2},$$

$$R_{s1} = \frac{|s_{12}s_{21}|}{|s_{11}|^2 - |\varDelta|^2},$$ (14.4.6)

$$R_{s2} = \frac{|s_{12}s_{21}|}{|s_{22}|^2 - |\varDelta|^2}.$$

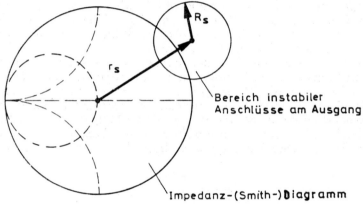

Abb. 14.4. Bereich instabiler Ausgangsimpedanzen im Impedanzdiagramm

Zeichnen wir, ausgehend von den obigen Zusammenhängen, in das Impedanzdiagramm den Instabilitätsbereich ein, so können wir unmittelbar die Stabilität der Schaltung kontrollieren. Für unbedingt stabile Vierpole ($K > 1$) fällt der Instabilitätskreis außerhalb des Impedanzdiagramms. Auf diese Weise kommt kein verbotener Bereich zustande.

14.5 Neutralisation von Vierpolen

Die Ursache der Instabilität von Hochfrequenz-Selektivverstärkern ist in der Rückwirkung zu suchen, die durch den mit dem Index 12 versehenen Vierpolparameter gegeben ist. Eine Verringerung bzw. Kompensation der Rückwirkung, unter der wir den Einfluß des Ausgangssignals eines Vierpols auf dessen Eingang verstehen, läßt sich durch Neutralisation erreichen. Bei vollkommener Neutralisation gelangt vom Ausgang des Vierpols kein Signal auf den Eingang zurück. Hierbei hat der Vierpolparameter mit dem Index 12 den Wert Null. Einen Vierpol, dessen Paremeter h_{12}, y_{12}, z_{21} und s_{12} null sind, nennt man unilateral. Der unilaterale Vierpol ist also nicht transparent, seine Schleifenverstärkung ist null, das auf seinen Eingang gegebene und in ihm verstärkte Signal gelangt vom Ausgang nicht wieder auf den Eingang zurück. Unilateral ist also ein vierpoltechnischer Begriff, während die Neutralisation ein Verfahren zur Realisierung bedeutet [14.2].

Die neutralisierende Schaltung beinhaltet im wesentlichen eine Brückenschaltung, von deren Verstimmung die Größe des rückwirkenden Signals abhängt. Da man auf der anderen Seite eine vollkommen abgeglichene Hochfrequenzbrücke für Dauerbetrieb kaum realisieren kann, ist in der Praxis auch kein ideal unilateraler Vierpol erreichbar.

Die am weitesten verbreitete Neutralisationsart ist die sogenannte y-Neutralisation, bei deren Realisierung von Abb. 4.13 ausgegangen werden kann. Aufgrund des Zusammenhangs (4.3.8) wird der Vierpol unter Einhaltung der Bedingung $y_{12} + Y_f/n = 0$ unilateral. Löst man diese Gleichung nach Y_f auf, so lassen sich bei gegebenem Windungszahlverhältnis n die drei resultierenden y-Parameter berechnen.

Im Falle eines schmalen Frequenzbandes ist die in der Bandmitte meßbare Admittanz y_{12} die Richtgröße, zu der Y_f proportional ist. Die zur Neutralisation benutzte Admittanz Y_f kann hier mit einem Serien- *(Abb. 14.5)* oder mit einem Parallel-RC-Glied realisiert werden. In einem schmalen Frequenzband ist die Änderung von y_{12} geringfügig, so daß die Neutralisation bei beiden Lösungen im ganzen Frequenzband annehmbar ist. Bei einem breiteren Frequenzband kann y_{12} im fraglichen Bereich eine wesentliche

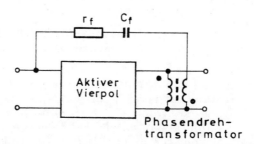

Abb. 14.5. y-Neutralisation eines aktiven Vierpols

Änderung zeigen. Damit kann man die Admittanz Y_f aus mehreren Elementen, d. h. aus der Kombination von Widerständen und Kapazitäten, zusammensetzen, um so die Frequenzabhängigkeit des Vierpolparameters y_{12} nachzubilden [14.5]. Der zur Phasendrehung benötigte Transformator wird meistens gleichzeitig in Form des Anpassungstransformators, der für die folgende Stufe bzw. Belastung benutzt wird, realisiert.

Abb. 14.6 zeigt einen mit Reaktanzelementen neutralisierten aktiven Vierpol. Der Vierpol wurde mit der y-Ersatzschaltung dargestellt, parallel zu seinem Ausgang liegt die Suszeptanz mit dem Wert B_n. Mit dem auf diese Weise ergänzten Vierpol ist in Parallel-Serien-Schaltung ein idealer Transformator verbunden. Für die Schaltung lassen sich folgende Gleichungen aufstellen:

$$i_1 = y_{12} u_2 = \frac{y_{12}}{y_{22} + jB_n}\, i_2'$$
(14.5.1)

und $ni_1' = i_2'$.

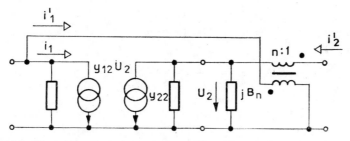

Abb. 14.6. Neutralisation eines aktiven Vierpols mit Reaktanzelementen

Die Schaltung verhält sich dann unilateral, wenn die Summe der zwei am Eingang fließenden Ströme null ist ($i_1 + i_1' = 0$); hieraus ergeben sich B_n und das Windungszahlverhältnis:

$$B_n = b_{12} g_{22}/g_{12} - b_{22}, \quad n = -g_{22}/g_{12}.$$
(14.5.2)

14.6 Leistungsverstärkung von neutralisierten Verstärkern

Ein Vierpol kann als unilateral angesehen werden, wenn für ihn die Bedingung $y_{12} + Y_t/n = 0$ erfüllt ist. Löst man diese Gleichung nach der Neutralisationsadmittanz Y_t auf und setzt diesen Wert in den Ausdruck (4.3.8) ein, der die resultierenden y-Parameter liefert, dann erhalten wir

$$g_{11R} = g_{11} - ng_{12},$$
$$y_{21R} = y_{21} - y_{12},$$
$$g_{22R} = g_{22} - g_{12}/n.$$
(14.6.1)

Setzt man diese Werte in den für Anpassung geltenden Ausdruck (4.2.9) der Leistungsverstärkung ein, dann ergibt sich

$$N = \frac{|y_{21}|^2}{4g_{11R}'g_{22R}}.$$
(14.6.2)

Aufgrund des Zusammenhangs (4.3.8) fällt durch den Einfluß der Neutralisation die Leistungsverstärkung etwas. Da die Leistungsverstärkung eine Funktion des Windungszahlverhältnisses ist, erhält man die maximale Leistungsverstärkung durch Bestimmung des Extremwertes, d. h. durch Differentiation des Ausdrucks nach n:

$$\frac{\mathrm{d}N}{\mathrm{d}n} = 0. \qquad (14.6.3)$$

Hieraus ergibt sich als optimales Windungszahlverhältnis $n_{\mathrm{opt}} = \sqrt{g_{11}/g_{22}}$. Für die angepaßte Leistungsverstärkung folgt dann bei optimalem Windungszahlverhältnis

$$N_0^* = \frac{|y_{21} - y_{12}|^2}{4(g_{11}g_{22} - 2g_{12}\sqrt{g_{11}g_{22}} + g_{12}^2)}. \qquad (14.6.4)$$

Bei geringen Leitwerten g_{12} gilt dann in guter Näherung

$$N_0 \simeq \frac{|y_{21}|^2}{4g_{11}g_{22}} = MAG, \qquad (14.6.5)$$

d. h. die maximal verfügbare Verstärkung gemäß (4.2.10). Diese Vereinfachung erleichtert die Berechnung der Schaltung wesentlich, der durch die Näherung verursachte Fehler beträgt im allgemeinen nur einige dB.

Abb. 14.7 zeigt die Frequenzabhängigkeit der Leistungsverstärkung. Oberhalb der gegebenen Frequenzgrenze kann infolge der Rückwirkung die Lei-

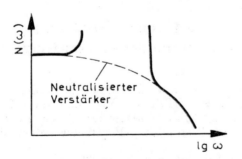

Abb. 14.7. Frequenzabhängigkeit der Leistungsverstärkung

stungsverstärkung sprunghaft ansteigen, die Schaltung kann dann instabil werden. In diesem Bereich ist der Verstärker meistens nur mit Neutralisation verwendbar. Oberhalb einer gewissen Frequenz verschwindet die Instabilität, was sich einerseits mit der reduzierten Schleifenverstärkung, andererseits mit der Bildung des Phasenwinkels der Schleifenverstärkung erklären läßt. In diesem Bereich kann der Verstärker auch ohne Neutralisation betrieben werden.

224

15 Methoden der Berechnung
von Selektivverstärkern; Resonanzverstärker

15.1 Der Aufbau von Selektivverstärkern

Für Selektivverstärker ist charakteristisch, daß sich zwischen den aktiven Elementen Reaktanzfilter befinden, mit denen die gewünschte Frequenzkennlinie erreicht wird *(Abb. 15.1)*. Bei den am weitesten verbreiteten Typen der transistorisierten Selektivverstärker verwendet man als aktives Element jeweils einen bipolaren oder Feldeffekttransistor; die sich zwi-

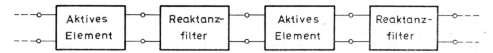

Abb. 15.1. Prinzipieller Aufbau von Selektivverstärkern

schen aktiven Elementen befindlichen Reaktanzfilter, die gleichzeitig auch zur Anpassung dienen, werden als parallele Resonanzkreise (Sperrkreise) oder aber als zweikreisige Bandfilter ausgeführt. Wegen der Rückwirkung der Transistoren müssen solche Verstärker meistens neutralisiert werden, da sich die einzelnen Stufen ohne Neutralisation gegenseitig beeinflussen, was sich in einer Verzerrung, d. h. Asymmetrie, der Frequenzkennlinie äußert.

Realisiert man die aktiven Elemente gemäß Abb. 15.1 jeweils als mehrstufige Verstärker, so kann die Rückwirkung bedeutend verringert werden. Das einfachste Beispiel hierfür ist ein Transistorpaar, bestehend aus einer Emitter- und einer Basisstufe, deren Rückwirkung praktisch null ist. Die Frequenzübertragung des am Eingang und Ausgang eines solchen zweistufigen Verstärkers liegenden Reaktanzfilters läßt sich jeweils gesondert mit Hilfe der aus der Filtertheorie bekannten Methoden berechnen.

Anstelle der mehrstufigen Transistorverstärker verwendet man heute häufig integrierte Schaltungen, die neben einer hohen Verstärkung eine geringe Rückwirkung besitzen. Dies bedingt gleichzeitig eine Modifizierung der in Abb. 15.1 gezeigten Anordnung. Die aktiven Elemente konzentrierten sich in einer (oder mehreren) integrierten Schaltung hoher Verstärkung, in ähnlicher Weise erscheinen auch die Reaktanzfilter nicht verteilt, sondern in einem Block. Eine moderne Lösung stellen die mit qualitativ hochwertigen Quarzfiltern arbeitenden Schaltungen dar, mit denen sich steile Filterkurven und eine hohe Frequenzstabilität erreichen lassen. Die Rückwirkung von integrierten Hochfrequenzschaltungen ist außerordentlich gering. Ihr Minimalwert ist im allgemeinen durch die Kapazitäten, die durch die Zuleitungen und das Gehäuse verursacht werden, begrenzt. Bei diesen Verstärkern läßt sich die Frequenzkennlinie der Reaktanzfilter recht gut mit Hilfe der Zusammenhänge, die die Filtertheorie liefert, berechnen. Die Parameter der aktiven Elemente beeinflussen hierbei die Frequenzkennlinie nicht.

Gut lassen sich auch die Pol-Nullstellen-Methode und die für die verschiedenartigen Filtertypen aufgestellten Tabellen verwenden. Beim Entwurf der Filter ist natürlich am Filtereingang bzw. -ausgang die entsprechende Eingangs- bzw. Ausgangsadmittanz des aktiven Elementes mit einzubeziehen. Das aktive Element ist auf diese Weise nur durch den vorwärts gerichteten Übertragungsparameter charakterisiert. Die Übertragung der Schaltung ist durch das Produkt der Übertragungsparameter der aktiven Elemente und der Filter gegeben. Bei Schmalband-Verstärkern sind die Parameter der aktiven Elemente innerhalb des Übertragungsbandes frequenzunabhängig, so daß die Übertragungskennlinie in ihrem Ganzen lediglich durch das Reaktanzfilter bestimmt wird. Bei Breitband-Verstärkern tritt auch die Änderung der Parameter der aktiven Elemente in Erscheinung. Mit dieser Frage werden wir uns in Kapitel 18 beschäftigen. Die Frequenzkennlinie eines mit der beschriebenen Methode entworfenen Verstärkers weicht wegen der unberücksichtigt gelassenen Rückwirkung vom berechneten Wert ab, was im günstigsten Fall durch Abstimmung ausgeglichen werden kann.

Bei Verwendung von aktiven Elementen, die über beträchtliche Rückwirkung verfügen, wird der Entwurf von mehrstufigen Verstärkern recht kompliziert. Aus dem für die Schaltung aufgestellten Gleichungssystem lassen sich die Schaltungselemente, die zu der gewünschten Übertragungsfunktion führen, bzw. deren Werte nicht auf elementare Weise bestimmen. Die exakte Lösung des Problems ist nur mit Hilfe eines Rechners möglich. Auf der Grundlage der durch Rechneranalyse erhaltenen Übertragungsfunktion der mehrstufigen Verstärker, die durch verschiedene Filtertypen realisiert werden, bieten sich die Möglichkeit des Entwurfs derartiger Verstärker. Dabei geht man von der Ähnlichkeit der berechneten zur gewünschten Übertragungsfunktion aus, d. h. man wählt von den Übertragungsfunktionen diejenige aus, die der gewünschten am besten ähnelt [14.8].

15.2 Berechnung von Selektivverstärkern
nach der Pol-Nullstellen-Methode

Ist die Rückwirkung bei den aktiven Elementen vernachlässigbar, so läßt sich die Berechnung des Selektivverstärkers mit der aus der linearen Vierpoltheorie bekannten Pol-Nullstellen-Methode durchführen. Da sich das aktive Element als eine einzige Steuerquelle darstellen läßt, brauchen wir eigentlich nur über die Berechnung des Filters und nicht über die des Selektivverstärkers insgesamt zu sprechen.

Die komplexe Übertragungs-(Transfer-)Funktion des im linearen Bereich arbeitenden Selektivverstärkers läßt sich einerseits mit der Amplitudencharakteristik $a(\omega)$, andererseits mit der Phasencharakteristik $\varphi(\omega)$ beschreiben. Gegenüber der letzteren hat vom Standpunkt der Übertragung modulierter Signale die Gruppenlaufzeit

$$\tau(\omega) = \frac{\partial \varphi}{\partial \omega}, \qquad (15.2.1)$$

die wie ersichtlich die Steilheit der Phasencharakteristik bedeutet, größere Wichtigkeit. Beim Entwurf von Selektivverstärkern kann im Übertragungsband sowohl $a(\omega)$ als auch $\tau(\omega)$ vorgeschrieben werden. In beiden Fällen können wir zwei charakteristische Typen der Übertragung unterscheiden, und zwar die maximal flache (Butterworth-)Charakteristik gemäß *Abb. 15.2a* und die (Tschebyscheff-)Charakteristik mit gleichmäßiger Welligkeit gemäß *Abb. 15.2b*.

Beim Schaltungsentwurf nach der Pol-Nullstellen-Methode transformieren wir das Frequenzband des Selektivverstärkers in eine Tiefpaß-Übertragungsfunktion, d. h., von den Übertragungsvorschriften ausgehend realisieren wir die Aufgabe zuerst als Tiefpaßvierpol und setzen diesen im weiteren mit einer geeigneten Transformation in das gewünschte Frequenzband um.

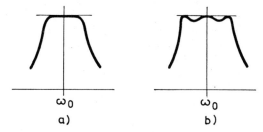

Abb. 15.2. Maximal flache Amplitudencharakteristik (a) und Amplitudencharakteristik gleichmäßiger Welligkeit (b)

Die Methode hat den Vorteil, daß uns die Kenngrößen der Übertragungsfunktionen mit Tiefpaßcharakter zur Verfügung stehen (siehe Kapitel 5). Die Transformation muß so beschaffen sein, daß sie die vollständige Pol-Nullstellen-Verteilung des Bandverstärkers in die Pol-Nullstellen-Verteilung des Tiefpasses überführt. Der aus der Netzwerktheorie bekannte Zusammenhang

$$w = \frac{1}{2}\left(p + \frac{\omega_0^2}{p}\right) \qquad (15.2.2)$$

überführt die Koordinatenachse $w = j\Omega$ des Tiefpaßbereichs in die Achse $p = j\omega$ und den Punkt $w = 0$ in den der Bandmitte entsprechenden Punkt $p = j\omega_0$. Infolge der konformen Abbildung stimmen Amplituden- und Phasencharakteristik des Tiefpaß- und Bandfilterbereiches überein. Das zur Frequenz ω_0 symmetrische Band und die Grenzfrequenz Ω_b des Tiefpasses sind durch den Zusammenhang

$$\omega_{1,2} = \pm \Omega_b + \sqrt{\omega_0^2 + \Omega_b^2} \qquad (15.2.3)$$

miteinander verknüpft, wobei sich aus der Differenz der Frequenzen ω_1 und ω_2, die sich symmetrisch an den 3-dB-Abfallswerten anordnen, die Bandbreite

$$\omega_b = \omega_2 - \omega_1 = 2\Omega_b \qquad (15.2.4)$$

ergibt.

Die Charakteristik der Gruppenlaufzeit des Bandfilters hat unter Verwendung von Gleichung (15.2.2) die Form

$$\tau(\omega) = \frac{\partial\varphi}{\partial\Omega}\,\frac{\partial\Omega}{\partial\omega} = \frac{\tau(\Omega)}{2} \cdot \left[1 + \frac{\omega_0^2}{\omega^2}\right], \qquad (15.2.5)$$

wobei $\tau(\Omega)$ die Gruppenlaufzeit im Tiefpaßbereich darstellt.

Die Frequenztransformation nach (15.2.2) ist auch bei breiten Übertragungsbändern brauchbar. Die im folgenden skizzierte Transformation auf der Basis der dominierenden Pole erleichtert die Berechnung von Schmalbandverstärkern. In der Pol-Nullstellen-Verteilung von Schmalbandverstärkern fallen die dominierenden Pole in die Nähe der Bandmittenfrequenz $p = j\omega_0$, während sich die spiegelbildlichen, konjugiert komplexen Pole weit davon entfernt befinden. Bei Schmalbandverstärkern lassen sich die spiegelbildlichen Pole in guter Näherung vernachlässigen, und auf diese Weise geht die Transformationsbeziehung in die einfachen Frequenzverschiebungen $w = p - j\omega_0$, $\Omega = \omega - \omega_0$ über. Die Bandbreite zwischen den Frequenzen des 3-dB-Abfalls beträgt $\omega_b s = 2\Omega_b$.

15.3 Berechnung von Selektivverstärkern auf der Basis der Schleifenverstärkungsgrenze; Entwurfsverfahren nach *Linvill*

Die aufgrund der Rückwirkung der aktiven Vierpole auftretende Instabilität läßt sich auf Kosten der Leistungsverstärkung verringern. Kennzeichnend für die Stabilität eines Verstärkers ist die Schleifenverstärkung. Eine Möglichkeit des Schaltungsentwurfs basiert auf dieser Größe, d. h. auf der zulässigen Schleifenverstärkungsgrenze [14.8]. Dabei geht man von der aus (14.2.2) abgeleiteten, sogenannten inneren (Intrinsic-)Schleifenverstärkung

$$T_{\mathrm{i}} = \frac{|y_{12}y_{21}|}{g_{11}g_{22}}, \qquad (15.3.1)$$

die sich für den ein- und ausgangsseitig unbelasteten Vierpol aufstellen läßt, sowie vom Phasenwinkel des Produkts der Transferparameter bzw. vom relativen Stabilitätsfaktor gemäß (14.2.3) aus.

Für den nicht neutralisierten n-stufigen Resonanzverstärker beträgt die zulässige Schleifenverstärkung pro Stufe

$$T = \frac{2a_n}{S(1 + \cos \varphi)}, \qquad (15.3.2)$$

wobei a_n der in Tab. 14.1 angegebene Reduktionsfaktor und S der vorgegebene Stabilitätsfaktor des Verstärkers ist. In der Praxis beträgt $S = 2 \ldots 4$.

Für mehrstufige Bandfilterverstärker beläuft sich die Kreisverstärkungsgrenze pro Stufe auf $T = S_{\mathrm{rel}}/S$, wobei S_{rel} der in Tab. 14.2 gegebene, von der Stufenzahl n und von der Bandfilterkopplung abhängige Stabilitätsfaktor ist.

Bei neutralisierten Verstärkern läßt sich die Schleifenverstärkung mit der Beziehung

$$T_{\mathrm{N}} = \frac{|y_{21}(\overline{y_{12}} - y_{12\mathrm{N}})|}{g_1 g_2} \qquad (15.3.3)$$

bestimmen, wobei $\overline{y_{12}}$ für die durchschnittliche Rückwirkung des sich während des Betriebs ändernden aktiven Vierpols steht, $y_{12\mathrm{N}}$ beschreibt die Größe der Neutralisationsadmittanz. In Kenntnis der Schleifenverstärkungsgrenze und unter Verwendung von (15.3.1) erhalten wir als Produkt der ein- und ausgangsseitigen Nichtanpassung:

$$\frac{g_{11}}{g_1} \cdot \frac{g_{22}}{g_2} = \frac{T}{T_{\mathrm{i}}}. \qquad (15.3.4)$$

In den späteren Kapiteln werden wir uns bei der Behandlung der Grundschaltungen mit der Wahl der Nichtanpassungen und ihren Auswirkungen ausführlich beschäftigen.

Eine spezielle Entwurfsmethode von Selektivverstärkern ist das Verfahren nach *Linvill*, bei dem von einem modifizierten Impedanz-(Smith-)Diagramm, mit anderer Bezeichnung Linvill-Diagramm, ausgegangen wird [15.6]. Die Modifizierung beinhaltet hier folgende Änderungen: Das Diagramm ist um 180° gedreht, d. h., der Anfangspunkt $\varphi = 0°$ des Phasenwinkels befindet sich nun bei unendlich hoher Impedanz. Außerdem entspricht im für Admittanzen verstandenen Diagramm der reale Kreis $g_0 = 1$ dem Leitwert $g_2 = 2g_{22}$ (g_{22} ist der Ausgangsleitwert des aktiven Elements), ähnlich entspricht der imaginäre Kreis $b_0 = \pm 1$ dem Imaginärteil $b_2 = \pm g_{22}$.

Bei der Bemessung beginnt man mit der Bestimmung des sogenannten Linvill-Faktors (C), der den Reziprokwert des Stabilitätsfaktors gemäß (14.2.7) darstellt:

$$1/K = C = \frac{|y_{12}y_{21}|}{2g_{11}g_{22} - \mathrm{Re}(y_{12}y_{21})}. \tag{15.3.5}$$

Bei $C < 1$ ist der Vierpol unbedingt stabil. Als weiteren Schritt bestimmen wir die bei konjugierter Anpassung des Ausgangs ($y_L = y_{22}^*$) auftretende Leistungsübertragung

$$N_A = \frac{C}{2} \left| \frac{y_{21}}{y_{12}} \right|. \tag{15.3.6}$$

Bei unbedingt stabilen Vierpolen liegen die zu gleichen Leistungsverstärkungen gehörenden ausgangsseitigen Abschlußadmittanzen ($y_2 = y_{22} + y_L$) auf einem Kreis *(Abb. 15.3)*, dessen Mittelpunkt sich in der Entfernung $|r| = NC/2N_A$ unter einem Winkel von ($\varphi_{12} + \varphi_{21}$) befindet, sein Radius beträgt

$$R = \sqrt{1 - N/N_A + (NC/2N_A)^2}, \tag{15.3.7}$$

wobei N die Leistungsübertragung bedeutet. Werden beide Seiten konjugiert abgeschlossen ($y_g = y_1^*$, $y_L = y_0^*$), dann wird $N = N_{max}$, und der Kreis

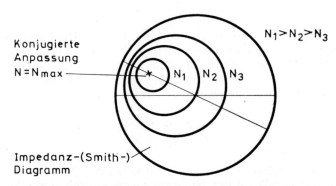

Abb. 15.3. Kreise von Abschlußadmittanzen bei jeweils gleicher Leistungsverstärkung im Impedanzdiagramm für unbedingt stabile Vierpole

schrumpft zu einem der Admittanz $y_{22} + y_0^*$ entsprechenden Punkt zusammen. Für den Fall bedingt stabiler Vierpole tritt in dem schraffierten Bereich von *Abb. 15.4* Instabilität auf, die Abschlußadmittanzen dürfen sich nur außerhalb dieses Gebietes befinden. In der Abbildung ist auch ein zu einem Realteil gehörender Kreis zu sehen. Während des Abgleichs des Verstärkerausgangs wandert (infolge der Änderung des Imaginärteils) die Abschlußadmittanz auf diesem Kreis. Bei richtiger Bemessung der Schaltung kann der Kreis des Realteils den instabilen Bereich nicht passieren, anderenfalls führt der Abgleich auf Maximum zur Einstellung des instabilen Zustandes.

Eine andere Methode des Entwurfs von Resonanzverstärkern mit Hilfe von Nichols-Charts wird in [15.16] behandelt.

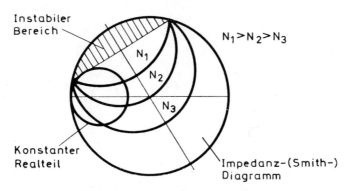

Abb. 15.4. Kreise von Abschlußadmittanzen bei jeweils gleicher Leistungsverstärkung im Impedanzdiagramm für bedingt stabile Vierpole

15.4 Berechnung von Selektivverstärkern mit Hilfe der Reflexionsparameter

Für unbedingt stabile Vierpole hat der gemäß (14.4.1) mit Reflexionsparametern ausgedrückte Stabilitätsfaktor einen Wert von $K > 1$; die Abschlüsse für eine maximale Leistungsübertragung sind dann durch die Zusammenhänge (14.4.2) und (14.4.3) gegeben. Bei bedingt stabilen Vierpolen grenzen die durch die Gleichungen (14.4.6) beschriebenen Kreise die Bereiche des Impedanzdiagramms ein, für die, liegen die Eingangs- bzw. Ausgangsabschlüsse darin, Instabilität auftritt. Die Schaltung entwirft man in einem solchen Fall in mehreren Schritten [14.9]. Als ersten Schritt konstruiert man im Impedanzdiagramm den Kreis, der die zu einer vorgegebenen Leistungsübertragung gehörenden Abschlüsse bestimmt. Der Mittelpunkt des Kreises im Impedanzdiagramm, bezogen auf den Ausgangsabschluß, ist durch die Beziehung

$$r_0 = \frac{N_s}{1 + D_2 N} C_2^*$$ (15.4.1)

gegeben, sein Radius hat den Wert

$$R_0 = \frac{\sqrt{1 + 2K\,|s_{12}s_{21}|\,N_s + |s_{12}s_{21}|^2\,N_s^2}}{1 + D_2 N_s},$$ (15.4.2)

wobei Gleichung (14.4.4) den Wert von C_2 liefert; weiterhin sind $D_2 =$ $= |s_{22}|^2 - |\varDelta|^2$ und $N_s = N/|s_{21}|^2$.

Zeichnen wir in das Impedanzdiagramm den Bereich der instabilen Ausgangsabschlüsse ein, dann gelangen wir auf der Grundlage der Zusammenhänge (14.4.6) zu *Abb. 15.5.* Wie hieraus ersichtlich ist, reicht ein Teil der

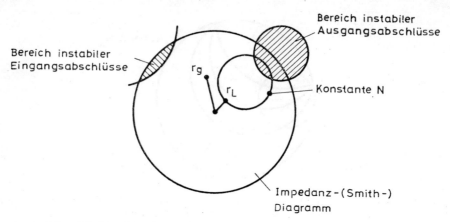

Abb. 15.5. Bereiche instabiler Abschlüsse im Impedanzdiagramm

auf eine konstante Leistungsübertragung bezogenen Abschlüsse in den instabilen Bereich und ist deshalb nicht brauchbar. Den ausgangsseitigen Abschluß (r_L) wählen wir zweckmäßigerweise entfernt vom instabilen Bereich. Für den Eingangsabschluß folgt hieraus

$$r_g = \left[\frac{s_{11} - r_L \varDelta}{1 - r_L s_{22}} \right]^* . \tag{15.4.3}$$

Zeichnen wir ihn in das Impedanzdiagramm ein, dann können wir kontrollieren, ob er in den Bereich instabiler Eingangsabschlüsse fällt. Ist das der Fall, so muß mit der Wahl eines anderen Ausgangsabschlusses die Prozedur wiederholt werden.

Bei einem breiten Frequenzband ist damit zu rechnen, daß sich die Werte der Reflexionsparameter innerhalb des Bandes ändern. In diesem Fall ist das gezeigte Verfahren mit den an den Bandgrenzen gültigen Werten der Reflexionsparameter durchzuführen.

15.5 Berechnung von Resonanzverstärkern

Das zur Übertragung schmaler Frequenzbänder benötigte Reaktanzfilter läßt sich am einfachsten mit Hilfe von Resonanzkreisen (Parallelschwingkreisen) lösen. Die Frequenzkurve, die sich durch synchron abgestimmte

Schwingkreise ergibt, zeigt abhängig von der Zahl und der Güte der Kreise eine scharfe Resonanz und hat eine geringe Bandbreite zur Folge. Trotz ihrer ungünstigen Frequenzkurve benutzt man solche Anordnungen häufig, da sie einfach und billig sind.

Abb. 15.6 zeigt die Prinzipschaltung des Resonanzverstärkers. In der Abbildung liegt der Parallelschwingkreis, dessen Eigenverluste mit dem Leitwert g_k' berücksichtigt wurden, zwischen zwei aktiven Vierpolen. Der zweite Vierpol wurde als Last mit dem Leitwert g_L' und der Kapazität C_L' berücksichtigt.

In *Abb. 15.7* wurde der erste Vierpol durch die y-Vierpolparameter ersetzt. Die Schaltung läßt sich weiter vereinfachen, wenn wir den Imaginärteil der Ausgangsadmittanz ωC_{22} und die Lastkapazität C_L' mit in die Schwingkreiskapazität C_0 einbeziehen. Die Resonanzfrequenz des am Ausgang des Transistors zustande kommenden und die Frequenzübertragung der Stufe bestimmenden Schwingkreises beträgt $\omega_0 = 1/\sqrt{L_0 C_0}$.

Wir stellen uns nun die Bestimmung der Leistungsverstärkung zur Aufgabe. An der Resonanzfrequenz vernachlässigen wir einfach die Reaktanzelemente und transformieren zur Vereinfachung der Rechnung den für den

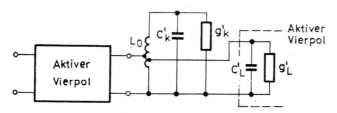

Abb. 15.6. Prinzipschaltung des Resonanzverstärkers

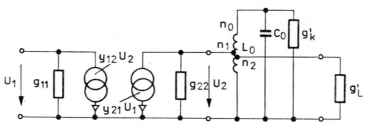

Abb. 15.7. Vereinfachte Ersatzschaltung eines Resonanzverstärkers mit resultierender Schwingkreiskapazität

Eigenverlust des Schwingkreises stehenden Leitwert g_k' sowie die Belastung g_L' auf den Ausgangspunkt des Transistors. Die transformierten Werte seien mit g_k und g_L bezeichnet *(Abb. 15.8)*. In der Abbildung vernachlässigen wir auch den Imaginärteil der Eingangsimpedanz, d. h. die Kapazität C_{11}, unter der Voraussetzung, daß diese durch einen am Eingang des aktiven Vierpols liegenden Resonanzkreis (oder durch ein anderes Reaktanzfilter) mit erfaßt wird.

Mit Hilfe von Abb. 15.8 können wir die Leistungsverstärkung des Resonanzverstärkers ermitteln. Sie ergibt sich als Quotient aus der an die Last g_L abgegebenen Leistung P_2 und der am Eingang aufgenommenen Leistung P_1. Es sei hier betont, daß wir unter P_1 nicht die vom Leitwert g_{11}, sondern die vom Realteil der Eingangsimpedanz $g_i = \mathrm{Re}(y_i)$ aufgenommene Leistung

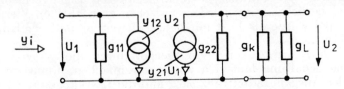

Abb. 15.8. Zur Berechnung der bei der Resonanzfrequenz auftretenden Leistungsverstärkung eines Resonanzverstärkers

verstehen. Der Leitwert g_i stimmt infolge der Transistorrückwirkung nicht mit dem Leitwert g_{11} überein, sein Wert läßt sich aus der Beziehung

$$y_i = y_{11} - \frac{y_{22}y_{21}}{y_{22} + y_2} \tag{15.5.1}$$

berechnen, wobei y_2 den Gesamtwert sämtlicher am Ausgangspunkt auftretenden Admittanzen darstellt. Stellen wir diese Gleichung für die Realteile auf, dann erhalten wir bei der Resonanzfrequenz

$$g_i = g_{11} - \frac{|y_{21}y_{12}| \cos(\varphi_{21} + \varphi_{12})}{g_2} \tag{15.5.2}$$

mit dem ausgangsseitigen Gesamtleitwert $g_2 = g_{22} + g_k + g_L$.

Zur anschaulicheren Beschreibung der Leistungsverhältnisse wollen wir zwei aus der Bandbreite des Schwingkreises abgeleitete Größen einführen: die Bandbreite bei Leerlauf (B_0) und bei Belastung (B_L). Erstere ist proportional zum Eigenverlust des Schwingkreises, denn $B_0 = g_k/2\pi C_0$, dagegen ist letztere proportional zum Gesamtleitwert, der den Schwingkreis belastet:

$$B_L = \frac{g_{22} + g_k + g_L}{2\pi C_0}. \tag{15.5.3}$$

Damit wird

$$1 - \frac{B_0}{B_L} = \frac{g_{22} + g_L}{g_{22} + g_L + g_k}. \tag{15.5.4}$$

Mit den obigen Beziehungen läßt sich die Leistungsverstärkung bei der Resonanzfrequenz in der Form

$$N = \frac{P_2}{P_1} = \frac{|y_{21}|^2}{4g_{11}g_{22}} \left(1 - \frac{B_0}{B_L}\right)^2 \frac{4v}{(1+v)^2} \frac{1}{1 - \dfrac{|y_{12}y_{21}| \cos(\varphi_{21} + \varphi_{12})}{g_{11}(g_{22} + g_k + g_L)}} \tag{15.5.5}$$

234

schreiben, mit dem Nichtanpassungs-Faktor $v = g_L/g_{22}$. Betrachten wir nun den Ausdruck (15.5.5) etwas näher: Der erste Faktor erinnert an den Zusammenhang (14.6.5), der die Leistungsverstärkung des konjugiert angepaßten, ideal neutralisierten Vierpols angibt. Die tatsächliche Leistungsverstärkung nach (15.5.5) weicht hiervon aus drei Gründen ab. Einmal taucht aufgrund des Schwingkreises ein Verlust auf, der sich im zweiten Faktor äußert und im Quadrat von Ausdruck (15.5.4) die Verstärkung reduziert. Zur weiteren Verringerung der Leistungsverstärkung trägt die Nichtanpassung bei. Die dritte Ursache folgt aus der Rückwirkung des Vierpols, wegen der sich der Eingangsleitwert g_i und damit auch die aufgenommene Leistung ändert. Im Gegensatz zu den beiden erstgenannten Faktoren der Verstärkungsverringerung kann das zu einer Erhöhung oder zu einer Verringerung der Leistungsverstärkung führen, was ganz vom Wert des Phasenwinkels $(\varphi_{21} + \varphi_{12})$ abhängt.

Da im Hochfrequenzbereich der Imaginärteil der Admittanz y_{12} im allgemeinen wesentlich größer als der Realteil ist, folgt für den Phasenwinkel $\varphi_{12} \cong -90°$.

Im Fall der Admittanz y_{21}, die die Steilheit bestimmt, ist die Lage komplizierter. Der Phasenwinkel der Steilheit beträgt bei tiefen Frequenzen in der Basisschaltung $\varphi_{21b} = +180°$. Mit Erhöhung der Frequenz wird der Phasenwinkel schrittweise kleiner und kann bei sehr hohen Frequenzen unter $+90°$ fallen *(Abb. 15.9)*. In der Emitterschaltung ist das gerade umgekehrt der Fall. Bei tiefen Frequenzen ist $\varphi_{21e} = 0$, und mit Erhöhung der Frequenz steigt der Phasenwinkel in negativer Richtung.

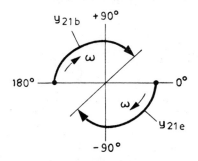

Abb. 15.9. Frequenzabhängigkeit des Phasenwinkels der Steilheit in der Emitter- und Basisschaltung

Bei Transistoren in Basisschaltung (bzw. Feldeffekttransistoren in Gateschaltung) ist die Größe $\cos(\varphi_{12} + \varphi_{21})$ positiv, wodurch im Zusammenhang (15.5.5) der Nenner infolge der Differenzbildung kleiner wird und somit die Leistungsverstärkung ansteigt. Die innere Rückwirkung vergrößert dabei an der Resonanzfrequenz die Leistungsverstärkung. In der Emitterschaltung sind die Verhältnisse umgekehrt. Die Größe $\cos(\varphi_{12} + \varphi_{21})$ ist hier immer negativ, im Nenner addieren sich beide Glieder, und dadurch verringert sich die Verstärkung.

Falls die Rückwirkung null ist, d. h. $y_{12} = 0$, erhalten wir

$$N = N_0 \left(1 - \frac{B_0}{B_{\mathrm{L}}}\right)^2 \frac{4\nu}{(1 + \nu)^2}.$$
(15.5.6)

Ohne Rückwirkung, konjugiert komplexe Impedanzanpassung vorausgesetzt ($\nu = 1$), beträgt die an der Resonanzfrequenz meßbare Leistungsverstärkung

$$N = N_0 \left(1 - \frac{B_0}{B_{\mathrm{L}}}\right)^2,$$
(15.5.7)

wobei der zweite Faktor die durch den Parallelschwingkreis bedingten Verluste berücksichtigt. Aus obiger Beziehung kann abgelesen werden, daß sich bei gegebener (und in der Praxis realisierbarer) Leerlauf-Bandbreite B_0 die Leistungsverstärkung mit Erhöhung der belasteten Bandbreite B_{L} erhöht und umgekehrt.

15.6 Die Stabilität von Resonanzverstärkern

Anhand von *Abb. 15.10* untersuchen wir die Stabilität des transistorisierten Resonanzverstärkers, indem wir die in Abschn. 14.2 über den Stabilitätsfaktor gemachten Vereinbarungen benutzen.

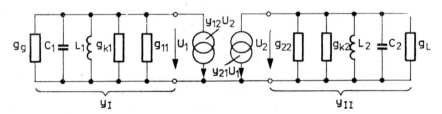

Abb. 15.10. Zur Berechnung der Stabilität eines beidseitig mit Schwingkreisen abgeschlossenen Vierpols

Der in Abb. 15.10 gezeigte Vierpol ist sowohl am Eingang als auch am Ausgang mit je einem Resonanzkreis abgeschlossen. Der Umstand, daß der Transistor tatsächlich an irgendeiner Anzapfung beider Kreise liegt, wurde unberücksichtigt gelassen, d. h., es wurde jedes von außen angeschlossene Element auf die entsprechenden Punkte des Transistors heruntertransformiert. Außerdem wurden aus dem Transistor die Admittanzen y_{11} und y_{22} herausgelöst und mit den zwei Parallelschwingkreisen vereinigt. Die Imaginärteile der Admittanzen verschmelzen mit denen der Resonanzkreise und bestimmen so die Resonanzfrequenz ω_0 mit, ebenso lassen sich die Realteile mit den äußeren Beiwerten zusammenziehen. Der Gesamtleitwert auf der Eingangsseite beträgt somit $g_1 = g_g + g_{k1} + g_{11}$, wobei g_g der Leitwert der Signalquelle bzw. der Ausgangsleitwert der als Signalquelle dienenden vorangegangenen Stufe ist, g_{k1} stellt den Eigenverlust des Schwingkreises auf der Eingangsseite dar. Auf die gleiche Art erhalten wir auf der Ausgangsseite $g_2 = g_{22} + g_{k2} + g_L$, wobei g_{k2} der Eigenverlust des Schwingkreises auf der Ausgangsseite und g_L der Lastleitwert ist.

Die Resonanzfrequenz des Kreises am Eingang und am Ausgang im abgestimmten Zustand ist ω_0, die relative Verstimmung für den Eingangskreis und für den Ausgangkreis ist

$$x_1 = \frac{2\Delta\omega_1}{\omega_0} Q_1 \qquad (15.6.1)$$

und

$$x_2 = \frac{2\Delta\omega_2}{\omega_0} Q_2 , \qquad (15.6.2)$$

wobei Q_1 und Q_2 die Belastungsgütefaktoren der beiden Schwingkreise sind und $\Delta\omega_1$ bzw. $\Delta\omega_2$ für die jeweilige Abweichung von der Resonanzfrequenz stehen. Die Admittanz des eingangsseitigen Schwingkreises kann in folgender Form geschrieben werden:

$$y_\mathrm{I} = g_1(1 + jx_1) . \qquad (15.6.3)$$

In ähnlicher Weise erhält man für den Ausgangskreis die Admittanz

$$y_\mathrm{II} = g_2(1 + jx_2) . \qquad (15.6.4)$$

Die durch die Rückwirkung erzeugte und in Gleichung (14.2.4) gegebene Admittanz y_f können wir mit Hilfe von (15.6.4) folgendermaßen aufschreiben:

$$y_f = - \frac{y_{12}y_{21}}{g_2(1 + jx_2)} . \qquad (15.6.5)$$

Geben wir die Übertragungsparameter in Absolutwert und Phasenwinkel aufgeteilt an, so ändert sich der obige Ausdruck wie folgt:

$$y_f = - \frac{|y_{12}y_{21}|\, e^{j\varphi}}{g_2(1 + jx_2)} , \qquad (15.6.6)$$

wobei $\varphi = \varphi_{12} + \varphi_{21}$ ist. Den Stabilitätsfaktor erhalten wir gemäß (14.2.6), indem wir den minimalen Realteil der Admittanz y_I gemäß (15.6.3) und den maximalen Realteil der Admittanz y_f gemäß (15.6.6) suchen.

In *Abb. 15.11* können wir die Werte der beiden fraglichen Admittanzen in der komplexen Zahlenebene sehen [15.3]. Die Admittanz y_I wird durch die rechts von der Ordinate, d. h. im Abstand g_1 zu ihr parallel liegende Gerade dargestellt, deren Schnittpunkt mit der Abszisse dem Wert $x_1 = 0$ entspricht.

Die Admittanz y_f wird von einem durch den Ursprung gehenden, gegenüber der positiven Richtung der Abszisse mit dem Winkel φ umlaufenden Kreis beschrieben. Die Schaltung wird dann instabil, wenn das Maximum des Realteils der Admittanz y_f größer als das Minimum des Realteils der Admittanz y_I ist:

$$\mathrm{Re}(y_f)_{max} > \mathrm{Re}(y_I)_{min}. \qquad (15.6.7)$$

Gemäß Abb. 15.11 tritt das dann ein, wenn der die Admittanz y_f beschreibende Kreis die Gerade schneidet (bzw. sie im Grenzfall berührt), wie aus *Abb. 15.12* ersichtlich ist. In der Abbildung sind auch die den beiden Schnitt-

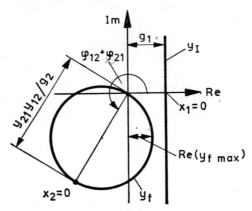

Abb. 15.11. Ortskurven der die Stabilität bestimmenden Admittanzen y_I und y_f in der komplexen Zahlenebene

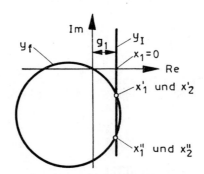

Abb. 15.12. Falls sich die Ortskurven der Admittanzen y_I und y_f schneiden, tritt Instabilität auf

punkten entsprechenden Abstimmfrequenzen dargestellt, und zwar im Fall der Admittanz y_I die Werte x_1' und x_1'' und im Fall der Admittanz y_f die Werte x_2' und x_2''. In dem zwischen den beiden Schnittpunkten liegenden Abschnitt ist die Bedingung (15.6.7) offensichtlich nicht erfüllt. Existiert in diesem Abschnitt wenigstens ein gemeinsamer Frequenzwert, dann schwingt die Schaltung.

Schneiden sich die Gerade und der Kreis nicht, so ist die Schaltung stabil, eine Schwingung tritt nicht auf. Der Stabilitätsfaktor drückt aus, ob im ungünstigsten Fall, d. h. bei den ungünstigsten Verstimmungen, eine Instabilität auftreten kann oder nicht. Aufgrund von Abb. 15.11 ergeben sich $\mathrm{Re}(y_\mathrm{I})_\mathrm{min} = g_1$ und

$$\mathrm{Re}(y_\mathrm{f})_\mathrm{max} = \frac{|y_{12}y_{21}|}{g_2} \frac{1 + \cos \varphi}{2} \ . \tag{15.6.8}$$

Mit den beiden obigen Werten ergibt sich für Resonanzverstärker auf der Basis von Gleichung (14.2.6) ein Stabilitätsfaktor von

$$S = \frac{2g_1 g_2}{|y_{12}y_{21}| \, (1 + \cos \varphi)} \ . \tag{15.6.9}$$

Diesen Ausdruck können wir in eine andere Form umstellen, indem wir auf die Bandbreite des Eingangs- und Ausgangsschwingkreises bezogene Faktoren einführen:

$$\frac{g_{11} + g_\mathrm{g}}{g_{11} + g_\mathrm{g} + g_\mathrm{k1}} = 1 - \frac{B_0}{B_1} \ , \tag{15.6.10}$$

$$\frac{g_{22} + g_\mathrm{L}}{g_{22} + g_\mathrm{L} + g_\mathrm{k2}} = 1 - \frac{B_0}{B_2} \ . \tag{15.6.11}$$

Unter Benutzung dieser beiden Zusammenhänge erhalten wir

$$S = \frac{2(g_{11} + g_\mathrm{g})(g_{22} + g_\mathrm{L})}{|y_{12}y_{21}| \, (1 + \cos \varphi) \cdot (1 - B_0/B_1) \, (1 - B_0/B_2)} \ . \tag{15.6.12}$$

Die Instabilität hängt in großem Maße vom Durchmesser des Kreises, d. h. von $|y_{12}y_{21}|/g_2$ ab, und zwar derart, daß bei steigendem Durchmesser die Gefahr der Instabilität wächst. Der Phasenwinkel φ bestimmt die Lage des Kreises. Beträgt der Phasenwinkel etwa 180°, so befindet sich der Kreis links vom Ursprung, so daß die Möglichkeit für einen Schnittpunkt kaum besteht. Hat der Phasenwinkel einen Wert um null, dann liegt der Kreis rechts vom Ursprung. Bei einer solchen Lage kann schon bei einem verhältnismäßig kleinen Kreisdurchmesser ein Schneiden beider Kurven zustande kommen.

Mit einem Transistorverstärker in Basis- bzw. Emitterschaltung lassen sich diese beiden Grenzfälle recht gut veranschaulichen. Im Falle der Basisschaltung nähert sich der Phasenwinkel $\varphi = \varphi_{12} + \varphi_{21}$ mit Erhöhung der Frequenz allmählich dem Wert null. Der Kreis der Admittanz y_f dreht sich demnach aus der Richtung der positiven imaginären Achse in Richtung der positiven reellen Achse, was die Gefahr der Instabilität erhöht.

Bei der Emitterschaltung wandert der Phasenwinkel $(\varphi_{21} + \varphi_{12})$ bei Erhöhung der Frequenz von $-90°$ allmählich in Richtung $-180°$. Demgemäß ist bei höheren Frequenzen ein Resonanzverstärker in Emitterschaltung in jedem Fall als stabil anzusehen, denn der nach links gerichtete Kreis kann die rechts vom Ursprung laufende Gerade nicht schneiden. Schneiden sich die beiden Kurven nicht, d. h. ist $\mathrm{Re}(y_\mathrm{I})_{\min} > \mathrm{Re}(y_\mathrm{f})_{\max}$, dann wird der Stabilitätsfaktor $S > 1$.

Bei den mit Neutralisation arbeitenden Schaltungen ist die verbleibende, nicht neutralisierte Rückwirkung im allgemeinen so geringfügig, daß sie aus der Sicht des Stabilitätsfaktors unberücksichtigt gelassen werden kann. Wichtig kann sie jedoch hinsichtlich der Übertragungskurve sein.

15.7 Der Entwurf ideal neutralisierter Resonanzverstärker aus der Sicht maximaler Leistungsverstärkung

Gelingt es, in der Verstärkerschaltung die Rückwirkung vollkommen zu kompensieren, d. h. hat für den so erhaltenen Parameter y'_{12} die Gleichung $y'_{12} = 0$ Gültigkeit, so ist die Leistungsverstärkung durch den Ausdruck (15.5.6) gegeben. Die Frage ist nun, wie der Lastleitwert und die Windungszahlverhältnisse auszulegen sind, damit die Leistungsverstärkung maximal wird.

Im allgemeinen ist die resultierende Belastungs-Bandbreite B_L des Verstärkers gegeben. Besteht der Verstärker aus n gleich abgestimmten Schwingkreisen gleicher Bandbreite und hat der gesamte Verstärker eine Bandbreite von B_e, so berechnet sich die Bandbreite der einzelnen Kreise mit Hilfe der bekannten Gleichung

$$B_\mathrm{L} = \frac{B_\mathrm{e}}{\sqrt{2^{1/n} - 1}}, \qquad (15.7.1)$$

wobei n die Zahl der Stufen (bzw. Schwingkreise) angibt. Außer der Belastungs-Bandbreite B_L des Schwingkreises ist auch dessen Leerlauf-Bandbreite $B_0 = f_0/Q_0$ gegeben, die den Leerlauf-Gütefaktor des Schwingkreises bestimmt.

Wie ersichtlich, wird die Leistungsverstärkung dann maximal, wenn der Anpassungsfaktor v den Wert eins annimmt, d. h., es besteht eine exakte Impedanzanpassung zwischen Belastung (g_L) und Ausgang (g_{22}). Die maximale Leistungsverstärkung ist in diesem Fall gemäß (15.5.7)

$$N = \frac{|y_{21}|^2}{4g_{11}g_{22}} \left(1 - \frac{B_0}{B_\mathrm{L}}\right)^2. \qquad (15.7.2)$$

Nun ist noch die Anschlußstelle von Schwingkreis und Transistor zu entwerfen. Die Berechnung führen wir mit den Bezeichnungen von Abb. 14.7 durch. Hierbei bedeuten n_0 die Gesamtwindungszahl der Spule mit der

Induktivität L_0, n_1 die Windungszahl des Vierpolausgangs und n_2 die Windungszahl der Anzapfung für die Belastung.

Dem Anpassungsfaktor $v = 1$ entspricht bezüglich des Windungszahlverhältnisses die Bedingung $n_1/n_2 = \sqrt{g'_L/g_{22}}$. Das Verhältnis n_1/n_0 wird durch die Belastungs-Bandbreite B_L bestimmt, wobei sich für den belasteten Schwingkreis ein Wert

$$B_L = \frac{1}{2\pi C_0}\left[\left(\frac{n_1}{n_0}\right)^2 g_{22} + g'_k + \left(\frac{n_2}{n_0}\right)^2 g'_L\right] \qquad (15.7.3)$$

ergibt. Hieraus berechnet sich die gesuchte Übersetzung zu

$$\frac{n_1}{n_0} = \sqrt{\frac{\pi C_0(B_L - B_0)}{g_{22}}}. \qquad (15.7.4)$$

Der obige Entwurf führt im allgemeinen zu sehr hoher Leistungsverstärkung. Infolgedessen kann, falls die Neutralisation nicht vollkommen ist, sehr leicht Instabilität auftreten. Eben deshalb wird die hier skizzierte Entwurfsmethode nur bei vollkommener Neutralisation angewendet.

15.8 Der Entwurf von Resonanzverstärkern bei gegebenem Stabilitätsfaktor

Um einen stabilen Schaltungsbetrieb zu gewährleisten, muß der Stabilitätsfaktor größer als eins sein. In einzelnen Fällen bestehen wegen der Übertragungskurve noch strengere Bedingungen hinsichtlich des Stabilitätsfaktors. Die Aufgabe ist nun, beim Entwurf der Resonanzverstärkerschaltung vom gegebenen Stabilitätsfaktor auszugehen und daraus die einzelnen Windungszahlverhältnisse zu berechnen. Wendet man in der Schaltung Nichtanpassung an, so verringert sich die Leistungsverstärkung, und gleichzeitig erhöht sich damit der Stabilitätsfaktor. Bei dem im folgenden beschriebenen Entwurfsverfahren gehen wir vom vorher angenommenen Stabilitätsfaktor S aus und berechnen daraus die Windungszahlverhältnisse.

Zuerst stellen wir den Ausdruck (15.6.12) wie folgt um:

$$S = S_0(1 + v_1)(1 + v_2)/4. \qquad (15.8.1)$$

Hierbei ist S_0 der durch die Transistorparameter und die Bandbreite bestimmte Stabilitätsfaktor

$$S_0 = \frac{8g_{11}g_{22}}{|y_{12}y_{21}|(1 + \cos\varphi)(1 - B_0/B_1)(1 - B_0/B_2)}, \qquad (15.8.2)$$

$v_1 = g_g/g_{11}$ ist der Anpassungsfaktor für den Eingangskreis und $v_2 = g_L/g_{22}$ der für den Ausgangskreis. Ist der Wert S_0 bei Anpassung zu klein, so kann man, wie ersichtlich ist, durch Verschlechterung der Anpassung die Stabilität erhöhen. Wir wollen voraussetzen, daß auf der Eingangs- und auf der Ausgangsseite die Werte der Nichtanpassung gleich groß sind. Ist der gewünschte Stabilitätsfaktor S, so beträgt die nötige Nichtanpassung

$$v_1 = v_2 = 2\sqrt{\frac{S}{S_0}} - 1. \qquad (15.8.3)$$

Berechnen wir die Belastungs-Bandbreite des ausgangsseitigen Schwingkreises, so erhalten wir

$$B_{\mathrm{L}} = \frac{1}{2\pi C_0}\left[\left(\frac{n_1}{n_0}\right)^2 g_{22} + g_{\mathrm{k}}' + \left(\frac{n_1}{n_0}\right)^2 v_2 g_{22}\right] \qquad (15.8.4)$$

und damit das Windungszahlverhältnis

$$\frac{n_1}{n_0} = \sqrt{\frac{2\pi C_0(B_{\mathrm{L}} - B_0)}{(1 + v_2)g_{22}}}. \qquad (15.8.5)$$

Schießlich ergibt sich als Übersetzungsverhältnis der Anzapfung für den Lastleitwert

$$\frac{n_1}{n_2} = \sqrt{\frac{g_{\mathrm{L}}'}{v_2 g_{22}}}. \qquad (15.8.6)$$

Nicht geklärt wurde bisher die Frage, wie groß wir den als Anfangsbedingung angesetzten Wert von S zu wählen haben. Besteht hinsichtlich der Übertragungkurve keinerlei Vorschrift, so ist es zweckmäßig, den Wert $S > 2$ anzusetzen.

Bei mehrstufigen Verstärkern muß der Unteranpassung besondere Bedeutung geschenkt werden. In diesem Fall bedeutet nämlich die im Eingangskreis einer Stufe angewandte Unteranpassung ($v_1 > 1$) für die vorangegangene Stufe gerade eine Überanpassung. Demzufolge verringert sich der Lastleitwert der vorangegangenen Stufe und damit auch deren Stabilitätsfaktor. Aus diesem Grunde muß man bei mehrstufigen Resonanzverstärkern die auf die einzelnen Stufen bezogenen Anpassungsfaktoren v so aufteilen, daß sich für jede Stufe ein entsprechender Stabilitätsfaktor ergibt. Hierbei sind in einzelnen Fällen sehr starke Nichtanpassungen zu verwirklichen.

15.9 Verzerrung der Übertragungskurve von Resonanzverstärkern infolge der Rückwirkung

Die Rückwirkung hat zur Folge, daß sich die erwartete Übertragungskurve des Verstärkers ändert, d. h., sie erscheint verzerrt. Die Ursache hierfür liegt darin, daß sich in den Schwingkreisen wegen des steilen Phasenganges auch die Intensität der Rückkopplung schnell ändert, so daß auch noch in einem verhältnismäßig schmalen Übertragungsband bedeutende Ungleichmäßigkeiten (Asymmetrien) auftreten. Im folgenden wollen wir rechnerisch die Form der Übertragungskurve bei verschiedenen Stabilitätsfaktoren verfolgen.

Die Verzerrung der Übertragungskurve hängt von der Art der Abstimmung ab. Bei den einstufigen Resonanzverstärkern können wir zwei Arten der Abstimmung unterscheiden. Die als Ausgangsbasis dienende Schaltungsanordnung ist in *Abb. 15.13* gezeigt. Die Eingangs- bzw. Ausgangsadmittanz

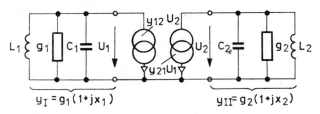

Abb. 15.13. Ersatzschaltung eines einstufigen Resonanzverstärkers zur Berechnung der Verzerrung seiner Übertragungskurve

des Transistors wurde jeweils in den Eingangs- bzw. Ausgangsschwingkreis mit einbezogen, so daß der aktive Vierpol lediglich zwei Stromquellen enthält.

Bei der einen Abstimmungsart der Schaltung wird während der Abstimmung des einen Schwingkreises auf Resonanz der andere stark bedämpft. Durch die Dämpfung kommt die Rückwirkung nicht zum Tragen, und so lassen sich beide Schwingkreise auf die eigentliche Resonanzfrequenz abstimmen. Nach erfolgter Abstimmung (d. h. nach Aufhebung der starken Bedämpfung) erscheint infolge der nun arbeitenden Rückwirkung am Eingang die bekannte Admittanz y_i, deren Imaginärteil den vorher abgestimmten Schwingkreis verstimmt und eine beträchtliche Asymmetrie verursacht. Der Wert der am Eingang erscheinenden Admittanz beträgt aufgrund der Gleichung (15.5.1)

$$y_\mathrm{i} = g_1\left[1 + jx_1 - \frac{y_{12}y_{21}}{g_1 g_2}\,\frac{1}{1+jx_2}\right], \qquad (15.9.1)$$

wobei x_1 die relative Verstimmung des Eingangskreises und x_2 die des Ausgangskreises ist. Wir wollen nun die Bezeichnung

$$H = \frac{y_{12}y_{21}}{g_1 g_2} = \mathrm{Re}(H) + j\,\mathrm{Im}(H) \qquad (15.9.2)$$

einführen. Damit ergibt sich für die Admittanz am Eingang:

$$y_\mathrm{i} = g_1\left[1 + jx_1 - \frac{H}{1+jx_2}\right]. \qquad (15.9.3)$$

16*

Bei der Abstimmung gleichen wir zuerst den Ausgangskreis auf Resonanz ab, d. h., wir realisieren die Bedingung $x_2 = 0$. Hierbei kommt es natürlich zu keiner Rückwirkung. Beim zweiten Schritt gleichen wir bei belastetem Ausgangskreis den Eingangskreis auf Resonanz ab, d. h., es gilt $x_1 = 0$. Hebt man danach die Belastung des Ausgangskreises auf, so kommt die Rückwirkung zum Tragen, und am Eingang erscheint die Admittanz

$$y_\mathrm{i} = g_1[1 - \mathrm{Re}(H) - j\,\mathrm{Im}(H)]. \tag{15.9.4}$$

Deren Imaginärteil verstimmt den Eingangskreis.

Die dynamische Abstimmung geht wie folgt vor sich. Zuerst wird bei belastetem Eingang der Ausgangskreis abgestimmt, d. h. die Bedingung $x_2 = 0$ erfüllt. Danach wird bei unbelastetem Ausgangskreis, d. h. wenn die Rückwirkung arbeitet, der Eingangskreis abgeglichen. Bei der Abstimmung des Eingangskreises machen wir den Imaginärteil von y_i zu null, und demgemäß erhalten wir eine Eingangsadmittanz von

$$y_\mathrm{i} = g_1[1 - \mathrm{Re}(H) + jx_1 - j\,\mathrm{Im}(H)] = g_1[1 - \mathrm{Re}(H)], \tag{15.9.5}$$

da der Imaginärteil verschwindet, d. h. $x_1 - \mathrm{Im}(H) = 0$.

Abb. 15.14 zeigt die Übertragungskurven des Eingangskreises der Schaltung bei gleichem Stabilitätsfaktor ($S = 4$). Die durchgezogene Kurve entspricht der Resonanzkurve ohne Rückwirkung. Wegen der Rückwirkung erscheint die Kurve jedoch verzerrt. Die gestrichelte Kurve beschreibt die Übertragungskurve, die man bei Abstimmung unter Belastung erhält. Wie ersichtlich ist, tritt eine starke Asymmetrie auf, in Richtung positiver Verstimmungen kommt eine Überhöhung zustande, während an der Resonanzfrequenz der Pegel sinkt [15.3].

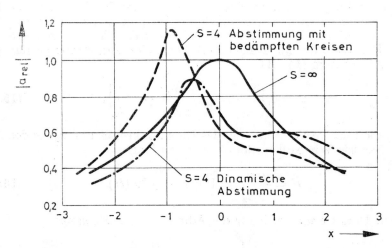

Abb. 15.14. Übertragungskurve eines einstufigen Resonanzverstärkers bei verschiedenen Abstimmungsarten und einem Stabilitätsfaktor von $S = 4$

Die Methode der dynamischen Abstimmung liefert ein günstigeres Ergebnis, da die Überhöhung etwas niedriger ist, der an der Resonanzfrequenz meßbare Pegel steigt dagegen (strichpunktierte Kurve). Dadurch wird die Asymmetrie etwas verringert und das Übertragungsband gleichmäßiger.

Abhängig vom Wert des Stabilitätsfaktors und dem Phasenwinkel sind viele verschiedene Übertragungskurven vorstellbar, unter denen wir jedoch nur die charakteristischsten untersuchen wollen.

Abb. 15.15 zeigt die Verzerrung der Resonanzkurven für verschiedene Stabilitätsfaktoren, wobei die Methode der Abstimmung unter Belastung angewendet wurde. Der Wert des Phasenwinkels beträgt für jede Kurve $\varphi = -120°$. Mit fallendem Stabilitätsfaktor werden die Kurven immer asymmetrischer, während in Richtung negativer Abstimmungen jeweils eine scharfe Überhöhung auftritt. Zum Vergleich wurde in der Abbildung

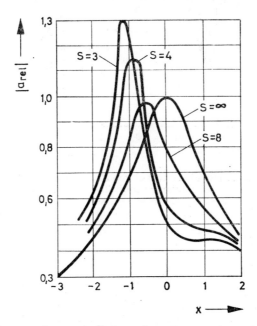

Abb. 15.15. Übertragungskurve eines einstufigen Resonanzverstärkers bei der Abstimmung mit bedämpften Kreisen im Falle verschiedener Stabilitätsfaktoren und bei einem Phasenwinkel von $\varphi = -120°$

auch die Resonanzkurve für unendlichen Stabilitätsfaktor aufgetragen, die sich bei fehlender Rückwirkung ergibt.

Abb. 15.16 zeigt für die gleichen Kenngrößen die Übertragungskurven bei der Anwendung der dynamischen Abstimmungsmethode. Hier liegt die an der Resonanzstelle meßbare Übertragung höher, dagegen ist die Überhöhung geringer, das ganze Übertragungsband hat ein gleichmäßigeres Aussehen. In der Abbildung wurde zum Vergleich wiederum die dem unendli-

245

chen Stabilitätsfaktor entsprechende Übertragungskurve aufgetragen. In *Abb. 15.17* wurden bei einem Stabilitätsfaktor von $S = 4$ die Resonanzkurven für verschiedene Phasenwinkel angegeben, wobei das dynamische

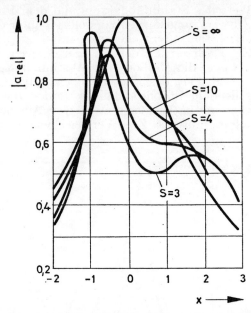

Abb. 15.16. Übertragungskurve eines einstufigen Resonanzverstärkers im Fall dynamischer Abstimmung für verschiedene Stabilitätsfaktoren bei einem Phasenwinkel von $\varphi = -120°$

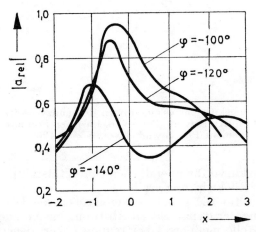

Abb. 15.17. Übertragungskurve eines einstufigen Resonanzverstärkers im Fall dynamischer Abstimmung für verschiedene Phasenwinkel bei einem Stabilitätsfaktor von $S = 4$

Abstimmungsverfahren Anwendung fand. Die Kurvenschar bringt zum Ausdruck, wie bei gegebenem Stabilitätsfaktor die Form der Kurve von der Summe der Phasenwinkel der Übertragungsparameter abhängt.

Bei beliebigen Stabilitätsfaktoren und Phasenwinkeln kann die Berechnung der Übertragungskurve wie folgt durchgeführt werden.
Für den H-Faktor gilt:

$$\mathrm{Re}(H) = 2 \cos \varphi / S(1 + \cos \varphi), \qquad (15.9.6)$$

$$\mathrm{Im}(H) = 2 \sin \varphi / S(1 + \cos \varphi). \qquad (15.9.7)$$

Bei der Abstimmung unter Belastung kann die relative Frequenzfunktion durch den Ausdruck (15.9.3) ausgedrückt werden [15.3]:

$$\frac{1}{a_{\mathrm{rel}}} = \frac{y_{\mathrm{i}}}{g_1} = 1 + jx - \frac{\mathrm{Re}(H) + j\,\mathrm{Im}(H)}{1 + jx}. \qquad (15.9.8)$$

Nach Umstellung erhalten wir den Absolutwert der relativen Übertragung:

$$|a_{\mathrm{rel}}| = \frac{1 + x^2}{\sqrt{[1+x^2 - \mathrm{Re}(H) - \mathrm{Im}(H)x]^2 + [x + x^3 - \mathrm{Im}(H) + \mathrm{Re}(H)x]^2}}. \qquad (15.9.9)$$

Mit Hilfe dieses Zusammenhangs läßt sich die Übertragungskurve für beliebige Fällen berechnen.

Bei der dynamischen Abstimmung ergibt sich unter Benutzung von (15.9.5) als Ausdruck für die relative Übertragung

$$\frac{1}{a_{\mathrm{r}}} = \frac{y_{\mathrm{i}}}{g_1} = 1 + j[x + \mathrm{Im}(H)] - \frac{\mathrm{Re}(H) + j\,\mathrm{Im}(H)}{1 + jx}. \qquad (15.9.10)$$

Nach Umstellung der Gleichung erhalten wir als Absolutwert der relativen Übertragung

$$|a_{\mathrm{rel}}| = \frac{1 + x^2}{\sqrt{[1+x^2 - \mathrm{Re}(H) - \mathrm{Im}(H)x]^2 + [x + x^3 + \mathrm{Im}(H)x^2 + \mathrm{Re}(H)x]^2}}.$$
$$(15.9.11).$$

Die im vorangegangenen bestimmten Übertragungskurven beziehen sich lediglich auf den Eingangskreis. Bei einstufigen Verstärkern ist auch die Übertragungskennlinie des ausgangsseitigen Schwingkreises und bei mehrstufigen Verstärkern sind sinngemäß die weiteren Filterelemente zu berücksichtigen.

15.10 Verstärker mit verstimmten Resonanzkreisen

Eine verhältnismäßig große Bandbreite läßt sich mit mehreren verstimmten Schwingkreisen erreichen, die voneinander durch je ein aktives Element getrennt werden *(Abb. 15.18)*. Bei richtiger Bemessung der Resonanzfrequenz und Dämpfung der Schwingkreise kann ein breites Frequenzband realisiert werden. Wir wollen uns hier mit zwei und drei Schwingkreise enthaltenden Resonanzverstärkern beschäftigen.

Die gewünschte Gesamtbandbreite sei B_e. Diese auf die Bandmittenfrequenz f_0 bezogen, erhalten wir die relative Bandbreite $\delta = B_e/f_0$. Die Frage ist nun, welche Resonanzfrequenzen und welche im Belastungsfall sich erge-

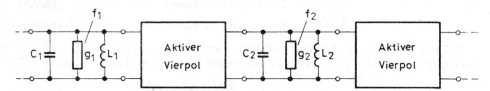

Abb. 15.18. Prinzipschaltung eines mit verstimmten Schwingkreisen arbeitenden, mehrstufigen Resonanzverstärkers

bende Kreisgüte Q_L bei vorgegebener relativer Bandbreite einzustellen ist. Untersuchen wir zuerst den Verstärker mit zwei Resonanzkreisen. Bei Verstärkern solchen Typs verstimmt man die beiden Schwingkreise symmetrisch nach links und rechts von der Bandmittenfrequenz. Demzufolge liegen die beiden Eigenfrequenzen bei

$$f_1 = f_0/\alpha$$
$$f_2 = \alpha f_0,$$

(15.10.1)

wobei α der von der relativen Bandbreite abhängende Faktor ist. Eine grafische Darstellung dieser Abhängigkeit ist in *Abb. 15.19* angegeben. Die Abbildung zeigt — ebenfalls in Abhängigkeit von der relativen Bandbreite — auch den Reziprokwert des Belastungs-Gütefaktors der Resonanzkreise.

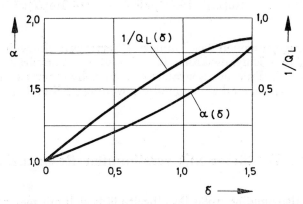

Abb. 15.19. Der charakteristische Faktor α und der Belastungs-Gütefaktor Q_L in Abhängigkeit von der relativen Bandbreite im Fall eines zweikreisigen Resonanzverstärkers

248

Bei geringer relativer Bandbreite ($\delta < 0{,}3$) beträgt der Faktor $\alpha = = 1 + 0{,}35\delta$. Für die beiden Eigenfrequenzen gilt

$$f_1 = f_0 - 0{,}35 B_e$$

$$f_2 = f_0 + 0{,}35 B_e, \tag{15.10.2}$$

und der Belastungs-Gütefaktor berechnet sich aus $1/Q_L = 0{,}71\delta$. Die Belastungs-Bandbreite beträgt bei beiden Kreisen $B_L = 0{,}71 B_e$.

Untersuchen wir jetzt die Eigenschaften einer aus drei verstimmten Resonanzkreisen bestehenden Schaltung. Bei solchen Schaltungen ist der eine Schwingkreis auf die Bandmitte, d. h. auf f_0 abgestimmt, die anderen beiden Eigenfrequenzen liegen hierzu nach oben und unten symmetrisch:

$$f_1 = f_0/\alpha,$$

$$f_2 = f_0, \tag{15.10.3}$$

$$f_3 = \alpha f_0.$$

In *Abb. 15.20* ist der Faktor α in Abhängigkeit von der relativen Bandbreite grafisch dargestellt.

Die Belastung der einzelnen Schwingkreise ist so zu wählen, daß die Belastungs-Bandbreite des mittleren, auf f_0 abgestimmten Schwingkreises

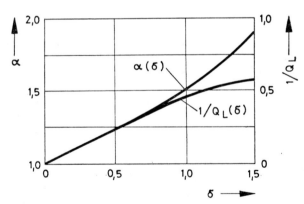

Abb. 15.20. Der charakteristische Faktor α und der Belastungs-Gütefaktor Q_L in Abhängigkeit von der relativen Bandbreite im Fall eines dreikreisigen Resonanzverstärkers

gerade B_e ist. Dagegen ist der Belastungs-Gütefaktor der anderen beiden Kreise eine Funktion der relativen Bandbreite δ, die in Abb. 15.20 angegeben ist. Aus Gründen der Zweckmäßigkeit wurde wiederum der Reziprokwert der Belastungs-Kreisgüte aufgetragen.

Bei geringen Bandbreiten ($\delta < 0.3$) vereinfacht sich die Situation; die einzelnen Eigenfrequenzen nehmen dann folgende Werte an:

$$f_1 = f_0 - 0.43 B_e,$$

$$f_2 = f_0, \tag{15.10.4}$$

$$f_3 = f_0 + 0.43 B_e.$$

Die Bandbreite des auf f_0 abgestimmten Schwingkreises ist unverändert B_e, während für die beiden verstimmten Kreise $1/Q_L = 0.5\delta$ geschrieben werden kann.

16 Bandfilterverstärker

16.1 Spannungsübertragung bei Bandfilterverstärkern

Existieren in bezug auf die Bandbreite, die Welligkeit oder aber hinsichtlich der Selektivität des zu übetragenden Bandes strengere Vorschriften, dann sind anstelle der einfachen Resonanzkreise Bandfilter in die Selektivverstärker einzusetzen. Im weiteren wollen wir uns mit der Dimensionierung von Bandfilterverstärkern mit Transistoren beschäftigen. Abhängig von den vorgegebenen Anfangsdaten führen verschiedene Berechnungsverfahren zum Ziel.

Untersuchen wir zuerst die Spannungsübertragung des einstufigen Verstärkers. Seine Schaltung ist in *Abb. 16.1* gezeigt. Am Ein- und Ausgang des aktiven Vierpols befindet sich ein aus zwei induktiv gekoppelten Schwingkreisen bestehendes Bandfilter. Bei unseren Untersuchungen beschäftigen wir uns ausschließlich mit induktiv gekoppelten Bandfiltern, doch lassen sich die gewonnenen Ergebnisse auch auf anders realisierte Bandfilter, z. B. auf solche mit kapazitiver Kopplung, direkt übertragen.

Abb. 16.1. Schaltung eines ein- und ausgangsseitig mit einem induktiv gekoppelten, zweikreisigen Bandfilter abgeschlossenen Verstärkers

In Abb. 16.1 ist mit g_{k1} und g_{k2} der Eigenverlust des Primär- bzw. Sekundärkreises des ausgangsseitigen Bandfilters, ausgedrückt in Leitwerten, bezeichnet. Die beiden Induktivitäten sind L_1 und L_2, die induktive Kopplung M zwischen ihnen beträgt $M = k\sqrt{L_1 L_2}$.

In der Abbildung sind die in der Praxis vorkommenden Abzweigungen (Transformationen) nicht enthalten, denn Schwingkreise wie äußere Leitwerte wurden bereits auf die entsprechenden Punkte des aktiven Vierpols umtransformiert.

In *Abb. 16.2* ist der aktive Vierpol mit y-Parametern ausgedrückt. Als Ergebnis dessen lassen sich Real- und Imaginärteil der Ausgangsadmittanz unmittelbar mit den Schwingkreiselementen zusammenfassen. Die Ausgangskapazität C_{22} des Vierpols und die Eigenkapazität des Schwingkreises bilden zusammen die Kapazität C_1 des Primärkreises. Wir beschäftigen uns hier lediglich mit dem Fall, bei dem beide Kreise des Bandfilters auf die

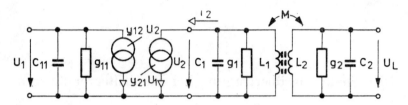

Abb. 16.2. Schaltung der Bandfilterverstärkerstufe nach Zusammenziehung der parallelen Admittanzen

gleiche Frequenz abgestimmt sind. Dadurch ergibt sich für den Primär- und für den Sekundärkreis die Resonanzfrequenz $\omega_0 = 1/\sqrt{L_1 C_1} = 1/\sqrt{L_2 C_2}$.

Der bei der Resonanzfrequenz meßbare Leitwert des Primärkreises beträgt nämlich $g_1 = g_{22} + g_{k1}$ und ähnlich der des Sekundärkreises $g_2 = g_L + g_{k2}$. Die Eigenverluste der Kreise lassen sich mit dem Leerlauf-Gütefaktor ausdrücken. Wir wollen voraussetzen, daß die beiden Kreise den gleichen Leerlauf-Gütefaktor haben:

$$Q_0 = \frac{\omega_0 C_1}{g_{k1}} = \frac{\omega_0 C_2}{g_{k2}}. \tag{16.1.1}$$

Dagegen ergeben sich bei Belastung die Gütefaktoren

$$Q_1 = \frac{\omega_0 C_1}{g_1},$$

$$Q_2 = \frac{\omega_0 C_2}{g_2}. \tag{16.1.2}$$

Unser Ziel ist nun die Bestimmung der Spannungsübertragung, d. h. des Quotienten U_L/U_1, wobei U_L die am Ausgangspunkt über der Last g_L erscheinende Spannung ist. Die Spannungsübertragung wird durch die Transferparameter des aktiven Vierpols und des Bandfilters als passiver Vierpol festgelegt, und zwar auf folgende Weise:

$$U_L/U_1 = -\, y_{21} Z_T. \tag{16.1.3}$$

Hierbei ist y_{21} der Transferparameter des aktiven Vierpols und Z_T der des Bandfilters. Mit den Bezeichnungen nach Abb. 16.2 gilt:

$$Z_T = -\, \frac{U_L}{i_2} = \frac{1}{\sqrt{g_1 g_2}} \cdot \frac{1}{\sqrt{f(\eta)}} \frac{p}{2}, \tag{16.1.4}$$

wobei $f(\eta)$ die Frequenzabhängigkeit der Transferimpedanz des Bandfilters ausdrückt:

$$f(\eta) = \frac{[1 - \eta^2 Q_1 Q_2 + k^2 Q_1 Q_2]^2 + 4\eta^2 Q_1 Q_2}{[1 + k^2 Q_1 Q_2]^2} . \tag{16.1.5}$$

Der Faktor η gibt dabei die relative Verstimmung $\eta = 2\Delta\omega/\omega_0$ an, und unter p verstehen wir einen Faktor, der die Kopplung beider Schwingkreise charakterisiert:

$$p = \frac{2k \sqrt{Q_1 Q_2}}{1 + k^2 Q_1 Q_2} . \tag{16.1.6}$$

Schreiben wir die Spannungsübertragung des Verstärkers nun als Produkt der Transferparameter auf, dann erhalten wir

$$\frac{U_L}{U_1} = -\frac{y_{21}}{\sqrt{g_1 g_2}} \cdot \frac{1}{\sqrt{f(\eta)}} \cdot \frac{p}{2} . \tag{16.1.7}$$

Bei der Resonanzfrequenz ($\eta = 0$) hat der Faktor $f(\eta)$ den Wert eins. Für von der Resonanzfrequenz abweichende Frequenzen wird die Verstärkung durch die Funktion $f(\eta)$ festgelegt, die wiederum eine Funktion der Größe $k\sqrt{Q_1 Q_2}$ ist.

In *Abb. 16.3* sehen wir die Übertragungskurven bei verschiedenen Kopplungsfaktoren in Abhängigkeit von der relativen Verstimmung. Da, von den Verstimmungen aus gesehen, sich die jeweilige Übertragungskurve symmetrisch anordnet, ist lediglich die eine Hälfte, d. h. der zu positiven Verstimmungen gehörende Kurvenabschnitt, dargestellt. Zur Vereinfachung wurde als Abszisseneinheit die übliche Größe $x = \eta\sqrt{Q_1 Q_2}$ aufgetragen.

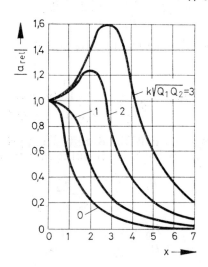

Abb. 16.3. Wert der die relative Übertragungskurve zweikreisiger Bandfilterverstärker bestimmenden Funktion $1/\sqrt{f(\eta)}$ für verschiedene Kopplungsfaktoren $k\sqrt{Q_1 Q_2}$

16.2 Die Leistungsverstärkung von Bandfilterverstärkern

Zur Bestimmung der Leistungsverstärkung von Bandfilterverstärkern wird der Wert der Eingangsimpedanz bzw. deren Realteil benötigt. Bei fehlender Rückwirkung besteht ein Eingangsleitwert der Größe g_{11}, bei Vorhandensein einer Rückwirkung nimmt die Eingangsadmittanz die Form

$$y_i = y_{11} - \frac{y_{12}y_{21}}{y_{II}} \qquad (16.2.1)$$

an, wobei y_{II} die am Ausgang des aktiven Vierpols erscheinende, d. h. die Eingangsadmittanz des reduzierten Bandfilters ist. Da wir uns mit dem Wert der an der Resonanzfrequenz aufgenommenen Leistung beschäftigen, berechnen wir den Realteil der Admittanz y_i an der Frequenz $\omega = \omega_0$.

Der Eingangsleitwert des Bandfilters hat unter Benutzung der Bezeichnungen von Abb. 16.2 die Größe $y_{II} = g_1(1 + k^2Q_1Q_2)$, vorausgesetzt, daß Primär- und Sekundärkreis auf Resonanz abgestimmt sind. Damit beträgt der Eingangsleitwert an der Resonanzfrequenz

$$g_i = g_{11} - \frac{\mathrm{Re}(y_{12}y_{21})}{(g_{22} + g_{k2})(1 + k^2Q_1Q_2)} . \qquad (16.2.2)$$

Ist der Eingangsleitwert bekannt, so läßt sich aus dem Verhältnis von abgegebener Leistung $P_0 = U_L^2 g_L$ zur aufgenommenen Leistung $P_i = U_1^2 g_i$ die Leistungsverstärkung an der Resonanzfrequenz bestimmen:

$$N = \frac{P_0}{P_i} = \left(\frac{U_L}{U_1}\right)^2 \frac{g_L}{g_i} . \qquad (16.2.3)$$

Unter Benutzung des früher bestimmten Ausdrucks für den Quotienten U_L/U_1 erhalten wir

$$N = \frac{|y_{21}|^2}{4g_1g_2} p^2 \frac{g_L}{g_{11}\left[1 - \dfrac{\mathrm{Re}(y_{12}y_{21})}{g_{11}g_1(1 + k^2Q_1Q_2)}\right]} . \qquad (16.2.4)$$

In Übereinstimmung mit den Bandbreite-Kenngrößen, die wir bei der Behandlung der Resonanzverstärker benutzt haben, wollen wir auch hier die Faktoren

$$1 - \frac{B_0}{B_1} = \frac{g_{22}}{g_1} = \frac{g_{22}}{g_{22} + g_{k1}} ,$$

$$1 - \frac{B_0}{B_2} = \frac{g_L}{g_2} = \frac{g_L}{g_L + g_{k2}} \qquad (16.2.5)$$

einführen, wobei B_0 für die Leerlauf-Bandbreite von Ein- und Ausgangskreis steht, B_1 ist die Belastungs-Bandbreite des Eingangskreises und B_2

die des Ausgangskreises. Nach Einsetzen dieser Faktoren in (16.2.4) kann die Leistungsverstärkung in der Form

$$N = \frac{|y_{21}|^2}{4g_{11}g_{22}}\, p^2 \, \frac{\left(1 - \dfrac{B_0}{B_1}\right)\left(1 - \dfrac{B_0}{B_2}\right)}{1 - \dfrac{|y_{12}y_{21}|\cos\varphi}{g_{11}g_1(1 + k^2 Q_1 Q_2)}} \qquad (16.$$

geschrieben werden.

Das erste Glied dieses Ausdrucks ist die in (14.6.5) definierte Größe N_0, d. h. die maximal verfügbare Leistungsverstärkung des aktiven Vierpols. Diesen Wert reduziert einerseits der Kopplungsverlust des Bandfilters, ausgedrückt durch den Faktor p, andererseits verringern ihn die Faktoren (16.2.5), die für die im Primär- und Sekundärkreis auftretenden Verluste stehen. Die Größe im Nenner kann abhängig vom Phasenwinkel φ größer oder kleiner als eins sein, und demgemäß steigt oder fällt die Leistungsverstärkung an der Resonanzfrequenz. In der Basisschaltung ist die Größe $\cos\varphi$ stets positiv, wodurch sich die Verstärkung erhöht. Umgekehrt sind die Verhältnisse bei der Emitterschaltung, wo $\cos\varphi$ negativ ist und die Leistungsverstärkung wegen der Rückwirkung fällt.

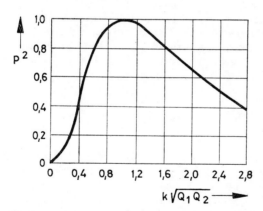

Abb. 16.4. Abhängigkeit des die Leistungsverstärkung beeinflussenden Faktors p^2 vom Kopplungsfaktor $k\sqrt{Q_1 Q_2}$

Bei einer Rückwirkung von null nimmt der Nenner (in der vollkommen neutralisierten Schaltung) den Wert eins an, und damit ergibt sich an der Resonanzfrequenz eine Leistungsverstärkung von

$$N = N_0 p_2 \left(1 - \frac{B_0}{B_1}\right)\left(1 - \frac{B_0}{B_2}\right). \qquad (16.2.7)$$

Der Faktor p hängt vom Kopplungsfaktor $k\sqrt{Q_1 Q_2}$ zwischen beiden Schwingkreisen ab. Bei kritischer Kopplung ist $k\sqrt{Q_1 Q_2} = 1$, und damit ist $p = 1$. Demnach beträgt die Leistungsverstärkung bei kritischer Kopplung

$$N = \frac{|y_{21}|^2}{4g_{11}g_{22}} \left(1 - \frac{B_0}{B_1}\right) \left(1 - \frac{B_0}{B_2}\right).$$

(16.2.8)

Bei loserer oder festerer Kopplung gegenüber der kritischen fällt die Leistungsverstärkung, wie *Abb. 16.4* veranschaulicht.

16.3 Der Stabilitätsfaktor von Bandfilterverstärkern

Der Stabilitätsfaktor von Bandfilterverstärkern kann — ähnlich wie bei den Resonanzverstärkern — aufgrund des Zusammenhanges (14.2.6) aufgestellt werden. Zuerst bestimmen wir die an den Eingangsklemmen des Transistors erscheinende Admittanz y_I. Bekanntlich berücksichtigen wir bei der Berechnung von y_I am aktiven Vierpol nur die Admittanz y_{11}; vom Effekt der Rückwirkung wird hier abgesehen.

Unserer Voraussetzung entsprechend befindet sich am Eingang wie am Ausgang des aktiven Vierpols je ein Bandfilter. In Abb. 16.1 wurden die Elemente des eingangsseitigen Bandfilters mit Strichindizes versehen, um sie von denen des ausgangsseitigen Bandfilters zu unterscheiden.

Die Admittanz y_I besteht aus einer Parallelschaltung der Admittanz des eingangsseitigen Bandfilters und der Admittanz y_{11}:

$$y_\mathrm{I} = (g_{k2}' + g_{11})\left[1 + jx_2' + \frac{k^2 Q_1' Q_2'}{1 + jx_1'}\right],$$

(16.3.1)

wobei g_{k2}' der Leitwert des Eingangs-Bandfilters an der Resonanzfrequenz ist; Q_1' und Q_2' sind die Belastungs-Gütefaktoren, x_1' und x_2' die relativen Verstimmungen der beiden Kreise: $x_1' = 2Q_1' \Delta\omega_1'/\omega_0$, $x_2' = 2Q_2' \Delta\omega_2'/\omega_0$. Weiterhin wurde vorausgesetzt, daß der Kopplungsfaktor des Eingangs-Bandfilters mit dem des Ausgangs-Bandfilters übereinstimmt.

Zur Berechnung des Stabilitätsfaktors wird der Minimalwert des Realteils der Admittanz y_I benötigt. Das Minimum des Realteils

$$\mathrm{Re}(y_\mathrm{I})_\mathrm{min} = g'_{.2} + g_{11}$$

(16.3.2)

stellt sich bei der Verstimmung $|x_1'| = \infty$ ein, d. h., wenn wir den Primärkreis des Bandfilters in sehr starkem Maße verstimmen.

Als zweiten Schritt untersuchen wir die durch die Rückwirkung zustande kommende Admittanz y_f, die durch den Zusammenhang $y_\mathrm{f} = y_{12}y_{21}/y_\mathrm{II}$ gegeben ist. Die Admittanz y_II stellt eine Parallelschaltung aus der Eingangsadmittanz des Ausgangs-Bandfilters und der Admittanz y_{22} des aktiven Vierpols dar:

$$y_{\mathrm{II}} = (g_{22} + g_{\mathrm{k1}}) \left[1 + j x_1 + \frac{k^2 Q_1 Q_2}{1 + j x_2} \right], \tag{16.3.3}$$

wobei g_{k1} der Resonanzleitwert des Primärkreises des Ausgangs-Bandfilters ist; x_1 und x_2 sind die relativen Verstimmungen der beiden Schwingkreise. Durch Substitution von y_{II} erhalten wir

$$y_{\mathrm{f}} = \frac{y_{12} y_{21}}{(g_{22} + g_{\mathrm{k1}}) \left[1 + j x_1 + \dfrac{k^2 Q_1 Q_2}{1 + j x_2} \right]}. \tag{16.3.4}$$

Der Maximalwert des Realteils dieser Admittanz y_{f} ist in Abhängigkeit von den Verstimmungen zu suchen. Der Realteil wird bezüglich der Verstimmung x_2 maximal, wenn sich der Sekundärkreis des Bandfilters im völlig verstimmten Zustand befindet, d. h., wenn $|x_2| = \infty$ ist.

Das Maximum des Realteils der erhaltenen Admittanz y_{f} kann durch Extremwertbestimmung oder durch Darstellung in der komplexen Zahlenebene bestimmt werden. Der Maximalwert beträgt

$$\mathrm{Re}(y_{\mathrm{f}})_{\max} = \frac{|y_{12} y_{21}|}{g_{22} + g_{\mathrm{k1}}} \cdot \frac{1 + \cos \varphi}{2}, \tag{16.3.5}$$

und damit ist der Stabilitätsfaktor bereits berechenbar:

$$S = \frac{\mathrm{Re}(y_{\mathrm{I}})_{\min}}{\mathrm{Re}(y_{\mathrm{f}})_{\max}} = \frac{2 (g_{11} + g'_{\mathrm{k2}}) (g_{22} + g_{\mathrm{k1}})}{|y_{12} y_{21}| (1 + \cos \varphi)}. \tag{16.3.6}$$

Wir wollen nun den Ausdruck (16.3.6) durch Einbeziehung der Gütefaktoren umstellen. Für den Sekundärkreis des eingangsseitigen Bandfilters können wir den Ausdruck

$$g_{11} / (g_{11} + g'_{\mathrm{k2}}) = 1 - Q'_2 / Q_0 \tag{16.3.7}$$

aufstellen, wobei Q'_2 der Belastungs-Gütefaktor des Kreises ist. Ähnlich ergibt sich für den Primärkreis des ausgangsseitigen Bandfilters

$$g_{22} / (g_{22} + g_{\mathrm{k1}}) = 1 - Q_1 / Q_0, \tag{16.3.8}$$

wobei Q_1 der Belastungs-Gütefaktor des fraglichen Kreises ist. Durch Substitution dieser Ausdrücke erhalten wir für den Stabilitätsfaktor

$$S = \frac{2 g_{11} g_{22}}{|y_{12} y_{21}| (1 + \cos \varphi) (1 - Q'_2 / Q_0) (1 - Q_1 / Q_0)}. \tag{16.3.9}$$

Bei Bandfilterverstärkern muß, wie bei den Selektivverstärkern, dieser Stabilitätsfaktor einen Wert größer als eins haben, damit bei verstimmten

Schwingkreisen keine Instabilität auftreten kann. Eine Erhöhung des Stabilitätsfaktors bedeutet auch hier eine Erhöhung der Symmetrie der Übertragungskurve. Die Stabilitätseigenschaft der Schaltung kann aus *Abb. 16.5* abgelesen werden, in der die Admittanzen y_I und y_f in der komplexen Zahlenebene aufgetragen sind [15.3].

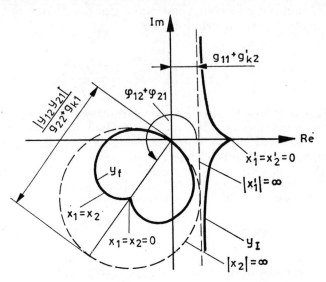

Abb. 16.5. Ortskurven der Admittanzen y_I und y_f, die die Stabilität eines mit zweikreisigen Bandfiltern abgeschlossenen Verstärkers bestimmen

Die Admittanz y_I nimmt bei $|x_1| = \infty$, d. h. bei vollkommen verstimmtem Primärkreis, die Form einer Geraden an, die in einer Entfernung $(g_{11} + g'_{k2})$ parallel zur imaginären Achse liegt.

Die Admittanz y_f beschreibt bei einem stark verstimmten ausgangsseitigen Sekundärkreis ($|x_2| = \infty$) einen Kreis (gestrichelte Linie), dessen Achse sich um den Winkel φ von der positiven Achse abdreht. Bei abgestimmtem Sekundärkreis ($x_1 = x_2$) erhält man anstelle des Kreises die durch die durchgezogene Linie beschriebene Herzkurve. Im dargestellten Fall hat der Kopplungsfaktor den Wert $k\sqrt{Q_1 Q_2} = 1$, d. h., das ausgangsseitige Bandfilter arbeitet mit kritischer Kopplung. Abhängig vom Kopplungsfaktor ändert sich die Lage der Kurve entlang der Achse, in jedem Fall bleibt sie jedoch innerhalb des gestrichelt gezeichneten Kreises. Da wir beim Stabilitätsfaktor den ungünstigen Fall berücksichtigen, dienen uns die beiden gestrichelten Kurven in Abb. 16.5 als Richtgrößen für die Stabilität. Falls sich die beiden gestrichelten Kurven schneiden oder im Grenzfall einander berühren (letzteres entspricht dem Wert $S = 1$), dann besteht die Gefahr, daß die Schaltung bei der Abstimmung ins Schwingen gerät.

Bei der Untersuchung des Ausdruckes für den Stabilitätsfaktor wird deutlich, daß sich die Stabilität nur durch Verringerung der Belastungs-

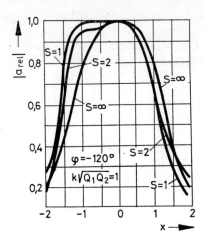

Abb. 16.6. Übertragungskurve eines mit kritisch gekoppelten, zweikreisigen Bandfiltern abgeschlossenen Verstärkers für verschiedene Stabilitätsfaktoren bei einem Phasenwinkel von $\varphi = -120°$

Gütefaktoren Q_2' und Q_1 erhöhen läßt. Bei einem gegebenen Wert des Kopplungsfaktors (kQ_L) führt das zu einer Verbreiterung des übertragenen Frequenzbandes, was in vielen Fällen nicht zulässig ist. Gerade aus diesem Grunde wirft der Entwurf von Bandfilterverstärkern gegenüber dem der Selektivverstärker wesentlich mehr Probleme auf.

Mit der Abhängigkeit der Übertragungskurven vom Stabilitätsfaktor und Phasenwinkel φ beschäftigt sich in Verbindung mit den Bandfilterverstärkern ausführlich [15.3]. Es läßt sich feststellen, daß bei gleichem Stabilitätsfaktor und gleichem Phasenwinkel φ die Übertragungskurven von Bandfilterverstärkern gegenüber denen von Selektivverstärkern wesentlich geringere Asymmetrien aufweisen.

In *Abb. 16.6* sind die normierten Werte der Übertragungskurven eines einstufigen, mit zwei kritisch gekoppelten Bandfiltern arbeitenden Verstärkers für verschiedene Stabilitätsfaktoren dargestellt, wobei der Phasenwinkel $-120°$ beträgt und die dynamische Abstimmungsmethode angewendet wurde. Wie ersichtlich ist, ergibt sich hier eine wesentlich geringere Asymmetrie in den Kurven als bei den Selektivverstärkern, die mit den gleichen Stabilitätsfaktoren arbeiten.

16.4 Der Entwurf
von ideal neutralisierten Bandfilterverstärkern

Das Arbeiten mit neutralisierten Verstärkerstufen vereinfacht die Berechnung und damit auch den Entwurf der Schaltung. Im weiteren wollen wir uns mit ideal neutralisierten Verstärkern beschäftigen, für die $y_{21} = 0$ ist.

Der Entwurf von neutralisierten Bandfilterverstärkern läßt sich auf verschiedene Weise durchführen, abhängig davon, von welchen Größen ausgegangen wird. Diese Größen können die Leistungsverstärkung, die Bandbreite (bzw. Selektivität) und die Form der Übertragungskurve sein.

a) *Entwurf bei gegebenem Kopplungsfaktor* kQ_L *und gegebener Brandbreite* $\Delta\omega_B$:

Gemäß Abb. 16.3 bestimmt der Kopplungsfaktor $k\sqrt{Q_1Q_2} = kQ_L$ die Form der Übertragungskurve. Gleichzeitig ist aber auch die Bandbreite $\Delta\omega_B$ gegeben, die eine Beziehung zu den Belastungs-Gütefaktoren herstellt. Auf der Basis der relativen Bandbreite $\eta_B = 2\Delta\omega_B/\omega_0$ sind also die Belastungs-Kreisgüten Q_1 und Q_2 zu bestimmen.

Von der Leistungsverstärkung aus gesehen, ist es am günstigsten, wenn die Gleichheit $Q_1 = Q_2 = Q_L$ besteht. Den gesuchten Wert von Q_L können wir aus dem Zusammenhang (16.1.5), der die Frequenzkurve festlegt, berechnen. Durch Substitution des $\eta_B Q_L$-Wertes ergibt sich hier

$$f(\eta_B Q) = 2. \tag{16.4.1}$$

Aus obiger Gleichung folgt für den Belastungs-Gütefaktor

$$Q_L = \frac{1}{\eta_B}\sqrt{(kQ_L)^2 - 1 + \sqrt{2}\cdot\sqrt{(kQ_L)^2 + 1}}. \tag{16.4.2}$$

Zur Vereinfachung des Entwurfs wurde dieser Zusammenhang in *Abb. 16.7* grafisch dargestellt. Aus der Abbildung lassen sich die zu den einzelnen Q_L-Werten gehörende $\eta_B Q_L$-Größen ablesen.

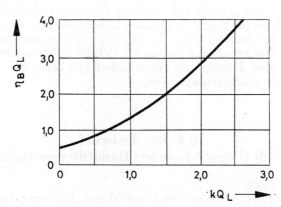

Abb. 16.7. Berechnung des Belastungs-Gütefaktors auf der Basis des Kopplungsfaktors kQ_L und der relativen Bandbreite η_B

Aufgrund des Belastungs-Gütefaktors Q_L ergeben sich (transformiert auf den Ausgang des aktiven Vierpols) als Eigenverlust des Bandfilter-Primärkreises und des Sekundärkreises:

$$g_{k1} = \frac{g_{22}}{Q_0/Q_L - 1} \, , \quad g_{k2} = \frac{g_L}{Q_0/Q_L - 1} \, , \qquad (16.4.3)$$

wobei vorausgesetzt wurde, daß der Leerlauf-Gütefaktor Q_0 für beide Kreise gleich ist. Wurde die Induktivität L der beiden Schwingkreise des Bandfilters bereits vorher festgelegt und ist dadurch der Eigenverlust g_k' bekannt, so bestimmen wir nur auf der Basis der Verhältnisse g_{k1}/g_k' bzw. g_{22}/g_k' die Anpassung. Für den Primärkreis gilt demnach:

$$\frac{n_0}{n_1} = \sqrt{\frac{g_{k1}}{g_k'}} = \sqrt{\frac{g_{22}}{\omega_0 C_1} \cdot \frac{Q_0 Q_L}{Q_0 - Q_L}} \, , \qquad (16.4.4)$$

wobei n_0 die Windungszahl der gesamten Schwingkreisinduktivität und n_1 die der Anzapfung ist, die am Ausgangspunkt des aktiven Vierpols liegt; weiterhin C_1 ist die Gesamtkapazität des Primärkreises. Beim Sekundärkreis ist die Situation ähnlich. Benutzt man einen solchen Schwingkreis mit der Kapazität C_1 als Sekundärkreis, so kann die Abzweigung n_2 der Spule mit der Windungszahl n_0 aus folgendem Zusammenhang berechnet werden:

$$\frac{n_0}{n_2} = \sqrt{\frac{g_{k2}}{g_k'}} = \sqrt{\frac{g_L}{\omega_0 C_1} \cdot \frac{Q_0 Q_L}{Q_0 - Q_L}} \, . \qquad (16.4.5)$$

b) *Entwurf bei gegebener Bandbreite und maximaler Leistungsverstärkung:*

Wegen des vorgegebenen Kopplungsfaktors kQ_L erhält man bei dem vorangegangenen Entwurf keine maximale Leistungsverstärkung. Das ist einleuchtend, da der Faktor p^2 vom Kopplungsfaktor kQ_L abhängt. Die Übertragungskurve besitzt bei der kritischen Kopplung $kQ_L = 1$ ihr Maximum; bei einem hiervon wesentlich abweichenden Wert von kQ_L stellt sich wegen des Faktors p^2 eine bedeutende Leistungsverstärkungs-Verringerung ein.

Ist die Form der Übertragungskurve uninteressant, so stellt man zweckmäßigerweise die Kopplung kQ_L entsprechend der maximalen Leistungsverstärkung ein. Die Frage ist nun, ob sich in jedem Fall bei der kritischen Kopplung tatsächlich das Optimum ergibt oder nicht.

Untersuchen wir zuerst den Zusammenhang (16.2.8) für die Leistungsverstärkung. Der Verlust des Filters ist durch den Ausdruck

$$\frac{N}{N_0} = \left[\frac{2kQ_L}{1 + k^2 Q_L^2} \right]^2 \left(1 - \frac{Q_L}{Q_0} \right)^2 \qquad (16.4.6)$$

gegeben, der in *Abb. 16.8* grafisch dargestellt ist. Die Abbildung wurde so konzipiert, daß man bei gegebenen Werten von Q_0 und η_B für veränderliche Werte von kQ_L den Faktor p^2 sowie auf der Basis von (16.4.2) die Güte Q_L berechnet. Mit Hilfe des erhaltenen Q_L-Wertes kann nun der Quotient N/N_0 bestimmt werden.

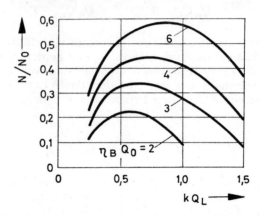

Abb. 16.8. Der den Verlust eines zweikreisigen Bandfilters bestimmende Quotient N/N_0 in Abhängigkeit vom Kopplungsfaktor kQ_L bei verschiedenen $\eta_B Q_0$-Werten

Aus der Abbildung ist ersichtlich, daß bei geringer relativer Bandbreite (genauer gesagt bei kleinerem $\eta_B Q_0$-Wert) das Optimum bei loserer Kopplung als der kritischen liegt, auch wenn hierbei der Wert des Faktors p^2 nicht maximal ist. Die Ursache hierfür ist im Faktor für Q_L zu suchen. Wird die relative Bandbreite bzw. der $\eta_B Q_0$-Wert erhöht, dann verschiebt sich das Maximum mehr und mehr zum Wert $kQ_L = 1$, was bedeutet, daß bei hohen relativen Bandbreiten tatsächlich die kritische Kopplung zur maximalen Leistungsverstärkung führt.

Der Entwurf kann auf der Basis von Abb. 16.8 erfolgen. Mit Hilfe der als Ausgangspunkt dienenden relativen Bandbreite η_B und des realisierbaren Leerlauf-Gütefaktors Q_0 suchen wir zum erhaltenen Produkt $\eta_B Q_0$ den Wert kQ_L, bei dem der Quotient N/N_0 maximal wird. In Kenntnis des Kopplungsfaktors läuft der Entwurf nach der unter Punkt a beschriebenen Methode ab.

Die beiden Entwurfsmethoden lassen sich für ideal neutralisierte Transistorverstärker verwenden. Da die Neutralisation nicht vollkommen ist, muß natürlich mit einer Verzerrung der Übertragungskurve bzw. mit einer Abweichung der Leistungsverstärkung vom berechneten Wert gerechnet werden.

16.5 Der Entwurf von Bandfilterverstärkern bei gegebenem Stabilitätsfaktor

Infolge der Rückwirkung wird die Übertragungskurve asymmetrisch, was im allgemeinen ungünstig ist. Es läßt sich beweisen, daß bei richtiger Wahl des Kopplungsfaktors kQ_L und der Belastungs-Gütefaktoren Q_1 und Q_2 die Übertragungskurve einen maximal geebneten Verlauf besitzt. Im folgenden wollen wir — auf nähere Ableitungen verzichtend — lediglich die Endergebnisse der Berechnungen in grafischer Form darstellen.

Abb. 16.9 zeigt den Wert des Kopplungsfaktors kQ_L für verschiedene Stabilitätsfaktoren S bzw. Phasenwinkel φ. Es wurde folgende Bezeichnung verwendet:

$$\gamma_1 = \frac{2 \cos \varphi}{S(1 + \cos \varphi)} . \tag{16.5.1}$$

Anstelle der einzelnen Belastungs-Gütefaktoren wurden in *Abb. 16.10*

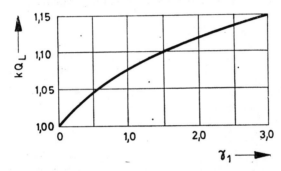

Abb. 16.9. Kopplungsfaktor kQ_L in Abhängigkeit vom Faktor γ_1 für einen mit zweikreisigen Bandfiltern abgeschlossenen Verstärker mit maximal geebneter Übertragung

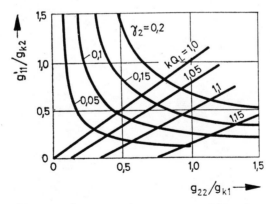

Abb. 16.10. Belastungsverhältnisse der Schwingkreise eines mit zweikreisigen Bandfiltern abgestimmten Verstärkers für verschiedene Kopplungs- und Stabilitätsfaktoren im Fall maximal geebneter Übertragung

unmittelbar die Quotienten g'_{11}/g_{k2} und g_{22}/g_{k1} für verschiedene Werte von

$$\gamma_2 = \frac{2g_{11}g_{22}}{S\,|y_{12}y_{21}|\,(1 + \cos\varphi)} \qquad (16.5.2)$$

und kQ_L angegeben. Der Entwurf wird demgemäß nach folgenden Schritten durchgeführt. Zuerst berechnen wir aus den Parametern des aktiven Vierpols und aus dem gewählten Wert S den Wert γ_2. Der Kopplungsfaktor kQ_L ergibt sich aus Abb. 16.9, und die einzelnen Belastungsverhältnisse erhalten wir unter Benutzung von γ_2 aus Abb. 16.10. Sind die Belastungsverhältnisse bekannt, so können die Windungszahlen auf die übliche Weise berechnet werden.

Mit dem Entwurf von mehrstufigen Bandfilterverstärkern beschäftigt sich [14.8]. Darin finden wir auch genaue Übertragungskurven, die unter Berücksichtigung der Rückwirkung erhalten wurden. Mit der Wahl der am besten entsprechenden, normierten Übertragungskennlinie kann so der Entwurf des mehrstufigen Verstärkers durchgeführt werden.

17 Selektivverstärker
mit integrierten Schaltungen

17.1 Allgemeine Gesichtspunkte
zur Anwendung von integrierten Schaltungen
in Selektivverstärkern

Bei der Realisierung von Selektivverstärkern mit integrierten Schaltungen bestehen die Hauptschwierigkeiten darin, die gewünschte Frequenzcharakteristik (Selektivität) zu sichern und die Rückwirkung aus Stabilitätsgründen auf kleinen Werten zu halten. Im weiteren wollen wir diese beiden Fragen etwas näher untersuchen.

Bei selektiven Hochfrequenzverstärkern, besonders bei den Zwischenfrequenzverstärkern, bestehen hinsichtlich der Frequenzcharakteristik strenge Vorschriften, die sich nur mit recht flankensteilen Filtern realisieren lassen. Aus der Sicht des Schaltungsentwurfs stellen dabei die Quarzfilter die günstigste Lösung dar, die man neuerdings in immer breiterem Maße anwendet. Quarzfilter mit ihrer speziellen Charakteristik sind nämlich recht kostenaufwendig, weshalb man in vielen Fällen weniger moderne, dafür aber billigere und leichter abstimmbare Reaktanz-(LC-)Filter anwendet. Im wesentlichen lassen sich weder Quarzfilter noch traditionelle LC-Filter zusammen mit den nach der monolithischen Technik gefertigten Verstärkern integrieren. Dennoch — schon wegen der geringeren Ausmaße — paßt sich das Quarzfilter besser an Schaltungen, die mit integrierten Verstärkern aufgebaut werden, an.

In Verbindung mit den LC-Filtern taucht die Frage auf, wo sich die einzelnen Schwingkreise befinden sollen, d. h., in welcher Form sich die benötigten Filter- und Verstärkerelemente zueinander anzuordnen haben. Die Leistungsverstärkung von integrierten Verstärkern ist im allgemeinen wesentlich höher als die der Transistorstufen, so daß hier die Zahl der benötigten aktiven Stufen kleiner ist. Demzufolge sind die benötigten Filterelemente zusammenzuziehen und in einem Block konzentriert zu bilden, was aus der Sicht des Filterentwurfs und der Abstimmung vorteilhaft ist. Die integrierten Verstärker müssen in einem solchen Fall natürlich breitbandig ausgeführt sein, um die durch das Filter gewonnene Übertragungsfunktion nicht zu beeinflussen.

Der in *Abb. 17.1* gezeigte Selektivverstärker ist nach diesem Prinzip aufgebaut [3.5]. Am Eingang des Verstärkers finden wir ein konzentriertes Filter, das ein Quarzfilter oder ein aus üblichen LC-Elementen aufgebautes kompliziertes Filternetzwerk sein kann. Dem Filter schließt sich ein regelbarer Verstärker an, dessen Verstärkung in einem breiten Bereich mit einem über dem Widerstand R_2 bzw. Filterkondensator C_1 rückgeführten Signal regelbar ist. Anschließend folgt ein Breitbandverstärker mit konstanter Verstärkung, dessen Bandbreite (ähnlich der des geregelten Verstärkers) wesentlich größer ist als das Übertragungsband des Filters. Die Arbeitspunktstabilität des Verstärkers wird durch ein aus den Elementen R_1 und C_3 bestehendes Gleichstrom-Gegenkopplungsnetzwerk gesichert. Am Aus-

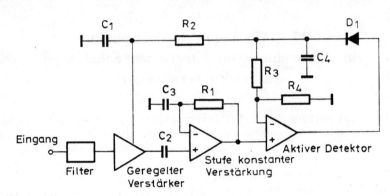

Abb. 17.1. Geregelter Verstärker in integrierter Schaltungstechnik mit gesondertem Filter und Detektor

gang des Verstärkers befindet sich ein Detektor, über dessen Ausgang das demodulierte Signal abnehmbar ist. Die gleiche Stufe stellt auch das zur Regelung benötigte Signal zur Verfügung. In der skizzierten Anordnung können wir gut die Trennung der einzelnen Blöcke mit unterschiedlicher Funktion beobachten.

Auch bei den integrierten Verstärkern kommt der Frage der Rückwirkung eine vorrangige Bedeutung zu. Da die resultierende Steilheit des in einem Block konzentrierten Verstärkers (y_{21}) sehr groß ist, muß wegen der Schleifenverstärkungsgrenze die Rückwirkung (y_{12}) auf einem kleinen Wert gehalten werden. Bei mehrstufigen Verstärkern läßt sich mit richtiger Wahl

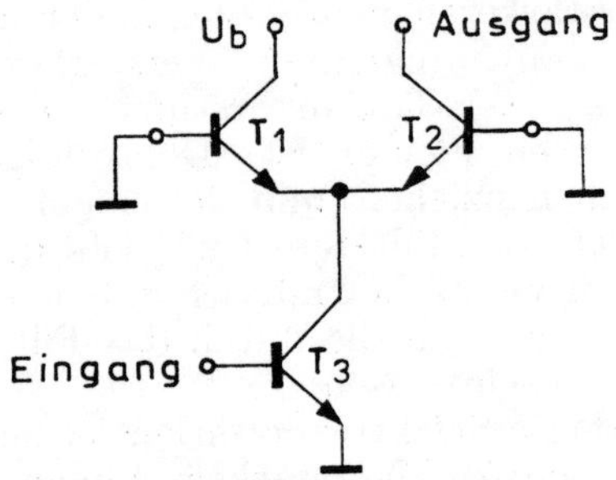

Abb. 17.2. Monolithisch integrierte Schaltung als zweistufiger Verstärker in Emitter-Basis-Schaltung

266

der Grundschaltung der einzelnen Stufen die aus der inneren Rückwirkung (Sperrschichtkapazität) des aktiven Elements resultierende Rückkopplung verringern. Die über dem gesamten Verstärker wirkende Streukapazität (Gehäusekapazität) erlangt hier ebenfalls Bedeutung und ist in die Rechnung mit einzubeziehen. Zur Illustration des Gesagten wollen wir die Parameter des bereits in Abb. 3.7 gezeigten, monolithischen Verstärkers in Emitter-Basis-Schaltung untersuchen *(Abb. 17.2)*. Bezeichnen wir die Parameter des in Emitterschaltung arbeitenden Transistors T_3 mit y_e und die Parameter des in Basisschaltung arbeitenden Transistors T_2 mit y_b, dann erhalten wir folgende resultierende Admittanzen [3.4, 11.4]:

$$y_{11} = \frac{y_{11e}(y_{12e} + y_{11b}) - y_{12e}y_{21e}}{y_{11b} + y_{22e}} \approx y_{11e}, \qquad (17.1.1)$$

$$y_{12} = - \frac{y_{12e}y_{12b}}{y_{11b} + y_{22e}} \approx 0, \qquad (17.1.2)$$

$$y_{21} = - \frac{y_{21e}y_{21b}}{y_{11b} + y_{22e}} \approx - y_{21e}, \qquad (17.1.3)$$

$$y_{22} = \frac{y_{22b}(y_{22e} + y_{11b}) - y_{12b}y_{21b}}{y_{11b} + y_{22e}} \approx y_{22b}. \qquad (17.1.4)$$

Gemäß der Beziehung (17.1.2) ist die Rückwirkung des zweistufigen Verstärkers fast null, richtiger gesagt, erzeugen lediglich die über dem gesamten Verstärker wirkenden Streukapazitäten die Rückwirkung. Diese Anordnung ist demnach etwa mit einer rückwirkungsfreien Verstärkerstufe in Emitterschaltung gleichzusetzen.

Zur Kennzeichnung der mit monolithisch integrierten Schaltungen erreichbaren Verstärkung benutzt man häufig den Quotienten aus den Transferparametern. Nach Zusammenhang (14.2.9) ist

$$N_{\max} = \left| \frac{y_{21}}{y_{12}} \right| (K - \sqrt{K^2 - 1}), \qquad (17.1.5)$$

wobei K den Stabilitätsfaktor angibt. Im Fall $K < 1$ wird die Schaltung instabil, der Ausdruck verliert seine Aussagefähigkeit. Bei $K > 1$ zeigt die Schaltung stabiles Verhalten, jedoch ist die Leistungsverstärkung geringer als im Grenzfall bei $K = 1$. Den Wert

$$N_{\max} = \left| \frac{y_{21}}{y_{12}} \right| \qquad (17.1.6)$$

bezeichnen wir deshalb als maximale stabile Verstärkung. Man benutzt diese Größe häufig zur Beschreibung monolithischer Verstärker, indem sie die obere (theoretische) Grenze der erreichbaren Verstärkung darstellt. Die tatsächlich realisierbare Verstärkung ist gemäß (14.2.11) kleiner.

Zur Kennzeichnung der Rückwirkung bei monolithisch integrierten Verstärkern benutzt man neuerdings auch die sogenannten k-Parameter, die durch folgendes Gleichungssystem definiert sind:

$$i_1 = k_{11}u_1 + k_{12}i_2 \,, \qquad (17.1.7)$$

$$u_2 = k_{21}u_1 + k_{22}i_2 \,. \qquad (17.1.8)$$

Die Rückwirkung wird durch den Parameter k_{12} ausgedrückt, unter dem der Quotient aus Ausgangs- und Eingangsstrom, im allgemeinen in dB angegeben, verstanden wird.

17.2 Anwendung von monolithischen Differenzverstärkern in Selektivverstärkern

Abb. 17.3 zeigt einen charakteristischen Vertreter von monolithisch aufgebauten Hochfrequenzverstärkern in Kollektor-Basis-Schaltung, wie er in Selektivverstärkern verbreitet angewendet wird. Die resultierenden Vierpolparameter des zweistufigen Verstärkers sind (gleiche Transistoren vorausgesetzt) in guter Näherung folgende:

$$y_{11} \approx y_{11e}/2 \qquad (17.2.1)$$

$$y_{12} \approx -\, y_{11e}y_{22e}/2y_{21e} \qquad (17.2.2)$$

$$y_{21} \approx -\, y_{21e}/2 \qquad (17.2.3)$$

$$y_{22} \approx y_{22e}/2 \qquad (17.2.4)$$

Da sich die Rückwirkung aufgrund von (17.2.2) verringert, ist die Schaltung im allgemeinen unbedingt stabil. Deswegen lassen sich beide Seiten mit konjugiert komplexer Anpassung realisieren; die Leistungsverstärkung läßt sich auf der Basis von (17.1.5) berechnen. Die zur konjugiert komplexen Anpassung benötigten Abschlußadmittanzen $y_{g\,opt}$ und $y_{L\,opt}$ können mit dem Kopplungsgrad der Induktivitäten L_1 und L_2 bzw. L_3 und L_4 eingestellt werden. Mit einer solchen Schaltung läßt sich bei der Bandmittenfrequenz $f_0 = 30$ MHz eine Verstärkung von $N = 35$ dB erreichen. Für die Stabilität des Arbeitspunktes der Transistoren sorgen die Dioden D_1 und D_2. Die Schaltung ist gegenüber einer dem gleichen Zweck dienenden, jedoch aus diskreten Bauelementen aufgebauten Schaltung wesentlich einfacher und auch vom Standpunkt der Temperaturstabilität weitaus günstiger. Der Verstärker weist im linearen Bereich nur geringe Verzerrungen auf, besonders was die geradzahligen Harmonischen betrifft.

Der in Abb. 17.3 gezeigte Selektivverstärker zeichnet sich durch eine gute Begrenzerwirkung aus. Der Kollektorruhestrom des Transistors T_3 teilt sich zu gleichen Teilen auf die Transistoren T_1 und T_2 auf. Bei der Steuerung fließt auf Kosten der Verringerung des Stromes über den einen

Transistor über den anderen ein größerer Strom. Die Begrenzung kommt auf beiden Seiten zustande, einmal wird der Strom über Transistor T_1, zum anderen der über Transistor T_2 verbraucht, d. h. auf null reduziert. Bei richtiger Wahl des Lastwiderstands am Ausgang läßt sich vermeiden, daß bei völliger Sperrung des Transistors T_1 der Transistor T_2 in den Sättigungsbereich gelangt. Der Wert des benötigten Lastwiderstandes beträgt

$$R_{\mathrm{L}} \leq \frac{(2U_{\mathrm{b}} - 2U_{\mathrm{BE}})}{I_{c3}}, \qquad (17.2.5)$$

wobei U_{b} die Versorgungsspannung, U_{BE} die Durchlaßspannung der Transistoren und I_{c3} der Kollektorstrom des Transistors T_3 ist. Da der so erhaltene Lastwiderstand kleiner ist als der zum Erreichen der maximalen Leistungsverstärkung notwendige angepaßte Lastwiderstand, wird auch die Leistungsverstärkung etwas geringer sein. Führt man den im vorangegangenen gezeigten Verstärker als Begrenzer aus, dann fällt die Leistungsverstärkung auf einen Wert von ungefähr $N = 30$ dB.

Ein mit der in Abb. 17.3 gezeigten monolithischen Schaltung aufgebauter VHF-Verstärker ist in *Abb. 17.4* zu sehen. Da die Impedanz der geöffneten Dioden D_1 und D_2 vernachlässigbar klein ist, muß zur Entkopplung des Eingangskreises der Punkt A über den Kondensator C_3 auf Masse gelegt werden. Mit der Schaltung erreicht man bei $f_0 = 200$ MHz und mit Abschlußwiderständen von $R_0 = 50\ \Omega$ eine Verstärkung von $N \approx 14$ dB, bei der Frequenz $f_0 = 100$ MHz dagegen $N \approx 21$ dB.

Abb. 17.5 zeigt einen regelbaren Verstärker mit einem Transistorpaar in Kollektor-Basis-Schaltung. Der Schaltung liegt der monolithische Verstär-

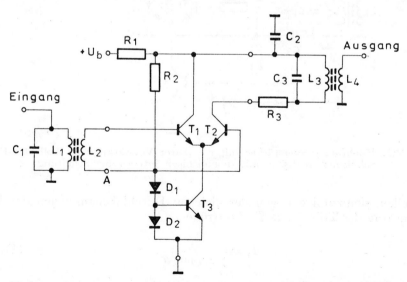

Abb. 17.3. Vollständiges Schaltbild einer typischen monolithisch integrierten Hochfrequenzschaltung

ker nach Abb. 7.6 zugrunde. Die Verstärkungsregelung geschieht über **den** Widerstand R_4 durch Änderung der Basisspannung des Transistors T_1. **Für** die Ströme der einzelnen Transistoren läßt sich (Basisströme von null vorausgesetzt) der Zusammenhang

$$I_1 + I_2 = I_3 \qquad (17.2.6)$$

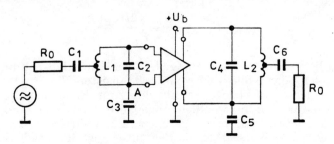

Abb. 17.4. Schaltbild eines mit monolithisch integrierter Schaltung aufgebauten selektiven Hochfrequenzverstärkers

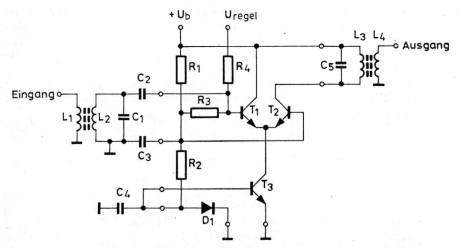

Abb. 17.5. Hochfrequenzverstärker mit regelbarer Verstärkung in Kollektor-Basis-Schaltung, realisiert mit monolithisch integrierter Schaltung

aufstellen, demzufolge wegen der gleichen Durchlaßspannungen der Kollektorstrom des Transistors T_1 die Größe

$$I_1 = \frac{I_3}{1 + e^{q \Delta U / kT}} \qquad (17.2.7)$$

hat, wobei ΔU die zwischen den Basen der Transistoren T_1 und T_2 auftretende Spannung ist. Unter normalen Bedingungen ist $\Delta U = 0$, und

270

die beiden Transistoren des Differenzverstärkers führen gleichen Strom ($I_1 = I_2$), bei der Regelung wird dagegen I_1 wesentlich reduziert.

Wie sich aus der Abbildung ersehen läßt, wurden viele innere Punkte der Schaltung herausgeführt, um eine recht vielseitige Anwendung zu ermöglichen. Damit ist jedoch auch verbunden, daß die Einbaukosten und zum Teil auch die Herstellungskosten wegen der vielen Anschlüsse höher liegen, denn diese sind zum Teil zu erden, miteinander zu verbinden bzw. zu entkoppeln, um eine richtige Funktion zu ermöglichen. Die Zugänglichkeit der inneren Punkte der Schaltung ist in jedem Falle das Ergebnis eines Kompromisses, der sich einmal in der erhöhten Kompliziertheit, zum anderen aber auch in der gesteigerten Verwendbarkeit der Schaltung ausdrückt. Die gezeigte Schaltung ist hierfür ein gutes Beispiel, denn sie läßt sich in zahlreichen Gleich- und Wechselstromkreisen recht vielseitig einsetzen. Die Schaltung nach Abb. 17.5 liefert bei der Zwischenfrequenz $f_0 = 10{,}7$ MHz eine Verstärkung von $N = 26$ dB, daneben läßt sie sich ausgezeichnet als sättigungsfreier Begrenzer betreiben.

Die Emitter-Basis-Schaltung (Kaskadenschaltung) des im vorangegangenen behandelten monolithischen Verstärkers ist in *Abb. 17.6* zu sehen. Der Kondensator C_3 legt die Basis des Transistors T_1 auf Masse, so daß dieser nur gleichstrommäßig an der Funktion der Schaltung teilnimmt, und zwar auf die Weise, daß er dem Transistor T_2 Strom entzieht. Die Parameter der Schaltung sind durch die Beziehung (17.1.1) . . . (17.1.4) gegeben. Die Rückwirkung ist praktisch null, so daß die Schaltung im allgemeinen unbedingt stabil ist und eine konjugiert komplexe Anpassung realisiert werden kann. Für den Wert der Leistungsverstärkung dient der Ausdruck (17.1.6) als Richtgröße. In Kenntnis der Admittanzparameter der Schaltung lassen sich leicht die optimalen Abschlüsse sowie die hierzu notwendigen Transformations-Reaktanzelemente berechnen. Die Kaskadenschaltung wird beson-

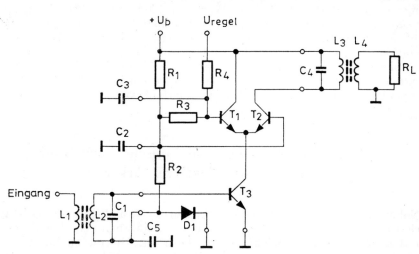

Abb. 17.6. Hochfrequenzverstärker mit regelbarer Verstärkung in Emitter-Basis-Schaltung, aufgebaut mit monolithisch integrierter Schaltung

ders dort vorteilhaft angewendet, wo eine hohe Leistungsverstärkung und ein geringer Rauschfaktor benötigt werden. Ihre Begrenzereigenschaft ist dagegen schlechter als beim vorigen Differenzverstärker, da hier Sättigung eintreten kann. Der Vorteil der Schaltung ist allerdings der, daß sich die Eingangsimpedanz während der Regelung kaum ändert *(Abb. 17.7)*, was

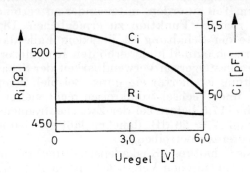

Abb. 17.7. Änderung des Eingangswiderstandes bzw. der Eingangskapazität des in Abb. 17.6 gezeigten Selektivverstärkers in Abhängigkeit von der Regelspannung

sich daraus ergibt, daß der Strom des Transistors T_3 nur im vernachlässigbaren Maß von der Regelspannung abhängt.

Die Schaltung nach Abb. 17.6 liefert bei der Frequenz $f_0 = 60$ MHz und bei der Bandbreite $B = 0,5$ MHz sowie bei der Regelspannung $U_{AGC} = 0$ ein Verstärkung von $N = 30$ dB. Im heruntergeregelten Zustand verringert sich bei $U_{AGC} = 6$ V die Verstärkung auf $N = 25$ dB. Die Abhängigkeit des Eingangswiderstands und der Eingangskapazität von der Regelspannung hat gemäß Abb. 17.7 einen Wert von kleiner 10%. Da die Diode D_1, die die Basisspannung des Transistors T_3 einstellt, hinsichtlich ihrer Konstruktion und damit ihrer Temperaturabhängigkeit der Emitter-Basis-Diode des Transistors T_3 gleicht, ändert sich der Strom I_3 des Transistors T_3 infolge der Temperatur kaum. Als Ergebnis dieser so realisierten Temperaturkompensation bleibt die Hochfrequenzverstärkung der Schaltung im Temperaturbereich $-55 \ldots +125$ °C innerhalb von $N = \pm 1,5$ dB.

17.3 Mit komplizierten monolithischen Schaltungen realisierte Selektivverstärker

Neben den im vorangegangenen skizzierten monolithischen Verstärkern verhältnismäßig einfachen Aufbaus wendet man auch gern hochintegrierte Breitbandverstärker in Selektivverstärkern an. Mit diesen komplizierten, sehr viele Transistoren enthaltenden Schaltungen haben wir uns zum Teil schon in Kapitel 11 beschäftigt. Jetzt wollen wir solche Schaltungslösungen untersuchen, die man in erster Linie für die selektiven Verstärker entwickelt hat.

In *Abb. 17.8* ist die vereinfachte Schaltskizze eines monolithischen Breitbandverstärkers zu sehen. Wird er am Ein- bzw. Ausgang mit entsprechenden Filterelementen ausgerüstet, so erhalten wir einen Selektivverstärker

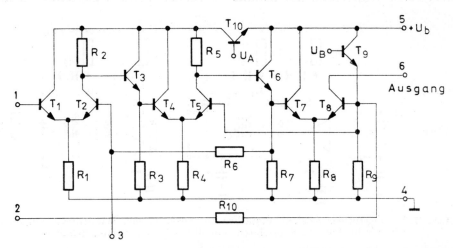

Abb. 17.8. Schaltbild eines aus drei Differenzverstärkern und Emitterfolgern bestehenden integrierten Hochfrequenzverstärkers

mit hoher Leistungsverstärkung. Die Schaltung besteht aus drei emittergekoppelten Transistorpaaren (Differenzverstärkern), die jeweils mit einem Emitterfolger zusammengeschaltet sind.

Bemerkenswert ist die gleichstrommäßige Einstellung der Schaltung. Die Spannung an den Basen der Differenzverstärker beträgt die Hälfte der Versorgungsspannung, demzufolge beläuft sich der Kollektorwiderstand (R_2) auf das Doppelte des gemeinsamen Emitterwiderstands (R_1). Da sich die Basis des Transistors T_2 und der Emitter des Transistors T_3 auf gleichem Spannungspotential befinden, ist die Kollektor-Basis-Spannung des Transistors T_2 gleich der Durchlaßspannung U_{BE} des Transistors T_3, d. h. ziemlich gering. Für die Einstellung der gemeinsamen Basisspannung sorgen der Widerstand R_9 und der Transistor T_9, dessen Strom durch die mit U_B bezeichnete Basisspannung festgelegt wird. Die Erzeugung der Spannung U_B geschieht mit einem aus Dioden bestehenden Spannungsteiler, der ebenfalls in der Schaltung angeordnet, jedoch nicht eingezeichnet ist. Die gleiche Diodenkette stellt auch die Spannung U_A für die Basis des Durchlaßtransistors T_{10} zur Verfügung. Auf diese Weise erhalten die beiden ersten Differenzverstärker der Schaltung eine stabilisierte Versorgungsspannung. Der dritte Differenzverstärker arbeitet ebenfalls als Begrenzer; das früher über die Begrenzerfähigkeit Gesagte ist sinngemäß auch für diese Stufe gültig.

Abb. 17.9 zeigt die Anwendung der beschriebenen Schaltung in einem zweistufigen Selektivverstärker, wobei die monolithischen Verstärker (auf die übliche Weise) nur symbolisch dargestellt wurden. Als Filter kamen zweikreisige Bandfilter mit induktiver Kopplung zur Anwendung. Um die gleichstrommäßige Einstellung zu sichern, müssen die Anschlüsse *1* und *2* über einen Widerstand miteinander verbunden werden, gleichfalls ist der

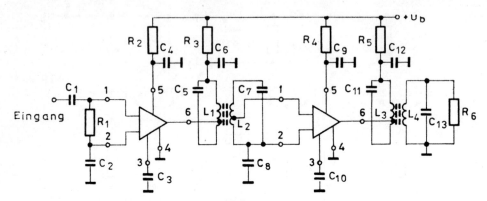

Abb. 17.9. Zweistufiger Selektivverstärker mit zweikreisigen Bandfiltern, aufgebaut mit der in Abb. 17.8 gezeigten monolithisch integrierten Schaltung

Punkt *2* hochfrequenzmäßig zu erden. Bei einer Zwischenfrequenz von $f_0 = 10,7$ MHz beträgt die Verstärkung der monolithischen Schaltung $N \approx 60$ dB und die Dämpfung des Filters $a \approx 8$ dB. Da die Gesamtverstärkung beider Stufen höher als die in Empfängergeräten benötigte Zwischenfrequenzverstärkung ist, läßt sich der zweite monolithische Verstärker auch als Begrenzer benutzen. Wesentlich ist, daß sich die Übertragungskennlinie in Abhängigkeit vom Eingangssignal nicht ändert. Nach Messungen ändert sich mit dem Eingangssignalpegel der Kopplungsfaktor des Bandfilters zwischen $kQ_L = 0,5$ und $1,0$, was auch in der Übertragungscharakteristik zu einer gewissen Änderung führt. Als weiteres Problem taucht auf, daß sich mit den beiden Bandfiltern die Selektivitätsvorschriften im allgemeinen nicht erfüllen lassen. Bei Verwendung eines induktiv gekoppelten Bandfilters mit drei Resonanzkreisen kann die gewünschte Selektivität gesichert werden, und auch die Abhängigkeit der Frequenzcharakteristik vom Signalpegel läßt sich dann vernachlässigen. Die durch die drei Bandfilter verursachte Dämpfung von etwa 12 ... 17 dB bringt aufgrund der hohen Verstärkungsreserve keine Probleme.

Eine weiterentwickelte Variante des monolithischen Verstärkers nach Abb. 17.8 ist in *Abb. 17.10* zu sehen. Die aufeinanderfolgenden Differenzverstärker werden über zwei Emitterfolger miteinander verbunden, wodurch der symmetrische Aufbau des Verstärkers erhalten bleibt. In der Abbildung wurden nur zwei gleich aufgebaute Stufen dargestellt, in Wirklichkeit benutzt man drei- bzw. vierstufige Differenzverstärker. Die Verstärkungsregelung erfolgt mit der Spannung U_A bzw. durch sie mit der Änderung des

Stromes des letzten Differenzverstärkers. Ähnlich zur vorangegangenen Schaltung müssen zur gleichstrommäßigen Einstellung die Anschlüsse *1* und *2* gleichstrommäßig verbunden werden, dagegen ist der Anschluß *3* wechselstrommäßig zu entkoppeln. Die Spannung U_B, die den Strom der nicht geregelten Differenzverstärker auf die bekannte Weise einstellt, wird von einem aus einer Diodenkette bestehenden Spannungsteiler abgegriffen.

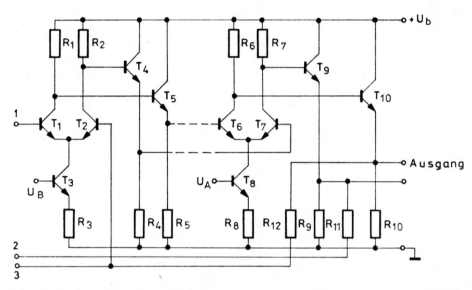

Abb. 17.10. Schaltbild einer aus emittergekoppelten Transistorpaaren (Differenzverstärkern) aufgebauten monolithisch integrierten Schaltung hoher Verstärkung

Abb. 17.11 zeigt eine monolithische Schaltung mit hoher Verstärkung in einer Anwendung als Selektivverstärker. Der Transistor T_1 arbeitet in Emitterschaltung, T_2 als Emitterfolger und T_3 wiederum in Emitterschaltung. Die weiteren aktiven Elemente dienen zum Teil zur Einstellung des Arbeitspunktes und zum Teil der Regelung. Zur Einstellung des richtigen Arbeitsstromes der Emitterstufen sind die Basis des Transistors T_1 und der Anschluß *2* gleichstrommäßig miteinander zu verbinden. Die so entstehende Gleichstrom-Gegenkopplung sorgt dafür, daß sich die Verstärkerstufen auf dem optimalen Arbeitspunkt befinden. Die Verstärkung der Schaltung beträgt hierbei $N \approx 80 \ldots 90$ dB. Die auf den Anschluß *3* gegebene Regelspannung öffnet den Transistor T_6, der so die Basis des Transistors T_1 in Sperrrichtung steuert.

Bei der Sperrung des Transistors T_1 kann die Wirksamkeit der Regelung noch erhöht werden, wenn man während der Regelung auch für eine Nachstellung der am Kollektor des Transistors T_1 erscheinenden Spannung sorgt. Diesem Zweck dienen der mit dem Widerstand R_9 gesteuerte Transistor T_5 sowie der Transistor T_4, mit Hilfe derer eine Erhöhung der Kollektorspannung des während der Regelung in den Sperrzustand gelangenden

Transistors T_1 verhindert bzw. abhängig von den verwendeten Widerständen die Kollektorspannung verringert werden kann. Mit der Schaltung läßt sich ein Regelbereich von etwa 60 dB erreichen.

Abb. 17.12 zeigt das vereinfachte Schaltbild einer monolithischen Schaltung, die für ausgesprochene Zwischenfrequenzverstärker-Zwecke entworfen wurde. Zwischen Anschluß *1* und *2* liegt der geregelte Verstärker, an

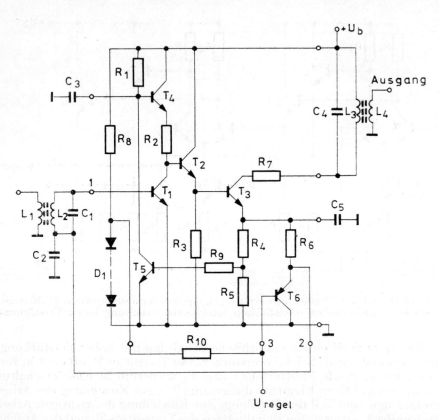

Abb. 17.11. Schaltbild eines regelbaren selektiven Hochfrequenzverstärkers hoher Verstärkung, aufgebaut mit monolithisch integrierter Schaltung

dessen Eingang sich das Reaktanzfilter befindet, das die gewünschte Frequenzcharakteristik realisiert. Das Filter kann — wie schon erwähnt — ein Quarzfilter oder ein aus LC-Elementen bestehendes Reaktanzfilter sein. Der Ausgang des geregelten Verstärkers wird über den äußeren Kondensator C_2 an eine Stufe mit konstanter Verstärkung gekoppelt. An deren Ausgang (Kollektor vom Transistor T_7) erscheint die Zwischenfrequenzspannung.

Der geregelte Verstärker ist im wesentlichen ein aus dem Transistor T_1 bestehender Emitterfolger, dessen Strom bei der Regelung (Verstärkungsverringerung) zunehmend vom ursprünglich gesperrten Transistor T_2 über-

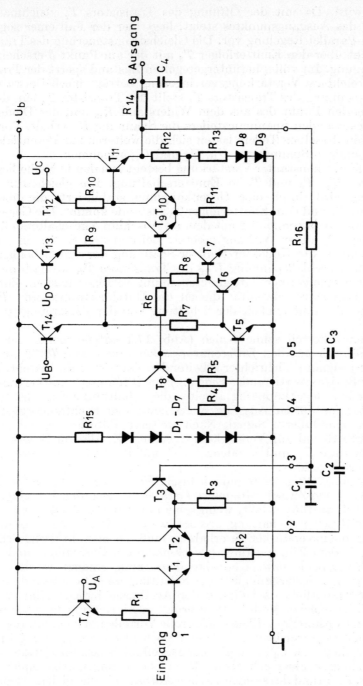

Abb. 17.12. Als Zwischenfrequenzverstärker entwickelte monolithisch integrierte Schaltung

nommen wird. Da mit der Öffnung des Transistors T_2 gleichmäßig die Belastung des Ausgangspunktes steigt, liegt hier der Fall einer sogenannten Serien-Parallel-Regelung vor. Die Gleichstromsteuerung des Transistors T_2 geschieht über den Emitterfolger T_3 mit der am Punkt 3 erscheinenden Regelspannung. Im völlig heruntergeregelten Zustand sperrt der Transistor T_1; die erreichbare Verstärkungsverringerung beträgt hierbei etwa 60 dB. Die Basisspannung des Transistors T_1 stellt der Transistor T_4 ein, der vom entsprechenden Punkt des aus dem Widerstand R_{15} und der Diodenkette $D_1 \ldots D_7$ bestehenden Spannungsteilers die Spannung U_A erhält. Von anderen Punkten desselben Teilers lassen sich die weiteren zur Potentialeinstellung notwendigen Spannungen U_B, U_C und U_D abnehmen.

Die Stufe mit konstanter Verstärkung besteht aus den in Reihe liegenden Transistoren T_5, T_6 und T_7 in Emitterschaltung. Die gleichstrommäßige Einstellung wird durch eine Gegenkopplung stabilisiert, die über dem Widerstand R_6 und dem Emitterfolger T_8 zustande kommt. Die Gegenkopplung wird wechselstrommäßig mit dem an Anschluß 5 geschalteten äußeren Kondensator C_3 außer Wirkung gesetzt. Bei den drei Stufen in Emitterschaltung bildet die Kollektor-Emitter-Spannung der ersten beiden Transistoren die Durchlaßspannung U_{BE} des Transistors T_7, weshalb die Transistoren über eine geringe Sättigungsspannung verfügen müssen. Zur Erhöhung der Gleichstromstabilität dienen die Durchlaßtransistoren T_{13} und T_{14}, welche die Abhängigkeit der Schaltung von der Versorgungsspannung reduzieren.

Dem Verstärkerteil schließt sich (Abb. 17.1 entsprechend) der aktive Detektor an, der aus den Differenzverstärkertransistoren T_9, T_{10} und aus dem als Großsignal-Gleichrichter arbeitenden Transistor T_{11} besteht. Infolge der an der Basis (invertierender Eingang) des Differenzverstärkertransistors T_{10} wirkenden Gegenkopplung arbeitet die Schaltung als idealer Spitzengleichrichter, an ihrem Ausgang 8 erscheint das hochfrequenzgefilterte, amplitudendemodulierte Signal. Nach weiterer Filterung eignet sich das demodulierte Signal zur Verstärkungsregelung. Zu diesem Zweck wird es über Widerstand R_{16} und Kondensator C_1 auf Punkt 3 des geregelten Verstärkers zurückgeführt.

Der in Abb. 17.12 gezeigte monolithische Verstärker ist ein gutes Beispiel dafür, wie sich ein Zwischenfrequenzverstärker außerordentlich einfach und wirtschaftlich ausführen läßt, wenn seine aktiven Elemente in einer einzigen monolithischen Schaltung erzeugt werden. Um einen vollständigen Zwischenfrequenzverstärker zu erhalten, muß die monolithische Schaltung lediglich mit dem Eingangsfilter (zweckmäßig ein Quarzfilter) und einigen äußeren Entkoppel- bzw. Koppelkondensatoren ergänzt werden. Dieser Umstand ist neben der Billigkeit der Schaltung auch vom Standpunkt der Reparatur wesentlich, da lediglich der Austausch fertiger Einheiten notwendig ist. Ein solcher Modulaufbau bringt in Einrichtungen der industriellen und der Konsumgüter-Elektronik große Vorteile mit sich. Mit der behandelten Schaltung erreicht man bei der Zwischenfrequenz $f_0 = 450$ kHz eine Empfindlichkeit von $U_i = 50$ µV, der Regelbreich beträgt etwa 60 dB.

Abb. 17.13 zeigt einen schnellen, ohne Überschwingen arbeitenden Regelverstärker. Aufgrund des symmetrischen Aufbaus ist eine gleichstrommäßige

Trennung der Schaltung nicht notwendig. Der die erste Stufe bildende Differenzverstärker A_1 arbeitet mit Einsverstärkung. Die Regelung wird durch die emittergekoppelten Transistorpaare (Differenzverstärker) $T_1 \ldots T_4$ erzeugt, deren Transistoren T_2 und T_3 durch den mit der Differenz von Ausgangs- und Regelsignal gesteuerten Regelverstärker A_3 angesteuert werden. Die Änderung der Verstärkung der Transistoren T_1 und T_4 geht auf die bekannte

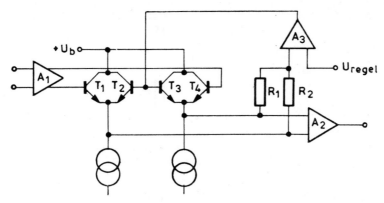

Abb. 17.13. Monolithisch integrierter Regelverstärker für hohe Arbeitsgeschwindigkeiten

Weise durch Serien-Parallel-Regelung vor sich. Zur Erhöhung der Wirksamkeit der Regelung werden die Emitterströme der emittergekoppelten Transistorpaare mit Konstantstromquellen eingeprägt. Der Verstärker A_2 verstärkt die an den gemeinsamen Punkten symmetrisch erscheinende Spannung, seine Verstärkung beträgt $A_u = 100$.

Bei der Anwendung monolithisch integrierter Verstärker haben wir im bisherigen den Fall untersucht, bei dem das Filter, das die Frequenzcharakteristik bestimmt, von außen an den integrierten Breitbandverstärker geschaltet wird. Dieses Realisierungsprinzip finden wir bei den meisten Anwendungen, da die Erzeugung von Hochfrequenzfiltern nach der monolithischen Technik ziemlich umständlich ist. Dennoch wollen wir uns im folgenden mit einer Schaltung beschäftigen, mit der im Mikrowellenbereich breitbandige Selektivverstärker hergestellt werden können.

Bekanntlich besitzt die Transistorstufe in Kollektorschaltung eine Ausgangsimpedanz von induktivem Charakter, wie auch in Abb. 6.13 veranschaulicht wurde. Die so gewonnene Induktivität als Abstimmelement ausnutzend, können wir einen Resonanzkreis aufbauen und diesen zur selektiven Übertragung verwenden [17.11, 17.20]. Der Gütefaktor der so erhaltenen Induktivität ist außerordentlich gering $(Q < 3)$, so daß die Übertragung des Schwingkreises flach und somit das übertragene Frequenzband breit sein wird. Die Schaltungsanordnung ist in *Abb. 17.14* zu sehen, wobei der Transistor T_1 als Verstärker und der Transistor T_2 als Induktivität arbeitet. Letzterer wird in Kollektorschaltung betrieben; der Wert des Quellenwiderstandes beträgt $R_g = R_b$. In *Abb. 17.15* ist die Ersatzschaltung der Ausgangsimpedanz von Transistor T_2 vereinfacht dargestellt. Das für den Emitterkreis charakteristische RC-Glied wurde durch einen einzigen Widerstand r_e ersetzt; als zusätzliche Phasenverschiebung wurde der Wert $\varphi = 0$ angenommen.

Im weiteren wollen wir nun die Stromübertragung der Schaltung für den Fall untersuchen, bei dem die Belastung durch die Eingangsimpedanz einer

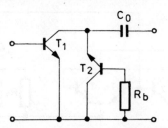

Abb. 17.14. Realisierung eines Selektivverstärkers mit monolithischer Schaltung, wobei der induktive Charakter der Ausgangsimpedanz des in Kollektorschaltung arbeitenden Transistors T_2 ausgenutzt wird

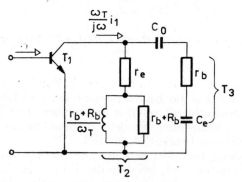

Abb. 17.15. Schaltung von Abb. 17.14 unter Verwendung des Ersatzschaltbildes von Transistor T_2

nachfolgenden Transistorschaltung gebildet wird, d. h., bei Hochfrequenz kann die Eingangsimpedanz durch eine Serienschaltung aus Basiswiderstand r_b und Emitterkapazität C_e dargestellt werden. Bei genügend hoher Frequenz ($\omega > \omega_\beta$) lautet die Gleichung für die Stromübertragung des in Emitterschaltung arbeitenden Transistors T_1

$$\beta = \frac{\beta_0}{1 + j\omega/\omega_\beta} \approx - j\,\frac{\omega_T}{\omega}. \qquad (17.3.1)$$

Die Ausgangsadmittanz des Transistors T_2 in Kollektorschaltung, die parallel zum Ausgang erscheint, hat die Form

$$Y_c = \frac{1}{R} \cdot \frac{1 + a\Omega^2}{1 + a^2\Omega^2} - \frac{j\Omega}{R} \cdot \frac{1 - a}{1 + a^2\Omega^2}, \qquad (17.3.2)$$

wobei mit a das Widerstandsverhältnis

$$a = \frac{r_e}{r_b + R_b} = \frac{r_e}{R} \qquad (17.3.3)$$

und der Reziprokwert der normierten Frequenz mit $\Omega = \omega_T/\omega$ bezeichnet wurde. Die Eingangskapazität C_e des Transistors T_3 der folgenden Stufe kann mit dem Koppelkondensator C_0 zusammengezogen werden. Dadurch erscheint am Kollektor von Transistor T_1 die (als Belastung der folgenden Stufe wirkende) Admittanz

$$Y_2 = \frac{j\omega C_2}{1 + j\omega r_b C_2} \qquad (17.3.4)$$

mit der resultierenden Kapazität

$$C_2 = \frac{C_0 C_e}{C_0 + C_e} . \qquad (17.3.5)$$

Auf der Basis der obigen Gleichungen erhalten wir als Stromübertragung

$$\frac{i_2}{i_1} = A(\omega) = \frac{\omega_T}{j\omega} \frac{Y_2}{Y_2 + Y_c} . \qquad (17.3.6)$$

Nach Einsetzen der konkreten Zahlenwerte ergibt sich, daß der Widerstand r_e im Ausdruck (17.3.3) $r_e \ll R$ ist. Dadurch vereinfacht sich der Ausdruck für $A(\omega)$ und nimmt folgende Form an:

$$\frac{i_1}{i_2} = A(\omega) = \frac{-j\omega C_2(R_b + r_b)}{1 + \dfrac{j\omega}{\omega_T}(1 + \omega_T r_b C_2) - \dfrac{\omega^2 C_2}{\omega_T}(R_b + 2r_b)} . \qquad (17.3.7)$$

In Kenntnis der Frequenzabhängigkeit der Stromverstärkung gemäß (17.3.7) lassen sich die für die gewünschte Übertragung notwendigen Elemente R_b und C_0 berechnen. Die Berechnung ist nach der Pol-Nullstellen-Methode oder mit Hilfe der in Kapitel 5 angegebenen Kurven möglich. Bei maximal flacher Übertragung (d. h. nicht für Selektiv-, sondern für Breitbandverstärker) beläuft sich die erreichbare obere Grenzfrequenz auf

$$\omega_G = \frac{1 + \omega_T r_b C_2}{\sqrt{2 C_2 (R_b + 2r_b)}} , \qquad (17.3.8)$$

bei der (Tschebyscheff-)Übertragung mit gleichmäßiger Welligkeit liegt diese noch höher.

Uns interessiert in erster Linie die selektive Übertragung. Die Frequenzabhängigkeit der Verstärkung der in Abb. 17.14 gezeigten Schaltung ist in

Abb. 17.16 zu sehen. Die Kurven mit verschiedenen Kapazitäten C_0 gelten bei einem Widerstand von $R_b = 100\ \Omega$, vorausgesetzt, daß der Schaltungsausgang ebenfalls mit einer Schaltung ähnlichen Aufbaus abgeschlossen ist. Die derart interpretierte iterative Verstärkung entspricht der Verstärkung

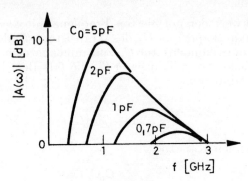

Abb. 17.16. Frequenzabhängigkeit der Schaltung von Abb. 17.14 bei verschiedenen Werten der Kapazität C_0

einer einzigen Schaltung einer aus gleichen Stufen aufgebauten Kette, für die wir, ausgedrückt mit Admittanzparametern, die Größe

$$A = \frac{y_{21} y_{\mathrm{lt}}}{y_{11}(y_{22} + y_{\mathrm{lt}}) - y_{12} y_{21}} \tag{17.3.9}$$

erhalten, wobei y_{lt} die iterative Eingangsadmittanz, also die Eingangsadmittanz einer herausgegriffenen Stufe der unendlich langen Kette ist:

$$y_{\mathrm{lt}} = \frac{1}{2}\left[y_{11} - y_{22} + \sqrt{(y_{11} + y_{22})^2 - 4y_{12}y_{21}}\right]. \tag{17.3.10}$$

Die iterative Verstärkung hat gemäß Abb. 17.16 selektiven Charakter, wenngleich die Bandbreite ziemlich groß ist. Bei Erhöhung der Stufenzahl läßt sich die Bandbreite verringern. In *Abb. 17.17* ist die Frequenzübertra-

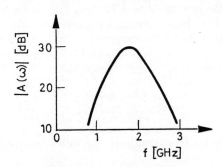

Abb. 17.17. Frequenzabhängigkeit der Übertragung eines sechsstufigen monolithischen Selektivverstärkers

gung eines sechsstufigen Verstärkers zu sehen, bei dem auf zwei nacheinandergeschaltete selektive Stufen nach Abb. 17.14 eine Transistorstufe in Emitterschaltung folgt, hierauf wiederholt sich die gleiche Anordnung noch einmal. Derart realisierte Verstärker haben den Vorteil, daß sie sich nach der monolithischen Technik herstellen lassen, außerdem erreicht man mit ihnen recht hohe Betriebsfrequenzen.

17.4 Selektivverstärker als Hybridschaltungen

Die Hybridtechnik, die etwa einen Übergang zwischen monolithisch integrierten und traditionellen, aus diskreten Elementen aufgebauten Schaltungen bildet, ermöglicht die Realisierung von einfach herstellbaren Selektivverstärkern hoher Qualität. Es sind mehrere Varianten dieser Technik bekannt. Bei der einen Variante werden die in den Isolationsträger eingesetzten (bzw. auf diesen aufgedampften) Bauelemente nachträglich durch dünne Goldleitungen miteinander verbunden. Für Versuchszwecke sowie in solchen Fällen, wo nur geringe Stückzahlen benötigt werden, ist diese Lösung angebracht; allerdings ist der Hochfrequenzbetrieb solcher Schaltungen — besonders im Mikrowellenbereich — wegen der bei den Verbindungsleitungen auftretenden Parasitärelemente beschränkt. Bei der anderen Lösung werden auch die Verbindungen durch aufgedampfte Leiterbahnen erzeugt, lediglich das Einsetzen der aktiven Elemente (Transistoren) erfordert eventuell dünne Goldbahnen zur Kontaktierung. Die letzte Lösung kann eigentlich integrierte Schaltung genannt werden.

Die Hybridtechnik wendet man als Dickschicht- oder Dünnschicht-Schaltungsform verbreitet im Hochfrequenzgebiet an, besonders dort, wo sich in den Schaltungen Kondensatoren, Spulen oder Quarzfilter befinden, die sich nach der monolithischen Technik nicht realisieren lassen. Diese Hybridschaltungen zeichnen sich in erster Linie durch ihre Vielseitigkeit aus, wegen ihrer Billigkeit auch bei relativ kleinen Stückzahlen sind sie recht beliebt [17.19].

Darüber hinaus erlangten Hybridschaltungen gerade in dem Frequenzbereich große Bedeutung, der für Schaltungen, die aus üblichen konzentrierten Elementen aufgebaut sind, bereits zu hoch, dagegen für Schaltungen mit Wellenleitern — in erster Linie mit Streifenleitern — noch zu tief liegt. Die Tatsache, daß sich mit diskreten Elementen wegen der geometrischen Abmessungen nur begrenzte Induktivitäts- und Kapazitätswerte realisieren lassen, bedarf keiner weiteren Erklärung, und bedingt dadurch ist auch die maximal erreichbare Resonanzfrequenz begrenzt. Nach der Hybridtechnik lassen sich mit spiralförmig aufgedampften Leitern außerordentlich geringe Induktivitäten erzeugen, mit denen Betriebsfrequenzen bis hinein in den GHz-Bereich realisierbar sind. Die Abmessungen von Hybridschaltungen nehmen ungefähr den zehnten Teil von bei etwa $f = 1$ GHz arbeitenden und die gleiche Funktion ausübenden Streifenleiter-(Microstrip-)Schaltungen ein, da bei letzteren die Länge der Streifenleiter eine Funktion der Wellenlänge ist. Mit der Anwendung von konzentrierten Induktivitäten und Kapazitäten verringern sich die Abmessungen, was besonders im UHF-Bereich Bedeutung hat. Die Gütefaktoren von nach der Hybridtechnik realisierten Induktivitäten und Kapazitäten sind im allgemeinen nicht sehr hoch (maximal $Q_0 \approx 50$), so daß das Übertragungsband des Selektivverstärkers ziemlich breit und damit das Anwendungsgebiet beschränkt ist. Die Bedeutung von Hybridschaltungen liegt besonders dort, wo auf die entnehmbare Leistung, kleine Abmessungen und Einfachheit der Schaltung Wert gelegt wird.

Abb. 17.18 zeigt im Schnitt den Aufbau einer Hybridschaltung; in *Abb. 17.19* sehen wir die Draufsicht einer konkreten Schaltung [17.18]. Auf den aus Isolationsmaterial gefertigten Schaltungsträger trägt man in mehreren Schritten Leiterschichten (verschiedene Metallschichten) und Isolatorschichten auf. Induktivitäten werden im allgemeinen aus spiralförmig auf-

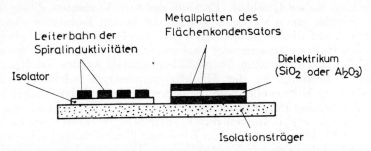

Abb. 17.18. Querschnitt durch den Aufbau einer integrierten Hybridschaltung

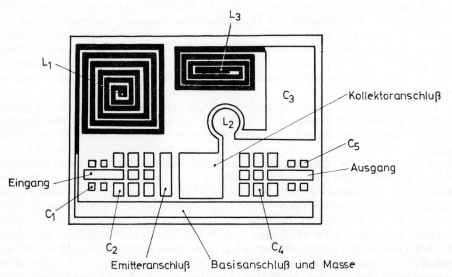

Abb. 17.19. Draufsicht auf einen nach der Hybridtechnik hergestellten, einstufigen integrierten Selektivverstärker

284

getragenen Leiterschichten gebildet, ihr Muster erzeugt man auf fotolithografischem Weg. Aus den geometrischen Abmessungen der Spirale und aus der Dicke der aufgedampften Leiterschicht läßt sich die Induktivität wie folgt berechnen:

$$L \cong \frac{0{,}04 a^2 n^2}{8a + 11b} \, . \tag{17.4.1}$$

Hierbei ist L die Induktivität der Flächenspirale in nH, n die Windungszahl. Weiterhin gilt $a = (r_1 + r_2)/2$ und $b = r_1 - r_2$, wobei r_1 der äußere und r_2 der innere Radius der Spirale in mm ist. Bei der in Abb. 17.19 eingezeichneten Spule mit einer Windung beträgt die Induktivität $L_2 \approx 2$ nH. Ein solch geringer Wert wäre auf die übliche Weise nicht realisierbar. Die als Hochfrequenzdrossel arbeitende Induktivität L_1 ist als mehrwindige Spirale ausgeführt, ihr Wert beträgt $L_1 = 25$ nH. Der Wert der Induktivitäten läßt sich verändern, indem man die einzelnen Abschnitte der Spirale kurzschließt.

Bei konzentrierten Induktivitäten gilt die Faustregel, daß die Abmessungen der Induktivität kleiner als etwa ein Dreißigstel der Wellenlänge sein müssen, damit keine Energieabstrahlung auftritt. Nach der Hybridtechnik aufgedampfte Spiralinduktivitäten erfüllen diese Bedingung, da der äußere Durchmesser der im Bereich $f = 0{,}4 \dots 2$ GHz benutzten Induktivitäten $2r_1 \approx 1 \dots 2$ mm ist. Der Leerlauf-Gütefaktor der Induktivitäten liegt in der Praxis bei $Q_0 = 30 \dots 50$, was die Realisierung von selektiven Koppelschaltungen mit annehmbar geringem Verlust ermöglicht.

Die Kapazität des Flächenkondensators hängt von der Fläche sowie vom Material und von der Dicke des Dielektrikums ab. Bei der üblichen Technik ergeben sich sehr kleine Flächen, was die Herstellung der Schaltung mit kleinen Abmessungen ermöglicht. Die Kondensatoren stellt man, wie in Abb. 17.19 am Beispiel des Kondensators C_2 zu sehen ist, aus mehreren unabhängigen Segmenten her; die gewünschte Kapazität erreicht man durch Verbinden einer entsprechenden Zahl von Segmenten. Dieses Verfahren ermöglicht die nachträgliche Einstellung und Abstimmung der Schaltung. Die realisierbaren Leerlauf-Gütefaktoren liegen bei $Q_0 \approx 100$.

Abb. 17.20 zeigt die Schaltskizze der in Abb. 17.19 in Draufsicht dargestellten Hybridschaltung [17.14]. Die Anpassung des als Selektivverstärker arbeitenden Transistors auf einen Wellenwiderstand von $Z_0 = 50 \, \Omega$ geschieht

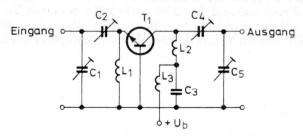

Abb. 17.20. Schaltbild des in Abb. 17.19 gezeigten Selektivverstärkers

am Eingang mit Hilfe des aus den Kapazitäten C_1 und C_2 bestehenden *L*-Gliedes, am Ausgang mit Hilfe eines π-Gliedes, bestehend aus den Elementen L_2, C_4 und C_5. Die Kondensatoren der Anpassungselemente werden aus mehreren Segmenten aufgebaut, so daß sie alle einstell- bzw. abstimmbar sind. Die aus mehreren Windungen bestehenden Induktivitäten L_1 und L_3 arbeiten als Hochfrequenzdrosseln. Der großflächige Kondensator C_3 dient zur Entkopplung. Die Abmessungen des die gesamte Schaltung aufnehmenden Isolationsträgers sind etwa $2,6 \times 3$ mm. Der im C-Betrieb arbeitende Leistungsverstärker liefert bei einer Frequenz von $f = 2$ GHz und einer Verstärkung von $N \approx 6$ dB eine Ausgangsleistung von $P_0 = 0,5$ W. Der durch die Anpassungselemente hervorgerufene Leistungsverlust liegt bei ungefähr 0,8 dB. Die Bandbreite kann aus *Abb. 17.21* abgelesen werden; gleichzeitig wurde hier die Pegelabhängigkeit der Frequenzcharakteristik dargestellt.

In [17.15] wird ein Hybridverstärker behandelt, der auf eine Mittenfrequenz von $f_0 = 500$ MHz bei einer Bandbreite von $B = 400$ MHz arbeitet. Die dreistufige Schaltung ist als breitbandiger *RC*-Verstärker ausgeführt.

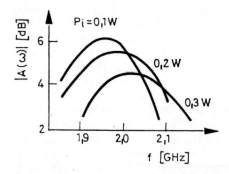

Abb. 17.21. Frequenzabhängigkeit der Leistungsübertragung des Selektivverstärkers nach Abb. 17.19 bei verschiedenen Eingangsleistungen P_i

Dieser besitzt eine Verstärkung von $N = 24$ dB und wird über Anpassungsglieder, die aus ebenso nach der Hybridtechnik hergestellten *L*- und *C*-Elementen bestehen, an die Steuerquelle bzw. Last angeschlossen.

Ein nach der Hybridtechnik hergestellter Leistungsverstärker, der in der Lage ist, im Frequenzband $f = 225\ldots400$ MHz bei einer Verstärkung von $N = 12 \pm 1$ dB eine Leistung von $P_0 = 20$ W abzugeben, wird in [17.16] besprochen. Mit diesem Verstärker werden wir uns später noch beschäftigen.

18 Verstärker für extrem hohe Frequenzen; Mikrowellenverstärker

18.1 Breitbandverstärker mit Reaktanzfiltern

In Abb. 15.1 ist die Blockschaltung eines mit Reaktanznetzwerken angepaßten Verstärkers dargestellt, wobei mit den Reaktanzfiltern die gewünschte Frequenzcharakteristik realisiert wird. Mit Filtern, die mit Resonanzkreisen (Sperrkreisen, Bandfiltern) arbeiten, haben wir uns schon früher
beschäftigt und dabei festgestellt, daß das mit ihnen erreichbare Übertragungsband meistens schmal ist, weshalb ihre Bedeutung mehr auf dem
Gebiet der Schmalband-(Zwischenfrequenz-)Verstärker liegt. Zur Verbreiterung des Übertragungsbandes werden mehrere Reaktanzelemente enthaltende Filter benötigt, unter denen das Kettennetzwerk das am einfachsten
realisierbare ist. Bezüglich der verschiedenen Typen von Kettennetzwerken
existiert eine Reihe von Tabellen (Filterkatalogen), auf deren Grundlage
unter anderem Tiefpaßfilter mit maximal flacher Amplitudencharakteristik
(Butterworth-Filter) oder solche mit einer Übertragung gleichmäßiger Welligkeit (Tschebyscheff-Filter) entworfen werden können.

Über eine Frequenztransformation führt der Weg von den Tiefpaßfiltern
zu den Hochpaß- bzw. Bandpaßfiltern. Die Mehrheit der existierenden Fil-
terkataloge enthält jedoch nur wenige Angaben über Filter mit hohen Übersetzungsverhältnissen, wie sie z. B. bei der Anpassung der Ausgangsimpedanz von Transistoren an den Wellenwiderstand üblicher Kabel benötigt
werden. Zur Erleichterung von solchen Entwurfsaufgaben wollen wir uns
im folgenden ausführlich mit dieser Frage beschäftigen.

In [18.1] wird der Entwurf von maximal aus $n = 10$ Elementen bestehenden Tschebyscheff-Tiefpaßfiltern behandelt, wobei Transformationsverhältnisse von $r = 1,5 \ldots 50$ möglich sind. Die Prinzipschaltung solcher
Tiefpaßfilter ist in *Abb. 18.1* zu sehen; *Abb. 18.2* zeigt die dazugehörige

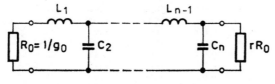

Abb. 18.1. Schaltbild eines Tiefpaßfilters

Frequenzübertragung. Zwischen der unteren (ω_1) und der oberen Grenzfrequenz (ω_2) schwankt der Dämpfungswert a_r mit gleichmäßiger Welligkeit (ripple). Da das (antimetrische) Filter eine Widerstandstransformation vollführt, tritt für Gleichstrom eine bedeutende Reflexion auf; aus diesem

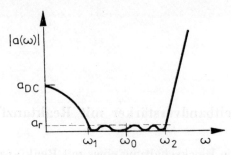

Abb. 18.2. Frequenzcharakteristik eines Tiefpaßfilters mit (Tschebyscheff-)Amplitudenübertragung gleichmäßiger Welligkeit

Grunde hat die Gleichstromdämpfung a_{DC} einen hohen Wert. Die wesentliche Kenngröße des Filters ist die relative Bandbreite:

$$w = 2\,\frac{\omega_2 - \omega_1}{\omega_2 + \omega_1} \cdot \; = 2\,\frac{f_2 - f_1}{f_2 + f_1} \qquad (18.1.1)$$

Die Dämpfungsschwankung a_r der verschiedenen relativen Bandbreiten und Transformationsverhältnissen zugeordneten Filter sowie die Werte der einzelnen Elemente sind in [18.1] in Tabellenform angegeben. Aus der Sicht der Transistorverstärker haben die Filter mit der Elementenzahl $n = 4$ die größte Bedeutung, weshalb wir deren Daten gesondert in *Tab. 18.1,*

Tabelle 18.1. Welligkeit a_r [dB] der Amplitudencharakteristik von Tschebyscheff-Tiefpaßfiltern vom Grad $n = 4$ bei verschiedenen Transformationsverhältnissen r und relativen Bandbreiten w

1:1,5   1:1,86   1:2,3   1:3

	$w = 0{,}1$	0,2	0,3	0,4	0,6	0,8	1,0
$r =$ 1,50	0,00	0,00	0,00	0,00	0,00	0,00	0,03
2,00	0,00	0,00	0,00	0,00	0,01	0,05	0,11
2,50	0,00	0,00	0,00	0,00	0,03	0,09	0,21
3,00	0,00	0,00	0,00	0,00	0,04	0,13	0,30
4,00	0,00	0,00	0,00	0,01	0,07	0,23	0,50
5,00	0,00	0,00	0,00	0,02	0,10	0,32	0,70
6,00	0,00	0,00	0,00	0,02	0,14	0,41	0,90
8,00	0,00	0,00	0,01	0,04	0,20	0,60	1,26
10,00	0,00	0,00	0,01	0,05	0,27	0,78	1,60
15,00	0,00	0,00	0,02	0,08	0,43	1,19	2,36
20,00	0,00	0,00	0,03	0,12	0,58	1,58	3,00
25,00	0,00	0,00	0,05	0,15	0,73	1,93	3,57
30,00	0,00	0,01	0,06	0,18	0,87	2,25	4,06

288

$$\frac{f_2}{f_1} = \frac{\omega + 2}{2 - \omega}$$

Tab. 18.2 und *Tab. 18.3* aufgenommen haben. In den Tabellen sind die relativen (normierten) Werte der einzelnen Elemente angegeben:

$$\frac{\omega_0 L_1}{R_0} = \gamma_1, \qquad (18.1.2)$$

$$\frac{\omega_0 C_2}{g_0} = \gamma_2. \qquad (18.1.3)$$

Ebenso gilt

$$\frac{\omega_0 L_{n-1}}{R_0} = \gamma_{n-1}, \qquad (18.1.4)$$

Tabelle 18.2. Relative Werte des ersten Elements γ_1 des Tschebyscheff-Tiefpaßfilters vom Grad $n = 4$ bei verschiedenen Transformationsverhältnissen r und relativen Bandbreiten w

	$w = 0,1$	0,2	0,3	0,4	0,6	0,8	1,0
$r =$ 1,50	0,65	0,65	0,66	0,66	0,67	0,68	0,69
2,00	0,81	0,82	0,82	0,83	0,84	0,87	0,89
2,50	0,93	0,93	0,94	0,95	0,97	1,00	1,03
3,00	1,01	1,02	1,03	1,14	1,07	1,11	1,16
4,00	1,15	1,16	1,17	1,19	1,23	1,29	1,36
5,00	1,26	1,27	1,28	1,30	1,36	1,36	1,44
6,00	1,34	1,35	1,37	1,40	1,47	1,57	1,67
8,00	1,49	1,50	1,52	1,56	1,65	1,78	1,92
10,00	1,60	1,62	1,65	1,69	1,81	1,97	2,14
15,00	1,82	1,84	1,88	1,94	2,12	2,34	2,60
20,00	1,98	2,01	2,07	2,14	2,36	2,66	2,98
25,00	2,11	2,15	2,22	2,315	2,58	2,93	3,31
30,00	2,23	2,27	2,35	2,46	2,77	3,18	3,61

Tabelle 18.3. Relative Werte des zweiten Elements γ_2 des Tschebyscheff-Tiefpaßfilters vom Grad $n = 4$ bei verschiedenen Transformationsverhältnissen r und relativen Bandbreiten w

	$w = 0,1$	0,2	0,3	0,4	0,6	0,8	1,0
$r =$ 1,50	0,87	0,87	0,87	0,86	0,85	0,83	0,80
2,00	0,86	0,86	0,85	0,84	0,82	0,80	0,76
2,50	0,83	0,82	0,82	0,81	0,79	0,76	0,72
3,00	0,80	0,79	0,79	0,78	0,75	0,72	0,68
4,00	0,74	0,74	0,73	0,72	0,69	0,65	0,61
5,00	0,70	0,70	0,69	0,68	0,65	0,61	0,56
6,00	0,67	0,67	0,66	0,64	0,61	0,57	0,52
8,00	0,62	0,62	0,61	0,59	0,56	0,51	0,47
10,00	0,59	0,58	0,57	0,55	0,52	0,47	0,42
15,00	0,53	0,52	0,51	0,49	0,45	0,40	0,36
20,00	0,49	0,48	0,47	0,45	0,40	0,36	0,31
25,00	0,46	0,45	0,44	0,42	0,37	0,32	0,28
30,00	0,44	0,43	0,41	0,39	0,35	0,30	0,26

19 Kovács

$$\frac{\omega_0 C_n}{g_0} = \gamma_n, \tag{18.1.5}$$

wobei ω_0 die Bandmittenfrequenz bedeutet:

$$\omega_0 = \frac{\omega_2 + \omega_1}{2}. \tag{18.1.6}$$

Die Tabellen enthalten lediglich die auf die Elemente der ersten Filterhälfte bezogenen normierten γ-Werte. Die zweite Filterhälfte ist zur ersten invers, so daß sich die Werte ihrer Elemente mit Hilfe der Tabelle wie folgt berechnen lassen:

$$\gamma(n/2 + 1) = r\gamma(n/2), \tag{18.1.7}$$

$$\gamma(n/2 + 2) = \frac{1}{r}\,\gamma(n/2 - 1), \tag{18.1.8}$$

$$\gamma(n/2 + 3) = r\gamma(n/2 - 2) \tag{18.1.9}$$

und so weiter. Im gegebenen Fall $n = 4$ berechnen wir mit den Tabellenwerten für γ_1 und γ_2:

$$\gamma_3 = r\gamma_2, \tag{18.1.10}$$

$$\gamma_4 = \frac{\gamma_1}{r}. \tag{18.1.11}$$

Beim Entwurf des Filters bestimmen wir zuerst aufgrund von (18.1.1) die relative Bandbreite und kontrollieren, ob bei der gewählten Gradzahl n die erhaltene Dämpfungswelligkeit a_r angemessen ist oder nicht. Ergibt sich eine höhere als die zulässige Welligkeit, so ist sinngemäß die Gradzahl des Filters zu erhöhen. Danach lassen sich nach Aufsuchen der relativen Werte für γ_1, γ_2 usw. aus den Tabellen (bei der Gradzahl $n = 4$ aus Tab. 18.2 und Tab. 18.3) die Werte der gesuchten Elemente L_1, C_2 usw. berechnen. Berücksichtigen wir, daß es vom Standpunkt des Filters gleichgültig ist, auf welcher Seite sich die Steuerquelle befindet, eignet sich die Schaltung auch gleichermaßen zur Niedertransformation der Abschlußwiderstände. Die Gleichstromdämpfung a_{DC} ergibt sich aus der Größe des Transformationsverhältnisses:

$$a_{\mathrm{DC}} = 10 \lg \frac{(r + 1)^2}{4r}. \tag{18.1.12}$$

Kommen wir nun zur Frage der Anpassung bei Transistorverstärkern. Bedingung für den richtigen Betrieb der beschriebenen Filter ist, daß die Abschlußwiderstände R_0 und rR_0 im gesamten Frequenzband $\omega_2 - \omega_1$ reell und konstant sind, was im Fall der Ein- und Ausgangsimpedanz von Transistoren bei weitem nicht zutrifft. Enthält die anzupassende Impedanz nun eine Reaktanzkomponente, ist jedoch innerhalb des Bandes die Impedanz konstant, so kann die Reaktanz mit dem ersten oder n-ten Reaktanzglied des Filters zusammengezogen werden. In *Abb. 18.3* sehen wir eine induktive Eingangs- und eine kapazitive Ausgangsimpedanz. Im ersten Fall läßt sich L_i mit der Induktivität L_1, im zweiten Fall C_0 mit der Kapazität C_n zusammenfassen bzw. kann bei Bedarf C_0 selbst das n-te Glied des Filters bilden.

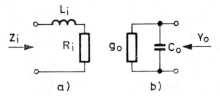

Abb. 18.3. Ersatzschaltung der induktiven Eingangsimpedanz (a) und der kapazitiven Ausgangsimpedanz (b) von bipolaren Transistoren

Bei extrem hohen Frequenzen taucht neben hohen Ausgangskapazitäten häufig dieser Fall auf.

Ändern sich im Frequenzband die Elementwerte der in Abb. 18.3 gezeigten Impedanzen, so sind auch die Werte der Filterelemente zu modifizieren, doch ist auch damit zu rechnen, daß sich die Gleichmäßigkeit der Übertragung verschlechtern wird. Das hängt natürlich im großen Maße von der übertragenen Bandbreite ab. Als erster Schritt der Schaltungsbemessung ist das Filter auf der Basis der in Bandmitte bei ω_0 meßbaren Ein- bzw. Ausgangsimpedanz zu entwerfen, danach stellt man durch Änderung (Abstimmung) der Elemente die günstigste Übertragung ein.

Abb. 18.4a zeigt die Schaltung eines zweistufigen, mit Tschebyscheff-Filtern vom Grade $n = 4$ realisierten Breitbandverstärkers [18.9]. Im Basiskreis der in Emitterschaltung arbeitenden Transistorstufen befindet sich je ein Hochpaßfilter, das aus den Elementen L_1, C_2 und L_2 bzw. aus L_6, C_7 und L_7 besteht. Das jeweils vierte Glied der Filter, die Serienkapazität, wird durch die kapazitive Komponente der Eingangsimpedanz der Transistoren gebildet, da die Eingangsimpedanz des angewendeten Transistortyps im fraglichen Frequenzband kapazitiven Charakter hat. An dem gleichfalls kapazitiven Ausgang jeder Transistorstufe schließt sich ein Tiefpaßfilter an, das aus den Elementen L_4, C_6 und L_5 bzw. aus L_9, C_{11} und L_{10} besteht. Das erste Glied des Filters ist hier in beiden Fällen die Ausgangskapazität des Transistors. Die Kondensatoren C_1, C_4 und C_9 sorgen für gleichstrommäßige Trennung, die Kondensatoren C_3, C_5, C_8 und C_{10} dienen zur Entkopplung. Die Spulen L_3 und L_8 arbeiten als Hochfrequenzdrosseln.

Abb. 18.4b zeigt die Frequenzabhängigkeit der Verstärkung der Schaltung für zwei verschiedene Abstimmungen, gemessen bei Abschlußwiderständen von $Z_0 = 50\ \Omega$. Die durchgehende Linie spiegelt den Fall wider, bei dem das am Ausgang der ersten Stufe befindliche Filter mit dem Trimmer C_6 auf maximal flache Übertragung eingestellt wird. Auf ähnliche Weise wird bei der mit unterbrochener Linie gezeichneten Kurve am Ausgang der zweiten Stufe mit dem Trimmer C_{11} die maximal flache Übertragung eingestellt.

Das übertragene Band ist, wie wir sehen können, recht breit, jedoch läßt sich eine gleichmäßige Übertragung nur schwer erreichen, was besonders für mehrstufige Breitbandverstärker zutrifft.

In [18.20] wurden in Tabellenform die Daten von Reaktanzfiltern zusammengestellt, die bei hohen Frequenzen eine Überhöhung in der Übertragung aufweisen und mit hohen Transformationsverhältnissen arbeiten. Die

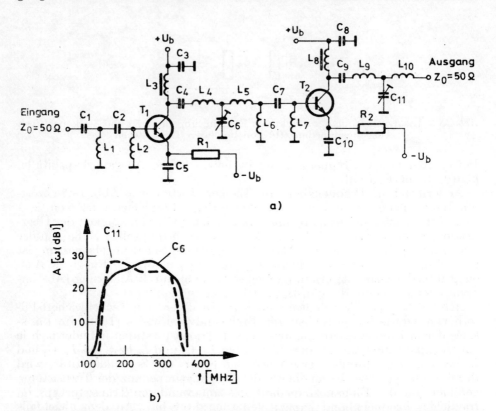

a)

b)

Abb. 18.4. Schaltbild eines zweistufigen, mit Tschebyscheff-Filtern realisierten Breitbandverstärkers (a) und seine Übertragung in Abhängigkeit von der Frequenz bei verschiedenen Abstimmungen (b)

in *Abb. 18.5a* gezeigten Tiefpaßfilter dienen zur Anpassung des Transistoreingangs, der hier durch die Elemente L_2 und R_2 ersetzt wurde. In den Tabellen sind für Anstiegswerte von 4,5 und 6 dB/Oktave und für Transformationsverhältnisse von $R_1/R_2 = 20 \ldots 100$ die Elementwerte von L_1, L_2, C_1 und C_2 bei verschiedenen Werten der Übertragungswelligkeit (ripple) und der relativen Bandbreite angegeben. *Abb. 18.5b* zeigt einen im C-Betrieb arbeitenden Hybridverstärker für das Frequenzband $f = 225 \ldots 400$ MHz, der auf der Grundlage der Tabellen entworfen wurde und eine Ausgangsleistung von $P_o = 12$ W besitzt.

Ein ebenfalls mit Tschebyscheff-Filtern angepaßter 50-W-Leistungsverstärker für das Frequenzband $f = 100 \ldots 160$ MHz wird in [20.14] behandelt. Ähnlich zur vorangegangenen Schaltung werden auch hier die Induktivitäten mit der Hybridtechnik realisiert.

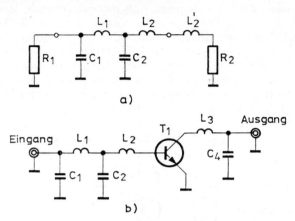

Abb. 18.5. Mit Reaktanzfilter angepaßter Transistoreingang (a) eines breitbandigen Leistungsverstärkers (b)

18.2 Breitbandverstärker mit Transformatoren

In Kapitel 12 haben wir gesehen, daß man mit Leitungstransformator-Verstärkern eine große Bandbreite erzielen kann, wenn man den Einfluß der Streuinduktivitäten und -kapazitäten eliminiert. Gute Ergebnisse erreicht man mit toroidförmigen Ferritkernen in Miniatürausführung. Der Einfluß der Streuinduktivitäten kann verringert werden, indem man die Primär- und Sekundärseite direkt nebeneinander anbringt. In [18.19] wird ein achtstufiger, bei $f_0 = 600$ MHz arbeitender Verstärker beschrieben. Da die Anwendung von Transistorstufen in Emitterschaltung für selektive Verstärker bei solchen Frequenzen wegen der großen Rückwirkung nicht geeignet ist, bildet man hier die einzelnen Verstärkerstufen mit emittergekoppelten Transistorpaaren *(Abb. 18.6)*. Das emittergekoppelte Transistorpaar besitzt darüber hinaus gute Begrenzereigenschaften, was im Falle des vorliegenden Verstärkers von wesentlicher Bedeutung ist. Weniger günstig verhält sich die Schaltung hinsichtlich des Rauschfaktors, weshalb man den achtstufigen Verstärker mit einem rauscharmen Kaskaden-Vorverstärker (in Emitter-Basis-Schaltung) ergänzte, an dessen Ausgang sich zur Ankopplung an die folgende Verstärkerstufe ebenfalls ein Übertrager befindet.

Der am Ausgang der emittergekoppelten Stufe angeordnete Übertrager wird mit einem toroidförmigen Ferritkern gefertigt, der in seiner Form den bei Balun-Transformatoren verwendeten Massekernen gleicht. Zum Erreichen der hohen Resonanzfrequenz sind Abmessungen und Windungszahl klein, außerdem befinden sich Primär- und Sekundärspule in geringer Entfernung voneinander. Die durch die Induktivität an der Primärseite des Übertragers und durch die Ausgangskapazität der emittergekoppelten Stufe festgelegte Resonanzfrequenz läßt sich meistens nur experimentell durch Messung bestimmen. Zu bemerken ist, daß die entstehende Resonanzkurve wegen der transformierten Belastungen ziemlich flach verläuft.

Abb. 18.7 zeigt den Gang der sich ausbildenden Frequenzcharakteristik. Die Kurven *a* und *b* ergeben sich bei zwei Übertragern mit unterschiedlichen Windungsverhältnissen. Wie ersichtlich ist, fällt die Resonanzfrequenz von Kurve *a* unterhalb, die der Kurve *b* oberhalb der Bandmitte. Bei gemischter Anwendung von zwei experimentell bestimmten Übertragern läßt sich um die Bandmitte $f_0 = 600$ MHz ein verhältnismäßig breites Frequenzband

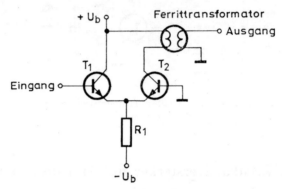

Abb. 18.6. Schaltbild eines mit breitbandiger Transformatoranpassung arbeitenden emittergekoppelten Verstärkerpaares

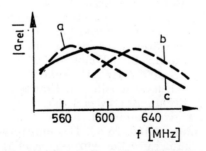

Abb. 18.7. Frequenzübertragung der in Abb. 18.6 gezeigten Schaltung bei verschiedenen Transformator-Windungszahlen

(Kurve *c*) erzeugen. Befinden sich die beiden Resonanzfrequenzen symmetrisch zur vorgeschriebenen Bandmitte, so sind sinngemäß beide Übertragertypen mit gleichem Übertragungsverhältnis anzuwenden. Die für eine hohe Leistungsverstärkung notwendige Impedanzanpassung erfordert im allgemeinen Impedanzübersetzungsverhältnisse zwischen 2 : 1 und 4 : 1.

294

Die Frequenzcharakteristik des achtstufigen Verstärkers ist in *Abb. 18.8* zu sehen. Wegen der hohen Verstärkung ist eine sehr sorgfältige Abschirmung sowie eine entsprechende Filterung der Versorgungsspannungen notwendig. Zur Erhöhung der Stabilität der Schaltung wird in den Kollektorkreis jedes Transistors jeder Stufe ein Widerstand $R = 10\ \Omega$ in Reihe ein-

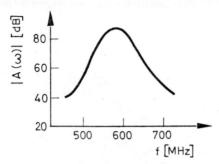

Abb. 18.8. Frequenzübertragung eines achtstufigen Verstärkers, gebildet aus Stufen gemäß Abb. 18.6

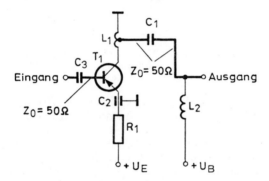

Abb. 18.9. Schaltbild einer Mikrowellen-Verstärkerstufe mit Transformatorkopplung

gefügt, um parasitäre Oszillationen zu vermeiden. Die Verstärkung beträgt in der Bandmitte $N \approx 85$ dB, die Bandbreite $B = 50$ MHz.

In *Abb. 18.9* sehen wir die Schaltung einer Stufe eines Mikrowellenverstärkers mit Transformatorkopplung [18.6]. Über einen Streifenleiter mit der Impedanz $Z_0 = 50\ \Omega$ gelangt das Eingangssignal auf die Basis des in Emitterschaltung arbeitenden Transistors T_1. Im Kollektorkreis befindet sich eine aus einigen Windungen bestehende Luftspule L_1, an deren Abzweigung ein ebenfalls mit $Z_0 = 50\ \Omega$ ausgelegter Streifenleiter liegt. Der in den Streifenleiter eingebaute induktionsarme Keramikkondensator C_1 sorgt für eine gleichstrommäßige Trennung. Die Vorspannung der Basis des (nachfolgenden) Transistors wird über die Drosselspule L_2 zugeführt. Die Schaltung repräsentiert im wesentlichen einen Resonanzverstärker, dessen Resonanzfrequenz durch die Induktivität L_1 und die Ausgangskapazität des Transistors bestimmt ist. Wegen der außerordentlich hohen Belastung des

Resonanzkreises weicht die Übertragungscharakteristik wesentlich von der üblicher Resonanzverstärker ab, indem sich hier ein extrem breites Frequenzband ergibt.

Die praktische Ausführung der besprochenen Schaltung ist in *Abb. 18.10* skizziert. Hier sehen wir die erste Stufe des mehrstufigen Verstärkers mit dem Koaxialkabelanschluß, dem eingangsseitigen Streifenleiterstück, dem

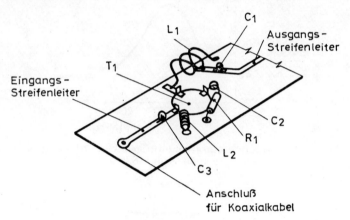

Abb. 18.10. Praktischer Aufbau der Mikrowellen-Verstärkerstufe mit Transformatorkopplung

Trennkondensator C_3 und der vollständigen Schaltung von Abb. 18.9. Der Ausgang der Schaltung schließt sich an die Basis des Transistors der folgenden Stufe an. Die Transistoren werden in ein speziell zum Anschluß für Streifenleiter geeignetes Gehäuse gebracht. Infolge der Streifenleiterausführung werden die Streukapazitäten verringert und auch die Abstrahlung über die Leitungen bleibt vernachlässigbar klein. Die optimale Windungszahl der Spule L_1 beträgt, bezogen auf die Bandmittenfrequenz $f_0 = 800$ MHz, etwa 3 ... 4; die ungefähr in der Mitte liegende Anzapfung sichert eine annehmbare Impedanzanpassung für den Eingang der folgenden Stufe.

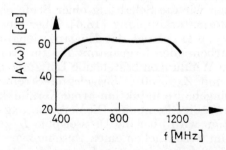

Abb. 18.11. Übertragungskurve eines elfstufigen Mikrowellen-Breitbandverstärkers, aufgebaut aus Stufen gemäß Abb. 18.9

296

Durch Verbiegen der Spulenwindungen läßt sich der Induktivitätswert und damit die Resonanzfrequenz ändern.

Abb. 18.11 zeigt die Frequenzcharakteristik eines elfstufigen Verstärkers, aufgebaut aus Stufen gemäß Abb. 18.9. Die Leistungsverstärkung dieses Verstärkers beträgt bei Abschlußimpedanzen von $Z_0 = 50\ \Omega$ im Frequenzbereich $f = 0{,}5 \ldots 1{,}1$ GHz $N = 60 \pm 2$ dB; sein Rauschfaktor hat bei $f = 1$ GHz den Wert $F = 7$ dB. Die Grenzfrequenz des angewendeten Germanium-Mesa-Transistors liegt bei $f_T = 1{,}4$ GHz, die Rückwirkungs-Zeitkonstante beträgt $r_b C_c = 5$ ps. Mit einem nach ähnlichem Prinzip arbeitenden, jedoch nach der Hybridtechnik realisierten dreistufigen Breitbandverstärker erreichte man im Frequenzbereich $f = 1{,}1 \ldots 2{,}1$ GHz eine Verstärkung von $N = 20 \pm 0{,}5$ dB.

18.3 Mit Leitungsstücken angepaßte Schmalbandverstärker

Die höchste erreichbare Resonanzfrequenz von Schwingkreisen, die üblicherweise gefertigte Induktivitäten enthalten, liegt bei etwa 200...300 MHz. Im Bereich oberhalb $f = 300$ MHz lassen sich Resonanzkreise nach dieser Methode nicht mehr realisieren, weshalb hier aus kurzen Leitungsstücken aufgebaute Resonanzkreise in den Vordergrund treten. Der Vorteil von induktiven Elementen, die auf der Basis solcher Leitungsstücke erzeugt werden, liegt darin, daß sie gegenüber den üblicherweise gespulten Induktivitäten einerseits einen höheren Gütefaktor besitzen, andererseits lassen sie sich ausgezeichnet reproduzieren, was nicht zuletzt vom Standpunkt der Abzweigungen (Anzapfungen) wesentlich ist. Im folgenden wollen wir einen Überblick über die verschiedenartigen Lösungen und über die Kenngrößen der in Schmalbandverstärkern angewendeten Speiseleitungen geben.

Abb. 18.12 zeigt die Profile von acht verschiedenen Leitungsanordnungen mit den Näherungsausdrücken für den entsprechenden Wellenwiderstand. Bei sämtlichen Beziehungen wurde als Dielektrikum Luft ($\varepsilon_r = 1$) vorausgesetzt. Außerdem muß der Durchmesser bzw. die Breite des Innenleiters gegenüber den Abmessungen des Außenleiters klein sein ($d/D < 0{,}5$ bzw. $b/D < 0{,}5$).

Die beiden ersten Leitungstypen verwenden zylinderförmige Innenleiter. Werden die in der Abbildung horizontal angeordneten Außenleiterebenen ins Unendliche verschoben, so erhöht sich der Wellenwiderstand. Eine solche Anordnung ist besonders deshalb vorteilhaft, weil in der praktischen Ausführung der Deckel des Metallgehäuses, der ein Teil des Außenleiters ist, kaum eine Rolle bei der Gestaltung des elektromagnetischen Feldes in der Speiseleitung spielt. Bei den folgenden drei Anordnungen besteht der Innenleiter aus einem Streifen, dessen Dicke mit null angenommen wird. Unter diesen wird wiederum die Anordnung am häufigsten benutzt, bei der sich der innere Streifenleiter zwischen zwei unendlichen äußeren Leiterebenen befindet. In der sechsten Darstellung sehen wir einen im rechteckförmigen Außenleiter angeordneten Rechteckleiter, und bei den letzten beiden Anordnungen besteht der Außenleiter aus jeweils einer Leiterebene unendlicher Ausdehnung. Mit diesen beiden Leitungstypen läßt sich der Wellenwiderstand von Speiseleitungen am einfachsten annähern, bei denen die

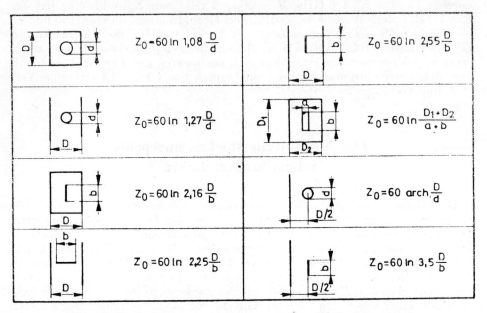

Abb. 18.12. Leitungsanordnungen und ihre Wellenwiderstände

Innenleiter stark asymmetrisch (exzentrisch) angeordnet sind. Bei beliebigen Dielektrika müssen die in Abb. 18.12 angegebenen Ausdrücke mit $\sqrt{\varepsilon_r}$ dividiert werden, um die entsprechenden Wellenwiderstände zu erhalten.

Eine der wichtigsten Gleichungen zur Beschreibung von Speiseleitungen ist der Ausdruck für den Eingangswiderstand. Wird das eine Ende einer Leitung mit der Länge l und dem Wellenwiderstand $Z_0 = 1/y_0$ mit der Admittanz y_2 abgeschlossen, so erscheint am anderen Ende eine Eingangsadmittanz vom Wert

$$y_1 = y_0 \frac{y_2 + jy_0 \tan \beta l}{y_0 + jy_2 \tan \beta l}, \qquad (18.3.1)$$

wobei der Faktor $\beta = 2\pi/\lambda$ die Wellenlänge λ berücksichtigt.

In Schmalbandverstärkern realisiert man Induktivitäten mit kurzgeschlossenen Leitungsstücken. Hierbei ist also $y_2 = \infty$, und für Leitungsstücke kürzer als ein Viertel der Wellenlänge hat die Eingangsimpedanz gemäß Ausdruck

$$y_1 = - jy_0 \cot \beta l \qquad (18.3.2)$$

induktiven Charakter. Schaltet man parallel zur Admittanz y_1 am Eingang des Leitungsstückes einen Kondensator der Kapazität C, dann erhält man einen typischen UHF-Schwingkreis, für dessen Resonanz die Gleichung

$$\omega C = y_0 \cot \beta l \qquad (18.3.3)$$

gilt. Der Leerlauf-Gütefaktor des (unbelasteten) Schwingkreises liegt im allgemeinen wesentlich höher als der eines üblichen, aus konzentrierten Elementen aufgebauten Schwingkreises. Die Signalkopplung kann durch Anzapfung, über eine induktive Schleife oder auf kapazitivem Weg erfolgen. Bei der Anzapfungsmethode ist die Kopplung an einem beliebigen Punkt des Innenleiters möglich, doch ist zu berücksichtigen, daß die Impedanz, von der Kurzschlußstelle beginnend, entlang der Leitung entsprechend der Abhängigkeit $\tan \beta l$ zunimmt. Die Kopplung mit induktiver Schleife ist im Bereich hohen Stromes, d. h. in der Nähe des Kurzschlusses, wirksam. Aus den geometrischen Abmessungen der Schleife läßt sich mit stark genäherten Gleichungen der Kopplungsfaktor berechnen. Die kapazitive Kopplung ist im Bereich hoher Impedanz, also in der Nähe des Leitungseingangs wirksam und kann mit einem Kondensator geringer Kapazität oder mit einer kapazitiven Sonde erzeugt werden.

Abb. 18.13 zeigt das Schaltbild eines Schmalbandverstärkers mit aperiodischem Eingang. An der Anzapfung der ausgangsseitigen Resonanzleitung liegt der Kollektor des in Basisschaltung arbeitenden Transistors T_1. Mit dem Drehkondensator C_4 läßt sich der Schwingkreis im UHF-Band abstimmen. Die Signalauskopplung geschieht ebenfalls über eine Anzapfung (natürlich hier von einem Punkt wesentlich geringerer Impedanz). Die Elemente L_1 und C_1 am Eingang bilden ein Hochpaßfilter, das verhindert, daß Signale

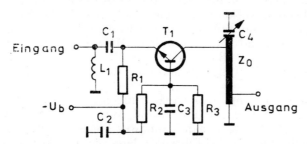

Abb. 18.13. Schaltbild eines mit Resonanzleiter abgestimmten Schmalbandverstärkers in Basisschaltung

mit Frequenzen unterhalb $f = 400$ MHz auf den Emitter gelangen und dort Intermodulationen erzeugen. Mit dem Kondensator C_1 läßt sich außerdem eine Impedanzanpassung realisieren, was in erster Linie zum Erreichen des minimalen Rauschfaktors von Bedeutung ist.

Abb. 18.14 zeigt die Schaltung eines dreikreisigen abstimmbaren VHF-Verstärkers [18.11]. Im Emitterkreis des in Basisschaltung arbeitenden Transistors liegt ein Leitungsresonator, dessen Resonanzfrequenz mit dem

Kondensator C_1 abgestimmt wird. Am Ausgang der Stufe befindet sich ein zweikreisiges Bandfilter, für dessen nötige Kopplung die Leiterschleife L_1 sorgt. Sie befindet sich in der Nähe der kurzgeschlossenen Enden der Leitungsstücke, d. h. im Gebiet hohen Stromes. Durch Änderung ihrer Oberfläche bzw. ihrer Entfernung von den beiden Innenleitern läßt sich der Kopplungsfaktor regeln. Die Drehkondensatoren C_1, C_5 und C_6 befinden sich

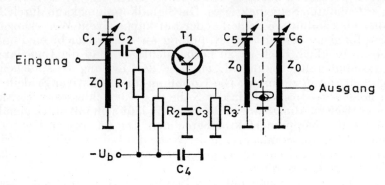

Abb. 18.14. Schaltbild eines mit drei Resonanzleitern abgestimmten Schmalbandverstärkers

auf einer gemeinsamen Welle, wodurch die drei Kreise im Gleichlauf abgestimmt werden können. Die Konstruktion läßt sich vereinfachen, wenn man anstelle der Drehkondensatoren Dioden mit veränderlicher Kapazität (Varicaps) verwendet. Ändert man die Vorspannung der in Sperrichtung betriebenen Dioden, so können völlig identische Dioden vorausgesetzt, die drei Schwingkreise simultan abgestimmt werden. Mit der Schaltung erreicht man im Frequenzband $f = 450 \ldots 800$ MHz bei einer Verstärkung von $N = 10 \ldots 40$ dB eine Bandbreite von $B = 15 \ldots 20$ MHz, was nicht zuletzt für die mit Leitungsresonatoren erreichbaren hohen Gütefaktoren spricht.

Auf dem Gebiet der mit Resonanzleitungen arbeitenden Schmalbandverstärker sind enorm viele Lösungen und Anwendungen bekannt. All diese lassen sich auf die früher behandelten, aus konzentrierten Elementen aufgebauten Schaltungen zurückführen, indem man das kurzgeschlossene Leitungsstück durch eine Induktivität ersetzt. Auf ähnliche Weise kann auch die Stabilität der Schaltung berechnet werden, der jedoch wegen der im UHF-Band auftretenden kleinen Schleifenverstärkung zum Glück keine solch wichtige Rolle zukommt wie bei tieferen Frequenzen. Trotzdem sind auch Schaltungslösungen bekannt, bei denen man die Transistoren dennoch neutralisiert. Das Neutralisationssignal koppelt man mit einer kleinen Schleife, die sich im ausgangsseitigen Resonanzleiter befindet, aus und führt es über einen Kondensator geringer Kapazität auf den Eingang des Verstärkers zurück. Der Neutralisationszustand läßt sich durch Änderung der Schleife einstellen.

300

Die Schaltungslösung mit Resonanzleitungen bedeutet einen großen Vorteil beim Aufbau von Antennen-Vorverstärkern mit mittlerer Leistung, falls der Kollektor und das Metallgehäuse des verwendeten Transistors miteinander verbunden sind. Bei der üblichen Ausführung bringt die Aufnahmevorrichtung, die für die Kühlung des Endtransistors sorgt, eine erhebliche Parallelkapazität mit sich. Demgegenüber kann bei der Lösung mit Resonanzleitern, falls der Innenleiter des Leitungsstückes genügend stark ist, um die sich entwickelnde Wärme abzuleiten, der Transistor unmittelbar mit dem Innenleiter vereinigt werden. Die direkte Metallverbindung gewährleistet einen guten Temperaturübergang, und es treten keinerlei parasitäre Reaktanzen auf.

Bei einer anderen Gruppe von Verstärkern mit Resonanzleitungen besteht die Aufgabe nicht in der Realisierung von Schwingkreisen hoher Güte, sondern in der Anpassung der komplexen Ein- bzw. Ausgangsimpedanz des Transistors an den reellen Quellen- bzw. Lastwiderstand. Bei diesen meistens für hohe Ausgangsleistungen entwickelten Verstärkern spielt die Bandbreite nur eine sekundäre Rolle.

Die Prinzipschaltung eines solchen Verstärkers ist in *Abb. 18.15* zu sehen. Die Drosseln L_1 und L_2 sorgen für die Gleichstromeinstellung. Mit dem Widerstand R_1 beseitigt man die bei tiefen Frequenzen auftretende Schwingneigung. Bei richtiger Wahl der Wellenwiderstände Z_{01} und Z_{02} und der Längen der ein- und ausgangsseitigen Leitungsstücke lassen sich die Transistorimpedanzen an die Abschlüsse anpassen. Ist das eine Ende der Speiseleitung

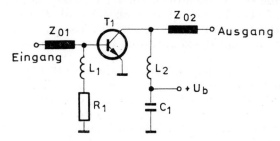

Abb. 18.15. Schaltbild eines mit Leitungsstücken verschiedener Wellenwiderstände abgestimmten Verstärkers in Emitterschaltung

mit der Admittanz y_2 abgeschlossen und wollen wir eine Eingangsadmittanz y_1 am anderen Ende erhalten, so sind hierzu ein Wellenwiderstand $Z_0 = 1/y_0$ und eine Leitungslänge l gemäß den Ausdrücken

$$y_0 = \sqrt{g_1 g_2 - b_1 b_2 + \frac{b_1 - b_2}{g_1 - g_2}(g_1 b_2 + g_2 b_1)}, \qquad (18.3.4)$$

$$\tan \beta l = \frac{y_0(g_1 - g_2)}{g_1 b_2 + g_2 b_1} \qquad (18.3.5)$$

nötig, wobei die beiden anzupassenden Admittanzen folgende Form haben:

$$y_1 = g_1 + jb_2\,,\qquad\qquad\qquad (18.3.6)$$

$$y_2 = g_2 + jb_2\,.\qquad\qquad\qquad (18.3.7)$$

Der Zusammenhang (18.3.4) geht bei reellen Admittanzen ($b_1 = b_2 = 0$) in den bekannten Ausdruck für den Vierteltransformator über. Im allgemeinen Fall besteht für die Realisierung der Anpassung die Bedingung, daß sich unter der Wurzel eine positive Zahl ergibt; im entgegengesetzten Fall läßt sich die Impedanztransformation nicht mit einem einzigen Leitungsstück lösen.

Um eine maximale Leistungsübertragung des Transistors zu erreichen, muß am Eingang und am Ausgang eine konjugiert komplexe Impedanzanpassung realisiert werden, wozu unbedingte Stabilität ($K > 1$) des Transistors nötig ist. Da im UHF- und Mikrowellenbereich die verwendeten Transistoren in der Mehrheit unbedingt stabil sind, können in Kenntnis der für die konjugierte Anpassung nötigen Admittanzen und der im allgemeinen reellen Abschlußadmittanzen y_g und y_L die Leitungsstücke auf der Basis von (18.3.4) berechnet werden. Die Leitungsstücke mit den erhaltenen Wellenwiderständen lassen sich am einfachsten mit Streifenleitern (microstripes) realisieren, wobei vorteilhaft ist, daß deren Wellenwiderstand innerhalb breiter Grenzen änderbar ist. Nachteil der mit Leitungsstücken realisierten Anpassung ist jedoch, daß sich ein nachträglicher Abgleich, der wegen der Streuung der Transistorparameter meistens notwendig ist, nicht durchführen läßt. In der Praxis behilft man sich deshalb meistens mit Trimmern, die am Eingang und Ausgang der Anpassungsleitung liegen und mit denen die genaue Impedanzanpassung in einem engen Bereich möglich ist.

Bei der in *Abb. 18.16* gezeigten Verstärkerstufe [18.14] wurden, um eine genaue Anpassung zu erreichen, ausgangsseitig zwei Trimmer vorgesehen: in Reihe mit der Anzapfung der Kondensator C_4 und der den Resonanzleiter abschließende, ebenfalls einstellbare Kondensator C_5. Der induktive Eingang des Transistors wird mit den Kapazitäten C_1 und C_2, die ein L-Glied

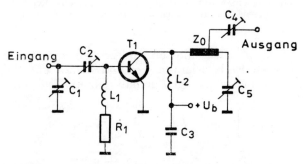

Abb. 18.16. Schaltbild eines ausgangsseitig mit einem Leitungsstück angepaßten, in geringem Maße abstimmbaren Verstärkers in Emitterschaltung

bilden, an den Quellenwiderstand angepaßt. Die Spulen L_1 und L_2 dienen als Hochfrequenzdrosseln, der Widerstand R_1 beseitigt die Schwingneigung bei tiefen Frequenzen. Mit der Schaltung ist bei einer Frequenz von $f = 1$ GHz und einer Verstärkung von $N = 6$ dB eine Ausgangsleistung von $P_0 = 1$ W zu erreichen.

Ist der Wellenwiderstand der Resonanzleitung durch die Berechnung oder aus konstruktiven Gründen bereits festgelegt, so kann die sich ergebende Ein- bzw. Ausgangsimpedanz mit Hilfe des Smith-Diagramms bestimmt werden. Besonders hervorzuheben ist der $\lambda/8$-Resonanzleiter. Bei geeigneter Wahl seines Wellenwiderstandes erhält man am Eingang einen reellen Widerstand. Hat der ausgangsseitige Abschluß die Form

$$Z_2 = R_2 + jX_2 \,, \tag{18.3.8}$$

so ergibt sich bei einem Wellenwiderstand von

$$Z_0 = \sqrt{R_2^2 + X_2^2} \tag{18.3.9}$$

eine reelle Eingangsimpedanz der Größe

$$Z_\mathrm{i} = R_\mathrm{i} = \frac{R_2}{1 - X_2/Z_0} \,. \tag{18.3.10}$$

In *Abb. 18.17* ist die Schaltung eines Verstärkers zu sehen, wie er in koaxialen Anordnungen verwendet wird [18.14]. Der Transistor T_1 befindet sich in einem Koaxialgehäuse, die zylinderförmig ausgebildeten Emitter- und Basiskontakte schließen sich direkt an die gleichfalls zylinderförmigen Innenleiter der koaxialen Leitungsstücke an. Die Keramiktrimmer C_1, C_2 und C_3 werden zur genauen Abstimmung benötigt. Für die Kühlung des Transistors sorgt eine gut wärmeleitfähige Abstützung aus Berylliumoxid, die sich in der Nähe des Ausgangspunktes des Z_{02}-Leitungsstückes befindet. Die für den B-Betrieb eingestellte Verstärkerschaltung ist in der Lage, bei einer Frequenz von $f = 2$ GHz und einer Verstärkung von $N = 6$ dB eine Leistung von $P_0 = 1,2$ W abzugeben.

Der Entwurf eines mit Microstrip-Leitungen angepaßten Mikrowellenverstärkers für das Frequenzband $f = 2,3 \ldots 3,5$ GHz wird in [18.27] besprochen. Beim Entwurf wird von der Bedingung ausgegangen, daß der ver-

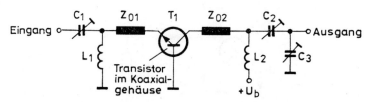

Abb. 18.17. Schaltbild eines koaxial angeordneten Mikrowellenverstärkers, angepaßt mit koaxialen Leitungsstücken verschiedener Wellenwiderstände

wendete Transistor im Betriebsfrequenzbereich unbedingt stabil arbeiten soll. Die bei niedrigen Frequenzen auftretende Instabilität wird dadurch beseitigt, daß die Anpassungsglieder bezogen auf den Eingang eine Unterbrechung und bezogen auf den Ausgang einen Kurzschluß darstellen. Bei der Bemessung der Eingangsanpassung wird vom minimalen Rauschfaktor ausgegangen.

Einen ebenfalls mit Microstrip-Leitungen ausgeführten Mikrowellenverstärker für eine Ausgangsleistung von $P_0 = 6$ W, der im Frequenzband $f = 1,75 \ldots 1,95$ GHz mit einer Verstärkung von $N = 13$ dB arbeitet, finden wir in [18.24]. Weitere Mikrowellenverstärker behandelt [18.17]. In [1.40] und [1.41] werden mit TRAPATT- bzw. IMPATT-Dioden arbeitende Mikrowellenverstärker behandelt.

18.4 Mit Leitungsstücken angepaßte Breitbandverstärker

Verschiedene Leitungstypen lassen sich als Impedanztransformatoren recht vorteilhaft für Breitbandverstärker anwenden, besonders wenn deren obere Bandgrenze in den UHF-Bereich fällt. Eine breitbandige Übertragung erreicht man in solchen Fällen dadurch, daß man an der oberen Bandgrenze durch konjugiert komplexe Impedanzanpassung die maximale Leistungsübertragung einstellt, auf der anderen Seite kompensiert man die mit fallender Frequenz ansteigende Leistungsverstärkung durch Nichtanpassung. Da besagte Kompensation im gesamten Frequenzband jedoch nicht vollkommen ist, ergibt sich eine (oft recht große) Welligkeit im Übertragungsband. Bei der Bemessung der Schaltung strebt man deshalb danach, die Schwankungen der Leistungsübertragung im übertragenen Frequenzband auf ein Minimum zu reduzieren.

Abb. 18.18 zeigt einen einstufigen, mit einem Leitungsstück arbeitenden Breitbandverstärker. Mit dieser Schaltung können wir die Entwurfskriterien für mehrstufige Verstärker untersuchen [18.2]. Die Spannungsverstärkung der Schaltung wollen wir mit Hilfe der in *Abb. 18.19* gezeigten Ersatzschaltung aufstellen; mit y'_L sei hier der auf den Eingang des Leitungsstückes, d. h. auf den Kollektor transformierte Wert der Abschlußadmittanz y_L bezeichnet. Steht U'_2 für die Spannung am Kollektorpunkt, so erhalten

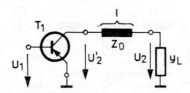

Abb. 18.18. Schaltbild eines mit einem Leitungsstück arbeitenden, einstufigen Breitbandverstärkers

wir als Spannungsverstärkung

$$A_u = \frac{U_2}{U_1} = \frac{|y_{21}|}{y_{22} + y_L'} \left(\frac{U_2}{U_2'} \right). \qquad (18.4.1)$$

Zur Berechnung der Spannung U_2' benutzen wir den Ausdruck für die auf der Leitung erscheinende Spannungswelle:

$$U(l) = U_2 \left(\cos \beta l + j \frac{y_L}{y_0} \sin \beta l \right), \qquad (18.4.2)$$

wobei U_2 die Spannung über der Abschlußadmittanz y_L an der Stelle $l = 0$ ist; l gibt die vom abgeschlossenen Ende des Leitungsstückes gemessene

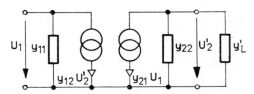

Abb. 18.19. Ersatzschaltbild des mit einem Leitungsstück arbeitenden, einstufigen Breitbandverstärkers

Entfernung an. Setzen wir in den Ausdruck (18.4.1) unter Zuhilfenahme von (18.4.2) den Wert der am Eingang des Leitungsstückes der Länge l anliegenden Spannung U_2' ein, dann erhalten wir

$$|A_u| = \frac{|y_{21}|}{\left| (y_{22} + y_L) \cos \beta l + j \left(\frac{y_L y_{22}}{y_0} + y_0 \right) \sin \beta l \right|} = \frac{|y_{21}|}{|H|}. \qquad (18.4.3)$$

Den Nenner des Zusammenhanges wollen wir zur Vereinfachung im weiteren mit H bezeichnen. Als folgende Aufgabe suchen wir das Maximum der Spannungsverstärkung oder, was damit gleichwertig ist, das Minimum des Nenners (H). Der Nenner hängt von zwei Größen ab, nämlich vom Wellenwiderstand $Z_0 = 1/y_0$ und von der Länge l. Zur Berechnung des Minimums ist die Funktion H nach beiden Veränderlichen partiell zu differenzieren. Den Wellenwiderstand bzw. die Leitungslänge, die zur maximalen Spannungsverstärkung führen, können wir nun aus der Gleichung

$$\frac{\partial H}{\partial Z_0} = 0 \qquad (18.4.4)$$

bei konstanten Leitungslängen l bzw. aus der Gleichung

$$\frac{\partial H}{\partial (\beta l)} = 0 \qquad (18.4.5)$$

bei konstanten Wellenwiderständen Z_0 bestimmen. *Abb. 18.20a* zeigt das Rechenergebnis an einem konkreten Beispiel. Bei großen Wellenwiderständen führen beide Verfahren zum gleichen Ergebnis, beide Kurven decken sich. Bei kleinen Wellenwiderständen dagegen zeigen sich abweichende Ergebnisse. Die Frage, welche der beiden Kurven wir zweckmäßigerweise wählen, kann mit Hilfe von *Abb. 18.20b* beantwortet werden. Darin

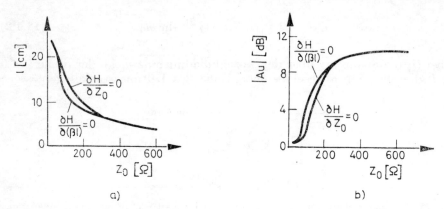

a)　　　　　　　　　　　b)

Abb. 18.20. Abhängigkeit der optimalen Leitungslänge (a) und Spannungsverstärkung (b) vom Wellenwiderstand des Leitungsstückes beim einstufigen Verstärker

ist, berechnet für die beiden Fälle, die Abhängigkeit der maximalen Spannungsverstärkung vom Wellenwiderstand aufgetragen. Sinngemäß ist unter den Gleichungen (18.4.4) und (18.4.5) mit der zu arbeiten, die zu einer höheren Spannungsverstärkung führt. Die Berechnung ist für die obere Grenzfrequenz ω_G durchzuführen; auf diese Weise wird mit fallender Frequenz wegen der ansteigenden Nichtanpassung auch die Spannungsverstärkung sinken.

Abb. 18.21 zeigt die sich ergebende Spannungsverstärkung A_u. Ebenso sehen wir hier auch die Leistungsverstärkung N, die sich beim einstufigen

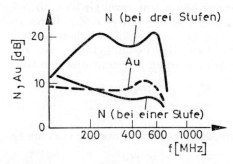

Abb. 18.21. Leistungsübertragung und Spannungsverstärkung eines ein- bzw. dreistufigen Breitbandverstärkers, angepaßt mit Leitungsstücken

Verstärker mit Erhöhung der Frequenz verringert. Das Frequenzband unterhalb einer festzulegenden unteren Grenzfrequenz läßt sich durch Einfügen eines Hochpaßfilters unterdrücken.

Der Entwurf von mehrstufigen Verstärkern geschieht auf ähnliche Weise, obwohl hier damit zu rechnen ist, daß die gemessenen Werte wegen der gegenseitigen Beeinflussung der Stufen ein wenig von den berechneten abweichen werden. Die Schaltung eines dreistufigen Breitbandverstärkers ist in *Abb. 18.22* zu sehen. Bei allen drei Stufen wird der Ausgang des Tran-

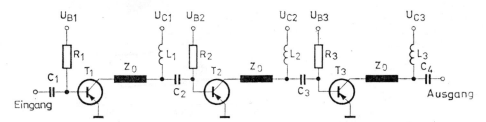

Abb. 18.22. Schaltbild eines mit Leitungsstücken angepaßten dreistufigen Breitbandverstärkers

sistors mit einem Leitungsstück an den Eingang der folgenden Stufe bzw. an den Abschlußwiderstand angepaßt. Das Hochpaßfilter wird mit den Serienkapazitäten gebildet. Die Gleichstromzuführung geschieht über Widerstände bzw. Drosselspulen, bei den Leitungsstücken wird jeweils am Punkt geringer Impedanz eingespeist. Die Leistungsübertragung N des Verstärkers ist in Abb. 18.21 zu sehen. Demgemäß beträgt die Verstärkungsschwankung in einem Übertragungsband, das breiter als eine Oktave ist, ungefähr 3 dB. Der verwendete Leitungstyp besitzt einen Wellenwiderstand von $Z_0 = 230\ \Omega$ und hat einen gewundenen Innenleiter [18.2].

Breitbandige Impedanzanpassung läßt sich mit sogenannten exponentialförmigen Leitungsstücken realisieren. Ein Beispiel hierfür zeigt *Abb. 18.23a*. Hierbei besteht der Bandleiter aus zwei Leiterebenen, deren Breite b sich entlang der Leitung exponentiell ändert. Sinngemäß ändert sich damit auch der Wellenwiderstand entlang der Leitung, der durch den Zusammenhang

$$Z_0 = \frac{377}{\sqrt{\varepsilon_r}} \cdot \frac{a}{b} \tag{18.4.6}$$

gegeben ist. Hierbei steht a für die Dicke der Isolatorschicht und ε_r für die relative Dielektrizitätskonstante. Mit Erhöhung der Breite b verringert sich der Wellenwiderstand, und damit wird — wie *Abb. 18.23b* zeigt — eine Impedanztransformation innerhalb breiter Frequenzgrenzen verwirklicht. Die Länge des exponentialförmigen Leitungsstückes beträgt ein Viertel der Wellenlänge der Frequenz, die dem zweiten Drittel des Übertragungsbandes entspricht. Experimente führten dagegen zu dem Ergebnis, daß ein 40% kleinerer Wert der fraglichen Wellenlänge zu berücksichtigen ist.

Abb. 18.24 zeigt die Schaltung eines Breitbandverstärkers, an dessen Eingang ein exponentialförmiger Streifenleiter [18.29] die geringe Eingangsimpedanz des Transistors an einen Quellenwiderstand von $R_g = 50\ \Omega$ anpaßt [18.15]. Um eine gleichmäßige breitbandige Übertragung zu erreichen, muß die mit der Frequenz fallende Verstärkung des Transistors durch Anpassungsmaßnahmen am Ausgang kompensiert werden. Dies wird mit einer

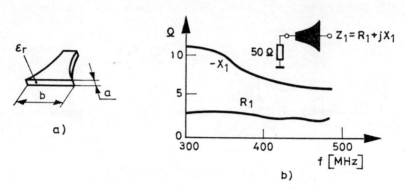

Abb. 18.23. Exponentialförmiger Streifenleiter (a) sowie Darstellung des Real- und Imaginärteils seiner Eingangsimpedanz in Abhängigkeit von der Frequenz bei einem Abschluß von $Z_2 = 50\ \Omega$ (b)

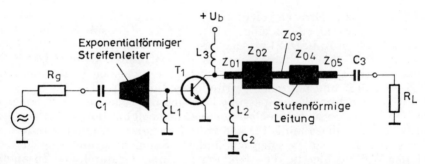

Abb. 18.24. Schaltbild eines am Eingang mit exponentialförmigem, am Ausgang mit stufenförmigem Streifenleiter angepaßten Breitbandverstärkers in Emitterschaltung

aus fünf Abschnitten bestehenden, stufenförmigen Leitung durchgeführt. Bei richtiger Wahl der Wellenwiderstände der einzelnen Leitungsstücke kann man in einem breiten Frequenzband eine (Tschebyscheff-)Übertragungscharakteristik gleichmäßiger Welligkeit erzeugen [18.8]. In *Abb. 18.25a* ist die Frequenzabhängigkeit der Eingangsimpedanz Z_1 der Leitung aufgetragen, und zwar für den Fall, daß der Ausgang der stufenförmigen Leitung mit dem Widerstand $R_L = 50\ \Omega$ abgeschlossen ist. Der sich bei höheren Frequenzen ergebende größere Widerstand R_1 ermöglicht eine bessere Leistungsverstärkung.

308

Die Frequenzcharakteristik des Verstärkers ist in *Abb. 18.25b* zu sehen. Über die Schaltung sei noch soviel gesagt, daß die Induktivität L_2 die Kollektorkapazität bei etwa $f = 450$ MHz ausgleicht, die Kapazitäten C_1, C_2 und C_3 dienen zur gleichstrommäßigen Trennung. Mit den Hochfrequenzdrosseln L_1 und L_3 wird der Arbeitspunkt der Schaltung eingestellt. Der kapazitive Imaginärteil der am Eingang befindlichen exponentialförmigen

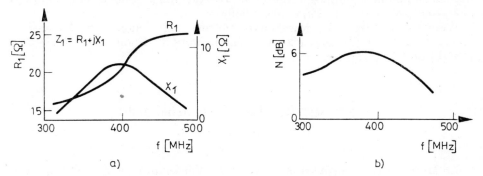

a) b)

Abb. 18.25. Eingangsimpedanz der aus fünf Abschnitten bestehenden, stufenförmigen Leitung von Abb. 18.24 in Abhängigkeit von der Frequenz bei einem Abschluß von $R_L = 50\ \Omega$ (a) und Frequenzabhängigkeit der Verstärkung der Schaltung von Abb. 18.24 (b)

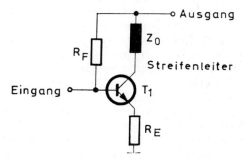

Abb. 18.26. Gegengekoppelter Verstärker mit Streifenleitung zur Kompensation

Leitung kompensiert die induktive Komponente der Eingangsimpedanz des Transistors.

In [11.11] wird ein mit Streifenleitern kompensierter, gegengekoppelter Verstärker behandelt, dessen Schaltung wir in *Abb. 18.26* sehen. Durch die Verzögerung der Streifenleitung, deren Wellenwiderstand Z_0 ist, verringert sich bei hohen Frequenzen die Gegenkopplung. Auf diese Weise läßt sich, abhängig vom Wellenwiderstand Z_0 und von der Länge der Streifenleitung, an der oberen Bandgrenze auch eine Überhöhung in der Übertragungskurve realisieren. Mit einem derart aufgebauten zweistufigen, symmetrischen Verstärker erreichte man bei Verwendung von Transistoren der Grenzfrequenz $f_T = 4$ GHz eine Bandbreite von $0 \ldots 1$ GHz.

Ein mit einem Rechner optimierter Mikrowellenverstärker in Dünnschichttechnik für das Frequenzband $f = 2 \ldots 6{,}5$ GHz wird in [18.30] besprochen. Die Optimierung wurde mit Hilfe einer Gewichtsfunktion unter gleichzeitiger Berücksichtigung der Verstärkung und der Stehwellenverhältnisse durchgeführt. Der Entwurf stützt sich auf die Kleinsignal-Reflexionsparameter, die bis zu einem Signalpegel, der einer Verstärkungsverringerung von 1 dB entspricht, annehmbare Ergebnisse liefern.

Weitere Breitband-Mikrowellenverstärker, bei denen zur Anpassung Höchstfrequenz-Leitungsstücke verwendet werden, finden wir in [18.28], [18.31] und [23.22].

18.5 Mit Richtkopplern arbeitende Breitbandverstärker

Im Mikrowellenbereich lassen sich mit der Verwendung von Richtkopplern Breitbandverstärker realisieren, die aufgrund ihres symmetrischen (Balance-) Aufbaus gegenüber den bisher behandelten Verstärkern eine Reihe von Vorteilen haben. Unter diesen sind in erster Linie der geringe Reflexionsfaktor am Ein- und Ausgang, die Linearität der Phasencharakteristik und die geringen Intermodulationsverzerrungen hervorzuheben. Da der Richtkoppler keine Impedanztransformation vollführt, folgt aus Bedingung für den Betrieb, daß die Eingangs- und Ausgangsimpedanz der verwendeten Transistoren nicht sehr vom Wellenwiderstand Z_0 des Richtkopplers abweichen. Da diese Bedingung nicht erfüllt ist, muß die fragliche Transistorimpedanz mit konzentrierten Elementen ergänzt werden.

In *Abb. 18.27a* ist die Prinzipschaltung des sogenannten 3-dB-Richtkopplers (Hybrids) zu sehen. Der zwischen den Punkten *1* und *4* liegende Wellenleiter befindet sich in einer Länge von etwa $\lambda/4$ in Kopplung mit einem ähnlich aufgebauten Wellenleiter, der zwischen den Punkten *2* und *3* liegt. *Abb. 18.27b* zeigt den Aufbau einer Streifenleiter-(Microstrip-)Konstruktion, genauer gesagt die Oberansicht der Innenleiter und den Schnitt durch den in Kopplung befindlichen Abschnitt [18.4]. Die Fahnen an den Anschlüssen dienen als Kondensatoren zur kapazitiven Kompensation der Leitungen.

Der Richtkoppler teilt das auf die Eingangsklemme gelangende Signal in zwei gleichgroße und zueinander 90° phasenverschobene Komponenten, die an den Ausgangsklemmen *2* und *4* um 3 dB gedämpft erscheinen, falls diese jeweils mit dem Wellenwiderstand Z_0 abgeschlossen sind, also keine Reflexion eintritt. Auf den Widerstand Z_0 am Ausgangspunkt *3* gelangt in diesem Fall keine Leistung. Falls die Abschlüsse an den Klemmen *2* und *4* nicht reflexionsfrei sind, jedoch etwa im gleichen Maß vom Wellenwiderstand abweichen, so tritt zwar an der Klemme *3* ein Leistungsverlust auf, an Eingang *1* jedoch steigt die Reflexion unwesentlich. Mit anderen Worten: der Eingang des Richtkopplers ist im großen Maße gegenüber dem Abschluß an den Ausgängen unempfindlich. Ein weiterer Vorteil des Richtkopplers ist, daß er verhältnismäßig breitbandig ist.

In *Abb. 18.28* sind in Abhängigkeit von der Frequenz die Dämpfungen (a_2 und a_4) der an den Ausgängen *2* und *4* auftretenden Leistungen aufgetragen, bezogen auf die am Eingang aufgenommene Leistung. In Bandmitte beträgt die Dämpfung an beiden Ausgängen 3 dB. Dieser Wert ändert

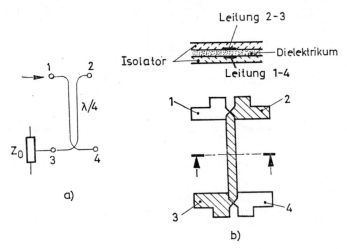

Abb. 18.27. Prinzipskizze (a) und praktischer Aufbau (b) des 3-dB-Richtkopplers

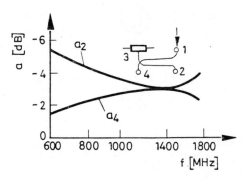

Abb. 18.28. Übertragungsdämpfung an den beiden Ausgängen des 3-dB-Richtkopplers in Abhängigkeit von der Frequenz

sich mit Erhöhung bzw. Verringerung der Frequenz ziemlich langsam. In *Abb. 18.29* ist in Abhängigkeit von der Frequenz das Stehwellenverhältnis (VSWR) am Eingang *1* dargestellt; den gezeigten Kurven liegen Meßergebnisse zugrunde. Werden die Ausgänge *2* und *4* mit dem Wellenwiderstand abgeschlossen, so bleibt das Eingangs-Stehwellenverhältnis in einem breiten Frequenzband unter dem Wert 1,2 (Abb. 18.29a). Abb. 18.29b zeigt das Eingangs-Stehwellenverhältnis für den Fall ausgangsseitigen Leerlaufs, das wie ersichtlich in einem engen Frequenzbereich auch dann noch recht gering ist.

In *Abb. 18.30* sehen wir die Schaltung eines mit zwei Richtkopplern arbeitenden, symmetrisch aufgebauten Verstärkers. Der eingangsseitige Richtkoppler verteilt die dort einlaufende Leistung mit einer Phasenverschiebung von 90° auf die Basen der zwei Transistoren. Hinsichtlich der an den Kol-

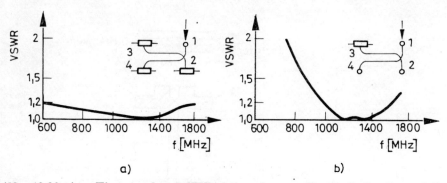

a)   b)

Abb. 18.29. Am Eingang des 3-dB-Richtkopplers meßbares Stehwellenverhältnis (VSWR) bei mit Wellenwiderständen angeschlossenen Ausgängen (a) und bei leerlaufenden Ausgängen (b) in Abhängigkeit von der Frequenz

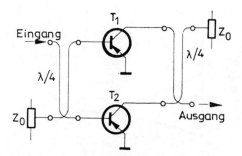

Abb. 18.30. Prinzipschaltbild eines mit Richtkopplern arbeitenden, symmetrisch aufgebauten Mikrowellenverstärkers

lektoren erscheinenden Signale arbeitet der ausgangsseitige Richtkoppler im inversen Betrieb, d. h., am Ausgang erscheint die Addition beider Signale, während auf den mit dem Wellenwiderstand Z_0 abgeschlossenen Punkt keine Leistung gelangt.

In *Abb. 18.31* ist die ausführliche Schaltung gezeigt. Die Eingangsimpedanz der verwendeten Mikrowellen-Transistoren liegt bei $Z_i \simeq Z_0 = 50\ \Omega$. Dadurch lassen sich auf der Eingangsseite die Basen direkt an die beiden Ausgänge des Richtkopplers legen. Die beiden Eingangswiderstände können in geringem Maß vom Wellenwiderstand abweichen; wichtig ist lediglich, daß sich die beiden Transistoren vollkommen gleichen. Es ist deshalb zweckmäßig, die Transistoren T_1 und T_2 vor dem Betrieb paarweise auszuwählen. Auf der Ausgangsseite ist die Situation weniger günstig, da die Ausgangsimpedanzen wesentlich vom Wellenwiderstand des Richtkopplers abweichen. Mit den konzentrierten Induktivitäten L_1 und L_2 lassen sich die Ausgangsimpedanzen an Z_0 angleichen, wodurch die Reflexion in Richtung des ausgangsseitigen Richtkopplers in annehmbaren Grenzen bleibt. Die Induktivi-

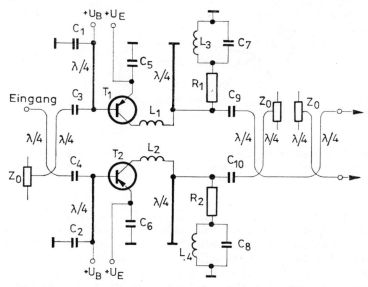

Abb. 18.31. Vollständiger Aufbau der Schaltung von Abb. 18.30

täten L_1 und L_2 fertigt man in Dünnfilmtechnik direkt in die speziell ausgeführten Transistorgehäuse (internal matching). Die Gleichheit der Ausgangimpedanzen ist auch hier eine primäre Forderung, die Transistoren sind also auch von dieser Sicht aus paarweise auszuwählen.

Zur Sicherung einer gleichmäßigen Übertragung ist der Einbau von weiteren Kompensationselementen notwendig. Diesen Zweck erfüllen die Elemente R_1, L_3 und C_7 sowie ihre symmetrischen Entsprechungen. Die Resonanzfrequenz des Parallelschwingkreises liegt etwa an der oberen Bandgrenze; bei dieser Frequenz ist also die Belastungswirkung der Kompensationsschaltung vernachlässigbar. In Richtung fallender Frequenz „shuntet" der Widerstand R_1 in zunehmendem Maß den Transistorausgang, wodurch die steigende Verstärkung des Transistors kompensiert wird. Bei richtiger Wahl der Kompensationselemente läßt sich in einem breiten Frequenzband eine gleichmäßige Übertragung erreichen. Die gleichstrommäßige Versorgung der Schaltung wird gleichfalls über die Hochfrequenzleitung vorgenommen. Am Ausgang der Schaltung finden wir noch einen weiteren Richtkoppler, der das Signal für die folgende, symmetrisch aufgebaute Stufe zu gleichen Teilen aufteilt.

In *Abb. 18.32* sind die Frequenzcharakteristik sowie das ein- und ausgangsseitige Stehwellenverhältnis eines vierstufigen Verstärkers zu sehen, der mit Schaltungen gemäß Abb. 18.31 aufgebaut wurde. Seine Verstärkung beträgt im Frequenzband $f = 600 \ldots 1700$ MHz $N = 18 \pm 2$ dB, sein Stehwellenverhältnis bleibt im gesamten Band unter dem Wert 1,8. In [18.22] wird ein in Basisschaltung arbeitender Transistorverstärker für

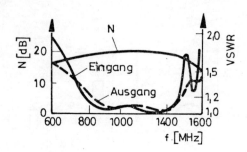

Abb. 18.32. Frequenzabhängigkeit der Leistungsverstärkung bzw. des Eingangs- und Ausgangs-Stehwellenverhältnisses des in Abb. 18.31 gezeigten Mikrowellen-Breitbandverstärkers

das Frequenzband $f = 1 \ldots 2$ GHz behandelt. Der zur Abstimmung des Kollektorkreises dienende Serienresonanzkreis wurde hier, um die Entfernung zum Kollektor gering zu halten, unmittelbar in der Strip-line-Anordnung untergebracht. Der Entwurf der Schaltung wurde auf der Grundlage der s-Parameter mit Hilfe eines Iterationsverfahrens durchgeführt.

Ein Leistungsverstärker für $f = 1,5$ GHz wird in [18.25] behandelt; in [18.23] ist ein mit GaAs-MESFETs arbeitender Verstärker für das Frequenzband $f = 4 \ldots 8$ GHz beschrieben. In beiden Verstärkerschaltungen werden 3-dB-Hybride als Kopplungselemente verwendet.

19 Theorie der Hochfrequenz-Leistungsverstärker und Grundlagen zu ihrem Entwurf

19.1 Beschränkende Faktoren des Großsignalbetriebs

Der Großsignalbetrieb wird durch mehrere Faktoren beschränkt. Welchem unter diesen Faktoren in einer gegebenen Schaltung die entscheidende Rolle zukommt, hängt vom Halbleiterbauelement selbst und gleicherweise vom Stromkreis ab, in dem es sich befindet. Eine Gruppe der beschränkenden Faktoren können wir uns anhand von *Abb. 19.1* vor Augen führen, in der die Ausgangscharakteristik eines bipolaren Transistors gezeigt ist. Im folgenden wollen wir die dort auftauchenden Kenngrößen der Reihe nach aus der Sicht des Hochfrequenzbetriebs untersuchen.

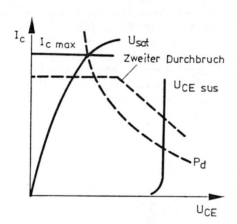

Abb. 19.1. Die beschränkenden Faktoren des Großsignalbetriebs

Bei der Steuerung des Transistors in den Durchlaßbereich fällt die Kollektor-Emitter-Spannung nicht auf null, sondern auf den Wert der Sättigungs-(Saturations)-Spannung. Die auf diese Weise verbleibende, nicht ausnutzbare Sättigungsspannung ist in erster Linie eine Funktion des Kollektorbahnwiderstands $r_{cc'}$ (der durch die Transistorkonstruktion bestimmt wird) und hängt natürlich vom Wert des Kollektorstroms ab, bei dem die

Sättigung eintritt. Für den statischen Fall gilt näherungsweise die Beziehung

$$U_{sat} = I_c r_{cc'}(I_c), \qquad (19.1.1)$$

wobei auch der Widerstand $r_{cc'}$ selbst eine Funktion des Kollektorstroms ist. Bei hohen Frequenzen ist der Zusammenhang komplizierter, schon deshalb, weil sich der Wert des in diesem Ausdruck auftauchenden Kollektorstroms I_c nicht einfach aus der Gleichstromcharakteristik und der Arbeitsgeraden ergibt, sondern hinzu kommt auch noch der zum Entladen der Kollektor-Basis-Kapazität notwendige Strom. Da bei selektiven Hochfrequenzverstärkern (wie wir später noch sehen werden) die Arbeitsgerade nicht gedeutet werden kann, sind der Spitzenwert des Kollektorstroms und damit auch die Sättigungsspannung Größen, die sich nur schwer handhaben lassen.

Bei den stark genäherten Berechnungen benutzt man den statischen Wert der Sättigungsspannung, der gut meßbar ist. Die tatsächliche Sättigungsspannung bei Hochfrequenz liegt sicherlich höher als der statische Wert. Bei einer anderen Methode geht man von der Arbeitspunktabhängigkeit der Leistungsverstärkung des Transistors aus. Mißt man die Leistungsverstärkung bei verschiedenen Kollektorströmen und -spannungen und verbindet die gleichen Werte miteinander, dann gelangt man zu der in *Abb. 19.2* gezeigten Charakteristik. Die Kurven mit konstanter Leistungsverstärkung und die Arbeitsgerade schneiden sich; die Schnittpunkte zeigen an, inwieweit sich beim Großsignalbetrieb die augenblickliche (Kleinsignal-)Leistungsverstärkung des Transistors ändert. Die Grenze des Betriebs (der Aussteuerbarkeit) muß ungefähr dort liegen, wo die Leistungsverstärkung auf 0 dB gefallen ist; der sich so ergebende Schnittpunkt A bestimmt demnach annähernd die Sättigungsspannung. Die Betriebsgrenze läßt sich auch für höhere Leistungsverstärkungen deuten, das ist nur eine Frage der Festlegung. Hier sei noch bemerkt, daß sich die durch die Sättigungsspannung gegebene Grenze bei schmalbandigen (auf eine Frequenz abgestimmten) Verstärkern etwas erhöhen läßt, was nach folgen-

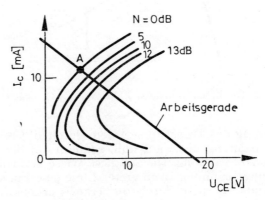

Abb. 19.2. Kurven gleicher Leistungsverstärkung in der Ausgangscharakteristik

der Methode geschieht. Schaltet man in Reihe zum auf der Betriebsfrequenz arbeitenden Schwingkreis einen weiteren, auf die dritte Harmonische abgestimmten Schwingkreis, so erscheint infolge der Addition beider Harmonischen im Scheitel der Kollektorspannung ein sogenannter Einschnitt (Absenkung). Ein Signal solcher Form enthält, obwohl sein Spitzenwert kleiner ist, auf diese Weise eine Grundharmonische größerer Amplitude, so daß sich der zur Verfügung stehende Spannungsbereich besser ausnutzen läßt.

Ein anderer beschränkender Faktor beim Großsignalbetrieb ist die maximale Kollektorspannung, genauer gesagt die Durchbruchsspannung, deren Verlauf in *Abb. 19.3* gezeigt ist. Die höchste Sperrspannung wird mit der Kollektor-Basis-Diode bei nicht angeschlossenem Emitter erreicht (U_{CB0}). Wesentlich geringer ist die Durchbruchsspannung in der Emitterschaltung, und zwar davon abhängig, ob die Basis unterbrochen ist (U_{CE0}), oder ob sie mit einem Widerstand (U_{CER}) oder mit einer Spannungsquelle (U_{CEV}) abgeschlossen ist. Alle drei Spannungskurven laufen im sogenannten $U_{CE\,sus}$-Wert (Haltespannung) zusammen, der sich näherungsweise aus der Beziehung

$$U_{CE\,sus} = \frac{U_{CB0}}{\sqrt[n]{1 + h_{21e}}} \qquad (19.1.2)$$

berechnen läßt, wobei h_{21e} der Stromverstärkungsfaktor und n eine Materialkonstante ist, deren Wert zwischen 3 und 7 liegt. Da der Stromverstärkungsfaktor h_{21e} frequenzabhängig ist, wird gemäß Ausdruck (19.1.1) auch die Durchbruchsspannung frequenzabhängig. Diese Erscheinung läßt sich in Wirklichkeit zwar beobachten, doch ist der Zusammenhang wegen des Zusammenspiels anderer Faktoren nicht so eindeutig. Ein Überschreiten der maximalen Kollektorspannung wird hauptsächlich durch die bei falscher Wahl der Abschlußwiderstände auftretenden Reflexionen hervorgerufen [20.17].

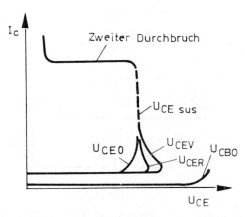

Abb. 19.3. Durchbruchsspannungen beim bipolaren Transistor

Bei hohen Kollektorströmen tritt e.ne andere Erscheinung auf, der sogenannte zweite Durchbruch (second breakdown). Dieser ist im wesentlichen das Ergebnis eines zusammengesetzten elektrisch-thermischen Vorgangs. Hierbei konzentriert sich der Kollektorstrom auf den Punkt, an dem der Durchbruch beginnt, und infolge der sich dort ausbildenden hohen Stromdichte entsteht eine lokale Erwärmung, d. h. ein „heißer Punkt" [19.34], was im ungünstigen Fall zur Zerstörung des Bauelements führen kann. Die infolge des zweiten Durchbruchs auftretende Spannung ist — wie wir in Abb. 19.3 sehen können — wesentlich kleiner als die Durchlaßspannung $U_{CE\,sus}$, darüber hinaus ist die Kennlinie nicht unbedingt reversibel. Hierunter soll verstanden werden, daß nach Eintreten des zweiten Durchbruchs das Bauelement im günstigen Fall wieder normal arbeitet. Bedingung hierfür ist jedoch, daß der zweite Durchbruch nur von kurzer Dauer ist, also keine Zeit für die Zerstörung des Bauelements bleibt. Aus der Sicht der Hochfrequenzanwendungen ist das deshalb interessant, weil hier diese kritische Zeit (wo eine hohe Sperrspannung und ein hoher Kollektorstrom gemeinsam auftreten) von sehr kurzer Dauer ist, d. h., der elektrothermische Vorgang kommt nicht völlig zum Abschluß, und nach Abbruch der Belastung stellt sich das Bauelement wieder auf den normalen Betriebszustand ein. Hochfrequenzschaltungen für hohe Leistungen sind deshalb im allgemeinen wesentlich unempfindlicher gegenüber dem zweiten Durchbruch als Niederfrequenzschaltungen.

Ist die kritische Zeitspanne lang, besteht also genügend Zeit, daß sich der Vorgang der Stromkonzentration bis zum Ende abspielt, so brennt das Bauelement entlang des aufgeheizten Leitungskanals durch und wird zerstört. Die Kennlinie ist in einem solchen Fall nicht reversibel (umkehrbar), was natürlich auch Beobachtung, Studium und Messung dieser Erscheinung im großen Maße erschwert.

Die Stromkonzentration läßt sich verhindern, indem man den Transistor aus elementar kleinen Transistoren zusammensetzt, bei denen man überall eine Stromgegenkopplung mit Hilfe kleiner Emitterwiderstände R_E erzeugt *(Abb. 19.4)*. Die Stromgegenkopplung verhindert, daß sich der Emitterstrom der gesamten Schaltung auf einen elementaren Transistor

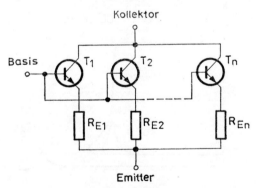

Abb. 19.4. Parallelschaltung von elementaren Transistoren zur Verhinderung der Stromkonzentration

konzentriert, wodurch die Gefahr des zweiten Durchbruchs erheblich verringert wird. Bei solchen, auf diese Weise gegen den zweiten Durchbruch geschützten Transistoren ordnet man die kleinwertigen Metallschichtwiderstände R_E im gleichen Gehäuse an, die elementaren Transistoren werden auf einem Halbleiterchip nach der monolithischen Technik gefertigt. Es bedarf keiner gesonderten Erklärung, daß die Widerstände R_E Leistung verbrauchen und deshalb niedrig zu wählen sind. Ihr Wert ist gerade so groß, daß in einem gewissen Ausgangskennlinienbereich (im zulässigen Betriebsbereich) eine Zerstörung nicht eintreten kann.

Im Prinzip bedeutet der maximale Kollektorstrom $I_{c\,max}$ des Transistors die Grenze des Großsignalbetriebs. Aus der Sicht der Hochfrequenzanwendungen wird der maximale Strom in der Praxis im allgemeinen durch die Sättigungsspannung und nicht durch den für das Bauelement angegebenen Spitzenstrom begrenzt.

Grundlegend bestimmt die Verlustleistung P_d des Transistors die Grenzen des Hochleistungsbetriebs. Bei Hochleistungstransistoren bedeutet (wie bereits erwähnt wurde) die Sicherung einer guten Wärmeableitung eine besondere Schwierigkeit, da der Kühlkörper keine beträchtlichen Parasitärelemente (z. B. Streukapazitäten) erzeugen darf. Zu beachten ist weiterhin das bei impulsmäßigen Belastungen auftretende transitive Temperaturmaximum [19.31, 19.33]. Auf der anderen Seite sagt der Wert der Verlustleistung selbst noch nicht viel aus, denn auch der Wirkungsgrad der Schaltung ist sehr wesentlich. Bei hohem Wirkungsgrad (z. B. bei im C-Betrieb arbeitenden Verstärkern) läßt sich bei gleicher Verlustleistung ein wesentlich höherer Leistungspegel erreichen, vorausgesetzt, daß dies auch die übrigen beschränkenden Faktoren erlauben.

In Abb. 19.1 sind die den Großsignalbetrieb beschränkenden Faktoren skizzenhaft zusammengestellt. Welche unter diesen Faktoren letzten Endes zu berücksichtigen sind, hängt von den gegebenen Verhältnissen, d. h. von den Parametern und Betriebsbedingungen, ab. Allgemeingültige Feststellungen lassen sich nicht treffen, da sich die Verhältnisse stark ändern können. Zur Veranschaulichung dessen seien hier einige Beispiele angeführt. Ist die verwendete Versorgungsspannung verhältnismäßig klein, so tritt die Rolle der Sättigungsspannung bzw. die des Kollektorspitzenstroms stark in den Vordergrund. Bei hohen Versorgungsspannungen und besonders im C-Betrieb haben die Durchbruchserscheinungen bestimmenden Charakter. Bei den im A-Betrieb arbeitenden Verstärkern dagegen wird wegen des schlechten Wirkungsgrades offensichtlich die Verlustleistungshyperbel die entscheidende Rolle spielen, während das im C-Betrieb weniger kritisch ist.

Der Großsignalbetrieb des Halbleiterbauelements wird beschränkt durch die sich aus den nichtlinearen Eigenschaften ergebenden Verzerrungen, d. h. durch die auftretenden Harmonischen, die Kreuzmodulation und die Intermodulation. Bestehen diesbezüglich strenge Vorschriften, so läßt sich die Leistungsfähigkeit des Transistors nicht ausnutzen, auch wenn das die beschränkenden Faktoren gemäß Abb. 19.1 erlauben würden. Auf die verschiedenen nichtlinearen Verzerrungen werden wir später noch zurückkehren.

Eine typische Signalform wird in *Abb. 19.5* gezeigt, in der der sogenannte Rücksprung-(Snap-back-)Effekt gut beobachtbar ist. Wird der Transistor in Sperrichtung gesteuert, so steigt die Kollektorspannung. Diese wiederum wirkt über die Kollektor-Basis-Kapazität C_{cb} zurück und zieht die Basisspannung etwas nach sich. Diese Wirkung tritt dann in den Vordergrund,

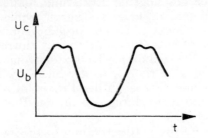

Abb. 19.5. Zur Veranschaulichung des durch die Kollektor-Basis-Kapazität hervorgerufenen Snap-back-Effektes

wenn die Basis-Emitter-Diode in den Sperrbereich gelangt, d. h. eine hohe Impedanz annimmt. Über die Kapazität steuert die Kollektorspannung die Basis wieder ein wenig in den Durchlaßbereich, wodurch in der Signalform der Kollektorspannung ein Rücksprung erscheint. Der Effekt ist offensichtlich eine Funktion des Wertes der Kollektor-Basis-Kapazität und läßt sich — auf Kosten der Verstärkung — auch durch Verringerung der Impedanz, die die Basis steuert, reduzieren.

19.2 Instabilitäten
bei Hochleistungsverstärkern

Infolge des nichtlinearen Betriebs treten bei Hochleistungsverstärkern in verstärktem Maß Instabilitätsprobleme auf. Mit den Ursachen der Instabilität bei linearen (Kleinsignal-)Verstärkern sowie mit dem Wert des Stabilitätsfaktors haben wir uns weiter oben bereits ausführlich beschäftigt. Bei diesen Berechnungen wurde stets lineare Betriebsweise vorausgesetzt bzw. wurde die Möglichkeit ausgeschlossen, daß das Bauelement, ganz gleich aus welchem Grund, das Gebiet linearen Betriebs verläßt.

Bei Hochleistungsverstärkern ist die Situation ganz anders, denn hier nimmt die Schaltung beim Betrieb solche Zustände an, bei denen die Funktionsweise von vornherein nichtlinear ist. Den Hochleistungsverstärker können wir nun als eine Zusammensetzung von zwei Verstärkern auffassen, unter denen der eine ein im A-Betrieb arbeitender linearer Verstärker (A-Verstärker) und der andere ein nichtlinearer Verstärker (zum Beispiel ein C-Verstärker) ist. Das ist natürlich nur ein prinzipielles Gedankenspiel, denn einen tatsächlichen Verstärker kann man auf diese Weise nicht

320

aufspalten, doch wird damit veranschaulicht, daß auch hier der auf den linearen Betrieb bezogenen Stabilität eine wichtige Rolle zukommt, und zwar als Kenngröße eines fiktiven, nicht abtrennbaren Teils der Schaltung. Aufgrund des Gesagten können wir die Instabilitäten folgendermaßen gruppieren [19.10]:

1. Instabilitäten des linearen A-Verstärkers:

— Instabilität infolge der inneren Rückwirkung
— Instabilität infolge der äußeren Rückwirkung (z. B. durch Streuung, ungenügende Siebung)
— Instabilitäten infolge thermischer Rückkopplung
— durch negative Widerstände verursachte Instabilitaten (Laufzeiteffekt, Lawinendurchbruchserscheinungen).

2. Instabilitäten des nichtlinearen C-Verstärkers:

— parametrische Erzeugung von Harmonischen
— parametrische Erzeugung von Subharmonischen.

Bezüglich der linearen Instabilitäten wollen wir uns nur mit den Erscheinungen beschäftigen, die infolge der äußeren Rückwirkungen zustande kommen. Da Leistungsverstärker mit einem hohen Kollektorstrom arbeiten, ist auch die Steilheit des Transistors außerordentlich groß, was gleichzeitig zu einer hohen Empfindlichkeit der Schaltung gegenüber äußeren Rückkopplungen führt. Bei der in *Abb. 19.6a* gezeigten Schaltung eines typischen selektiven Leistungsverstärkers kann man mit richtiger Wahl der Entkopplungskondensatoren C_4 und C_5 sowohl im Betriebsband als auch bei demgegenüber wesentlich tieferen Frequenzen eine gute Siebung der Versorgungsspannung gewährleisten und damit die über die Versorgungsspannungleitungen zustande kommende, schädliche Rückkopplung beseitigen.

Die Gefahr der Instabilität besteht bei selektiven Leistungsverstärkern im allgemeinen bei Frequenzen wesentlich unterhalb des Betriebsbandes,

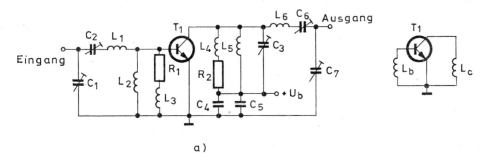

a)

Abb. 19.6. Schaltung eines selektiven Leistungsverstärkers: praktische Ausführung mit stark verlustbehafteten Drosselspulen (a) und für den Niederfrequenzbereich gültige Äquivalenz-Schaltung (b)

da dort einerseits die Verstärkung des Transistors groß ist, andererseits können sich hier wegen der Reaktanzfilter und der Gleichstromzuleitungen (Drosseln) vom Standpunkt der Instabilität günstige Impedanzen ausbilden. Betrachten wir wieder die Abb. 19.6a, wo wir am Eingang und am Ausgang jeweils ein auf das Betriebsband abgestimmtes Reaktanz-π-Glied finden [19.10]; die Gleichstromzuführung geschieht hier über Hochfrequenzdrosseln. Weit unterhalb der Betriebsfrequenz stellen die Impedanzen der Hochfrequenzdrosseln verlustarme Induktivitäten dar, und praktisch bilden diese den Abschluß von Basis und Kollektor des Transistors, da die Serienkapazitäten C_2 und C_6 eine Trennung der äußeren Abschlüsse bewirken. Mit anderen Worten: Bei tiefen Frequenzen werden Basis und Kollektor des Transistors lediglich durch die seriellen Verlustwiderstände der verwendeten Drosseln belastet, was besonders im Fall hoher Transistorsteilheit zur Instabilität führt. Um das zu vermeiden, ist auf der Basis- und Kollektorseite jeweils ein LR-Serienglied (R_1L_3 bzw. R_2L_4) einzubauen, das bei tiefen Frequenzen eine entsprechende Belastung sichert.

Mit der stabilitätserhöhenden Rolle von reellen Belastungen haben wir uns bereits beschäftigt, jedoch ist ihre Wirkung auch sofort daraus ersichtlich, daß ihr Vorhandensein die Schleifenverstärkung reduziert. Die Bedingung für den stabilen Betrieb ist also nicht, daß die Induktivität klein zu halten ist, denn damit werden die Verhältnisse eventuell nur verschlechtert, sondern daß ein entsprechender Serienverlust einzufügen ist, der bei der Betriebsfrequenz zwar keine Bedeutung hat, jedoch bei den kritischen niederen Frequenzen den stabilen Betrieb begünstigt.

Die Frage ist nun, in welcher Weise die Stabilität der Schaltung vom Wert der zur Basis bzw. zum Kollektor parallel liegenden Induktivitäten abhängt, wenn die mit ihnen in Reihe liegenden Verlustwiderstände vernachlässigbar klein sind. Die Verhältnisse wollen wir anhand von *Abb. 19.6b* untersuchen. Hierbei wurden die übrigen Teile der Schaltung außer acht gelassen, denn die Serienkondensatoren sorgen bei tiefen Frequenzen für eine Abtrennung dieser. Ziehen wir jedoch die zwischen Kollektor und Basis auftretende Rückwirkungskapazität C_{cb} in Betracht, so erhalten wir eine Schaltung, die dem Hartley-Oszillator ähnelt und für die unmittelbar die diesbezüglichen Gleichungen aufgestellt werden können. Bedingung für Stabilität ist, daß die Ungleichung

$$\frac{L_b}{L_c} > h_{21e} \frac{C_{cb}}{C_e} \qquad (19.2.1)$$

erfüllt wird, wobei h_{21e} der Stromverstärkungsfaktor der Emitterschaltung und C_e die Emitterkapazität sind. Die Stabilität läßt sich, wie ersichtlich, durch Verringerung von L_c erhöhen. Diesen Näherungsausdruck für die Stabilität benutzt man häufig bei der Bemessung von Schaltungen zur Arbeitspunkteinstellung der Leistungsverstärker. Es sei noch bemerkt, daß uns die Schwingneigung bei tiefen Frequenzen oft entgeht, da eine eventuelle Schwingung als Modulation der Betriebsfrequenz erscheint oder in anderen Fällen nur bei Ansteuerung auftritt, während sie bei Nichtansteuerung nicht zu bemerken ist.

Schließlich seien noch einige Worte über lineare Instabilitäten gesagt, die mit dem Lawineneffekt zusammenhängen. Wie wir bereits in Abschn. 1.6 gesehen haben, zeigen einzelne Dioden während des bei hoher Sperrspannung eintretenden Lawineneffekts in ihrer Kennlinie einen Abschnitt negativen Widerstands, der zur Schwingungserzeugung ausgenutzt werden kann. Eine ähnliche Erscheinung kann auch im Kollektor-Basis-Übergang von Leistungstransistoren auftreten. Auf solche typischerweise bei hohen Sperrspannungen einsetzende Parasitärschwingungen wurde man schon vor langer Zeit aufmerksam, doch obwohl in der Vergangenheit mehrere Theorien bzw. Berechnungen hierzu veröffentlicht wurden, ist diese Erscheinung noch heute nicht eindeutig geklärt. Diese Frage steht in Verbindung mit der anderen Gruppe der Instabilitäten, d. h. mit den nichtlinearen Instabilitäten, die für die parametrische Schwingungserzeugung typisch sind.

Das Prinzip der parametrischen Schwingungserzeugung besteht darin, daß auf eine sich zeitlich ändernde Impedanz (z. B. auf die spannungsabhängige Kapazität des Kollektor-Basis-Übergangs) irgendeine Frequenz f_0 gegeben wird, wodurch über der Impedanz von f_0 abweichende, neue Frequenzen entstehen (auf diese Weise arbeiten auch die parametrischen Verstärker). Geschieht die zeitliche Änderung der fraglichen Impedanz ebenfalls im Takt der Grundharmonischen mit der Frequenz f_0, so können, abhängig von der Impedanzkennlinie, Harmonische bzw. Subharmonische der Grundfrequenz erzeugt werden. Diese Parasitärschwingungen lassen sich in vielen Fällen gut auf einem Oszilloskop beobachten und identifizieren. Die Situation ist dann gefährlich, wenn die infolge der Spannungsabhängigkeit der Kollektor-Basis-Diode zustande kommenden parametrischen Schwingungen bei Erhöhung der Sperrspannung einen Lawinendurchbruch hervorrufen, der zum Zerstören des Bauelements führt. Da sich dieser Vorgang außerordentlich schnell abspielt, ist die Beobachtung und Indentifizierung dieses Phänomens mit großen Schwierigkeiten verbunden [19.7]. Auf alle Fälle trägt das auch dazu bei, daß man bei Hochleistungstransistoren bestrebt ist, die maximale Kollektor-Sperrspannung weiter zu erhöhen, um die Möglichkeit von in der Umgebung des Lawinendurchbruchs auftretenden und schwer in die Hand zu bekommenden Instabilitäten (und Zerstörungsursachen) auf ein Minimum zu reduzieren

19.3 Einteilung der Leistungsverstärker;
die Bemessung von A-Verstärkern

Leistungsverstärker klassifiziert man unter dem Gesichtspunkt, in welchem Teil einer Gesamtperiode (sinusförmige Steuerung vorausgesetzt) der Verstärkerausgang Strom führt. Bei im A-Betrieb arbeitenden Verstärkern fließt während der gesamten Periode am Ausgang des Transistors Strom; der Stromflußwinkel beträgt demnach $2\alpha = 360°$. Bei B-Verstärkern fließt in der einen Halbperiode Strom, in der anderen nicht; der Stromflußwinkel beträgt hier $2\alpha = 180°$. Beschränkt sich der Stromfluß auf eine Zeit kürzer als eine Halbperiode, sprechen wir von C-Verstärkern. Letztere haben besonders bei selektiven Hochfrequenzverstärkern große Bedeutung, denn hier lassen sich die Verzerrungen, bedingt durch die Signalform des Ausgangsstromes, unterdrücken, indem man die Ausgangsimpedanz selektiv auslegt und dadurch nur die Grundharmonische durchläßt.

Die Entwurfskriterien weichen bei den verschiedenen Leistungsverstärkertypen wesentlich voneinander ab, weshalb wir sie im weiteren einzeln behandeln wollen. Zuerst beschäftigen wir uns mit den A-Verstärkern. Bei der Bemessung der Schaltung kann man von mehreren Vorschriften ausgehen. Im allgemeinen strebt man eine maximale Ausgangsleistung an. Im übertragenen Sinne wird dabei auch bezweckt, daß bei kleinerer Aussteuerung die nichtlinearen Verzerrungen minimal werden. Beide Bedingungen decken sich meistens, d. h., geringere Leistungen bedingen einen mehr linearen Betrieb. Das trifft natürlich nicht bei sehr geringer Aussteuerung bei beispielsweise im Gegentaktbetrieb arbeitenden B-Verstärkern zu.

Eine andere Ausgangsbasis ist die maximale Leistungsverstärkung. Da wir uns mit dieser Frage bereits ausführlich beschäftigt haben, sei hier lediglich der Hinweis gegeben, daß mit der Anwendung des dort Gesagten der Entwurf einer Schaltung mit maximaler Leistungsverstärkung zwar durchführbar ist, doch wird dann die Schaltung vom Standpunkt der maximal entnehmbaren Leistung sicherlich den Anforderungen nicht entsprechen.

Bei der Bemessung gehen wir von der Arbeitsgeraden (bzw. vom Lastwiderstand) aus und leiten unter Benutzung dieser die Kenngrößen der Schaltung ab. Infolge des Hochfrequenzbetriebs entspricht das aber nicht den tatsächlichen Verhältnissen, da der mit den Augenblickswerten von Ausgangsspannung und -strom deutbare momentane Arbeitspunkt nicht auf der Arbeitsgeraden, sondern auf einer recht schwer bestimmbaren Kurve (im einfachsten Fall auf einer Ellipse) wandert. Auf diese Erscheinung und die Art ihrer Berechnung kehren wir später noch zurück. Die Arbeitsgerade stellt also — im Hochfrequenzgebiet, genauer in dem Gebiet, wo die Impedanzen der Schaltung mit reellen Widerständen verglichen werden können — eine rechnungsmäßige Vereinfachung (Näherung) dar, die mit Hilfe verhältnismäßig einfacher Ausdrücke eine näherungsweise Berechnung der Schaltung ermöglicht. Ist die Güte der Näherung nicht entsprechend, so führt die Vereinfachung in jedem Fall zum Ziel, auch dann, wenn einzelne Erscheinungen des wirklichen Betriebs der Schaltung (z. B. Zeitfunktionen der augenblicklichen Spannungs- und Stromwerte) unklar bleiben. Ist die Näherung dermaßen grob, daß die erhaltenen Ergebnisse unbrauchbar sind — was z. B. auch durch eine Kontrollmessung nachprüfbar ist —, dann ist eine eingehendere Untersuchung der Schaltung notwendig, was im allgemeinen auf elementare Weise nicht mehr lösbar ist. Hierfür zeigen wir später ein konkretes Beispiel (siehe Abb. 19.26).

Im weiteren wollen wir uns mit dem näherungsweisen Entwurf von Hochfrequenz-A-Leistungsverstärkern beschäftigen. Abhängig von den an die Schaltung gestellten Forderungen und den Kenngrößen des verwendeten Transistors sind mehrere Methoden des Entwurfs bekannt. Die Unterschiede zwischen den einzelnen Entwurfsmethoden ergeben sich daraus, daß unter den beschränkenden Faktoren, wie wir sie in Abschn. 19.1 kennengelernt haben, den jeweiligen Umständen entsprechend jeweils ein anderer Faktor in den Vordergrund tritt, während wiederum andere Faktoren keine oder nur eine untergeordnete Rolle spielen. Bei Verwendung einer geringen Versorgungsspannung beeinflußt die Durchbruchserscheinung offensichtlich kaum den auf optimalen Betrieb der Schaltung ausgerichteten Entwurf; hier haben eher der Spitzenstrom oder die Sättigungsspannung Bedeutung. Bei hoher Versorgungsspannung ist die Situation umgekehrt. Die Sättigungsspannung ist hier neben den auftretenden hohen Spannungsamplituden mehr oder weniger vernachlässigbar, auf der anderen Seite tritt hier nun der Durchbruch stark in den Vordergrund.

Im folgenden wollen wir einen Überblick über die grundlegenden Methoden des Entwurfs von normalen (nicht im Gegentakt arbeitenden) A-Leistungsverstärkern geben, wobei die näherungsweise gültige Arbeitsgerade verwendet wird.

a) *Auf maximale Ausgangsleistung ausgerichteter Entwurf bei gegebener Versorgungsspannung U_b und als konstant vorausgesetztem Sättigungswiderstand r_{sat}*

Bei der Bemessung setzen wir voraus, daß weder der für den Transistor angegebene Kollektorspitzenstrom noch die Durchbruchsspannung überschritten wird. Die Verhältnisse sind in *Abb. 19.7a* veranschaulicht. Die wichtigsten Kenngrößen der Schaltung, d. h. der Lastwiderstand R_L, die Ausgangsleistung P_o, der Kollektorruhestrom I_0, der Wirkungsgrad η und die am Kollektor erscheinende maximale Spannung $U_{CE\,max}$, sind durch folgende Ausdrücke gegeben:

$$R_L = 2r_{sat},$$

$$P_o = U_b^2/16r_{sat},$$

$$I_0 = U_b/4r_{sat}, \qquad (19.3.1)$$

$$\eta = 25\%,$$

$$U_{CE\,max} = 1{,}5U_b.$$

Der Sättigungswiderstand r_{sat} läßt sich aus der bei maximalem Kollektorstrom durchgeführten Messung der Sättigungsspannung bestimmen. Diese Art des Entwurfs ist besonders im Fall geringer Versorgungsspannungen anwendbar.

(b *Auf maximale Ausgangsleistung ausgerichteter Entwurf bei gegebener Versorgungsspannung U_b, gegebenem maximalem Kollektorstrom $I_{c\,max}$ und bei als konstant vorausgesetztem Sättigungswiderstand r_{sat}*

Bei dieser Entwurfsart berücksichtigen wir die Vorschrift, daß der im Betrieb auftretende maximale Kollektorstrom den für den Transistor angegebenen Spitzenstrom nicht überschreiten darf. Die Verhältnisse sind in *Abb. 19.7b* veranschaulicht. Die wichtigsten Kenngrößen der Schaltung werden durch folgende Ausdrücke beschrieben:

$$R_L = 2\,\frac{U_b - U_{sat}}{I_{c\,max}} = 2\left[\frac{U_b}{I_{c\,max}} - r_{sat}\right],$$

$$P_o = \frac{(U_b - U_{sat})\,I_{c\,max}}{4},$$

$$I_0 = \frac{I_{c\,max}}{2}, \tag{19.3.2}$$

$$\eta = \frac{U_b - U_{sat}}{2U_b},$$

$$U_{CE\,max} = 2U_b - U_{sat}.$$

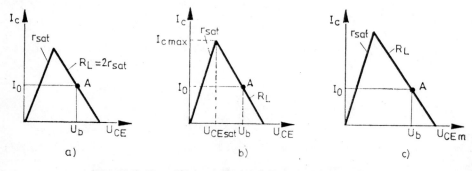

Abb. 19.7. Zum Entwurf von A-Leistungsverstärkern

Der Sättigungswiderstand r_{sat} läßt sich aus der beim Strom $I_{c\,max}$ meßbaren Sättigungsspannung berechnen. Bei der Bemessung wurde vorausgesetzt, daß die erhaltene maximal auftretende Kollektorspannung $U_{CE\,max}$ gemäß (19.3.2) kleiner als die für den Transistor angegebene Durchbruchsspannung ist.

c) *Auf maximale Ausgangsleistung ausgerichteter Entwurf bei gegebener Versorgungsspannung* U_b, *gegebener maximal zulässiger Kollektorspannung* $U_{CE\,m}$ *und bei konstant vorausgesetztem Sättigungswiderstand* r_{sat}

Diese Entwurfsmethode ist besonders bei hoher Versorgungsspannung gebräuchlich, da als Ausgangsbasis gilt, daß die während des Betriebs auftretende maximale Kollektorspannung gerade (mit Sicherheit) gleich der vorgegebenen Spannung $U_{CE\,m}$ ist. Diese maximal erlaubte Spannung kann sich auf den allgemeinen Durchbruch beziehen, doch ist sie auch auf den zweiten Durchbruch übertragbar. In diesem Fall wird ihr Wert meistens in Form von Kurven in den Datenblättern angegeben, in denen der Zeitfaktor (die Frequenz) und natürlich auch der Kollektorstrom auftauchen. Es ist nicht zweckmäßig, im Wert des Kollektorstroms ausschließlich den Betriebszustand zu berücksichtigen, da z. B. bei einer Verstimmung oder unbelastetem Ausgang (bei völliger Reflexion) die angegebene Arbeitsgerade ihre Gültigkeit verliert und die Schaltung dann einen elektrischen Zustand einnehmen kann, bei dem wegen der hohen Kollektorstromspitze und der gleichzeitig auftretenden hohen Sperrspannung der zweite Durchbruch eintreten kann.

Zur Veranschaulichung des Entwurfs dient *Abb. 19.7c.* Die wichtigsten Kenngrößen der Schaltung werden durch folgende Ausdrücke beschrieben:

$$R_L = 2r_{sat} \cdot \frac{U_{CE\,m} - U_b}{2U_b - U_{CE\,m}},$$

$$P_o = \frac{(2U_b - U_{CE\,m})(U_{CE\,m} - U_b)}{4r_{sat}},$$

$$I_0 = \frac{2U_b - U_{CE\,m}}{2r_{sat}}, \qquad (19.3.3)$$

$$\eta = \frac{U_{CE\,m} - U_b}{2U_b},$$

$$U_{CE\,max} = U_{CE\,m}.$$

d) *Auf maximale Ausgangsleistung ausgerichteter Entwurf bei gegebener maximal zulässiger Kollektorspannung* $U_{CE\,m}$ *und als konstant vorausgesetztem Sättigungswiderstand* r_{sat}

Beim Entwurf ist die optimale Versorgungsspannung U_b zu bestimmen, bei der die Bedingung erfüllt ist, daß die während des Betriebs auftretende maximale Kollektorspannung gleich der zulässigen Spannung $U_{CE\,m}$ ist.

Wie Abb. 19.7a zeigt, gilt hierfür die Bedingung, daß die Versorgungsspannung den Wert

$$U_b = 2U_{CEm}/3 \qquad (19.3.4)$$

hat. Für die weiteren Kenngrößen der Schaltung sind die Ausdrücke (19.3.1) bei entsprechender Substitution der Versorgungsspannung gültig.

e) *Auf maximale Ausgangsleistung ausgerichteter Entwurf bei gegebener Versorgungsspannung U_b und bei mit dem Kollektorstrom ansteigendem (nicht konstantem) Sättigungswiderstand r_{sat}*

Bei hohen Kollektorströmen läßt sich beobachten, daß der Sättigungswiderstand r_{sat} nicht konstant bleibt, sondern — wie aus *Abb. 19.8* ersicht-

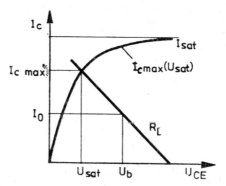

Abb. 19.8. Abhängigkeit der Sättigungsspannung vom Kollektorstrom

lich — bei Erhöhung des Kollektorstroms genauso wie die Sättigungsspannung mit zunehmender Steilheit steigt. Aus rechentechnischen Gründen geben wir die Abhängigkeit $I_{c\,max}(U_{sat})$ als Näherungsfunktion an, und zwar in folgender Form:

$$I_{c\,max} = I_{sat}\left[1 - e^{-\frac{U_{sat}}{U_0}}\right]. \qquad (19.3.5)$$

Hierbei legen der Sättigungsstrom I_{sat} und die Spannung U_0 als Konstanten den Verlauf der Kennlinie fest; sie lassen sich durch einfache Messung bestimmen. Stellen wir auf der Basis von Abb. 19.8 die Gleichung für die maximale Ausgangsleistung auf, so erhalten wir

$$P_0 = \frac{(U_b - U_{sat})I_{c\,max}}{8} = \frac{(U_b - U_{sat})I_{sat}}{8}\left[1 - e^{-\frac{U_{sat}}{U_0}}\right]. \qquad (19.3.6)$$

Wie ersichtlich ist die Ausgangsleistung eine Funktion der Sättigungsspannung U_{sat} und wird erwartungsgemäß bei einem optimalen Wert dieser

Spannung ein Maximum haben. Bestimmen wir aufgrund der Gleichung

$$\frac{\partial P_0}{\partial U_{\text{sat}}} = 0 \qquad (19.3.7)$$

den Extremwert, dann gelangen wir zu der in *Abb. 19.9* gezeigten Kennlinie, die die zu verschiedenen U_b/U_0-Werten gehörende optimale Sättigungsspannung U_{sat}^*, ebenfalls auf die Spannung U_0 normiert, angibt. Lesen wir aus der Kennlinie den Wert U_{sat}^* ab, so läßt sich mit dem Zusammenhang (19.3.5) der maximale Kollektorstrom $I_{c\,\text{max}}$ berechnen. Auf

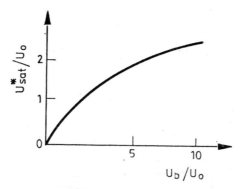

Abb. 19.9. Die optimale Sättigungsspannung als Funktion der Versorgungsspannung

ähnliche Weise ergibt sich aus (19.3.6) die Ausgangsleistung, und durch die Steilheit der Arbeitsgeraden wird der Belastungswiderstand festgelegt:

$$R_L = 2 \cdot \frac{U_b - U_{\text{sat}}^*}{I_{c\,\text{max}}}. \qquad (19.3.8)$$

19.4 Die Bemessung
von Hochfrequenz-B-Leistungsverstärkern

Einen Grenzfall bilden die sogenannten B-Leistungsverstärker, da bei ihnen der Flußwinkel des Kollektorstroms gerade $2\alpha = 180°$ beträgt, d. h., nur während der einen Halbperiode leitet der Transistor. Zeichnen wir in die Ausgangskennlinie die Strom- und Spannungsverhältnisse ein, dann gelangen wir zur *Abb. 19.10*. Die halbsinusförmigen Stromimpulse mit dem Spitzenwert $I_{c\,\text{max}}$ erzeugen über einer selektiven Lastimpedanz (z. B. über einem Schwingkreis) eine Wechselspannung, deren Spitzenwert wegen der Ausschwingung des Schwingkreises etwa mit der Versorgungsspannung übereinstimmt. Der Betrieb der selektiven Hochfrequenzverstärker weicht hier wesentlich von dem der Niederfrequenzverstärker ab, die mit Widerständen abgeschlossen werden, da am Kollektor eine gegenüber der Versorgungsspannung wesentlich höhere Sperrspannung erscheinen kann, was auch vom Standpunkt des Durchbruchs bedeutsam ist.

Da wir uns mit B-Verstärkern beschäftigen, wollen wir uns an die in Abb. 19.10 gezeigten Verhältnisse halten. Den Abschluß des Transistors sichert hier eine selektive Impedanz, die bei der Frequenz der Grundharmonischen den Wert R_L hat, dagegen bedeutet sie für die Oberwellen einen Kurzschluß. Die Amplitude der Grundharmonischen der am Kollektor

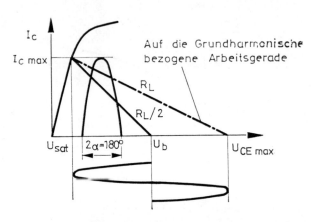

Abb. 19.10. Strom- und Spannungsverhältnisse beim selektiven B-Leistungsverstärker

erscheinenden Wechselspannung erhalten wir, indem wir die Amplitude der Grundharmonischen der halbsinusförmigen Stromimpulse mit R_L multiplizieren. Letztere hat aufgrund der Fourier-Analyse die Form

$$I_{c1} = I_{c\,max}/2, \qquad (19.4.1)$$

d. h., die Amplitude der (mit dem Index 1 bezeichneten) Grundharmonischen der halbsinusförmigen Stromimpulse ist halb so groß wie die des Spitzenstroms. Aufgrund dessen erhalten wir als Amplitude der am Kollektor erscheinenden Wechselspannung

$$U_1 = I_{c\,max}R_L/2. \qquad (19.4.2)$$

Damit sind wir zu einer wichtigen Eigenschaft von selektiven Hochfrequenzverstärkern gelangt, indem nämlich bei Stromflußwinkeln kleiner als 360° die Begriffe der (als Näherung benutzten) Arbeitsgeraden und des Lastwiderstandes auseinander gehen. In Abb. 19.10 bezeichnet die näherungsweise Arbeitsgerade der Steilheit $R_L/2$ den augenblicklich angenommenen elektrischen Zustand, was allerdings nur für den geöffneten Transistor Gültigkeit hat. Im gesperrten Zustand (während der anderen Halbperiode), wenn über der Lastimpedanz die Ausschwingung einsetzt, ändert sich der elektrische Zustand auf der Spannungsachse ($I_c = 0$). Die unterbrochene Linie steht für die auf die Grundharmonische bezogene fiktive Arbeitsgerade. Eigentlich stellt sie die Addition der elektrischen Zustände dar, die sich aus der tatsächlichen Kollektorspannung und der Grundharmonischen des Stroms ergeben würde.

Bei C-Verstärkern ist die Situation ähnlich. Je kleiner der Stromflußwinkel 2α ist, desto kleiner ist auch die Grundharmonische, bezogen auf den Spitzenwert $I_{c\,max}$. Deshalb wird auch die Steilheit der tatsächlichen Arbeitsgeraden in diesem Fall größer als die der fiktiven Arbeitsgeraden sein, die sich auf die Grundharmonische bezieht und sich aus dem Lastwiderstand berechnet.

Bei der Berechnung von C-Verstärkern geht man von folgendem Grundprinzip aus. Als erste Aufgabe bestimmt man die Zeitfunktion (den Flußwinkel) des Kollektorstroms. Im vorangegangenen haben wir mit einem Strom abgestumpfter Sinusform (im B-Betrieb mit einem halbsinusförmigen Strom) gearbeitet, doch kann natürlich auch mit andersförmigen Stromimpulsen gerechnet werden (hierzu wird später noch ein Beispiel angeführt). Aus den erhaltenen Stromimpulsen sind mit Hilfe der Fourier-Analyse die Grundharmonische bzw., falls Harmonische höherer Ordnung benötigt werden (wie z. B. bei Frequenzvervielfachern), deren Amplituden zu berechnen. Wir erhalten dann die Zeitfunktion der am Kollektor erscheinenden Spannung, indem wir die Amplituden der Harmonischen der Reihe nach jeweils mit der Impedanz multiplizieren, mit der die Schaltung bei der fraglichen Frequenz abgeschlossen ist, und die so erhaltenen Spannungen phasenrichtig addieren. In Wirklichkeit ist das selbstverständlich nicht so kompliziert, denn den Abschluß der Schaltung besorgt ein stark selektiver Stromkreis, der nur für die Grundharmonische (bzw. bei Vervielfachern für irgendeine Harmonische höherer Ordnung) eine endliche Impedanz, dagegen für die übrigen Frequenzen praktisch einen Kurzschluß darstellt; auf diese Weise treten unerwünschte Spannungskomponenten erst gar nicht auf.

Kehren wir nun auf die Form der Kollektorstromimpulse zurück. Im allgemeinen Fall läßt sich die Impulsfolge mit Hilfe folgender Gleichungen als Summe der harmonischen Komponenten aufschreiben:

$$f(t) = \frac{a_0}{2} + \sum_{n=1}^{\infty} A_n \sin\left(n\omega t + \varphi_n\right). \qquad (19.4.3)$$

Dabei ergibt sich die Gleichstromkomponente aus dem Zusammenhang

$$a_0 = \frac{1}{\pi} \int\limits_0^{2\pi} f(t)\, \mathrm{d}\omega t. \qquad (19.4.4)$$

Die Koeffizienten der einzelnen Harmonischen erhalten wir aus den Gleichungen

$$a_n = \frac{1}{\pi} \int\limits_0^{2\pi} f(t) \cos n\omega t \, d\omega t, \tag{19.4.5}$$

$$b_n = \frac{1}{\pi} \int\limits_0^{2\pi} f(t) \sin n\omega t \, d\omega t, \tag{19.4.6}$$

$$A_n = \sqrt{a_n^2 + b_n^2}, \tag{19.4.7}$$

$$\tan \varphi_n = a_n/b_n. \tag{19.4.8}$$

In *Abb. 19.11* sind die wesentlichen, auf das abgestumpfte Sinussignal bezogenen Größen grafisch dargestellt. Abb. 19.11a veranschaulicht den Stromflußwinkel 2α, Abb. 19.11b zeigt den Wert der Gleichstromkomponente (I_0) und den Wert der Grundharmonischen (I_{c1}), jeweils auf den Spitzenstrom $(I_{c\,max})$ bezogen. Weiterhin ist in Abhängigkeit vom Stromflußwinkel 2α die für den Wirkungsgrad typische Größe $I_{c1}/2I_{0\,max}$ aufgetragen. In Abb. 19.11c sehen wir, ebenfalls in Abhängigkeit vom Flußwinkel aufgetragen, die auf die Grundharmonische bezogenen Stromwerte (I_{cN}) der Oberwellen $N = 2 \ldots 5$, die aus der Sicht der nichtlinearen Verzerrungen Bedeutung haben.

Der mit der abgestumpften Sinussignalform genäherte Kollektorstromimpuls ist nicht besonders günstig, da der Kollektorstromimpuls eine exponentielle Funktion der Emitter-Basis-Spannung ist:

$$i_c(t) = i_0 e^{\frac{qU_{eb}}{kT}}. \tag{19.4.9}$$

Hat dagegen die Emitter-Basis-Spannung die Form $U_{eb} = U_0 + U_1 \sin \omega t$, d. h., läuft sie sinusförmig ab, so lautet die Zeitfunktion des Kollektorstroms

$$i_c(t) = i_s e^{\frac{qU_0}{kT}} e^{\frac{qU_1}{kT} \sin \omega t}. \tag{19.4.10}$$

Ein solches Signal weicht also ziemlich von der Form der abgestumpften Sinussignale ab. Eben deshalb benutzt man auch die mit dem Zusammenhang (19.4.10) beschriebene sogenannte expsin-Funktion zur Näherung des Kollektorstroms. Diese als Reihe dargestellt, erhalten wir

$$i_c(t) = i_s e^{\frac{qU_0}{kT}} \left[J_0\left(\frac{qU_1}{kT}\right) + 2 \sum_{n=1}^{\infty} J_n\left(\frac{qU_1}{kT}\right) \cos n\omega t \right], \tag{19.4.11}$$

wobei J_n eine modifizierte Bessel-Funktion n-ter Ordnung darstellt, deren Veränderliche (Argument) der normierte Wert der Amplitude U_1 der

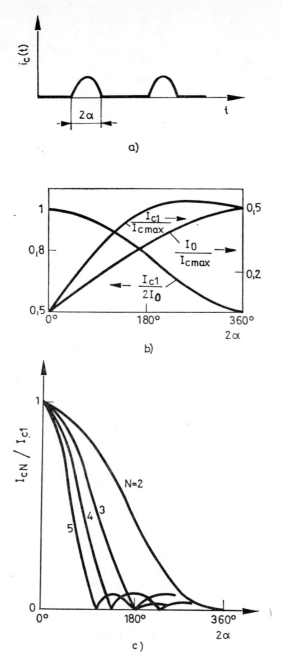

Abb. 19.11. Verteilung der Stromkomponenten bei einem Signal abgestumpfter Sinusform. Zur Deutung des Stromflußwinkels (a), Verläufe der Gleichstromkomponente und der Grundwelle (b) sowie der Oberwellen (c) in Abhängigkeit vom Stromflußwinkel

Steuerspannung ist. Die Werte der Bessel-Funktion können wir diesbezüglichen Tabellen entnehmen.

Da die expsin-Funktion keine Nullstellen besitzt, läßt sich der Flußwinkel 2α nicht mit Hilfe von Nullstellen deuten. Vereinbarungsgemäß (aufgrund der Formähnlichkeit mit dem abgestumpften Sinussignal) wollen wir deshalb den Flußwinkel zwischen den Punkten mit dem Wert $0{,}15\ I_{c\,max}$ definieren *(Abb. 19.12a)*. Somit hat der Stromflußwinkel die mathematische Form

$$\alpha_{\exp\sin} = \arccos\left[1 - \frac{kT}{qU_1}\ln\frac{1}{0{,}15}\right]. \qquad (19.4.12)$$

Abb. 19.12b zeigt zu dieser Funktion für verschiedene Stromflußwinkel den Wert der Gleichstromkomponente (I_0) und den der Amplitude der Grundharmonischen (I_{c1}), bezogen auf den Spitzenstrom ($I_{c\,max}$). In *Abb. 19.12c* sehen wir gleichfalls in Abhängigkeit vom Flußwinkel die auf die Grundwelle bezogenen Stromwerte (I_{cN}) der Oberwellen $N = 2\ldots5$.

Stellen wir nun mit Hilfe von Abb. 19.10 die Ausdrücke für die Ausgangsleistung und den Wirkungsgrad auf. Die gleichstrommäßig aufgenommene Leistung ergibt sich als Produkt aus Versorgungsspannung und Gleichstromkomponente I_0, d. h., $P_{DC} = U_b I_0$. Andererseits ist die Ausgangsleistung proportional zur Grundharmonischen I_{c1}:

$$\bar{P}_0 = \frac{(U_b \quad U_{sat})\,I_{c1}}{2}. \qquad (19.4.13)$$

Aus beiden obigen Ausdrücken folgt für den Wirkungsgrad

$$\eta = \frac{U_b - U_{sat}}{U_b} \cdot \frac{I_{c1}}{2I_0} = \eta_u\eta_i, \qquad (19.4.14)$$

d. h., er ist das Produkt aus dem von der Sättigungsspannung abhängenden Spannungswirkungsgrad und dem von der Kollektorstrom-Impulsform abhängenden Stromwirkungsgrad (siehe Abb. 19.11b und 19.12b). Der Lastwiderstand beträgt

$$R_L = \frac{U_b - U_{sat}}{I_{c1}} \qquad (19.4.15)$$

und die maximal auftretende Kollektorspannung $U_{CE\,max} = 2U_b - U_{sat}$. Bei der Bemessung von B-Verstärkern unterscheiden wir grundsätzlich folgende Fälle:

a) *Auf maximale Ausgangsleistung ausgerichteter Entwurf bei gegebener maximal zulässiger Kollektorspannung $U_{CE\,m}$ und gegebenem maximalem Kollektorspitzenstrom $I_{c\,max}$*

Zuerst suchen wir die zum gegebenen Kollektorspitzenstrom gehörende Sättigungsspannung U_{sat} in der Sättigungskennlinie auf bzw. bestimmen

334

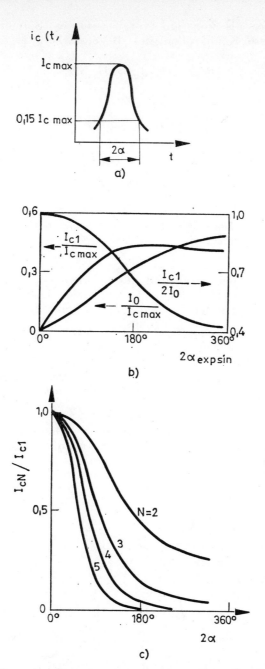

Abb. 19.12. Verteilung der Stromkomponenten bei einem Signal der expsin-Form. Zur Deutung des Stromflußwinkels (a), Verläufe der Gleichstromkomponente und der Grundwelle (b) sowie der Oberwellen (c) in Abhängigkeit vom Stromflußwinkel

sie mit Hilfe des als konstant vorausgesetzten Sättigungswiderstands r_{sat}. Als wichtigste Kenngrößen des B-Verstärkers ergeben sich dann

$$U_b = (U_{CE\,m} + U_{sat})/2,$$

$$I_{c1} = I_{c\,max}/2,$$

$$R_L = (U_b - U_{sat})/I_{c1}, \qquad (19.4.16)$$

$$P_o = (U_b - U_{sat})I_{c\,max}/4,$$

$$\eta = 0{,}785(1 - U_{sat}/U_b).$$

b) *Auf maximale Ausgangsleistung ausgerichteter Entwurf bei gegebener Speisespannung U_b und als konstant vorausgesetztem Sättigungswiderstand r_{sat}*

Der Entwurf geschieht aufgrund des bei den A-Verstärkern Gesagten. Der Ausdruck (19.3.1) gibt dabei den optimalen Lastwiderstand an. Die Steilheit der Arbeitsgeraden beträgt entsprechend Abb. 19.10 die Hälfte des Lastwiderstandes. Die Ausgangsleistung wird mit dem Ausdruck (19.3.1) bestimmt; der Wirkungsgrad beträgt $\eta = 39\%$.

c) *Auf maximale Ausgangsleistung ausgerichteter Entwurf bei gegebener Versorgungsspannung U_b und bei mit dem Kollektorstrom steigendem (nicht konstantem) Sättigungswiderstand r_{sat}*

Die Bemessung eines B-Verstärkers unter solchen Bedingungen geht ähnlich zu dem bei den A-Verstärkern unter Punkt e Gesagten vor sich *(Abb. 19.13)*. Das Wesentliche bei der Berechnung ist auch hier, daß die

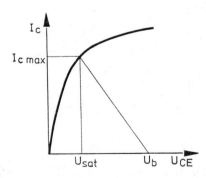

Abb. 19.13. Zum Entwurf von B-Verstärkern unter der Voraussetzung eines mit dem Kollektorstrom steigenden Sättigungswiderstandes

Funktion $P_o(U_{sat})$ einen Extremwert besitzt, den wir durch Differentiation bestimmen können. Im Ausdruck

$$P_o = \frac{(U_b - U_{sat})I_{c1}}{2} = \frac{1}{4}(U_b - U_{sat})I_{c\,max}(U_{sat}) \qquad (19.4.17)$$

der Ausgangsleistung benutzen wir zur Näherung der Funktion $I_{c\,max}(U_{sat})$ den bereits früher angeführten Zusammenhang (19.3.5). Damit ergibt sich bei Lösung der Gleichung (19.3.7) für den Extremwert U_{sat}^* der in Abb. 19.9 gezeigte, auf die Spannung U_0 normierte Verlauf. Es sei noch bemerkt, daß es besonders im Ultrakurzwellenbereich bei der Festsetzung der Spannung U_0 zweckmäßig ist, nicht von den statischen Kennlinien, sondern von den in Abb. 19.2 gezeigten Kurven auszugehen. Die hauptsächlichen Kenngrößen der Schaltung sind damit

$$R_L = 2\,\frac{U_b - U_{sat}^*}{I_{c\,max}},$$

$$P_o = \frac{(U_b - U_{sat}^*)I_{c\,max}}{4}, \qquad (19.4.18)$$

$$\eta = 0{,}785\left(1 - \frac{U_{sat}^*}{U_b}\right).$$

d) *Auf maximale Ausgangsleistung ausgerichteter Entwurf bei gegebenem Kollektorstrom $I_{c\,max}$ und vernachlässigbarer Sättigungsspannung ($U_{sat} = 0$) sowie bei optimaler Wahl des Stromflußwinkels*

Diese Methode führt zwar nicht zu einer im B-, sondern zu einer im AB-Betrieb arbeitenden Verstärkerschaltung, doch bezüglich ihres Charakters steht sie dem B-Betrieb sehr nahe. Wie aus Abb. 19.11b und Abb. 19.12b ersichtlich ist, hat der Quotient $I_{c1}/I_{c\,max}$ im Bereich $2\alpha < 180°$ ein Maximum. Dementsprechend ergibt sich, Stromimpulse abgestumpfter Sinusform vorausgesetzt, die maximale Ausgangsleistung aufgrund von Abb. 19.11b bei $2\alpha = 240°$ mit einem Wirkungsgrad von $\eta_i = 0{,}64$; ihr Wert beträgt

$$P_{o\,max} = 0{,}134 \cdot I_{c\,max}U_{CE\,max}. \qquad (19.4.19)$$

Bei Kollektorstromimpulsen der expsin-Form beläuft sich gemäß Abb. 19.12b der optimale Stromflußwinkel auf $2\alpha = 207°$, der Wirkungsgrad beträgt dann $\eta_i = 0{,}52$ und die Ausgangsleistung

$$P_{o\,max} = 0{,}11 \cdot I_{c\,max}U_{CE\,max}. \qquad (19.4.20)$$

19.5 Die Bemessung
von Hochfrequenz-C-Leistungsverstärkern

Das im vorangegangenen Gesagte hat auch für die Hochfrequenz-C-Leistungsverstärker Gültigkeit; es wird also die Kollektorwechselspannung aus der Kollektorstrom-Impulsfolge berechnet, indem deren entsprechende Harmonische bestimmt und diese mit dem Lastwiderstand multipliziert wird, der sich an der typischen Frequenz der selektiven Abschlußimpedanz ergibt. Hierbei lassen sich gut Abb. 19.11a und Abb. 19.12a benutzen, in denen auch für Stromflußwinkel $2\alpha < 180°$ der Wert der Grundharmonischen angegeben ist. Wie ersichtlich, fällt mit der Reduzierung des Stromflußwinkels gleichfalls die Amplitude der Grundharmonischen. Um die Ausgangsleistung auf einem entsprechenden Wert halten zu können, muß der Lastwiderstand erhöht werden. Dieser Erhöhung ist allerdings durch die maximal zulässige Kollektorspannung eine Grenze gesetzt. Bei den C-Verstärkern besitzt der Stromflußwinkel diesbezüglich ein Optimum, das wir im folgenden bestimmen wollen. Als Anfangsbedingung soll gelten, daß die für den verwendeten Transistor angegebene Verlustleistung P_d, die maximal zulässige Kollektorspannung $U_{CE\,m}$ und der Kollektorspitzenstrom $I_{c\,max}$ nicht überschritten werden. Außerdem sei zur Vereinfachung der Rechnung der Wert der Sättigungsspannung vernachlässigbar klein ($U_{sat} - 0$) vorausgesetzt.

Am Transistor ergibt sich die Verlustleistung P_d als Differenz aus aufgenommener Gleichstromleistung P_{DC} und Ausgangsleistung:

$$P_d = P_{DC} - P_o = U_b I_0 - \frac{U_b I_{c1}}{2}. \tag{19.5.1}$$

Damit erhalten wir

$$\left[\frac{I_0}{I_{c\,max}} - \frac{I_{c1}}{2 I_{c\,max}}\right] = f(2\alpha_{opt}) = \frac{P_d}{U_b I_{c\,max}}. \tag{19.5.2}$$

Ist die am Ausgang erscheinende Spannung sinusförmig, d. h., enthält sie keine Oberwellen (was bei selektiven Verstärkern nahezu gültig ist), so beträgt die auftretende Spannungsspitze ungefähr das Zweifache der Versorgungsspannung U_b. Bei richtiger Bemessung wird der gesamte Spannungsbereich des Transistors ausgenutzt, d. h., die Spannungsspitze ist gleich der maximal zulässigen Kollektorspannung $2 U_b = U_{CE\,m}$. Damit nimmt der Ausdruck (19.5.2) die Form

$$f(2\alpha_{opt}) = \frac{2 P_d}{U_{CE\,m} I_{c\,max}} \tag{19.5.3}$$

an, wobei sich auf der rechten Seite der Gleichung lediglich die Transistorkenngrößen, genauer gesagt die Grenzdaten des gewählten Transistors befinden. Bei deren Kenntnis läßt sich also der optimale Stromflußwinkel

bestimmen. Für Stromimpulse abgestumpfter Sinusform bzw. der expsin-
Form wurde der Zusammenhang (19.5.3) in *Abb. 19.14* grafisch dargestellt.
Mit Erhöhung des Stromflußwinkels weichen die Optimalwerte $f(2\alpha_{opt})$
für die vorausgesetzten Impulsformen immer mehr voneinander ab. In der
Praxis liegt jedoch der tatsächliche Optimalwert in jedem Fall im Bereich
zwischen den beiden Kurven.

Aufgrund dessen kann die Bemessung nun so erfolgen, daß man mit Hilfe
des gewählten Stromflußwinkels $2\alpha_{opt}$ (vom Strom $I_{c\,max}$ ausgehend) die
Amplitude der Grundharmonischen I_{c1} berechnet, und daraus ergibt sich
mit Hilfe des Zusammenhangs $R_L = U_b/I_{c1}$, d. h. mit Hilfe des Quotienten
aus Kollektorwechselspannung und Grundharmonischer des Kollektorstroms (unter der Voraussetzung von $U_{sat} = 0$), der Lastwiderstand R_L.

Bei einer anderen Entwurfsmethode wird die Sättigungsspannung U_{sat}
nicht vernachlässigt, dagegen lassen wir die Vorschriften betreffend Verlustleistung und Spitzenstrom außer Betracht. Stellen wir für diesen Fall
zuerst die Gleichung für die Ausgangsleistung auf, so erhalten wir

$$P_o = \frac{1}{2}\,(U_b - I_{c\,max}r_{sat})\,I_{c1}, \qquad (19.5.4)$$

d. h., die Ausgangsleistung beträgt die Hälfte des Produkts aus Spannungs-
und Stromamplitude. Für die Spannungsamplitude gilt, daß sie proportional
zum Lastwiderstand ist:

$$U_b - I_{c\,max}r_{sat} = I_{c1}R_L. \qquad (19.5.5)$$

Aus diesen beiden Gleichungen erhalten wir nach Umstellung

$$P_o = \frac{U_b^2}{2R_L} \cdot \left[\frac{\left(\dfrac{I_{c1}}{I_{c\,max}}\right)}{\left(\dfrac{I_{c1}}{I_{c\,max}}\right) + \dfrac{r_{sat}}{R_L}}\right]^2, \qquad (19.5.6)$$

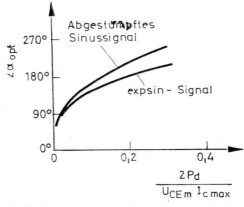

Abb. 19.14. Der optimale Stromflußwinkel in Abhängigkeit von den Transistorkenngrößen für verschiedene Signalformen

wobei $I_{c1}/I_{c\,max}$ eine Funktion des Stromflußwinkels ist. Es ist nun die Frage, inwiefern sich bei konstant gehaltenem Wert des Flußwinkels die Ausgangsleistung in Abhängigkeit vom Lastwiderstand R_L ändert. Es läßt sich beweisen, daß die Leistung P_o als Funktion von R_L einen Extremwert besitzt; bei dem optimalen Lastwiderstand

$$R_{L\,opt} = \frac{r_{sat}}{I_{c1}/I_{c\,max}} \tag{19.5.7}$$

erreicht sie den Maximalwert

$$P_{o\,max} = \frac{U_b^2}{8 r_{sat}} \cdot \left(\frac{I_{c1}}{I_{c\,max}} \right). \tag{19.5.8}$$

Wenn wir nun auch den Stromflußwinkel änderten, erhielten wir als Ergebnis, daß der Quotient $I_{c1}/I_{c\,max}$ (Stromimpulse abgestumpfter Sinusform vorausgesetzt) aufgrund von Abb. 19.11b bei $2\alpha = 240°$ maximal würde, sein Wert betrüge $I_{c1}/I_{c\,max} = 0,53$ und die Ausgangsleistung wäre somit

$$P_{o\,max} = 0,067 \cdot \frac{U_b^2}{r_{sat}}, \tag{19.5.9}$$

der Lastwiderstand dagegen $R_{L\,opt} = 1,9 r_{sat}$, d. h., er wäre etwa gleich dem im B-Betrieb gewonnenen Wert. Ungewiß ist jedoch, ob eine derartige Bemessung bei C-Verstärkern auch entsprechend ist, da nämlich weder hinsichtlich des Spitzenstroms noch hinsichtlich der Verlustleistung eine Vorschrift existiert. So kann es geschehen, daß deren Grenzdaten überschritten werden. Aus diesem Grunde sind beide Daten zu kontrollieren, was mit den Gleichungen

$$I_{c\,max} = \frac{1,9 U_b}{R_{L\,opt}}, \tag{19.5.10}$$

$$P_d \approx 0,3 U_b I_{c\,max} \tag{19.5.11}$$

geschieht. Überschreiten die beiden obigen Daten die für den Transistor angegebenen Grenzwerte, so sind die berechneten Werte zu korrigieren. Ergibt sich aus (19.5.11) eine höhere Leistung als die zulässige Verlustleistung P_d, dann ist entsprechend der Kurve in Abb. 19.14 der Stromflußwinkel zu reduzieren.

19.6 Hochfrequenz-Gegentaktverstärker

Ähnlich wie im Niederfrequenzbereich kommen auch im Hochfrequenzbereich die Vorteile zum Tragen die sich aus dem Gegentaktaufbau von Endverstärkern ergeben *(Abb. 19.15)*. Der Gegentakt-A-Verstärker ist sehr vorteilhaft vom Standpunkt der Verzerrungen, hervorgerufen durch die geradzahligen Harmonischen (vor allem zweiter Ordnung), die sich am Ausgangstransformator subtrahieren. Dadurch wird die Verzerrung zweiter Ordnung im Endergebnis kleiner als bei einzelnen Transistoren.

Kommen wir nun zu den Gegentakt-B-Verstärkern. Bei unserer Betrachtung wollen wir von Abb. 19.15 ausgehen. Der eine Transistor des Endverstärkers liefert die eine Halbperiode, der andere Transistor die

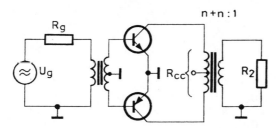

Abb. 19.15. Prinzipschaltung eines Gegentaktverstärkers

andere Halbperiode. Da der Ausgangstransformator die beiden Halbwellen zu einem vollständigen Sinussignal zusammensetzt, wird bei breitbandiger (ohmscher) Belastung auch die Schaltung selbst breitbandig, da störende Oberwellenverzerrungen nicht (bzw. nur in geringem Maß) auftreten.

Der gewöhnliche B-Verstärker ist bei kleinen Verzerrungen nur als selektiver Verstärker benutzbar. Dagegen läßt sich der Gegentakt-B-Verstärker, da auch die andere Halbwelle durch Verwendung eines zweiten Transistors übertragen wird, bereits in einem breiten Frequenzband anwenden. Ebenso kommen bezüglich der Leistungsverhältnisse, des Wirkungsgrades usw. die typischen Vorteile des B-Betriebs zur Geltung. Ähnlich ist die Situation auch hinsichtlich der Verzerrungen durch geradzahlige Oberwellen (vor allem durch die zweiter Ordnung); bei richtiger Einstellung der Schaltung läßt sich eine bedeutende Verringerung des Verzerrungsfaktors erreichen. Bestehen bleibt jedoch die Gefahr der bei kleinen Aussteuerungen (geringen Ausgangsleistungen) auftretenden Verzerrungen, die für den B-Betrieb typisch sind. Das liegt daran, daß bei der gleichen Einstellung für völlige Aussteuerung (maximale Ausgangsleistung) und geringe Aussteuerung eine vollkommene Deckung beider Halbperioden nicht realisierbar ist. Das läßt sich mit der nichtlinearen Kennlinie des Transistors erklären und bedeutet, daß der Änderung des Ausgangspegels des Verstärkers (der „Dynamik" des Verstärkers) Grenzen gesetzt sind. In *Abb. 19.16* sehen wir die Signalform bei großem und kleinem Ausgangspegel. Bei Anwendungen, bei denen eine Verringerung des Ausgangspegels nicht erforderlich ist, kann diese Erscheinung außer Betracht gelassen werden.

Über die Gegentakt-C-Verstärker sei lediglich so viel gesagt, daß sie im allgemeinen wie B-Verstärker behandelt werden können, da ihr Stromflußwinkel nicht wesentlich kleiner als $2\alpha = 180°$ ist. Hiermit läßt sich erklären, daß mit Verringerung des Stromflußwinkels einerseits die im vorangegangenen behandelte Verzerrung bedeutend steigt, andererseits fällt aber auch die Verstärkung im gleichen Maße.

Bevor wir auf die wichtigsten Zusammenhänge der Gegentaktverstärker eingehen, wollen wir die Frage des Lastwiderstandes und der Arbeitsgeraden näher beleuchten.

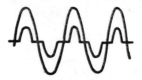

Abb. 19.16. Typische Verzerrung im B-Betrieb bei kleinen Signalpegeln

Zu Beginn beschäftigen wir uns mit den Gegentakt-A-Verstärkern und definieren den zwischen Kollektor und Kollektor liegenden Widerstand R_{cc}, der den transformierten Wert des Abschlußwiderstands R_2 darstellt:

$$R_{cc} = 4n^2 R_2. \qquad (19.6.1)$$

Die Frage ist nun, auf welchem Lastwiderstand die einzelnen Endverstärkertransistoren arbeiten. Die Antwort ergibt sich aus der Schreibweise der Ströme und Spannungen, wobei wir berücksichtigen müssen, daß an beiden Enden der Primärwicklung die Ströme gerade entgegengesetzt fließen, dagegen ist die Spannung zwischen beiden Wicklungsenden das Zweifache der Kollektorspannung *(Abb. 19.17)*. Der Kollektorstrom läßt sich aus der Beziehung

$$I_c = 2U_c/R_{cc} \qquad (19.6.2)$$

und der von einem Kollektor aus gesehene Lastwiderstand aus der Beziehung $R_L = U_b/I_c$ finden. Demgemäß hat, symmetrischen Betrieb voraus-

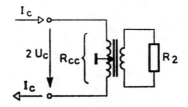

Abb. 19.17. Zur Berechnung des Ausgangstransformators

gesetzt, der Lastwiderstand der einzelnen Endtransistoren des Gegentakt-A-Verstärkers den Wert

$$R_L = R_{cc}/2, \qquad (19.6.3)$$

der gleichzeitig auch die Steilheit der Arbeitsgeraden angibt. Daraus folgt, daß die beiden halben Primärwicklungen und die Sekundärwicklung nicht als zwei selbständige Transformatoren betrachtet werden können, die den Abschlußwiderstand auf den entsprechenden Kollektor transformieren, denn in diesem Fall hätte die Belastung den Wert $R_{cc}/4$. Die beiden Hälften der Primärwicklung sind sinngemäß nicht unabhängig, die beiden Endtransistoren wirken aufeinander. Mit den ungünstigen Folgen, die hieraus erwachsen können, beschäftigen wir uns bei den mit Leitungstransformatoren arbeitenden Hochfrequenz-Leistungsverstärkern.

Bei Gegentakt-B-Verstärkern entspricht die Steilheit der Arbeitsgeraden dem Wert des Lastwiderstandes, was sich daraus ergibt, daß aus der Sicht des untersuchten Transistors während der passiven Halbperiode der andere Transistor Strom auf die gemeinsame Belastung liefert. Auf diese Weise erhalten wir die bekannte gemeinsame Arbeitsgerade.

Bei der Berechnung des Lastwiderstandes müssen wir uns vor Augen halten, daß zum gleichen Zeitpunkt kein zu I_c entgegengesetzter Strom (Abb. 19.17) am anderen Ende der Primärwicklung auftritt; während der einen Halbperiode beteiligt sich also nur die eine Hälfte der Primärwicklung am Verstärkerbetrieb. Der Lastwiderstand ergibt sich demnach so, als ob die halbe Primärwicklung lediglich den Lastwiderstand R_2 transformieren würde:

$$R_L = R_{cc}/4. \tag{19.6.4}$$

Der Betrieb von Gegentakt-B-Verstärkern basiert auf diesem Zusammenhang, der oftmals unrichtig gedeutet wird, besonders dann, wenn die Transformation des Abschlußwiderstandes mit einem Reaktanzfilter oder einem Leitungstransformator realisiert wird.

In Kenntnis der Lastwiderstände lassen sich die Spannungs- bzw. Stromverhältnisse der Gegentaktverstärker mühelos berechnen. Die Bemessung des Gegentakt-A-Verstärkers geschieht aufgrund des in Abschn. 19.3 über die üblichen A-Verstärker Gesagten, und zwar entsprechend den dort aufgeführten verschiedenen Grundfällen unter Berücksichtigung von (19.6.3). Die Ausgangsleistung des Gegentaktverstärkers (P_{Go}) ergibt sich aus der Summe der Ausgangsleistungen beider Transistoren, d. h., sie beträgt das Zweifache der Leistung des gewöhnlichen Verstärkers:

$$P_{Go} = 2P_o. \tag{19.6.5}$$

Die Bemessung der Gegentakt-B-Verstärker geschieht auf der Basis von Abschn. 19.4, d. h. wie bei den gewöhnlichen B-Verstärkern, wobei die für den Lastwiderstand gültige Gleichung (19.6.4) zu berücksichtigen ist. Besondere Beachtung verdient vielleicht der unter Punkt b behandelte, auf maximale Ausgangsleistung ausgerichtete Entwurf bei gegebener Versorgungsspannung U_b und konstantem Sättigungswiderstand r_{sat}. Die gemeinsame Ausgangsleistung beider Transistoren beträgt unter der Voraussetzung beliebigen Lastwiderstandes R_L

$$P_{Go} = \frac{U_b^2}{2} \cdot \frac{R_L}{(R_L + r_{sat})^2} \tag{19.6.6}$$

und der Wirkungsgrad

$$\eta = 0{,}78 \cdot \frac{R_{\mathrm{L}}}{R_{\mathrm{L}} + r_{\mathrm{sat}}} \,. \tag{19.6.7}$$

Die Ausgangsleistung hat bei einem Lastwiderstand von $R_{\mathrm{L}} = r_{\mathrm{sat}}$ ein Maximum; sie beträgt bei diesem Wert

$$P_{\mathrm{Go}} = \frac{U_{\mathrm{b}}^2}{8 r_{\mathrm{sat}}} \,, \tag{19.6.8}$$

der Wirkungsgrad $\eta = 39\%$ und die Verlustleistung für einen Transistor $P_{\mathrm{d}} \approx 0{,}1 U_{\mathrm{b}}^2/r_{\mathrm{sat}}$. Betrachten wir den Zusammenhang (19.6.4), so erhalten wir für den von Kollektor zu Kollektor wirkenden Widerstand bei maximaler Ausgangsleistung den Wert $R_{\mathrm{cc}} = 4 r_{\mathrm{sat}}$.

Schließlich sei noch erwähnt, daß wir im bisherigen keinen Unterschied hinsichtlich der Art des Abschlusses machten, d. h. ob dieser selektiv oder breitbandig ist. Die behandelten Zusammenhänge sind tatsächlich für beide Verstärkertypen gültig, und so treffen bezogen auf die Grundharmonische die Ausdrücke in gleicher Weise für mit Reaktanzelementen realisierte selektive und für beispielsweise mit Leitungstransformatoren erzeugte breitbandige Abschlüsse zu. Hinsichtlich der Oberwellen kann die Situation jedoch wesentlich anders sein.

19.7 Die Untersuchung von Leistungsverstärkern auf der Basis der nichtlinearen Ersatzschaltung

Bei den im vorangegangenen behandelten Entwurfsverfahren benutzten wir die Ausgangskennlinie des Transistors und berücksichtigten dabei nur deren niederfrequentes Äquivalent. Dabei wurde eine Arbeitsgerade vorausgesetzt, entlang der sich der augenblickliche elektrische Zustand des Bauelements ändert. Zur Sprache kam jedoch nicht die Verstärkung und ihr Hochfrequenzverhalten, weiterhin die Zeitabhängigkeit des Kollektorstroms in den Fällen, in denen die Betriebsfrequenz mit der Grenzfrequenz des Transistors vergleichbar wird. Diese Erscheinungen wollen wir im folgenden etwas näher untersuchen. Wir gehen dabei vom näherungsweise gültigen nichtlinearen Hochfrequenz-Ersatzschaltbild gemäß Abb. 2.26 aus. Dieses modifizieren wir, indem wir das RC-Parallelglied, das für die Emitterimpedanz steht, durch die Spannungsquelle U_{k} *(Abb. 19.18a)* ersetzen. Der Grund hierfür ist der, daß die Basis-Emitter-Diode nur oberhalb einer gewissen Knickspannung U_{k} öffnet, die Eingangskennlinie kann auf diese Weise bei hohen Signalpegeln durch eine aus Geradenstücken bestehende Kennlinie dargestellt werden *(Abb. 19.18b)*. Die über der Basis gemessene Eingangsimpedanz ist unendlich, wenn kein Strom fließt, und hat den Wert r_{b}, wenn Basisstrom fließt.

Zwischen Basis- und Kollektorstrom gilt aufgrund von Gleichung (2.8.8) der Zusammenhang

$$i_b(t) \approx \frac{1}{\omega_T} \frac{di_c}{dt},$$ (19.7.1)

und damit lautet die Zeitfunktion der Basisspannung

$$U_{be}(t) = \frac{r_b}{\omega_T} \frac{di_c}{dt} + U_k.$$ (19.7.2)

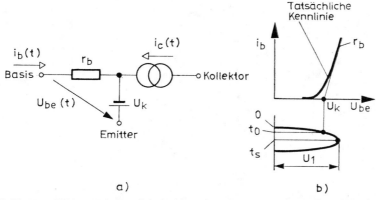

a)   b)

Abb. 19.18. Nichtlineare Hochfrequenz-Ersatzschaltung des bipolaren Transistors (a) und seine Eingangskennlinie (b)

Geben wir auf den Transistor entsprechend Abb. 19.18b eine Steuerspannung der Form $U_{be}(t) = U_1 \cdot \sin \omega t$, so erhalten wir aus (19.7.2) durch Integration den Kollektorstrom [19.5]

$$i_c(t) = \frac{\omega_T U_1}{r_b \omega} \left[(\cos \omega t_0 - \cos \omega t) + \frac{U_k}{U_1} (\omega t_0 - \omega t) \right],$$ (19.7.3)

wobei t_0 der Zeitpunkt des Öffnens des Transistors ist, für den die Beziehung $U_1 \sin \omega t_0 = U_k$ gilt. Der Spitzenwert der Kollektorspannung läßt sich aus der Bedingung bestimmen, daß der Kollektorstrom beim Maximum der Steuerspannung $(t = t_s)$ einen Extremwert besitzt:

$$\frac{di_c}{dt} (t = t_s) = 0.$$ (19.7.4)

Vom Wert I_{cmax} im Zeitpunkt $t = t_s$ fällt der Kollektorstrom zunehmend und wird im Zeitpunkt $t = t_e$ erneut null. Der das Ende des Stromflusses kennzeichnende Zeitpunkt t_e kann aufgrund von Gleichung

$$i_e(t = t_e) = 0$$ (19.7.5)

bestimmt werden.

Abb. 19.19 zeigt die für den Kollektorstrom erhaltenen Zeitfunktionen für verschiedene U_k/U_1-Werte in normierter Form. Wie ersichtlich ist, handelt es sich hier um einen AB-Betrieb, allerdings ist die Signalform ziemlich asymmetrisch, sie ist nach vorn geneigt. Bei kleinen U_k/U_1-Werten tritt der Spitzenwert des Stroms dann auf, wenn sich der Eingang bereits im gesperrten Zustand befindet. Wesentlich vom Standpunkt der Verstärkung ist die Amplitude der Grundharmonischen des Kollektorstroms (I_{c1}). In *Abb. 19.20* sehen wir den auf den maximalen Strom $I_{c\,max}$ bezogenen

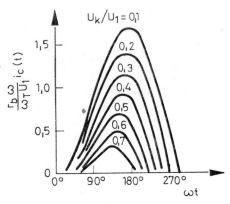

Abb. 19.19. Zeitfunktion des Kollektorstroms bei verschiedenen U_k/U_1-Werten

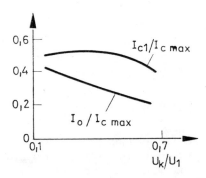

Abb. 19.20. Abhängigkeit der Gleichstromkomponente und der Grundharmonischen des Kollektorstroms vom Quotienten U_k/U_1

Wert der Gleichstromkomponente I_0 sowie den der Amplitude der Grundharmonischen. In Kenntnis der Grundharmonischen erhalten wir die ausgangsseitige Nutzleistung

$$P_o = I_{c1}^2 R_L/2, \tag{19.7.6}$$

wobei R_L der auf die Grundharmonische bezogene Lastwiderstand ist. Zur Berechnung der aufgenommenen Leistung wird der Wert des Eingangswiderstandes benötigt, der aus dem Zusammenhang

$$R_\text{l} = \frac{4\pi r_\text{b}}{2\omega(t_\text{e} - t_0) - \sin 2\omega t_\text{e} - \sin 2\omega t_0 + 4\sin \omega t_0 \cdot \cos \omega t_\text{e}} \qquad (19.7.7)$$

bestimmt werden kann.

Zur Erleichterung beim Schaltungsentwurf dient *Abb. 19.21*, die den normierten Wert der Amplitude der Grundharmonischen in Abhängigkeit vom Quotienten U_k/U_1 angibt. In Kenntnis der Transistorkenngrößen (r_b, ω_T

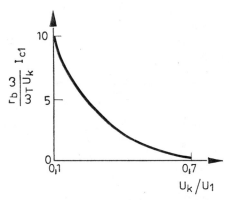

Abb. 19.21. Abhängigkeit des normierten Wertes der Kollektorstrom-Grundharmonischen vom Quotienten U_k/U_1

und U_k), der Betriebsfrequenz ω sowie der Amplitude I_{c1} der Grundharmonischen, die der gewünschten Ausgangsleistung zugeordnet ist, läßt sich aus der Kurve die notwendige Steuerspannung U_1 ablesen, und damit können die übrigen Parameter der Schaltung bestimmt werden.

Eine ebenfalls auf Zusammenhang (19.7.1) basierende Entwurfsmethode wird in [22.15] beschrieben. Ausgesprochen mit Hochfrequenz-C-Verstärkern beschäftigt sich [19.6]. Bezogen auf den Emitter- und Kollektorstrom *(Abb. 19.22)* wird von den Grundgleichungen

$$i_\text{e}(t) = C_\text{Te} \frac{\mathrm{d}U_\text{b'e}(t)}{\mathrm{d}t} + \left[\tau\frac{qI_\text{s}}{kT}\frac{\mathrm{d}U_\text{b'e}(t)}{\mathrm{d}t} + I_\text{s}\right] \cdot \mathrm{e}^{\frac{qU_\text{b'e}(t)}{kT}}, \qquad (19.7.8)$$

$$i_\text{c}(t) = I_\text{s} \cdot \mathrm{e}^{\frac{qU_\text{b'e}(t)}{kT}} \qquad (19.7.9)$$

ausgegangen, wobei $U_\text{b'e}(t)$ für die Zeitfunktion der Basis-Emitter-Spannung des Intrinsic-Transistors steht, τ ist die Zeitkonstante der Änderung der in der Basis befindlichen Ladung und C_Te steht für die Sperrschichtkapazität zwischen Emitter und Basis. Die Sperrschichtkapazität zwischen Kollektor und Basis ziehen wir bei der Berechnung mit der äußeren Abgleichkapazität zusammen.

347

Bei Steuerung des Eingangskreises aus einer Spannungsquelle mit dem Innenwiderstand R_g kann für die in *Abb. 19.23* gezeigte Anordnung folgende Gleichung aufgestellt werden:

$$U_E + U_g = i_e R_g + (i_e - i_c) r_b + U_{b'e}. \qquad (19.7.10)$$

Hierbei ist U_E die in Sperrichtung wirkende Vorspannung des Emitters. Nach einigen näherungsweise gültigen Vereinfachungen kann die Differen-

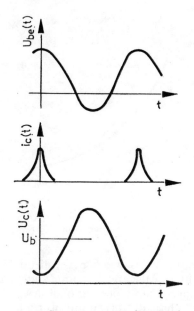

Abb. 19.22. Zeitfunktionen von Spannung und Strom eines selektiven C-Verstärkers

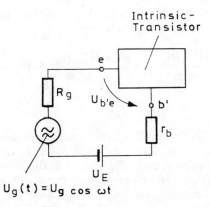

Abb. 19.23. Schaltbild des Eingangskreises eines C-Verstärkers

tialgleichung auf die Form

$$v \frac{dz}{d\omega t} + z = \frac{qU_g}{kT} \cos \omega t \qquad (19.7.11)$$

gebracht werden. Deren Lösung in periodischer Form geschrieben, erhalten wir für den gesuchten Kollektorstrom

$$i_c(t) = I_s[e^{\Phi \cdot \cos(\omega t - \Theta)} - 1], \qquad (19.7.12)$$

wobei

$$z(t) = \Phi \cdot \cos(\omega t - \Theta),$$

$$\Phi = \frac{qU_g}{kT} \cdot \frac{1}{\sqrt{1 + v^2}}, \qquad (19.7.13)$$

$$v = \omega C_{Te}(R_g + r_b) = \tan \Theta$$

sind. Aus obigen Größen ergibt sich, bezogen auf die Grundharmonische, für den Wirkungsgrad des bis in die Sättigung gesteuerten Verstärkers

$$\eta = \frac{J_1(\Phi)}{J_0(\Phi)}, \qquad (19.7.14)$$

wobei J_0 eine modifizierte Bessel-Funktion nullter Ordnung und J_1 eine solche erster Ordnung ist. *Abb. 19.24* veranschaulicht die Änderung des Wirkungsgrades in Abhängigkeit vom Faktor v bei verschiedenen Generatorspannungen. Mit Erhöhung der Frequenz fällt sichtbar der Wirkungsgrad, bei hohen Generatorspannungen ist der Abfall um so deutlicher. Setzen wir in den Zähler von Ausdruck (19.7.14) modifizierte Bessel-Funktionen höherer Ordnung ein, so erhalten wir den Wirkungsgrad für die höheren Harmonischen, der bei Frequenzvervielfachern von Bedeutung ist.

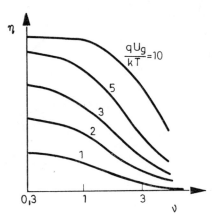

Abb. 19.24. Änderung des Wirkungsgrades eines C-Verstärkers in Abhängigkeit von der relativen Frequenz für verschiedene Steuerspannungsamplituden

Im vorangegangenen versuchten wir, das Verhalten des Großsignal-Verstärkers mit Hilfe des nichtlinearen Ersatzschaltbildes rechentechnisch zu erfassen. Da die Berechnung mit elementaren Methoden erfolgte, ist es verständlich, daß die Ausgangsbasis, d. h. die Ersatzschaltung des Transistors und die äußere passive Schaltung, so einfach wie möglich gewählt werden mußte, um Berechnungsschwierigkeiten zu umgehen. Führen wie die mathematischen Operationen mit Hilfe einer elektronischen Rechenanlage durch, so kann die Schaltung wesentlich komplizierteren Aufbau haben, und gleichzeitig ergibt sich damit auch die Möglichkeit einer am Rechner durchgeführten Schaltungsanalyse.

Abb. 19.25 zeigt einen an einem Rechner untersuchten B-Leistungsverstärker für $f = 30$ MHz [19.25]. Der Transistor wurde durch die auf symmetrischen Gleichungen basierende Großsignal-Ersatzschaltung berücksichtigt,

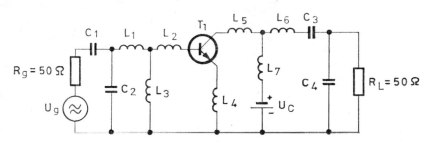

Abb. 19.25. Schaltbild eines mit einem elektronischen Rechner untersuchten B-Verstärkers

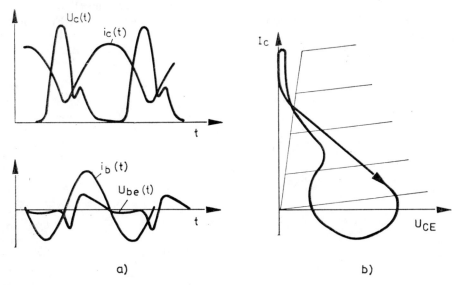

Abb. 19.26. Zeitfunktionen von Spannung und Strom eines B-Verstärkers (a) und seine Arbeitsgerade (b)

wie sie in Abschn. 2.8 behandelt wurde. Die Analyse der Schaltung erfolgt in mehreren Schritten durch stufenweise Korrektur der äußeren Abstimmelemente (Reaktanzen), was in der Praxis dem Schaltungsabgleich entspricht. Die Ergebnisse der am Rechner durchgeführten Analyse zeigen eine gute Übereinstimmung mit den Signalformen, die für die realisierte Schaltung durch Messung am Oszilloskop gewonnen wurden. Zur Veranschaulichung des nichtlinearen Verhaltens dient *Abb. 19.26*, in welcher die Zeitfunktionen der einzelnen Spannungen und Ströme sowie die sogenannte Arbeitsgerade aufgetragen sind. Wie aus Abb. 19.26b ersichtlich ist, können wir von einer Arbeitsgeraden kaum sprechen. Da der Arbeitspunkt auf der Ausgangskennlinie einer komplizierten und in ihrer Form recht eigenartigen Form folgt, dürfen wir das früher über die Arbeitsgerade Gesagte tatsächlich nur unter Vorbehalt benutzen.

19.8 Näherungsbeziehungen für Leistungsverstärker

In der Praxis werden beim Entwurf von Leistungsverstärkern verhältnismäßig einfache, leicht handhabbare Beziehungen benötigt, mit denen sich die voraussichtliche Verstärkung, die Eingangsimpedanz usw. größenordnungsmäßig abschätzen lassen.

Der mit Hilfe der linearen Vierpolparameter bzw. des Vierpol-Ersatzschaltbildes durchgeführte Entwurf liefert bis zu einer Verstärkungskompression von 1 dB (d. h. bis zu einem Signalpegel, welcher einer Verstärkerungsverringerung von 1 dB entspricht) annehmbare Ergebnisse, wodurch sich die Entwurfsprozedur maßgeblich vereinfacht. Bei großen Aussteuerungen werden die berechneten Daten ungenau, die tatsächlichen Daten liefern dann die nach Aufbau und Abgleich der Schaltung erhaltenen Meßergebnisse [18.26].

Abb. 19.27 zeigt die beim Entwurf benutzte Transistor-Ersatzschaltung, in der auch die Emitterinduktivität L_E berücksichtigt wurde [19.16]. Die

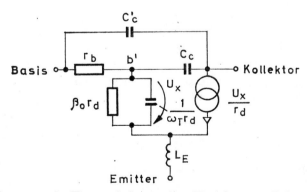

Abb. 19.27. Näherungsweise Ersatzschaltung eines Hochfrequenz-Leistungstransistors

Kollektorkapazität besteht aus zwei Komponenten, aus der Kapazität C_c' zwischen Kollektor und äußerem Basispunkt und aus der Kapazität C_c zwischen Kollektor und innerem Basispunkt (b'). Wird in den Datenblättern von Transistoren lediglich die Summe beider Rückwirkungskapazitäten angegeben, so ist es zweckmäßig, diese wie die Kapazität C_c zu behandeln und für die äußere Kapazität C_c' den Wert Null anzunehmen.

Auf der Basis der Ersatzschaltung lassen sich unter der Voraussetzung gegebenen Lastwiderstandes R_L sowohl die Leistungsverstärkung als auch der Eingangswiderstand des Transistors berechnen. Der Eingangswiderstand ist durch den Näherungsausdruck

$$R_i \approx \frac{\omega_T L_E + (1 + \omega_T R_L C_c)\, r_b}{1 + \omega_T R_L (C_c + C_c')} \tag{19.8.1}$$

gegeben; für die Leistungsverstärkung erhalten wir, gleichfalls genähert, den Ausdruck

$$N \approx \left(\frac{\omega_T}{\omega}\right)^2 \cdot \frac{R_L}{[1 + \omega_T R_L (C_c + C_c')]\,[\omega_T L_E + r_b(1 + \omega_T R_L C_c)]} \,. \tag{19.8.2}$$

Gilt bei kleinem Wert von R_L die Ungleichung $\omega_T R(C_c + C_c') \ll 1$, so vereinfachen sich die Ausdrücke, und wir erhalten

$$R_i \approx r_b + \omega_T L_E\,, \tag{19.8.3}$$

$$N \approx \left(\frac{\omega_T}{\omega}\right)^2 \frac{R_L}{r_b + \omega_T L_E}\,. \tag{19.8.4}$$

Hier sei bemerkt, daß wir bei Verwendung eines angepaßten Lastwiderstands der Größe $R_L = 1/\omega_T C_c$ und bei Substitution von $L_E = 0$ die sogenannte Frequenz für Einsleistungsverstärkung (maximale Oszillationsfrequenz) erhalten:

$$f_{\max} = \frac{1}{5} \sqrt{\frac{f_T}{r_b C_c}}\,. \tag{19.8.5}$$

Der Lastwiderstand beträgt bei einer als null vorausgesetzten Sättigungsspannung $R_L = U_b^2/2P_0$ wobei P_0 die gewünschte Ausgangsleistung ist. In Kenntnis des Lastwiderstands R_L läßt sich der ausgangsseitige Anpassungsvierpol und in Kenntnis des Eingangswiderstands R_i der eingangsseitige Anpassungsvierpol bemessen. Diesbezüglich finden wir im folgenden weitere Anhaltspunkte, sei es in Form von mathematischen Ausdrücken oder Tabellen.

Verständlicherweise ist das obige Verfahren ungenau, da man zur Beschreibung des nichtlinearen Betriebs einen linearen Ersatzvierpol des Transistors benutzt. Hieraus folgt, daß auch der Eingangswiderstand gemäß (19.8.1) kein konstanter Wert sein kann, denn er muß ja auf irgendeine Weise eine Funktion der Eingangsleistung sein. Allerdings ist die Bestimmung der Pegelabhängigkeit des Eingangswiderstands auch durch Messung sehr schwierig. Eine wesentlich einfachere Aufgabe ist die Bestimmung der Pegelabhängigkeit der optimalen Generatoradmittanz

$$Y_{g\,opt} = G_{g\,opt} + j\,B_{g\,opt} \qquad (19.8.6)$$

und der optimalen Lastadmittanz

$$Y_{L\,opt} = G_{L\,opt} + j\,B_{L\,opt}, \qquad (19.8.7)$$

die eine konjugierte Impedanzanpassung herstellen [19.4, 19.17]. Das geschieht durch Messung, indem man am Ein- und Ausgang jeweils einen in breiten Grenzen variierbaren Impedanztransformator (z. B. ein mit mehre-

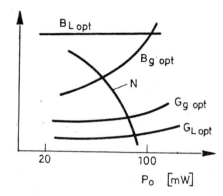

Abb. 19.28. Die für konjugierte Anpassung ausgelegte Generator- und Lastadmittanz und die Leistungsvertärkung in Abhängigkeit vom Ausgangspegel

ren Stichleitungen versehenes Leitungsstück) anwendet und bei verschiedenen Leistungspegeln die Kopplungsvierpole am Ein- und Ausgang auf maximale Leistung abstimmt. Nach Ablesen des Wertes von P_0 werden die Impedanzen der passiven Kopplungsvierpole (vom Transistor aus gesehen) gemessen. Deren konjugierte Werte entsprechen dann der Eingangs- bzw. Ausgangsimpedanz des Transistors bei der gegebenen Ausgangsleistung P_0. Die Ergebnisse einer solchen bei $f = 2$ GHz durchgeführten Messung sind in *Abb. 19.28* dargestellt. Wie ersichtlich ist, hängen sowohl die Impedanzen als auch die Leistungsverstärkung N in großem Maße von der Ausgangsleistung ab, was auch zu erwarten war. Das unterstreicht auch unsere frühere Behauptung, daß die aus dem linearen Ersatzschaltbild abgeleiteten Ergebnisse starken Näherungscharakter haben.

20 Praktischer Aufbau
von Hochfrequenz-Leistungsverstärkern

20.1 Anpassungsvierpole
von Leistungsverstärkern

Zwischen dem lastseitigen Abschluß und dem Ausgang des Verstärkerelements eines Hochfrequenz-Leistungsverstärkers liegt im allgemeinen ein Anpassungsvierpol. Der Anpassungsvierpol stellt einmal die benötigte Widerstandstransformation her, zum anderen sichert er den gewünschten Frequenzgang. Ähnlich sind auch die Verhältnisse auf der Eingangsseite, wo entweder der Signalgenerator oder der Ausgang der vorangegangenen Stufe (Ansteuerstufe) an den Endverstärkereingang anzupassen ist.

Bei den breitbandigen Realisationen löst man das Problem der Anpassung am ehesten mit Hilfe von Leitungstransformatoren, vor allem dann, wenn das zu übertragende Frequenzband relativ breit ist (z. B. einige Oktaven). Vorausgesetzt wird dabei jedoch, daß keine Gleichstromübertragung, d. h. keine DC-Kopplung benötigt wird. Mit Leitungstransformatoren (Hybriden) beschäftigten wir uns ausführlich in Kapitel 12; alle dort behandelten Leitungstransformatoren lassen sich zum Aufbau von Breitband-Leistungsverstärkern verwenden.

Bei den selektiven Anpassungsvierpolen können wir zwischen solchen mit Bandpaßcharakter und solchen mit Tiefpaßcharakter unterscheiden. Für beide Typen ist eine stärkere oder schwächere Unterdrückung der Oberwellen kennzeichnend, was besonders bei den im B- bzw. im C-Betrieb arbeitenden Schmalband-Verstärkern wesentlich ist. Im folgenden wollen wir die Realisierung von einigen typischen Anpassungsvierpolen vorstellen und dabei die wichtigsten Zusammenhänge angeben, die zu ihrem Entwurf benötigt werden.

In *Abb. 20.1* sind zwei Anpassungsvierpole dargestellt, die mit induktiv angezapften Schwingkreisen arbeiten. In der Schaltung nach Abb. 20.1a wird der Schwingkreis mit der Kapazität C_2 an die Last R_L angepaßt. Ist der am Kollektor des Endverstärker-Transistors erscheinende Belastungswiderstand R_c bekannt, so können die einzelnen Elemente des Vierpols mit Hilfe folgender Gleichungen berechnet werden:

$$X_{L1} = \frac{n^2 R_c}{Q},$$

(20.1.1)

$$X_{C1} = \frac{n^2 R_c}{Q} \frac{1}{\left(1 - \dfrac{X_{C2}}{Q R_L}\right)} , \qquad (20.1.2)$$

$$X_{C2} = R_L \sqrt{\frac{n^2 R_c}{R_L} - 1}, \qquad (20.1.3)$$

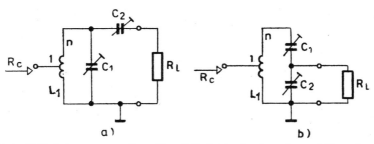

Abb. 20.1. Induktiv angezapfter Parallelschwingkreis mit serieller Anpassungs-kapazität (a) und kapazitivem Teiler (b)

wobei Q der Belastungs-Gütefaktor der Induktivität L_1 ist. In Abb. 20.1b wird die Anpassung an den lastseitigen Abschluß mit einer kapazitiven Anzapfung hergestellt. Auf diese Weise ergeben sich hier die Zusammenhänge

$$X_{L1} = \frac{n^2 R_c}{Q}, \qquad (20.1.4)$$

$$X_{C1} = \frac{n^2 R_c Q}{(Q^2 + 1)} \left[1 - \frac{R_L}{Q X_{C2}} \right], \qquad (20.1.5)$$

$$X_{C2} = \frac{R_L}{\sqrt{\dfrac{(Q^2 + 1) R_L}{n^2 R_c} - 1}} . \qquad (20.1.6)$$

Bei beiden Schwingkreisschaltungen ist n die Gesamtwindungszahl der Induktivität L_1, die Anzapfung befindet sich jeweils bei der ersten Windung.

In *Abb. 20.2a* sehen wir einen Anpassungsvierpol in der Form eines π-Gliedes, dessen Längsglied aus einer Induktivität besteht. Der mit ihr in Reihe liegende Kondensator C_1 (Trimmer) dient lediglich zur genauen Einstellung des Induktivitätswertes. Die Kapazität C_0 steht für die Ausgangs-kapazität des Endverstärker-Transistors und ist in das Ausgangssignal mit einzubeziehen. Die Induktivität L_1 dient zur Zufuhr der Versorgungsspannung. Unter der Bedingung $R_c < R_L$ kann die Schaltung auf der Basis folgender Gleichungen entworfen werden:

$$X_{C1} = Q R_c \qquad (20.1.7)$$

$$X_{C2} = \frac{R_L}{\sqrt{\dfrac{R_L(Q^2+1)}{R_c Q^2}-1}}, \qquad (20.1.8)$$

$$X_{L1} = \frac{QR_c}{\left(\dfrac{QR_c}{X_{C0}}+1\right)}, \qquad (20.1.9)$$

$$X_{L2} = QR_c\left[1+\frac{R_c}{QX_{C2}}\right]. \qquad (20.1.10)$$

Hierbei sind $X_{C0} = 1/\omega C_0$ die Ausgangsreaktanz des Endverstärker-Transistors und Q der Betriebs-Gütefaktor der Schaltung, der die Bandbreite der Schaltung bestimmt. Die Größe Q bezieht sich dabei auf die gesamte Anpassungsschaltung und nicht auf irgendeines ihrer Elemente (z. B. die Induktivität). Bei der weiteren Berechnung wollen wir voraussetzen, daß die verwendeten Reaktanzelemente verlustfrei sind. Mit dem Wert des Betriebs-Gütefaktors steigt die Selektivität des Anpassungsvierpols quadratisch, außerdem steigt auch der Verlust des Vierpols, wenn die Güte der verwendeten Elemente endlich ist. Bei der Wahl des Betriebs-Gütefaktors muß man einen Kompromiß eingehen, wobei ebenfalls darauf zu achten ist, daß man für die einzelnen Reaktanzelemente gut realisierbare Werte erhält (z. B. für Trimmerkondensatoren).

Abb. 20.2b zeigt einen Anpassungsvierpol in T-Glied-Ausführung. Die Gleichstromzuführung geschieht über eine Hochfrequenzdrossel, die direkt am Kollektorpunkt des Transistors liegt. Wegen ihrer hohen Impedanz hat sie auf den Anpassungsvierpol keinen Einfluß. Die nachfolgend genannten Gleichungen zur Bemessung des Anpassungsgliedes sind nur dann gültig, wenn die Bedingung

$$\frac{QX_{C0}}{\sqrt{R_c R_L}} > 1 \qquad (20.1.11)$$

erfüllt ist. Hierbei sind Q der gewählte Betriebs-Gütefaktor und X_{C0} die Ausgangsreaktanz des Endverstärker-Transistors. Ist also diese Bedingung

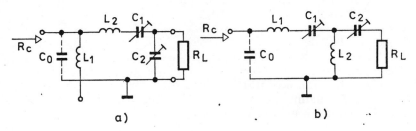

a) b)

Abb. 20.2. Anpassung mit π-Glied (a) und T-Glied (b)

erfüllt, so ergeben sich die einzelnen Elemente des Anpassungsgliedes aus den Zusammenhängen

$$X_{L1} = \frac{QX_{C0}^2}{R_c}\left[1 - \frac{\sqrt{R_c R_L}}{QX_{C0}}\right], \qquad (20.1.12)$$

$$X_{L2} = X_{C0}\sqrt{\frac{R_L}{R_c}}, \qquad (20.1.13)$$

$$X_{C1} = \frac{QX_{C0}^2}{R_c}\left[1 - \frac{R_c}{QX_{C0}}\right], \qquad (20.1.14)$$

$$X_{C2} = \frac{R_L}{Q}\left[\frac{QX_{C0}}{\sqrt{R_c R_L}} - 1\right]. \qquad (20.1.15)$$

In *Abb. 20.3* ist wiederum ein Anpassungsvierpol in π-Glied-Ausführung zu sehen, der sich von dem in Abb. 20.2a lediglich darin unterscheidet, daß hier die Gleichstromzuführung über eine Hochfrequenzdrossel erfolgt, deren Impedanz hinsichtlich des Hochfrequenzverhaltens der Schaltung vernachlässigbar ist. Die einzelnen Elemente des Anpassungsgliedes lassen sich auf der Basis folgender Zusammenhänge berechnen:

$$X_{C1} = \frac{QX_{C0}^2}{R_c}\left[1 - \frac{R_c}{QX_{C0}}\right], \qquad (20.1.16)$$

$$X_{C2} = \frac{R_L}{\sqrt{\frac{(Q^2+1)}{Q^2}\frac{R_c R_L}{X_{C0}^2} - 1}}, \qquad (20.1.17)$$

$$X_{L1} = \frac{QX_{C0}^2}{R_c} \cdot \left[1 + \frac{R_L}{QX_{C2}}\right]. \qquad (20.1.18)$$

Infolge des hohen Signalpegels ändert sich der Wert der arbeitspunktabhängigen Ausgangskapazität C_0. Durch Rechnung läßt sich nachweisen, daß der durchschnittliche Wert der Ausgangskapazität C_0 ungefähr das Anderthalb- bzw. Zweifache des Wertes der Kollektor-Basis-Kapazität im Arbeitspunkt beträgt. Der genaue Wert hängt von den Kenngrößen der Kollektor-Basis-Sperrschicht ab. Da jedoch dem Wert von C_0 bei den untersuchten Schaltungen wegen des jeweils niederohmigen Lastwiderstan-

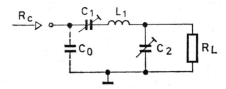

Abb. 20.3. Anpassungsvierpol in π-Glied-Ausführung

des R_c keine große Bedeutung zukommt, ist der Wert der Kapazität nicht so kritisch.

Ähnlich wie den Ausgang des Endverstärkers passen wir auch den Eingang mit einem Reaktanzvierpol an die Signalquelle an, die die Ausgangsimpedanz der vorangegangenen Ansteuerstufe sein kann. Die am Eingang benutzten Anpassungsglieder weichen etwas von den am Ausgang benutzten ab, und zwar hauptsächlich wegen des unterschiedlichen Charakters der anzupassenden Impedanz. Während nämlich die Ausgangsimpedanz des Endverstärker-Transistors kapazitiven Charakter hat und mit einem RC-Parallelglied ersetzbar ist, hat die Eingangsimpedanz induktiven Charakter und ist mit einem RC-Serienglied beschreibbar. Hierin liegt der Grund dafür, daß man zur Anpassung des Eingangs des Endverstärker-Transistors andere Typen von Anpassungsvierpolen verwendet, von denen wir im folgenden einige beschreiben wollen.

In *Abb. 20.4* sehen wir Anpassungsvierpole in T-Glied-Ausführung, bei denen sich der imaginäre (induktive) Teil der Eingangsimpedanz des Transistors Z_l mit der zu ihm in Serie liegenden Induktivität zusammenziehen läßt. An den mit R_l bezeichneten Realteil der Eingangsimpedanz wird der Generatorwiderstand R_g der Signalquelle angepaßt. Unter der Voraussetzung $R_g > R_l$ errechnen sich die Elemente der in Abb. 20.4a gezeigten Schaltung aus folgenden Gleichungen:

$$X_{L1} = QR_i,$$
(20.1.19)

$$X_{C1} = R_g \sqrt{\frac{R_i(Q^2+1)}{R_g} - 1},$$
(20.1.20)

$$X_{C2} = \frac{R_l(Q^2+1)}{Q} \cdot \frac{1}{\left[1 - \dfrac{X_{C1}}{QR_g}\right]},$$
(20.1.21)

wobei Q der gewählte Betriebs-Gütefaktor der Schaltung ist. Bei den Gleichungen der Schaltung nach Abb. 20.4b muß gleichfalls die Bedingung $R_g > R_l$ erfüllt sein. Die Werte der einzelnen Elemente können dann mit den folgenden Gleichungen berechnet werden:

$$X_{L1} = QR_g,$$
(20.1.22)

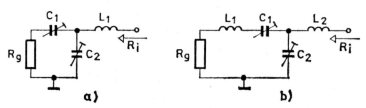

Abb. 20.4. Zur Anpassung des Eingangs von Transistor-Leistungsverstärkern benutzte T-Glieder

$$X_{C1} = \frac{R_g(Q^2+1)}{Q}\left[1 - \sqrt{\frac{R_i}{R_g(Q^2+1)}}\,\right], \qquad (20.1.23)$$

$$X_{L2} = \frac{R_i}{Q}\left[\sqrt{\frac{R_g(Q^2+1)}{R_i}} - 1\right], \qquad (20.1.24)$$

$$X_{C2} = \frac{R_g}{Q}\sqrt{\frac{R_i(Q^2+1)}{R_g}}\,. \qquad (20.1.25)$$

Abb. 20.5 zeigt ein eingangsseitiges Anpassungsglied, das von einer anderen Transistorstufe angesteuert wird. Der vorgeschriebene Lastwider-

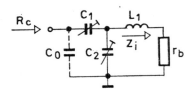

Abb. 20.5. Vierpol zur Anpassung von Steuer- und Endverstärkerstufe

stand dieser Stufe sei R_c, und ihre Ausgangskapazität habe die Größe C_0, die in den Kopplungsvierpol mit einbezogen wurde. Der Eingangswiderstand des Endverstärker-Transistors sei durch den Basiswiderstand r_b gegeben; außerdem wurde vorausgesetzt, daß die mit ihm in Serie liegende Impedanz des Reaktanzelementes wesentlich kleiner ist als die Impedanz der Induktivität L_1, d. h.

$$X_{L1} > \text{Im}(Z_i). \qquad (20.1.26)$$

Damit und unter der Voraussetzung, daß $R_c > r_b$ ist, ergeben sich die Werte der Vierpolelemente aus folgenden Zusammenhängen

$$X_{L1} = Q r_b, \qquad (20.1.27)$$

$$X_{C1} = X_{C0}\left[\sqrt{\frac{(Q^2+1)r_b}{R_c}} - 1\right], \qquad (20.1.28)$$

$$X_{C2} = \frac{r_b(Q^2+1)}{Q} \cdot \frac{1}{1 - \sqrt{\dfrac{R_c r_b(Q^2+1)}{X_{C0}^2 Q^2}}}\,. \qquad (20.1.29)$$

Abb. 20.6 zeigt ebenfalls einen zwischen Ansteuerstufe und Endverstärker liegenden Anpassungsvierpol. Die Ausgangskapazität des Transistors der Steuerstufe hat die Größe C_0, der Realteil der Eingangsimpedanz des in Emitterschaltung arbeitenden Endverstärker-Transistors wird durch den Basiswiderstand r_b bestimmt. Voraussetzungsgemäß sei der Imaginärteil der Eingangsimpedanz wesentlich kleiner als die mit ihm in Reihe liegende Impedanz des Kondensators C_2:

$$X_{C2} \gg \mathrm{Re}(Z_i), \qquad (20.1.30)$$

so daß diese vernachlässigt werden kann. Besteht die Ungleichung $R_c > r_b$,

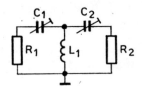

Abb. 20.6. Hochpaß-Vierpol zur Anpassung von Steuer- und Endverstärkerstufe

so lassen sich die Elemente des Anpassungsgliedes nach folgenden Gleichungen berechnen:

$$X_{L1} = \frac{r_b(Q^2+1)}{Q} \cdot \frac{1}{\left[1 + \sqrt{\dfrac{R_c r_b}{X_{C0}^2} \dfrac{Q^2+1}{Q^2}}\right]}, \qquad (20.1.31)$$

$$X_{C1} = X_{C0}\left[\sqrt{\frac{r_b(Q^2+1)}{R_c}} - 1\right], \qquad (20.1.32)$$

$$X_{C2} = Q r_b. \qquad (20.1.33)$$

Kehren wir nun kurz auf die Schaltung in Abb. 20.5 zurück, die im wesentlichen ein (mit der Kapazität C_0) erweitertes T-Glied darstellt. Bei dieser Schaltungslösung wird die Gleichstromzuführung mit einer Drosselspule gesichert, deren Impedanz im Betriebs-Frequenzband vernachlässigbar ist. Liegt die Impedanz der verwendeten Hochfrequenzdrossel in der Größenordnung der Impedanzen der Elemente des Anpassungsgliedes, dann gelangen wir zu der in *Abb. 20.7* gezeigten Schaltung. Die Werte der Elemente des Anpassungsgliedes berechnen sich bei $R_c > r_b$ aus den Gleichungen

$$X_{L1} = \frac{R_c}{Q}, \qquad (20.1.34)$$

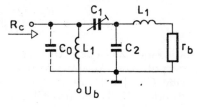

Abb. 20.7. Vierpol zur Anpassung von Steuer- und Endverstärkerstufe

$$X_{L1} = \frac{r_b}{Q} \frac{\sqrt{\dfrac{R_c}{r_b} - 1}}{1 - \dfrac{R_c}{QX_{C0}}},$$ (20.1.35)

$$X_{C1} = \frac{R_c}{Q} \cdot \frac{1 - \sqrt{\dfrac{r_b}{R_c}}}{1 - \dfrac{R_c}{QX_{C0}}},$$ (20.1.36)

$$X_{C2} = \frac{R_c}{Q} \cdot \frac{\sqrt{\dfrac{r_b}{R_c}}}{1 - \dfrac{R_c}{QX_{C0}}}.$$ (20.1.37)

Abb. 20.8 zeigt zwei Anpassungsvierpole in π-Glied-Ausführung, die man sowohl zur Eingangs- wie auch zur Ausgangsanpassung anwendet. Aus diesem Grunde wurden die Abschlußwiderstände mit den allgemeinen Bezeichnungen R_1 und R_2 versehen. Für die Elemente des Tiefpaß-π-Gliedes nach Abb. 20.8a gelten unter der Voraussetzung $R_1 > R_2$ die Gleichungen

$$X_{C1} = \frac{R_1}{Q},$$ (20.1.38)

$$X_{C2} = \frac{R_2}{\sqrt{\dfrac{R_2}{R_1}(Q^2 + 1) - 1}},$$ (20.1.39)

$$X_{L1} = \frac{QR_1}{Q^2 + 1} \cdot \left[1 + \frac{R_2}{QX_{C2}}\right].$$ (20.1.40)

Abb. 20.8b zeigt ein Hochpaß-π-Glied, dessen Elemente unter der Voraussetzung $R_1 < R_2$ durch folgende Gleichungen gegeben sind:

$$X_{C1} = \frac{R_1}{Q},$$ (20.1.41)

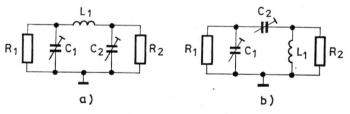

Abb. 20.8. π-Anpassungsglieder

$$X_{C2} = \frac{QR_1}{Q^2+1}\left[\frac{R_2}{QX_{L1}}-1\right], \qquad (20.1.42)$$

$$X_{L1} = \frac{R_2}{\sqrt{\dfrac{R_2}{R_1}(Q^2+1)-1}}\,. \qquad (20.1.43)$$

Das in *Abb. 20.9* gezeigte Hochpaß-T-Glied verwendete man ebenfalls häufig als Kopplungselement in Hochfrequenz-Leistungsverstärkern. Die

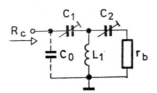

Abb. 20.9. Hochpaß-T-Glied

Werte der einzelnen Elemente lassen sich mit Hilfe folgender Gleichungen berechnen:

$$X_{C1} = R_1\sqrt{\frac{R_2(Q^2+1)}{R_1}-1}, \qquad (20.1.44)$$

$$X_{C2} = QR_2, \qquad (20.1.45)$$

$$X_{L1} = \frac{R_2(Q^2+1)}{Q}\cdot\frac{1}{1+\dfrac{X_{C1}}{QR_1}}\,. \qquad (20.1.46)$$

Schließlich seien noch einige Worte über die Wahl des Betriebs-Gütefaktors Q bzw. über dessen Einfluß auf die im Anpassungsvierpol entstehenden Verluste gesagt. Bei den Berechnungen setzten wir verlustfreie Reaktanzen voraus, und in diesem Falle ist sinngemäß auch der Vierpol verlustfrei. Sind die verwendeten Reaktanzelemente nicht verlustfrei, so werden die Leistungsverluste der Schaltung durch den Betriebs-Gütefaktor bestimmt. Als Beispiel wollen wir den in Abb. 20.3 gezeigten Vierpol untersuchen. Ohne Rechnung sei hier lediglich das Endergebnis in Form des Quotienten P_v/P_0, der die Dämpfung der Leistungsübertragung ausdrückt, gegeben:

$$\frac{P_v}{P_0} \approx \frac{Q}{Q_{L1}} + \frac{Q}{\omega^2 C_1 L_1 Q_{C1}} + \frac{\omega R_2 C_2}{Q_{C2}}\,. \qquad (20.1.47)$$

Hierbei ist P_v die Verlust- und P_0 die Durchgangsleistung; Q_{L1}, Q_{C1} und Q_{C2} stellen die Leerlauf-Gütefaktoren der entsprechenden Reaktanzen dar. Wie ersichtlich ist, nimmt mit Erhöhung des Betriebs-Gütefaktors der Schaltung bei gegebenen Gütefaktoren der L- und C-Elemente die Verlustleistung zu.

20.2 Bestimmung der Anpassungsvierpole mit Hilfe von Tabellen

Beim Entwurf von Hochfrequenzschaltungen nimmt die Bestimmung der Anpassungsvierpole erfahrungsgemäß sehr viel Zeit in Anspruch. Zur Erleichterung dieser Arbeit wurden die wichtigsten, am häufigsten benutzten Anpassungsvierpol-Typen mit einem elektronischen Rechner erarbeitet und die Ergebnisse in Tabellen zusammengestellt. In den genannten Tabellen sind nicht die üblicherweise normierten Werte angegeben, sondern die auf den reellen Abschlußwiderstand $R_L = 50\ \Omega$ der einen Seite des Vierpols bezogenen Impedanzen. Hiervon abweichende Abschlußwerte lassen sich einfach durch Multiplikation bzw. Division gewinnen.

Ausgangspunkt des Entwurfs mit Hilfe der Tabellen ist, wie bei den im vorhergehenden Kapitel behandelten Zusammenhängen, die Wahl des Betriebs-Gütefaktors. Hierdurch werden — wie wir gesehen haben — die Selektivität und die Verluste des aus Reaktanzelementen aufgebauten Netzwerkes eindeutig bestimmt. Bei hohen Q-Werten ergeben sich hohe Impedanzen (kleine Kapazitäten) und eine hohe Selektivität, allerdings steigen auch die Verluste bedeutend an. Es sei hier darauf hingewiesen, daß der in den Tabellen auftauchende Gütefaktor als Kenngröße für das gesamte Reaktanznetzwerk steht und sich nicht auf die im Netzwerk enthaltene Induktivität (oder Induktivitäten) bezieht. Betrachten wir nun der Reihe nach fünf Anpassungsvierpol-Typen, deren Elementewerte den beiliegenden Tabellen entnommen werden können.

Das in *Abb. 20.10a* gezeigte T-Glied entspricht schaltungsmäßig der Anordnung von Abb. 20.4a, allerdings mit dem Unterschied, daß in Reihe mit dem anzupassenden Widerstand R_0 eine Kapazität (Ausgangskapazität C_0) liegt, die bei Verwendung der Tabelle zu berücksichtigen ist. Die Anpassung wird auf einen Widerstand $R_L = 50\ \Omega$ vorgenommen. Der Entwurf der Schaltung mit Hilfe der *Tab. 20.1* besteht aus folgenden Schritten:

a) Der Q-Wert wird gewählt.

b) In Kenntnis von Q und R_0 werden aus der entsprechenden Zeile der Tab. 20.1 die Werte der Reaktanzen X_1, $1/\omega_0 C_2$ und $1/\omega_0 C_3$ abgelesen.

c) Die Induktivität L_4 ergibt sich aus der Gleichung $L_4 = X_1/\omega_0 + 1/\omega_0^2 C_0$.

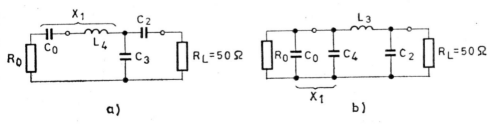

Abb. 20.10. Anpassungsvierpole bezogen auf Tab. 20.1 (a) bzw. auf Tab. 20.2 (b)

Tabelle 20.1. Elementewerte des Anpassungsvierpols von Abb. 20.10a

Q	X_1	$1/\omega_0 C_2$	$1/\omega_0 C_3$	R_0	Q	X_1	$1/\omega_0 C_2$	$1/\omega_0 C_3$	R_0
1	30	108	22,3	30	4	136	770	162	34
1	34	170	30	34	4	152	1 180	173	38
1	38	272	36,0	38	4	168	2 007	182	42
1	42	479	41,2	42	4	184	4 500	191	46
1	46	1 102	45,8	46	4	192	9 497	196	48
1	48	2 351	48	48					
					5	20	26,3	52	4
2	28	51,2	31,6	14	5	30	44	73	6
2	32	65,3	38,7	16	5	40	65	89	8
2	36	81,4	44,7	18	5	50	88	102	10
2	40	100	50	20	5	60	115	114	12
2	44	122	55	22	5	70	146	125	14
2	48	147	59	24	5	80	181	135	16
2	52	177	63	26	5	90	222	145	18
2	56	213	67	28	5	100	269	153	20
2	60	256	71	30	5	110	323	162	22
2	68	377	77	34	5	120	387	169	24
2	76	582	84	38	5	130	462	177	26
2	84	995	89	42	5	140	553	184	28
2	92	2 241	95	46	5	150	662	191	30
2	96	4 739	97	48	5	170	965	204	34
					5	190	1 477	217	38
3	24	35,9	38,7	8	5	210	2 510	228	42
3	30	50	50	10	5	230	5 628	239	46
3	36	66	59	12					
3	42	84	67	14	6	24	32,2	70	4
3	48	105	74	16	6	36	53,6	93	6
3	54	130	81	18	6	48	78	110	8
3	60	158	87	20	6	60	107	126	10
3	66	190	92	22	6	72	139	140	12
3	72	228	97	24	6	84	176	153	14
3	78	274	102	26	6	96	219	165	16
3	84	327	107	28	6	108	267	175	18
3	90	393	112	30	6	120	324	186	20
3	102	575	120	34	6	132	389	195	22
3	114	882	128	38	6	144	466	205	24
3	126	1 502	136	42	6	156	556	214	26
3	138	3 372	143	46	6	168	664	222	28
3	144	7 119	146	48	6	180	795	230	30
					6	204	1 160	246	34
4	24	34,2	51	6	6	228	1 775	260	38
4	32	50,6	66	8	6	252	3 015	274	42
4	40	69	77	10	6	276	6 755	287	46
4	48	91	88	12	6	288	14 250	294	48
4	56	115	97	14					
4	64	144	105	16	7	28	38	87	4
4	72	176	113	18	7	42	63	112	6
4	80	214	120	20	7	56	92	132	8
4	88	257	127	22	7	70	125	150	10
4	96	308	134	24	7	84	163	166	12
4	104	368	140	26	7	98	206	180	14
4	112	440	146	28	7	112	256	193	16
4	120	527	152	30	7	126	313	206	18

Q	X_1	$1/\omega_0 C_2$	$1/\omega_0 C_3$	R_0	Q	X_1	$1/\omega_0 C_2$	$1/\omega_0 C_3$	R_0
7	140	379	218	20	9	108	210	216	12
7	154	455	229	22	9	126	266	234	14
7	168	544	239	24	9	144	330	251	16
7	182	652	250	26	9	162	403	267	18
7	196	776	260	28	9	180	488	282	20
7	210	929	269	30	9	198	586	296	22
7	238	1 354	287	34	9	216	701	310	24
7	266	2 071	304	38	9	234	837	323	26
7	294	3 518	320	42	9	252	999	335	28
7	322	7 882	335	46	9	270	1 196	347	30
7	336	16 626	343	48	9	306	1 743	370	34
					9	342	2 665	391	38
8	32	43,6	102	4	9	378	4 525	412	42
8	48	72	130	6	9	396	6 393	422	44
8	64	105	153	8					
8	80	143	173	10					
8	96	187	191	12	10	30	39	112	3
8	112	236	207	14	10	40	55	133	4
8	128	293	222	16	10	60	91	167	6
8	144	358	237	18	10	80	132	185	8
8	160	433	250	20	10	100	180	219	10
8	176	521	263	22	10	120	234	241	12
8	192	623	275	24	10	140	296	261	14
8	208	744	286	26	10	160	367	280	16
8	224	888	297	28	10	180	448	297	18
8	240	1 062	308	30	10	200	543	314	20
8	272	1 548	329	34	10	220	652	330	22
8	304	2 368	348	38	10	240	780	345	24
8	336	4 022	366	42	10	260	930	359	26
8	368	9 009	383	46	10	280	1 111	373	28
					10	300	1 329	383	30
9	36	49,4	118	4	10	340	1 937	411	34
9	54	82	149	6	10	380	2 961	435	38
9	72	119	174	8	10	420	5 029	458	42
9	90	162	196	10	10	440	7 104	469	44

Aus Tab. 20.1 geht hervor, daß eine Lösung nur dann möglich ist, wenn der anzupassende Widerstand R_0 kleiner als 50 Ω ist.

Das in *Abb. 20.10b* gezeigte Tiefpaß-π-Glied entspricht der Schaltung von Abb. 20.8a, jedoch mit dem Unterschied, daß sich parallel zum anzupassenden Widerstand R_0 die Kapazität C_0 befindet. Die Anpassung wird auf einen Widerstand $R_L = 50$ Ω vorgenommen. Der Entwurf der Schaltung mit Hilfe von *Tab. 20.2* besteht aus folgenden Schritten:

a) Der Q-Wert wird gewählt.

b) In Kenntnis von Q und R_0 lassen sich aus der entsprechenden Zeile der Tab. 20.2 die Werte der Reaktanzen X_1, $1/\omega_0 C_2$ und $\omega_0 L_3$ ablesen.

c) Die tatsächliche Kapazität C_4 ergibt sich durch Subtraktion der parallel liegenden Kapazität C_0, d. h. $C_4 = 1/\omega_0 X_1 - C_0$.

Tabelle 20.2. Elementewerte des Anpassungsvierpols von Abb. 20.10b

Q	X_1	$1/\omega_0 C_2$	$\omega_0 L_3$	R_0	Q	X_1	$1/\omega_0 C_2$	$\omega_0 L_3$	R_0
1	5	11,4	13,4	5	5	40	21,3	56,5	200
1	10	16,6	20	10	5	50	24,4	67,7	250
1	20	25	30	20	5	80	33,3	100	400
1	30	32,7	37,9	30	5	120	46,2	140	600
1	40	40,8	44,5	40	5	160	63,2	178	800
1	50	50	50	50	5	200	91,2	213	1000
1	60	61,2	54,5	60					
1	70	76,4	57,9	70	6	8,33	8,3	16,2	50
1	80	100	60	80	6	16,6	11,9	27,5	100
1	90	150	60,3	90	6	25	14,8	37,9	150
					6	33,3	17,4	47,9	200
2	2,5	7,1	9	5	6	50	22	67,0	300
2	5	10,2	13,8	10	6	100	34,6	120	600
2	10	14,7	21,5	20	6	150	48,6	170	900
2	15	18,4	28,2	30	6	200	67,9	218	1200
2	20	21,8	34,3	40	6	250	103	262	1500
2	25	25	40	50					
2	30	28,1	45,3	60	7	7,14	7,14	14	50
2	35	31,1	50,4	70	7	14,2	10,2	23,8	100
2	40	34,3	55,3	80	7	21,4	12,6	32,8	150
2	45	37,5	60	90	7	28,5	14,7	41,5	200
2	50	40,8	64,4	100	7	42,8	18,4	58,2	300
2	75	61,2	84,4	150	7	74,4	25	90	500
2	100	100	100	200	7	114	34,3	135	800
					7	142	40,8	164	1000
3	1,67	5,0	6,4	5	7	228	66,6	248	1600
3	3,33	7,1	10	10	7	285	100	300	2000
3	6,67	10,2	15,8	20					
3	10	12,6	20,8	30	8	6,25	6,25	12,3	50
3	13,3	14,7	25,5	40	8	12,5	8,91	20,9	100
3	16,6	16,6	30	50	8	18,7	11	28,9	150
3	20	18,4	34,2	60	8	25	12,8	36,6	200
3	23,3	20,1	38,3	70	8	37,5	15,9	51,4	300
3	26,6	21,8	42,3	80	8	62,5	21,3	79,5	500
3	30	23,4	46,2	90	8	100	28,5	120	800
3	33,3	25	50	100	8	125	33,3	146	1000
3	50	32,7	67,9	150	8	200	49,2	221	1600
3	66,6	40,8	84,4	200	8	250	63,2	270	2000
3	83,3	50	100	250					
					9	11,1	7,91	18,6	100
4	6,2	8,7	14,3	25	9	16,6	9,74	25,8	150
4	12,5	12,5	23,5	50	9	22,2	11,3	32,7	200
4	25	18,2	39,6	100	9	33,3	14,0	45,9	300
4	37,5	23,1	54,3	150	9	55,5	18,6	71,2	500
4	50	27,7	68,2	200	9	111	28,4	131	1000
4	62,5	32,2	81,6	250	9	177	40	200	1600
4	75	36,9	94,4	300	9	222	48,8	244	2000
4	100	47,1	119	400					
4	125	59,7	142	500	10	5	5	9,9	50
					10	10	7,1	16,8	100
5	10	10	19,2	50	10	20	10,1	29,5	200
5	20	14,4	32,5	100	10	50	16,5	64,4	500
5	30	18,0	44,8	150	10	100	24,8	118	1000

Q	X_1	$1/\omega_0 C_2$	$\omega_0 L_3$	R_0	Q	X_1	$1/\omega_0 C_2$	$\omega_0 L_3$	R_0
10	160	34,0	181	1600	16	100	18,8	116	1600
10	200	40,4	222	2000	16	125	21,4	142	2000
					16	187	27,5	207	3000
12	25	10,3	34,7	300	16	250	33,6	272	4000
12	41,6	13,61	54,0	500	16	312	39,9	335	5000
12	66,6	17,6	81,8	800	16	375	46,8	398	6000
12	83,3	20	100	1000					
12	166	30,8	187	2000	18	16,6	6,86	23,3	300
12	250	42,0	272	3000	18	27,7	8,91	36,3	500
12	333	55,4	355	4000	18	44,4	11,3	55,1	800
12	416	74,5	436	5000	18	55,5	12,8	67,4	1000
					18	88,8	16,5	103	1600
14	21,4	8,8	29,9	300	18	111	18,7	127	2000
14	35,7	11,5	46,5	500	18	166	23,7	185	3000
14	57,1	14,8	70,5	800	18	277	33,3	300	5000
14	71,4	16,8	86,1	1000	18	333	38,2	356	6000
14	114	22,0	132	1600					
14	142	25,2	162	2000	20	15	6,16	21,0	300
14	214	33,0	236	3000	20	25	8	32,7	500
14	285	41,3	308	4000	20	40	10,1	49,6	800
14	357	50,7	380	5000	20	50	11,4	60,7	1000
14	428	62,4	450	6000	20	80	14,7	93,3	1600
					20	100	16,6	114	2000
16	18,7	7,7	26,2	300	20	150	20,9	167	3000
16	31,2	10,0	40,8	500	20	200	24,9	219	4000
16	50	12,8	61,8	800	20	250	28,8	271	5000
16	62,5	14,5	75,6	1000	20	300	32,6	322	6000

Für das behandelte Tiefpaß-π-Glied ergeben sich bei geringem Wert von R_0 eine ungünstig geringe Induktivität und hohe Kapazitäten; die Schaltung liefert in diesem Fall keine guten Ergebnisse.

Das in *Abb. 20.11a* gezeigte π-Glied entspricht der Schaltung von Abb. 20.2a, lediglich in den Bezeichnungen bestehen Unterschiede. Die Anpas-

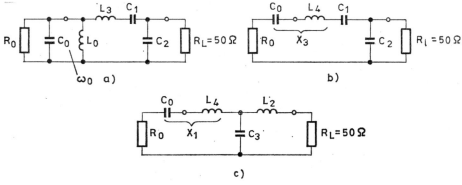

Abb. 20.11. Anpassungsvierpole bezogen auf Tab. 20.3 (a) und (b) bzw. auf Tab. 20.4 (c)

Tabelle 20.3. Elementewerte des Anpassungsvierpols von Abb. 20.11a und Abb. 20.11b

Q	$1/\omega_0C_1$	$1/\omega_0C_2$	X_3	R_0	Q	$1/\omega_0C_1$	$1/\omega_0C_2$	X_3	R_0
1	4	14,8	17,6	4	4	8	10,2	17,8	2
1	6	18,4	22,2	6	4	16	14,7	29,56	4
1	8	21,8	26,3	8	4	24	18,4	40,25	6
1	10	25	30	10	4	32	21,8	50,33	8
1	12	28,1	33,3	12	4	40	25	60	10
1	14	31,1	36,4	14	4	48	28,1	69,35	12
1	16	34,3	39,3	16	4	56	31,1	78,45	14
1	18	37,5	42	18	4	64	34,3	87,32	16
1	20	40,8	44,4	20	4	72	37,5	96	18
1	22	44,3	46,8	22	4	80	40,8	104,49	20
1	24	48,0	48,9	24	4	88	44,3	112,82	22
1	26	52,0	50,9	26	4	96	48,0	120,98	24
1	28	56,4	52,8	28	4	104	52,0	128,98	26
1	30	61,2	54,4	30	4	112	56,4	136,82	28
1	36	80,1	58,4	36	4	120	61,2	144,49	30
1	40	100	60	40	4	144	80,1	166,45	
1	48	244	57,8	48	4	160	100	180	40
					4	192	244	201,8	48
2	8	14,7	21,5	4					
2	12	18,4	28,2	6	5	10	10,2	19,8	2
2	16	21,8	34,3	8	5	20	14,7	33,5	4
2	20	25	40	10	5	30	18,4	46,2	6
2	24	28,1	45,3	12	5	40	21,8	58,3	8
2	28	31,1	50,4	14	5	50	25	70	10
2	32	34,3	55,3	16	5	60	28,1	81,3	12
2	36	37,5	60	18	5	70	31,1	92,4	14
2	40	40,8	64,4	20	5	80	34,3	103	16
2	44	44,3	68,8	22	5	90	37,5	114	18
2	48	48,0	72,9	24	5	100	40,8	124	20
2	52	52,0	76,9	26	5	110	44,3	134	22
2	56	56,4	80,8	28	5	120	48,0	144	24
2	60	61,2	84,4	30	5	130	52,0	154	26
2	72	80,1	94,4	36	5	140	56,4	164	28
2	80	100	100	40	5	150	61,2	174	30
2	96	244	105	48	5	180	80,1	192	36
					5	200	100	200	40
3	12	14,7	25,5	4	5	240	244	249	48
3	18	18,4	34,2	6					
3	24	21,8	42,3	8	6	12	10,2	21,8	2
3	30	25	50	10	6	24	14,7	37,5	4
3	36	28,1	57,3	12	6	36	18,5	52,2	6
3	42	31,1	64,4	14	6	48	21,8	66,3	8
3	48	34,3	71,3	16	6	60	25	80	10
3	54	37,5	78	18	6	72	28,1	93,3	12
3	60	40,8	84,4	20	6	84	31,1	106	14
3	66	44,3	90,8	22	6	96	34,3	119	16
3	72	48,0	96,9	24	6	108	37,5	132	18
3	78	52,0	102	26	6	120	40,8	144	20
3	84	56,41	108	28	6	132	44,3	156	22
3	90	61,24	114	30	6	144	48,0	168	24
3	108	80,1	130	36	6	156	52,0	180	26
3	120	100	140	40	6	168	56,4	192	28
3	144	244	153	48	6	180	61,2	204	30

Q	$1/\omega_0 C_1$	$1/\omega_0 C_2$	X_3	R_0
6	216	80,1	238	36
6	240	100	260	40
6	288	244	297	48
7	28	14,7	41,5	4
7	42	18,4	58,2	6
7	56	21,8	74,3	8
7	70	25	90	10
7	84	28,1	105	12
7	98	31,1	120	14
7	112	34,3	135	16
7	126	37,5	150	18
7	140	40,8	164	20
7	154	44,3	178	22
7	168	48,0	192	24
7	182	52,0	206	26
7	196	56,4	220	28
7	210	61,2	234	30
7	252	80,1	274	36
7	280	100	300	40
7	336	244	345	48
8	32	14,7	45,5	4
8	48	18,4	64,2	6
8	64	21,8	82,3	8
8	80	25	100	10
8	96	28,1	117	12
8	112	31,1	134	14
8	128	34,3	151	16
8	144	37,5	168	18
8	160	40,8	184	20
8	176	44,3	200	22
8	192	48,0	216	24
8	208	52,0	232	26
8	224	56,4	248	28
8	240	61,2	264	30
8	288	80,1	310	36
8	336	114	354	40

Q	$1/\omega_0 C_1$	$1/\omega_0 C_2$	X_3	R_0
8	384	244	393	48
9	36	14,7	49,5	4
9	54	18,4	70,2	6
9	72	21,8	90,3	8
9	90	25	110	10
9	108	28,1	129	12
9	126	31,1	148	14
9	144	34,3	167	16
9	162	37,5	186	18
9	180	40,8	204	20
9	198	44,3	222	22
9	216	48,0	240	24
9	234	52,0	258	26
9	252	56,4	276	28
9	288	66,6	312	32
		80,1	346	36
9	360	100	380	40
9	432	244	441	48
10	40	14,7	53,5	4
10	60	18,4	76,2	6
10	80	21,8	98,3	8
10	100	25	120	10
10	120	28,1	141	12
10	140	31,1	162	14
10	160	34,3	183	16
10	180	37,5	204	18
10	200	40,8	224	20
10	220	44,3	244	22
10	240	48,0	264	24
10	260	52,0	284	26
10	280	56,4	304	28
10	300	61,2	324	30
10	360	80,1	382	36
10	400	100	420	40
10	480	244	489	48

sung von Widerstand R_0 wird auf einen Widerstand $R_L = 50\ \Omega$ vorgenommen. Der Entwurf der Schaltung mit Hilfe der *Tab. 20.3* besteht aus folgenden Schritten:

a) Auf der Basis von $L_0 = 1/\omega_0^2 C_0$ wird die Induktivität L_0 bestimmt.

b) Der Q-Wert wird gewählt.

c) In Kenntnis von Q und R_0 lassen sich aus der entsprechenden Zeile der Tab. 20.3 die Werte der Reaktanzen $1/\omega_0 C_1$, $1/\omega_0 C_2$ und $X_3 = \omega_0 L_3$ ablesen. Wie aus der Tabelle hervorgeht, ist die Schaltung nur für Widerstandswerte $R_0 < 50\ \Omega$ verwendbar.

Tabelle 20.4. Elementewerte des Anpassungsvierpols von Abb. 20.11c

Q	X_1	$1/\omega_0 L_2$	$1/\omega_0 C_3$	R_0	Q	X_1	$1/\omega_0 L_2$	$1/\omega_0 C_3$	R_0
1	30	22,3	41,4	30	4	200	200	106	50
1	40	38,7	45,0	40	4	240	220	121	60
1	50	50	50	50	4	280	238	135	70
1	60	59,1	54,9	60	4	320	255	148	80
1	70	67,0	59,7	70	4	360	272	162	90
1	80	74,1	64,4	80	4	400	287	174	100
1	90	80,6	68,9	90	4	600	353	230	150
1	100	86,6	73,2	100	4	800	409	279	200
1	150	111	92,7	150	4	1000	458	322	250
1	200	132	109	200	4	1200	502	362	300
1	250	150	125	250					
1	300	165	139	300	5	15	37,4	13,5	3
					5	25	63,2	20,7	5
2	30	35,3	27,7	15	5	50	102	36,8	10
2	40	50	33,3	20	5	75	130	51,2	15
2	50	61,2	38,7	25	5	100	153	64,4	20
2	60	70,7	43,9	30	5	125	173	76,7	25
2	80	86,6	53,5	40	5	150	191	88,4	30
2	100	100	62,5	50	5	200	222	110	40
2	120	111	70,8	60	5	250	260	130	50
2	140	122	78,6	70	5	300	274	148	60
2	160	132	86,1	80	5	350	297	166	70
2	180	141	93,2	90	5	400	318	182	80
2	200	150	100	100	5	450	338	198	90
2	300	187	130	150	5	500	357	214	100
2	400	217	157	200	5	750	438	283	150
2	500	244	181	250	5	1000	507	343	200
2	600	269	203	300	5	1250	567	397	250
					5	1500	622	446	300
3	30	50	25	10					
3	45	70,7	33,9	15	6	18	55,2	15,6	3
3	60	86,6	42,2	20	6	30	82,1	24,6	5
3	75	100	50	25	6	60	126	43,3	10
3	90	111	57,2	30	6	90	158	60,4	15
3	120	132	70,8	40	6	120	185	76,1	20
3	150	150	83,3	50	6	150	209	90,8	25
3	180	165	94,9	60	6	180	230	104	30
3	210	180	105	70	6	240	267	130	40
3	240	193	116	80	6	300	300	154	50
3	270	206	126	90	6	360	329	176	60
3	300	217	135	100	6	420	356	197	70
3	450	269	178	150	6	480	381	217	80
3	600	312	216	200	6	540	404	236	90
3	750	350	250	250	6	600	427	254	100
3	900	384	280	300	6	900	524	336	150
					6	1200	606	408	200
4	20	41,8	17,5	5	6	1500	678	427	250
4	40	77,4	30,6	10	6	1800	743	531	300
4	60	101	42,3	15					
4	80	120	53,0	20	7	21	70,7	17,8	3
4	100	136	63,0	25	7	35	100	27,7	5
4	120	151	72,5	30	7	70	150	50	10
4	160	177	90,0	40	7	105	187	69,8	15

Fortsetzung von Tabelle 20.4

Q	X_1	$1/\omega_0 L_2$	$1/\omega_0 C_3$	R_0	Q	X_1	$1/\omega_0 L_2$	$1/\omega_0 C_3$	R_0
7	140	217	88	20	9	90	196	63,4	10
7	175	244	105	25	9	135	242	88,7	15
7	210	269	121	30	9	180	281	112	20
7	280	312	151	40	9	225	316	133	25
7	350	350	178	50	9	270	347	154	30
7	420	384	204	60	9	360	401	192	40
7	490	415	228	70	9	450	450	227	50
7	560	443	251	80	9	540	493	260	60
7	630	471	273	90	9	630	533	291	70
7	700	497	294	100	9	720	570	321	80
7	1050	610	390	150	9	810	605	349	90
7	1400	705	473	200	9	900	638	376	100
7	1750	788	548	250	9	1350	782	496	150
7	2100	864	617	300	9	1800	904	650	200
					9	2250	1011	701	250
8	24	85,1	20,1	3	9	2700	1107	789	300
8	40	117	31,4	5					
8	80	173	56,7	10					
8	120	215	79,2	15	10	20	87,1	17,2	2
8	160	250	100	20	10	50	150	38,8	5
8	200	280	119	25	10	100	219	70,2	10
8	240	308	137	30	10	150	270	98,2	15
8	320	357	171	40	10	200	313	124	20
8	400	400	203	50	10	250	351	148	25
8	480	438	232	60	10	300	386	170	30
8	560	474	260	70	10	400	446	213	40
8	640	507	286	80	10	500	500	252	50
8	720	538	311	90	10	600	548	289	60
8	800	567	335	100	10	700	592	323	70
8	1200	696	444	150	10	800	633	356	80
8	1600	804	539	200	10	900	672	387	90
8	2000	900	625	250	10	1000	708	417	100
8	2400	986	703	300	10	1500	868	553	150
					10	2000	1003	671	200
9	18	75,5	15,6	2	10	2500	1122	778	250
9	45	134	35,0	5	10	3000	1229	875	300

Das in *Abb. 20.11b* gezeigte L-Glied läßt sich für $R_0 < 50\ \Omega$ gleichfalls mit Hilfe von Tab. 20.3 entwerfen. Der Entwurf besteht aus folgenden Schritten:

a) Der Q-Wert wird gewählt.

b) In Kenntnis von Q und R_0 lassen sich aus der entsprechenden Zeile von Tab. 20.3 die Werte der Reaktanzen $1/\omega_0 C_1$, $1/\omega_0 C_2$ und X_3 ablesen.

c) Die Induktivität L_4 ergibt sich aus der Gleichung $L_4 = X_3/\omega_0 + {} + 1/\omega_0^2 C_0$.

Das in *Abb. 20.11c* gezeigte Tiefpaß-T-Glied läßt sich mit Hilfe von *Tab. 20.4* nach folgenden Schritten entwerfen:

a) Der Q-Wert wird gewählt.

b) In Kenntnis von Q und R_0 lassen sich aus der entsprechenden Zeile von Tab. 20.4 die Werte der Reaktanzen X_1, $\omega_0 L_2$ und $1/\omega_0 C_3$ ablesen.

c) Die Induktivität L_4 ergibt sich aus der Gleichung $L_4 = X_1/\omega_0 + 1/\omega_0^2 C_0$.

Diese Schaltung läßt sich zur Anpassung von Widerständen R_0 kleiner und größer als 50 Ω in gleicher Weise verwenden.

20.3 Hybridgekoppelte
Hochfrequenz-Leistungsverstärker

Die Ausgangsleistung eines Endverstärkertransistors ist nach Erreichen seiner Verlustleistung nicht mehr erhöhbar. Zwar kann man durch gute Wärmeableitung (z. B. durch aufwendige Ventilatorkühlung oder durch besonders große Kühlflächen) die Verlustleistungsgrenze bedeutend erhöhen, doch offensichtlich sind auch dem Grenzen gesetzt, nicht zuletzt wegen des gewünschten zuverlässigen Betriebs der Schaltung. Eine Steigerung der Ausgangsleistung läßt sich aus diesem Grunde nur durch einen Parallel-betrieb von mehreren Endverstärkertransistoren erzielen, wobei für eine entsprechende Addition der von den einzelnen Transistoren gelieferten Leistungen zu sorgen ist. Dieser Umstand wirft weitere schaltungstechnische Probleme auf, besonders vom Standpunkt der Zuverlässigkeit aus.

Die Verhältnisse wollen wir anhand der Schaltungsanordnung von *Abb. 20.12* untersuchen, in der vier parallel geschaltete Transistoren auf einen gemeinsamen Lastwiderstand R_L arbeiten. Für die Zusammenschaltung bzw. für die Einstellung der gewünschten reaktiven Belastung der einzelnen Transistoren sorgen die Parallelelemente $B_1 \ldots B_4$ bzw. die Serienelemente $X_1 \ldots X_4$. Es kann vorkommen, daß irgendeiner der vier verwendeten Transistoren fehlerhaft wird und z. B. am Ausgang Kurzschluß zeigt. Ein solcher Kurzschluß verstimmt nun den gesamten Ausgangskreis, und damit ändert sich auch die Anpassung der anderen drei Transistoren. Eine Verschlechterung der Anpassung äußert sich darin, daß die Transistoren weniger Leistung an die Last abgeben, d. h., bei unveränderter Ansteuerung werden für sie die Betriebsverhältnisse ungünstiger, sie werden mehr beansprucht. Das führt zur schnelleren Zerstörung der drei Transistoren, was sich auch so formulieren läßt, daß das Schadhaftwerden eines Transistors auf die übrigen Transistoren wirkt und auch deren Zerstörung fördert.

Die gewünschte Art der Zusammenschaltung von separaten Endverstärkerstufen besteht darin, daß beim Ausfall eines Endverstärkers die Ausgangsleistung proportional fällt, auf der anderen Seite sich aber die elektrischen Verhältnisse der übrigen Endverstärker nicht ändern, also daß diese auch weiterhin unter normalen Betriebsbedingungen arbeiten. Hierzu werden nun passive Stromkreise benötigt, die für eine Isolation (Trennung) der einzelnen Endverstärker sorgen und deren gegenseitige Beeinflussung auf ein Minimum reduzieren. Solche Stromkreise sind die sogenannten Hybride, die man zur Aufteilung (Aufspaltung) und zur Addition von Leistungen anwenden kann. Hybriden sind wir bereits im Vorangegangenen begegnet; in Kapitel 18 wurden 3-dB-Richtkoppler-Hybride in Strip-line-Ausführung behandelt, in Kapitel 12 war von Leitungstransformator-Hybriden die Rede. Hier wollen wir uns in erster Linie mit Hybriden beschäftigen, die aus konzentrierten Elementen aufgebaut werden.

In *Abb. 20.13a* sehen wir einen aus konzentrierten Elementen bestehenden Hybrid [20.1]; *Abb. 20.13b* zeigt hierzu das mit Leitungsstücken reali-

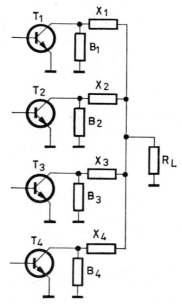

Abb. 20.12. Zur Untersuchung von parallel geschalteten Endverstärkerstufen

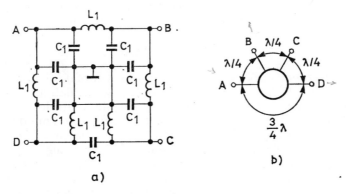

Abb. 20.13. Hybrid-Schaltung aus konzentrierten Elementen [20.1] (a) und Leitungsstücken (b)

sierte Äquivalent, das wir zur Erläuterung des Funktionsprinzips heranziehen wollen. Die auf den Eingang A gegebene Leistung teilt sich zu gleichen Teilen auf die Belastungen an den Ausgängen B und D auf. Auf den Punkt C gelangt keine Leistung, da die auf den beiden Wegen (auf den Leitungstücken der Wellenlänge $\lambda/2$ bzw. λ) dorthin gelangenden Signale gerade gegenphasig sind und sich somit gegenseitig aufheben. Die Punkte A und C stellen auf diese Weise einander Konjugierte dar, die durch die Schaltung voneinander getrennt (isoliert) werden. Das können wir auch so deuten, daß sich die beiden Punkte (z. B. der Generator am Punkt A und die Last am Punkt C) einander „nicht sehen". Ähnlich ist die Situation, wenn an beiden Punkten je ein Generator liegt; auch dann belasten sich diese nicht gegenseitig. Sinngemäß ist der Punkt B die Konjugierte des Punktes D; auf diese beiden Punkte trifft das Gesagte ebenso zu. Der Wellenwiderstand der Leitung beträgt $Z_0\sqrt{2}$, wobei mit Z_0 der Innenwiderstand des Generators bzw. der Widerstand der Belastungen anzusehen ist.

Die in Abb. 20.13a gezeigte, aus konzentrierten Elementen aufgebaute Hybridschaltung können wir aus dem Hybrid von Abb. 20.13b ableiten, indem wir die $\lambda/4$ bzw. $3\lambda/4$-Leitungsstücke durch entsprechende äquivalente π-Glieder ersetzen. Diese Substitution ist natürlich nur bei der Nennfrequenz (in Bandmitte) gültig, bei der die Leitungsstücke ihre Resonanz haben. Die Werte der konzentrierten Elemente ergeben sich aus folgenden Zusammenhängen:

$$L_1 = \sqrt{2}\,Z_0/\omega_0, \tag{20.3.1}$$

$$C_1 = \frac{1}{\sqrt{2}\,\omega_0 Z_0}, \tag{20.3.2}$$

wobei Z_0 die an die einzelnen Ausgangspunkte anzuschließende Belastungsimpedanz und ω_0 die Bandmitte darstellen. Die an den Punkten A und B liegenden zwei Kapazitäten C_1 lassen sich beim praktischen Aufbau zusammenfassen. Die Trennfähigkeit (Isolation) des Hybrids, d. h. die auf die konjugierten Ausgänge bezogene Dämpfung, ist eine Funktion der Güte der verwendeten Induktivitäten. Die Trennfähigkeit bei der Nennfrequenz ω_0 kann (als Dämpfung beschrieben) mit dem Ausdruck

$$a \approx 20\,\lg(4Q_0) \tag{20.3.3}$$

angegeben werden, wobei Q_0 der unbelastete Gütefaktor der verwendeten Induktivitäten ist. Außerdem wurde vorausgesetzt, daß alle Ausgänge mit je einer Impedanz der Größe Z_0 abgeschlossen sind. Mit dem Entfernen von der Bandmitte ω_0 nimmt, wie auch *Abb. 20.14* zeigt, die Trennfähigkeit mehr und mehr ab. Der Hybrid ist also ziemlich schmalbandig. Die in der Abbildung dargestellte Frequenzabhängigkeit der Dämpfung bezieht sich auf einen für $f_0 = 6$ MHz realisierten und mit $Z_0 = 50\ \Omega$ abgeschlossenen Hybrid, dessen Induktivitäten jeweils eine Güte von $Q_0 = 100$ aufweisen. Die einzelnen Spulen sind gegenseitig abzuschirmen, außerdem ist für eine genaue Einhaltung der Elementwerte der Schaltung zu sorgen.

374

Eine vereinfachte Variante des aus konzentrierten Elementen bestehenden Hybrids von Abb. 20.13 ist in *Abb. 20.15* zu sehen [20.2]. Die Werte der Bauelemente werden mit Hilfe der Ausdrücke (20.3.1) und (20.3.2) berechnet. Gemäß den an einem konkreten Schaltungsbeispiel gemessenen Daten betragen bei Benutzung der Schaltung als Leistungsteiler die oberhalb der

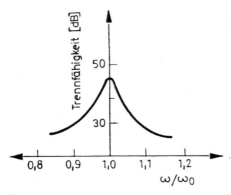

Abb. 20.14. Trennfähigkeit des aus konzentrierten Elementen bestehenden Hybrids von Abb. 20.13a

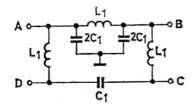

Abb. 20.15. Vereinfachte Schaltung des aus konzentrierten Elementen bestehenden Hybrids von Abb. 20.13a

3-dB-Dämpfung (Leistungshalbierung) auftretende zusätzliche Dämpfung 0,35 dB, die Asymmetrie $\pm 0,25$ dB und die gegenseitige Dämpfung der Ausgänge zueinander (Trennfähigkeit) 20 dB. Dementsprechend erscheint an den beiden Ausgängen des Hybrids gegenüber dem Eingang jeweils eine um $3,35 \pm 0.25$ dB gedämpfte Leistung.

Abb. 20.16 zeigt die Blockschaltung eines mit Hybriden zusammengeschalteten Verstärkers, dessen Betriebsfrequenz bei $f = 132$ MHz liegt, seine Bandbreite beträgt etwa $\pm 6\%$. Die Schaltung wurde aus gleichen Verstärkermoduln und Hybriden aufgebaut. Ein Hybrid halbiert die Ausgangsleistung des am Eingang liegenden Vorverstärkers. Hieran schließen sich in beiden Zweigen je ein Verstärker und darauf folgend je ein Hybrid und erneut je zwei Endverstärker an. Die Addition der Ausgangsleistungen der vier Endverstärker führen drei Hybride in zwei Schritten durch (die Hybride haben den gleichen Aufbau wie die bei der Leistungstrennung benutzten). Die an den einzelnen Punkten auftretenden Leistungspegel können wir der Abbildung entnehmen und damit gleichzeitig auf die durch die Hybride hervorgerufenen Verluste schließen [20.2].

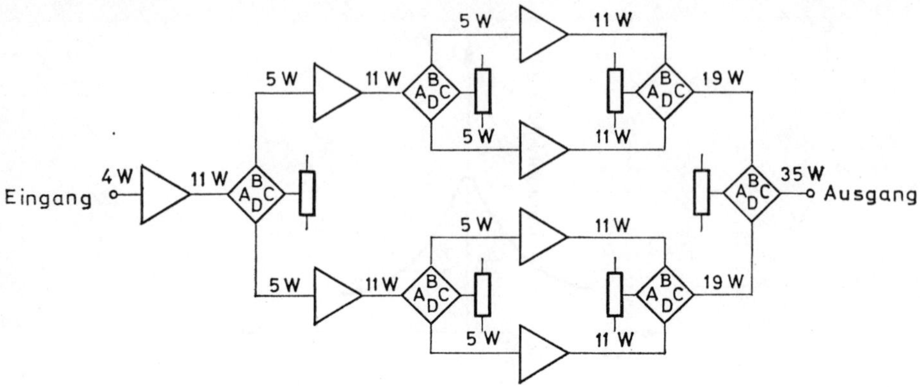

Abb. 20.16. Blockschaltbild eines mit Hybriden zusammengeschalteten Leistungsverstärkers

20.4 Schaltungen zur Arbeitspunkteinstellung von Leistungsverstärkern

Bei Leistungsverstärkern muß der gleichstrommäßigen Einstellung der Schaltung wesentlich größere Beachtung geschenkt werden als bei Kleinsignal-Verstärkern. Das ist einmal dadurch begründet, daß bei Transistoren, die mit hoher Verlustleistung arbeiten, die Änderung ihres Arbeitspunktes schwerwiegende Folgen (z. B. Temperaturhochlauf) nach sich ziehen kann. Die stabile Einstellung des Arbeitspunktes ist hinsichtlich der Ausgangsleistung von entscheidender Wichtigkeit. Schließlich muß die Schaltung, die den Arbeitspunkt einstellt, auch gegenüber Schwingneigung (Instabilitäten), die infolge des steilen Betriebs (bei hohem Emitterstrom) auftreten kann, geschützt sein, sie darf keine Parasitärelemente enthalten, die zu Nebenresonanzen und dadurch zu Instabilitäten führen können.

In Verbindung mit der Arbeitspunkteinstellung können Hochfrequenz-Leistungsverstärker in drei Gruppen unterteilt werden, und zwar einerseits aus der Sicht der Betriebsart (A-, B-, C-Betrieb), andererseits hinsichtlich der Grundschaltung (Emitter-, Basisschaltung usw.), in der sie arbeiten, und schließlich abhängig davon, welche Elektrode des Verstärkerelements auf Masse liegt. In Hochfrequenzschaltungen dienen im allgemeinen die große Kühlfläche und die mit ihr galvanisch verbundenen anderen Metallteile als Masse.

376

Betrachten wir die unterschiedlichen Betriebsarten der Hochfrequenz-Leistungsverstärker, so sind sehr verschiedenartige Schaltungslösungen zur Einstellung des Gleichstrom-Arbeitspunktes möglich. *Abb. 20.17* zeigt einige Schaltungen zur Arbeitspunkteinstellung von A- bzw. AB-Verstärkern.

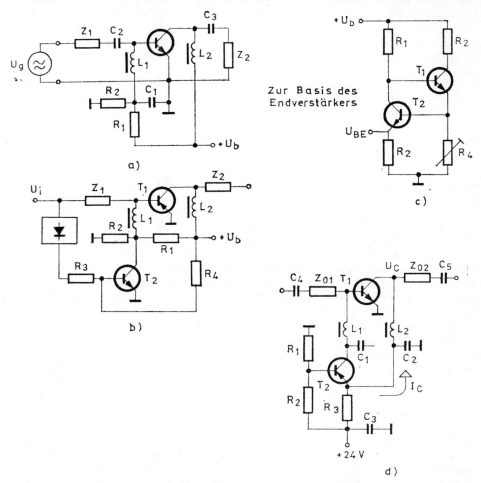

Abb. 20.17. Schaltungen zur Arbeitspunkteinstellung mit Widerstandsteiler (a), mit Schutzschaltung (b), durch Temperaturkompensation (c), und mit Komplementär-transistor (d)

Bei der sehr häufig verwendeten Schaltungslösung nach Abb. 20.17a wird die Basis mit einem aus Widerständen bestehenden Spannungsteiler vorgespannt, der an der Versorgungsspannung U_b liegt. Ist der Widerstand R_1 niederohmig, so wird der Transistor empfindlich gegenüber Temperaturhochlauf, denn gegen eine Erhöhung des Basisstroms ist mit dem geringen

Serienwiderstand kein ausreichender Schutz geboten. Ebenso verbrauchen zu niederohmige Teilerwiderstände eine hohe Gleichstromleistung und verringern so den Wirkungsgrad. Ein eventuell im Emitterkreis angeordneter Gegenkopplungswiderstand, mit dem der Arbeitspunkt für den A-Betrieb stabilisiert werden kann, muß klein gewählt werden, da die in ihm verbrauchte Gleichstromleistung ebenfalls den Wirkungsgrad senkt. Eine wechselspannungsmäßige Entkopplung des Emitters ist, besonders für ein breites Frequenzband, kaum realisierbar, denn ein niederohmiger Emitterwiderstand (z. B. $R_E < 1\ \Omega$) läßt sich mit einem Kondensator wegen seines Serienwiderstandes bzw. seiner Serieninduktivität nur sehr schwer überbrücken; eventuell kann dies durch gleichzeitige Anwendung mehrerer Entkopplungselemente versucht werden. Bei nur auf eine Frequenz arbeitenden (Schmalband-) Verstärkern benutzt man einen Serienschwingkreis zur Entkopplung des Emitters, was den großen Vorteil hat, daß dabei auch die Serieninduktivität des Emitters mit in den Resonanzkreis einbezogen werden kann.

Abb. 20.17b zeigt eine mit Überlastungsschutz ausgerüstete Schaltung zur Arbeitspunkteinstellung. Wird der Eingang nicht angesteuert, dann steigt die Verlustleistung des im A-Betrieb arbeitenden Endverstärker-Transistors T_1. Mit Hilfe der durch die Gleichspannung des Eingangssignals U_i gewonnenen Gleichspannung wird der Schalttransistor T_2 gesperrt, so daß dieser keinen Einfluß mehr auf die Arbeitspunkteinstellung des Transistors T_1 hat. Auf diese Weise stellt sich der Arbeitspunkt entsprechend den Werten der Widerstände R_1 und R_2 ein. Fällt die Steuerung aus irgendeinem Grunde aus, oder verringert sie sich bedeutend, dann sinkt auch der Pegel des gleichgerichteten Signals. Dadurch wiederum öffnet der Schalttransistor T_2 und überbrückt den Widerstand R_2. Der Endverstärker-Transistor wird dadurch in den Sperrbereich gesteuert, seine Gleichstromaufnahme verringert sich, und damit besteht ein Schutz gegen Überbelastung.

Abb. 20.17c zeigt eine temperaturkompensierte Schaltung zur Arbeitspunkteinstellung. Arbeitet der Leistungstransistor eines Endverstärkers im A-Betrieb oder im AB-Betrieb, so ist an die Basis eine in Durchlaßrichtung gerichtete Vorspannung U_{BE} anzulegen, durch die der Ruhestrom eingestellt wird. Da die Durchlaßkennlinie der Transistoren im großen Maße temperaturabhängig ist, steigt bei konstanter Vorspannung durch den Einfluß der Temperaturerhöhung der Ruhestrom ungünstig an, und die Verlustleistung erhöht sich. Die in der Abbildung gezeigte Schaltung hilft über dieses Problem hinweg, indem im Falle steigender Temperatur die am Ausgang erscheinende Vorspannung U_{BE} fällt, wodurch der Ruhestrom auf etwa konstantem Wert gehalten wird. Der Optimalwert des Ruhestroms (der besonders bei AB-Verstärkern kritisch ist, die mit kleinem Flußwinkel arbeiten) kann mit dem Abgleichwiderstand R_4 eingestellt werden.

Abb. 20.17d zeigt eine mit einem Komplementärtransistor T_2 arbeitende Schaltung zur Arbeitspunkteinstellung, die die Kollektorspannung U_C und den Kollektorstrom I_C des Arbeitspunktes des Mikrowellenverstärker-Transistors T_1 auf temperaturunabhängigen, konstanten Werten hält [18.26]. In [20.17] werden Schutzschaltungen behandelt, die auf der Steuerung des Arbeitspunktes bzw. auf der Regelung der Steuerleistung (mittels PIN-Diode) basieren. Außerdem ist in dieser Veröffentlichung eine Schaltung beschrieben, bei der zur Stabilisierung (Rückregelung) des Arbeitspunktes die Größe des ausgangsseitigen Stehwellenverhältnisses verwendet wird.

Abb. 20.18 zeigt das Prinzip der Arbeitspunkteinstellung eines im B-Betrieb arbeitenden Leistungsverstärkers. Die Drosselspule L_1 hält die Basis gleichstrommäßig auf Massepotential; die positiven Halbperioden des Steuersignals öffnen hierbei den Transistor.

Verschiedene Schaltungslösungen zur Arbeitspunkteinstellung von Leistungsverstärkern, die im C-Betrieb arbeiten, zeigt *Abb. 20.19*. Die in Sperr-

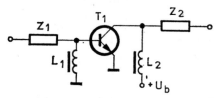

Abb. 20.18. Arbeitspunkteinstellung eines im B-Betrieb arbeitenden Leistungsverstärkers

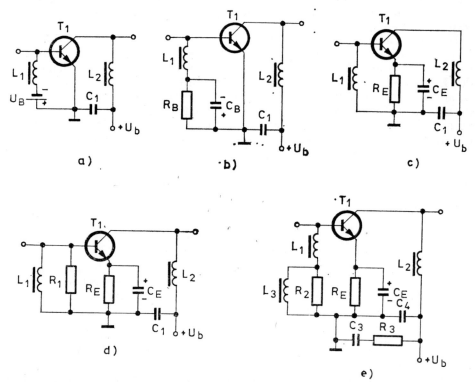

Abb. 20.19. Einstellung des Arbeitspunktes eines im C-Betrieb arbeitenden Leistungsverstärkers mit äußerer Spannungsquelle (a), mit *RC*-Glied im Basiskreis (b), mit *RC*-Glied im Emitterkreis und verlustfreier Drossel (c), mit gedämpfter Drossel (d), mit Stufendrossel und Filterglied zur Erhöhung der Stabilität (e)

379

richtung gerichtete Vorspannung der Basis läßt sich auf verschiedene Weise erzeugen. Bei der Schaltung in Abb. 20.19a sorgt eine äußere Spannungsquelle U_B für die Sperrspannung, die über die Drosselspule L_1 auf die Basis gelangt. In der Abb. 20.19b erzeugt die Steuerspannung selbst die Vorspannung. Der Basis-Emitter-Kreis des Transistors arbeitet als Diode und richtet die (relativ hohe) Amplitude des Eingangssignals gleich. Diese gleichgerichtete Spannung lädt den Kondensator C_B entsprechend der in der Abbildung bezeichneten Polarität auf. Die Schaltung hat den Nachteil, daß bei Verwendung eines hochohmigen Widerstands R_B die Kollektor-Emitter-Durchbruchsspannung des Transistors fällt.

Die in Abb. 20.19c gezeigte Schaltung arbeitet ähnlich wie die vorangegangene, jedoch mit dem Unterschied, daß hier das gleichgerichtete Signal den im Emitterkreis liegenden Kondensator C_E auflädt, daß die Gleichspannung den Arbeitspunkt des Transistors in den Sperrbereich verschiebt. Um die Gegenkopplungswirkung des Widerstands R_E zu vermeiden, muß der Kondensator C_E an der Betriebsfrequenz eine sehr kleine Impedanz besitzen. Dies ist wegen der Zuleitungen des Kondensators oft schwer zu realisieren. Zweckmäßigerweise verwendet man solche Kondensatoren, die gemeinsam mit ihren Zuleitungen an der fraglichen Frequenz eine Serienresonanz bilden.

Die Schaltung nach Abb. 20.19d gleicht der vorangegangenen Lösung, jedoch wird hier die Drosselspule L_1 mit dem Widerstand R_1 überbrückt, den man aus Stabilitätsgründen benötigt. Wie wir bereits bei der Behandlung der Instabilitäten hervorgehoben haben, kann bei Verwendung einer Spule L_1 hoher Güte eine parasitäre Oszillation auftreten, so daß im wesentlichen im gesamten Frequenzband für eine entsprechende Bedämpfung der Basis zu sorgen ist. Hierzu dient der Parallelwiderstand R_1. Prinzipiell könnte der Widerstand auch in Serie angeordnet werden (als Serienbedämpfung), doch würde das zu einer Beeinflussung der Gleichstromverhältnisse führen (Abb. 20.19e). Um dies zu umgehen, schließt man den Serienwiderstand R_2 mit einer weiteren Drosselspule L_3, die auf die Hochfrequenzeigenschaften der Schaltung keinen Einfluß haben darf, gleichstrommäßig kurz.

In der so ausgeführten Schaltung können wir ein weiteres, aus den Elementen C_3 und R_3 bestehendes RC-Glied einfügen, das ebenso zur Erhöhung der Stabilität dient. Der Widerstand R_3 hat gewöhnlich einen Wert um 10 Ω. Der Kondensator C_4 sorgt für eine hochfrequenzmäßige und der Kondensator C_3 für eine niederfrequenzmäßige Entkopplung der Schaltung. Bei niederen Frequenzen erscheint der Widerstand R_3 als Serienverlust der Kollektor-Drosselspule L_2 und hält dadurch die Güte der Induktivität klein. Die Schaltung kann damit vor Niederfrequenz-Instabilitäten geschützt werden, besonders wenn die Versorgungsspannungsquelle keine genügend kleine Impedanz gegenüber Masse besitzt. Bei höheren Frequenzen tritt diese Wirkung nicht auf, ein störender Einfluß entsteht nicht, da der Kondensator C_4 das Serien-RC-Glied kurz schließt.

Hinsichtlich der Grundschaltung des Transistors kommt als Leistungsverstärker in erster Linie die Emitterschaltung in Betracht, hauptsächlich wegen der hohen erreichbaren Leistungsverstärkung. Daneben verwendet man (seltener) auch die Basis- und Kollektorschaltung.

380

In *Abb. 20.20* sind die vier bekanntesten Schaltungslösungen dargestellt. Abb. 20.20a zeigt die Prinzipschaltung des Transistors in Emitterschaltung. Problematisch ist hier die Kühlung des hochfrequenzmäßig nicht auf Masse liegenden Kollektors. Die zur Wärmeabführung benötigte Kühlfläche bedingt eine Kapazität parallel zum Kollektor, wodurch die Anpassungsbedingungen besonders im Breitbandfall außerordentlich verschlechtert werden. Bei modernen Hochfrequenz-Leistungstransistoren werden Kollektor und

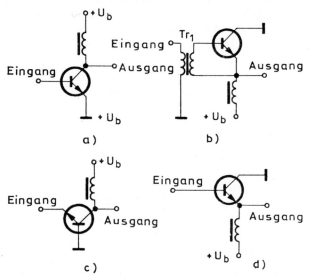

Abb. 20.20. Leistungsverstärker-Transistor in Emitterschaltung (a), in Emitterschaltung bei geerdetem Kollektor (b), in Basisschaltung (c) und Kollektorschaltung (d)

Gehäuse voneinander (z. B. mit Berylliumoxid) isoliert. Dies ermöglicht die Erdung des Transistorgehäuses und sichert eine gute Wärmeableitung.

In Abb. 20.20b sehen wir einen in Emitterschaltung arbeitenden, von seinem praktischen Aufbau her gesehen jedoch mit geerdetem Kollektor versehenen Verstärker. Von Emitterschaltung können wir deshalb sprechen, weil der Transistor mit Hilfe des Transformators Tr_1 zwischen Basis und Emitter angesteuert wird. Die Schaltung hat den Vorteil, daß sich der zu kühlende Kollektor direkt auf Masse legen läßt. Nachteilig ist die Transformatorkopplung, die die Steuerquelle und den Transistor potentialmäßig trennt. Ein weiterer Nachteil ist der, daß jede Streukapazität des Basispunktes gegenüber Masse als Rückwirkungskapazität (C_{cb}) erscheint, weshalb man diese Schaltung meistens neutralisieren muß.

Abb. 20.20c zeigt einen Verstärker in Basisschaltung, den man bei sehr hohen Frequenzen verwendet. Die Probleme hinsichtlich der Wärmeabführung gelten hier ebenso wie bei der Emitterschaltung. Abb. 20.20d zeigt schließlich eine Kollektorschaltung, bei der sich die Wärmeableitung zwar einfacher lösen läßt, jedoch wendet man sie wegen ihrer geringen Leistungsverstärkung und ungünstigen Impedanzwerten selten an.

20.5 Hochfrequenz-Leistungsverstärkerschaltungen

Im Vorangegangenen haben wir die Entwurfskriterien der Hochfrequenz-Leistungsverstärker untersucht. In diesem Abschnitt wollen wir einige Ausführungsbeispiele solcher Verstärkerschaltungen vorstellen, um zu veranschaulichen, wie sich das im theoretischen Teil Gesagte in die Praxis umsetzen läßt und mit welchen technischen Daten wir größenordnungsmäßig bei dem einen oder anderen Verstärkertyp rechnen können.

Abb. 20.21 zeigt einen B-Verstärker mit einem einzigen Transistor [19.16]. Die Betriebsfrequenz beträgt $f_0 = 175$ MHz; die äußeren Abschlüsse haben

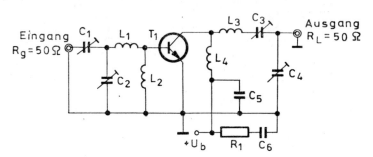

Abb. 20.21. B-Leistungsverstärker für $f_0 = 175$ MHz

den Wert $R_g = R_L = 50\ \Omega$. Die Ausgangsleistung beträgt $P_o = 12{,}5$ W, die Versorgungsspannung $U_b = 28$ V. Die unter vereinfachten Bedingungen durchgeführte Berechnung ergibt einen vom Kollektor aus gesehenen Lastwiderstand (bezogen auf die Grundharmonische) von $U_b^2/2P_o = 29\ \Omega$. Dieser Wert ist durch das ausgangsseitige π-Glied an den Abschlußwiderstand $R_L = 50\ \Omega$ anzupassen. Die Grenzfrequenz des verwendeten Overlay-Transistors liegt bei $f_T \approx 300$ MHz, der Basiswiderstand beträgt $r_b = 0{,}75\ \Omega$, die Kollektorkapazität $C_c \approx 16$ pF und die Serieninduktivität $L_E \approx 3$ nH. Der Eingangswiderstand berechnet sich aus den obigen Daten und mit Hilfe von Ausdruck (19.8.1) zu $R_i = 2{,}7\ \Omega$, dieser Wert ist durch das eingangsseitige T-Glied an den Innenwiderstand des Generators anzupassen. Infolge der klein gewählten Betriebs-Gütefaktoren sind auch die Verluste der Anpassungsglieder gering; bei einem Leerlauf-Gütefaktor der Spulen von $Q_0 = 300$ betragen die Verluste des Eingangs- und Ausgangskreises etwa 5%. Die Spule L_2 arbeitet als Hochfrequenzdrossel. Der Kondensator C_5 dient zur Hochfrequenzentkopplung, während das Serienglied aus R_1 und C_6 den Verlust der Spule L_4 bei niedrigen Frequenzen erhöht. Die Leistungsverstärkung beträgt $N = 8$ dB, der Pegel der zweiten Harmonischen liegt etwa 30 dB unter dem der Grundharmonischen.

Einen in Emitterschaltung und im A-Betrieb arbeitenden Leistungsverstärker sehen wir in *Abb. 20.22* [20.2]. Der Endverstärker-Transistor T_1 wird über den aus L_1 und L_2 bestehenden Hochfrequenztransformator so

382

angesteuert, daß die Steuerspannung zwischen Basis und Emitter wirkt (deshalb können wir hier von einer Emitterschaltung sprechen, obwohl der Kollektor des Transistors auf Masse liegt). Da Transistor T_1 direkt mit dem Gehäuse verbunden ist, ist eine gute Wärmeableitung möglich. Die Gleichstromversorgung erfolgt über den Serienwiderstand R_5 und die Drossel L_5. Vom Emitter des Transistors gelangt das Signal über das aus den Elementen $C_5 \ldots C_7$ und L_6 bestehende π-Glied an den Ausgangspunkt der Schaltung.

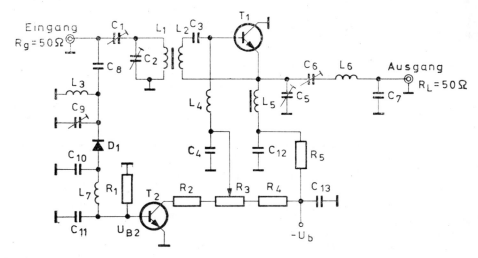

Abb. 20.22. Schaltung eines A-Leistungsverstärkers für $f_0 = 132$ MHz mit Schutzschaltung zur Arbeitspunkteinstellung

Die Schaltung arbeitet im A-Betrieb und ist gegen ein Überschreiten der Verlustleistung, was bei Nichtaussteuerung möglich ist, mit einer Schutzschaltung gemäß Abb. 20.17b ausgerüstet. Zu diesem Zweck dient der Transistor T_2, der mit den Widerständen R_2, R_3 und R_4 einen Basisspannungsteiler zur Einstellung der Vorspannung des Endverstärkers bildet. Die zum Öffnen des Transistors T_2 benötigte Basisspannung U_{B2} wird durch Gleichrichten der anliegenden Steuerspannung an der Diode D_1 gewonnen. Sinkt die am Eingang liegende Hochfrequenzspannung, dann fällt auch die über dem Widerstand R_1 auftretende Gleichspannung, dadurch gelangt der Transistor T_2 in den Sperrbereich und verkörpert so einen hohen Widerstand. Damit wiederum fallen Basisspannung und Kollektorstrom des Endverstärker-Transistors T_1, und auf diese Weise nimmt die Verlustleistung einen geringeren Wert an. Die Induktivität L_4 bewirkt eine Neutralisation, indem sie die Kollektor-Basis-Kapazität von Transistor T_1 (die bei dem verwendeten Endverstärkertransistor etwa $C_{bc} \approx 14$ pF beträgt) kompensiert. Der Kondensator C_4 legt das „kalte" Ende der Induktivität L_4 auf Massepotential. Die Schaltung liefert bei einer Betriebfrequenz von $f = 132$ MHz eine Ausgangsleistung von $P_0 = 10$ W.

Abb. 20.23 zeigt einen zweistufigen Breitband-Leistungsverstärker [12.10]. Am Eingang und Ausgang des Verstärkers finden wir jeweils ein T-Glied als Anpassungsvierpol; zwischen Treibertransistor (T_1) und Endverstärker-Transistor (T_2) führt ein L-Glied die Anpassung durch. Die Widerstände $R_1 = R_2 = 2$ kΩ dienen als Dämpfungselemente zur Reduzierung der Gütefaktoren der Drosselspulen L_3 und L_6, welche die Gleichstromzu-

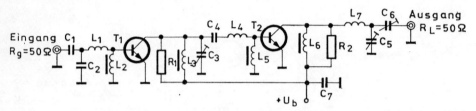

Abb. 20.23. Zweistufiger Breitband-Leistungsverstärker für das Frequenzband $f = 80\ldots160$ MHz

führung sichern. Mit dieser Maßnahme wird die Stabilität der Schaltung verbessert. Die Impedanz der Drosselspulen ist im unteren Frequenzband geringer als die Ausgangsimpedanz des Transistors.

Bei der Bemessung der basisseitigen Drosselspulen L_2 und L_5 wurde das praktische Moment berücksichtigt, daß die Impedanz Z_{dr} der Drosselspulen im Wertebereich $5Z_i < Z_{dr} < 50Z_i$ liegen soll, wobei Z_i die parallel liegende Eingangsimpedanz des Transistors ist. Der Verstärker liefert im Frequenzband $f = 80\ldots160$ MHz bei einer Versorgungsspannung von $U_b = 27$ V eine Ausgangsleistung von $P_o = 10$ W. Besonders hervorzuheben ist hier das ausgangsseitige Anpassungsglied, das bei einem Betriebs-Gütefak-

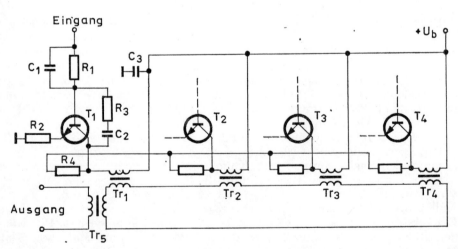

Abb. 20.24. Schaltungsdetail eines 1-kW-Leistungsverstärkers für das Frequenzband $f = 2\ldots32$ MHz

tor von $Q = 2$ die gewünschte Bandbreite liefert. Die Verstärkung beträgt $N = 10$ dB, der Wirkungsgrad liegt bei $\eta \approx 55\%$.

Ein mit einem einzigen Feldeffekttransistor (JFET) arbeitender und ein- wie ausgangsseitig mit je einem π-Glied versehener Hochfrequenz-Leistungs- verstärker wird in [20.9] beschrieben. Der speziell zu diesem Zweck entwikkelte Hochleistungs-Feldeffekttransistor liefert bei der Frequenz $f = 30$ MHz und bei einer Versorgungsspannung von $U_b = 28$ V eine Ausgangs- leistung von $P_0 = 25$ W, die Intermodulationsverzerrungen betragen hier $d_{IM} \leq -37$ dB.

Ein mit drei parallel geschalteten Endverstärker-Transistoren arbeiten- der 50-W-Verstärker für das Frequenzband $f = 102 \ldots 128$ MHz wird in [20.16] beschrieben.

In *Abb. 20.24* sehen wir eine aus vier Transistoren bestehende Verstärker- gruppe [20.4]. Die Ausgänge der Schaltung werden mit entsprechend aus- gelegten Leitungstransformatoren zusammengefaßt, diese sichern die ge- wünschte Anpassung und die Summierung der Ausgangsleistung der ein- zelnen Transistoren. Die Ausgänge mehrerer solcher Verstärkergruppen, wie wir sie in der Abbildung sehen, lassen sich wiederum mit Leitungstrans- formatoren zusammenfassen, und damit ergibt sich die Möglichkeit, sehr hohe Ausgangsleistungen zu erreichen. Bei dem in [20.4] behandelten Ver- stärker werden 60 Transistoren (teilweise seriell, teilweise parallel) zusam- mengeschaltet. Damit erreicht man im Frequenzband $f = 2 \ldots 32$ MHz eine Ausgangsleistung von $P_0 = 1000$ W, die Intermodulationsverzerrungen betragen hier $d_{IM} < -20$ dB.

Abb. 20.25 zeigt einen mit Leitungstransformatoren gekoppelten Gegen- taktverstärker [20.10]. Die Treibertransistoren T_1 und T_2 werden mit Hilfe der Leitungstransformatoren mit dem Übersetzungsverhältnis 4 : 1 an die Endverstärkertransistoren T_3 und T_4 angepaßt. An den Ausgängen der Endverstärker finden wir einen aus den Leitungstransformatoren Tr_5 und Tr_6 bestehenden Hybrid, dieser führt die Summierung der Gegentaktsignale durch und sichert die Anpassung an den Abschlußwiderstand $R_L = 30\ \Omega$. Um die Verzerrungen gering zu halten, arbeitet der Endverstärker im AB-Betrieb. Er liefert im Frequenzband $f = 2 \ldots 30$ MHz eine Ausgangs- leistung von $P_0 = 60$ W. Infolge des Gegentaktbetriebs werden die Ampli- tuden der geradzahligen Harmonischen, und damit auch die der zweiten Harmonischen, bedeutend verringert. Für die Verstärkungsverzerrungen ist deshalb hauptsächlich die Amplitude der dritten Harmonischen aus- schlaggebend. Bei völliger Aussteuerung beträgt sie, bezogen auf die Aus- gangsleistung, etwa -12 dB, wenn man paarweise ausgewählte Transistoren anwendet [12.11]. Die Intermodulationsverzerrungen liegen laut Messung bei $d_{IM} < -30$ dB, was beim Senden von Radiosignalen als annehmbar betrachtet werden kann.

Mit Schaltungen von Mikrowellen-Leistungsverstärkern beschäftigt sich [18.31]. In [20.7] wird ein 800-W-Verstärker für $f = 400$ MHz behandelt, der aus mehreren, durch Hybride gekoppelten Moduln aufgebaut ist. Ein mit Tschebyscheff-Filtern arbeitender 50-W-Verstärker für das Frequenz- band $f = 100 \ldots 160$ MHz wird in [20.14] besprochen.

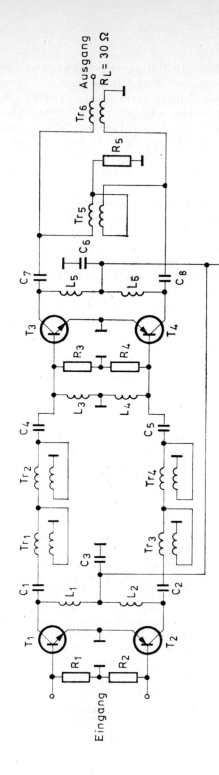

Abb. 20.25. Mit Leitungstransformatoren arbeitende Leistungsverstärker für das Frequenzband $f = 2 \ldots 30$ MHz

Abb. 20.26 zeigt einen mit einem MOSFET im sogenannten F-Betrieb arbeitenden Leistungsverstärker, der mit einem $\lambda/4$-Leitungstransformator angepaßt ist [20.18]. Der Transistor T_1 arbeitet im Schalterbetrieb. Der auf f_0 abgestimmte Parallelschwingkreis am Ausgang schließt die Oberwellen

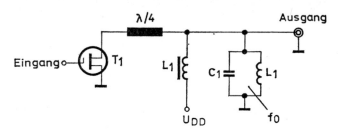

Abb. 20.26. Ein mit $\lambda/4$-Transformator angepaßter MOSFET-Leistungsverstärker

kurz. Infolge des $\lambda/4$-Transformators bildet sich am Drainpunkt des Feldeffekttransistors T_1 für die geradzahligen Harmonischen Kurzschlußverhalten und für die ungeradzahligen Harmonischen Lehrlaufverhalten aus. Wegen des letzteren enthält der Drainstrom keine ungeradzahligen Harmonischen. Die geradzahligen Komponenten zirkulieren dagegen im Kurzschluß und verbrauchen demzufolge keine Leistung. Hieraus ergibt sich der sehr hohe Wirkungsgrad der Schaltung.

21 Mischung bei hohen Frequenzen

21.1 Die theoretischen Grundlagen der Mischung

Mischstufen erzeugen infolge ihrer nichtlinearen Kennlinie aus zwei Signalen unterschiedlicher Frequenz ein Signal mit Kombinationsfrequenzen. Eine ähnliche Aufgabe versehen Modulatoren und im gewissen Sinne auch Detektoren (Mischdetektoren). Der Ausdruck Mischstufe trifft im allgemeinen für die am Eingang von Empfängergeräten vorkommende Stufe zu, die das Empfangssignal mit Hilfe des Oszillators auf die Zwischenfrequenz transponiert. Das im folgenden über die nichtlineare Kennlinie Gesagte ist sinngemäß auch für Modulatoren, ja für sämtliche nichtlinearen Bauelemente und beispielsweise auch für die Verstärker gültig. Die hier behandelten Zusammenhänge lassen sich unter anderem gut zur Berechnung der nichtlinearen Verzerrungen von Großsignal-Verstärkern verwenden.

Bei der für Niederfrequenzen gültigen Näherung der nichtlinearen Schaltung gehen wir von der Übertragungskennlinie

$$i = a_0 + a_1 u + a_2 u^2 + \ldots + a_n u^n \qquad (21.1.1)$$

aus, d. h., wir stellen eine Potenzreihe auf, bei der der Strom i eine nichtlineare Funktion der Spannung u ist. Für die Kennlinie sind die Koeffizienten a_0, a_1 usw. charakteristisch, die sich gleichstrommäßig oder mit Hilfe einer niederfrequenten Wechselspannung bestimmen lassen. Die Kennlinie enthält keine frequenzabhängige Größe, eine Frequenzabhängigkeit des Bauelements schließt die Näherung also vom Prinzip her aus.

In der Potenzreihe nach (21.1.1) lassen sich die Glieder höherer Gradzahl im allgemeinen vernachlässigen, so daß lediglich die Glieder bis zur dritten Potenz zu berücksichtigen sind:

$$i = a_0 + a_1 u + a_2 u^2 + a_3 u^3. \qquad (21.1.2)$$

Die Frage ist nun, welcher Strom am Bauelement erscheint, wenn die angelegte Spannung u außer der Gleichspannung u_0 zwei Sinusspannungen unterschiedlicher Frequenz enthält, d. h.

$$u = u_0 + u_1 \sin \omega_1 t + u_2 \sin \omega_2 t. \qquad (21.1.3)$$

Nach Einsetzen der Spannung in die Gleichung (21.1.2) und **Trennung** der Komponenten unterschiedlicher Frequenz ergeben sich **die einzelnen** Amplituden, wie sie in *Tab. 21.1* dargestellt sind. Wie ersichtlich ist, treten außer der Gleichstromkomponente und der Grundharmonischen ω_1 bzw. ω_2 auch Komponenten zwei- und dreifacher Frequenz auf und weiterhin die sogenannten Kombinationsfrequenzen. In den Mischstufen von Empfangsgeräten benutzt man meistens die Kombinationsfrequenz $\omega_1 - \omega_2$ als Zwischenfrequenz, ω_1 ist dabei die Oszillatorfrequenz und ω_2 die Frequenz des (modulierten) Empfangssignals. Will man die erste Harmonische des Oszillators zur Mischung benutzen, so ist die Komponente $2\omega_1 - \omega_2$ auszufiltern und weiter zu verarbeiten. Die Amplituden der einzelnen Komponenten hängen von den Koeffizienten der Kennlinie und von den Amplituden u_0, u_1 und u_2 der angelegten Spannung ab. Bei Vorhandensein einer Kennlinie höherer Gradzahl treten auch Harmonische und Kombinationsfrequenzen höherer Ordnung auf; die Amplituden in Tab. 21.1 vergrößern sich dann um die mit dem Koeffizienten a_4 multiplizierten Glieder. In der Praxis werden Glieder vierten Grades jedoch nicht berücksichtigt.

Tabelle 21.1. Amplituden der an einer Kennlinie dritten Grades entstehenden Komponenten unterschiedlicher Frequenz

Frequenz	Amplitude
$\omega = 0$	$a_0 u_0 + a_2 u_0^2 + \dfrac{a_2}{2}(u_1^2 + u_2^2) + a_3 u_0^3 + \dfrac{3a_3}{2} u_0 (u_1^2 + u_2^2)$
ω_1	$a_1 u_1 + 2a_2 u_0 u_1 + \dfrac{3a_3}{2} u_1 \left(2u_0^2 + \dfrac{u_1^2}{2} + u_2^2 \right)$
ω_2	$a_1 u_2 + 2a_2 u_0 u_2 + \dfrac{3a_3}{2} u_2 \left(2u_0^2 + \dfrac{u_2^2}{2} + u_1^2 \right)$
$2\omega_1$	$-\dfrac{a_2}{2} u_1^2 + \dfrac{3a_3}{2} u_0 u_1^2$
$2\omega_2$	$-\dfrac{a_2}{2} u_2^2 + \dfrac{3a_3}{2} u_0 u_2^2$
$3\omega_1$	$-\dfrac{a_3}{4} u_1^3$
$3\omega_2$	$-\dfrac{a_3}{4} u_2^3$
$\omega_1 \pm \omega_2$	$\mp a_2 u_1 u_2 \mp 3a_3 u_0 u_1 u_2$
$2\omega_1 \pm \omega_2$	$\mp \dfrac{3a_3}{4} u_1^2 u_2$
$2\omega_2 \pm \omega_1$	$\mp \dfrac{3a_3}{4} u_2^2 u_1$

Untersuchen wir nun die Amplitude der Komponente mit der Frequenz $\omega_1 - \omega_2$. Setzen wir voraus, daß die Kennlinie quadratisch ist, d. h. kein Glied höher als zweiten Grades enthält, dann erhalten wir bei Substitution von $a_3 = 0$ und mit der Einführung der Bezeichnungen $\omega_1 = \omega_{osz}$, $\omega_2 = \omega_i$ und $\omega_1 - \omega_2 = \omega_{Zf}$ den Zusammenhang

$$i_{Zf} = a_2 U_{osz} U_i = g_M U_i,$$ (21.1.4)

wobei $U_{osz} = u_1$ die Amplitude des Oszillators ist; $U_i = u_2$ ist die Amplitude des Empfangssignals und $g_M = a_2 U_{osz}$ ist die sogenannte Mischsteilheit, die eine Funktion der Oszillatorspannung ist. Die Mischsteilheit stellt einen hybridartigen Übertragungsparameter dar, da sie eine Beziehung zwischen den beiden Signalen unterschiedlicher Frequenz (i_{Zf} und U_i) herstellt; als linearer Vierpolparameter kann sie also nicht betrachtet werden. Das Aufstellen der nichtlinearen Kennlinie als Potenzreihe und deren Verwendung wollen wir anhand eines praktischen Beispiels demonstrieren. Für den Kollektorstrom des bipolaren Transistors ist in Abhängigkeit von der Emitter-Basis-Spannung der Exponentialausdruck

$$i_c = i_0 e^{q u_{eb}/kT}$$ (21.1.5)

charakteristisch. Wir wollen voraussetzen, daß die Emitter-Basis-Spannung folgende Form hat:

$$u_{eb} = U_{EB} + U_i \sin \omega_i t + U_{osz} \sin \omega_{osz} t = U_{EB} + u(t).$$ (21.1.6)

Den Kollektorstrom schreiben wir als Potenzreihe auf und klammern gleichzeitig den Faktor, der sich aus der Gleichspannung U_{EB} ergibt, aus:

$$i_c = I_0 \left\{ 1 + \frac{q u(t)}{kT} + \frac{1}{2} \cdot \left[\frac{q u(t)}{kT} \right]^2 \right\}$$ (21.1.7)

mit

$$I_0 = i_0 e^{q U_{EB}/kT}.$$ (21.1.8)

Wie aus dem Ausdruck (21.1.7) ersichtlich ist, hat der für die Mischung charakteristische Koeffizient (zweiten Grades) die Größe $a_2 = I_0/2$, und damit erhalten wir auf der Basis von (21.1.4) als Amplitude des Zwischenfrequenz-Stromes:

$$i_{Zf} = \frac{I_0}{2} \frac{q U_{osz}}{kT} \frac{q U_i}{kT}.$$ (21.1.9)

Der Wert der Steilheit, bezogen auf die Grundharmonische, beträgt $g_0 = q I_0/kT$, und damit ist die Mischsteilheit

$$g_M = \frac{g_0}{2} \cdot \frac{q U_{osz}}{kT}.$$ (21.1.10)

Die Mischsteilheit verhält sich also proportional zur Oszillatorspannung.

390

Bei einer anderen Berechnungsmethode von Mischschaltungen bestimmt man die Zeitfunktion der Steilheit. Differenziert man den Ausdruck (21.1.2) nach u, dann erhält man die Steilheit des nichtlinearen Bauelements:

$$g_\mathrm{m} = \frac{\mathrm{d}i}{\mathrm{d}u} = a_1 + 2a_2 u + 3a_3 u^2, \qquad (21.1.11)$$

die eine Funktion der Spannung u ist. Ändert sich die Spannung zeitlich gemäß $u(t) = U_\mathrm{osz} \sin \omega_\mathrm{osz} t$, dann ändert sich auch die Steilheit zeitlich:

$$g_\mathrm{m}(t) = g_\mathrm{m0} + g_\mathrm{m1} \cos \omega_\mathrm{osz} t + g_\mathrm{m2} \cos 2\omega_\mathrm{osz} t. \qquad (21.1.12)$$

Die Koeffizienten erhält man durch Einsetzen des Ausdrucks $u(t)$ in die Gleichung für die Steilheit:

$$g_\mathrm{m0} = a_1 + 3a_3 U_\mathrm{osz}/2, \qquad (21.1.13)$$

$$g_\mathrm{m1} = 2a_2 U_\mathrm{osz}, \qquad (21.1.14)$$

$$g_\mathrm{m2} = 3a_3 U_\mathrm{osz}^2/2. \qquad (21.1.15)$$

Ist die Zeitfunktion der Steilheit bekannt, so läßt sich der durch die Wirkung der angelegten Wechselspannung $U_\mathrm{l}(t) = U_\mathrm{l} \cos \omega_\mathrm{l} t$ angetriebene Strom $i(t)$ mit Hilfe folgenden Zusammenhangs berechnen:

$$i(t) = g_\mathrm{m}(t)\, U_\mathrm{l}(t). \qquad (21.1.16)$$

Die Amplitude der Komponente mit der Frequenz $\omega_\mathrm{Zf} = \omega_\mathrm{osz} - \omega_\mathrm{l}$ (d. h. die Amplitude des Zwischenfrequenz-Signals) kann aus der Gleichung

$$i_\mathrm{Zf} = g_\mathrm{m1} U_\mathrm{l}/2 \qquad (21.1.17)$$

berechnet werden. Die Steilheit g_m1 beträgt das Zweifache der Mischsteilheit, d. h. $g_\mathrm{M} = g_\mathrm{m1}/2$. Das Gesagte trifft für die additive und auch für die multiplikative Mischung zu.

Der Zusammenhang für die Mischsteilheit kann auch in allgemeiner Form geschrieben werden, wie aus dem folgenden deutlich wird. Beim Aufstellen der Zeitfunktion der Steilheit setzten wir stillschweigend voraus, daß zu keinem Zeitpunkt weder der Strom und daraus folgend auch nicht die Steilheit auf null fällt. Wir können das so betrachten, als ob die Mischstufe im A-Betrieb arbeite. Es sind jedoch auch Mischstufen bekannt, bei denen die hohe Amplitude der Oszillatorspannung nur kurzzeitig (während eines Teils der Periode) das zur Mischung bestimmte Bauelement (Transistor) öffnet; im verbleibenden Teil der Periode fließt kein Strom, so daß die Steilheit dann null ist. Mit solchen im B- oder C-Betrieb arbeitenden Mischstufen kann man eine sehr hohe Mischsteilheit und damit einen guten Wirkungsgrad erhalten.

Abb. 21.1a zeigt die Zeitfunktion der durch Gleichung (21.1.11) definierten Steilheit für eine im C-Betrieb arbeitende Mischstufe. Innerhalb des Stromflußwinkels 2α steigt die Steilheit bis zum maximalen Wert g_{max} (der bei bipolaren Transistoren im allgemeinen bei maximalem Kollektorstrom auftritt), in den Pausen des Stromflusses ist die Steilheit verständlicherweise null. Um die in der Abbildung gezeigte Zeitfunktion als Fourier-Reihe gemäß (21.1.12) darstellen zu können, wäre die genaue Kenntnis der

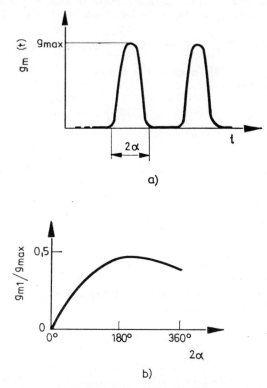

Abb. 21.1. Zeitfunktion der Steilheit (a) und Grundharmonische der Steilheit (b) in Abhängigkeit vom Stromflußwinkel

Signalform notwendig. Ein brauchbares Ergebnis erhalten wir jedoch auch, wenn wir zur Näherung ein abgestumpftes Sinussignal benutzen. Dieses Verfahren haben wir in Kapitel 19 häufig angewendet. Mit diesem Näherungsverfahren und in Kenntnis des Stromflußwinkels 2α können die Koeffizienten aus *Abb. 21.1b* bestimmt werden. Sie entspricht der Abb. **19.11b**, zur besseren Verständlichkeit wurden lediglich die Bezeichnungen geändert, da wir es jetzt nicht mit Kollektorstrom-Komponenten, sondern mit Steilheits-Komponenten zu tun haben.

Wie aus der Abbildung ersichtlich ist, haben die (für die Grundharmonische gültige) Steilheit g_{m1} und gleichzeitig auch die Mischsteilheit g_M als

Funktion des Flußwinkels 2α ein Maximum. Beim Entwurf ist es zweckmäßig, die Schaltung auf diesen Wert einzustellen. Der zur maximalen Mischsteilheit gehörende Stromflußwinkel hängt von der Signalform ab. Wird diese nicht mit einem abgestumpften Sinussignal, sondern beispielsweise mit einem Dreiecksignal angenähert, dann bildet sich die Kurve von Abb. 21.1b (und damit auch das Optimum) anders aus.

Ist die Mischsteilheit bekannt, so kann die Mischverstärkung aus dem Zusammenhang

$$\frac{U_{Zf}}{U_1} = A_u = g_M R_L \qquad (21.1.18)$$

berechnet werden, wobei u_{Zf} die durch Mischung am Ausgang erscheinende Zwischenfrequenz-Spannung ist; unter R_L verstehen wir den auf die Zwischenfrequenz bezogenen Lastwiderstand. Da der Abschluß selektiv ausgeführt wird, stellt die Lastimpedanz für die Eingangs- (ω_i) und die Oszillatorfrequenz (ω_{osz}) sowie für die übrigen nicht benutzten Mischprodukte praktisch einen Kurzschluß dar.

Die Leistungsverstärkung der Mischstufe ist durch den Quotienten aus der an die Last abgegebenen Zwischenfrequenz-Leistung und der am Eingang aufgenommenen Hochfrequenz-Leistung gegeben. Da sich die Leistung am Eingang von Mischstufen schwer bestimmen läßt, benutzt man ähnlich wie bei Zusammenhang (4.2.3) den Leistungsübertragungsfaktor. Die Bezugsbasis ist hierbei die dem Generator maximal entnehmbare Leistung.

Die fiktive Ersatzschaltung einer Mischstufe hat hybridartigen Charakter, da sie auf verschiedene Frequenzen bezogene Admittanzen enthält *(Abb. 21.2)*. Die Ersatzschaltung besteht aus der auf die Frequenz ω_{Hf} bezogenen Eingangsadmittanz, der auf die Frequenz ω_{Zf} bezogenen Ausgangsadmittanz und aus Übertragungsparametern. Zwar sind alle vier Parameter komplexe Größen, doch hat dies im Falle der Übertragungsparameter keine Bedeutung, da wegen der unterschiedlichen Frequenzen die Phasenlage nicht definierbar ist. Aus diesem Grunde wurden die Übertragungsparameter in der Abbildung als Leitwerte angegeben.

Der inverse Übertragungsparameter g_{inv} wurde lediglich aus Symmetriegründen in die Ersatzschaltung eingetragen, er spielt keine wesentliche Rolle, da er bei den üblichen Halbleiter-Bauelementen (Rückmischung auf das Hochfrequenzsignal am Eingang) nicht auftritt.

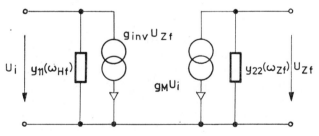

Abb. 21.2. Ersatzschaltung einer Mischstufe

Die Untersuchung des nichtlinearen Verhaltens der Hochfrequenz-Transistoren ist für die Berechnung der verschiedenen nichtlinearen Verzerrungen sehr wichtig. Die Berechnungen lassen sich auf der Basis verschiedenartiger Ersatzschaltungen durchführen, unter denen die ladungsgesteuerten Transistormodelle [21.15, 21.16, 21.17] die beste Näherung darstellen. In [21.16] werden die nichtlinearen Verzerrungen dritter Ordnung in Abhängigkeit vom Lastwiderstand, von der Transitfrequenz f_T und vom Quotienten $\partial f_T^2 / \partial i_c^2$ untersucht. Gemäß [21.14] besteht zwischen der Hochfrequenz-Kreuzmodulation und der Intermodulation dritter Ordnung kein Zusammenhang. In [10.20] werden die nichtlinearen Verzerrungen aufgrund des Zusammenhangs

$$i_b = [\tau(I_c) + R_L C_{b'c}(I_c)] \frac{\mathrm{d}i_c}{\mathrm{d}t} \qquad (21.1.19)$$

untersucht, wobei die Laufzeit τ und die Kollektorkapazität $C_{b'c}$ Funktionen des Kollektorstroms sind. Der Berechnung entsprechend läßt sich bei richtiger Wahl des Kollektor-Ruhestroms I_c die Intermodulationsverzerrung zu null machen. Mit der Berechnung der Verzerrungen bei Feldeffekttransistoren beschäftigt sich [21.12], ausgehend von der in Abb. 2.27 gezeigten Ersatzschaltung des JFET. Gemäß den in [21.18] veröffentlichten Berechnungen stammt die bei JFETs auftretende Hochfrequenz-Kreuzmodulation aus einer Amplitudenmodulation (AM) und nicht aus einer Phasenmodulation (PM).

21.2 Bestimmung der Kenngrößen von Mischstufen

Im folgenden wollen wir einen Überblick über die Messung der Kenngrößen von Mischstufen geben. Obwohl wir uns im Rahmen dieses Buches nicht mit der Bestimmung der einzelnen Hochfrequenz-Kenngrößen befassen, wollen wir speziell bei den Mischstufen eine Ausnahme machen, da wegen der Vielzahl und der komplexen Natur der Parameter die Methode der Messung am ehesten Aufschluß über das Wesentliche der Problematik gibt.

Abb. 21.3 zeigt eine Schaltungsanordnung zum Messen der Eingangsadmittanz y_{11} bei der Frequenz ω_{Hf}. Mit Hilfe irgendeines gewöhnlichen an die Eingangsklemmen geschalteten Admittanz-Meßinstruments wird die Eingangsadmittanz bei verschiedenen Versorgungsspannungen U_b, Gleichströmen I_E und Oszillatorspannungen U_{osz} bestimmt. Es ist wesentlich, daß die zur Admittanzmessung auf die Schaltung gegebene Meßspannung gering ist. Die Amplitude der Oszillatorspannung läßt sich mit der Basis-Emitter-Spannung bzw. mit deren Änderung (ΔU_{BE}) steuern. Die Basis wird gleichstrommäßig durch die Drossel L_1 geerdet, für die Wechselstromentkopplung von Kollektor und Emitter sorgen die Kondensatoren C_2 und C_3.

In *Abb. 21.4* sind die erhaltenen Eingangsadmittanzen in der komplexen Ebene aufgetragen, und zwar unterteilt in Real- und Imaginärteil [21.11]:

$$y_{11}(\omega_{Hf}) = g_{11} + jb_{11}. \qquad (21.2.1)$$

Aus der Abbildung läßt sich ersehen, daß mit Erhöhung der Frequenz der Real- und in gleicher Weise der Imaginärteil der Eingangsimpedanz

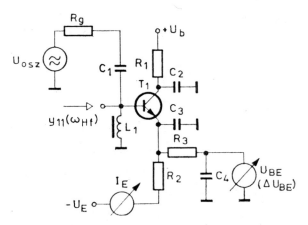

Abb. 21.3. Bestimmung der Eingangsadmittanz einer Transistor-Mischstufe mit Impedanz-Meßinstrument

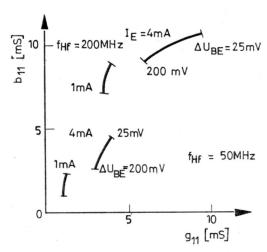

Abb. 21.4. Eingangsadmittanz einer mit bipolarem Transistor arbeitenden Mischstufe, aufgetragen in der komplexen Ebene bei verschiedenen Frequenzen, Emitterströmen und Oszillatoramplituden

steigt. Diese Erscheinung tritt ebenfalls bei Erhöhung des Emitterstroms I_E auf. Durch den zunehmenden Einfluß der Oszillatorspannung, für deren Amplitude die Änderung ΔU_{BE} der Basis-Emitter-Spannung charakteristisch ist, fällt die Eingangsadmittanz um einen gewissen Wert. Auf der Basis der in Abb. 21.4 aufgetragenen Meßergebnisse kann der Eingangskreis der Mischstufe dimensioniert werden.

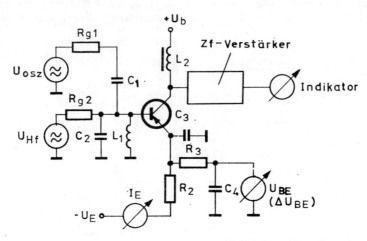

Abb. 21.5. Bestimmung der Mischsteilheit eines Transistors

Die in *Abb. 21.5* dargestellte Meßschaltung dient zur Bestimmung der Mischsteilheit. Der zur Gleichstromeinstellung benutzte Stromkreis ähnelt der in den vorangegangenen Meßanordnungen angewendeten Lösung; die Parameter der Messung sind auch hier die Versorgungsspannung U_b, der Emittergleichstrom I_E und die Änderung der Basis-Emitter-Spannung,

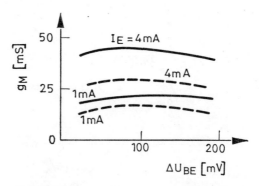

Abb. 21.6. Abhängigkeit der Mischsteilheit von der Oszillatoramplitude bei verschiedenen Emitterströmen an der Frequenz $f_i = 50$ MHz (durchgehende Kurve) und $f_i = 200$ MHz (unterbrochene Kurve)

die durch den Einfluß der Oszillatorspannung zustande kommt. Der resultierende Generatorwiderstand ist durch R_{g1}, R_{g2} und den Verlustwiderstand des im Basiskreis befindlichen Parallelschwingkreises gegeben. Das durch Mischung erzeugte Zwischenfrequenzsignal, das am Kollektor erscheint, wird über einen Verstärker mit kleinem Eingangswiderstand auf den Indikator geführt. Der Indikator zeigt bei entsprechendem Abgleich unmittelbar die Mischsteilheit g_M, d. h. deren absoluten Wert an.

In *Abb. 21.6* ist die für die behandelte Schaltung gemessene Mischsteilheit bei verschiedenen Emitterströmen I_E für verschiedene Eingangsfrequenzen

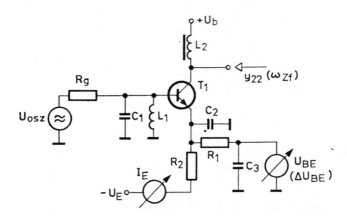

Abb. 21.7. Bestimmung der Ausgangsimpedanz einer Transistor-Mischstufe

$f_i = \omega_{Hf}/2\pi$ in Abhängigkeit von der Spannungsänderung ΔU_{BE} (d. h. der Oszillatoramplitude) aufgetragen. Sie zeigt die Meßdaten eines Mischtransistors, dessen Mischsteilheit kaum von der Amplitude des Oszillators abhängt.

Die Ausgangsadmittanz $y_{22}(\omega_{Zf})$ des Mischtransistors wird mit der Schaltungsanordnung gemäß *Abb. 21.7* gemessen. Die Gleichstromeinstellung ist die übliche, die Parameter sind auch hier die Versorgungsspannung U_b, der Emittergleichstrom I_E und die zur (indirekten) Bestimmung der Oszillatorspannung dienende Spannungsdifferenz ΔU_{BE}. Die Ausgangsadmittanz läßt sich mit einem allgemein verwendeten Impedanz-Meßinstrument messen.

Eine sehr wichtige Eigenschaft von Mischstufen ist die sogenannte Signalverarbeitungsfähigkeit (signal handling capability), anders ausge-, drückt die Empfindlichkeit gegenüber Störfrequenzen hoher Amplitude. Infolge der nichtlinearen Kennlinie (vorausgesetzt, daß die für sie aufgeschriebene Gleichung eine Komponente dritten Grades enthält) verursacht ein auf den Eingang gelangendes moduliertes Störsignal oberhalb eines gegebenen Pegels Kreuzmodulationserscheinungen, d. h., die Modulation dieses Störsignals überlagert sich mit dem durch Mischung des gewünschten Empfangssignals erhaltenen Zwischenfrequenzsignal, auch wenn man die Störfrequenz aussiebt, die ihrerseits durch Mischung des Störsignals erzeugt wird. In *Abb. 21.8* sehen wir die Vergleichsdaten von zwei verschiedenen Mischtransistortypen. Für den moderneren, mit *2* bezeichneten Transistor ist eine wesentlich höhere Störspannung U_{st} bei gleich großer Kreuzmodulationsverzerrung zulässig. Das fragliche Störsignal ist eine Funktion des Emittergleichstroms I_E. Wie wir in der Abbildung ersehen können, ergibt sich bei einer bestimmten Einstellung ein Optimum (Maximalwert von

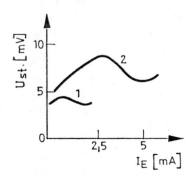

Abb. 21.8. Störspannungspegel für 1% Kreuzmodulation in Abhängigkeit vom Emitterstrom für zwei verschiedene Transistortypen

U_{st}), was jedoch nicht unbedingt mit dem aus der Sicht der Mischverstärkung optimalen Emittergleichstrom zusammenfällt.

Beim Entwurf von Mischstufen muß man sich noch folgende allgemein gültige Kriterien vor Augen halten. Die resultierende Generatorimpedanz der Schaltung soll für die oberen Harmonischen des Oszillators klein sein; gleichfalls soll sie aber auch an der Zwischenfrequenz einen geringen Wert zeigen, damit Instabilitäten der Zwischenfrequenz, die sich sonst wegen der Rückwirkung ergäben, vermieden werden. Der Ausgang der Mischstufe ist hinsichtlich der Leistungsübertragung und des gewünschten Frequenzgangs an das ausgangsseitige Filter anzupassen. Ebenso wichtig ist die optimale Rauschanpassung der Mischstufe, doch mit dieser Problematik werden wir uns in Kapitel 24 beschäftigen.

Mit Feldeffekttransistoren arbeitende Mischstufen können wesentlich höhere Signalpegel verarbeiten als solche, die mit bipolaren Transistoren arbeiten. Das wird schon daraus ersichtlich, daß man zur Steuerung von Feldeffekttransistoren einen Spannungsbereich in der Größenordnung von 1 V benötigt, während bei bipolaren Transistoren dieser Bereich lediglich einige zehn mV beträgt.

Die Abhängigkeit des Sourcestroms I_S von der Gatespannung U_{GS} bei einem MOS-Feldeffekttransistor wird in *Abb. 21.9a* gezeigt, aus der wir folgendes ablesen können: Bei geringen negativen Spannungen U_{GS} ist der Transistor stark geöffnet, der Strom steigt hier etwa linear mit der Spannung U_{GS} an, und die Steilheit ist groß. Wollen wir das Bauelement als Verstärker betreiben, so muß der Arbeitspunkt offensichtlich in diesem Bereich gewählt werden. Zur Mischung ist dagegen die lineare Kennlinie ungeeignet;

hier wählt man den Arbeitspunkt bei geringem Strom auf dem mit M bezeichneten nichtlinearen Abschnitt der Kurve. Bei geeignet gewähltem Arbeitspunkt sind sowohl die Nichtlinearität wie auch die Steilheit annehmbar, so daß wir damit auch für die Verstärkung einen günstigen Wert erhalten. Bei Einstellungen, die mit ganz geringem Strom arbeiten, verschlechtern sich die Verhältnisse wiederum; die Nichtlinearität steigt hier zwar, jedoch wird die Steilheit des Bauelements dann außerordentlich gering.

Abb. 21.9b zeigt den prinzipiellen Aufbau der Mischstufe. Hier erfolgt, ähnlich zur vorigen Schaltung, die Mischung additiv, indem sowohl das Eingangssignal U_{Hf} als auch das Oszillatorsignal U_{osz} auf die Gateelektrode geleitet und mit Hilfe eines im Drainkreis angeordneten Zwischenfrequenzfilters das gemischte Signal ausgesiebt wird.

Abb. 21.10a zeigt die Prinzipschaltung eines mit zweifacher Steuerung arbeitenden Feldeffekttransistors (Dual-gate-MOSFET). Diese Anordnung wird neben der Anwendung als geregelter Verstärker auch vorteilhaft zur Hochfrequenzmischung angewendet [15.15]. Abb. 21.10b zeigt die Abhängigkeit der Steilheit g_{m1} des unteren Feldeffekttransistors von der auf Gate G_2

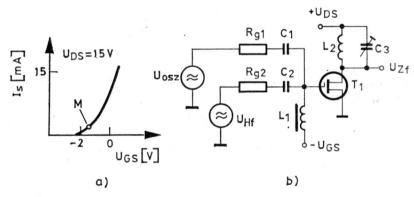

Abb. 21.9. Übertragungskennlinie eines Feldeffekttransistors (a) und seine Anwendung in einer Mischstufe (b)

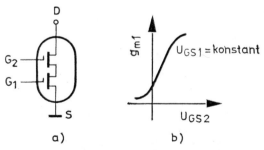

Abb. 21.10. Schaltung eines Dual-gate-MOSFETs (a) und Abhängigkeit seiner Steilheit von der Gatespannung (b)

gegebenen Spannung U_{GS2} bei konstanter Spannung U_{GS1}. Die Kennlinie kann im mittleren Abschnitt als linear betrachtet werden. Damit läßt sich die Gleichung

$$g_{m1}(U_{GS2}) = g_{m1}(U_{GS20}) + a_1(U_{GS2} - U_{GS20}) \qquad (21.2.2)$$

aufstellen; wir erhalten also einen linearen Zusammenhang, gekennzeichnet durch den Koeffizienten a_1. Einen ähnlichen Ausdruck erhalten wir für die Abhängigkeit der Steilheit g_{m2} des zweiten (oberen) Feldeffekttransistors von der auf G_1 gegebenen Spannung U_{GS1} bei konstantem Wert von U_{GS2}:

$$g_{m2}(U_{GS1}) = g_{m2}(U_{GS10}) + a_1'(U_{GS1} - U_{GS10}). \qquad (21.2.3)$$

Die Steilheit der Spannungsänderung ist hier durch den Koeffizienten a_1' gekennzeichnet. Der durch beide Transistoren fließende gemeinsame Strom hat die Größe

$$I_D = g_{m1}U_{GS1} + g_{m2}U_{GS2}.$$

Setzen wir die Gleichungen für die Steilheiten ein, dann erhalten wir als Drainstrom

$$I_D = g_{m1}(U_{GS20})\,U_{GS1} + g_{m2}(U_{GS10})\,U_{GS2} + a_1(U_{GS2} - U_{GS20})\,U_{GS1} +$$
$$+ a_1'(U_{GS1} - U_{GS10})\,U_{GS2}. \qquad (21.2.4)$$

In diesem Ausdruck sind für uns die Glieder wesentlich, in denen das Produkt der beiden Gatespannungen auftritt, da diese die Mischprodukte liefern werden. Wir wollen den Strom, in dem das Produkt der Gatespannungen auftaucht, mit i_d bezeichnen und ihn aus Ausdruck (21.2.4) herausgreifen:

$$i_d = (a_1 + a_1')\,U_{GS1}U_{GS2}. \qquad (21.2.5)$$

Die Schaltung soll nun so aufgebaut werden, daß auf G_1 das Eingangssignal $U_{GS1} = U_{Hf} \sin \omega_{Hf} t$ gelangt und auf G_2 die Oszillatorspannung $U_{GS2} = U_{osz} \sin \omega_{osz} t$. Dann erhalten wir für den untersuchten Strom

$$i_d = \frac{1}{2}(a_1 + a_1')\,U_{Hf}U_{osz}[\cos(\omega_{osz} + \omega_{Hf})\,t + \cos(\omega_{osz} - \omega_{Hf})\,t], \qquad (21.2.6)$$

und da das zweite Glied dieses Ausdruckes entsprechend der Beziehung $\omega_{osz} - \omega_{Hf} = \omega_{Zf}$ gerade die gemischte Zwischenfrequenzkomponente ist, folgt als Mischsteilheit g_M des Bauelements

$$g_M = \frac{di_d}{dU_{Hf}} = \frac{a_1 + a_1'}{2} \cdot U_{osz}. \qquad (21.2.7)$$

Wie sich meßtechnisch nachweisen läßt, ist die Mischsteilheit bei einem MOSFET mit zweifacher Steuerung tatsächlich innerhalb breiter Grenzen eine lineare Funktion der Oszillatorspannung; ihren Maximalwert erreicht man durch richtige Wahl der Koeffizienten a_1 und a_1' bzw. durch entsprechende Einstellung des Arbeitspunktes mit Hilfe der Vorspannungen U_{GS10} und U_{GS20}.

21.3 Hochfrequenz-Mischstufen

In diesem Abschnitt wollen wir einige konkrete Schaltungen von Mischstufen behandeln, die teilweise mit diskreten Bauelementen (Diode, Transistor), teilweise mit integrierten Schaltungen aufgebaut sind.

Abb. 21.11 zeigt eine mit einer Diode arbeitende Mischstufe. Der benutzte Abschnitt der Diodenkennlinie läßt sich durch Arbeitspunktverschiebung

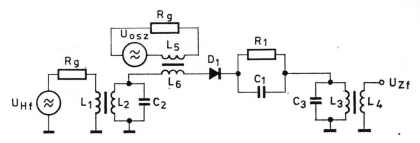

Abb. 21.11. Dioden-Mischstufe

mit Hilfe der Elemente R_1 und C_1 ändern. Die Diode richtet die Oszillatorspannung gleich, und dadurch lädt sich die Kapazität C_1 auf eine Spannung auf, die die Diode in Sperrichtung vorspannt. In diesem Fall öffnen lediglich die positiven Spitzen der Oszillatorspannung die Diode, und dementsprechend gestaltet sich auch die zeitliche Änderung der Steilheitsfunktion. Die Dioden-Mischstufe hat den großen Nachteil, daß der Eingang und der Zwischenfrequenz-Ausgang nicht voneinander getrennt sind, d. h., sie wirken stark aufeinander, was sich auch im Gleichungssystem der Mischstufe ausdrückt:

$$i_{Hf} = g_{m0}U_{Hf} + g_M U_{Zf}, \tag{21.3.1}$$

$$i_{Zf} = g_M U_{Hf} + g_{m0}U_{Zf}. \tag{21.3.2}$$

Hierbei ist g_{m0} die Gleichstromkomponente der zeitabhängigen Steilheit und g_M die Mischsteilheit. Die Koeffizienten der Zeitfunktion der Steilheit lassen sich in Kenntnis der Diodenkennlinie, der Sperrspannung (erzeugt über dem R_1C_1-Glied) und in Kenntnis der Amplitude der Oszillatorspannung berechnen.

Abb. 21.12 zeigt die Schaltskizze einer Dioden-Mischstufe in Koaxialausführung. Die Konstruktion, die die Mischdiode D_1 und die Trennwider-

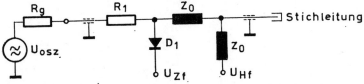

Abb. 21.12. Koaxialanordnung einer Dioden-Mischstufe

stände enthält, besteht aus koaxialen Leitungsstücken, deren Impedanz Z_0 ist. Die Oszillatorspannung U_{osz} wird an der Stichleitung durch diese kurzgeschlossen und kann somit nicht auf den Hf-Eingang gelangen. Über den Zf-Ausgang ist (z. B. mit Hilfe einer Drosselspule) für die gleichstrommäßige Einstellung der Mischstufe zu sorgen. Mit dem Widerstand R_1 bzw. einem unmittelbar nach dem Oszillator geschalteten koaxialen Spannungsteiler läßt sich der optimale Spannungspegel für die Diode einstellen. Diese Schaltungsanordnung treffen wir hauptsächlich im Frequenzbereich oberhalb 100 MHz an.

Abb. 21.13 zeigt die Prinzipschaltungen von Mischstufen, die mit Transistoren in Emitterschaltung arbeiten. In Abb. 21.13a wird das Hf-Signal auf die Basis gegeben und mit dem Oszillatorsignal der Emitter gesteuert. Bedingung für den richtigen Betrieb ist, daß bei der Oszillatorfrequenz die Basis, dagegen bei der Eingangsfrequenz der Emitter etwa auf Massepotential liegt. Das läßt sich mit Parallelschwingkreisen, die entsprechende Gütefaktoren besitzen, erreichen. Diese Lösung ist besonders bei selbstschwingenden Mischstufen gebräuchlich, bei denen der Mischtransistor gleichzeitig auch als Oszillator verwendet wird. Die Oszillation wird hier durch eine auf den Emitter wirkende Mitkopplung erzeugt.

Bei der in Abb. 21.13b gezeigten Mischstufe werden beide Frequenzen auf die Basis geführt. Die gegenseitige Beeinflussung beider Signalquellen wird dadurch reduziert, daß man die Koppelkondensatoren C_1 und C_2 sehr klein wählt. Letztere Schaltung ist in erster Linie für den Frequenzbereich oberhalb 100 MHz geeignet, einerseits wegen der nur über geringe Gütefaktoren verfügenden Schwingkreise, andererseits liegen hier Eingangs- und Oszillatorfrequenz relativ dicht beieinander.

Abb. 21.14 zeigt eine im Kurzwellenbereich angewendete selbstschwingende Mischstufe. Mit den Gleichlaufkondensatoren C_1 und C_2 werden die Resonanzkreise auf die Frequenzen ω_{Hf} und ω_{osz} abgestimmt und diese über die Koppelkondensatoren C_4 und C_5 auf die Basis bzw. den Emitter des Mischtransistors geführt. Die induktive Mitkopplung für den in Basis-

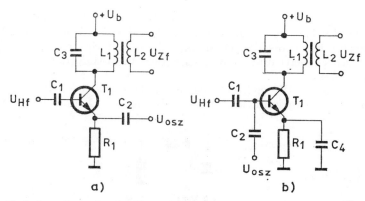

Abb. 21.13. Ankopplung des Oszillatorsignals an den Emitter (a) und an die Basis (b) des Mischtransistors

402

schaltung arbeitenden Transistor besorgt die Spule L_3. Da im Kurzwellenbereich Oszillator- und Zwischenfrequenz ziemlich weit auseinander liegen ($\omega_{osz} \gg \omega_{Zf}$), läßt sich die durch Transformation von L_3 in Reihe mit dem Kollektor erscheinende Impedanz neben der des Zwischenfrequenz-Schwingkreises vernachlässigen. Das gleiche gilt umgekehrt auch auf die Impedanzen, die bei der Oszillatorfrequenz auftreten.

Abb. 21.15 zeigt eine in Basisschaltung arbeitende Mischstufe. Der Kondensator C_4 dient zur Entkopplung der Basis, ihre Vorspannung wird mit dem Widerstandsteiler R_1/R_2 eingestellt. Das Eingangssignal gelangt über einen kapazitiven Spannungsteiler, bestehend aus den Kondensatoren C_1 und C_2, auf den Emitter des Mischtransistors T_1. Der Kondensator C_9 paßt den im Kollektorkreis angeordneten Zwischenfrequenz-Schwingkreis an die Last an. Mit dem Transistor T_2 wird das Oszillatorsignal erzeugt; die Kol-

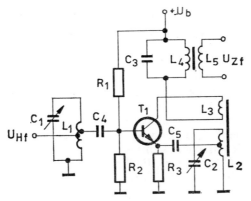

Abb. 21.14. Schaltung einer selbstschwingenden Transistor-Mischstufe

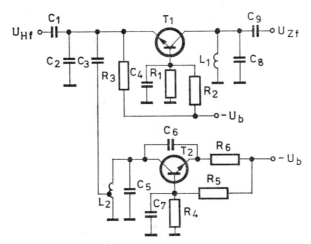

Abb. 21.15. Schaltung einer Transistor-Mischstufe für den Ultrakurzwellenbereich

lektor-Emitter-Kapazität C_6 dient hier als Mitkopplung. Diese Oszillatorschaltung verwendet man wegen ihrer ausgezeichneten Eigenschaften und ihrer Einfachheit sehr häufig im Ultrakurzwellenband bis hinein in den GHz-Bereich. Die gleichstrommäßige Einstellung gleicht der des Mischtransistors. Von der Anzapfung des im Kollektorkreis auf der Frequenz ω_{osz} arbeitenden Resonanzkreises wird das Oszillatorsignal über die kleine Serienkapazität C_3 auf den Emitter des Mischtransistors geführt.

Abb. 21.16 zeigt die Schaltung einer Mischstufe, die mit einer aus drei Transistoren bestehenden integrierten Schaltung arbeitet. Das Eingangssignal gelangt mit Hilfe der Spulen L_1 und L_2 auf die Basis des Transistors T_1, dessen Strom vom Transistor T_3 entsprechend dem Momentanwert der Oszillatorspannung U_{osz} geändert wird. Mit der zeitlichen Änderung des Emitterstroms wird auch die Steilheit zeitabhängig, wodurch die Mischwirkung zustande kommt. Der Widerstand R_1 und die Dioden $D_1 \ldots D_3$ dienen zur Arbeitspunkteinstellung; mit Hilfe des mit dem Kondensator C_3 abstimmbaren Schwingkreises wird das bei der Mischung entstehende Zwischenfrequenzsignal ausgewählt. Der als Verstärker in Basisschaltung arbeitende Transistor T_2 reduziert die Rückwirkung der Zwischenfrequenzspannung auf den Eingang, d. h. sie wird praktisch völlig beseitigt.

Abb. 21.17 zeigt einen ebenfalls mit einer monolithisch integrierten Schaltung arbeitenden kompensierten (Balance-)Modulator, der auch zur Mischung ausgezeichnet geeignet ist. Die Kompensation äußert sich darin, daß am Ausgang (zwischen den Kollektoren der Transistoren T_1 und T_2) neben dem Zwischenfrequenzsignal im Idealfall die Oszillatorfrequenz nicht auftritt, was sich aus dem symmetrischen Aufbau der Schaltung ergibt. Das Eingangssignal U_{Hf} steuert die Transistoren T_1 und T_2 im Gegentakt; auf diese Weise erscheint es auch am Ausgang (zwischen den Kollektoren)

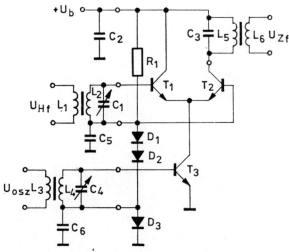

Abb. 21.16. Mischstufe mit monolithisch integrierter Schaltung

im Gegentakt. Die Belastung wird deshalb mit Hilfe eines Hochfrequenz-Transformators symmetrisch zwischen die Kollektoren der Transistoren T_1 und T_2 gelegt. Dagegen werden mit dem Oszillatorsignal (das bei den Modulatoren Träger genannt wird) über den Transistor T_3 die Transistoren T_1 und T_2 gleichphasig geöffnet und gesperrt. Auf diese Weise tritt bei völliger Symmetrie zwischen den beiden Kollektoren das Oszillatorsignal nicht

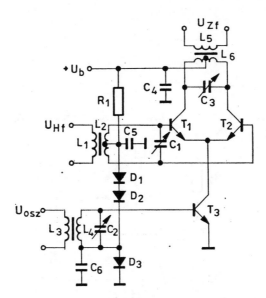

Abb. 21.17. Kompensierter (Balance-)Modulator mit monolithisch integrierter Schaltung

auf. Ein kompensierter Modulator unterdrückt also den Träger, und am Ausgang erscheinen lediglich die (modulierten) Seitenbänder der Spannung U_{Hf}. An dieser Stelle sei bemerkt, daß die einfachste Form des kompensierten Modulators der sogenannte Ringmodulator ist. Allerdings wird dieser speziell bei Hochfrequenzanwendungen mehr und mehr durch die einfacheren, in integrierter Schaltungstechnik aufgebauten Modulatoren verdrängt.

Bedingung für die völlige Unterdrückung des Trägers ist eine völlige Symmetrie, die sowohl von der integrierten Schaltung als auch von den verwendeten Transformatoren zu erfüllen ist. In der Praxis tritt das Oszillatorsignal stets mit einer gewissen Amplitude auf, doch läßt sich bei sorgfältigem Aufbau dieses Trägerleck, bezogen auf die Seitenbänder, unter -30 dB „drücken".

Eine andere ebenfalls in integrierter Schaltungstechnik ausgeführte kompensierte Mischstufe wird in *Abb. 21.18* gezeigt. Die Funktionsweise ähnelt der der vorigen Schaltung, allerdings mit der Abweichung, daß sich hier der Transistor T_2 des im Gegentakt gesteuerten Transistorpaars über die aus Transistor T_4 bestehende niederohmige Gegenkopplungsschaltung wechselstrommäßig auf Massepotential befindet. Die Oszillatorspannung wird durch den (im Emitterkreis) induktiv rückgekoppelten Transistor T_3 erzeugt, der somit die Transistoren T_1 und T_2 gleichphasig steuert. Am Ausgang des symmetrischen Transformators L_1L_2 erscheint das Oszillatorsignal über die Dämpfung des Zwischenfrequenz-Schwingkreises hinausgehend um 25...30

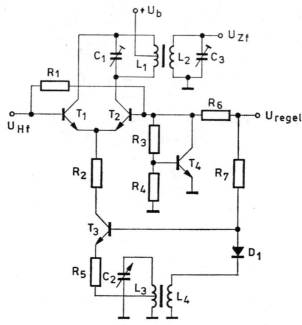

Abb. 21.18. Kompensierte Mischstufe mit Oszillator und Schaltung zur Arbeitspunkt-einstellung

dB gedämpft. Die Diode D_1 stellt den Arbeitspunkt des Oszillators ein bzw. stabilisiert ihn gegenüber Temperaturschwankungen. Mit der Schaltung kann im Kurzwellenbereich eine Mischverstärkung von etwa 20 dB erreicht werden.

Eine mit MOSFETs arbeitende Gegentakt-Mischstufe wird in [1.33], ein aus Schottky-Dioden aufgebauter Ringmodulator in [1.30] besprochen.

22 Frequenzvervielfacher

22.1 Grundlagen zur Funktionsweise von Frequenzvervielfachern

Frequenzvervielfacherschaltungen haben die Aufgabe, aus einer Grundschwingung Harmonische zu erzeugen. Im allgemeinen entstehen als Harmonische die zwei- und dreifachen, maximal jedoch die fünf- und sechsfachen Frequenzen der Grundfrequenz. Werden höhere Harmonische benötigt, so ist es zweckmäßig, die Frequenzvervielfachung in zwei Stufen durchzuführen, vorausgesetzt, daß die Ordnung der gewünschten Harmonischen in ein Produkt zweier ganzer Zahlen zerlegbar ist. Die obenerwähnte Einschränkung ergibt sich daraus, daß die Amplituden der Harmonischen, die durch Verzerrung der Grundschwingung erzeugt werden, mit steigender Ordnung in starkem Maße fallen. Diese Frequenzvervielfachung ist also mit einer starken Pegelverringerung (Dämpfung) verbunden. Anders sind die Verhältnisse bei den sogenannten Kammgeneratoren, bei denen keine Harmonische ausgesiebt wird, sondern ein ganzes Frequenzband, in dem wir auch Harmonische sehr hoher (z. B. hundertster) Ordnung finden können.

Um aus der Grundschwingung Harmonische zu gewinnen, muß diese auf irgendeine Weise verzerrt werden. Das läßt sich mit einer nichtlinearen Kennlinie lösen. Es ist zweckmäßig, als nichtlineares Element ein Verstärkerelement, z. B. einen bipolaren Transistor zu verwenden, denn damit lassen sich gleichzeitig die Dämpfungen kompensieren. Die Eingangskennlinie weist besonders im C-Bereich eine hohe Nichtlinearität auf, die sich gut zur Erzeugung von Harmonischen ausnutzen läßt.

Abb. 22.1b zeigt die Prinzipschaltung eines im C-Betrieb arbeitenden Transistor-Frequenzvervielfachers; in *Abb. 22.1a* sehen wir die Eingangskennlinie mit dem typischen Knickpunkt, die näherungsweise mit der Übertragungskennlinie identisch ist, und die auftretenden Signalformen. Der Arbeitspunkt für den C-Betrieb des Transistors wird mit der Sperrspannung U_B eingestellt. Demzufolge fließt ein Kollektorstrom nur während der positiven Spitzen der Generatorspannung, d. h. in dem durch den Stromflußwinkel 2α gekennzeichneten Zeitbereich. Aus den Kollektorstromimpulsen erhalten wir durch die Fourier-Analyse die Amplituden der einzelnen Harmonischen. Zuerst bestimmen wir den Stromflußwinkel, der sich auf der Basis von Abb. 22.1a aus dem Zusammenhang

$$\cos \alpha = \frac{U_{\mathrm{B}} + U_{\mathrm{k}}}{U_{\mathrm{g}}} \qquad (22.1.1)$$

ergibt, wobei U_{k} (die Kniespannung) den Knickpunkt der Kennlinie bezeichnet. Wichtig ist auch die Form der Kollektorstromimpulse. Da unserer Voraussetzung entsprechend die Übertragungskennlinie einen Knickpunkt besitzt und so ein linearer Abschnitt in Durchlaßrichtung existiert, werden die Kollektorstromimpulse eine abgestumpfte Sinusform haben. Ihr Gehalt an Harmonischen kann aus Abb. 19.11 bestimmt werden. Darin tauchen nicht die unmittelbar auf den Maximalstrom ($I_{\mathrm{c\,max}}$) bezogenen Werte der Harmonischen auf. Zur Vereinfachung geben wir deshalb diese Kurvenschar gesondert in *Abb. 22.2* an. Die relativen Werte der einzelnen Harmonischen haben in Abhängigkeit vom Stromflußwinkel ein Maximum (bzw. mehrere lokale Maxima). Von der dritten Harmonischen aufwärts verschwindet bei bestimmten Flußwinkeln die betreffende Harmonische, ihre Amplitude

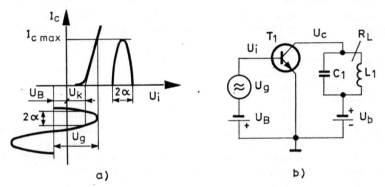

Abb. 22.1. Übertragungskennlinie (a) und Prinzipschaltung (b) eines mit bipolarem Transistor arbeitenden Frequenzvervielfachers

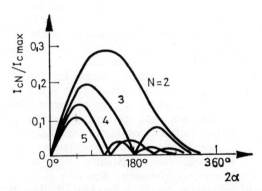

Abb. 22.2. Gehalt an Harmonischen in einem Kollektorstromimpuls abgestumpfter Sinusform, bezogen auf den Maximalwert des Stromes in Abhängigkeit vom Stromflußwinkel

wird null. Bei der Einstellung des Stromflußwinkels des Vervielfachers strebt man möglichst eine maximale Amplitude gemäß Abb. 22.2 an. Der optimale Stromflußwinkel läßt sich näherungsweise mit dem Zusammenhang

$$2\alpha_{\text{opt}} \approx 240°/N \qquad (22.1.2)$$

bestimmen; die hier auftretende relative Amplitude hat den Wert

$$\frac{I_{\text{cN}}}{I_{\text{c max}}}(2\alpha_{\text{opt}}) \approx \frac{0{,}56}{N} . \qquad (22.1.3)$$

Aufgrund dieser Zusammenhänge können wir die Spannungsamplitude der im Kollektorstrom auftretenden N-ten Harmonischen berechnen. Hat die Impedanz des auf die untersuchte Harmonische abgestimmten Schwingkreises an der Resonanzfrequenz den Wert R_{L}, so erhalten wir für die Kollektorspannung

$$U_{\text{cN}} = I_{\text{cmax}} \left(\frac{I_{\text{cN}}}{I_{\text{c max}}}\right) R_{\text{L}}, \qquad (22.1.4)$$

wobei der Quotient $I_{\text{cN}}/I_{\text{cmax}}$ eine Funktion des Stromflußwinkels 2α ist.

Im bisherigen hielten wir uns an die maximal erreichbare Ausgangsspannung, ließen jedoch die Leistungsverhältnisse des Vervielfachers außer Betracht. Ist bei den mit geringen Leistungen arbeitenden Vervielfachern meistens nur der maximale Kollektorstrom $I_{\text{c max}}$ der beschränkende Faktor, so spielt in Hochleistungsschaltungen die zulässige Verlustleistung (und oft auch die Kollektor-Durchbruchsspannung) eine wichtige Rolle. Der Entwurf von Vervielfachern für hohe Leistungen ähnelt dem der Leistungsverstärker, wie wir schon bei der Behandlung der Verstärker andeuteten. Der Unterschied besteht lediglich darin, daß das selektive Netzwerk im Kollektorkreis nicht die Grundschwingung, sondern irgendeine Harmonische ausfiltert. Demzufolge ändert sich aber auch der Kollektor-Spitzenstrom, denn je höher die Ordnung der Harmonischen ist, mit der wir arbeiten, desto größer wird im Verhältnis zu $I_{\text{c max}}$ der Maximalwert des Kollektorstroms.

Wir wollen nun berechnen, bei welchem Lastwiderstand R_{L} die Ausgangsleistung maximal wird, was sinngemäß auch aus der Sicht der Verlustleistung am günstigsten ist. Gegeben sind der Vervielfachungsfaktor N, die Versorgungsspannung U_{b} und der als konstant vorausgesetzte Sättigungswiderstand r_{sat}. Die Berechnung führen wir anhand von *Abb. 22.3* durch, wobei wir für den beim negativen Spitzenwert der Kollektorspannung U_{cN} auftretenden Maximalstrom

$$I_{\text{c max}} = \frac{U_{\text{b}} - U_{\text{cN}}}{r_{\text{sat}}} = \frac{U_{\text{b}} - I_{\text{cN}} R_{\text{L}}}{r_{\text{sat}}} \qquad (22.1.5)$$

schreiben können. Von diesem Zusammenhang ausgehend, ergibt sich die

409

über dem Widerstand R_L erscheinende Ausgangsleistung P_o in folgender Form:

$$P_o = P_A \cdot \frac{4\left(\dfrac{I_{cN}}{I_{c\,max}}\right)^2 \cdot \dfrac{R_L}{r_{sat}}}{\left[1 + \left(\dfrac{I_{cN}}{I_{c\,max}}\right) \cdot \dfrac{R_L}{r_{sat}}\right]^2} \cdot \qquad (22.1.6)$$

Hierbei ist P_A eine Leistungskonstante:

$$P_A = U_b^2/8r_{sat}, \qquad (22.1.7)$$

und der Quotient $I_{cN}/I_{c\,max}$ ist eine Funktion des Stromflußwinkels 2α. Wie ersichtlich ist die Ausgangsleistung P_o eine Funktion des Widerstands

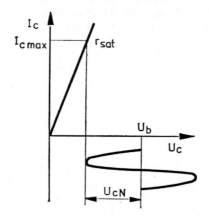

Abb. 22.3. Zur Berechnung eines Hochleistungs-Frequenzvervielfachers

R_L und des Flußwinkels 2α, für die sie bei bestimmten Werten maximal wird. Die zur maximalen Ausgangsleistung P_o gehörenden Optimalwerte $2\alpha_{opt}$ und $R_{L\,opt}$ können durch Extremwertberechnung bestimmt werden. Für das Optimum des Stromflußwinkels ist auch hier der Zusammenhang (22.1.2) gültig; der optimale Lastwiderstand läßt sich aus der Gleichung

$$R_{L\,opt} = r_{sat}N/0{,}56 \qquad (22.1.8)$$

berechnen. Mit diesen Werten erhalten wir als Maximum der Ausgangleistung

$$P_{o\,max} = 0{,}56P_A/N. \qquad (22.1.9)$$

Die hierbei auftretende Verlustleistung hat den Wert

$$P_d = P_A\left[4\left(\frac{I_o}{I_{c\,max}}\right) - \frac{0{,}56}{N}\right], \qquad (22.1.10)$$

410

wobei der Quotient $I_0/I_{c\,max}$, der die Gleichstromkomponente bestimmt, aus Abb. 19.11b für verschiedene Stromflußwinkel ablesbar ist. In Kenntnis der Verlustleistung läßt sich auch der Wirkungsgrad des Vervielfachers angegeben:

$$\eta = \frac{P_{o\,max}}{P_{DC}} = \frac{0{,}14}{N\left(\dfrac{I_0}{I_{c\,max}}\right)}\,, \qquad (22.1.11)$$

wobei P_{DC} die aufgenommene Gleichstromleistung ist.

In *Tab. 22.1* sind unter dem Aspekt einer maximalen Ausgangsleistung die wichtigsten Größen für verschiedene Vervielfachungsfaktoren N zusammengefaßt.

Tabelle 22.1. Der optimale Stromflußwinkel und die dazugehörenden Leistungswerte für verschiedene Vervielfachungsverhältnisse

N	$2\alpha_{opt}$	$\dfrac{I_{cN}}{I_{c\,max}}$	$\dfrac{P_{o\,max}}{P_A}$	$\dfrac{R_{L\,opt}}{r_{sat}}$	$\dfrac{P_d}{P_A}$	$\eta = \dfrac{P_{o\,max}}{P_{DC}}$
2	120°	0,28	0,28	3,6	0,6	32%
3	80°	0,186	0,186	5,4	0,375	33%
4	60°	0,14	0,14	7,1	0,26	35%
5	48°	0,11	0,11	8,7	0,2	44%

Was geschieht aber, wenn trotz optimaler Einstellung die Verlustleistung P_d den für den Transistor zulässigen Wert überschreitet? Da der Wert von P_d von der Versorgungsspannung U_b abhängt, ist es naheliegend, diese nötigenfalls zu reduzieren. Hiermit ist natürlich auch in ähnlichem Maße eine Verringerung der Ausgangsleistung verbunden. Oftmals ist jedoch die Versorgungsspannung ein vorgegebener Wert, nach dem man sich beim Entwurf des Frequenzvervielfachers zu richten hat, und nicht umgekehrt. Die Frage ist also, wie man bei der ursprünglichen Versorgungsspannung U_b die Schaltung so einstellen kann, daß die zulässige Verlustleistung P_d gerade erreicht wird. In diesem Fall besteht die Aufgabe in der Bestimmung des Stromflußwinkels 2α und des Lastwiderstands R_L, was jedoch nicht mit den elementaren Zusammenhängen durchführbar ist.

Als erster Schritt bietet sich eine Verringerung des Stromflußwinkels und eine Erhöhung des Lastwiderstandes an, denn damit fällt die Verlustleistung. Bei derart modifizierten Parametern kann die Verlustleistung mit Hilfe des Zusammenhangs

$$P_d = 4P_A\left\{\frac{2\left(\dfrac{I_0}{I_{c\,max}}\right)}{1+\left(\dfrac{I_{cN}}{I_{c\,max}}\right)\cdot\dfrac{R_L}{r_{sat}}} - \frac{\left(\dfrac{I_{cN}}{I_{c\,max}}\right)^2\cdot\dfrac{R_L}{r_{sat}}}{\left[1+\left(\dfrac{I_{cN}}{I_{c\,max}}\right)\dfrac{R_L}{r_{sat}}\right]^2}\right\} \qquad (22.1.12)$$

berechnet werden. Im weiteren Verlauf des Verfahrens werden mit mehreren zusammengehörigen Wertepaaren von 2α und R_L auf grafischem Wege (durch Interpolation) die beiden Endwerte gesucht, aus denen sich aufgrund von (22.1.12) die gewünschte Verlustleistung ergibt und für die gleichzeitig die Ausgangsleistung maximal wird. Es sei bemerkt, daß es im allgemeinen überflüssig ist, die Rechnung mit großer Genauigkeit durchzuführen, denn die übrigen, nicht berücksichtigten Faktoren beeinträchtigen die Genauigkeit ohnehin. Hierzu zählen unter anderem die bezüglich der (abgestumpften Sinus-)Form der Kollektorstromimpulse gemachte Voraussetzung, die Annahme eines konstanten Sättigungswiderstandes r_sat und nicht zuletzt das frequenzabhängige Verhalten des Transistors, das wir im bisherigen außer acht ließen. Hierzu sei bemerkt, daß in einem Frequenzband, das sich etwa bis zu einem Zehntel der Grenzfrequenz f_T erstreckt, die Berechnung noch annehmbar genaue Ergebnisse liefert. Die tatsächlichen Daten lassen sich in jedem Fall nur nach dem Aufbau der Schaltung durch Messung gewinnen.

Mit der Berechnung von Transistor-Frequenzvervielfachern beschäftigt sich [22.15], wobei die nichtlineare Stromübertragung gemäß Ausdruck (19.7.1) Berücksichtigung findet.

Eine andere Methode der Frequenzvervielfachung besteht in der Anwendung eines nichtlinearen Reaktanzelementes. Als nichtlineare Reaktanzelemente kommen in erster Linie Halbleiterdioden in Betracht, bei denen bekanntlich die Sperrschichtkapazität von der angelegten Sperrspannung abhängt. Um bei der Vervielfachung einen hohen Wirkungsgrad zu sichern, werden Halbleiterdioden benötigt, deren Kapazitätsänderung im zur Verfügung stehenden Sperrspannungsbereich ziemlich groß ist, wie wir das beispielweise von Varicaps und Varaktoren her kennen. Die Funktionsweise solcher Frequenzvervielfacher kann damit erklärt werden, daß durch den Einfluß einer auf die Diode gegebenen Spannung der Frequenz der Grundharmonischen die Diode eine zeitabhängige Impedanz (Kapazität) zeigt. Diese als Fourier-Reihe entwickelt, finden wir in ihr zeitabhängige Impedanzglieder mit den einzelnen Frequenzen der Harmonischen. Wie wir bei den Mischstufen gesehen haben, erscheinen infolge der zeitabhängigen Impedanz (bei den Mischstufen die Steilheit) im Ausgangsstrom die Harmonischen, wobei lediglich mit entsprechenden selektiven Kreisen für deren Auswahl gesorgt werden muß. Ein großer Nachteil der Anwendung von Kapazitätsdioden zu Vervielfacherzwecken ist die gegenseitige Beeinflussung von Ein- und Ausgang und daß die Schaltung stark dämpft, da kein verstärkendes Element enthalten ist. Der Serien-Verlustwiderstand der Dioden beeinflußt ebenfalls in großem Maße den Wirkungsgrad solcher Frequenzvervielfacher sowie die obere Grenzfrequenz ihrer Anwendbarkeit. Mit den drei Haupttypen der Varaktoren und den auf ihnen basierenden Methoden der Frequenzvervielfachung beschäftigt sich Abschn. 1.5.

Frequenzvervielfachung tritt auch bei bipolaren Transistoren an der spannungsabhängigen Sperrschichtkapazität zwischen Kollektor und Basis auf, und diese nutzt man in gewissen Fällen auch aus.

Ein zur Frequenzvervielfachung geeignetes Element ist auch die Ladungsspeicherdiode (step-recovery diode, snap diode), die besonders bei Kammgeneratoren Verwendung findet. Bei Umschaltung der Ladungsspeicherdiode von der Durchlaß- in die Sperrichtung speichert sie nämlich die in der Sperrschicht angehäufte Ladung eine gewisse Zeit, in umgekehrter Richtung entlädt sich diese Ladung dagegen während einer sehr kurzen Zeit (≈ 100 ps). Die so auftretende sehr steile Rücklaufflanke erzeugt außerordentlich viele Harmonische, die zur Vervielfachung benutzt werden. Auch hier ist der Wirkungsgrad der Frequenzvervielfachung durch den Serien-Verlustwiderstand r_s bestimmt. *Abb. 22.4* zeigt die Frequenzabhängigkeit

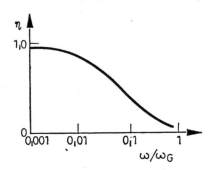

Abb. 22.4. Wirkungsgrad einer mit Ladungsspeicherdiode arbeitenden Frequenzverdopplerschaltung in Abhängigkeit von der Frequenz

des Wirkungsgrades; die Grenzfrequenz ω_G der Diode ergibt sich aus dem Zusammenhang

$$\omega_G = 1/r_s C_J, \qquad (22.1.13)$$

wobei C_J die Sperrschichtkapazität der Diode ist.

22.2 Schaltungen von Frequenzvervielfachern

In diesem Abschnitt werden einige typische Schaltungen von Frequenzvervielfachern vorgestellt, ihre hauptsächlichen Kenngrößen angegeben und einzelne Details ihrer Funktionsweise behandelt. *Abb. 22.5* zeigt eine Ver-

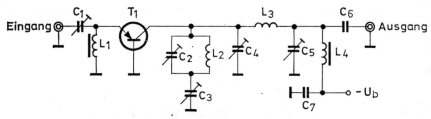

Abb. 22.5. Schaltung eines Frequenzverdopplers für geringe Leistungen

413

dopplerschaltung mit einem in Basisschaltung arbeitenden Transistor. Der Eingang des Transistors wird mit dem Trimmer C_1 an den Innenwiderstand des Generators angepaßt, die Drossel D_1 sorgt für die gleichstrommäßige Erdung des Emitters. Die Schaltung arbeitet dementsprechend im C-Betrieb. Die Sperrspannung ist identisch mit der Kniespannung U_k der Eingangskennlinie. Das im Kollektorkreis angeordnete, aus den Elementen C_2, L_2 und L_3 bestehende Reaktanznetzwerk stellt als Serienschwingkreis für die Grundharmonische einen Saugkreis dar, gleichzeitig verhält es sich als Parallelschwingkreis für die gewünschte zweite Harmonische, bedeutet also für sie keine Belastung. Letztere Bedingung drückt die Gleichung

$$2\omega_0 \sqrt{L_2 C_2} = 1 \qquad (22.2.1)$$

aus. Benutzen wir sie im Ausdruck für den Serienschwingkreis

$$j\omega_0 L_2 \,||\, \frac{1}{j\omega C_2} + \frac{1}{j\omega C_3} = 0, \qquad (22.2.2)$$

dann erhalten wir den Zusammenhang zwischen den beiden Abstimmkapazitäten:

$$C_3 = 3 C_2 \,. \qquad (22.2.3)$$

Mit dieser Methode kann man eine hohe Unterdrückung der Grundharmonischen erreichen, was nicht nur für die Reinheit des Ausgangssignals wichtig ist, sondern auch deshalb, weil im entgegengesetzten Fall die hohe Amplitude der Grundharmonischen am Kollektor den Transistor in die Sättigung steuern würde und so die als Ausgangspunkt unserer Betrachtung dienenden Kollektorstromimpulse ganz andere Form hätten. Die Gefahr einer Steuerung in den Sättigungsbereich läßt sich zwar durch Verringerung der Kollektorimpedanz (durch eine steilere Arbeitsgerade) reduzieren, doch damit verringern sich die Verstärkung und verständlicherweise auch die entnehmbare Leistung beträchtlich.

Das aus den Elementen C_4, C_5 und L_3 bestehende Tiefpaß-π-Glied paßt den Kollektor in Richtung Last an. Der Kondensator C_6 dient teilweise zur Impedanztransformation, teilweise zur gleichstrommäßigen Trennung. Die Gleichstromversorgung des Kollektors geschieht über die Drossel L_4. Die Schaltung verdoppelt die Eingangsfrequenz $f_0 = 120$ MHz bei verhältnismäßig geringem Leistungspegel; die Unterdrückung der Grundharmonischen beträgt etwa -50 dB.

Abb. 22.6 zeigt eine Hochleistungs-Frequenzverdopplerschaltung. Das aus den Elementen C_1, C_2 und L_1 bestehende T-Glied paßt den Eingang des Transistors an den Innenwiderstand des Transistors und an den Innenwiderstand des Generators an. Hierbei spielt aber auch die Kapazität C_3 eine Rolle, die, von der zweiten Harmonischen aus gesehen, an der Basis eine geringe Impedanz darstellt. Die Drossel L_2 stellt die gleichstrommäßige Erdung der Basis her. Der Kondensator C_4 entkoppelt den Emitter; mit dem veränderlichen Widerstand R_1 läßt sich die für den C-Betrieb notwendige Gleichspannung U_{BE} einstellen. Mit Erhöhung des Widerstandes R_1 steigt die Spannung U_{BE}. Infolge des nun um so ausgeprägteren C-Betriebes steigt der Wirkungsgrad, doch sinkt die Verstärkung hierbei. Dem aus den Elementen L_3, L_4, C_5 und C_6 bestehenden π-Glied im Kollektorkreis sind wir bereits bei der Behandlung der selektiven Leistungsverstärker begegnet. Der Kondensator C_7 dient zur hochfrequenzmäßigen Entkopplung des „kalten" Endes der Spule L_3, die eine verhältnismäßig hohe Induktivität besitzt. Zur Verhinderung von eventuell bei tiefen Frequenzen auftretenden Parasitärschwingungen dient der mit dem Serien-Verlustwiderstand R_2 versehene Entkoppelkondensator C_8. Die Frequenzverdopplerschaltung liefert mit einem Transistor der Grenzfrequenz $f_T \approx 300$ MHz im Fall einer Eingangsfrequenz von $f_0 = 87,5$ MHz bei einem Wirkungsgrad von etwa 50% eine Ausgangsleistung von $P_0 = 0,5 \dots 1$ W, wie wir in Abb. 22.6b sehen können. Abb. 22.6c zeigt in Abhängigkeit von der Spannung U_{BE} die Änderung der Verstärkung und des Wirkungsgrades. Der durchschnittliche Wert der Verstärkung beträgt 10 dB, mit Erhöhung der Sperrspannung U_{BE} fällt er etwas ab.

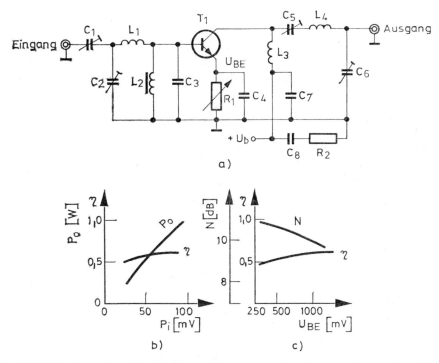

Abb. 22.6. Schaltung eines Hochleistungs-Frequenzverdopplers (a), dessen Ausgangsleistung und Wirkungsgrad in Abhängigkeit von der Eingangsleistung (b) sowie dessen Verstärkung und Wirkungsgrad in Abhängigkeit von der Sperrspannung U_{BE} (c)

Eine Frequenzverdreifacherschaltung für hohe Leistung ist in *Abb. 22.7* zu sehen. Zur Anpassung des Eingangs dient das aus den Elementen C_1, C_2 und L_1 bestehende T-Glied, der Serienschwingkreis aus L_3 und C_3 bedeutet für die zweite Harmonische einen Kurzschluß. Die Drossel L_2 legt die Basis gleichstrommäßig auf Masse. Der Emitter wird mit C_4 entkoppelt, der sehr niederohmige Widerstand R_1 erzeugt die für den C-Betrieb notwendige Vorspannung. Das im Kollektorkreis befindliche Reaktanznetzwerk erscheint ziemlich kompliziert, und tatsächlich hat es auch eine recht komplizierte Aufgabe zu erfüllen. Wenn jedes Element auch eine eigene Funktion hat und gesondert betrachtet werden kann, darf jedoch nicht vergessen werden, daß die einzelnen Elemente des Reaktanzfilters die anderen in ihrer Funktion beeinflussen (belasten, verstimmen usw.). Die Hauptaufgabe des Netzwerkes besteht einmal in der Filterung der mit geringer Amplitude auftretenden dritten Harmonischen, zum anderen müssen die Spannungen der Grund- und der zweiten Harmonischen kurzgeschlossen werden, um eine Steuerung in den Sättigungsbereich zu verhindern. Zu diesem Zweck dienen die Serienschwingkreise (Saugkreis, idler) aus C_5/L_5 und C_6/L_6.

Eine sehr selektive Filterung, außerdem die Anpassung an die Last ist die Aufgabe der übrigen Reaktanzelemente. Das aus den Elementen C_9, C_{10} und L_8 gebildete Hochpaß-T-Glied trägt zur weiteren Unterdrückung der Grund- und der zweiten Harmonischen bei. Die Drossel L_4 ermöglicht die gleichstrommäßige Versorgung des Transistors, C_7 und der mit dem Serien-Verlustwiderstand R_2 versehene Kondensator C_{12} sorgen für eine schwingungsfreie Entkopplung. Über das im Kollektorkreis befindliche Reaktanznetzwerk sei noch so viel gesagt, daß seine Einstellung auf experimentellem Wege, durch Abgleich der Ausgangsleistung des frequenzverdreifachten Signals auf Maximum möglich ist. Die auf Abschlußwiderstände von $R_g = R_L = 50\ \Omega$ arbeitende Schaltung verdreifacht die Frequenz $f_0 = 150$ MHz; bei einem Wirkungsgrad von $\eta = 45\%$ verstärkt sie die Eingangsleistung von $P_i = 0{,}3$ W auf eine Ausgangsleistung von $P_0 = 1{,}5$ W.

Eine Frequenzverdreifacherschaltung für hohe Frequenzen in der ein Mikrowellentransistor Anwendung findet, zeigt *Abb. 22.8* [22.2]. Der Eingangskreis ähnelt in seinem Aufbau dem des bei den früheren Schaltungen behandelten T-Gliedes. Der Serienschwingkreis aus L_3 und C_3 stellt für die

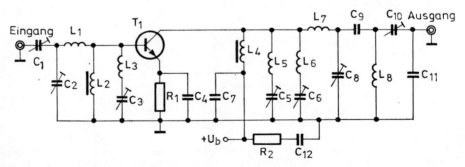

Abb. 22.7. Hochfrequenz-Frequenzverdreifacherschaltung

zweite Harmonische einen Kurzschluß dar. Über die Drossel L_1 und den mit ihr in Reihe liegenden Verlustwiderstand R_1 wird die Basis gleichstrommäßig an Masse gelegt. Letzterer verhindert die bei tiefen Frequenzen auftretende Schwingneigung (siehe hierzu das bei der Behandlung der Leistungsverstärker Gesagte). Mit Rücksicht auf die sehr hohe Betriebsfrequenz ist der Kollektorkreis als Hochfrequenzleitung ausgeführt, d. h., ein kurzgeschlossenes Leitungsstück realisiert hier die Induktivität L_7. Die Auskopp-

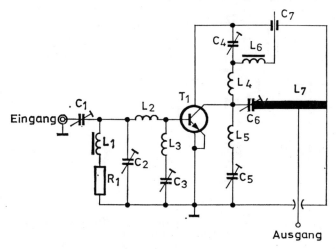

Abb. 22.8. Frequenzverdreifacherschaltung für das UHF-Band

lung des Signals auf den Ausgang geschieht von einem Punkt niedriger Impedanz, der in der Nähe des kurzgeschlossenen Endes liegt. Die Serienschwingkreise aus L_4/C_4 und L_5/C_5 filtern die Grundwelle und die zweite Harmonische aus. Der genaue Abgleich geschieht durch Einstellung der Ausgangsleistung auf Maximum. Die Drossel L_6 sichert die Gleichstromversorgung des Transistors. Die mit den Widerständen $R_g = R_L = 50\ \Omega$ abgeschlossene Schaltung erzeugt aus einem Eingangssignal der Frequenz $f_0 = 340$ MHz ein Ausgangssignal der Frequenz $f_0 = 1{,}02$ GHz bei einem Leistungspegel von $P_0 = 1 \ldots 2{,}5$ W.

Abb. 22.9 zeigt die Schaltung eines Frequenzvervielfachers, bei der der bekannte, aus drei Transistoren bestehende monolithisch integrierte Verstärker verwendet wird. Der Verstärker arbeitet im C-Betrieb, d. h., die Transistoren T_1 und T_2 öffnen erst oberhalb eines bestimmten Eingangsspannungspegels U_i. Die Schaltung erinnert an einen Gegentaktbetrieb, doch ist das wegen des ausgangsseitigen Schwingkreises aus C_3 und L_3 offensichtlich nicht der Fall (daher die Bezeichnung push-push). Abb. 22.9b veranschaulicht die Funktionsweise der Schaltung. Bei positivem Spitzenwert der Spannung U_i öffnet der eine Transistor, bei negativem Spitzenwert der andere, infolgedessen treten in der gemeinsamen Kollektorleitung Stromimpulse mit einer doppelt so hohen Häufigkeit wie die Grundharmonische f_0 auf. Mit dem Schwingkreis aus L_3 und C_3 können aus diesen Strom-impulsen geradzahlige Harmonische, d. h. die Frequenzen $2f_0$, $4f_0$ usw., ausgesiebt werden.

Abb. 22.10 zeigt Schaltungen von Dioden-Frequenzverdopplern. Die verwendeten Dioden sind bei kleinen Leistungspegeln im allgemeinen Vari-caps oder Ladungsspeicherdioden [22.12], bei höheren Leistungspegeln

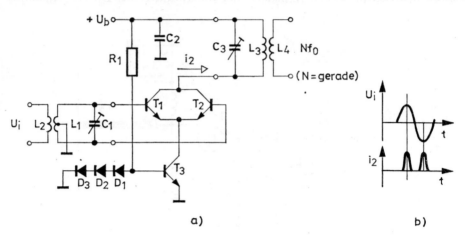

Abb. 22.9. Frequenzvervielfacher mit integrierter Schaltung (a) und Zeitfunktion des Ausgangsstroms (b)

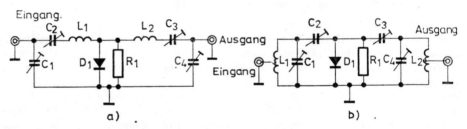

Abb. 22.10. Varaktor-Frequenzverdopplerschaltung für hohe Leistungen mit L-Anpassungsgliedern (a) und angezapften Parallelschwingkreisen (b)

($P_0 > 0,1$ W) kommen Varaktoren zur Anwendung [22.17]. Ist der Wert des Wirkungsgrades unkritisch, dann kann man auch mit üblichen Silizium-Epitaxie-Schaltdioden eine relativ gute Funktion erreichen. Die am Ein- und Ausgang befindlichen Reaktanzelemente führen eine Impedanztrans-formation (Anpassung) durch bzw. filtern am Ausgang die gewünschte zweite Harmonische aus. Den C-Betrieb der Diode sichert die über dem hochohmigen Widerstand R_1 (> 30 kΩ) auftretende gleichgerichtete Sperr-spannung.

Die Reaktanzfilter sind in Abb. 22.10a mit L-Gliedern, in Abb. 22.10b mit aus Parallelschwingkreisen aufgebauten L-Gliedern realisiert, und an

418

die Anzapfungen dieser Parallelschwingkreise schließen sich die niederohmigen Widerstände von Generator und Last an. Bei höheren Frequenzen ersetzt man die Induktivitäten der Schwingkreise durch kurzgeschlossene Leitungsstücke. Der Anschluß an Generator und Last erfolgt hierbei jeweils vom (nahe des Kurzschlusses liegenden) Punkt geringer Impedanz. Werden moderne Varaktoren verwendet, so kann man mit diesen Schaltungen bis zu sehr hohen Leistungspegeln ($P_0 > 100$ W) besonders im Frequenzband unter 1 GHz eine recht effektive Frequenzvervielfachung ($\eta = 50 \ldots 60\%$) erzielen.

In *Abb. 22.11* sehen wir eine mit einem Varaktor arbeitende Frequenzverdreifacherschaltung. Der Aufbau der Reaktanzfilter am Ein- und Ausgang ähnelt der vorangegangenen Schaltungslösung, ein Unterschied besteht jedoch in der Anwendung des Serienschwingkreises aus L_3 und C_3, der für die zweite Harmonische einen Kurzschluß bedeutet. Bei der in Abb. 22.11b gezeigten Variante finden wir anstelle der konzentrierten Induktivität am Ausgang ein kurzgeschlossenes Leitungsstück, an dessen Anzapfung die Ausgangslast geschaltet wird. Mit der Schaltung läßt sich bei Verwendung eines Hochleistungs-Varaktors der Grenzfrequenz $f_G = 25$ GHz im Falle einer Eingangsfrequenz von $f_0 = 150$ MHz und einer Eingangsleistung von $P_i = 25$ W ein Wirkungsgrad von $\eta \approx 60\%$ erreichen. Die Grenzfrequenz des Varaktors ergibt sich aus dem Zusammenhang $\omega_G = 1/r_s C_j$, wobei r_s der (im allgemeinen einige Ohm messende) Serien-Verlustwiderstand und C_j der (im allgemeinen bei der maximalen Sperrspannung auftretende) Kapazitätswert des Varaktors ist.

Der Wirkungsgrad der Frequenzvervielfachung fällt verständlicherweise mit der Erhöhung der Leistung; außerdem ändert er sich auch abhängig

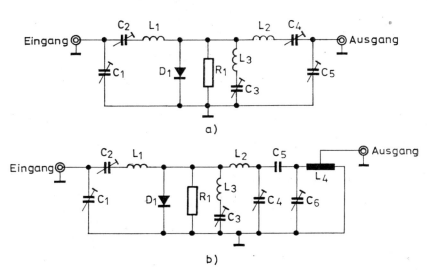

Abb. 22.11. Varaktor-Frequenzverdreifacherschaltung für hohe Leistungen mit L-Anpassungsgliedern (a) und mit einem Leitungsstück zur ausgangsseitigen Anpassung (b)

davon, welche Harmonische der Grundschwingung zur Frequenzvervielfachung ausgenutzt wird. *Abb. 22.12* zeigt den Verlauf des Wirkungsgrades von mit Varaktoren aufgebauten Vervielfachern in Abhängigkeit von der Eingangsleistung P_i im GHz-Bereich für Verdoppler-, Verdreifacher- und Vervierfacherschaltungen.

Eine gesonderte Familie der Frequenzvervielfacher bilden die sogenannten Frequenz-Kammgeneratoren, bei denen im wesentlichen das Spektrum einer aus sehr kurzen Impulsen bestehenden Impulsserie ausgenutzt wird. Bei der in *Abb. 22.13a* gezeigten Schaltung gelangt die sinusförmige Eingangsspannung über den Koppelkondensator C_1 auf die Kapazität C_2, die für die sich anschießende Schaltung, bestehend aus der Induktivität L_2 und der Ladungsspeicherdiode D_1, als Generator geringer Impedanz arbeitet [22.7]. Über die Drossel L_1 gelangt die Gleichspannung U_D als Sperrspannung auf die Diode. Bei den Amplitudenspitzen der sinusförmigen Steuerspannung öffnet die Diode, dagegen geht der Rückfall in den Sperrbereich sehr steil, d. h. während einer sehr kurzen Zeitspanne, vor sich. Über der Induktivität L_2 entstehen auf diese Weise sehr kurze Spannungsimpulse hoher Amplitude, wie wir in *Abb. 22.13b* sehen können. Der Wirkungsgrad der Schaltung (d. h. das Verhältnis aus Impulsleistung und aufgenommener

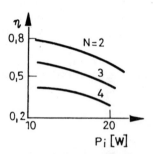

Abb. 22.12. Wirkungsgrad einer im Frequenzband 0,5...2 GHz arbeitenden Varaktor-Frequenzvervielfacherschaltung in Abhängigkeit von der Eingangsleistung bei verschiedenen Vervielfachungsverhältnissen

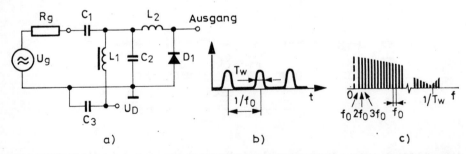

Abb. 22.13. Schaltung eines mit einer Ladungsspeicherdiode arbeitenden Frequenz-Kammgenerators (a), Zeitfunktion des Ausgangssignals (b) und spektrale Verteilung des erhaltenen Signals (c)

Leistung) kann 80% erreichen; diese Methode ist also sehr wirtschaftlich. Die Breite der erhaltenen Impulse ist sehr gering, selbst Werte um $T_w = 70$ ps sind möglich, was bedeutet, daß das Spektrum der Impulsserie, wie wir es in *Abb. 22.13c* sehen, sehr reich an Harmonischen ist.

Im Linienspektrum befinden sich die einzelnen Komponenten in einer Entfernung von f_0 voneinander, wobei f_0 die Frequenz der Steuerspannung

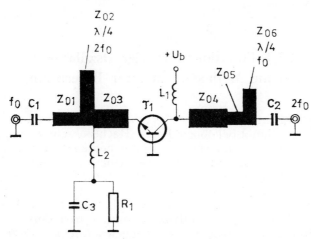

Abb. 22.14. Mit Höchstfrequenz-Leitungsstücken angepaßter Transistor-Frequenzverdoppler für den Mikrowellenbereich

ist und die Amplitude dieser Komponenten in einem breiten Frequenzband als etwa konstant angesehen werden kann. Dieses Frequenzband hat näherungsweise die Breite $1/\pi T_w$. Die Amplitude der Komponenten mit der Frequenz $1/T_w$ fällt auf null ab, danach beginnt sie erneut zu steigen. Wie ersichtlich ist, bildet sich bis zur Frequenz $1/\pi T_w$ ein Frequenz-Kamm aus, in welchem bei dem gegebenen Raster sehr viele Frequenzkomponenten mit etwa gleicher Amplitude enthalten sind. Hat die Steuerspannung eine Frequenz von $f_0 = 10$ MHz und beträgt die Impulsbreite $T_w = 100$ ps, so erhalten wir im Frequenzband $f = 10$ MHz ... 3 GHz einen fast geraden Frequenz-Kamm mit einem Raster von 10 MHz [22.8].

Abb. 22.14 zeigt einen mit Höchstfrequenz-Leitungsstücken angepaßten Transistor-Frequenzverdoppler für den Mikrowellenbereich, der in Streifenleitertechnik ausgeführt wurde [22.18]. Die Eingangsfrequenz der im C-Betrieb arbeitenden Schaltung beträgt $f_0 = 1,15$ GHz, die Eingangsleistung 140 W, die Verstärkung 7 dB und der Wirkungsgrad 25%. Die Unterdrückung der nicht erwünschten Frequenzen am Ein- und Ausgang wird durch Kurzschluß mittels $\lambda/4$-langer Höchstfrequenz-Leitungsstücke erreicht.

23 Hochfrequenz-Oszillatoren

23.1 Funktionsweise der Oszillatoren
und die Methoden zu ihrer Berechnung

Unter der Bezeichnung Oszillator verstehen wir im weiteren Sinne eine Schaltung, die ein Signal beliebiger Form (Rechteckschwingung, Sägezahnspannung usw.) erzeugt, im engeren Sinne nennen wir Schaltungen, die ausschließlich zur Erzeugung von Sinusschwingungen dienen, Oszillatoren. Uns interessieren hier aus der Sicht der Hochfrequenzen in erster Linie die letzteren.

Bedingung für den Betrieb der Oszillatorschaltung ist das Vorhandensein einer positiven Rückkopplung (Mitkopplung), durch deren Wirkung die Schaltung selbständig Schwingungen erzeugen kann. Dieser Zustand stellt sich bei der Erfüllung der sogenannten Schwingungsbedingung ein, die sich für jeden Schaltungtyp (unter Verwendung von Kleinsignal-Parametern) mit Hilfe der Vierpoltheorie aufstellen läßt. Zur Erzeugung von Schwingungen konstanter Amplitude wird ein Begrenzer (Limiter) benötigt, der als nichtlineares Element der durch die Mitkopplung bedingten, mehr und mehr ansteigenden Amplitude eine Grenze setzt und den Schwingungspegel stabilisiert. Dies sind die beiden Hauptkriterien für gut arbeitende Oszillatoren. Darüber hinaus ist noch die Frequenzabhängigkeit des Oszillators wesentlich, falls dieser abgeglichen werden soll. Insofern müssen die aufgezählten Kenngrößen im gesamten zu überstreichenden Frequenzband entsprechende Werte aufweisen.

Betrachten wir den Oszillator als rückgekoppelten Verstärker *(Abb. 23.1)*, so gilt für ihn die bekannte Gleichung

$$A_f = \frac{A}{1 - \beta A}. \tag{23.1.1}$$

Der rückgekoppelte Verstärker zeigt im Falle

$$\beta A = 1 \tag{23.1.2}$$

unendliche Verstärkung, was bedeutet, daß am Ausgang auch im Falle eines Eingangssignals von null eine Spannung erscheint, d. h., die Schaltung erzeugt selbst Schwingungen. Die Schwingungsbedingung (23.1.2) läßt sich in Kenntnis der Leerlaufverstärkung A und des Rückkopplungsfaktors β für verschiedene Oszillatorschaltungen aufstellen.

Ein anderes Verfahren benutzt die Pol-Nullstellen-Methode. Hierbei stellt man zuerst die Netzwerkfunktion $Z(p)$ auf und spaltet sie in Wurzelfaktoren. Abhängig von den Werten der Pole der Netzwerkfunktion stellt sich entweder eine stationäre Schwingung ein, oder die Schaltung erzeugt durch die

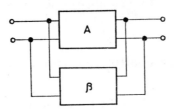

Abb. 23.1. Zur Behandlung der Oszillatoren als positiv rückgekoppelte Verstärker

Wirkung eines Stromstoßes gedämpfte Schwingungen (bzw. die Schaltung kehrt bei sehr hoher Dämpfung, ohne daß eine Schwingung auftritt, exponentiell in den Ruhezustand zurück). Die aus den Polen der Netzwerkfunktion erhaltene Schwingungsbedingung liefert das gleiche Ergebnis wie der Zusammenhang (23.1.2).

Die Schwingungsbedingung läßt sich auch aus den Vierpolparametern der Schaltung bestimmen, wobei man ähnlich wie bei der Untersuchung der Stabilität der Kleinsignal-Verstärker vorgeht. Betrachtet man beliebige äußere Punkte der Schaltung als Ausgang bzw. Eingang, so muß im für Admittanzparameter aufgestellten Gleichungssystem der in die Schaltung hinein- bzw. aus ihr herausfließende Strom null sein, da die Schaltung weder angesteuert noch belastet wird. Hierbei sind die äußeren Abschlüsse mit in die Oszillatorschaltung einzubeziehen. Aufgrund der Zusammenhänge (14.1.1) lautet hier die Schwingungsbedingung

$$y_{11}y_{22} - y_{12}y_{21} = 0 \,, \tag{23.1.3}$$

wobei die fraglichen Admittanzparameter die resultierenden, also durch die Abschlüsse ergänzten Admittanzparameter der Schaltung sind.

Schließlich ist es noch üblich, die Schwingungsbedingung aus der Gleichheit von negativem und positivem Widerstand zu bestimmen. Jede positiv rückgekoppelte (mitgekoppelte) Schaltung stellt nämlich einen negativen Widerstand dar, der im stationären Betriebzustand die Belastung (als positiven Widerstand) kompensiert. Einem negativen Widerstand begegnen wir beispielsweise bei Tunneldioden. Bei Oszillatoren, die mit solchen Bauelementen aufgebaut werden, ist diese Methode besonders anschaulich. Die Schwingungsbedingung läßt sich, wie wir gesehen haben, auf verschiedene Weise bestimmen, doch führt das in jedem Fall zur gleichen komplexen Gleichung. Durch Gleichsetzen der Real- und Imaginärteile läßt sich die komplexe Gleichung in zwei skalare Gleichungen aufspalten. Aus der Gleichung für die Imaginärteile ergibt sich die Schwingfrequenz, und aus den Realteilen erhalten wir die zur Schwingung notwendigen Abschlußwerte und das Rückkopplungsverhältnis.

Der Arbeitspunkt im stationären Betrieb des Oszillators weicht von dem beim Einschalten ab. Lassen wir diesen Umstand außer Betracht, sichern also nicht den Anfangs-Arbeitspunkt, der zur Schwingungserzeugung notwendig ist, so wird die Oszillation erschwert bzw. muß der Oszillator nach dem Einschalten mit einem Impuls angestoßen werden.

23.2 Prinzipschaltungen von Oszillatoren

Betrachten wir die praktischen Realisierungsmöglichkeiten der positiven Rückkopplung, so können wir von verschiedenen Oszillatortypen sprechen. Bei den hier behandelten Schaltungslösungen wird als aktives Element ein Transistor verwendet, doch sind die beschriebenen Zusammenhänge (mit entsprechenden Abänderungen) auch für Realisierungen mit anderen aktiven Elementen wie z. B. mit integrierten Schaltungen gültig.

Abb. 23.2a zeigt die Prinzipschaltung eines Oszillators, bei dem über einen Transformator das im Kollektor-Schwingkreis entstehende Signal auf die

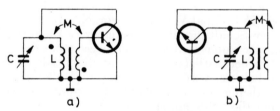

Abb. 23.2. Transformatorisch rückgekoppelter Oszillator in Emitter- (a) und Basis-schaltung (b)

Basis des Transistors zurückgeführt wird. Die Wicklungsrichtungen sind hier einander entgegengesetzt, da zur Erzeugung der Mitkopplung die Phasendrehung der Emitterschaltung durch die des Transformators ausgeglichen werden muß.

Es sei vorausgesetzt, daß die Betriebsfrequenz wesentlich unter der Grenzfrequenz des Transistors liegt, weiterhin, daß der Transistor rückwirkungsfrei arbeitet. Das bedeutet, daß die beiden wesentlichen Vierpolparameter, die Eingangsimpedanz h_{11e} und die Stromverstärkung h_{21e}, real sind, also keine Phasenverschiebungen auftreten. Die Ausgangsimpedanz h_{22e} ist, falls sie sich nicht vernachlässigen läßt, mit in den Kollektorkreis hinzubeziehen, und zwar so, daß wir ihren als real vorausgesetzten Wert als Verlustgröße des Schwingkreises bewerten. Mit diesen Näherungen erhalten wir als

Schwingungsbedingung der Schaltung

$$h_{21e} > \frac{h_{11e}}{R_k n} + n,$$ (23.2.1)

wobei R_k der erwähnte Resonanzwiderstand des Kollektorkreises ist und n das Rückkopplungsverhältnis:

$$n = - M/L .$$ (23.2.2)

Das Rückkopplungsverhältnis stimmt bei fester Kopplung mit dem Windungszahlverhältnis der beiden Spulen überein, d. h. $n = n_b/n_c$. Hierbei sind n_c und n_b die Windungszahlen für die Kollektor- bzw. Basisspule. Die Oszillationsfrequenz wird durch den Kollektorkreis, d. h. durch die Abstimmkapazität C und die Primärinduktivität L, bestimmt. Sind Eingangs- bzw. Ausgangsimpedanz komplex, so müssen die Reaktanzen mit in den Schwingkreis einbezogen werden.

Bei loser Transformatorkopplung können die an der Basis befindliche Induktivität (Sekundärkreis) und die Eingangskapazität des Transistors einen gesonderten Schwingkreis bilden, der den Oszillatorbetrieb stören kann. Eine neue Situation entsteht, wenn der Phasenwinkel des Stromverstärkungsfaktors h_{21e} vernachlässigbar ist, die gesamte Rechnung verliert dann ihre Gültigkeit. In der Praxis kann bei kleinen Phasenverschiebungen ($\varphi_{21e} < -45°$) die Schwingungsbedingung ohne weiteres benutzt werden, allerdings nur näherungsweise, denn die erhaltenen Werte müssen dann in jedem Fall korrigiert werden.

Abb. 23.2b zeigt die Prinzipschaltung eines Oszillators in Basisschaltung, bei dem eine transformatorische Rückkopplung auf den Emitter erfolgt. Da in der Basisschaltung keine Phasendrehung auftritt, stimmen auch die Windungsrichtungen der beiden Wicklungen des Transformators überein. Die Schwingungsbedingung der Schaltung ähnelt der von Ausdruck (23.2.1), jedoch mit dem Unterschied, daß hier die Hybridparameter der Basisschaltung einzusetzen sind:

$$h_{21b} > \frac{h_{11b}}{R_k n} + n.$$ (23.2.3)

Das Übersetzungsverhältnis n ist hier — ebenso wie bei Ausdruck (23.2.2) bzw. festerer Kopplung — der Quotient aus der Windungszahl der Sekundärspule n_e und der Windungszahl der Kollektorspule n_c, d. h. $n = n_e/n_c$.

Für komplexe Vierpolparameter gilt das vorhin Gesagte. Allerdings ist zu bemerken, daß bei der Basisschaltung der Stromverstärkungsfaktor h_{21e} in einem wesentlich breiteren Frequenzband real ist, seine Phasenverschiebung steigt nur langsam mit der Frequenz, so daß der Zusammenhang in einem breiteren Band verwendet werden kann.

Abb. 23.3a zeigt einen Oszillator mit induktiver Dreipunktschaltung, auch Hartley-Oszillator genannt. Die Rückkopplung wird auch hier auf induktivem Wege realisiert. In der Praxis legt man im allgemeinen nicht die Basis, sondern den Emitter des Transistors auf Masse und benutzt die entsprechende Spulenanzapfung zur gleichstrommäßigen Speisung *(Abb. 23.3b)*. Für die Schwingungsbedingung des Hartley-Oszillators erhalten wir mit den Bezeichnungen in der Abbildung den Zusammenhang

$$h_{21e} > \frac{h_{11}}{R_k} \frac{(1+n)^2}{n} + n. \qquad (23.2.4)$$

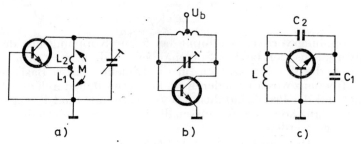

Abb. 23.3. Oszillatoren in Dreipunktschaltung: Hartley-Oszillator (a), dessen Variante in Emitterschaltung (b) und Colpitts-Oszillator (c)

Hierbei sind R_k der Resonanzwiderstand des Schwingkreises, der auch den Ausgangswiderstand des Transistors enthält, und n das Rückkopplungsverhältnis:

$$n = \frac{L_1 + M}{L_2 + M}. \qquad (23.2.5)$$

Bei der Bestimmung der Schwingfrequenz ist neben der Kapazität C die resultierende Induktivität $L = L_1 + L_2 + 2M$ zu berücksichtigen. Durch seinen einfachen Aufbau ist der Hartley-Oszillator sehr beliebt, im Ultrakurzwellen- oder noch kurzwelligeren Bereich verwendet man jedoch eher sein kapazitives Pendant, den Oszillator in kapazitiver Dreipunktschaltung, auch Colpitts-Oszillator genannt. *Abb. 23.3c* zeigt die Prinzipschaltung des Colpitts-Oszillators. Die Rückkopplung erfolgt auf kapazitivem Weg. Diese Methode ist — indem hierbei die ohnehin immer vorhandene (innere) kapazitive Rückwirkung des Transistors berücksichtigt wird — sehr geeignet für den Betrieb bei hohen Frequenzen. Aus diesem Grund treffen wir diesen Oszillatortyp im Ultrakurzwellenbereich sehr häufig an. Die Schwingungsbedingung ist die gleiche wie beim Hartley-Oszillator, lediglich das Rückkopplungsverhältnis hat hier die Form $n = C_2/C_1$. Bei der Bestimmung der Schwingungsfrequenz ist neben der Induktivität L mit der resultierenden Kapazität

$$C = \frac{C_1 C_2}{C_1 + C_2} \qquad (23.3.6)$$

zu rechnen. Der ausführliche Entwurf eines Colpitts-Oszillators wird in [23.29] behandelt.

Abb. 23.4 zeigt die Prinzipschaltung des Clapp-Oszillators, der eigentlich eine modifizierte Form des Colpitts-Oszillators darstellt, indem sich hier im Kollektorkreis ein Serienschwingkreis befindet. Der Vorteil der Schaltung liegt in der hohen Frequenzstabilität, weshalb man sie besonders als Quarzoszillator gern verwendet. Die Schwingungsbedingung lautet hier

$$h_{21e} < \frac{h_{11e}}{R_k} \left(\frac{C_2}{C} \right)^2 \cdot \frac{1}{n} + n, \qquad (23.2.7)$$

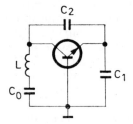

Abb. 23.4. Transistorisierter Clapp-Oszillator

wobei das Rückkopplungsverhältnis mit dem des Colpitts-Oszillators übereinstimmt, d. h. $n = C_2/C_1$. Die resultierende Kapazität im Ausdruck, die gleichzeitig auch bestimmend für die Schwingfrequenz ist, hat den Wert

$$C = \frac{C_0 C_1 C_2}{C_0 C_1 + C_0 C_2 + C_1 C_2}. \qquad (23.2.8)$$

Wie aus dem Ausdruck ersichtlich ist, wird bei hohen Kapazitätswerten von C_1 und C_2 die resultierende Kapazität $C \approx C_0$, d. h., die Schwingfrequenz wird dann vornehmlich durch den Serienschwingkreis bestimmt und kaum durch die übrigen Schaltungselemente (darunter auch der Transistor) beeinflußt. Dies ist die Erklärung für die hohe Frequenzstabilität des Clapp-Oszillators.

Wie beim Hartley- und Colpitts-Oszillator wurde auch beim Clapp-Oszillator vorausgesetzt, daß die Parameter in den Zusammenhängen reell sind. Das schließt jedoch nicht die Möglichkeit aus, daß wir diese Zusammenhänge auch bei Hochfrequenz bis zu einem Phasenwinkel von ungefähr $\varphi_{21e} < -45°$ verwenden. Die am Transistoreingang bzw. -ausgang auftretenden Impedanzen sind auch hier mit den entsprechenden Reaktanzen der äußeren Schaltung zusammenzufassen.

Der in den Ausdrücken auftauchende Resonanzwiderstand R_k kann aus folgendem Zusammenhang berechnet werden:

$$R_k = \frac{L}{r_s C} \| \frac{1}{\text{Re}(h_{22})} \| R_L, \qquad (23.2.9)$$

wobei r_s der Serienverlustwiderstand der Spule mit der Induktivität ist; $\text{Re}(h_{22})$ ist der Realteil der Ausgangsadmittanz und R_L der äußere Belastungswiderstand.

In den Schaltungsanordnungen wurde als aktives Element der Transistor verwendet, benutzen wir jedoch an seiner Stelle eine integrierte Schaltung, so bleiben die Zusammenhänge auch weiterhin gültig. Anstelle der Vierpolparameter gelangen dann sinngemäß die entsprechenden Vierpolparameter der integrierten Schaltung zur Anwendung.

Im bisherigen haben wir vorausgesetzt, daß die Grenzfrequenz des verwendeten aktiven Elements (Transistor) wesentlich höher als die Betriebsfrequenz des Oszillators liegt, d. h., bei der Berechnung der Schaltung wurde eigentlich mit der niederfrequenten Näherung gearbeitet. Bei der Erhöhung der Betriebsfrequenz tritt als wesentliche Erscheinung eine Erhöhung des Phasenwinkels der Übertragungsparameter (in erster Linie der Stromverstärkungsfaktor h_{21e}) in den Vordergrund. Wir wollen nun unter Berücksichtigung der Hochfrequenz-Kenngrößen die Schwingungsbedingung des gemäß Abb. 23.2a in Emitterschaltung und mit Transformatorschaltung arbeitenden Oszillators bestimmen.

Die als Ausgangsbasis für die Berechnung benutzte Schaltung sehen wir in *Abb. 23.5*, in der das aktive Element (Transistor) mit Hybridparametern bezeichnet ist. Die Funktionsweise des Oszillators kann auch so aufgefaßt

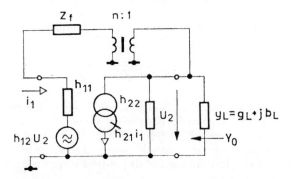

Abb. 23.5. Ersatzschaltung eines transformatorisch rückgekoppelten Oszillators

werden, daß der Realteil der Ausgangsadmittanz Y_0 durch die Wirkung der Rückkopplung negativ wird. Für die Schwingfähigkeit ist die Größe des negativen Widerstandes kennzeichnend, denn je besser der äußere Lastleitwert diesen kompensiert, desto stärker kann der Oszillator belastet werden. Als ersten Schritt stellen wir also den Wert der Ausgangsadmittanz Y_0 auf:

$$Y_o = h_{22} + \frac{(n - h_{12})(h_{21} + n)}{h_{11} + Z_f}. \qquad (23.2.10)$$

Trennen wir das zweite Glied in Real- und Imaginärteil, so können wir schreiben:

$$Y_o = h_{22} - (g_N + jb_N), \qquad (23.2.11)$$

wobei die Größen g_N und b_N als ziemlich komplizierte Zusammenhänge erscheinen. Wir wollen nun den Faktor

$$\Theta = \frac{\mathrm{Im}(h_{11}) + \mathrm{Im}(Z_f)}{\mathrm{Re}(h_{11}) + \mathrm{Re}(Z_f)}, \qquad (23.2.12)$$

einführen und die Gleichungen

$$\frac{\delta g_N}{\delta n} = 0, \qquad (23.2.13)$$

$$\frac{\delta g_N}{\delta \Theta} = 0 \qquad (23.2.14)$$

lösen, aus denen berechnet werden kann, bei welchem Transformationsverhältnis n und bei welcher Rückkopplungsimpedanz Z_f der negative Leitwert g_N am Ausgang maximal wird. Lösen wir die zur Berechnung des Extremwertes notwendigen zwei Gleichungen, so erhalten wir die Optimalwerte für das Transformationsverhältnis und den Faktor Θ, der die Rückkopplungsimpedanz charakterisiert:

$$n_{\mathrm{opt}} = \frac{1}{[2} \left[r_{12} - r_{21} + \frac{x_{12} + x_{21}}{r_{12} + r_{21}} (x_{12} - x_{21}) \right], \qquad (23.2.15)$$

$$\Theta_{\mathrm{opt}} = \frac{x_{12} + x_{21}}{r_{12} + r_{21}}. \qquad (23.2.16)$$

Zur besseren Überschaubarkeit der Zusammenhänge wurden hier die Übertragungs-(h-)Parameter in Real- und Imaginärteil aufgespalten benutzt:

$$h_{12} = r_{12} + jx_{12}, \qquad (23.2.17)$$

$$h_{21} = r_{21} + jx_{21}. \qquad (23.2.18)$$

Nach Rücksubstitution dieser Werte erhalten wir für den Real- und Imaginärteil des maximalen negativen Ausgangsleitwertes

$$\mathrm{Re}(Y_o)_m = \mathrm{Re}(h_{22}) - \frac{(r_{12} + r_{21})^2 + (x_{12} - x_{21})^2}{4[\mathrm{Re}(h_{11}) + \mathrm{Re}(Z_f)]}, \qquad (23.2.19)$$

$$\mathrm{Im}(Y_o)_m = \mathrm{Im}(h_{22}) + \Theta_{\mathrm{opt}}[\mathrm{Re}(Y_o) - \mathrm{Re}(h_{22})]. \qquad (23.2.20)$$

Betrachten wir hiernach zuerst, was sich bei Niederfrequenzen für den Wert von $\mathrm{Re}(Y_o)_m = G_o$ ergibt. Bei niedrigen Frequenzen ist $r_{12} = x_{12} =$

$= x_{21} = 0$ und damit der Stromverstärkungsfaktor $h_{21} = r_{21}$ und $\mathrm{Re}(h_{11}) = = h_{11}$. Setzen wir weiterhin voraus, daß $\mathrm{Re}\,(h_{22}) = \mathrm{Re}\,(Z_f) = 0$ ist, so ergibt sich bei Niederfrequenzen für den maximalen negativen Ausgangsleitwert $G_0 = - h_{21}^2/4h_{11}$.

In der Emitterschaltung ist $h_{21e} = \beta_0$ und $h_{11} \approx \beta_0/g_m$ und damit der maximale Wert des negativen Ausgangsleitwertes $G_{oe} = -\beta_0 g_m/4$, wobei g_m die Steilheit und $n_{opt} = \beta_0/2$ das optimale Übersetzungsverhältnis sind. Für die Basisschaltung lauten die beiden untersuchten Größen $G_{ob} = - g_m/4$ und $n_{opt} = 0,5$.

Bei Hochfrequenzen ist es sehr schwer, den Zusammenhang (23.2.19) auszuwerten, besonders dann, wenn der verwendete Transistor durch seine Ersatzschaltung gegeben ist. Zur Erleichterung der Berechnung soll hier für den maximalen negativen Ausgangsleitwert ein stark genäherter Ausdruck stehen, für den wir unter Verwendung der Elemente der Ersatzschaltung

$$\mathrm{Re}(Y_o)_m \approx \frac{g_m C_{b'c}}{C_{b'c} + C_{b'e}}\left[1 - \frac{\omega_T}{4r_b C_{b'c}\omega^2}\right] \qquad (23.2.21)$$

erhalten, wobei ω die Oszillations-Frequenz ist. Dieser Zusammenhang ist nur für Frequenzen gültig, für die die Bedingung

$$\omega C_{b'e} r_b \gg 1 \qquad (23.2.22)$$

gültig ist. Es ist lohnenswert, das in Klammern stehende zweite Glied des Ausdrucks (23.2.21) etwas näher zu betrachten, denn dieses steht mit der maximalen Schwingfrequenz (f_{max}) in Relation. Der Wert $\mathrm{Re}\,(Y_o)_m$ fällt an der maximalen Schwingfrequenz auf null, wodurch das zweite Glied im Ausdruck den Wert Eins annimmt. Hieraus erhalten wir die Gleichung (2.1.1) für die maximale Schwingfrequenz. Mit dem Entwurf von Hochfrequenz-Oszillatoren beschäftigen sich [23.29] und (23.30). Eine rechnerunterstützte Transientenanalyse behandelt [23.19].

Schließlich wollen wir uns anhand der in *Abb. 23.6* gezeigten Schaltungsanordnung mit der Funktionsweise des Negativ-Impedanz-Oszillators

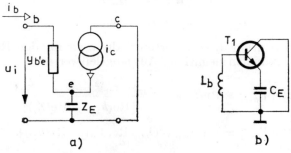

a)   b)

Abb. 23.6. Ersatzschaltung (a) und Prinzipschaltung (b) eines Negativ-Impedanz-Oszillators

beschäftigen. Es ist zu beweisen, daß infolge der Phasenverschiebung des Stromverstärkungsfaktors bei kapazitiver Emitterimpedanz Z_E der Realteil der Eingangsimpedanz des Transistors negativ wird. In der Abbildung ist der Transistor durch eine vereinfachte Ersatzschaltung dargestellt. Für die Frequenzabhängigkeit des Parameters h_{21e} ist im Frequenzbereich $\omega \gg \omega_\beta$ folgende Näherung gültig:

$$\frac{i_c}{i_b} = h_{21e} = \frac{\beta_0}{1 + j\omega/\omega_\beta} \approx \frac{\omega_T}{j\omega}, \qquad (23.2.23)$$

wobei $\omega_T = 2\pi f_T$ ist. Die am Eingang auftretende Spannung U_i ist bei einem großen Leitwert $Y_{b'e}$ näherungsweise mit der an der Impedanz Z_E abfallenden Spannung gleich:

$$U_i = (i_b + i_c)Z_E = \frac{i_b}{j\omega C_E}(1 - j\omega_T/\omega), \qquad (23.2.24)$$

und daraus ergibt sich die Eingangsimpedanz

$$Z_i = -\frac{\omega_T}{\omega^2 C_E} + \frac{1}{j\omega C_E}, \qquad (23.2.25)$$

d. h., sie hat einen negativen Realteil und ist deshalb zur Schwingungserzeugung geeignet. Abb. 23.6b zeigt die vereinfachte Schaltung eines mit diesem Prinzip arbeitenden Hochfrequenz-Oszillators. Bedingung für den Betrieb ist eine bestimmte Phasenverschiebung des Stromverstärkungsfaktors, die offensichtlich bei Niederfrequenzen nicht auftritt.

23.3 Amplituden- und Frequenzstabilität von Hochfrequenz-Oszillatoren

Grundsätzliche Voraussetzungen für die befriedigende Funktion eines Oszillators sind die Amplituden- und die Frequenzstabilität. Betrachten wir zuerst die Amplitudenstabilität bzw. den praktischen Aufbau der hierzu verwendeten Begrenzerschaltung am Beispiel eines Transistor-Oszillators.

Aufgabe der Begrenzerschaltung ist es, bei steigenden Oszillatoramplituden die Schwingungsbedingung in ungünstiger Richtung so zu beeinflussen, daß sich ein Grenzzustand einstellt, bei dem die Amplitude konstant bleibt. Das läßt sich durch Reduzierung der Steilheit erreichen. Die Steilheit des Transistors kann durch Verringerung des Emitterstroms reduziert werden, d. h., der Transistor wird vom ausgeprägten Durchlaßbereich in Richtung Sperrbereich gesteuert. Der Vollständigkeit halber sei noch erwähnt, daß durch starke Erhöhung des Emitterstroms und gleichzeitige Reduzierung der Kollektorspannung, mit anderen Worten auch durch Steuerung des

Transistors in den Sättigungsbereich, die Steilheit verringert werden kann. Diese Methode wird in modernen Regelverstärkern auch angewendet, doch ist sie zur Begrenzung in Hochfrequenz-Oszillatorschaltungen nicht üblich. Im folgenden stellen wir zwei verschiedene Begrenzerschaltungen vor, bei denen als gemeinsames Merkmal der Arbeitspunkt des verwendeten Transistors bei der Steuerung in Richtung des Sperrbereichs, d. h. in Richtung des C-Betriebs, verschoben wird.

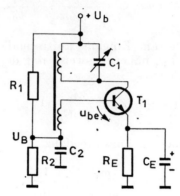

Abb. 23.7. Schaltung eines Transistor-Oszillators mit Begrenzer im Emitterkreis

In *Abb. 23.7* sehen wir einen in Emitterschaltung arbeitenden Transistor-Oszillator mit transformatorischer Rückkopplung, dessen Prinzipschaltung in Abb. 23.2a dargestellt ist. Die Basisvorspannung stellt der von einem relativ hohen Strom durchflossene Widerstandsteiler aus R_1 und R_2 ein. Dadurch bleibt die Vorspannung U_B unabhängig von den Strömen durch den Transistor. Die im Emitterkreis angeordneten Elemente R_E und C_E erzeugen die zur Begrenzung notwendige, in Sperrichtung gerichtete Spannung.

Beim Anschwingen des Oszillators steigt die Schwingungsamplitude kontinuierlich an, deshalb steigt auch die auf die Basis gelangende Hochfrequenzspannung u_{be}. Infolge der nichtlinearen Durchlaßkennlinie des Transistors verzerrt sich der Kollektorstrom mehr und mehr, d. h., seine Gleichstromkomponente steigt. Die erhöhte Gleichstromkomponente erzeugt über dem Widerstand R_E einen höheren Spannungsabfall, der, indem er für den Transistor in Sperrichtung wirkt, dessen Durchlaßbetrieb einengt. Diese Erscheinung können wir auch so betrachten, als ob die Basis-Emitter-Diode als Gleichrichter arbeite und durch Aufladen des Kondensators C_E der Arbeitspunkt des Transistors in den Sperrbereich verlagert würde. Auf diese Weise kommt (im Grenzfall) der C-Betrieb zustande. Als Folge dieser Arbeitspunktverschiebung des Transistors verringert sich dessen Steilheit, die bei $u_{be} > 150$ mV näherungsweise durch den Zusammenhang

$$g_m \approx \frac{2}{R_E} \cdot \left(1 + \frac{U_B}{u_{be}}\right) \qquad (23.3.1)$$

432

angegeben werden kann. Da sich die gewünschte Kollektorspannungs-amplitude (u_c) in Kenntnis des Resonanzwiderstands R_k aus der Gleichung

$$u_c = u_{be} g_m R_k \tag{23.3.2}$$

ergibt, können wir damit durch Substitution der Steilheit aus (23.3.1) den gesuchten Emitterwiderstand R_E ausdrücken:

$$R_E = \frac{2(U_B + u_{be}) R_k}{u_c} . \tag{23.3.3}$$

Bei bekannter Basisvorspannung U_B ergibt sich mit der geeignet gewählten Eingangsspannung ($u_{be} > 150$ mV) der Emitterwiderstand. Die obige, mit groben Näherungen durchgeführte Rechnung ist nur unter Vorbehalt für Hochfrequenz-Oszillatoren anwendbar, vor allem, wenn diese in der Nähe der Grenzfrequenz der verwendeten Transistoren arbeiten.

Eine andere Methode der Begrenzung wollen wir anhand von *Abb. 23.8* untersuchen, in der ein in Basisschaltung arbeitender, transformatorgekoppelter Transistor-Oszillator zu sehen ist. Die Begrenzung wird auch hier — wie bei der vorigen Schaltung — durch Verschiebung des Transistor-Arbeitspunktes in Richtung geringerer Durchlaßwerte realisiert. Der Unterschied besteht jedoch darin, daß sich über dem $R_2 C_2$-Glied im Basiskreis trotz hoher Amplitude der Emitterspannung u_{eb} und der nichtlinearen Kennlinie keine Sperrspannung aufbauen kann, da hierzu der Basisstrom zu klein ist.

Die benötigte Spannung in Sperrichtung stellt sich wie folgt ein: Die ansteigende Schwingungsamplitude überschreitet am Kollektor nach einer gewissen Zeit die Versorgungsspannung U_b, und während der Dauer der Spannungsspitze ändert die über der Kollektor-Basis-Diode liegende Spannung ihre Polarität, die Diode öffnet. Im geöffneten Zustand fließt, allerdings nur kurzzeitig, ein recht hoher Strom durch den Basisraum, der den Kondensator C_2 lädt. Dadurch verringert sich die (durch den Widerstandsteiler anfangs am Kondensator C_2 eingestellte) positive Spannung U_B. Durch Reduzierung der Spannung U_B verschiebt sich der Arbeitspunkt des Transistors in Richtung des C-Bereichs, seine Steilheit fällt also so lange,

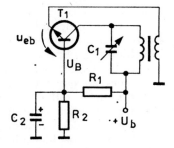

Abb. 23.8. Schaltung eines Transistor-Oszillators mit Begrenzer im Basiskreis

bis sich ein Gleichgewichtszustand einstellt. In diesem Fall hat die am Kollektor auftretende Spannungsamplitude etwa die gleiche Größe wie die Versorgungsspannung.

Mit der Amplitudenstabilität und ihrer Abhängigkeit von den Gleichstromgrößen beschäftigt sich [23.13], wobei vom in *Abb. 23.9* gezeigten Colpitts-Oszillator ausgegangen wird. Bei der Berechnung werden die Netz-

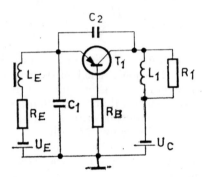

Abb. 23.9. Zur Berechnung des Colpitts-Oszillators

werkgleichungen aufgestellt, für die man wegen der Reaktanzelemente und des über Ladungsspeichereigenschaften verfügenden Transistors eine nichtlineare Differenzgleichung erhält. Diese Gleichung mit einem für Schwingungsfunktionen ausgearbeiteten Näherungsverfahren ausgewertet, erhält man einen Zusammenhang zwischen den auftretenden Amplituden und Verzerrungen.

Schwingkreis und aktives Element bestimmen meistens gemeinsam die Frequenzstabilität von Hochfrequenz-Oszillatoren. Ist der gemeinsame Phasenwinkel von Verstärker und Rückkopplungsnetzwerk von null verschieden, so stellt sich die Schwingung nicht unmittelbar auf die Resonanzfrequenz, sondern dort ein, wo der Schwingkreis den Phasenfehler gerade kompensiert (der resultierende Phasenwinkel muß wiederum null sein). Hieraus folgt, daß die Phasenverhältnisse der Schwingung und über diese auch die Frequenz, eine Funktion der äußeren Schaltung (Verstärker, Rückkopplungsnetzwerk) sind, diese Größen also nicht allein durch den Schwingkreis bestimmt werden. Gerade deshalb ist man bestrebt, Verstärker und Rückkopplungsnetzwerk so auszulegen, daß sie gemeinsam eine möglichst geringe Phasenverschiebung zeigen.

Belastet der Verstärker den Schwingkreis, dann führt die Änderung der Lastimpedanz des Verstärkers zu einer Frequenzänderung. Um eine stabile Oszillationsfrequenz zu sichern soll der verwendete Schwingkreis also eine hohe Güte besitzen und möglichst unbelastet arbeiten. Mit der stabilen Realisierung der einzelnen Schwingkreiselemente (Temperaturstabilität, Alterung usw.) wollen wir uns hier nicht beschäftigen, da das ein allgemeines, nicht in die Thematik der Halbleiter passendes Problem ist.

Mit der zahlenmäßigen Auswertung der Oszillator-Frequenzänderung, die sich aus der Änderung des Stehwellenverhältnisses der Belastung ergibt beschäftigt sich [23.32].

23.4 Hochfrequenz-Oszillatorschaltungen und ihr Aufbau

In diesem Abschnitt wollen wir einige auch praktisch realisierte Oszillatorschaltungen untersuchen und auf die einzelnen Schaltungslösungen der verschiedenartigen Oszillatortypen hinweisen. *Abb. 23.10a* zeigt die Schaltung eines Hartley-Oszillators, bei dem das Maß der Mitkopplung mit dem Trimmer C_3 auf den Optimalwert eingestellt werden kann. Diese Serienkapazität bewirkt zwar eine Phasenverschiebung im Rückkopplungszweig, gleichzeitig kompensiert sie aber die bei hohen Frequenzen auftretende Phasenverschiebung des Transistors. Der Transistor arbeitet in Emitterschaltung, wofür der Entkoppelkondensator C_2 sorgt. Die Einstellung der Basisvorspannung geschieht mit einem Widerstandsteiler, die Drossel L_3 bewirkt die hochfrequenzmäßige Trennung der Basis. Zur Anpassung an die Last dient der Trimmer C_4. Die Betriebsfrequenz der Schaltung beträgt $f = 30$ MHz, der Wirkungsgrad liegt bei 30% und die Grenzfrequenz des verwendeten Transistors bei $f_T = 250$ MHz.

In *Abb. 23.10b* ist der Aufbau eines in Basisschaltung arbeitenden Hartley-Oszillators gezeigt. Von der Anzapfung der Induktivität wird über den Trimmer C_3 auf den Emitter eine Mitkopplung hergestellt. Die Drossel L_3 sorgt für eine hochfrequenzmäßige Trennung von Emitter und Masse. Der Kondensator C_2 dient zur Entkopplung der Basis, deren Vorspannung auch hier durch einen Widerstandsteiler eingestellt wird. Die Abstimmung des Schwingkreises ist mit dem Trimmer C_1, die Anpassung in Richtung

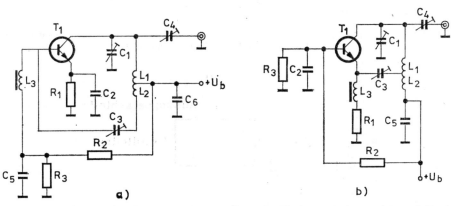

Abb. 23.10. Hartley-Oszillatoren mit Transistor in Emitterschaltung (a) und Basisschaltung (b)

Last mit dem Trimmer C_4 möglich. Mit der Schaltung kann man bei einer Betriebsfrequenz von $f = 60$ MHz und einem Transistor der Grenzfrequenz $f_T \approx 250$ MHz einen Wirkungsgrad von etwa 10% erreichen.

Mit Feldeffekttransistoren arbeitende Oszillatorschaltungen sehen wir in *Abb. 23.11* [23.16]. Abb. 23.11a zeigt einen Oszillator mit transformatorischer Kopplung, bei dem der Resonanzkreis an der Drainelektrode liegt. Für die wechselstrommäßige Entkopplung der Sourceelektrode sorgt der Kondensator C_3, der Widerstand R_1 dient zur Einstellung der Vorspannung. Abb. 23.11b zeigt einen Colpitts-Oszillator für den UKW-Bereich. Mit Kondensator C_5 wird hier die Drainelektrode entkoppelt, die Drossel L_2 dient zur hochfrequenzmäßigen Trennung der Sourceelektrode. Die Begrenzung realisiert die Gleichrichterschaltung aus der Diode D_1, dem Widerstand R_1 und dem Koppelkondensator C_4. Ein weiterer, mit JFET arbeitender UKW-Oszillator wird in [1.30] beschrieben.

In *Abb. 23.12* ist ein in Basisschaltung arbeitender Höchstfrequenz-Oszillator zu sehen, der sich in einem breiten Frequenzband abstimmen läßt. Die Induktivität des im Kollektorkreis angeordneten Parallelschwingkreises wird durch ein kurzgeschlossenes Leitungsstück gebildet [23.17]. Die Schaltung ist ihrem Wesen nach ein Colpitts-Oszillator, bei dem als

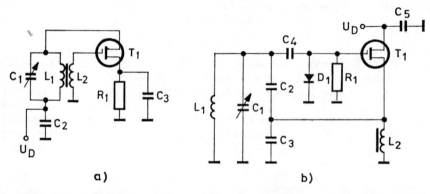

a)   b)

Abb. 23.11. Mit Feldeffekttransistor arbeitender Oszillator mit transformatorischer Kopplung (a) und Colpitts-Oszillator (b)

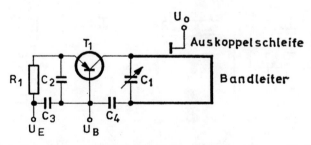

Abb. 23.12. Schaltung eines mit Resonanzleitung abstimmbaren Oszillators für sehr hohe Frequenzen

Rückkopplungskapazität C_2 gemäß Abb. 23.3c die Kollektor-Emitter-Kapazität des Transistors ausgenutzt wird. Das Leitungsstück wurde mit einem Bandleiter (microstrip) realisiert, die Signalauskopplung geschieht über eine Kopplungsschleife. Die Kapazitätsänderung des Kondensators C_1 legt das überstreichbare Frequenzband fest. Entsprechend von Messungen ist mit einem Transistor der Grenzfrequenz $f_T = 800$ MHz und bei einem Änderungsbereich des Kondensators $C_1 = 2 \ldots 40$ pF eine Oszillation im Frequenzband $f = 400 \ldots 1000$ MHz möglich, wobei am Ausgang, wird dieser mit $R_L = 60\ \Omega$ abgeschlossen, eine Hochfrequenzspannung von $U_0 = 80 \ldots 500$ mV erscheint.

Abb. 23.13 zeigt einige im GHz-Bereich arbeitende Oszillatoren [18.14]. In Abb. 23.13a sehen wir die Prinzipschaltung eines Colpitts-Oszillators mit einem in Kollektorschaltung arbeitenden Transistor; Abb. 23.13b zeigt hierzu den praktischen Aufbau. Die Induktivität L wird mit einem entsprechend langen Leitungsstück des Wellenwiderstands Z_0 gebildet. Dieses transformiert den Lastwiderstand $R_L = 50\ \Omega$ sowie die zur Anpassung dienende Reaktanz, gebildet aus den-Trimmern C_3 und C_4, auf den

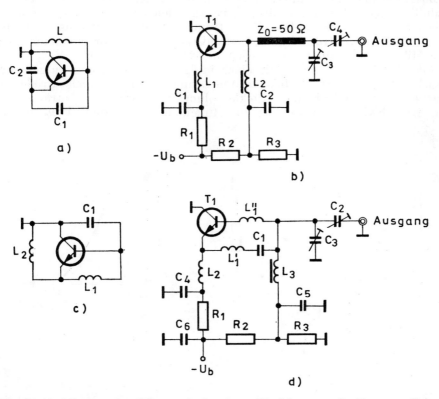

Abb. 23.13. Mit Resonanzleitern abstimmbare Hochfrequenz-Oszillatoren; Prinzipschaltung des Colpitts-Oszillators (a) und sein praktischer Aufbau (b); Prinzipschaltung des Hartley-Oszillators (c) und sein praktischer Aufbau (d)

Kollektor des Transistors. Die inneren Kapazitäten des Transistors bilden zusammen mit den Streukapazitäten die Kondensatoren C_1 und C_2 im Prinzipschaltbild. Die Gleichstromversorgung für Basis und Emitter wird über die Drosseln L_1 und L_2 vorgenommen, zur Einstellung der Basisvorspannung und zur Begrenzung dienen die Widerstände $R_1 \ldots R_3$. Mit der Schaltung kann man bei einer Versorgungsspannung von $U_b = 24$ V an der Frequenz $f = 1{,}25$ GHz eine Ausgangsleistung von $P_o = 0{,}8$ W erreichen. Bei Verwendung eines Varaktors als Abstimmelement kann die Oszillatorfrequenz von $f = 1 \ldots 1{,}5$ GHz variiert werden.

Abb. 23.13c zeigt das Prinzipschaltbild eines Hartley-Oszillators mit einem gleichfalls in Kollektorschaltung arbeitenden Transistor; die praktische Realisierung hierzu sehen wir in Abb. 23.13d. Der Kondensator C wird durch die Kollektor-Basis-Kapazität des Transistors T_1 gebildet, die benötigte Induktivität setzt sich aus zwei Komponenten, den Induktivitäten L_1' und L_1'', zusammen. Von deren gemeinsamem Punkt (im wesentlichen von der Anzapfung der Induktivität L_1) wird das Oszillatorsignal über die zur Anpassung dienenden Trimmer C_2 und C_3 auf die Last $R_L = 50\ \Omega$ geführt. Die Induktivität L_1' kann in der Praxis durch die Anschlußleitungen der Kapazität C_1, die zur gleichstrommäßigen Trennung dient, realisiert werden. Die Gleichstromversorgung der Basis wird über die Drossel L_3 mit Hilfe des Widerstandsteilers R_2/R_3 vorgenommen. Weitere Mikrowellenoszillatoren werden in [23.28] beschrieben.

Abb. 23.14a zeigt einen mit einer integrierten Schaltung aufgebauten 10-MHz-Oszillator. Die Induktivitäten L_1 und L_2 haben gleiche Größe, das Übersetzungsverhältnis des Rückkopplungstransformators beträgt 1:1. Um die Schwingungsbedingung zu erfüllen, muß die Steilheit y_{21} der in-

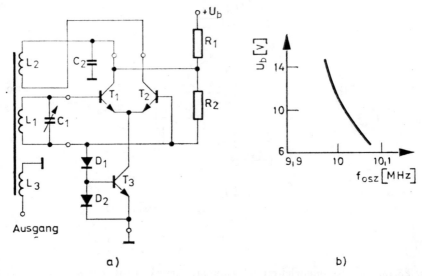

a)   b)

Abb. 23.14. Mit monolithisch integrierter Schaltung arbeitender Oszillator (a) und Versorgungsspannungsabhängigkeit der Oszillationsfrequenz (b)

tegrierten Schaltung größer als der ausgangsseitige Gesamtleitwert g_2 sein ($y_{21} > g_2$), woraus sich gleichzeitig die obere Grenze der Belastbarkeit des Oszillators ergibt. Die untere Grenze ist durch die maximal zulässige Eingangsspannungsamplitude der integrierten Schaltung gegeben (im allgemeinen ein Spitze-Spitze-Wert von einigen Volt). Diesen beiden Bedingungen entsprechend muß der Lastwiderstand auf einen dazwischen-

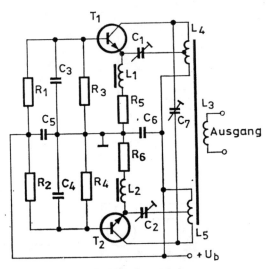

Abb. 23.15. Schaltung eines im Gegentaktbetrieb arbeitenden Hartley-Oszillators

liegenden Wert festgelegt werden. Die Schaltung hat unter anderem den Vorteil, daß die Oszillationsfrequenz weniger von der Versorgungsspannung U_b abhängt, wie wir aus Abb. 23.14b ersehen können.

Die Schaltung eines im Gegentaktbetrieb arbeitenden Oszillators, aufgebaut aus zwei Hartley-Oszillatoren, die in ihrem Aufbau der Schaltung von Abb. 23.10b ähneln, ist in *Abb. 23.15* dargestellt. Der Gegentaktbetrieb bedingt eine geringe Verzerrung zweiter Ordnung und ermöglicht eine höhere Ausgangsleistung. Bei dieser Schaltungslösung erhalten beide Transistoren die notwendige Mitkopplung über ihre Kollektorspule, lediglich der Ausgangsschwingkreis, abstimmbar mit Trimmer C_7, ist gemeinsam. Die Auskopplung geschieht mit der Spule L_3, die gleichstrommäßige Einstellung der Transistoren wird wie bei den früher beschriebenen Schaltungen vorgenommen. Zur Verbesserung der Anpassung kann parallel zu L_3 noch ein Trimmer geschaltet und mit diesem der zusätzlich entstehende Ausgangsschwingkreis auf die Betriebsfrequenz abgestimmt werden.

Einen Gegentakt-Oszillator mit einer integrierten Schaltung in Hybrid-Dünnschichttechnik für $f_0 = 4{,}3$ GHz zeigt *Abb. 23.16a* [23.23]. Der Gegentaktbetrieb verringert die durch die zweite Harmonische am Ausgang hervorgerufene Verzerrung, gleichzeitig erhält man eine höhere Ausgangsleistung als bei der mit einem Transistor arbeitenden Schaltung. Zum leichteren Verständnis der symmetrisch aufgebauten Schaltung wollen wir die asymmetrische Schaltung von *Abb. 23.16b* untersuchen. Den Gegentaktbetrieb ersetzt hier ein idealer phasendrehender Transformator. Bei dieser Schaltung wird stets vom anderen (entgegengesetzten) Transistor über die phasenkorrigierende Induktivität L_1 rückgekoppelt. Als frequenzbestimmendes Element wird ein U-förmiger Bandleiter-Resonator verwendet,

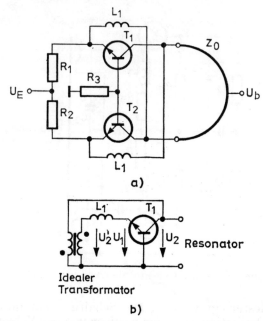

a)

b)

Abb. 23.16. Mit Leitungsstück arbeitender Gegentakt-Oszillator (a), Ersatzschaltung zur Erklärung seiner Funktion (b)

über dessen Mitte (d. h. am „kalten" Punkt) die Gleichstromeinspeisung für die Kollektoren vorgenommen wird. Der Bandleiter-Resonator besteht im wesentlichen aus einem Leitungsstück mit dem Wellenwiderstand Z_0, das an den Kollektoren der Transistoren als Resonanzkreis hoher Güte erscheint. Die durch den Einfluß der Emitterspannung U_1 am Ausgang auftretende Spannung U_2 läßt sich durch den Zusammenhang

$$U_2 = U_1 \cdot \frac{s_{21}}{1 + s_{11}} \qquad (23.4.1)$$

beschreiben, wobei s_{21} und s_{11} die Reflexionsparameter des Transistors sind. Der ideale Transformator dreht die Phase der Spannung U_2, und wir erhalten so die Spannung U_2'. Schließlich dreht die Serieninduktivität L_1 die Phase der Spannung U_2' derart, daß deren Richtung mit U_1 zusammenfällt. Der Kreis ist damit geschlossen, die erzeugte Mitkopplung hält die

440

Schwingung aufrecht. Der gemeinsame Widerstand R_3 im Basiskreis kann vom Standpunkt des Gegentaktbetriebs außer Betracht gelassen werden (wir können also tatsächlich von einer Basisschaltung sprechen), sein Vorhandensein verhindert jedoch das Auftreten von nicht erwünschten Parasitärschwingungen. Die Auskopplung der Hochfrequenzleistung geschieht mit einem weiteren Bandleiterstück, das sich mit ersterem in Kopplung befindet. Der Aufbau der Schaltung in Dünnschichttechnik gestattet kleine Abmessungen und eine günstige Anordnung. Die Ausgangsleistung des Oszillators beträgt bei $f = 4{,}3$ GHz $+10\ldots+13$ dBm. Die Unterdrückung der Harmonischen gegenüber der Oszillatorfrequenz wird mit 40 dB angegeben. Ein Feinabgleich des Oszillators ist durch Änderung der Kollektorspannung möglich.

Einen in einem breiten Frequenzband abstimmbaren Oszillator für hohe Ausgangsleistung zeigt *Abb. 23.17*, bei dem zur Schwingungsentdämpfung eine negative Impedanz verwendet wird [23.12]. Unter den mit negativen Impedanzen arbeitenden Oszillatoren liefert diese Schaltung hinsichtlich der in einem breiten Frequenzband möglichen Abstimmbarkeit bei gleichzeitiger Konstanz des Leistungspegels am Ausgang die günstigsten Ergebnisse. Bei der in Abb. 23.17a gezeigten Schaltung, bei der sich die Last im Emitterkreis befindet, wird die elektronische Abstimmung mit dem Varaktor D_1 gelöst, dessen Kapazität über die Drossel L_2 mit der Spannung U_D variiert wird. Die Basisvorspannung U_B wird über die Drossel L_1, die Emitterspannung über die Drossel L_3 dem Transistor zugeführt. Die Schwingfähigkeit der Schaltung sichern entsprechend Abb. 23.6b die Basisinduktivität L_b (mit Varaktor D_1 änderbar) und die verlustbehaftete Emitterkapazität C_E. Der abstimmbare Frequenzbereich liegt zwischen 200 und 500 MHz, die im Frequenzband auftretende Welligkeit der Ausgangsleistung ist der Abb. 23.17b entnehmbar.

Mit einem Negativ-Impedanz-Oszillator für den Mikrowellenbereich beschäftigt sich ebenfalls [2.39]; einen weiteren mit *YIG* abstimmbaren Oszillator behandelt [23.22].

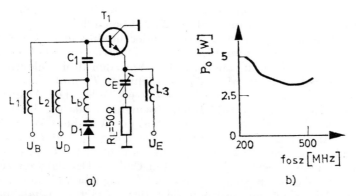

Abb. 23.17. Schaltung eines in einem breiten Frequenzband abstimmbaren Negativ-Impedanz-Oszillators für hohe Leistungen (a) und Frequenzabhängigkeit seiner Ausgangsleistung (b)

Abb. 23.18 zeigt einen mit einer Varicap-Diode arbeitenden spannungs-geregelten Oszillator, der mit zwei schwingenden Transistoren und einem Verstärkertransistor am Ausgang aufgebaut ist [23.18]. Die Mitkopplung wird mit einem aus den Induktivitäten L_1, L_2 und der Kapazitätsdiode D_1 bestehenden Hochpaß-π-Glied erzeugt, der Serienwiderstand R_1 dient zur Stabilisierung des Eingangswiderstands des Transistors T_1. Die Kapazitäts-diode erhält ihre Regelspannung über die Spule L_2. Die Transistoren T_1

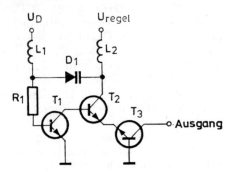

Abb. 23.18. Schaltung eines aus drei Transistoren bestehenden, in einem breiten Frequenzband abstimmbaren Oszillators

und T_2 bilden einen zweistufigen Verstärker in Emitterschaltung, der im Emitterkreis von T_2 liegende Emitter vom Transistor T_3 verursacht keine wesentliche Gegenkopplung. Das Oszillationssignal erscheint gut getrennt am Kollektor von T_3. Die Schaltung schwingt in Abhängigkeit von der Regelspannung U_{regel} zwischen 200 und 310 MHz und ist ausgezeichnet als spannungsgesteuerter Phase-locked-loop-Oszillator oder für Wobbler-zwecke geeignet. Bei Verwendung eines (als π-Glied ausgeführten) Reso-nanzkreises hoher Güte liefert dieser Oszillator hinsichtlich der Stabilität und der Phasenstörungen (unerwünschte, zufallsbedingte Phasenmodu-lation) sehr günstige Ergebnisse. Ein weiterer in einem breiten Frequenz-band abstimmbarer Oszillator wird in [23.26] behandelt.

Ein mit Feldeffekttransistoren arbeitender modifizierter Colpitts-Oszil-lator, der sich besonders zum Einsatz von integrierten MOS-Schaltungen eignet, ist in *Abb. 23.19* zu sehen [23.15]. Von den drei Feldeffekttransi-storen arbeitet lediglich T_1 als aktives Element, T_2 und T_3 arbeiten als Kapazitäten und bilden hier einen kapazitiven Teiler. Die Ausgangsimpe-danz der Schaltung hat (vom Parallelschwingkreis aus gesehen) in einem breiten Frequenzband einen negativen Realteil. Auf diese Weise läßt sich allein durch Änderung (Austausch) der Elemente C_1 und L_1 des äußeren Schwingkreises ein breitbandiger Betrieb erreichen. Im Gegensatz hierzu müssen bei den üblicherweise aufgebauten Collpits-Oszillatoren zur Siche-rung einer Oszillation in einem breiten Frequenzband die Glieder des kapazitiven Teilers variiert werden. Mit der gezeigten Schaltungslösung können Schwingungen im Frequenzband $f = 0,7 \dots 65$ MHz erzeugt werden.

Abb. 23.20 zeigt die Schaltung eines Quarzoszillators, in der die Serienresonanz des Quarzes ausgenutzt wird [23.3]. Die Begrenzung wird mit zwei entgegengesetzt geschalteten Spitzendioden D_1 und D_2 gelöst. Die beiden gleichstrommäßig gekoppelten Transistoren T_1 und T_2 bilden den Verstärker; der Widerstand R_3 erzeugt eine Rückkopplung über beide Stufen, die auch gleichstrommäßig wirkt und so zur Änderung der Arbeitspunkte geeignet ist. An der Basis vom Transistor T_1 erscheint eine sehr geringe Impedanz, d. h. dieser Punkt wirkt als „virtuelle" Masse. Hieraus folgt

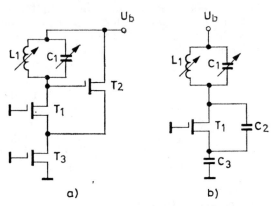

Abb. 23.19. Zum Einsatz von integrierten MOS-Schaltungen geeigneter abstimmbarer Oszillator (a) und seine Ersatzschaltung (b)

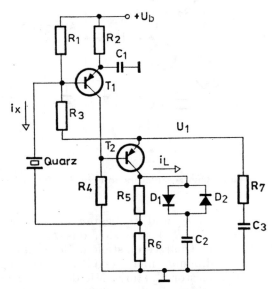

Abb. 23.20. Schaltung eines Quarzoszillators mit gegeneinander geschalteten Dioden zur Amplitudenbegrenzung

als Strom i_L des Transistors T_2 (der auch durch die Begrenzerdioden fließt) der Quotient aus Spannung U_1 und Widerstand $R_3 \parallel R_7$, da diese parallel zueinander liegen. Der durch den Quarz fließende Strom beträgt $i_x \simeq$ $\simeq U_1/R_3$, mithin ergibt sich als Quotient der Ströme durch den Begrenzer und den Quarz

$$\frac{i_L}{i_x} \approx 1 + \frac{R_3}{R_7} \, . \qquad (23.4.2)$$

Dieser Wert liegt bei der behandelten Schaltung etwa bei 10; diesbezüglich ergibt sich ohne bedeutende Belastung des Quarzes eine gute Begrenzung. Die Betriebsfrequenz des untersuchten Oszillators beträgt $f_{osz} = 1\,\text{MHz}$, und die relative Frequenzänderung ist im Versorgungsspannungsbereich $U_b = 10 \ldots 20$ V kleiner als $2 \cdot 10^{-8}$, die Verlustleistung des Quarzes liegt bei $1\ \mu\text{W}$.

Abb. 23.21 zeigt einen mit einem zweistufigen Verstärker aufgebauten Quarzoszillator [23.5], der im Grundschwingungsbetrieb im Frequenzband $f = 1 \ldots 14$ MHz arbeitet. Die Gleichstromeinstellung wird mit dem Gegenkopplungswiderstand R_4 vorgenommen. Der Quarz erzeugt vom Kollektor des Transistors T_2 auf die Basis von T_1 eine Mitkopplung und legt gleichzeitig die Schwingfrequenz fest. Die am Ausgang erscheinende Span-

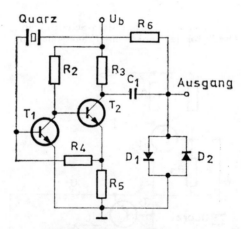

Abb. 23.21. Schaltung eines Quarzoszillators mit zweistufigem Transistorverstärker

nung wird mit den Dioden D_1 und D_2 begrenzt. Mit dem zum Quarz in Reihe liegenden Widerstand R_6 lassen sich das Maß der Rückkopplung und die Verlustleistung des Quarzes einstellen. Bei großen Werten von R_6 wird die Schwingungsbedingung nicht erfüllt, ein geringer Widerstand dagegen belastet den Transistor T_2 stark. Mit der untersuchten Schaltung läßt sich im Temperaturbereich $T = -30 \ldots +100$ °C eine relative Frequenzänderung von $\pm 1{,}5 \cdot 10^{-5}$ erreichen.

444

Ein mit einem einzigen Transistor arbeitender Quarzoszillator ist in *Abb. 23.22* zu sehen [23.11]. Zum einfacheren Verständnis der Funktionsweise wurde in Abb. 23.22a auch die Prinzipschaltung dieses Oszillators dargestellt. Es handelt sich hier um einen Colpitts-Oszillator (siehe Abb. 23.3c), in dessen Rückkopplungszweig sich ein Quarz befindet.

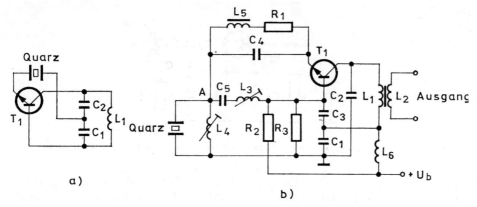

Abb. 23.22. Prinzipschaltung eines Hochfrequenz-Quarzoszillators (a) und sein praktischer Aufbau (b)

Die Wirkungsweise der Schaltung ist folgende: Der Kondensator C_3 stellt hochfrequenzmäßig einen Kurzschluß dar, aufgrund dessen sich zwischen Kollektor und Basis ein Schwingkreis aus den Elementen L_1, C_1 und C_2 aufbaut, auch wenn sich die Mitte des kapazitiven Teilers auf Massepotential befindet (wie wir gesehen haben, hat das bei den Oszillatoren keine Bedeutung, denn es läßt sich jeder Punkt der Schaltung erden). Vom Teilerpunkt (d. h. von Masse) koppelt der Quarz auf den Punkt A zurück, von wo das Signal über das Anpassungsglied, gebildet aus den Elementen C_4 und L_3, auf den Emitter gelangt. Das Anpassungsglied wird benötigt, um die Emitterimpedanz hochzutransformieren, wodurch die Belastung des Quarzes verringert wird. Der Kondensator C_5 stellt einen hochfrequenzmäßigen Kurzschluß dar, die Drossel L_5 dient zur Gleichstromversorgung des Emitters. Die Induktivität L_4 kompensiert die Gehäusekapazität des Quarzes, die übrigen Elemente werden ebenfalls zur Gleichstromeinstellung benötigt. Zur Auskopplung des Signals dient die Spule L_2. Die Schaltung liefert bei $f \approx 41$ MHz eine Ausgangsleistung von $P_0 = 30$ mW, wobei der Wirkungsgrad 40% beträgt. Setzt man anstelle des Kondensators C_2 und der Induktivitäten L_1 und L_2 ein entsprechendes Bandfilter ein, so besteht die Möglichkeit, den Oszillator im harmonischen Betrieb zu betreiben. Mit einem auf die vierte Harmonische bemessenen Bandfilter erzeugt die Schaltung ein Signal der Frequenz $f \approx 164$ MHz bei einer Ausgangsleistung von $P_0 \approx 1$ mW.

Abb. 23.23 zeigt einen mit einem Feldeffekttransistor arbeitenden Hochfrequenz-Oszillator für den harmonischen Betrieb. Ein auf eine Frequenz kleiner als die der Grundschwingung (ungefähr auf $0{,}7f_0$) abgestimmter Schwingkreis befindet sich in der Sourceleitung des Feldeffekttransistors. Der Quarz ist an die Gateelektrode angeschlossen. Eine wichtige Rolle bei der Schwingungserzeugung spielt auch die Gate-Source-Kapazität. Im Drainkreis befindet sich ein auf die dritte Harmonische abgestimmter

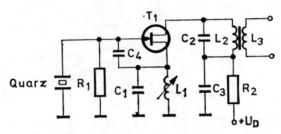

Abb. 23.23. Schaltung eines Quarzoszillators mit einem JFET-Transistor

Schwingkreis. Die bei der Frequenz $f = 120$ MHz arbeitende Schaltung hat den großen Vorteil, daß der Quarz aufgrund der hohen Eingangsimpedanz des Feldeffekttransistors kaum belastet wird, wodurch sich seine Lebensdauer wesentlich erhöht.

Ein Tunneldioden-Oszillator für den GHz-Bereich, der mit Subharmonischen arbeitet, wird in [23.31] behandelt. Ein mit ECL-Logikgattern realisierter 200-MHz-Oszillator wird in [23.25] untersucht.

24 Hochfrequenzrauschen
von Halbleiterbauelementen

24.1 Begriff des Rauschfaktors
und des Rauschvierpols

Unter dem Rauschfaktor eines Verstärkervierpols verstehen wir den Quotienten aus den Signal/Rausch-Verhältnissen am Ein- und Ausgang:

$$F = \frac{(\text{Signal/Rauschen})_{\text{Eingang}}}{(\text{Signal/Rauschen})_{\text{Ausgang}}} \,. \qquad (24.1.1)$$

Der Verstärker verstärkt in gleichem Maße das auf den Eingang gelangende Signal und das Rauschen. Weichen jedoch die beiden Signal/Rausch-Verhältnisse voneinander ab, so kann der Grund hierfür nur das im Verstärker selbst entstehende Rauschen sein. Der Rauschfaktor ist diesbezüglich die Maßzahl für das Rauschen des untersuchten Vierpols, die das Vielfache des (nach entsprechender Verstärkung entstehenden) Ausgangsrauschens gegenüber dem Eingangsrauschen angibt. Der Fall $F = 1$ entspräche einem rauschfreien Verstärker, doch ist das nicht erreichbar. Der Rauschfaktor wird üblicherweise in dB (manchmal auch als reine Zahl) angegeben und ist, besonders bei in Eingangsstufen verwendeten Halbleiterelementen, ein wesentlicher Parameter.

Bei mehrstufigen Verstärkern wirken im resultierenden Rauschfaktor auch die weiteren Verstärkerstufen mit, jedoch wird ihr Einfluß wegen der hohen Verstärkung der ersten Stufe mit steigender Stufenzahl geringer. Wenn also die erste Stufe mit ihrer hohen Verstärkung einen großen Abstand zwischen Nutz- und Rauschsignal herstellt, dann sind die folgenden Stufen aus der Sicht des Rauschens unkritisch. Der resultierende Gesamtrauschfaktor eines mehrstufigen Verstärkers ist durch den Zusammenhang

$$F_{\text{ges}} = F_1 + \frac{F_2 - 1}{N_1} + \frac{F_3 - 1}{N_1 N_2} + \cdots \qquad (24.1.2)$$

gegeben, wobei F_1, F_2 usw. die Rauschfaktoren und N_1, N_2 usw. die Verstärkungen der einzelnen Stufen sind. Wie ersichtlich ist, läßt sich bei nicht wesentlich abweichenden Rauschfaktoren bei hohem Wert von N_1 auch schon das zweite Glied vernachlässigen.

Untersuchen wir hiernach, mit welchem Ersatzschaltbild ein rauschender Vierpol charakterisiert und wie hieraus der Rauschfaktor abgeleitet werden kann. *Abb. 24.1* zeigt die Ersatzschaltung eines rauschenden Vierpols, in der die Quellen, die das Rauschen erzeugen, von den übrigen Elementen des Vierpols getrennt wurden. Damit wurde die Schaltung im wesentlichen in zwei Teile geteilt, in einen Rauschvierpol, in dem sich nur die aktiven

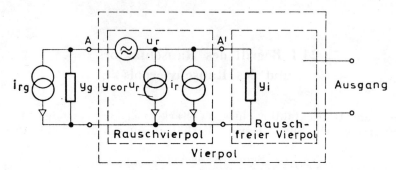

Abb. 24.1. Ersatzschaltung eines rauschenden Vierpols, getrennt in einen Rauschvierpol (mit den Rauschquellen) und einen rauschfreien Vierpol

Elemente (Rauschquellen) befinden, und in einen rauschfreien Vierpol. Der Eingang des Gesamtvierpols ist mit der Generatoradmittanz y_g abgeschlossen, die selbst auch ein Rauschen erzeugt, das in der Rauschquelle mit dem Strom i_{rg} berücksichtigt wird.

Der Rauschvierpol ist durch drei Rauschquellen gekennzeichnet, unter denen die mit der Quellenspannung u_r und die mit dem Quellenstrom i_r voneinander unabhängig sind; der Strom der dritten Rauschquelle dagegen befindet sich in Korrelation (Abhängigkeit) mit der Spannung u_r, was mit der Korrelationsadmittanz y_{cor} berücksichtigt wurde. Die Ersatzschaltung gemäß Abb. 24.1 ist für jeden rauschenden, als linear betrachtbaren Vierpol gültig, d. h. unabhängig davon, ob es sich um einen bipolaren Transistor, einen Feldeffekttransistor oder um eine integrierte Schaltung handelt.

Mit Hilfe der Ersatzschaltung kann der Rauschfaktor des rauschenden Vierpols bestimmt werden, indem die einzelnen Rauschleistungen am inneren Punkt A' addiert werden und diese Gesamtrauschleistung auf die am Punkt A aufgenommene Rauschleistung (die aus dem speisenden Generator stammt) bezogen wird. Da der (nach dem Punkt A') folgende Teil des rauschenden Vierpols rauschfrei ist, hat er auf den Rauschfaktor keinen Einfluß; auf der anderen Seite fällt dadurch, daß die Rauschgeneratoren auf den Eingang bezogen werden, die Verstärkung aus der Rechnung heraus. Stellen wir nun das fragliche Leistungsverhältnis auf, dann erhalten wir für den Rauschfaktor

$$F = 1 + \frac{\overline{|i_r|^2} + \overline{|u_r|^2}\,|y_g + y_{cor}|^2}{\overline{|i_{rg}|^2}}. \qquad (24.1.3)$$

Die Rauschleistung der Rauschquelle mit dem Quellenstrom i_{rg} (d. h. der quadratische Mittelwert seines Absolutwertes) beträgt bekanntlicherweise

$$\overline{|\,i_{\mathrm{rg}}\,|^2} = 4g_{\mathrm{g}}kT\Delta f, \tag{24.1.4}$$

wobei g_{g} der Realteil der Generatoradmittanz, k die Boltzmann-Konstante, T die absolute Temperatur und Δf die Bandbreite ist.

Anstelle der Rauschleistungen wollen wir zu den hierzu äquivalenten Rauschwiderständen bzw. Rauschleitwerten übergehen, die durch folgende Gleichungen definiert sind:

$$\overline{|\,u_{\mathrm{r}}\,|^2} = 4kT\Delta f R_{\mathrm{n}}, \tag{24.1.5}$$

$$\overline{|\,i_{\mathrm{r}}\,|^2} = 4kT\Delta f g_{\mathrm{n}}. \tag{24.1.6}$$

Im weiteren werden wir mit den Größen R_{n} und g_{n} arbeiten (der Index n verweist hier auf den englischen Ausdruck noise). Stellen wir mit diesen Größen den Ausdruck für den Rauschfaktor gemäß (24.1.3) auf, dann erhalten wir

$$F = 1 + \frac{g_{\mathrm{n}} + R_{\mathrm{n}}\,|\,y_{\mathrm{cor}} + y_{\mathrm{g}}\,|^2}{g_{\mathrm{g}}}. \tag{24.1.7}$$

Die Generator- und Korrelationsadmittanz sind hier komplexe Größen, die wir im weiteren durch ihre Real- und Imaginärteile beschreiben:

$$y_{\mathrm{g}} = g_{\mathrm{g}} + jb_{\mathrm{g}}, \tag{24.1.8}$$

$$y_{\mathrm{cor}} = g_{\mathrm{cor}} + jb_{\mathrm{cor}}. \tag{24.1.9}$$

Wie aus dem Ausdruck (24.1.7) ersichtlich ist, besitzt der Rauschfaktor ein Minimum, wenn die Bedingung

$$b_{\mathrm{g}} + b_{\mathrm{cor}} = 0 \tag{24.1.10}$$

erfüllt ist *(Abb. 24.2a)*. Dieser Zustand wird Rauschkompensation genannt, da sich die Imaginärteile hier gegenseitig aufheben. Die Rausch-

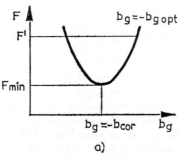
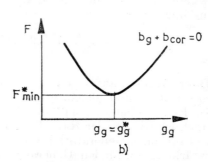

Abb. 24.2. Reduzierung des Rauschfaktors auf Minimum durch Kompensation (a) und anschließende Rauschanpassung (b)

kompensation fällt nicht notwendigerweise mit der zwecks optimaler Leistungsverstärkung eingestellten konjugierten Anpassung zusammen (weicht sogar im allgemeinen wesentlich davon ab).

In Abb. 24.2a können wir sehen, daß bei der optimalen Generatorreaktanz $b_{g\,opt}$, die die konjugierte Anpassung realisiert, der Rauschfaktor F' vom Minimalwert abweicht, was recht ungünstig ist. Diese Abweichung wird mit Erhöhung der Frequenz bedeutend, da hier die Imaginärteile steigen. Ein augenscheinlicher Unterschied zwischen den Rauschfaktoren F' und F_{min} ergibt sich bei bipolaren Transistoren im UKW-Bereich. In der Basisschaltung beispielsweise bietet sich vom Rauschstandpunkt im allgemeinen eine induktivere Generatorreaktanz an, als sie sich aus der Anpassungsbedingung ergibt. Durch Messung des Rauschfaktors und der Leistungsverstärkung können diese Daten eindeutig bestimmt werden. Dem Optimum der gestellten Aufgabe entsprechend muß in jedem Fall ein Kompromiß geschlossen werden, der zu Lasten der Verschlechterung des Rauschfaktors oder der Verstärkung (oder beider Größen) geht.

Für den Rauschfaktor eines rauschkompensierten Vierpols erhalten wir durch Einsetzen der Bedingung (24.1.10) den Ausdruck

$$F_{min} = 1 + \frac{g_n + R_n(g_g + g_{cor})^2}{g_g} \; . \qquad (24.1.11)$$

In diesem Ausdruck ist der Rauschfaktor eine Funktion des Generatorleitwertes, der beim Wert g_g^* minimal wird, wie wir in *Abb. 24.2b* sehen können. Den zum Minimum gehörenden Generatorleitwert erhalten wir durch Extremwertbestimmung von

$$\frac{dF}{dg_g} = 0 \qquad (24.1.12)$$

aus der Gleichung

$$g_g^* = \sqrt{\frac{g_n}{R_n} + g_{cor}^2} \; . \qquad (24.1.13)$$

Auf diese Weise ergibt sich bei angepaßtem Generatorleitwert der minimale Rauschfaktor zu

$$F_{min}^* = 1 + 2R_n\left[\sqrt{\frac{g_n}{R_n} + g_{cor}^2} + g_{cor}\right] . \qquad (24.1.14)$$

Dieser Rauschfaktor bedeutet das absolute Minimum, das sich, Rauschkompensation und gleichzeitig Rauschanpassung vorausgesetzt, erreichen läßt. Es sei bemerkt, daß im Falle der Rauschanpassung die Situation ähnlich ist wie bei der Rauschkompensation, d. h., der vom Rauschstandpunkt optimale Generatorleitwert fällt nicht mit dem vom Standpunkt der Verstärkung optimalen Generatorleitwert zusammen. Bei den Realteilen sind die Verhältnisse jedoch günstiger als bei den Imaginärteilen, da sich weder die Leistungsverstärkung noch der Rauschfaktor in Abhängigkeit

450

von g_g steil ändert. Auf diese Weise ist hier der Kompromiß (d. h. eine annehmbare Befriedigung beider Bedingungen) eine leichtere Aufgabe und viel unkritischer.

Zur Vollständigkeit wollen wir noch kurz die Rolle des rauschfreien Vierpols untersuchen. Bei diesem Vierpol erzeugt lediglich der Eingangswiderstand thermisches Rauschen, die übrigen Elemente der Schaltung nicht. Deshalb können wir einen solchen Vierpol (im übertragenen Sinn) rauschfrei nennen, da Widerstandsrauschen ja in jedem Fall auftritt. Passen wir diesen Vierpol (konjugiert) an den Generator an, dann ergibt sich mit einfacher Rechnung $F = 2$, d. h. ein Rauschfaktor von 3 dB.

Mit der Rausch-Ersatzschaltung von Mikrowellentransistoren beschäftigt sich unter Verwendung rechentechnischer Simulation [2.18].

24.2 Der Rauschfaktor
von Halbleiterbauelementen

Abb. 24.3 zeigt die charakteristische Frequenzabhängigkeit des Rauschfaktors von bipolaren Transistoren. Wir erkennen bei tiefen Frequenzen einen Abschnitt der Steilheit 3 dB/Oktave, einen konstanten Abschnitt und einen der Steilheit 6 db/Oktave bei hohen Frequenzen. Uns interessieren in erster Linie die Bereiche mittlerer und hoher Frequenzen, deren Grenzlinie (die Frequenz f_A) durch den Ausdruck

$$f_A \approx f_T / \sqrt{\beta_0} \qquad (24.2.1)$$

angegeben werden kann. In den fraglichen beiden Frequenzbereichen wird der Rauschfaktor des bipolaren Transistors als Funktion der Frequenz durch den Zusammenhang

$$F \approx 1 + \frac{2r_b + r_e}{R_g} + \frac{(r_b + r_e + R_g)^2}{2\beta_0 r_e R_g} \left[1 + \beta_0 \left(\frac{f}{f_T} \right)^2 \right] \qquad (24.2.2)$$

beschrieben, wobei $R_g = 1/g_g$ der Generatorwiderstand und r_e der dynamische Widerstand der Emitter-Basis-Diode ist.

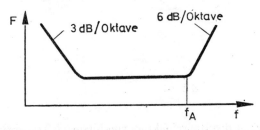

Abb. 24.3. Typische Frequenzabhängigkeit des Rauschfaktors bipolarer Transistoren

Von Ausdruck (24.2.2) auf die Frequenz f_A zurückgerechnet, ergibt sich gegenüber (24.2.1) ein wesentlich komplizierterer Ausdruck, über dessen Genauigkeit gestritten werden kann; auf alle Fälle ist jedoch bei einem Generatorwiderstand $R_g \approx \beta_0 r_e$ die Differenz zwischen beiden Werten unerheblich. Der Rauschfaktor des Transistors hängt dementsprechend einesteils vom Generatorwiderstand, anderenteils — über die Parameter von Ausdruck (24.2.2) — von der Arbeitspunkteinstellung des Transistors ab.

Abb. 24.4 zeigt einige typische Verläufe der Arbeitspunktabhängigkeit des Rauschfaktors. In Abb. 24.4a sehen wir den Rauschfaktor in Abhängigkeit vom Emitterstrom bei verschiedenen Generatorwiderständen. Der Rauschfaktor hat bei einem bestimmten Emitterstrom ein Minimum, was sich mit Verringerung des Generatorwiderstands in den Bereich höherer Emitterströme verlagert; gleichzeitig erhöht sich damit aber auch der Wert des minimalen Rauschfaktors. Abb. 24.4b zeigt bei verschiedenen Kollektorspannungen die Stromabhängigkeit des Rauschfaktors. Bei niedrigen Kollektorspannungen, bei denen sich auch eine wesentliche Verringerung der Leistungsverstärkung bemerkbar macht, steigt der Rauschfaktor stark an.

In *Abb. 24.5* ist der Rauschfaktor einer mit bipolarem Transistor arbeitenden Mischstufe dargestellt. In Abb. 24.5a sehen wir die Abhängigkeit vom Generatorwiderstand für verschiedene Eingangssignalfrequenzen. Es läßt sich ein Minimum erkennen, das sich mit Erhöhung der Frequenz in Richtung kleinerer Generatorwiderstände verschiebt und durch ansteigenden Rauschfaktor gekennzeichnet ist. Abb. 24.5b zeigt die Abhängigkeit des Rauschfaktors von der Oszillatorspannung. Bei kleinen Amplituden der Oszillatorspannung macht sich ein bedeutendes Ansteigen des Rauschfaktors bemerkbar, oberhalb eines bestimmten Wertes jedoch zeigt sich bei weiterer Erhöhung der Amplitude (wie erwartet) keine Änderung des Rauschfaktors.

Betrachten wir nun das Hochfrequenzrauschen von Feldeffekttransistoren. *Abb. 24.6* zeigt eine näherungsweise gültige Ersatzschaltung eines Feldeffekttransistors. Die das innere Rauschen dieses Transistors beschrei-

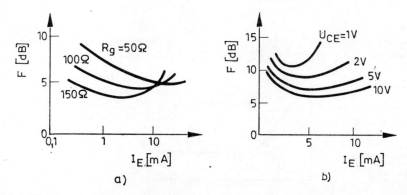

a) b)

Abb. 24.4. Abhängigkeit des Rauschfaktors von bipolaren Transistoren vom Emitterstrom bei verschiedenen Generatorwiderständen (a) und Kollektorspannungen (b)

benden Rauschquellen wurden getrennt im Eingangskreis dargestellt. Für die Quellenparameter sind die Zusammenhänge [2.8, 2.15, 24.4, 24.5]

$$\overline{|u_r|^2} \approx 4kT\Delta f \cdot r_c, \tag{24.2.3}$$

$$\overline{|i_r|^2} \approx 4kT\Delta f \cdot g_m b \tag{24.2.4}$$

gültig, wobei g_m die Niederfrequenz-Steilheit, r_c der Kanalwiderstand und b eine experimentelle Konstante ist, deren Wert bei Sperrschicht-Feldeffekttransistoren (JFET) zwischen $b = 0{,}6$ und $b = 1$ und bei Feldeffekttransistoren mit isolierter Gateelektrode (MOSFET) zwischen $b = 0{,}6$ und $b = 4$ liegt. Aufgrund der Ersatzschaltung ergibt sich für den minimalen Rauschfaktor des Feldeffekttransistors der Näherungsausdruck

$$F_{min} \approx 1 + 2\sqrt{\alpha}\,\frac{f}{f_1} + 2\alpha\left(\frac{f}{f_1}\right)^2 \tag{24.2.5}$$

mit der Grenzfrequenz

$$f_1 = g_m/2\pi C_{gc}b \tag{24.2.6}$$

und einem α-Faktor von $\alpha = r_c g_m/b$. Es sei bemerkt, daß der Wert des

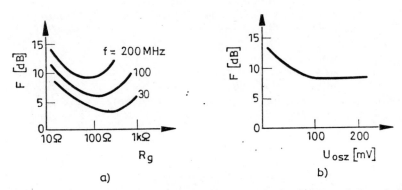

a)

b)

Abb. 24.5. Abhängigkeit des Rauschfaktors einer mit bipolarem Transistor arbeitenden Mischstufe vom Generatorwiderstand (a) und von der Amplitude der Oszillatorspannung (b)

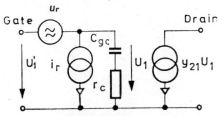

Abb. 24.6. Ersatzschaltung eines Feldeffekttransistors unter Berücksichtigung der Rauschquellen

453

Produktes $r_c g_m$ für einen JFET etwa 0,3 und für einen MOSFET ungefähr 0,2 oder weniger beträgt.

Der Ausdruck (24.2.5) für den Hochfrequenz-Rauschfaktor kann mit annehmbarer Genauigkeit bis zu einer Frequenz von $f < 3f_1$ benutzt werden. Wie ersichtlich ist, steigt der Rauschfaktor zuerst linear (mit 6 dB/Oktave), danach quadratisch (mit 12 dB/Oktave) mit der Frequenz.

In *Abb. 24.7* ist in Abhängigkeit von der Frequenz die Größe $F_{min} - 1$ in logarithmischem Maßstab aufgetragen; es lassen sich gut die beiden Abschnitte unterschiedlicher Steilheit erkennen. Wie wir der Abbildung entnehmen können, ist der Rauschfaktor des MOSFET größer, was sich aus dem Wert der Konstanten b ergibt und sich auch durch Messung eindeutig nachweisen läßt.

Auf der Basis der obigen Näherungsrechnung können wir nun auch die optimale Generatoradmittanz bestimmen, für deren Real- und Imaginärteil wir die Ausdrücke

$$g_g^* \approx \omega C_{gc} \sqrt{\alpha}, \tag{24.2.7}$$

$$b_g^* \approx - \omega C_{gc} \tag{24.2.8}$$

erhalten. Diese Zusammenhänge tragen starken Näherungscharakter, so daß man beim Entwurf einer konkreten Schaltung in jedem Fall von der für den Transistor angegebenen Rauschfaktor-Kennlinie ausgehen muß.

Abb. 24.8 zeigt für verschiedene Frequenzen die Abhängigkeit des Rauschfaktors vom Generatorwiderstand für einen MOSFET. Wie ersichtlich ist, reagiert der Rauschfaktor bei tiefen Frequenzen recht empfindlich auf Änderungen des Generatorwiderstandes. Im Kurzwellenbereich zeigt er demgegenüber bei einem bestimmten Generatorwiderstand ein ausgeprägtes Minimum, besonders wenn eine Kompensation der Imaginärteile (Abstimmung auf Rauschminimum) durchgeführt wird.

Der Rauschfaktor von monolithisch integrierten Schaltungen (Verstärkern) läßt sich auf den von bipolaren Transistoren zurückführen. Das dort

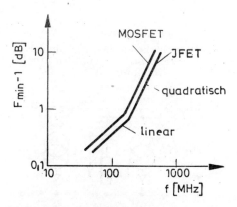

Abb. 24.7. Frequenzabhängigkeit des Rauschfaktors von Feldeffekttransistoren im logarithmischen Maßstab

Gesagte ist also auch für monolithische Verstärker gültig. Es darf jedoch nicht außer acht gelassen werden, daß es sich bei dem hier angegebenen Rauschfaktor, da er sich im allgemeinen auf einen mehrstufigen Verstärker bezieht, um den aufgrund von Ausdruck (24.1.2) bestimmten Wert handelt.

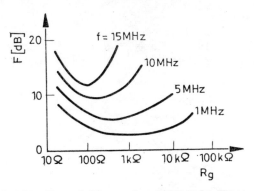

Abb. 24.8. Abhängigkeit des Rauschfaktors eines MOS-Feldeffekttransistors vom Generatorwiderstand bei verschiedenen Frequenzen

24.3 Bemessung von Eingangsstufen

Im bisherigen wurde vorausgesetzt, daß der Generator unmittelbar an den betrachteten Vierpol geschaltet ist. Da sich zwischen beiden irgendein (zur Abstimmung notwendiges) Reaktanzelement befindet, haben wir dieses als verlustfrei angesehen, es erzeugt also kein Rauschen. In Wirklichkeit sind jedoch auch die Reaktanzelemente (besonders die Induktivitäten) verlustbehaftet, was sich mit einem Parallelwiderstand R_k in der Anordnung von *Abb. 24.9* berücksichtigen läßt. Im einfachsten Fall ist R_k der (unbelastete) Resonanzwiderstand eines am Eingang befindlichen Parallelschwingkreises, doch kann er natürlich auch der äquivalente Parallel-Verlustwiderstand jedes beliebigen Reaktanzfilters sein. Der Widerstand R_k erzeugt weißes Rauschen und beeinflußt damit die Bemessung des Eingangskreises.

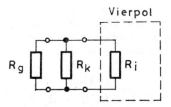

Abb. 24.9. Kopplung von Generator und Vierpol mit Hilfe verlustbehafteter Reaktanzelemente

Zur Vereinfachung setzen wir voraus, daß sich das Rauschen des Vierpols (den wir in Abschn. 24.1 im übertragenen Sinne rauschfrei nannten) lediglich aus dem Eingangswiderstand ergibt. In diesem Fall hat der Rauschfaktor die Form

$$F = 1 + \frac{R_g}{R_l} + \frac{R_g}{R_k} \,. \qquad (24.3.1)$$

Die Bemessung des Eingangskreises kann mit Hilfe der in *Abb. 24.10* dargestellten Kurven erfolgen. In Abb. 24.10a ist der Rauschfaktor in

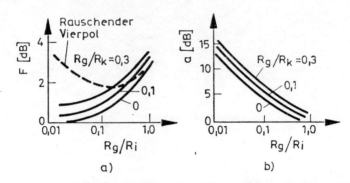

Abb. 24.10. Zu verschiedenen Verlustwiderständen gehörende Rauschfaktoren (a) und Dämpfungen (b) in Abhängigkeit vom Generatorwiderstand im Fall eines rauschfreien Vierpols

Abhängigkeit vom Quotienten R_g/R_l für verschiedene Verlustwiderstände R_k aufgetragen. Bei einem Verlust von null ($R_g/R_k = 0$) ergibt sich für den Fall $R_g/R_l = 1$ der Rauschfaktor $F = 3$ dB; mit Verringerung des Generatorwiderstandes fällt der Rauschfaktor. Bei steigenden Verlusten (d. h. bei steigenden R_g/R_k-Werten) steigt der Wert des Rauschfaktors, doch verbessern sich auch hier die Verhältnisse mit Verringerung des Generatorwiderstandes. Allerdings stellt sich dabei (da sich die Anpassung verschlechtert) auch eine Dämpfung in der Leistungsübertragung ein. Dies verdeutlicht Abb. 24.10b, in der die Dämpfung als Funktion von R_g/R_l für verschiedene R_g/R_k-Werte dargestellt ist. Beim Entwurf des Eingangskreises verfährt man demgemäß so, daß man als Kompromiß einen Generatorwiderstand wählt, bei dem sich ein entsprechend geringer Rauschfaktor ergibt, auf der anderen Seite die Dämpfung nicht ungünstig hoch ist (die Kompensation der Reaktanzen bleibt voraussetzungsgemäß auch weiterhin bestehen). Der Wert der Dämpfung ist durch den Zusammenhang

$$a = \frac{4R_g}{R_l(1 + R_g/R_l + R_g/R_k)^2} \qquad (24.3.2)$$

gegeben. In der Praxis ist es nicht zweckmäßig, den Wert $R_g/R_l = 0{,}1$

456

zu unterschreiten, da dann die Dämpfung stark steigt, der Rauschfaktor sich dagegen nicht mehr beträchtlich verringert.

Die bisherigen Betrachtungen bezogen sich auf rauschfreie Vierpole (bei denen lediglich das durch ihren Eingangswiderstand hervorgerufene Rauschen berücksichtigt wurde). Als Rauschfaktor von rauschenden Vierpolen erhält man höhere Werte gegenüber den in Abb. 24.10a gezeigten, besonders bei geringen Generatorwiderständen R_g. Wie wir gesehen haben, ergibt sich für den Rauschfaktor beim optimalen Generatorwiderstand ein gut bestimmbares Minimum (siehe unterbrochene Linie in Abb. 24.10a).

Literatur

[1.1] *Esaki, L.:* New Phenomena in Narrow Germanium PN-Junctions. Phys. Rev. *109*, 2 (15. Jan. 1958), S. 603.

[1.2] *Read, W. T.:* A Proposed High Frequency Negative Resistance Diode. BSTJ *37* (1958), S. 401.

[1.3] *Moll, J. L.* et al.: PN Junction Charge Storage Diodes. Proc. IRE *50*, 1 (Jan. 1962), S. 45.

[1.4] *Krakauer, S. M., Soshea, R. W.:* Hot Carrier Diodes Switch in Picoseconds. Electronics *36*, 29 (19. Juli 1963), S. 53.

[1.5] *Sorensen, H. O.:* Using the Hot Carrier Diodes as a Detector. Hewlett-Packard J. *17*, 4 (Dez. 1965), S. 3.

[1.6] *Mergner, F. L.:* PIN Diode and FET's Improves FM Reception. Electronics *39*, 17 (22. Aug. 1966), S. 114.

[1.7] *Peppiatt, H. J.:* Broadband AGC-Circuits. Proc. IEEE *55*, 2 (Febr. 1967), S. 220.

[1.8] *Mott, H.:* The Harmonics Produced by a PIN Diode in a Microwave Switching Application. IEEE Trans. MTT-*15*, 3 (März 1967), S. 180.

[1.9] *Hamilton, S.* et al.: Shunt-Mode Harmonic Generation Using Step-Recovery Diodes. Microwave J. *10*, 4 (Apr. 1967), S. 69.

[1.10] *Marlowe, H. R., Allen, D. E.:* Cut the Size of your VHF Attenuator. Electr. Design *15*, 11 (24. Mai 1967), S. 84.

[1.11] *Okean, J.:* Microwave Amplifiers Employing Integrated Tunnel-Diode Devices. IEEE Trans. MTT-*15*, 11 (Nov. 1967), S. 613.

[1.12] *Sicotte, R. L.* et al.: Intermodulation Products Generated by a PIN Diode Switch. Proc. IEEE *56*, 1 (Jan. 1968), S. 74.

[1.13] *Cerniglia, N.* et al.: Beam-Lead Schottky-Barrier Diodes for Low Noise Integrated Microwave Mixers. IEEE Trans. ED-*15*, 9 (Sept. 1968), S. 674.

[1.14] An Attenuator Design Using PIN Diodes. Hewlett-Packard Appl. Note, AN-912.

[1.15] Harmonic Generation Using Step Recovery Diodes. Hewlett-Packard Appl. Note, AN-920.

[1.16] Applications of PIN Diodes. Hewlett-Packard Appl. Note, AN-922.

[1.17] *Boctor, S.* et al.: High Efficiency Conditions for Nonlinear Capacitor Frequency Multiplier. Proc. IEEE *57*, 4 (Apr. 1969), S. 688.

[1.18] *Watson, H. A.:* Microwave Semiconductor Devices and their Circuit Applications. McGraw Hill, New York 1969.

[1.19] *Machi, Y.:* Microwave Frequency Multiplication Using Hot Electrons. IEEE Trans. MTT-*17*, 6 (Juni 1969), S. 333.

[1.20] *Stachejko, V.:* Extremely High Power Silicon PIN Diode Switch. Proc. IEEE *57*, 7 (Juli 1969), S. 1340.

[1.21] *Cowley, A. M.:* Design and Application of Silicon IMPATT Diodes. Hewlett-Packard J. *21*, 5 (Mai 1970), S. 2.

[1.22] *Merkelo, J., Hall, R. D.:* Broad-Band Thin-Film Signal Sampler. IEEE J. SC-7, 1 (Febr. 1972).

[1.23] *Krause, G., Olk, G.:* PIN-Dioden als regelbare Dämpfungsglieder. Funkschau *44*, 9 (1. Mai 1972), S. 305.

[1.24] Die PIN-Diode und ihre Anwendung. Funkschau *45*, 1 (5. Jan. 1973), S. 17.

[1.25] *Macdonald, I. H.* et al.: PIN Limiter for Microstrip Circuits. Microwave J. *16*, 1 (Jan. 1973), S. 52.

[1.26] *Black, M. F.:* Variable Gain Amplifier Yields Linear RF Modulator. Electronics *46*, 1 (4. Jan. 1973), S. 103.

[1.27] *Storer, H. L.* et al.: Solid State Devices and Components for mm-Wave. Microwave J. *16*, 2 (Febr. 1973), S. 35.

[1.28] *Chang, K. K.* et al.: Trapatt Amplifiers for Phased Array Radar Systems. Microwave J. *16*, 2 (Febr. 1973), S. 27.

[1.29] *Turner, R. J.:* Binary RF Phase Modulator Switches in 3 Nanoseconds. Electronics *46*, 9 (26. Apr. 1973), S. 104.

[1.30] *Rohde, U. L.:* Zur optimalen Dimensionierung von UKW-Eingangsteilen. Int. Elektr. Rundschau *27*, 5 (Mai 1973), S. 103.

[1.31] *Matthei, W. G.:* State of the Art of GaAs IMPATT Diodes. Microwave J. *16*, 6 (Juni 1973), S. 29.

[1.32] *Tenenholtz, R.:* Broadband MIC Multithrow PIN Diode Switches. Microwave J. *16*, 7 (Juli 1973), S. 25.

[1.33] *Rohde, U. L.:* Zur optimalen Dimensionierung von Kurzwellen-Eingangsteilen. Int. Elektr. Rundschau *27*, 12 (Dez. 1973), S. 276.

[1.34] *Fincke, G. C.:* Fast Electronic Tuning of High Power Circuits. IEEE Trans. CAS-*21*, 2 (März 1974), S. 313.

[1.35] *Sweet, A. A.:* Understanding the Basics of Gunn Oscillator Operation. EDN *19*, 9 (5. Mai 1974), S. 40.

[1.36] *Turner, R. J.:* Schottky-Diode Pair Makes an RF Detector Stable. Electronics *47*, 9 (2. Mai 1974), S. 95.

[1.37] *Hammerschmitt, J.:* Silizium-Speichervaraktor und Impattdiode. Siemens Zeitschrift *48*, 7 (Juli 1974), S. 507.

[1.38] *Chorney, P.:* Multi-Octave, Multi-Throw PIN Diode Switches. Microwave J. *17*, 9 (Sept. 1974), S. 39.

[1.39] *McDade, J. C., Schiavone, F.:* Switching Time Performance of Microwave PIN Diodes. Microwave J. *17*, 12 (Dez. 1974), S. 65.

[1.40] *Clorfine, A. S.:* High-Power, High Bandwidth TRAPATT Circuits. IEEE J. SC-*10*, 1 (Febr. 1975), S. 27.

[1.41] *Tserng, H. Q.* et al.: X-Band MIC GaAs IMPATT Amplifier Module. IEEE J. SC-*10*, 1 (Febr. 1975), S. 36.

[1.42] *Siegal, B., Pendleton, E.:* Zero-Bias Schottky Diodes as Microwave Detectors. Microwave J. *18*, 9 (Sept. 1975), S. 40.

[2.1] *Ebers, J. Z., Moll, J. L.:* Large-Signal Behaviour of Junction Transistors. Proc. IRE *42* (1954), S. 1773.

[2.2] *Zawels, J.:* The Natural Equivalent Circuit of Junction Transistors. RCA Review *16* (1955), S. 360.

[2.3] *Das, M.:* On the Frequency Dependence of the Magnitude of Common Emitter Current-Gain of Graded Base Transistors. Proc. IRE *48*, 2 (Febr. 1960), S. 240.

[2.4] *Lindenmayer, J.:* Electrical Representation of the Drift Transistor. Semicond. Prod. *4*, 3 (März 1961), S. 41.

[2.5] *Sevin, L. J.:* Field-Effect Transistors. McGraw Hill, New York, 1965.

[2.6] *Mead, C. A.:* Schottky-Barrier Gate FET. Proc. IEEE *54*, 2 (Febr. 1966), S. 307.

[2.7] *Reddy, B., Trofimenkoff, F. N.:* FET High Frequency Analysis. Proc. IEEE *113*, 11 (Nov. 1966), S. 1755.

[2.8] *Wallmark, J. T., Johnson, H.:* Field-Effect Transistors. Prentice Hall, New York 1966.

[2.9] *Koehler, D.:* The Charge-Control Concept in the Form of Equivalent Circuits. BSTJ. *46*, 3 (März 1967), S. 523—576.

[2.10] *Crawford, R. H.:* MOSFET in Circuit Design. McGraw Hill, New York 1967.

[2.11] *Felsing, E. F.* et al.: Der Einfluß von Gehäuseformen auf die Eigenschaften von UHF-Transistoren. Valvo Berichte *13*, 3 (Okt. 1967), S. 71.

[2.12] *Gummel, H. K.:* Charge-Control Transistor Model for Network Analysis Programs. Proc. IEEE *56*, 4 (Apr. 1968), S. 751.

[2.13] *Kurtin, S., Mead, C. A.:* GaSe Schottky-Barrier Gate FET. Proc. IEEE *56*, 9 (Sept. 1968), S. 1594.

[2.14] *Dhaka, V. A.:* Design and Fabrication of Subnanosecond Current Switch and Transistors. IBM J. Res. Develop. *12*, 6 (Nov. 1968), S. 476.

[2.15] *Todd, C. D.:* Junction Field-Effect Transistors. John Wiley, New York 1968.

[2 16] *Gestner, D.:* Breitbandige Hochfrequenz-Leistungstransistoren. AEG-Telefunken Report (1968), S. 69.

[2.17] *Shannon, S. M.* et al.: MOS Frequency Sours with Ion-Implanted Layers. Electronics *42*, 3 (3 Febr. 1969), S. 96.

[2.18] *Baechtold, W.* et al.: Computerized Calculation of Small Signal and Noise Properties of Microwave Transistors. IEEE Trans. MTT-*17*, 8 (Aug. 1969), S. 614.

[2.19] *Faggin, F., Klein, T.:* A Faster Generation of Devices. Electronics *42*, 40 (29. Sept. 1969), S. 88.

[2.20] *Strom, H. F.:* Field-Effect Transistor (FET) Bibliography 1967—1968. IEEE Trans. ED-*16*, 11 (Nov. 1969), S. 957.

[2.21] *Das, M. B.:* High-Frequency Network Properties of MOS Transistors. IEEE Trans. ED-*16*, 12 (Dez. 1969), S. 1049.

[2.22] *Arandjelovic, J.:* HF MOS Transistors. Proc. IEEE *58*, 1 (Jan. 1970), S. 143.

[2.23] *Drangeide, K. E.* et al.: High-Speed Gallium-Arsenide Schottky-Barrier Field Effect Transistors. Electr. Lett. *6*, 8 (Apr. 1970), S. 228.

[2.24] *Müller, O.:* Ultralinear UHF Power Transistors for CATV Applications. Proc. IEEE *58*, 7 (Juli 1970), S. 1112.

[2.25] *Nienhuis, R. J.:* An MOS Tetrode for the VHF Band with a Channel 1,5 μm Long. Philips Techn. Rev. *31*, 7 (1970), S. 259.

[2.26] *Josephy, R. D.:* MOS-Transistoren zur Leistungsverstärkung im HF-Bereich. Philips Techn. Rundschau *31*, 7/8/9 (1970/71), S. 262.

[2.27] *Kakihana, S., Wang, P. H.:* Simple CAD Technique to Develop High Frequency Transistors. IEEE J. SC-*6*, 4 (Aug. 1971), S. 236.

[2.28] *Harrison, R. G.:* Computer Simulation of a Microwave Power Transistor. IEEE J. SC-*6*, 4 (Aug. 1971), S. 226.

[2.29] *Lange, J.:* A Survey of the Present State of Microwave Transistor Modeling. IEEE Trans. ED-*18*, 12 (Dez. 1971), S. 1168.

[2.30] *Sigg, H. J., Kocsis, J.:* D-MOS Transistor for Microwave Applications. IEEE Trans. ED-*19*, 1 (Jan. 1972), S. 45.

[2.31] *Jacobson, D. S.:* What Are the Trade-Offs in RF Transistor Design. Micro-Waves *11*, 7 (Juli 1972), S. 46.

[2.32] *Macnee, A. B., Talsky, R. J.:* High Frequency Transistor Modeling for Circuit Design. IEEE J. SC-*7*, 4 (Aug. 1972), S. 320.

[2.33] *Archer, J. A.:* Improved Microwave Transistor Structure. Electr. Lett. *8*, 20 (Okt. 1972), S. 499.

[2.34] *Benjamin, J. A.:* New Design Concepts for Microwave Power Transistor. Microwave J. *15*, 10 (Okt. 1972), S. 39.

[2.35] *Greenbaum, J. R.:* Easy to Use HYPI Program Makes Possible Transition from Nonlinear to Linear Transistor Model. Electronics *46*, 2 (18. Jan. 1973), S. 175.

[2.36] *Thomas, J., Cordon, D.:* M/W Small Signal Bipolar Transistor. Microwave J. *16*, 2 (Febr. 1973), S. 43.

[2.37] *Baechtold, W.* et al.: Si and GaAs Schottky-Barrier FET's. Electr. Lett. *9*, 10 (Mai 1973), S. 232.

[2.38] *Parekh, P. C., Steenbergen, J.:* The 3 Keys to Good Transistor Design. Micro-Waves *12*, 8 (Aug. 1973), S. 40.

[2.39] *Cooke, H. F.* et al.: Advances in X-Band Bipolar Transistors. Microwave J. *16*, 11 (Nov. 1973), S. 47.

[2.40] *Wahl, A. J.:* Distributed Theory for Microwave Bipolar Transistors. IEEE Trans. ED-*21*, 1 (Jan. 1974), S. 40.

[2.41] *Shackle, P. W.:* An Experimental Study of Microwave Bipolar Transistors. IEEE Trans. ED-*21*, 1 (Jan. 1974), S. 32.

[2.42] *Ronen, R. S.* et al.: The Silicon-on-Sapphire MOS Tetrode. IEEE Trans. ED-*21*, 1 (Jan. 1974), S. 100.

[2.43] *Faldella, E., Inculano, G.:* Mathematical model for Transistor for VHF. Electr. Lett. *10*, 3 (Febr. 1974), S. 26.

[2.44] *Kakihana, S.:* Current Status and Trends in High-Frequency Transistors. Microelectronics *5*, 4 (1974), S. 6.

[2.45] *Altroy, F. A.* et al.: Ultralinear Transistors. BSTJ *53*, 10 (Dez. 1974), S. 2195.

[2.46] *Pietro, D. M.:* A New 5 GHz Transistor Process. Hewlett-Packard J. *26*, 8 (Apr. 1975), S. 8.

[2.47] *Jekat, H. J.:* A Portable 1100 MHz Frequency Counter. Hewlett-Packard J. *26*, 8 (Apr. 1975), S. 2.

[2.48] *Barrera, J. S., Poole, W. E.:* Microwave Transistor Review. Microwave J. *19*, 2 (Febr. 1976), S. 28.

[2.49] *Belohoubek, E. F.* et al.: Improved Circuit-Device Interface for Microwave Bipolar Power Transistor. IEEE J. SC-*11*, 2 (Apr. 1976), S. 256.

[3.1] *Maxwell, D. A.* et al.: The Minimization of Parazitics in Integrated Circuits by Dielectric Isolation. IEEE Trans. ED-*12*, 1 (Jan. 1965), S. 20.

[3.2] *Lepselter, M. P.:* Beam Lead Technology. BSJT *45* (1966), S. 233.

[3.3] *Brand, F. A., Gelnovatch, V.:* Microwave Solid State Devices and Circuits. Microwave J. *10*, 7 (Juli 1967), S. 22.

[3.4] *Eimbinder, J.:* Linear Integrated Circuits: Theory and Applications. John Wiley, New York 1968.

[3.5] *Hirschfeld, R. A.:* Linear Integrated Circuits in Communication Systems. IEEE Spectrum *5*, 11 (1968), S. 71.

[3.6] *Widlar, R. J.:* Future Trends in IC Operational Amplifiers. EDN *13*, 6 (10. Juni 1968), S. 24.

[3.7] *Hearn, J. R.* et al.: New Concepts in Signal Generation. Hewlett-Packard J. *19*, 2 (Aug. 1968), S. 15.

[3.8] *Lee, F. H.:* Dielectric Isolated Saturating Circuit. IEEE Trans. ED-*15*, 9 (Sept. 1968), S. 645.

[3.9] *Vora, J.* et al.: PIN Isolation for Monolithic IC. IEEE Trans ED-*15*, 9 (Sept 1968), S 655

[3.10] *Roswold, W. C.* et al.: Air Gap Isolated Microcircuits. IEEE Trans. ED-*15*, 9 (Sept. 1968), S. 640.

[3.11] *Solomon, J. E.:* Trends in Analog Integrated Circuits. Motorola Monitor *6*, 3 (1968), S. 29.

[3.12] *Davidsohn, U. S., Lee, F. H.:* Dielectric Isolated Integrated Circuits Substrate Processes. Proc. IEEE *57*, 9 (Sept. 1969), S. 1532.

[3.13] *Brooksby, M.* et al.: Monolithic Transistor Array for High Frequency Applications. Hewlett-Packard J. *21*, 5 (Juni 1970), S. 15.

[3.14] *Boyle, A.* et al.: Fabrication of High Frequency Analog Integrated Circuits. Comp. Techn. *4*, 7 (Mai 1971), S. 22.

[3.15] *Narayanamurthi, E. S.:* New High Speed Monolithic Operational Amplifier. IEEE J. SC-*6*, 2 (Aug. 1971), S. 71.

[3.16] *Plassche, R. J.:* A Wide-Band Operational Amplifier ... IEEE J. SC-*6*, 6 (Dez. 1971), S. 347.

[3.17] *Addis, J.:* Three Technologies on One Chip Make a Broadband Amplifier. Electronics *45*, 12 (5. Juni 1972), S. 103.

[3.18] *Jones, D.:* Taking a Look at Input Capacitance. Electr. Eng. *44*, 535 (Sept. 1972), S. 18.

[3.19] *Kay, J.:* Mullard and Plessey IC Models for Use in Linear CAD Programs. Comp. Aided Design *5*, 2 (Apr. 1973), S. 90.

[3.20] *Apfel, R. J., Gray, P. R.:* A Fast Settling Monolithic Operational Amplifier. IEEE J. SC-*9*, 6 (Febr. 1974), S. 332.

461

[3.21] *Gray, P. R., Meyer, R. G.:* Recent Advances in Monolithic Operational Amplifier Design. IEEE Trans. CAS-*21*, 3 (Mai 1974), S. 317.

[3.22] *Davis, P. C.* et al.: High Slew-Rate Monolithic Operational Amplifier. IEEE J. SC-*9*, 6 (Dez. 1974), S. 340.

[3.23] *Solomon, J. E.:* The Monolithic OpAmp: A Tutorial Study. IEEE J. SC-*9*, 6 (Dez. 1974), S. 314.

[3.24] *Sanders, F. L. J.:* The „Bucket-brigade Delay Line", a Shift Register for Analogue Signals. Philips Techn. Rev. *31*, 4 (1970), S. 97.

[4.1] *Linvill, J. G., Gibbons, J. F.:* Transistors and Active Circuits. McGraw-Hill, New York 1961.

[4.2] *Hetterscheid, W. Th. H.:* Transistor Bandpass Amplifiers. Philips Techn. Library, 1964.

[4.3] *Bodway, G. E.:* Two Port Power Flow Analysis Using Generalized Scattering Parameters. Microwave J. *10*, 5 (Mai 1967), S. 61.

[4.4] Transistor Parameter Measurement. Hewlett-Packard Appl. Note, AN-77/1.

[5.1] *Uzunoglu, V.:* Semiconductor Network Analysis and Design. McGraw-Hill, New York 1964.

[5.2] *Ghausi, M. S.:* Principles and Design of Linear Active Circuits. McGraw-Hill, New York 1965.

[5.3] *Cherry, E. M., Hooper, D. E.:* Amplifying Devices and Low-Pass Amplifiers. John Wiley, New York 1968.

[6.1] *Gärtner, W. W.:* Transistors: Principles, Design and Application. Van Nostrand New York 1960.

[6.2] *Down, B.:* Using Feedback in FET Circuit to Reduce Input Capacitance. Electronics *37*, 25 (14. Dez. 1964), S. 64.

[6.3] *Grein, W.* et al.: A Solid-State 50 MHz Oscilloscope. Electronics *39*, 15 (25. Juli 1966), S. 95.

[6.4] *Todd, C. D.:* FET as a Source Follower. Electr. Components *7*, 9 (Sept. 1966), S. 831.

[6.5] *Compton, J. B.:* Designing FET's in Cascode. EDN. *11*, 10 (14. Sept. 1966), S. 60.

[6.6] *Todd, C. D.:* Follower Circuits Combining FET's and Bipolar Transistors. Electr. Components *7*, 10 (Okt. 1966), S. 943.

[6.7] *Barkes, R. W., Hart, B. L.:* A Very High Impedance Wide-Band Buffer Amplifier. Proc. IEEE *57*, 2 (Febr. 1969), S. 244.

[6.8] *Horna, O. A.:* High Speed Voltage Follower Has Only 1 Nanosecond Delay. Electronics *46*, 15 (19. Juli 1973), S. 115.

[6.9] *Klatt, K.:* Die obere Grenzfrequenz der Kollektorschaltung. Int. Elektr. Rundschau *28*, 4 (Apr. 1974), S. 67.

[7.1] *James, J. R.:* Analysis of the Cascode Transistor Configuration. Electr. Eng. *32*, 381 (Jan. 1960), S. 44.

[7.2] *Sen, S. H.:* The Equivalent h-Parameters for *n* Transistor Connected in Cascade. Proc. IEEE *53*, 11 (Nov. 1965), S. 1803.

[7.3] *Riordan, R. H.:* The Analysis of Multistage Transistor Amplifiers. Proc. IRE (Austr.) *24*, 3 (1963), S. 70.

[7.4] *Denlinger, D. E., Kolody, O. A.:* Simplified Y-parameter Analysis of Multistage Linear Amplifiers. IEEE Trans. BTR-*15*, 1 (Febr. 1969), S. 68.

[8.1] *Schwartz, S.:* A Transistor Video Amplifier for Radar Display. SGS Fairchild Appl. Rep. AR-96 (1963).

[8.2] *Cense, A.:* A Recent Development in Circuits and Transistors for Televisions Receivers. Electr. Appl. *27*, 2 (1969), S. 41.

[8.3] *Sturzu, P.:* Use CAD to Optimize Broadband Amp Design. Electr. Design *22*, 10 (10. Mai 1974), S. 92.

462

[9.1] *Almond, J., Boothroyd, A. R.:* Broadband Transistor Feedback Amplifiers. Proc. IEE *103*, 7 (Jan. 1956), S. 93.

[9.2] *Hakim, S. S.:* Feedback Amplifier Stabilization. Electr. Techn. *31*, 1 (Jan. 1962), S. 23.

[9.3] *Hakim, S. S.:* Feedback Amplifier Stabilization. Industr. Electr. *1*, 5 (Febr. 1963), S. 273.

[9.4] *Hakim, S. S.:* Aspects of Return-Difference Evaluation in Transistor Feedback Amplifiers. Proc. IEE *112*, 9 (Sept. 1965), S. 1700.

[9.5] *Brierley, H. G., Hakim, S. S.:* Transistor Feedback Amplifier Design. Proc. IEE *112*, 10 (Okt. 1965), S. 1825.

[9.6] *Hoskins, R. F.:* Definition of Loop Gain and Return Difference in Transistor Feedback Amplifiers. Proc. IEE *112*, 11 (Nov. 1965), S. 1995.

[9.7] *Bodway, G.:* Circuit Design and Characterization of Transistors by Means of Threeport Scattering Parameters. Microwave J. *11*, 5 (Mai 1968), S. 55.

[9.8] *Giust, O.:* Modulators. BSTJ *50*, 7 (Sept. 1971), S. 2155.

[9.9] *Fenderson, G. L.:* The IF Main Amplifier. BSTJ *50*, 7 (Sept. 1971), S. 2195.

[10.1] *Waldhauer, F.:* Wide-band Feedback Amplifiers. IRE Trans. CT-*4* (Sept. 1957), S. 18.

[10.2] *Blechner, F.:* Design Principles for Single Loop Transistor Feedback Amplifiers. IRE Trans. CT-*4* (Sept. 1957), S. 32.

[10.3] *Broekert, J. C., Scarlett, R. M.:* Transistor Amplifier has 100 MC Bandwidth. Electronics *33*, 16 (15. Apr. 1960), S. 73.

[10.4] *Ghausi, M. S.:* Optimum Design of the Shunt-Series Feedback Pair with Maximally Flat Magnitude Response. IRE Trans. CT-*8*, 4 (Dez. 1961), S. 448.

[10.5] *Cherry, E. M., Hooper, D. E.:* The Design of Wideband Transistor Feedback Amplifiers. Proc. IEE *110*, 2 (Febr. 1963), S. 375.

[10.6] *Beneteau, P.* et al.: A 2 Nanosecond Video Amplifier. Fairchild Appl. Rep. AR-10 (1964).

[10.7] *Howell, D. W.:* A Transistor Amplifier with 500 Mc Bandwidth. Stanford Univ. Rep. 1820/1 (1964).

[10.8] *Hakim, S. S.:* Return Difference Measurement in Transistor Feedback Amplifiers. Proc. IEE *112*, 5 (Mai 1965), S. 914.

[10.9] *Ghausi, M. S.:* A Simplified Analysis of the Series-Shunt Feedback Pair. Solid State Techn. *8*, 9 (Sept. 1965), S. 17.

[10.10] *Harding, D. E.:* Wideband Transistor Amplifier for Use in Submerged Repeaters. Proc. IEE *112*, 10 (Okt. 1965), S. 1869.

[10.11] *Howell, D. W.:* Transistor Amplifier with 500 Mc Low-Pass Bandwidth. IEEE Trans. CT-*12*, 4 (Dez. 1965), S. 591.

[10.12] *Glathe, W.:* 150-MHz-Breitband-Verstärker mit geringem Klirrfaktor. Int. Elektr. Rundschau *19*, 10 (Okt. 1967), S. 261.

[10.13] *Hilling, A. E.:* A 50 to 500 MHz Broadband Transistor Amplifier. Electr. Eng. *39*, 472 (Juni 1967), S. 352.

[10.14] *Sijstra, S.:* Vertical Deflection Amplifier for 150 MHz Oscilloscopes. Electr. Appl. *27*, 2 (1967), S. 61.

[10.15] *Director, S. W., Rohrer, R. A.:* Automated Network Design — The Frequency Domain Case. IEEE Trans. CT-*16*, 8 (Aug. 1969), S. 330.

[10.16] *Tuil, J.:* Transistor Equipped Aerial Amplifiers. Electr. Appl. *28*, 2 (1968), S. 61.

[10.17] *Eichel, K. H.:* Einfache Methode zur Erzielung eines konstanten Eingangswiderstandes bei Breitbandverstärkern. Int. Elektr. Rundschau *27*, 2 (Febr. 1973), S. 45.

[10.18] *Lauch, J.:* Impulsverstärker mit aktiver Verstärkungseinstellung bei konstanter Bandbreite. Int. Elektr. Rundschau *27*, 2 (Febr. 1973), S. 37.

[10.19] *McCalla, W. U.:* An Integrated IF Amplifier. IEEE J. SC-*8*, 6 (Dez. 1973), S. 440.

[10.20] *Meyer, R. G.* et al.: A Wide-Band Ultralinear Amplifier from 3–300 MHz. IEEE J. SC-*9*, 4 (Aug. 1974), S. 167.

[10.21] *Norton, D. E.:* High Dynamic Range Transistor Amplifiers. Microwave J. *19*, 5 (Mai 1976), S. 53.

[11.1] *Gay, M. J.:* Design and Development of Linear Circuits. Component Techn. *2*, 5 (Mai 1967), S. 24.

[11.2] *Evel, E. A.:* A Voltage Probe for High-Frequency Measurement. Hewlett-Packard J. *20*, 3 (Nov. 1968), S. 19.

[11.3] *van Kessel, T. J.:* An Integrated Operational Amplifier with Novel HF Behaviour. IEEE J. SC-*3*, 6 (Dez. 1968), S. 348.

[11.4] *Eimbinder, J.:* Designing with Linear Integrated Circuits. John Wiley, New York 1969.

[11.5] *Zellmer, J.:* High Impedance Probing to 500 MHz. Hewlett-Packard J. *21*, 4 (Dez. 1969), S. 12.

[11.6] *DeVilbiss, A. J.:* A Wideband Oscilloscope Amplifier. Hewlett-Packard J. *21*, 5 (Jan. 1970), S. 11.

[11.7] *Wooley, R. A.:* Automated Design of DC-Coupled Monolithic Broad-Band Amplifiers. IEEE J. SC-*6*, 1 (Febr. 1971), S. 24.

[11.8] *Ollins, R. I., Ratner, S. J.:* CAD and Optimization of a Broad-Band HF Monolithic Amplifier. IEEE J. SC-7, 6 (Dez. 1972), S. 487.

[11.9] *White, G., Chin, G. M.:* A DC-2,3 GHz Amplifier Using an 'Embedding' Scheme. BSTJ *52*, 1 (Jan. 1973), S. 53.

[11.10] *Battjes, C. R.:* A Wide-Band High-Voltage Monolithic Amplifier. IEEE J. SC-*8*, 6 (Dez. 1973), S. 408.

[11.11] *Coughlin, J. B.* et al.: A Monolithic Silicon Wideband Amplifier from DC to 1 GHz. IEEE J. SC-*8*, 6 (Dez. 1973), S. 414.

[11.12] *Serden, J. L.:* A New Generation in Frequency and Time Measurement. Hewlett-Packard J. *25*, 10 (Juni 1974), S. 2.

[11.13] *Sansen, W. M., Meyer, R. G.:* An Integrated Wide-Band Variable-Gain Amplifier with Maximum Dynamic Range. IEEE J. SC-*9*, 4 (Aug. 1974), S. 159.

[11.14] *Christensen, S., Matthews, I.:* A New Microwave Link Analyser. Hewlett-Packard J. *27*, 3 (Nov. 1975), S. 13.

X [12.1] *Ruthroff, C. L.:* Some Broad-Band Transformers. Proc. IRE *47*, 8 (Aug. 1959), S. 1337.

[12.2] *Bodtmann, W. F., Ruthroff, C. L.:* A Wide-Band Transistor IF Amplifier. BSTJ *42*, 1 (Jan. 1963), S. 37.

[12.3] *Kibler, L. U.:* An 80 Megabit 15W Transistor Pulse Amplifier. BSTJ *44*, 11 (Nov. 1965), S. 1965.

[12.4] *Kibler, L. U.:* Transistor Pulse Amplifier. BSTJ *44*, 11 (Nov. 1965), S. 1983.

X [12.5] *Hilberg, W.:* Einige grundsätzliche Betrachtungen zu Breitband-Übertragern. NTZ *19*, 9 (Sept. 1966), S. 527.

[12.6] *Payne, J. B.:* Impedance Mismatching in Wideband Transistor Amplifier Design. IEEE Trans. CT-*14*, 4 (Dez. 1967), S. 432.

[12.7] *Pitzalis, O., Couse, T. P.:* Practical Design Information for Broadband Transmission Line Transformers. Proc. IEEE *58*, 4 (Apr. 1968), S. 738.

[12.8] *Seidel, H.* et al.: Error Controlled High Power Linear Amplifier at VHF. BSTJ *47*, 5 (Mai 1968), S. 651.

[12.9] *Hejhall, R. C.:* Solid State Linear Power Amplifier Design. Motorola Appl. Note AN-546.

[12.10] *Prasad, H., Krishnaswamy, M.:* 80—160 MHz Transistorized Wideband Power Amplifier. Electro-Technology (Bangalore) *13*, 1 (Jan. 1969), S. 9.

[12.11] *Lambert, W. H.:* Second-Order Distortion in CATV Push-Pull Amplifiers. Proc. IEEE *58*, 7 (Jun. 1970), S. 1057.

[12.12] Transistors for Single-Sideband Linear Amplifiers. Mullard Ltd., TP 1337 (1972), S. 11.

X [12.13] *Krauss, H. L., Allen, Ch. W.:* Designing Toroidal Transformers to Optimize Wideband Performance. Electronics *46*, 17 (16. Aug. 1973), S. 113.

[12.14] *Meyer, R. G.* et al.: A Wide-Band Feedforward Amplifier. IEEE J. SC-*9*, 6 (Dez. 1974), S. 422.

[13.1] *Rohde, U. L.:* Transistoren bei höchsten Frequenzen. Verlag Radio-Foto-Kinotechnik, Berlin 1965.
[13.2] *Moser, A.:* 140-MHz-Kettenverstärker mit Feldeffekt-Transistoren. Int. Elektr. Rundschau *19*, 5 (Mai 1967), S. 109.
[13.3] *Chen, K.:* Distributed Amplifiers. Proc. IEE *114*, 8 (Aug. 1967), S. 1065.
[13.4] *Kohn, G., Landauer, R. W.:* Distributed Field-Effect Amplifier. Proc. IEEE *56*, 6 (Jun. 1968), S. 1136.
[13.5] *Jutzi, W.:* A MOSFET Distributed Amplifier with 2 GHz Bandwidth. Proc. IEEE *57*, 6 (Juli 1969), S. 1195.
[13.6] *Aleksejev, O. V.:* Design of Distributed Amplifiers with the Aid of a Computer. IEEE Trans. CT-*20*, 6 (Nov. 1973), S. 702.

[14.1] *Mason, S.:* Power Gain in Feedback Amplifiers. IRE Trans. CT-*1*, 1 (März 1954), S. 20.
[14.2] *Cheng, C. C.:* Neutralization and Unilaterization. IRE Trans. CT-*2*, 2 (Juni 1955), S. 138.
[14.3] *Stern, A. P.* et al.: Internal Feedback and Neutralization of Transistor Amplifier. Proc. IRE *43*, 7 (Juli 1955), S. 838.
[14.4] *Stern, A. P.:* Stability and Power Gain of Tuned Transistor Amplifiers. Proc. IRE *45*, 3 (März 1957), S. 335.
[14.5] *Gohm, L.:* Neutralisation über breite Frequenzbänder. NTF *18* (1960), S. 83.
[14.6] *Paul, R.:* Zur Stabilität von transistorbestückten Schmalbandverstärker-stufen. Nachrichtentechnik *11* (1961), S. 295.
[14.7] *Rolett, J. M.:* Stability and Power Gain Invariants. IRE Trans. CT-*9*, 2 (Juni 1962), S. 29.
[14.8] *Hetterscheid, W. Th. H.:* Designing Transistor IF Amplifiers. Philips Techn. Library, Eindhoven 1966.
[14.9] *Froehner, W. H.:* Quick Amplifier Design With Scattering Parameters. Electronics *40*, 21 (16. Okt. 1967), S. 100.
[14.10] *Carlson, F. M.:* Application Considerations for the VHF MOSFET. RCA Appl. Note, AN-3193.

[15.1] *Carstaedt, J.* et al.: Nichtneutralisierte und teilneutralisierte ZF-Verstärker mit Transistoren. Valvo Berichte *6* (1960), S. 81.
[15.2] *El-Said, M. A. H.:* Tuned Transistor Amplifier. IRE Trans. CT-*7* (Dez. 1960), S. 440.
[15.3] *Rusche, G., Wagner, K., Weitzsch, F.:* Flächentransistoren. Springer-Verlag, Berlin 1961.
[15.4] *Duncan, D. M.:* Mismatch Desing of Transistor IF Amplifier. Proc. IRE (Austr.) *23* (1962), S. 147.
[15.5] *Luettgenau, G. G., Barnes, S. H.:* Designing with Low-Noise MOSFET's. Electronics *37*, 25 (14. Dez. 1964), S. 53.
[15.6] Using Linvill-techniques for RF Amplifiers. Motorola Appl. Note, AN-166.
[15.7] *Snow, P.:* Simplify IF Amplifier Design. Electr. Design *14*, 6 (5. Juli 1966), S. 38.
[15.8] *Krijakov, J. G., Simonov, J. L.:* Analysis of a Cascode Transistor Tuned Amplifier. Electr. Comm. *37*, 1 (Jan. 1967), S. 40.
[15.9] *Welling, B.:* Stagger-Tuned IC Amplifier Stages. Electr. Design *15*, 9 (26. Apr. 1967), S. 236.
[15.10] *Kleinmann, H. M.:* Application of dual-gate MOSFET. IEEE Trans. BTR-*13*, 2 (Juli 1967), S. 72.
[15.11] *Phalan, J. M.:* Boost FET Amplifier Gains. Electr. Design *15*, 19 (13. Sept. 1967), S. 98.
[15.12] *Suominen, O.:* Series Tuned Amplifiers as Low Noise Preamplifier. IEEE J. SC-*2*, 3 (Sept. 1967), S. 116.
[15.13] *Hetterscheid, W. Th. H.* et al.: Vision IF Amplifiers. Electr. Appl. *26*, 2, S. 49.
[15.14] Recent Developments in Circuits and Transistors for Television Receivers. Electr. Appl. *26*, 4, S. 145.

[15.15] *Kriebel, H.:* HIFI Tuner — Stand der Technik. Funkschau *45*, 18 (31. Aug. 1973), S. 681.
[15.16] *Miwa, Y.* et al.: High Frequency Amplifier Design Using Nichols Charts. IEEE J. SC-*7*, 2 (Apr. 1972), S. 195.

[16.1] *Weitzsch, F.:* Einige theoretische Untersuchungen zur Leistungsübertragung und Stabilität. Nachrichtentechn. Fachb. *18* (1960), S. 23.
[16.2] *McCluskey, C. J.:* Bandpass Transistor Amplifiers. Electr. Techn. *38*, 5 (Mai 1961), S. 183.
[16.3] *Cherry, K. G.:* The Design of Tuned Transistor IF Amplifiers. IEEE Trans. BTR-*9*, 2 (Juli 1963), S. 48.
[16.4] *Redmond, K.:* Rapid Design for a Transistorized Double-Tuned Bandpass IF Amplifier. IEEE Trans. BTR-*9*, 3 (Nov. 1963), S. 52.
[16.5] *Oberbeck, H.:* Beitrag zur exakten Berechnung von breitbandigen zweikreisigen Bandfiltern. AEÜ *18*, 3 (März 1964), S. 189.
[16.6] *Blaser, L., Cummuris, E.:* Designing FET's into AM Radios. IEEE Trans. BTR-*10*, 2 (Juli 1964), S. 29.
[16.7] *Kolk, P. E., Maloff, I. A.:* The Field-Effect Transistor as High Frequency Amplifier. Electronics *37*, 25 (14. Dez. 1964), S. 71.
[16.8] *Recklinghausen, D. R.:* Field-Effect Transistor for FM Front Ends. Electr. World *74*, 36 (Dez. 1965), S. 64.
[16.9] *Austin, W. M.:* TV-Applications of MOS Transistors. IEEE Trans. BTR-*12*, 3 (1966), S. 68.
[16.10] *Leonard, D. N.:* Improve FM Performance with FET's. Electr. Design *15*, 5 (1. März 1967), S. 63.
[16.11] *Docherty, I. S., Casse, J. L.:* The Design of Maximally Flat Wideband Amplifiers with Double-Tuned Interstage Coupling. Proc. IEEE *55*, 4 (Apr. 1967), S. 513.

[17.1] *Dutta Roy, S. C.:* The Inductive Transistor. IEEE Trans. CT-*10*, 1 (März 1963), S. 113.
[17.2] *Lindmayer, J., North, W.:* The Inductive Effect in Transistors. Solid State Electr. *8*, 4 (Apr. 1964), S. 409.
[17.3] *Barrett, J.* et al.: An FM-Tuner Using MOSFET's and Integrated Circuits. IEEE Trans. BTR-*11*, 2 (Juli 1965), S. 24.
[17.4] *Avins, J.:* Integrated Circuits in Television Receivers. IEEE Trans. BTR-*12*, 2 (Juli 1966), S. 70.
[17.5] *Whiteneir, P. J.:* The Analysis and Design of IF Amplifiers. IEEE Trans. BTR-*12*, 2 (Juli 1966), S. 75.
[17.6] *Robertson, J., Welling, B.:* An Integrated RF-IF Amplifier. Motorola Appl. Note, AN-247.
[17.7] *Welling, B.:* Using Integrated Circuits in a Stagger Tuned IF Strip. Motorola Appl. Note, AN-259.
[17.8] *Welling, B.:* An IC Color TV Video IF Facilitates Alignment and Improves AGC. IEEE Trans. BTR-*13*, 2 (Juli 1967), S. 24.
[17.9] *Weber, R. L., Prabhakar, J. C.:* A Thick-Film Television Video IF Amplifier IEEE Trans. BTR-*13*, 3 (Nov. 1967), S. 7.
[17.10] *Daly, D. A.* et al.: Lumped Elements in Microwave Integrated Circuits. IEEE Trans. MTT-*15*, 12 (Dez. 1967), S. 713.
[17.11] *Archer, J. A.* et al.: Use of Transistor-Simulated Inductance in Broadband Amplifiers. IEEE J. SC-*3*, 1 (März 1968), S. 12.
[17.12] *Schater, N.:* Lumped Element IC Produces 1 W in S-Band. Electr. Design *16*, 9 (25. Apr. 1968), S. 32.
[17.13] *Hirschfeld, R. A.:* Tuned Circuit Design Using Monolithic RF/IF Amplifiers. Electr. Design *16*, 11 (23. Mai 1968), S. 24.
[17.14] *Caulton, M.* et al.: Hybrid Integrated Lumped Element Microwave Amplifiers. IEEE J. SC-*3*, 2 (Juni 1968), S. 59.
[17.15] *Johnson, K. M.:* X-Band Integrated Circuits Mixer. IEEE J. SC-*3*, 2 (Juni 1968), S. 50.

[17.16] *Minton, R., Kamnitsis, C.:* RF Integrated Amplifiers in High Power UHF Broadband Structures. RCA Appl. Note, ST-4128 (1968).

[17.17] *Mataya, J. A.* et al.: IF Amplifier Using C_c-Compensated Transistors. IEEE J. SC-*3*, 4 (Dez. 1968), S. 401.

[17.18] *Caulton, M., Poole, W. E.:* Designing Lumped Elements into Microwave Amplifiers. Electronics *42*, 8 (14. Apr. 1969), S. 100.

[17.19] *Sugata, E., Namekawa, T.:* Integrated Circuits for Television Receivers. IEEE Spectrum *6*, 5 (Mai 1969), S. 64.

[17.20] *Adams, D. K.* et al.: Active Filters for UHF and Microwave Frequencies. IEEE Trans MTT-*17*, 9 (Sept. 1969), S. 662.

[17.21] *Baskerville, G.:* A Single-Chip Television IF System. IEEE J. SC-*7*, 6 (Dez. 1972), S. 455.

[18.1] *Matthaei, G. L.:* Synthesis of Chebyshev Impedance-Matching Network Filters and Interstages. IRE Trans. CT-*3*, 3 (Sept. 1956), S. 163.

[18.2] *Klink, H.:* Breitbandverstärker mit Transistoren. AEÜ *18*, 6 (Juni 1964), S. 350.

✗[18.3] *Matthaei, G. L.:* Tables of Chebyshev Impedance Transforming Networks of Low-Pass Filter-Form. Proc. IEEE *52*, 8 (Aug. 1964), S. 939.

[18.4] *Engelbrecht, R. S., Kurokawa, K.:* A Wide-Band Low-Noise L-Band Balanced Transistor Amplifier. Proc. IEEE *53*, 3 (März 1965), S. 237.

[18.5] *Kurokawa, K.:* Design Theory of Balanced Transistor. BSTJ *44*, 10 (Okt. 1965), S. 1675.

[18.6] *Lauchner, J.:* Wideband Microwave Transistor Amplifiers. Solid State Design *6*, 12 (Dez. 1965), S. 19.

[18.7] *Pierson, G.:* A FET Operating at UHF. Electr. Design *14*, 7 (29. März 1966), S. 48.

✗ [18.8] *Matthaei, G. L.:* Short-Step Chebyshev Impedance Transformers. IEEE Trans. MTT-*14*, 8 (Aug. 1966), S. 372.

[18.9] *Snyder, R. V.:* Broadband Impedance-Matching Techniques Applied to Design of UHF Transistor Amplifiers. Proc. IEEE *55*, 1 (Jan. 1967), S. 124.

[18.10] *Saunders, T. E., Stark, P. D.:* An Integrated 4 GHz Balanced Transistor Amplifier. IEEE J. SC-*2*, 1 (März 1967), S. 4.

[18.11] *Sabbadini, G.:* Transistorbestückter Antennenverstärker für die Fernsehbereiche IV und V. Int. Elektr. Rundschau *21*, 12 (Dez. 1967), S. 321.

[18.12] *Gelnovatch, W. G.:* CAD of Wideband Integrated Microwave Amplifiers. IEEE Trans. ED-*15*, 7 (Juli 1968), S. 491.

[18.13] *Blum, S. C.:* A 10 W S-Band Solid-State Amplifier. IEEE J. SC-*3*, 3 (Sept. 1968), S. 233.

[18.14] *Lee, H. C.:* Microwave Power Amplifiers. Microwave J. *12*, 2 (Febr. 1969), S. 51.

[18.15] *Kamnitsis, C.:* Broadband Matching of UHF Microstrip Amplifiers. Micro-Waves *8*, 4 (Apr. 1969), S. 54.

[18.16] *Houston, T. W., Read, L. W.:* CAD of Broadband and Low Noise Microwave Amplifiers. IEEE Trans. MTT-*17*, 8 (Aug. 1969), S. 612.

[18.17] *Ayaki, K.* et al.: A 4 GHz Multistage Transistor Amplifier. IEEE Trans. MTT-*17*, 12 (Dez. 1969), S. 1072.

[18.18] *Lüttich, F.:* Transistor-Breitbandverstärker bis 1 GHz mit hoher Ausgangsleistung. Int. Elektr. Rundschau *24*, 4 (Apr. 1970), S. 105.

[18.19] *Bowman, D. R.:* 600 MHz Intermediate Frequency Amplifier. Electr. Eng. (Aug. 1970), S. 30.

✗ [18.20] *Pitzalis, O.* et al.: Tables of Impedance Matching Networks which Approximate Prescribed Attenuation vs. Frequency Slopes. IEEE Trans. MTT-*19*, 4 (Apr. 1971), S. 381.

[18.21] Improved Circuit With Low Parasitism Transistor. Electr. Eng. *44*, 534 (Aug. 1972), S. 23.

[18.22] *Presser, A., Belohoubek, E. F.:* 1—2 GHz High Power Linear Transistor Amplifier. RCA Rev. *33*, 4 (Dez. 1972), S. 737.

[18.23] *Eisenberg, J.* et al.: Design a 4—8 GHz FET Amplifier. MicroWaves *12*, 2 (Febr. 1973), S. 52.

[18.24] *Curtis, J.:* Let's Simplify MIC Power Amp. Design. MicroWaves *12*, 2 (Febr. 1973), S. 46.

[18.25] *Wolfert, P. H.:* L-Band 110W Transistor Amplifier. Microwave J. *16*, 2 (Febr. 1973), S. 47.

[18.26] *Richter, K.:* Predicting Linear Power Amplifier Performance. MicroWaves *13*, 2 (Febr. 1974), S. 56.

[18.27] *Vendelin, G. D.* et al.: A Low-Noise Integrated S-Band Amplifier. Microwave J. *17*, 2 (Febr. 1974), S. 47.

[18.28] *Sturzu, P.:* Build a 12 Octave Hybrid Amplifier. MicroWaves *13*, 6 (Juni 1974), S. 54.

[18.29] *Arnold, R. P., Bailey, W. L.:* Match Impedances with Tapered Lines. Electr. Design *22*, 12 (7. Juni 1974), S. 136.

[18.30] *Chen, P. T.:* Design and Application of 2—6,5 GHz Transistor Amplifiers. IEEE J. SC-*9*, 4 (Aug. 1974), S. 154.

[18.31] *Basawapatna, G.:* A 2—6,2 GHz Power Amplifier. Hewlett-Packard J. *26*, 3 (März 1975), S. 11.

[19.1] *Scott, M. T.:* Tuned Power Amplifiers. IEEE Trans. CT-*11*, 3 (Sept. 1964), S. 385.

[19.2] *Paris, P.:* Calcul et réalisation d'amplificateurs VHF de puissance. L'Onde Electrique *45*, 456 (März 1965), S. 328.

[19.3] *Page, D. F., Hindton, W. D.:* On Solid-State Class-D Systems. Proc. IEEE *53*, 4 (Apr. 1965), S. 423.

[19,4] *Vincent, B. T.:* Large Signal Operation of Microwave Transistors. IEEE Trans. MTT-*13*, 6 (Juni 1965), S. 865.

[19.5] *Slatter, J. G.:* An Approach to the Design of Transistor Tuned Power Amplifiers. IEEE Trans. CT-*12* (Juni 1965), S. 206.

[19.6] *Harrison, R. G.:* A Nonlinear Theory of Class-C Transistor Amplifiers. IEEE J. SC-*2*, 3 (Juni 1965), S. 93.

[19.7] *Lohrmann, D. R.:* Parametric Oscillations in VHF Transistor Power Amplifiers. Proc. IEEE *54*, 3 (März 1966), S. 409.

[19.8] *Minton, R.:* Design Trade-Offs for RF Transistor Power Amplifiers. The Electr. Engineer *26*, 3 (März 1967), S. 68.

[19.9] *Schiff, R.:* RF Breakdown Phenomenon Improves the Voltage Capability of a Transistor. Electronics *40*, 12 (12. Juni 1967), S. 97.

[19.10] *Müller, O.:* Stability Problems in Transistor Power Amplifiers. Proc. IEEE *55*, 8 (Aug. 1967), S. 409.

[19.11] *Sokal, N. O.* et al.: Use a Good Switching Transistor Model. Electr. Design *15*, 12 (10. Juni 1967), S. 54.

[19.12] *Snider, D. M.:* A Theoretical Analysis of RF Power Amplifier. IEEE Trans. ED-*14*, 12 (Dez. 1967), S. 851.

[19.13] *Lohrmann, D. R.:* Exotic Effects? Proc. IEEE *56*, 3 (März 1968), S. 332.

[19.14] *Osborne, M. R.:* Design of Tuned Transistor Power Amplifiers. Electr. Eng. *40*, 486 (Aug. 1968), S. 436.

[19.15] *Gummel, H. K.:* Charge-Control Transistor Model for Network Analysis Programs. Proc. IEEE *56*, 4 (Apr. 1968), S. 751.

[19.16] *Mulder, J.:* On the Design of Transistor RF Power Amplifiers. Electr. Appl. *27*, 4, S. 155.

[19.17] *Müller, O.:* Large-Signal S-Parameter Measurements of Class-C Operated Transistors. NTZ *21*, 10 (Okt. 1968), S. 644.

[19.18] *Rothe, H.:* Der Bipolartransistor als Leistungsverstärker. AEÜ *22*, 8 (Aug. 1968), S. 407.

[19.19] *Krishna, S.* et al.: Some Limitations of the Power Output Capability of VHF Transistors. IEEE Trans. ED-*15*, 11 (Nov. 1968), S. 855.

[19.20] *Zimmer, C. R.:* Center Frequency Shift in Transistor Class-C Amplifiers. IEEE Trans. AES-*5*, 6 (Nov. 1969), S. 999.

[19.21] *Hilbers, H.:* On the Input and Load Impedance and Gain of RF Power Transistors. Electr. Appl. *27*, 2, S. 53.

[19.22] *Reich, B.* et al.: Maximum RF Power Transistor Collector Voltage. Proc. IEEE *57*, 10 (Okt. 1969), S. 1789.

[19.23] *Brown, R. W.:* Transistor Models for Circuit Analysis Programs. Electr. Eng. *41*, 502 (Dez. 1969), S. 50.

[19.24] *El-Said, A. H. M.:* Analysis of Tuned Junction Transistor Circuits Under Large Sinusoidal Voltages. IEEE Trans. CT-*17*, 1 (Jan. 1970), S. 8.

[19.25] *Bailey, R. L.:* Large-Signal Nonlinear Analysis fo High Power High Frequency Junction Transistors. IEEE Trans. ED-*17*, 2 (Febr. 1970), S. 108.

[19.26] *Zobrist, G. W.:* Thinking of Getting into CAD. Electronics *43*, 7 (30. März 1970), S. 98.

[19.27] *Nygren, T., Martinson, J.:* Improved Characterising Technique for Microwave Power Amplifier Transistors. Electr. Lett. *6*, 9 (30. Apr. 1970), S. 282.

[19.28] *Andeweg, J.* et al.: A Discussion of the Design and Properties of High Power Transistors of SSB Applications. IEEE Trans. ED-*17*, 9 (Sept. 1970), S. 717.

[19.29] *Reich, B.* et al.: RF Power Transistor for Reliable Communications Systems. IEEE Trans. ED-*17*, 9 (Sept. 1970), S. 816.

[19.30] *Erickson, B. K.:* Temperature Compensation for High-Frequency Transistors. Electronics *46*, 11 (24. Mai 1973), S. 102.

[19.31] *Baxter, G. K.:* Thermal Response of Microwave Transistors under Pulsed Power Operation. IEEE Trans. PHP-*9*, 3 (Sept. 1973), S. 184.

[19.32] *Brehm, G. E., Vendelin, G. D.:* Biasing FET's for Optimum Performance. MicroWaves *13*, 2 (Febr. 1974), S. 38.

[19.33] *Baxter, G. K.:* Transient Temperature Response of a Power Transistor. IEEE Trans. PHP-*10*, 2 (Juni 1974), S. 132.

[19.34] *Leuthauser, C. B.:* Hotspotting in RF Devices. Electr. Components, *16*, 11 (4. Juni 1974), S. 12.

[19.35] *LaRosa, Dr. R.:* Hybrid-Coupled Amps. MicroWaves *14*, 2 (Febr. 1975), S. 44.

[20.1] *Kurzrok, R. M.:* Design Technique for Lumped Circuit Hybrid Rings. Electronics *35*, 20 (18. Mai 1962), S. 60.

[20.2] *Kurzrok, R. M.* et al.: Hybrid-Coupled VHF Transistor Power Amplifier. Solid State Design *6*, 8 (Aug. 1965), S. 21.

[20.3] *French, R. G.:* A Wideband Transistorized Power Amplifier. Electr. Eng. *38*, 455 (Jan. 1966), S. 8.

[20.4] *Wood, C. H.* et al.: Transistors Share the Load in a Kilowatt Amplifier. Electronics *40*, 25 (11. Dez. 1967), S. 100.

[20.5] *Benjamin, J. A.:* Use Hybrid Junctions for More VHF Power. Electr. Design *16*, 16 (1. Aug. 1968), S. 54.

[20.6] *Benjamin, J. A.:* Build Broadband RF Power Amplifiers. Electr. Design *17*, 2 (18. Jan. 1969), S. 50.

[20.7] *Bailey, R. L.* et al.: An All-Transistor 1 kW High-Gain UHF Power Amplifier. IEEE Trans. MTT-*17*, 12 (Dez. 1969), S. 1154.

[20.8] *Peden, R. D.:* Charge-Driven HF Transistor Tuned Power Amplifier. IEEE J. SC-*5*, 2 (Apr. 1970), S. 55.

[20.9] *Ringel, M.:* Junction-Gate FET RF Power Amplifier. Proc. IEEE *58*, 5 (Mai 1970), S. 789.

[20.10] *Pitzalis, O.* et al.: Broadband 60W Linear Amplifier. IEEE J. SC-*6*, 3 (Juni 1971), S. 93.

[20.11] A Low-Q Bandpass Amplifier. Electr. Eng. *44*, 534 (Aug. 1972), S. 17.

[20.12] *Hilbers, A. H.:* Design of High-Frequency Wideband Power Transformers. Philips Electr. Appl. Bull. *32*, 1 (1973), S. 44.

[20.13] *Mulder, J.:* Input Network Design for High-Frequency Wideband Power Amplifiers. Philips Electr. Appl. Bull. *32*, 3 (1973), S. 101.

[20.14] *Hupper, K., Helmrick, H.:* 50 W-VHF-Verstärker mit Transistoren. Int. Elektr. Rundschau *27*, 8 (Aug. 1973), S. 165.

[20.15] *Chambers, S.:* A 1000 W Solid-State Power Amplifier. Electr. Design *22*, 7 (1. Apr. 1974), S. 58.

[20.16] *Stammelback, J.:* Transformationsnetzwerke für transistorbestückte Hochfrequenz-Leistungsverstärker. Int. Elektr. Rundschau *28*, 11 (Nov. 1974), S. 229.

[20.17] *Hauer, F. W.:* Stop burn-out in RF Power amplifiers. Electr. Design *23*, 1 (4. Jan. 1975), S. 110.

[20.18] *Raab, F. H.:* FET Power Amplifier Boosts Transmitter Efficiency. Electronics *49*, 12 (10. Juni 1976), S. 122.

[21.1] *Vogel, J. S., Strutt, M. J.:* Untersuchung der Verzerrungen und Mischvorgänge in Transistor-Stufen bei hohen Frequenzen. AEÜ *16*, 8 (Aug. 1962), S. 407.
[21.2] *Read, L. W.:* An Analysis of High Frequency Transistor Mixers. IEEE Trans. BTR-*9*, 1 (Apr. 1963), S. 72.
[21.3] *Becher, E.:* Nonlinear Admittance Mixer. RCA Rev. *25*, (1964), S. 662.
[21.4] *Wearer, S. M.:* For Good Mixer, Add One FET. Electronics *39*, 6 (21. März 1966), S. 109.
[21.5] *Recklinghausen, D. R., Scott, H. H.:* Theory and Design of FET Converters. IEEE Trans. BTR-*12*, 1 (Apr. 1966), S. 43.
[21.6] *Rohde, U. L.:* Transistor 2-Metre Converters. Wireless World *72*, 7 (Juli 1966), S. 357.
[21.7] *Fitchen, F. C., Sundberg, G. C.:* Conversion Gain Null in FET Mixers. Proc. IEEE *55*, 1 (Jan. 1967), S. 101.
[21.8] *Klein, E.:* Y-Parameters Simplify Mixer Design. Electr. Design *15*, 7 (1. Apr. 1967), S. 68.
[21.9] *Winkel, J. T., Bouma, B. C.:* An Investigation into Transistor Cross-Modulation at VHF under AGC Conditions. IEEE Trans. ED-*14*, 7 (Juli 1967), S. 374.
[21.10] *Vogel, J. S.:* Nonlinear Distortion and Mixing Processes in Field-Effect Transistors. Proc. IEEE *55*, 12 (Dez. 1967), S. 2109.
[21.11] *Dijk, G., Wolf, G.:* A Mixer Transistor for VHF. Electr. Appl. *29*, 2 (1969), S. 39.
[21.12] *Miller, D. M., Meyer, R. G.:* Nonlinearity and Cross Modulation in Field-Effect Transistors. IEEE J. SC-*6*, 4 (Aug. 1971), S. 244.
[21.13] *Klank, O.:* Ideale und wirkliche Kennlinien von Transistoren für HF-Eingangs- und Mischstufen. Int. Elektr. Rundschau *24*, 1 (Jan. 1972), S. 17.
[21.14] *Meyer, R. G.* et al.: Cross Modulation and Intermodulation in Amplifiers at High Frequencies. IEEE J. SC-7, 1 (Febr. 1972), S. 16.
[21.15] *Narayanan, S., Poon, H. C.:* An Analysis of Distortion in Bipolar Transistors. IEEE Trans. CT-*20*, 4 (Juli 1973), S. 341.
[21.16] *Poon, H. C.:* Implication of Transistor Frequency Dependence. IEEE Trans. ED-*21*, 1 (Jan. 1974), S. 110.
[21.17] *Beck, F.* et al.: Prüfung des Gummel-Poon-Modells auf seine Brauchbarkeit. Int. Elektr. Rundschau *28*, 7 (Juli 1974), S. 147.
[21.18] *Khadr, A. M., Johnston, R. H.:* Distortion in High Frequency FET Amplifiers. IEEE J. SC-*9*, 4 (Aug. 1974), S. 180.
[21.19] *Lindermeyer, H., Popp, R.:* Groß-Signalverzerrungen in Emitterfolgerendstufen. NTZ *28*, 1 (Jan. 1975), S. 1.
[21.20] *Breitkopf, K.:* Transistor Mixer Boosts Up Conversion Gain. MicroWaves *14*, 1 (Jan. 1975), S. 62.

[22.1] *Burckhardt, C. B.:* Analysis of Varactor Multipliers. BSTJ *44* (1965), S. 675.
[22.2] *Lee, H. C., Gilbert, G. J.:* Overlay Transistors Move into Microwave Region. Electronics *39*, 6 (21. März 1966), S. 93.
[22.3] *Hall, R. D., Krakauer, S. M.:* Microwave Harmonic Generation with Step Recovery Diode. Hewlett-Packard J. *27*, 4 (Apr. 1966), S. 5.
[22.4] *Schiek, B.:* Frequenzverhalten von Vervielfachern mit Kapazitätsdioden. AEÜ *20*, 9 (Sept. 1966), S. 515.
[22.5] *Thompson, R.:* Step-Recovery Diode Frequency Multiplier. Electr. Lett. *2*, 3 (März, 1966), S. 117.
[22.6] *Anderson, A. P.:* Circuit Aspects of Transistor Parametric Frequency Doublers. IEEE Trans ED-*14*, 2 (Febr. 1967), S. 86.
[22.7] *Hamilton, S., Hall, R. D.:* Shunt-Mode Harmonic Generation Using Step-Recovery Diodes. Microwave J. *10*, 4 (Apr. 1967), S. 69.
[22.8] *Carlson, R.:* A Frequency Comb Generator. Hewlett-Packard J. *18*, 9 (Sept. 1967) ,S. 15.

470

[22.9] *Irwin, J., Swan, C.:* A Composite Varactor for Harmonic Generator. IEEE Trans. ED-*13*, 5 (Mai 1968), S. 466.

[22.10] *Schünemann, K., Schiek, B.:* Optimaler Wirkungsgrad von Frequenzverviel-fachern mit Speicherdiode. AEÜ *22*, 6 (Juni, 1968), S. 293.

[22.11] *Kuo, L. I.:* Step-recovery-Dioden-Frequenzverdreifacher. AEÜ *23*, 5 (Mai 1969), S. 268.

[22.12] *Kotzebue, K. L.* et al.: The Design of Broad-Band Frequency Doublers Using Charge-Storage Diodes. IEEE Trans. MTT-*17*, 12 (Dez. 1969), S. 1677.

[22.13] *Rytting, D. K., Sanders, S. N.:* A System for Automatic Network Analysis. Hewlett-Packard J. *21*, 6 (Juni 1970), S. 2.

[22.14] *Bedell, H. R.* et al.: Microwave Generator. BSTJ *50*, 7 (Sept. 1971), S. 2205.

[22.15] *Johnston, R. H., Boothroyd, A. R.:* A High-Frequency Transistor Frequency Multiplier and Power Amplifier. IEEE J. SC-*7*, 1 (Febr. 1972), S. 71.

[22.16] Simple Parametric Oscillator Multiplier. Electr. Eng. *44*, 534 (Aug. 1972), S. 15.

[22.17] *Racy, J.:* How to Select Varactors for Harmonic Generation. MicroWaves *12*, 11 (Nov. 1973), S. 54.

[22.18] *Faller, H.:* Try a Transistor in Your Next Frequency Multiplier. MicroWaves *12*, 12 (Dez. 1973), S. 48.

[23.1] *Edson, W. A.:* Noise in Oscillators. Proc. IRE *48*, 8 (Aug. 1960), S. 1454.

[23.2] *Pritchard, R. L.:* Discussion of Matrix Analysis of Transistor Oscillators. IRE Trans. CT-*8* (Juni 1961), S. 169.

[23.3] *Baxandall, P. J.:* Transistor Crystal Oscillators. The Radio and Electr. Eng. *29*, 4 (Apr. 1965), S. 229.

[23.4] *Johnston, W., Loack, E.:* Microwave Oscillator. BSTJ *44* (1965), S. 369.

[23.5] *James, A. H.:* Crystal Oscillator Using Integrated Circuit Amplifiers. Electr. Eng. *38*, 455 (Jan. 1966), S. 42.

[23.6] *MacDonald, C.:* FET Replaces Vacuum Tube in 1 MHz Oscillator. Electr. Design *14*, 5 (1. März 1966), S. 81.

[23.7] *Clarke, K. K.:* Design of Self-Limiting Transistor Sine-Wave Oscillators. IEEE Trans. CT-*13*, 1 (März 1966), S. 58.

[23.8] *Spence, R.:* A Theory of Maximally Loaded Oscillators. IEEE Trans. CT-*13*, 2 (Juni 1966), S. 226.

[23.9] *Prosser, T. F.:* FET's Produce Stable Oscillators. Electronics *39* (Okt. 1966), S. 102.

[23.10] *Toussaint, H. N.:* Zur Bemessung des emittergekoppelten Oszillators. Frequenz *21*, 6 (Juni 1967), S. 193.

[23.11] *Singh, D.* et al.: Crystal-controlled 164 MHz Oscillator/Quadrupler. Electr. Eng. *39*, 478 (Dez. 1967), S. 769.

[23.12] *Toussaint, H. N.:* Transistor Power Oscillator. Proc. IEEE *56*, 2 (Febr. 1968), S. 226.

[23.13] *Bethmann, G.:* Berechnung von Transistor-Oszillatoren. TH Ilmenau Mitt., 1968, S. 179.

[23.14] *Sutcliffe, H.:* Transistor LC Oscillator Circuits with Amplitude Controll by Mean Current. Electr. Eng. *40*, 485 (Juli 1968), S. 388.

[23.15] *Ikeda, H.:* A MOS Transistor RF Oscillator Suitable for MOS-IC. Proc. IEEE *56*, 9 (Sept. 1968), S. 1638.

[23.16] *Hanchett, G. D.:* Insulated-Gate FET in Oscillator Circuits. Motorola Appl. Note, ST-3520.

[23.17] *Bühn, U.:* Entwurf von UHF-Transistor-Oscillatoren mit großem Durchstimmbereich. Int. Elektr. Rundschau *21*, 2 (Febr. 1969) S. 33.

[23.18] *Grisell, T. L.* et al.: Design of a Third-Generation RF Spectrum Analyser. Hewlett-Packard J. *19*, 2 (Febr. 1969), S. 8.

[23.19] *Toussaint, H. N.:* ECAP Analysis of UHF Transistor Oscillator Transient Response. IEEE Trans. MTT-*17*, 8 (Aug. 1969), S. 620.

[23.20] *Evans, W. J.:* Circuits for High-Efficiency Avalanche-Diode Oscillators. IEEE Trans. MTT-*17*, 12 (Dez. 1969), S. 1060.

[23.21] *Cawsey, D.:* Wide Range Tuning of Solid State Microwave Oscillators. IEEE J. SC-*5*, 2 (Apr. 1970), S. 82.

[23.22] *Ollivier, P. E.:* Microwave YIG-Tuned Transistor Oscillator Amplifier Design. IEEE J. SC-*7*, 1 (Febr. 1972), S. 54.

[23.23] *Pratt, R. E.* et al.: Microcircuits for Microwave Sweeper. Hewlett-Packard J. *22*, 3 (März 1972), S. 9.

[23.24] *Aprille, T.* et al.: A Computer Algorithm to Determine the Steady-State Response of Nonlinear Oscillator. IEEE Trans. CT-*19*, 4 (Juli 1972), S. 354.

[23.25] 200 MHz Oscillator Uses ECL. Electr. Eng. *44*, 535 (Sept. 1972), S. 25.

[23.26] *Hay, R. R.:* Versatile VHF Signal Generator. Hewlett-Packard J. *25*, 3 (März 1974), S. 18.

[23.27] *Hamilton, C.:* Transistor Harmonic Oscillator with Outputs in X-Band. NTZ *27*, 5 (Mai 1974), S. 196.

[23.28] *Hodowanec, G.:* Microwave Transistor Oscillator. Microwave J. *17*, 6 (Juni 1974), S. 39.

[23.29] *Patensschat, F.:* Design RF Oscillators. Electr. Design *22*, 20 (20. Sept. 1974), S. 70.

[23.30] *Subbarao, W.:* Simplify LC RF-Oscillator Design. Electr. Design *22*, 19 (13. Sept. 1974), S. 141.

[23.31] *Nelson, J. A.* et al.: A UHF Driven Subharmonic Oscillator. Int. J. Electr. *37*, 3 (Sept. 1974), S. 327.

[23.32] *Bajen, G.:* Design Transistor Oscillators. Electr. Design *24*, 8 (12. Apr. 1976), S. 98.

[23.33] *Vemis, A. W.:* Specifying Isolation to Limit Frequency Pulling. Micro-Waves *15*, 5 (Mai 1976), S. 55.

[24.1] *Webster, R. R.:* The Noise Figure of Transistor Converters. IRE Trans. BTR-*7* (1961), S. 50.

[24.2] *Smulders, W.:* Noise Properties of Transistors at High Frequencies. Electr. Appl. *23*, 1 (1962), S. 1.

[24.3] *Fukni, H.:* The Noise Performance of Microwave Transistors. IEEE Trans. ED-*13*, 3 (März 1966), S. 329.

[24.4] *Bruncke, W. C., van der Ziel, A.:* Thermal Noise Junction Gate FET's. IEEE Trans. ED-*13*, 3 (März 1966), S. 323.

[24.5] *Lane, R. Q.:* The Comparative Performance of FET and Bipolar Transistors at VHF. IEEE J. SC-*1*, 1 (Sept. 1966), S. 35.

[24.6] *Johnson, G. D.:* Design Amplifier for Low Noise. Electr. Design *14*, 25 (6. Dez. 1966), S. 54.

[24.7] *Solomon, J. E.:* Cascade Noise Figure of Integrated Transistor Amplifiers. Motorola Appl. Note, AN-223.

[24.8] *Agourdis, D. C., van der Ziel, A.:* Noise Figure of UHF Transistors. IEEE Trans. ED-*14*, 12 (Dez. 1967), S. 808.

[24.9] *Meyer, R. G.:* Noise in Transistor Mixers at High Frequencies. Proc. IEEE *56*, 4 (Apr. 1968), S. 487.

[24.10] *Halladay, H. E., van der Ziel, A.:* On the High Frequency Excess Noise. Solid State Electr. *12*, 3 (März 1969), S. 161.

[24.11] *Klaasen, F. M., Prins, J.:* Noise of Field-Effect Transistors at Very High Frequencies. IEEE Trans. ED-*16*, 11 (Nov. 1969), S. 952.

Sachverzeichnis

473